施工企业安全生产资料管理全书

周可璋　孙士东　曹锋斌　主编

中国建材工业出版社

图书在版编目（CIP）数据

施工企业安全生产资料管理全书/周可璋，孙士东，曹锋斌主编．--北京：中国建材工业出版社，2022.6

ISBN 978-7-5160-3262-6

Ⅰ.①施…　Ⅱ.①周…　②孙…　③曹…　Ⅲ.①建筑施工企业—安全生产—生产管理　Ⅳ.①TU714

中国版本图书馆 CIP 数据核字（2021）第 149178 号

施工企业安全生产资料管理全书
Shigong Qiye Anquan Shengchan Ziliao Guanli Quanshu
周可璋　孙士东　曹锋斌　主编

出版发行：中国建材工业出版社
地　　址：北京市海淀区三里河路 11 号
邮　　编：100831
经　　销：全国各地新华书店
印　　刷：北京印刷集团有限责任公司
开　　本：889mm×1194mm　1/16
印　　张：31.5
字　　数：950 千字
版　　次：2022 年 6 月第 1 版
印　　次：2022 年 6 月第 1 次
定　　价：160.00 元

本社网址：www.jccbs.com，微信公众号：zgjcgycbs
请选用正版图书，采购、销售盗版图书属违法行为

本书编委会

主　编　周可璋　孙士东　曹锋斌

副主编　陈燕鹏　杨牧田　袁小宁

编　委　杨国兵　张剑平　魏　征　王金贵　纪绍祥　王　朝
王立超　柏　建　贾金松　张剑辉　吕天鹏　江周明
刘　浩　林　键　刘　强　张静涛　宁学刚　张志远
辛文超　徐国威　杨　波　胡鸿博　周启钊　庄永飞
王志鹏　许海薄　王兴宏　侯宇辰　欧阳欢　鞠浩林

前　言

近年来，随着我国经济社会的发展，城乡建设力度加大，建筑业有了迅猛的发展，伴随而来的施工技术复杂化、机具装备日益大型化、内业资料细致化等一系列变化，对施工安全生产不断提出新的更高要求，形成了新的挑战。

为了建立建筑施工企业在实际管理中的统一标准，切实提高安全管理的规范性，针对目前施工安全生产的形势和特点，引入新出台的安全生产相关的法律法规、规章及安全生产技术管理相关的标准规范，总结和吸取多年建筑施工企业、项目实际管理工作经验而编制本书。

本书对建筑施工企业在安全管理中的安全生产机构与职责、安全生产责任制与考核、安全生产管理制度、安全生产监督检查、安全生产培训教育、危险源辨识、办公区、生活区管理、职业健康安全管理、安全生产应急及响应、安全生产费用等18项内容进行较为全面、准确地解读与规定。本书可供建筑安全资料编制人员、施工安全管理人员和技术人员进行参考使用。

本书由中国建筑第八工程局有限公司组织编写。在编写过程中，还得到了有关地方建设行政主管部门、建筑安全监管机构、建设安全协会和建筑企业的支持与帮助，在此，谨向他们表示衷心的感谢！

本书虽经反复审核推敲，仍难免有不妥之处，恳请广大读者提出宝贵意见和建议。

目　　录

第1章 安全生产机构与职责

1.1 安全生产组织机构

1.1.1 公司安全生产组织机构

1. 公司成立安全生产委员会，研究、统筹、协调、指导公司重大安全生产问题，组织重要的安全生产活动。

2. 公司董事长任安全委员会主任，总经理任安全委员会副主任，公司领导部班子成员、各部门负责人和各项目经理为委员。

3. 贯彻落实国家有关安全生产的法律法规、方针政策。

4. 研究分析上年度安全生产情况，解决实际工作中存在的问题，部署本年度安全生产工作。

5. 安全生产委员会办公室设在安全生产监督管理部。

6. 建筑施工企业安全生产管理机构专职安全生产管理人员的配备应满足下列要求，并应根据企业经营规模、设备管理和生产需要予以增加：

（1）建筑施工总承包资质序列企业：特级资质不少于6人；一级资质不少于4人；二级和二级以下资质企业不少于3人。

（2）建筑施工专业承包资质序列企业：一级资质不少于3人；二级和二级以下资质企业不少于2人。

（3）建筑施工劳务分包资质序列企业：不少于2人。

（4）建筑施工企业的分公司、区域公司等较大的分支机构（以下简称分支机构）应依据实际生产情况配备不少于2人的专职安全生产管理人员。

（5）企业年营业收入不大于50亿元，配备不少于3人。年营业收入大于50亿元且小于等于100亿元，配备不少于6人。企业年营业收入大于100亿元，配备不少于8人。

1.1.2 项目安全生产组织机构

1. 项目部成立安全管理领导小组，项目经理任组长，项目生产经理、总工、安全总监任副组长，其他管理人员为组员。

2. 安全领导小组全面负责项目的安全生产监督管理工作。

3. 项目部应按要求配置专职安全管理人员，配置标准为：

1）建筑工程、装修工程按照建筑面积配备

（1）1万平方米以下的工程不少于1人；

（2）1万～5万平方米的工程不少于2人；

（3）5万平方米及以上的工程不少于3人，且按专业配备专职安全生产管理人员，建筑面积每增加5万平方米增配1人。

2）土木工程、线路管道、设备安装工程按照工程合同价配备

（1）5000万元以下的工程不少于1人；

（2）5000万～1亿元的工程不少于2人；

(3) 1亿元及以上的工程不少于3人，且按专业配备专职安全生产管理人员，合同额每增加1亿元增配1人。

1.2 各岗位安全职责

1.2.1 公司各岗位的安全职责

1.2.1.1 董事长的安全职责

1. 企业安全生产第一责任人，对安全生产工作全面负责。
2. 建立、健全安全生产责任制。
3. 组织制订安全生产规章制度和操作规程。
4. 组织制订并实施安全生产教育和培训计划。
5. 保证安全生产投入的有效实施。
6. 督促、检查安全生产工作，及时消除生产安全事故隐患。
7. 组织制订并实施生产安全事故应急救援预案。
8. 及时、如实报告生产安全事故。

1.2.1.2 党委书记的安全职责

1. 公司安全生产第一责任人，对安全生产工作全面负责。
2. 建立、健全安全生产责任制。
3. 组织制订安全生产规章制度和操作规程。
4. 组织制订并实施安全生产教育和培训计划。
5. 保证安全生产投入的有效实施。
6. 督促、检查安全生产工作，及时消除生产安全事故隐患。
7. 组织制订并实施生产安全事故应急救援预案。
8. 组织设立安全监督部门并配足专职安全管理人员。
9. 及时、如实报告生产安全事故。

1.2.1.3 总经理的安全职责

1. 公司安全生产第一责任人，与党委书记一起对安全生产工作全面负责。
2. 建立、健全安全生产责任制。
3. 组织制订安全生产规章制度和操作规程。
4. 组织制订并实施安全生产教育和培训计划。
5. 保证安全生产投入的有效实施。
6. 督促、检查安全生产工作，及时消除生产安全事故隐患。
7. 组织制订并实施生产安全事故应急救援预案。
8. 组织人力资源部制订并实施本公司安全生产教育和培训计划。
9. 及时、如实报告生产安全事故，组织对事故的内部调查处理。

1.2.1.4 生产副经理的安全职责

1. 按照“管生产必须管安全”的原则，对职业健康安全生产工作负直接领导责任。
2. 组织落实职业健康安全生产规章制度和操作规程。
3. 组织开展职业健康安全生产检查和隐患排查治理工作。
4. 协助主要负责人制订并实施生产安全事故应急救援预案。
5. 组织公司安全检查，及时解决生产过程中的安全问题，落实重大事故隐患的整改。
6. 审核年度安全生产工作目标，组织落实安全生产责任制。

7. 定期组织召开安全生产会议，分析安全动态，及时解决安全中存在的问题。

8. 及时、如实报告生产安全事故，组织对事故的调查分析，提出处理意见和改进措施。

1.2.1.5　营销副经理的安全职责

1. 按照“管业务必须管安全”的原则，对分管范围内的职业健康安全生产工作负领导责任。

2. 督促分管部门、单位落实职业健康安全生产责任制，将职业健康安全生产工作与业务工作同时安排部署、同时组织实施、同时监督检查。

3. 组织评估并有效规避承接项目的职业健康安全生产风险；组织做好营销区域的职业健康安全生产环境调查工作；指导下属单位有效规避市场行为中的职业健康安全生产风险。

4. 督促分管部门、单位落实职业健康安全生产责任，做好职业健康安全生产工作。

5. 落实领导带班安全检查工作，填写带班检查记录。

6. 在年度述职报告中，对职责范围内的职业健康安全生产工作进行述职。

1.2.1.6　总经济师的安全职责

1. 按照“管业务必须管安全”的原则，对分管范围内的职业健康安全生产工作负领导责任。

2. 督促分管部门、单位落实职业健康安全生产责任制，将职业健康安全生产工作与业务工作同时安排部署、同时组织实施、同时监督检查。

3. 协助主要负责人负责职业健康安全生产费用的有效实施。负责生产经营合同中涉及安全生产内容的审定工作。

4. 依法审核生产经营活动中的职业健康安全生产费用。

5. 督促分管部门建立公司安全生产费用管控指标，分析并督导所属单位实施职业健康安全生产费用管理工作。

6. 督促分管部门监督检查各单位分供合同安全生产费用相关规定。

7. 落实领导带班安全检查工作，填写带班检查记录。

8. 在年度述职报告中，对职责范围内的职业健康安全生产工作进行述职。

1.2.1.7　总会计师的安全职责

1. 按照“管业务必须管安全”的原则，对分管范围内的职业健康安全生产工作负领导责任。

2. 督促分管部门、单位落实职业健康安全生产责任制，将职业健康安全生产工作与业务工作同时安排部署、同时组织实施、同时监督检查。

3. 组织单位职业健康安全生产费用管理相关工作。

4. 监督单位职业健康安全生产费用投入计划的执行。

5. 组织建立安全生产费用投入保障体系，制订并实施安全生产费用管理办法。

6. 组织安全费用年度预算工作，组织费用的核算、统计和上报工作。

7. 监督下属单位制订、执行职业健康安全生产费用投入计划。

8. 落实领导带班安全检查工作，填写带班检查记录。

9. 在年度述职报告中，对职责范围内的职业健康安全生产工作进行述职。

1.2.1.8　总工程师的安全职责

1. 负有安全生产技术决策权和指挥权，对公司的安全生产工作负技术领导责任。

2. 组织分管部门、单位落实职业健康安全生产职责，将职业健康安全生产工作与业务工作同时安排部署、同时组织实施、同时监督检查。

3. 组织建立职业健康安全生产技术保障体系。

4. 协助主要负责人负责安全教育培训工作。

5. 督促分管部门（单位）落实好职业健康安全生产职责。

6. 开展安全技术研究和创新，推广先进的安全生产技术。

7. 负责（或委托授权）施工组织设计、危险性较大的分部分项工程专项方案的审批。

8. 组织制订施工组织设计、施工方案、安全技术交底、验收等管理制度，并督促落实。

9. 组织做好应急救援中技术支持工作。

10. 参与事故调查处理，提出技术防范措施。

11. 落实领导带班安全检查工作，填写带班检查记录。

12. 在年度述职报告中，对职责范围内的职业健康安全生产工作进行述职。

1.2.1.9 安全总监的安全职责

1. 协助总经理建立职业健康安全生产监督保障体系，在分管领导的安排下开展工作，对职业健康安全监管工作负领导责任。

2. 组织拟订安全生产规章制度和生产安全事故应急救援预案。

3. 组织职业健康安全生产教育和培训。

4. 检查督促重大危险源安全管理措施的落实。

5. 检查职业健康安全生产状况，及时排查生产安全事故隐患，提出改进安全生产管理的建议。

1.2.1.10 物资经理的安全职责

1. 按照“管业务必须管安全”的原则，对所管辖业务的职业健康安全生产工作负领导责任。

2. 落实部门职业健康安全生产责任制，将职业健康安全生产工作与业务工作同时安排部署、同时组织实施、同时监督检查。

3. 负责物资、劳防用品、机具设备及临时用电的安全管理。

4. 参加大型机具设备、设施、职业健康防护设施设备及临时用电工程的检查验收。

1.2.1.11 商务经理的安全职责

1. 按照“管业务必须管安全”的原则，对所管辖业务的职业健康安全生产工作负领导责任。

2. 落实部门职业健康安全生产责任制，将职业健康安全生产工作与业务工作同时安排部署、同时组织实施、同时监督检查。

3. 核定招标、投标文件中安全生产费用投入情况。

4. 明确工程项目制造成本核算过程中的安全技术措施费用。

5. 参与对分包商和分供商的安全生产履约能力审核及安全考核评价工作。

6. 负责安全生产成本管理信息数据库的建设、发布与维护管理，提高职业健康安全生产经费测算的准确度。

7. 在施工过程中，根据安全生产措施核定安全生产投入数额。

8. 负责建立健全公司安全生产费用管控指标，分析并督导所属单位实施安全生产费用管理工作。

1.2.1.12 市场部经理的安全职责

1. 按照“管业务必须管安全”的原则，对分管范围内的职业健康安全生产工作负领导责任。

2. 督促分管部门、单位落实职业健康安全生产责任制，将职业健康安全生产工作与业务工作同时安排部署、同时组织实施、同时监督检查。

3. 组织评估并有效规避承接项目的职业健康安全生产风险；组织做好营销区域的职业健康安全生产环境调查工作；指导下属单位有效规避市场行为中的职业健康安全生产风险。

4. 督促分管部门、单位落实职业健康安全生产责任，做好职业健康安全生产工作。

5. 落实领导带班安全检查工作，填写带班检查记录。

6. 在年度述职报告中，对职责范围内的职业健康安全生产工作进行述职。

1.2.1.13 工会主席的安全职责

1. 按照“管业务必须管安全”的原则，对分管范围内的职业健康安全生产工作负领导责任。

2. 督促分管部门落实职业健康安全生产责任制，将职业健康安全生产工作与业务工作同时安排部署、同时组织实施、同时监督检查。

3. 依法对职业健康安全生产工作进行监督。

4. 加强公司安全文化建设，组织开展安全生产及消防宣传教育活动，营造良好的安全文化氛围。

5. 负责组织开展群众性安全文化活动，宣传安全生产先进典型和事迹。

6. 依法组织职工参加本公司安全生产工作的民主管理和民主监督，督促完善安全生产条件，维护职工在安全生产方面的合法权益。

7. 参加事故调查处理，向有关部门提出处理意见。

8. 落实领导带班安全检查工作，填写带班检查记录。

9. 在年度述职报告中，对职责范围内的职业健康安全生产工作进行述职。

1.2.1.14 质量总监的安全职责

1. 按照“管业务必须管安全”的原则，对所管辖业务的健康安全生产工作负领导责任。

2. 落实部门职业健康安全生产责任制，将职业健康安全生产工作与业务工作同时安排部署、同时组织实施、同时监督检查。

3. 在编制和审查施工组织设计和施工方案过程中，要在每个环节中贯穿安全技术措施，对确定后的方案若有变更，应及时组织修订。

4. 检查施工组织设计和施工方案中安全措施的实施情况，对施工中涉及安全方面的技术性问题提出解决方案。

5. 组织新技术、新材料、新设备、新工艺使用过程中相应安全技术措施、安全操作规程和职业健康防护措施的制订工作。

6. 参与重大危险源和重要环境因素的登记建档工作，定期对重大危险源进行检测、评估、监控。

1.2.1.15 办公室的安全职责

1. 按照“管业务必须管安全”的原则，对所管辖业务的职业健康安全生产负责。

2. 落实部门职业健康安全生产责任制，将职业健康安全生产工作与业务工作同时安排部署、同时组织实施、同时监督检查。

3. 负责收集、整理职业健康安全生产舆情监控信息。

4. 建立公司职业健康安全生产应急管理体系，承办职业健康安全生产突发事件的应急统筹工作。

5. 参与组织职业健康安全生产重要会议、活动，负责相关综合协调工作。

6. 负责总部及分支机构办公区域消防、治安以及食品卫生等职业健康安全管理工作。

7. 主要领导带班检查项目工作时，负责领导带班检查收集并送安全监督管理部存档。

1.2.1.16 人力资源部的安全职责

1. 按照“管业务必须管安全”的原则，对所管辖业务的职业健康安全生产负责。

2. 落实部门职业健康安全生产责任制，将职业健康安全生产工作与业务工作同时安排部署、同时组织实施、同时监督检查。

3. 组织新入职人员职业健康安全生产教育培训；做好安全工程师供需分析，按要求引进招聘各级安监人员，并做好人员职业生涯规划。

4. 选拔任用领导干部时，应重点考察其履行安全生产工作职责情况。

5. 将职业健康安全生产工作业绩纳入领导班子考核、职工职级晋升工作中。

6. 在新任或提职领导干部入职谈话中，加入职业健康安全生产方面的工作内容。

7. 负责落实职业健康安全生产考核的奖励和处罚决定。

1.2.2 项目各岗位安全职责

1.2.2.1 项目经理的安全职责

1. 项目安全生产第一责任人，对项目的安全生产工作负全面责任。

2. 建立项目安全生产责任制，与项目管理人员签订安全生产责任书，组织对项目管理人员的安全生产责任考核。

3. 组织项目班子及各部门负责人编制项目安全策划。

4. 负责安全生产措施费用的足额投入，并有效实施。

5. 组织并参加项目安全生产周检查，及时消除生产安全、职业健康事故的隐患。

6. 每月带班生产时间不得少于本月施工时间的80%。

7. 组织召开安全生产领导小组会议、安全生产周例会，研究解决安全生产中的难题；组织并参加对项目管理人员和作业工人的安全教育，组织并参加项目的安全周检。

8. 组织应急预案的编制、评审及演练。

9. 及时、如实报告生产安全事故，负责本项目应急救援预案的实施，配合事故的调查和处理。

1.2.2.2　项目总工的安全职责

1. 对项目安全生产负技术领导责任。

2. 严格落实安全技术标准规范，根据项目实际配备有关安全技术标准、规范。

3. 组织编制危险性较大的分部分项工程安全专项施工方案，组织超过一定规模的危险性较大的分部分项工程的专项方案专家论证。

4. 组织施工组织设计（施工方案）技术交底，检查施工组织设计或施工方案中的安全技术措施落实情况。

5. 组织对危险性较大的分部分项工程的验收，参与安全防护设施、大型机械设备及特殊结构防护的验收。

6. 对施工方案中安全技术措施的变更或采用新材料、新技术、新工艺等要及时上报，审批后方可组织实施，并做好培训和交底工作。

7. 参加安全检查工作，对发现的重大隐患提出整改技术措施。

8. 组织作业场所危险源、职业病危害因素的识别、分析和评价，编制危险源清单、职业病危害因素清单，每月对项目存在的危险有害因素进行辨识，制订有效的安全措施，落实责任人。

9. 参加事故应急和调查处理，分析技术原因，制订预防和纠正技术措施。

1.2.2.3　项目生产经理的安全职责

1. 组织项目施工生产，对项目的安全生产负主要领导责任。

2. 组织实施工程项目总体和施工各阶段安全生产工作规划，组织落实工程项目人员的安全生产责任制。

3. 组织落实安全生产法律法规、标准规范及规章制度，定期检查落实情况。

4. 组织实施安全专项方案和技术措施，检查指导安全技术交底。

5. 组织对安全防护设施、临时用电设施、消防设施及中小型机械设备的验收，参与危险性较大的分部分项工程的安全验收。

6. 配合项目经理组织定期安全生产检查，组织日常安全生产和文明施工检查，对发现的问题落实整改。

7. 协助项目经理组织项目管理人员月度教育，组织工人月度安全教育、季节性教育、节假日教育等。

8. 组织项目积极参加各项安全生产、文明施工达标活动。

9. 组织落实职业健康防控措施。

10. 组织各类高风险作业的许可审批。

11. 发生伤亡事故时，按照应急预案处理，组织抢救人员、保护现场。

1.2.2.4　项目安全总监的安全职责

1. 对项目的安全生产、职业健康监督工作负领导责任。

2. 监督项目安全生产费用的落实。

3. 参与项目安全生产管理实施细则的编制，并对落实情况进行监督。

4. 协助制订项目有关安全生产管理制度、生产安全事故应急预案。

5. 参与编制项目安全设施和消防设施方案，参与现场安全警示标志的合理布置。

6. 参与安全生产技术交底及各类安全验收。

7. 参与定期安全生产检查，组织安全管理人员每天巡查，督促隐患整改。对存在重大安全隐患的分部分项工程，有下达停工整改决定，并直接向上级单位报告的权利。

8. 落实员工安全教育、培训、持证上岗的相关规定，组织作业人员入场接受安全教育。

9. 组织开展安全生产月、安全达标、安全文明工地创建活动，督促主责部门及时上报有关活动资料。

10. 协助项目生产经理组开展月度工人安全教育、节假日安全教育、季节性安全教育、特殊时期安全教育等，督促班组开展班前安全活动。

11. 发生事故应立即向项目经理、公司安全总监报告，并迅速参与抢救。

1.2.2.5　项目商务经理的安全职责

1. 确定工程合同中安全生产措施费，在业主支付工程款时确保安全生产措施费同时完成支付。

2. 在组织工程合同交底、签订分包合同时，明确安全生产、文明施工措施费范围、比例（或数量）及支付方式。

3. 保证安全生产措施费的及时支付，做到专款专用，优先保证现场安全防护和安全隐患整改的资金。

4. 审核项目安全生产措施费清单，对该费用的统筹、统计工作负责。

1.2.2.6　项目物资经理的安全职责

1. 对安全物资和设备方面的安全质量负主要领导责任。

2. 负责安全物资、设备和劳保防护用品的采购和管理，所有料具用品均应符合国家或有关行业规定，并组织进场验收，收集产品质量合格证明材料，建立台账。

3. 做好现场材料的堆放和物品存储工作，加强对现场易燃易爆、有毒有害及可能造成对人体伤害、环境污染等物品的运输、发放和回收管理。

4. 对安全物资定期进行检验，不合格或过期的，要维修、报废或更新，确保安全后方可使用。

5. 参加应急救援，负责所需设备、材料、用品等的及时供应。

1.2.2.7　项目质量总监的安全职责

1. 贯彻执行国家有关施工质量的安全生产法律法规、标准规范，对本人验收通过的施工工序或产品质量安全负直接监管责任。

2. 认真执行项目施工组织设计，在检查工程质量的同时，严格保障安全技术措施到位。

3. 参与制订项目工程的安全管理目标。

4. 负责对工程措施项目施工质量的监督检查，发现隐患督促整改，必要时采取局部停工措施。

5. 参加安全会议，积极提出安全合理化建议，参加各项安全生产检查。

6. 发生生产安全事故时，参与事故救援，配合事故调查，认真落实防范措施。

1.2.2.8　项目安全工程师的安全职责

1. 对项目安全生产工作进行监督检查。

2. 参加各类安全检查，针对发现的安全隐患，督促专业工程师及时做好隐患整改并复查验证。

3. 参加现场机械设备、用电设施、安全防护设施和消防设施的验收。

4. 参加各类安全教育培训活动及安全技术交底工作。

5. 记录安全生产监督日志。

6. 建立项目安全管理资料档案，如实记录和收集安全检查、交底、验收、教育培训及其他安全活动的资料。

7. 发生生产安全事故时，立即报告，参与抢救，保护现场，并对事故的经过、应急、处理过程做好详细记录。

1.2.2.9 项目专业工程师的安全职责

1. 对其管理的单位工程（施工区域或专业）范围内的安全生产、文明施工、职业健康全面负责。

2. 严格执行专项安全方案，按施工技术措施和安全技术操作规程要求，并结合工程特点，以书面方式向班组进行安全技术交底，履行签字手续，做好交底记录。

3. 对临边、洞口防护设施、消防设施及器材、危险性较大的分部分项工程提出验收申请，并参加验收。

4. 参加危险作业审核、安生生产例会、安全检查，对管辖范围内的安全隐患制订整改措施，并落实整改。

5. 负责对危险性较大分部分项工程施工的现场指导和管理。

6. 负责对管辖范围内的特种作业人员开展定期安全教育，督促指导班组开展班前安全活动并做好记录。

7. 参加项目安全生产、文明施工检查，对管辖范围内的事故隐患制订整改措施，并落实整改。

8. 发生生产安全事故时，立即向项目经理报告，组织抢救伤员和人员疏散，并保护好现场，配合事故调查，认真落实防范措施。

1.2.2.10 项目技术员的安全职责

1. 负责保障现场使用的国家规范、标准及地方法规的有效性，杜绝无标准操作或使用作废版本。

2. 组织编制技术操作规程，制订安全技术措施，督促落实并检查其执行情况。

3. 配合总工编制施工组织设计或专项方案，并保障编制及时、科学。

4. 参与危险源的识别、分析和评价，编制危险源清单。

5. 参与对新技术、新材料、新设备、新工艺使用过程中相应安全技术措施和安全操作规程的制订与编制工作，并监督其执行。

6. 参与生产安全事故的调查、处理，从技术上提出防范措施，并监督落实。

1.2.2.11 项目预算员的安全职责

1. 对项目部的安全生产措施费及时做出合理预算，保证安全生产措施费计提合理，且符合国家规定。

2. 参与编制项目安全文明施工措施费使用计划。

3. 对项目部的劳保防护用品的发放及时做出合理预算，保证劳保防护用品的及时发放。

4. 在审核分包单位的工程结算书时，同时审核安全文明施工措施费的使用情况。

5. 发生生产安全事故时，根据应急预案职责分工，参与事故救援，配合事故调查，认真落实防范措施。

1.2.2.12 项目试验员的安全职责

1. 严格遵守本公司安全生产守则，执行安全生产制度、规定及安全技术操作规程。

2. 纠正、阻止他人违章操作或冒险作业，不服从管理的人员，应立即报告有关领导，并予以阻止。

3. 负责对协助试验的人员进行安全作业指导，对协助作业人员的安全负责。

4. 当工具的安全装置、安全器件、防护装置缺陷或安全器件失灵时，立即停止使用，并配合维修人员做好修复工作。

5. 发现本岗位存在隐患时立即向领导报告，并及时消除存在隐患。

6. 积极参加单位组织的安全活动，不断提高作业人员的操作水平。

7. 发生生产安全事故时，参与事故救援，并配合事故调查，认真落实防范措施。

1.2.2.13 项目劳务管理员的安全职责

1. 督促劳务单位对作业人员开展三级安全教育，确保进入现场的劳务作业人员均接受相应的安全教育，并将教育记录进行归档。

2. 参与对作业人员的入场安全教育和日常教育。

3. 建立劳务作业人员花名册，按当地政府主管部门要求办理劳务作业人员备案登记和有关保险的缴纳。

4. 监督劳务公司及时与作业人员签订用工合同，监督劳务作业人员工资按时发放，并收集工资发放记录。

5. 监督劳务分包单位组织作业的工人进行入场体检，并建立劳动者健康监护档案。

6. 负责施工现场门禁使用管理，及时办理门禁卡、设备维护等工作。

7. 发生事故时，参与事故救援，并配合事故调查，认真落实防范措施。

1.2.2.14　项目机械工程师的安全职责

1. 对机械设备的安全负直接管理责任。负责落实国家、地方的各项法律法规，制订项目机械设备安全管理制度。

2. 组织设备进场安装前的联合验收，并建立验收台账。

3. 审查、收集建筑起重设备产权单位的安装资质、安全许可证和人员的资格并收集相关资料，组织实施安装拆卸人员的安全交底和进场安全教育。

4. 参加对起重机械设备安装完成后的检查和验收，督促安装单位及时检测、办理许可证，使用登记。

5. 对起重机械设备安装、拆卸及顶升、加节、附墙等特殊过程进行现场监督。

6. 督促设备出租商对起重机械设备及其安全保护装置、吊具、索具等进行经常性和定期的检查、维护和保养。如发现隐患，书面通知产权单位整改，必要时有权采取停用措施。

7. 每月组织机械特种作业人员的安全教育。

8. 负责进场机械设备的安全管理，并建立相应的技术档案。

9. 每天对机械设备运行进行巡查，每半月组织一次专项检查，并复查整改落实情况。

10. 参与事故救援，并配合事故调查，认真落实防范措施。

1.2.2.15　项目材料管理员的安全职责

1. 对物资、劳动保护用品的安全管理，对采购的劳动防护用品的质量负责，所有料具用品均应符合国家法律法规和行业标准。

2. 负责安全物资、劳保防护用品的采购和管理，并组织进场验收，收集产品质量合格证明材料，建立台账。

3. 做好现场材料的堆放和物品存储工作，加强对现场易燃易爆、有毒有害及可能造成对人体伤害、环境污染等物品的运输、发放和回收管理。

4. 对安全物资定期进行检验，不合格或过期的，要维修、报废或更新，确保安全后方可使用。

5. 负责进入施工现场的供应商、装卸货人员等的安全管理，进场前完成其安全交底。

6. 参加应急救援，负责所需设备、材料、用品等的及时供应。

第 2 章　安全生产责任制与考核

2.1　安全生产目标

2.1.1　管理目标

1. 杜绝安全生产死亡责任事故。
2. 不发生火灾、机械设备事故和管线破坏等较大影响的安全事故。
3. 杜绝发生群体性（3 人及以上）职业病或食物中毒等事件。

2.1.2　创优目标

国家级、省部级和地级市级“安全文明工地”。

2.2　项目部安全生产责任书签订

加强安全生产和文明施工管理工作，落实安全生产责任制，依据新版《中华人民共和国安全生产法》《危险性较大的分部分项工程安全管理规定》《建筑施工企业安全生产监督管理人员管理条例》和地方政府有关规定和要求，公司与项目部签订安全生产责任书。

2.3　项目部安全生产责任书考核

公司对项目部安全生产责任书落实情况每半年进行 1 次考核，年终时将年度综合考核结果进行公示。

2.4　项目管理人员安全生产责任制签订

项目部成立后，项目经理组织领导班子成员，编写安全管理责任制书，与项目管理人员签订安全生产责任书，落实安全管理责任制。

2.5　项目管理人员安全生产责任制考核

项目部每月度对项目管理人员责任书落实情况进行考核，并将处理结果进行公示。

2.6 附　　件

2.6.1 安全生产责任书

2.6.1.1 项目经理安全生产责任书

项目经理安全生产责任书

甲方：________________________________

乙方：________________________________

为了认真贯彻“安全第一，预防为主，综合治理”的安全生产方针，加强项目安全管理和各级岗位安全生产职责的落实，推动安全生产标准化建设，切实保障施工现场全体职工的生命财产安全，确保施工生产顺利进行，特制订本安全生产责任书。

1. 安全生产管理目标

1.1　杜绝安全生产死亡责任事故。

1.2　不发生火灾、机械设备事故和管线破坏等较大影响的安全事故。

1.3　杜绝发生群体性（3 人及以上）职业病和食物中毒等事件。

1.4　施工组织设计、专项施工方案执行率 100%。

1.5　危险性较大的分部分项工程参与验收率 100%。

1.6　项目周检查、专项检查、季节及节假日检查率 100%。

1.7　月度安全教育、管理人员定期安全教育和安全生产周例会参与率 100%。

1.8　……

2. 安全生产责任制

2.1　项目安全生产第一责任人，对项目的安全生产工作负全面责任。

2.2　建立项目安全生产责任制，与项目管理人员签订安全生产责任书，组织对项目管理人员的安全生产责任考核。

2.3　组织项目班子及各部门负责人编制项目安全策划。

2.4　负责安全生产措施费用的足额投入，并有效实施。

2.5　组织并参加项目安全生产周检查，及时消除生产安全、职业健康事故的隐患。

2.6　每月带班生产时间不得少于本月施工时间的 80%。

2.7　组织召开安全生产领导小组会议、安全生产周例会，研究解决安全生产中的难题；组织并参加对项目管理人员和作业工人的安全教育，组织并参加项目的安全周检。

2.8　组织应急预案的编制、评审及演练。

2.9　及时、如实报告生产安全事故，负责本项目应急救援预案的实施，配合事故的调查和处理。

2.10　……

3. 考核

3.1　考核程序：公司对项目经理进行考核。

3.2　考核评价：考核结果分为优良、合格、不合格三个等级。

3.3　考核结果作为个人绩效成绩考核、评优晋升的依据。

3.4　考核表见 27 页。

3.5　……

4. 附则

4.1　责任期限：自项目开工至完工为止。

4.2　本责任书一式两份，甲乙双方各执一份。

4.3　若签订责任书的责任人发生变动，则由续任者重新签订本责任书。

4.4　以季度期限为考核周期，每年3月、6月、9月、12月的月底进行考核打分。

4.5　……

甲方（签字）：　　　　　　　　　　　　　　乙方（签字）：

年　月　日　　　　　　　　　　　　　　　　年　月　日

2.6.1.2　项目总工安全生产责任书

项目总工安全生产责任书

甲方：____________________

乙方：____________________

为了认真贯彻“安全第一，预防为主，综合治理”的安全生产方针，加强项目安全管理和各级岗位安全生产职责的落实，推动安全生产标准化建设，切实保障施工现场全体职工的生命财产安全，确保施工生产顺利进行，特制订本安全生产责任书。凡是在公司内从事项目施工的管理人员，必须与项目经理签订安全生产责任书。

1. 安全生产管理目标

1.1　杜绝安全生产死亡责任事故。

1.2　不发生火灾、机械设备事故和管线破坏等较大影响的安全事故。

1.3　杜绝发生群体性（3人及以上）职业病和食物中毒等事件。

1.4　危险性较大的分部分项工程安全专项施工方案编制率100%，超过一定规模的危险性较大的分部分项工程的专项方案组织专家论证率100%。

1.5　施工组织设计（施工方案）技术交底率100%。

1.6　危险性较大的分部分项工程组织验收率100%，安全防护设施、大型机械设备及特殊结构防护参与验收率100%。

1.7　月度安全教育、管理人员定期安全教育参与率100%。

1.8　……

2. 安全生产责任制

2.1　对项目安全生产负技术领导责任。

2.2　参与编制项目安全策划，组织编制专项施工方案并按规定组织专家论证。

2.3　组织安全专项方案技术交底，检查安全专项方案中的安全技术措施落实情况。

2.4　组织对危险性较大的分部分项工程的验收，参与安全防护设施、大型机械设备及特殊结构防护的验收。

2.5　组织作业场所危险源、职业病危害因素的识别、分析和评价，编制危险源清单、职业病危害因素清单。

2.6　牵头编制项目应急救援预案及演练计划，并参加演练。

2.7　发生伤亡事故时，按照应急预案处理，组织抢救人员，配合事故调查。

2.8　……

3. 考核

3.1　考核程序：项目领导班子对项目管理人员进行考核。

3.2　考核评价：考核结果分为优良、合格、不合格三个等级。

3.3　考核结果作为个人绩效成绩考核、评优晋升的依据。

3.4　考核表见 28 页。

3.5　……

四、附则

4.1　责任期限自项目开工至完工为止。

4.2　本责任书一式两份，甲乙双方各执一份。

4.3　若签订责任书的责任人发生变动，则由续任者重新签订本责任书。

4.4　每月的月末进行一次考核评分。

4.5　……

甲方（签字）：　　　　　　　　　　　　　乙方（签字）：

年　月　日　　　　　　　　　　　　　　　年　月　日

2.6.1.3　项目生产经理安全生产责任书

项目生产经理安全生产责任书

甲方：________________________

乙方：________________________

为了认真贯彻“安全第一，预防为主，综合治理”的安全生产方针，加强项目安全管理和各级岗位安全生产职责的落实，推动安全生产标准化建设，切实保障施工现场全体职工的生命财产安全，确保施工生产顺利进行，特制订本安全生产责任书。凡是在公司内从事项目施工的管理人员，必须与项目经理签订安全生产责任书。

1. 安全生产管理目标

1.1　杜绝安全生产死亡责任事故。

1.2　不发生火灾、机械设备事故和管线破坏等较大影响的安全事故。

1.3　杜绝发生群体性（3 人及以上）职业病和食物中毒等事件。

1.4　施工组织设计、专项施工方案执行率 100％。

1.5　防护设施、临时用电设施、消防设施及中小型机械设备组织验收率 100％。

1.6　危险性较大的分部分项工程验收参与率 100％。

1.7　项目周检查、专项检查、季节及节假日检查参与率 100％。

1.8　月度安全教育、管理人员定期安全教育和安全生产周例会参与率 100％。

1.9　……

2. 安全生产责任制

2.1　组织项目施工生产，对项目的安全生产负主要领导责任。

2.2　组织实施工程项目总体和施工各阶段安全生产工作规划，组织落实工程项目人员的安全生产责任制。

2.3　组织落实安全生产法律法规、标准规范及规章制度，定期检查落实情况。

2.4　组织实施安全专项方案和技术措施，检查指导安全技术交底。

2.5　组织对安全防护设施、临时用电设施、消防设施及中小型机械设备的验收，参与危险性较大的分部分项工程的安全验收。

2.6　配合项目经理组织定期安全生产检查，组织日常安全生产和文明施工检查，对发现的问题落实整改。

2.7　协助项目经理组织项目管理人员和作业工人的安全教育，提高安全意识。

2.8　组织项目积极参加各项安全生产、文明施工达标活动。

2.9　组织落实职业健康防控措施。

2.10　发生伤亡事故时，按照应急预案处理，组织抢救人员、保护现场。

2.11　……

3. 考核

3.1　考核程序：项目领导班子对项目管理人员进行考核。

3.2　考核评价：考核结果分为优良、合格、不合格三个等级。

3.3　考核结果作为个人绩效成绩考核、评优晋升的依据。

3.4　考核表见 29 页。

3.5　……

4. 附则

4.1　责任期限自项目开工至完工为止。

4.2　本责任书一式两份，甲乙双方各执一份。

4.3　若签订责任书的责任人发生变动，则由续任者重新签订本责任书。

4.4　每月的月末进行一次考核评分。

4.5　……

甲方（签字）：　　　　　　　　　　　　　　乙方（签字）：

年　月　日　　　　　　　　　　　　　　　　年　月　日

2.6.1.4　项目安全总监安全生产责任书

项目安全总监安全生产责任书

甲方：____________________

乙方：____________________

为了认真贯彻“安全第一，预防为主，综合治理”的安全生产方针，加强项目安全管理和各级岗位安全生产职责的落实，推动安全生产标准化建设，切实保障施工现场全体职工的生命财产安全，确保施工生产顺利进行，特制订本安全生产责任书。凡是在公司内从事项目施工的管理人员，必须与项目经理签订安全生产责任书。

1. 安全生产管理目标

1.1　杜绝安全生产死亡责任事故。

1.2　不发生火灾、机械设备事故和管线破坏等较大影响的安全事故。

1.3　杜绝发生群体性（3 人及以上）职业病和食物中毒等事件。

1.4　防护设施、临时用电设施、消防设施及中小型机械设备组织验收率 100％。

1.5　危险性较大的分部分项工程进行安全旁站和安全验收率 100％。

1.6　项目周检查、专项检查、季节及节假日检查参与率 100％。

1.7　月度安全教育、管理人员定期安全教育和安全生产周例会参与率 100％。

1.8　……

2. 安全生产管理目标

2.1　对项目的安全生产、职业健康监督工作负领导责任。

2.2　监督项目安全生产费用的落实。

2.3　参与项目安全策划的编制，并对落实情况进行监督。

2.4 参与制订项目有关安全生产管理制度、生产安全事故应急救援预案。

2.5 参加各类安全交底、验收、危险作业审批及安全生产例会。

2.6 参加定期安全生产和职业健康检查、组织日巡查，并督促隐患整改。对存在重大安全隐患的分部分项工程，有下达停工整改决定，并直接向上级单位报告的权利。

2.7 组织作业人员入场安全教育，监督员工持证上岗、班前安全活动开展。

2.8 记录安全生产监督日志。

2.9 发生事故应立即向项目经理报告，并立即参与抢救。

2.10 ……

3. 考核

3.1 考核程序：项目领导班子对项目管理人员进行考核。

3.2 考核评价：考核结果分为优良、合格、不合格三个等级。

3.3 考核结果作为个人绩效成绩考核、评优晋升的依据。

3.4 考核表见 30 页。

3.5 ……

4. 附则

4.1 责任期限自项目开工至完工为止。

4.2 本责任书一式两份，甲乙双方各执一份。

4.3 若签订责任书的责任人发生变动，则由续任者重新签订本责任书。

4.4 每月的月末进行一次考核评分。

4.5 ……

甲方（签字）： 乙方（签字）：

年 月 日 年 月 日

2.6.1.5 项目商务经理安全生产责任书

项目商务经理安全生产责任书

甲方：________________

乙方：________________

为了认真贯彻“安全第一，预防为主，综合治理”的安全生产方针，加强项目安全管理和各级岗位安全生产职责的落实，推动安全生产标准化建设，切实保障施工现场全体职工的生命财产安全，确保施工生产顺利进行，特制订本安全生产责任书。凡是在公司内从事项目施工的管理人员，必须与项目经理签订安全生产责任书。

1. 安全生产管理目标

1.1 杜绝安全生产死亡责任事故。

1.2 不发生火灾、机械设备事故和管线破坏等较大影响的安全事故。

1.3 杜绝发生群体性（3 人及以上）职业病和食物中毒等事件。

1.4 与分包单位签订总分包安全管理协议、临时用电、消防安全协议达到 100%。

1.5 协助安全部执行安全生产奖罚制度，结算工程款时若无安全部对其安全情况认可的签字手续，应拒绝结算付款。

1.6 月度安全教育、管理人员定期安全教育参与率 100%。

1.7 ……

2. 安全生产责任制

2.1　确定工程合同中安全生产措施费，在业主支付工程款时确保安全生产措施费同时完成支付。

2.2　在组织工程合同交底、签订分包合同时，明确安全生产、文明施工措施费范围、比例（或数量）及支付方式。

2.3　保证安全生产措施费的及时支付，做到专款专用，优先保证现场安全防护和安全隐患整改的资金。

2.4　审核项目安全生产措施费清单，对该费用的统筹、统计工作负责。

2.5　发生生产安全事故，立即向项目经理报告，组织抢救伤员和人员疏散，并保护好现场，配合事故调查，认真落实防范措施。

2.6　……

3. 考核

3.1　考核程序：项目领导班子对项目管理人员进行考核。

3.2　考核评价：考核结果分为优良、合格、不合格三个等级。

3.3　考核结果作为个人绩效成绩考核、评优晋升的依据。

3.4　考核表见31页。

3.5　……

4. 附则

4.1　责任期限自项目开工至完工为止。

4.2　本责任书一式两份，甲乙双方各执一份。

4.3　若签订责任书的责任人发生变动，则由续任者重新签订本责任书。

4.4　每月的月末进行一次考核评分。

4.5　……

甲方（签字）：　　　　　　　　　　　　乙方（签字）：

年　月　日　　　　　　　　　　　　　　年　月　日

2.6.1.6　项目物资经理安全生产责任书

项目物资经理安全生产责任书

甲方：________________________

乙方：________________________

为了认真贯彻“安全第一，预防为主，综合治理”的安全生产方针，加强项目安全管理和各级岗位安全生产职责的落实，推动安全生产标准化建设，切实保障施工现场全体职工的生命财产安全，确保施工生产顺利进行，特制订本安全生产责任书。凡是在公司内从事项目施工的管理人员，必须与项目经理签订安全生产责任书。

1. 安全生产管理目标

1.1　杜绝安全生产死亡责任事故。

1.2　不发生火灾、机械设备事故和管线破坏等较大影响的安全事故。

1.3　杜绝发生群体性（3人及以上）职业病和食物中毒等事件。

1.4　确保所采购的劳动防护用品的合格性，履行进场验收程序，保障相关资料齐全、完整。

1.5　现场材料的堆放严格按照总平面布局布置进行，并参与分包班组文明施工考核评价。

1.6　月度安全教育、管理人员定期安全教育参与率100％。

1.7　……

2. 安全生产责任制

2.1　对安全物资和设备方面的安全质量负主要领导责任。

2.2　负责安全物资、劳保防护用品的采购和管理，所有料具用品均应符合国家或有关行业规定，并组织进场验收，收集产品质量合格证明材料，建立台账。

2.3　做好现场材料的堆放和物品存储工作，加强对现场易燃易爆、有毒有害及可能造成对人体伤害、环境污染等物品的运输、发放和回收管理。

2.4　对安全物资定期进行检验，不合格或过期的，要维修、报废或更新，确保安全后方可使用。

2.5　参加应急救援，负责所需设备、材料、用品等的及时供应。

2.6　……

3. 考核

3.1　考核程序：项目领导班子对项目管理人员进行考核。

3.2　考核评价：考核结果分为优良、合格、不合格三个等级。

3.3　考核结果作为个人绩效成绩考核、评优晋升的依据。

3.4　考核表见 32 页。

3.5　……

4. 附则

4.1　责任期限自项目开工至完工为止。

4.2　本责任书一式两份，甲乙双方各执一份。

4.3　若签订责任书的责任人发生变动，则由续任者重新签订本责任书。

4.4　每月的月末进行一次考核评分。

4.5　……

甲方（签字）：　　　　　　　　　　　　乙方（签字）：

年　月　日　　　　　　　　　　　　　　年　月　日

2.6.1.7　项目质量总监安全生产责任书

项目质量总监安全生产责任书

甲方：________________________

乙方：________________________

为了认真贯彻“安全第一，预防为主，综合治理”的安全生产方针，加强项目安全管理和各级岗位安全生产职责的落实，推动安全生产标准化建设，切实保障施工现场全体职工的生命财产安全，确保施工生产顺利进行，特制订本安全生产责任书。凡是在公司内从事项目施工的管理人员，必须与项目经理签订安全生产责任书。

1. 安全生产管理目标

1.1　杜绝安全生产死亡责任事故。

1.2　不发生火灾、机械设备事故和管线破坏等较大影响的安全事故。

1.3　杜绝发生群体性（3 人及以上）职业病和食物中毒等事件。

1.4　月度安全教育、管理人员定期安全教育参与率 100%。

1.5　……

2. 安全生产责任制

2.1　贯彻执行国家有关施工质量的安全生产法律法规、标准规范，对本人验收通过的施工工序或产品质量安全负直接监管责任。

2.2 认真执行项目施工组织设计，在检查工程质量的同时，严格保障安全技术措施到位。

2.3 参与制订项目工程的安全管理目标。

2.4 负责对工程措施项目的施工质量的监督检查，发现隐患督促整改，必要时采取局部停工措施。

2.5 参加安全会议，积极提出安全合理化建议，参加各项安全生产检查。

2.6 发生生产安全事故时，参与事故救援，配合事故调查，认真落实防范措施。

2.7 ……

3. 考核

3.1 考核程序：项目领导班子对项目管理人员进行考核。

3.2 考核评价：考核结果分为优良、合格、不合格三个等级。

3.3 考核结果作为个人绩效成绩考核、评优晋升的依据。

3.4 考核表见33页。

3.5 ……

4. 附则

4.1 责任期限自项目开工至完工为止。

4.2 本责任书一式两份，甲乙双方各执一份。

4.3 若签订责任书的责任人发生变动，则由续任者重新签订本责任书。

4.4 每月的月末进行一次考核评分。

4.5 ……

甲方（签字）： 乙方（签字）：

年 月 日 年 月 日

2.6.1.8 项目安全工程师安全生产责任书

项目安全工程师安全生产责任书

甲方：________________________

乙方：________________________

为了认真贯彻“安全第一，预防为主，综合治理”的安全生产方针，加强项目安全管理和各级岗位安全生产职责的落实，推动安全生产标准化建设，切实保障施工现场全体职工的生命财产安全，确保施工生产顺利进行，特制订本安全生产责任书。凡是在公司内从事项目施工的管理人员，必须与项目经理签订安全生产责任书。

1. 安全生产管理目标

1.1 杜绝安全生产死亡责任事故。

1.2 不发生火灾、机械设备事故和管线破坏等较大影响的安全事故。

1.3 杜绝发生群体性（3人及以上）职业病和食物中毒等事件。

1.4 参加对作业班组、施工人员的安全检查、安全教育以及考核评价。

1.5 特殊工种持证上岗率100%。

1.6 安全日志填写率100%，安全技术交底兼交签字率100%。

1.7 隐患跟踪落实整改率100%。

1.8 现场机械设备、用电设施、安全防护设施和消防设施参与验收率100%。

1.9 月度安全教育、管理人员定期安全教育、安全生产周例会、工人进场安全教育、班组活动参与率100%。

1.10　……

2. 安全生产责任制

2.1　对项目安全生产工作进行监督检查。

2.2　参加各类安全检查，针对发现的安全隐患，督促专业工程师及时做好隐患整改并复查验证。

2.3　参加现场机械设备、用电设施、安全防护设施和消防设施的验收。

2.4　参加各类安全教育培训活动及安全技术交底工作。

2.5　记录安全生产监督日志。

2.6　建立项目安全管理资料档案，例如实记录和收集安全检查、交底、验收、教育培训及其他安全活动的资料。

2.7　发生生产安全事故时，立即报告，参与抢救，保护现场，并对事故的经过、应急、处理过程做好详细记录。

2.8　……

3. 考核

3.1　考核程序：项目领导班子对项目管理人员进行考核。

3.2　考核评价：考核结果分为优良、合格、不合格三个等级。

3.3　考核结果作为个人绩效成绩考核、评优晋升的依据。

3.4　考核表见 34 页。

3.5　……

4. 附则

4.1　责任期限自项目开工至完工为止。

4.2　本责任书一式两份，甲乙双方各执一份。

4.3　若签订责任书的责任人发生变动，则由续任者重新签订本责任书。

4.4　每月的月末进行一次考核评分。

4.5　……

甲方（签字）：	乙方（签字）：
年　月　日	年　月　日

2.6.1.9　项目专业工程师安全生产责任书

项目专业工程师安全生产责任书

甲方：________________________

乙方：________________________

为了认真贯彻“安全第一，预防为主，综合治理”的安全生产方针，加强项目安全管理和各级岗位安全生产职责的落实，推动安全生产标准化建设，切实保障施工现场全体职工的生命财产安全，确保施工生产顺利进行，特制订本安全生产责任书。凡是在公司内从事项目施工的管理人员，必须与项目经理签订安全生产责任书。

1. 安全生产管理目标

1.1　杜绝安全生产死亡责任事故。

1.2　不发生火灾、机械设备事故和管线破坏等较大影响的安全事故。

1.3　杜绝发生群体性（3 人及以上）职业病和食物中毒等事件。

1.4　发现违章现象或冒险作业，及时阻止和纠正；发现安全隐患，立即整改。隐患、文明施工整改率 100％。

1.5　管理范围内临边、洞口防护、消防器材配备等安全设施组织验收率100%，危险性较大的安全分项工程、机械设备参与验收率100%。

1.6　参加项目周检查、专项检查、季节及节假日检查率100%。

1.7　安全技术交底率100%。

1.8　月度安全教育、管理人员定期安全教育、安全生产周例会、工人进场安全教育、班组活动参与率100%。

1.9　……

2. 安全生产责任制

2.1　对其管理的单位工程（施工区域或专业）范围内的安全生产、文明施工、职业健康全面负责。

2.2　严格执行专项安全方案，按施工技术措施和安全技术操作规程要求，并结合工程特点，以书面方式向班组进行安全技术交底，履行签字手续，做好交底记录。

2.3　对临边、洞口防护设施、消防设施及器材、危险性较大的分部分项工程提出验收申请，并参加验收。

2.4　参加危险作业审核、安全生产例会、安全检查，对管辖范围内的安全隐患制订整改措施，并落实整改。

2.5　负责对危险性较大分部分项工程施工的现场指导和管理。

2.6　负责对管辖范围内的特种作业人员开展定期安全教育，督促指导班组开展班前安全活动并做好记录。

2.7　发生生产安全事故，立即向项目经理报告，组织抢救伤员和人员疏散，并保护好现场，配合事故调查，认真落实防范措施。

2.8　……

3. 考核

3.1　考核程序：项目领导班子对项目管理人员进行考核。

3.2　考核评价：考核结果分为优良、合格、不合格三个等级。

3.3　考核结果作为个人绩效成绩考核、评优晋升的依据。

3.4　考核表见35页。

3.5　……

4. 附则

4.1　责任期限自项目开工至完工为止。

4.2　本责任书一式两份，甲乙双方各执一份。

4.3　若签订责任书的责任人发生变动，则由续任者重新签订本责任书。

4.4　每月的月末进行一次考核评分。

4.5　……

甲方（签字）：	乙方（签字）：
年　月　日	年　月　日

2.6.1.10　项目技术员安全生产责任书

项目技术员安全生产责任书

甲方：______________________

乙方：______________________

为了认真贯彻“安全第一，预防为主，综合治理”的安全生产方针，加强项目安全管理和各级岗位安全生产职责的落实，推动安全生产标准化建设，切实保障施工现场全体职工的生命财产安全，确保施工生产顺利进行，特制订本安全生产责任书。凡是在公司内从事项目施工的管理人员，必须与项目经理签订安全生产责任书。

1. 安全生产管理目标

1.1　杜绝安全生产死亡责任事故。

1.2　不发生火灾、机械设备事故和管线破坏等较大影响的安全事故。

1.3　杜绝发生群体性（3人及以上）职业病和食物中毒等事件。

1.4　专项施工方案组织技术交底率100%，编制安全技术规程、书面安全技术交底率100%。

1.5　月度安全教育、管理人员定期安全教育参与率100%。

1.6　……

2. 安全生产责任制

2.1　负责保障现场使用的国家规范、标准及地方法规的有效性，杜绝无标准操作或使用作废版本。

2.2　组织编制技术操作规程，制订安全技术措施，督促落实并检查其执行情况。

2.3　配合总工编制施工组织设计或专项方案，并保障编制及时、科学。

2.4　参与危险源的识别、分析和评价，编制危险源清单。

2.5　参与对新技术、新材料、新设备、新工艺使用过程中相应安全技术措施和安全操作规程的制订与编制工作，并监督其执行。

2.6　参与生产安全事故的调查、处理，从技术上提出防范措施，并监督落实。

2.7　……

3. 考核

3.1　考核程序：项目领导班子对项目管理人员进行考核。

3.2　考核评价：考核结果分为优良、合格、不合格三个等级。

3.3　考核结果作为个人绩效成绩考核、评优晋升的依据。

3.4　考核表见36页。

3.5　……

4. 附则

4.1　责任期限自项目开工至完工为止。

4.2　本责任书一式两份，甲乙双方各执一份。

4.3　若签订责任书的责任人发生变动，则由续任者重新签订本责任书。

4.4　每月的月末进行一次考核评分。

4.5　……

甲方（签字）：　　　　　　　　　　乙方（签字）：

年　月　日　　　　　　　　　　　　年　月　日

2.6.1.11　项目预算员安全生产责任书

项目预算员安全生产责任书

甲方：____________________

乙方：____________________

为了认真贯彻“安全第一，预防为主，综合治理”的安全生产方针，加强项目安全管理和各级岗位安全生产职责的落实，推动安全生产标准化建设，切实保障施工现场全体职工的生命财产安全，确保施工生产顺利进行，特制订本安全生产责任书。凡是在公司内从事项目施工的管理人员，必须与项目经理签订安全生产责任书。

1. 安全生产管理目标

1.1　杜绝安全生产死亡责任事故。

1.2　不发生火灾、机械设备事故和管线破坏等较大影响的安全事故。

1.3　杜绝发生群体性（3 人及以上）职业病和食物中毒等事件。

1.4　确保分包合同、资质证明、安全协议等齐全、完整。

1.5　按规定对安全生产措施费用的投入与实施进行管理，负责审查安全生产措施费用在项目的落实情况。

1.6　月度安全教育、管理人员定期安全教育参与率 100％。

1.7　……

2. 安全生产责任制

2.1　对项目部的安全生产措施费及时做出合理预算，保证安全生产措施费计提合理，且符合国家规定。

2.2　参与编制项目安全文明施工措施费使用计划。

2.3　对项目部的劳保防护用品的发放及时做出合理预算，保证劳保防护用品的及时发放。

2.4　在审核分包单位的工程结算书时，同时审核安全文明施工措施费的使用情况。

2.5　发生生产安全事故时，参与事故救援，配合事故调查，认真落实防范措施。

2.6　……

3. 考核

3.1　考核程序：项目领导班子对项目管理人员进行考核。

3.2　考核评价：考核结果分为优良、合格、不合格三个等级。

3.3　考核结果作为个人绩效成绩考核、评优晋升的依据。

3.4　考核表见 37 页。

3.5　……

4. 附则

4.1　责任期限自项目开工至完工为止。

4.2　本责任书一式两份，甲乙双方各执一份。

4.3　若签订责任书的责任人发生变动，则由续任者重新签订本责任书。

4.4　每月的月末进行一次考核评分。

4.5　……

甲方（签字）：　　　　　　　　　　　　　　乙方（签字）：

年　月　日　　　　　　　　　　　　　　　　年　月　日

2.6.1.12　项目试验员安全生产责任书

项目试验员安全生产责任书

甲方：______________________________

乙方：______________________________

为了认真贯彻“安全第一，预防为主，综合治理”的安全生产方针，加强项目安全管理和各级岗位安全生产职责的落实，推动安全生产标准化建设，切实保障施工现场全体职工的生命财产安全，确保施工生产顺利进行，特制订本安全生产责任书。凡是在公司内从事项目施工的管理人员，必须与项目经理签订安全生产责任书。

1. 安全生产管理目标

1.1　杜绝安全生产死亡责任事故。

1.2　不发生火灾、机械设备事故和管线破坏等较大影响的安全事故。

1.3　杜绝发生群体性（3 人及以上）职业病和食物中毒等事件。

1.4　月度安全教育、管理人员定期安全教育参与率 100%。

1.5　……

2. 安全生产责任制

2.1　严格遵守本公司安全生产守则，执行安全生产制度、规定及安全技术操作规程。

2.2　纠正阻止他人违章操作及冒险作业，不服从管理的人员，应立即报告有关领导，并予以阻止。

2.3　负责对协助实验人员进行安全作业指导，对协助作业人员的安全负责。

2.4　自觉使用设备，工具的安全装置和安全器件，对防护装置缺陷，当安全器件失灵时，应及时报告有关领导，并配合维修人员做好修复工作。

2.5　发现本岗位存在隐患立即向领导报告，及时消除存在隐患。

2.6　积极参加单位组织的安全活动，不断提高作业人员的操作水平。

2.7　发生生产安全事故时，参与事故救援，并配合事故调查，认真落实防范措施。

2.8　……

3. 考核

3.1　考核程序：项目领导班子对项目管理人员进行考核。

3.2　考核评价：考核结果分为优良、合格、不合格三个等级。

3.3　考核结果作为个人绩效成绩考核、评优晋升的依据。

3.4　考核表见 38 页。

3.5　……

4. 附则

4.1　责任期限自项目开工至完工为止。

4.2　本责任书一式两份，甲乙双方各执一份。

4.3　若签订责任书的责任人发生变动，则由续任者重新签订本责任书。

4.4　每月的月末进行一次考核评分。

4.5　……

甲方（签字）：　　　　　　　　　　　　　　乙方（签字）：

年　月　日　　　　　　　　　　　　　　　　年　月　日

2.6.1.13　项目劳务管理员安全生产责任书

项目劳务管理员安全生产责任书

甲方：____________________

乙方：____________________

为了认真贯彻“安全第一，预防为主，综合治理”的安全生产方针，加强项目安全管理和各级岗位安全生产职责的落实，推动安全生产标准化建设，切实保障施工现场全体职工的生命财产安全，确保施工生产顺利进行，特制订本安全生产责任书。凡是在公司内从事项目施工的管理人员，必须与项目经理签订安全生产责任书。

1. 安全生产管理目标

1.1 负责落实实名制登记、门禁系统制度，做好劳务人员进场三级安全教育和用工合同签订，确保率100%。

1.2 月度安全教育、管理人员定期安全教育和安全生产周例会参与率100%。

1.3 ……

2. 安全生产责任制

2.1 组织劳务作业人员开展三级安全教育，确保进入现场的劳务作业人员均接受相应的安全教育，并将教育记录进行归档。

2.2 参与对作业人员的入场安全教育和日常教育。

2.3 建立劳务作业人员花名册，按当地政府主管部门要求办理劳务作业人员备案登记和有关保险的缴纳。

2.4 监督劳务公司及时与作业人员签订用工合同，监督劳务作业人员工资按时发放，并收集工资发放记录。

2.5 监督劳务分包单位组织作业的工人进行入场体检，并建立劳动者健康监护档案。

2.6 负责施工现场门禁使用管理，及时办理门禁卡、设备维护等工作。

2.7 发生事故时，参与事故救援，并配合事故调查，认真落实防范措施。

2.8 ……

3. 考核

3.1 考核程序：项目领导班子对项目管理人员进行考核。

3.2 考核评价：考核结果分为优良、合格、不合格三个等级。

3.3 考核结果作为个人绩效成绩考核、评优晋升的依据。

3.4 考核表见39页。

3.5 ……

4. 附则

4.1 责任期限自项目开工至完工为止。

4.2 本责任书一式两份，甲乙双方各执一份。

4.3 若签订责任书的责任人发生变动，则由续任者重新签订本责任书。

4.4 每月的月末进行一次考核评分。

4.5 ……

甲方（签字）： 乙方（签字）：

年 月 日 年 月 日

2.6.1.14 项目机械工程师安全生产责任书

项目机械工程师安全生产责任书

甲方：______________________________

乙方：______________________________

为了认真贯彻“安全第一，预防为主，综合治理”的安全生产方针，加强项目安全管理和各级岗位安全生产职责的落实，推动安全生产标准化建设，切实保障施工现场全体职工的生命财产安全，确保施工生产顺利进行，特制订本安全生产责任书。凡是在公司内从事项目施工的管理人员，必须与项目经理签订安全生产责任书。

1. 安全生产管理目标

1.1　杜绝安全生产死亡责任事故。

1.2　不发生火灾、机械设备事故和管线破坏等较大影响的安全事故。

1.3　杜绝发生群体性（3 人及以上）职业病和食物中毒等事件。

1.4　特殊工种持证上岗率 100%。

1.5　中小型机械设备组织验收率 100%，起重机械设备安装、顶升、加节、附墙及拆卸等特殊过程现场监督率 100%。

1.6　开展机械设备的运行情况半月一次检查率 100%。

1.7　月度安全教育、管理人员定期安全教育、安全生产周例会、工人进场安全教育、班组活动参与率 100%。

1.8　……

2. 安全生产责任制

2.1　对机械设备的安全负直接管理责任。负责落实国家、地方的各项法律法规，制订项目机械设备安全管理制度。

2.2　组织设备进场安装前的联合验收，并建立验收台账。

2.3　审查、收集建筑起重设备产权单位的安装资质、安全许可证和人员的资格并收集相关资料，组织实施安装拆卸人员的安全交底和进场安全教育。

2.4　参加对起重机械设备安装完成后的检查和验收，督促安装单位及时检测、办理许可证，使用登记。

2.5　对起重机械设备安装、拆卸及顶升、加节、附墙等特殊过程进行现场监督。

2.6　督促设备出租商对起重机械设备及其安全保护装置、吊具、索具等进行经常性和定期的检查、维护和保养。如发现隐患，书面通知产权单位整改，必要时有权采取停用措施。

2.7　负责进场机械设备的安全管理，并建立相应的技术档案。

2.8　每天对机械设备运行进行巡查，每半月组织一次专项检查，并复查整改落实情况。

2.9　参与事故救援，并配合事故调查，认真落实防范措施。

2.10　……

3. 考核

3.1　考核程序：项目领导班子对项目管理人员进行考核。

3.2　考核评价：考核结果分为优良、合格、不合格三个等级。

3.3　考核结果作为个人绩效成绩考核、评优晋升的依据。

3.4　考核表见 40 页。

3.5　……

4. 附则

4.1　责任期限自项目开工至完工为止。

4.2　本责任书一式两份，甲乙双方各执一份。

4.3　若签订责任书的责任人发生变动，则由续任者重新签订本责任书。

4.4　每月的月末进行一次考核评分。

4.5　……

甲方（签字）：　　　　　　　　　　　　乙方（签字）：

年　月　日　　　　　　　　　　　　　　年　月　日

2.6.1.15 项目材料管理员安全生产责任书

项目材料管理员安全生产责任书

甲方：________________

乙方：________________

为了认真贯彻“安全第一，预防为主，综合治理”的安全生产方针，加强项目安全管理和各级岗位安全生产职责的落实，推动安全生产标准化建设，切实保障施工现场全体职工的生命财产安全，确保施工生产顺利进行，特制订本安全生产责任书。凡是在公司内从事项目施工的管理人员，必须与项目经理签订安全生产责任书。

1. 安全生产管理目标

1.1 杜绝安全生产死亡责任事故。

1.2 不发生火灾、机械设备事故和管线破坏等较大影响的安全事故。

1.3 杜绝发生群体性（3人及以上）职业病和食物中毒等事件。

1.4 确保所采购的劳动防护用品的合格性，履行进场验收程序，相关资料齐全、完整。

1.5 月度安全教育、管理人员定期安全教育参与率100%。

1.6 ……

2. 安全生产责任制

2.1 对物资、劳动保护用品的安全管理，对采购的劳动防护用品的质量负责，所有料具用品均应符合国家法律法规和行业标准。

2.2 负责安全物资、劳保防护用品的采购和管理，并组织进场验收，收集产品质量合格证明材料，建立台账。

2.3 做好现场材料的堆放和物品存储工作，加强对现场易燃易爆、有毒有害及可能造成对人体伤害、环境污染等物品的运输、发放和回收管理。

2.4 对安全物资定期进行检验，不合格或过期的，要维修、报废或更新，确保安全后方可使用。

2.5 负责进入施工现场的供应商人员的安全管理。

2.6 参加应急救援，负责所需设备、材料、用品等的及时供应。

2.7 ……

3. 考核

3.1 考核程序：项目领导班子对项目管理人员进行考核。

3.2 考核评价：考核结果分为优良、合格、不合格三个等级。

3.3 考核结果作为个人绩效成绩考核、评优晋升的依据。

3.4 考核表见41页。

3.5 ……

4. 附则

4.1 责任期限自项目开工至完工为止。

4.2 本责任书一式两份，甲乙双方各执一份。

4.3 若签订责任书的责任人发生变动，则由续任者重新签订本责任书。

4.4 每月的月末进行一次考核评分。

4.5 ……

甲方（签字）：　　　　　　　　　　乙方（签字）：

年　月　日　　　　　　　　　　　　年　月　日

2.6.2　安全生产责任制考核表

2.6.2.1　项目经理安全生产责任制考核表

项目经理安全生产责任制考核表

单位名称：　　　　　　　　　　　　　　项目名称：

被考核人			职务	项目经理	
序号	责任制考核内容	应得分	责任制考核情况	实得分	
1	项目经理是项目安全生产第一责任人，对项目的安全生产工作负全面责任	10分	项目经理是安全生产第一责任人，能够对安全生产工作全面负责		
2	建立项目安全生产责任制，与项目管理人员签订安全生产责任书，组织对项目管理人员的安全生产责任考核	10分	建立了项目管理人员各岗位安全生产责任制，与项目各岗位管理人员签订安全协议××份，每月组织对各岗位管理××人员共计××人进行责任考核		
3	组织制订和完善项目安全生产制度和操作规程	10分	组织制订和完善××制度和××等安全操作规程		
4	每月带班生产时间不得小于当月施工时间的80%	10分	项目经理本月带班××天		
5	参与或主持本项目安全策划、安全工作计划的制订	10分	参与制订项目安全策划书，并参与制订××施工阶段的安全工作计划		
6	负责安全生产措施费用的足额投入，有效实施	10分	能够保证安全生产措施费用足额投入并专款专用，目前共投入安全生产费用达到××元		
7	组织并参加对项目管理人员和作业工人的安全教育，组织并参加项目的安全检查	10分	参加了工人入场安全教育××次，项目管理人员安全教育××次，参加安全检查××次		
8	组织召开安全生产领导小组会议、安全生产例会，研究解决安全生产中的难题	10分	组织召开安全生产领导小组会议、安全生产例会共计××次，研究解决安全生产中的难题		
9	组织应急预案的编制、评审及演练	10分	组织制定了××份应急预案，××培训××次、××演练××次		
10	及时、如实报告生产安全事故，负责事故现场保护和伤员救护工作，配合事故调查和处理	10分	当月安全生产管理体系运行平稳，未发生生产安全事故		
考核结果	经考核，________同志考核分数为________分，能（不能）落实安全生产责任制内容。 考核人签字：　　　　　　　　考核日期：　　年　月　日				

注：1. 每季度末公司对项目经理进行考核；

2. 考核记录安全部存档。

2.6.2.2 项目总工安全生产责任制考核表

项目总工安全生产责任制考核表

单位名称： 项目名称：

被考核人		职务		项目总工
序号	责任制考核内容	应得分	责任制考核情况	实得分
1	项目总工对项目安全生产负技术领导责任	12分	能够组织项目安全生产技术工作	
2	严格落实安全技术标准规范，根据项目实际配备有关安全技术标准、规范	11分	能够严格落实安全生产技术标准规范，根据项目实际配备××安全技术标准、规范	
3	组织编制危险性较大的分部分项工程安全专项施工方案，组织超过一定规模的危险性较大的分部分项工程的专项方案专家论证	11分	组织编制××（危险性较大的分部分项工程）安全专项施工方案，组织××（超过一定规模的危险性较大的分部分项工程）的专项方案专家论证	
4	组织施工组织设计（施工方案）技术交底，检查施工组织设计或施工方案中安全技术措施落实情况	11分	组织施工组织设计、××施工方案技术交底，交底××份。检查施工组织设计或××施工方案中安全技术措施落实情况	
5	组织对危险性较大的分部分项工程的验收，参与安全防护设施、大型机械设备及特殊结构防护的验收	11分	组织对××（危险性较大的分部分项工程）的验收，参与安全防护设施、大型机械设备及特殊结构防护的验收	
6	对施工方案中安全技术措施的变更或采用新材料、新技术、新工艺等要及时上报，审批后方可组织实施，并做好培训和交底工作	11分	对施工方案中安全技术措施的变更或采用××新材料、新技术、新工艺等及时上报，审批后组织了实施，并做了培训和交底工作	
7	参加安全检查工作，对发现的重大隐患提出整改技术措施	11分	参加××次项目安全检查工作，对发现的××重大隐患提出整改措施	
8	组织危险源的识别、分析和评价，编制危险源清单	11分	组织对危险源的识别、分析和评价，编制了危险源清单	
9	参加事故应急和调查处理，分析技术原因，制订预防和纠正技术措施	11分	当月安全生产管理体系运行平稳，未发生生产安全事故	
考核结果	经考核，________同志考核分数为________分，能（不能）落实安全生产责任制内容。 考核人签字： 考核日期： 年 月 日			

注：1. 每季度末项目经理组织项目领导班子，对全员进行责任制考核；
2. 考核记录安全部存档。

2.6.2.3　项目生产经理安全生产责任制考核表

项目生产经理安全生产责任制考核表

单位名称：　　　　　　　　　　　　　　　　　　　　项目名称：

被考核人		职务		项目生产经理
序号	责任制考核内容	应得分	责任制考核情况	实得分
1	组织项目施工生产，对项目的安全生产负主要领导责任	10分	能够对施工现场安全生产工作进行总体组织、协调、控制	
2	组织实施工程项目总体和施工各阶段安全生产工作规划，组织落实工程项目人员的安全生产责任制	10分	组织实施工程项目总体和××施工阶段安全生产工作规划，组织落实工程项目人员的安全生产责任制	
3	组织落实安全生产法律法规、标准规范及规章制度，定期检查落实情况	10分	组织落实安全生产法律法规、标准规范及规章制度，定期检查落实情况并进行合规性评价评价结果为××	
4	组织实施安全专项方案和技术措施，检查指导安全技术交底	10分	组织实施××安全专项方案和××技术措施，检查指导××部位的安全技术交底	
5	组织对安全防护设施、临时用电设施、消防设施及中小型机械设备的验收，参与危险性较大的分部分项工程的安全验收	10分	组织对安全防护设施、临时用电设施、消防设施及中小型机械设备进行了验收，参与危险性较大的分部分项工程的安全验收	
6	配合项目经理组织定期安全生产检查，组织日常安全生产和文明施工检查，对发现的问题落实整改	10分	配合项目经理组织定期安全生产检查，检查了××次，组织日常安全生产和文明施工检查，对发现的问题能够有效地落实整改	
7	协助项目经理组织项目管理人员和作业工人的安全教育，提高安全意识	10分	协助项目经理组织项目管理人员和作业工人的安全教育，教育了××次合计××人	
8	组织项目积极参加各项安全生产、文明施工达标活动	10分	组织项目积极参加哪些安全生产、文明施工达标活动	
9	组织落实职业健康防控措施	10分	组织落实××职业健康防控措施	
10	发生伤亡事故时，按照应急预案处理，组织抢救人员、保护现场	10分	当月安全生产管理体系运行平稳，未发生生产安全事故	
考核结果	经考核，________同志考核分数为________分，能（不能）落实安全生产责任制内容。 考核人签字：　　　　　　考核日期：　　年　月　日			

注：1. 每季度末项目经理组织项目领导班子，对全员进行责任制考核；

2. 考核记录安全部存档。

2.6.2.4 项目安全总监安全生产责任制考核表

项目安全总监安全生产责任制考核表

单位名称： 项目名称：

被考核人		职务		项目安全总监
序号	责任制考核内容	应得分	责任制考核情况	实得分
1	对项目的安全生产进行监督检查	9分	能够对施工现场的安全生产进行监督检查	
2	监督项目安全生产费用的落实	9分	监督项目安全生产费用的落实，本月共落实安全生产费用达××万元	
3	参与项目安全生产管理实施细则的编制，对落实情况进行监督	9分	参与项目安全生产管理实施细则的编制，对落实情况进行监督	
4	协助制订项目有关安全生产管理制度、生产安全事故应急预案	9分	协助制订项目××安全生产管理制度、××生产安全事故应急预案	
5	参与编制项目安全设施和消防设施方案，参与现场安全警示标志的合理布置	9分	协助制订项目××安全生产管理制度、××生产安全事故应急预案	
6	参与安全生产技术交底及各类安全验收	9分	参与××部位安全生产技术交底及××安全验收	
7	参与定期安全生产检查，组织安全管理人员每天巡查，督促隐患整改。对存在重大安全隐患的分部分项工程，有权下达停工整改决定，并直接向上级单位报告的权利	9分	参与项目安全周检查××次，组织安全管理人员每天巡查，督促隐患整改，下达整改单××份××项。对××部位存在重大安全隐患的分部分项工程，下达了停工整改，并向项目经理做了汇报	
8	落实员工安全教育、培训、持证上岗的相关规定，协助项目经理组织作业人员入场三级安全教育	9分	对作业人员入场三级安全教育，教育了××次，总人数达到××人。对××岗位人员进行了专项培训并考试	
9	组织开展安全生产月、安全达标、安全文明工地创建活动，督促主责部门及时上报有关活动资料	9分	组织开展安全生产月、安全达标、安全文明工地创建活动，督促主责部门及时上报有关活动资料	
10	协助项目经理组织日常安全教育、节假日安全教育、季节性安全教育、特殊时期安全教育等，督促班组开展班前安全活动	9分	协助项目经理组织日常安全教育、节假日安全教育、季节性安全教育、特殊时期安全教育等，对班组班前安全活动开展情况进行了监督检查	
11	发生事故应立即向项目经理、公司安全总监报告，并迅速参与抢救	10分	当月安全生产管理体系运行平稳，未发生生产安全事故	
考核结果	经考核，________同志考核分数为________分，能（不能）落实安全生产责任制内容。 考核人签字： 考核日期： 年 月 日			

注：1. 每季度末项目经理组织项目领导班子，对全员进行责任制考核；

2. 考核记录安全部存档。

2.6.2.5　项目商务经理安全生产责任制考核表

项目商务经理安全生产责任制考核表

单位名称：　　　　　　　　　　　　　　　　项目名称：

被考核人			职务	项目商务经理	
序号	责任制考核内容		应得分	责任制考核情况	实得分
1	确定工程合同中安全生产措施费，在业主支付工程款时确保安全生产措施费同时完成支付		25 分	确定工程合同中安全生产措施费共计××万元，在业主支付工程款时确保安全生产措施费同时得到支付，支付了××万元	
2	在组织工程合同交底、签订分包合同时，明确安全生产、文明施工措施费范围、比例（或数量）及支付方式		25 分	在组织工程合同交底、签订分包合同时，明确安全生产、文明施工措施费范围、比例（%）及支付方式是××	
3	保证安全生产措施费的及时支付，做到专款专用，优先保证现场安全防护和安全隐患整改的资金		25 分	保证了安全生产措施费的及时支付，能够做到专款专用，优先保证现场安全防护和安全隐患整改的资金达××万元	
4	审核项目安全生产措施费清单，对该费用的统筹、统计工作负责		25 分	对项目安全生产措施费清单进行审核，能够对该费用的统筹、统计工作负责	
考核结果	经考核，________同志考核分数为________分，能（不能）落实安全生产责任制内容。 考核人签字：　　　　　　　　　　　　考核日期：　　年　月　日				

注：1. 每季度末项目经理组织项目领导班子，对全员进行责任制考核；

2. 考核记录安全部存档。

2.6.2.6 项目物资经理安全生产责任制考核表

项目物资经理安全生产责任制考核表

单位名称：　　　　　　　　　　　　　　　项目名称：

被考核人			职务	项目物资经理
序号	责任制考核内容	应得分	责任制考核情况	实得分
1	对安全物资和设备方面的安全质量负主要领导责任	20分	安全物资和设备方面的安全质量合格	
2	负责安全物资、劳保防护用品的采购和管理，所有料具用品均应符合国家或有关行业规定，并组织进场验收，收集产品质量合格证明材料，建立台账	20分	采购××，合格证和质量报告齐全；各项台账齐全	
3	做好现场材料的堆放和物品存储工作，加强对现场易燃易爆、有毒有害及可能造成对人体伤害、环境污染等物品的存储、发放和回收管理	20分	材料的堆放和物品存储工作符合要求	
4	对安全物资定期进行检验，不合格或过期的，要维修、报废或更新，确保安全使用	20分	当月更换××个灭火器，××个安全帽	
5	参加应急救援，负责所需设备、材料、用品等的及时供应	20分	当月安全生产管理体系运行平稳，未发生生产安全事故	
考核结果	经考核，________同志考核分数为________分，能（不能）落实安全生产责任制内容。 考核人签字：　　　　　　　　考核日期：　　年　月　日			

注：1. 每季度末项目经理组织项目领导班子，对全员进行责任制考核；

2. 考核记录安全部存档。

2.6.2.7　项目质量总监安全生产责任制考核表

项目质量总监安全生产责任制考核表

单位名称：　　　　　　　　　　　　　　　　　　项目名称：

<table>
<tr><td colspan="2">被考核人</td><td></td><td>职务</td><td colspan="2">项目质量总监</td></tr>
<tr><td>序号</td><td colspan="2">责任制考核内容</td><td>应得分</td><td>责任制考核情况</td><td>实得分</td></tr>
<tr><td>1</td><td colspan="2">严格执行施工质量相关安全生产法律法规和标准规范，对本人验收的工序质量安全负直接责任</td><td>15分</td><td>（是、否）执行安全生产法律法规和标准规范，对施工工序进行验收</td><td></td></tr>
<tr><td>2</td><td colspan="2">认真执行项目施工组织设计，严格要求安全技术措施到位</td><td>15分</td><td>（是、否）按照施工组织设计要求安全技术措施到位</td><td></td></tr>
<tr><td>3</td><td colspan="2">参与制订项目工程的安全管理目标</td><td>10分</td><td>（是、否）参与制订项目安全管理目标</td><td></td></tr>
<tr><td>4</td><td colspan="2">负责监督检查工程措施项目的施工质量，发现隐患督促整改，必要时可采取局部停工措施</td><td>20分</td><td>（是、否）及时检查工程措施项目的施工质量，发现隐患立即督促整改</td><td></td></tr>
<tr><td>5</td><td colspan="2">参加安全会议，提出安全合理化建议并参加各项安全生产检查</td><td>20分</td><td>（是、否）按时参加各项安全检查及安全会议并提出建议</td><td></td></tr>
<tr><td>6</td><td colspan="2">发生生产安全事故时，参与事故救援，配合事故调查，认真落实防范措施</td><td>20分</td><td>当月安全生产管理体系运行平稳，未发生生产安全事故</td><td></td></tr>
<tr><td></td><td colspan="2"></td><td></td><td></td><td></td></tr>
<tr><td></td><td colspan="2"></td><td></td><td></td><td></td></tr>
<tr><td></td><td colspan="2"></td><td></td><td></td><td></td></tr>
<tr><td></td><td colspan="2"></td><td></td><td></td><td></td></tr>
<tr><td colspan="2">考核结果</td><td colspan="4">经考核，________同志考核分数为________分，能（不能）落实安全生产责任制内容。
考核人签字：　　　　　　　　　　　　　　　考核日期：　　年　月　日</td></tr>
</table>

注：1. 每季度末项目经理组织项目领导班子，对全员进行责任制考核；
2. 考核记录安全部存档。

2.6.2.8 项目安全工程师安全生产责任制考核表

项目安全工程师安全生产责任制考核表

单位名称： 项目名称：

<table>
<tr><td colspan="2">被考核人</td><td></td><td>职务</td><td colspan="2">项目安全工程师</td></tr>
<tr><td>序号</td><td colspan="2">责任制考核内容</td><td>应得分</td><td>责任制考核情况</td><td>实得分</td></tr>
<tr><td>1</td><td colspan="2">对项目安全生产工作进行监督检查</td><td>14分</td><td>能够认真宣传、贯彻安全生产法律法规、标准规范，并检查督促执行情况</td><td></td></tr>
<tr><td>2</td><td colspan="2">参加各类安全检查，针对发现的安全隐患，督促专业工程师及时做好隐患整改并复查验证</td><td>14分</td><td>每天进行安全巡查，能够及时有效纠正“三违”现象，填写安全日志，对施工现场存在事故隐患下达整改单××份××项，对××重大事故隐患下达局部停工整改单。××施工部位实施旁站监督；对特殊工种人员证件的审查、收集和管理</td><td></td></tr>
<tr><td>3</td><td colspan="2">参加现场机械设备、用电设施、安全防护设施和消防设施的验收</td><td>14分</td><td>参加现场机械设备、用电设施、安全防护设施和消防设施的验收</td><td></td></tr>
<tr><td>4</td><td colspan="2">参加安全教育培训活动及安全技术交底</td><td>14分</td><td>参加××安全教育培训活动××次，××安全技术交底××份</td><td></td></tr>
<tr><td>5</td><td colspan="2">记录安全生产监督日志</td><td>14分</td><td>安全监督日志记录××</td><td></td></tr>
<tr><td>6</td><td colspan="2">建立项目安全管理资料档案，如实记录和收集安全检查、交底、验收、教育培训及其他安全活动的资料</td><td>14分</td><td>建立项目安全管理资料档案，例如实记录和收集安全检查、交底、验收、教育培训及其他安全活动的资料</td><td></td></tr>
<tr><td>7</td><td colspan="2">发生生产安全事故时，立即报告，参与抢救，保护现场，并对事故的经过、应急、处理过程做好详细记录</td><td>16分</td><td>当月安全生产管理体系运行平稳，未发生生产安全事故</td><td></td></tr>
<tr><td></td><td colspan="2"></td><td></td><td></td><td></td></tr>
<tr><td></td><td colspan="2"></td><td></td><td></td><td></td></tr>
<tr><td colspan="2">考核结果</td><td colspan="4">经考核，________同志考核分数为________分，能（不能）落实安全生产责任制内容。
考核人签字： 考核日期： 年 月 日</td></tr>
</table>

注：1. 每季度末项目经理组织项目领导班子，对全员进行责任制考核；
2. 考核记录安全部存档。

2.6.2.9　项目专业工程师安全生产责任制考核表

项目专业工程师安全生产责任制考核表

单位名称：　　　　　　　　　　　　　　　　　　项目名称：

被考核人			职务	项目专业工程师	
序号	责任制考核内容		应得分	责任制考核情况	实得分
1	对其管理的单位工程（施工区域或专业）范围内的安全生产、文明施工、职业健康全面负责		15 分	能够对（施工区域或专业）范围内的安全生产、文明施工全面负责	
2	严格执行专项安全方案，按施工技术措施和安全技术操作规程要求，结合工程特点，以书面方式向班组进行安全技术交底，履行签字手续，做好交底记录		15 分	能够严格执行制订的××安全施工方案，按照××施工技术措施和××安全技术操作规程要求，以书面方式向班组进行安全技术交底，履行签字手续，做好交底记录，当月共计下达安全技术交底××份	
3	对临边、洞口防护设施、消防设施及器材、危险性较大的分部分项工程提出验收申请，并参加验收		20 分	负责管理范围内临边、洞口防护、消防器材配备等安全设施的验收，参与××（危险性较大的安全分项工程）机械设备的验收	
4	参加危险作业审核、安全生产例会、安全检查，对管辖范围内的安全隐患制订整改措施，落实整改；负责对危险性较大分部分项工程施工的现场指导和管理		20 分	对××危险作业进行审核，参加××安全检查，参加××次安全会议，落实整改管辖范围内的安全隐患，现场指导危险性较大的分部分项工程施工	
5	参加项目安全生产、文明施工检查，对管辖范围内的事故隐患制订整改措施，落实整改		15 分	参加项目安全生产、文明施工检查，检查了××次，对管辖范围内××隐患制订整改措施××条，落实整改××项	
6	发生生产安全事故，立即向项目经理报告，组织抢救伤员和人员疏散，并保护好现场，配合事故调查，认真落实防范措施		15 分	当月安全生产管理体系运行平稳，未发生生产安全事故	
考核结果	经考核，________同志考核分数为________分，能（不能）落实安全生产责任制内容。 考核人签字：　　　　　　　　　　考核日期：　　年　月　日				

注：1. 每季度末项目经理组织项目领导班子，对全员进行责任制考核；

2. 考核记录安全部存档。

2.6.2.10 项目技术员安全生产责任制考核表

项目技术员安全生产责任制考核表

单位名称： 项目名称：

<table>
<tr><td colspan="2">被考核人</td><td></td><td>职务</td><td colspan="2">项目技术员</td></tr>
<tr><td>序号</td><td colspan="2">责任制考核内容</td><td>应得分</td><td>责任制考核情况</td><td>实得分</td></tr>
<tr><td>1</td><td colspan="2">负责现场使用的国家规范、标准及地方法规的有效性，杜绝无标准操作或使用作废版本</td><td>15分</td><td>确保项目部的安全标准化规范齐全有效</td><td></td></tr>
<tr><td>2</td><td colspan="2">组织编制技术操作规程，制订安全技术措施，督促落实并检查其执行情况</td><td>15分</td><td>编制××技术操作规程，制订安全××技术措施，并检查落实情况</td><td></td></tr>
<tr><td>3</td><td colspan="2">配合总工编制施工组织设计或专项方案</td><td>20分</td><td>当月编制××方案</td><td></td></tr>
<tr><td>4</td><td colspan="2">参与危险源的识别、分析和评价，编制危险源清单</td><td>20分</td><td>当月开展危险源辨识，发现危险源××条</td><td></td></tr>
<tr><td>5</td><td colspan="2">参与对新技术、新材料、新设备、新工艺使用过程中相应安全技术措施和安全操作规程的制订与编制工作，并监督其执行</td><td>15分</td><td>当月无新技术、新材料、新设备、新工艺</td><td></td></tr>
<tr><td>6</td><td colspan="2">参与生产安全事故的调查、处理，从技术上提出防范措施，并监督落实</td><td>15分</td><td>当月安全生产管理体系运行平稳，未发生生产安全事故</td><td></td></tr>
<tr><td></td><td colspan="2"></td><td></td><td></td><td></td></tr>
<tr><td></td><td colspan="2"></td><td></td><td></td><td></td></tr>
<tr><td></td><td colspan="2"></td><td></td><td></td><td></td></tr>
<tr><td></td><td colspan="2"></td><td></td><td></td><td></td></tr>
<tr><td colspan="2">考核结果</td><td colspan="4">经考核，________同志考核分数为________分，能（不能）落实安全生产责任制内容。
考核人签字： 考核日期： 年 月 日</td></tr>
</table>

注：1. 每季度末项目经理组织项目领导班子，对全员进行责任制考核；

2. 考核记录安全部存档。

2.6.2.11　项目预算员安全生产责任制考核表

项目预算员生产安全责任制考核表

单位名称：　　　　　　　　　　　　　　　　　　项目名称：

被考核人		职务	项目预算员	
序号	责任制考核内容	应得分	责任制考核情况	实得分
1	对项目部的生产安全措施费及时做出合理预算，保证生产安全措施费计提合理符合国家规定	20 分	当月生产安全措施费计提符合规定	
2	参与编制项目安全文明施工措施费使用计划	20 分	编制××生产安全措施费使用计划	
3	对项目部的劳保防护用品的发放及时做出合理预算，保证劳保防护用品的及时发放	20 分	劳保防护用品措施费符合规定	
4	在审核分包单位的工程结算书时，同时审核安全文明施工措施费的使用情况	20 分	对分包单位安全文明施工措施费审计和管控	
5	发生生产安全事故时，参与事故救援，配合事故调查，认真落实防范措施	20 分	当月安全生产管理体系运行平稳，未发生生产安全事故	
考核结果	经考核，________同志考核分数为________分，能（不能）落实安全生产责任制内容。 考核人签字：　　　　　　　　考核日期：　　年　月　日			

注：1. 每季度末项目经理组织项目领导班子，对全员进行责任制考核；
　　2. 考核记录安全部存档。

2.6.2.12 项目试验员安全生产责任制考核表

项目试验员安全生产责任制考核表

单位名称： 项目名称：

被考核人			职务	项目试验员
序号	责任制考核内容	应得分	责任制考核情况	实得分
1	严格遵守本公司安全生产守则，执行安全生产制度、规定及安全技术操作规程	10分	（是、否）遵守本公司安全生产守则，执行安全生产制度、规定及安全技术操作规程	
2	纠正阻止他人违章操作及冒险作业，不服从管理的人员，应立即报告有关领导，予以阻止	15分	（是、否）纠正阻止他人违章操作及冒险作业	
3	负责对协助试验的人员进行安全作业指导，对协助作业人员的安全负责	15分	（是、否）对协助人员进行安全教育	
4	当工具的安全装置、安全器件、防护装置缺陷或安全器件失灵，立即停止使用，并配合维修人员做好修复工作	15分	当本月××失效，进行维修	
5	发现本岗位存在隐患立即向领导报告，及时消除存在隐患	15分	当月发现××条隐患，已完成整改	
6	积极参加单位组织的安全活动，不断提高操作水平	15分	（是、否）积极参加单位组织的各项安全活动	
7	发生生产安全事故，参与事故救援，配合事故调查，认真落实防范措施	15分	当月本项目安全生产管理体系运行平稳，未发生生产安全事故	
考核结果	经考核，________同志考核分数为________分，能（不能）落实安全生产责任制内容。 考核人签字： 考核日期： 年 月 日			

注：1. 每季度末项目经理组织项目领导班子，对全员进行责任制考核；

2. 考核记录安全部存档。

2.6.2.13　项目劳务管理员安全生产责任制考核表

项目劳务管理员安全生产责任制考核表

单位名称：　　　　　　　　　　　　　　　　　　　项目名称：

被考核人			职务	项目劳务管理员	
序号	责任制考核内容	应得分	责任制考核情况	实得分	
1	组织劳务作业人员开展三级安全教育，确保进入现场的劳务作业人员均接受相应的安全教育，并将教育记录进行归档	15 分	能够在项目经理的领导下参与劳务作业人员的三级安全教育，教育培训××次××人，确保进入现场的劳务作业人员××%接受相应的安全教育		
2	参与对作业人员的人场安全教育	15 分	参与对劳务作业人员的日常安全教育		
3	建立劳务作业人员花名册，按当地政府主管部门要求办理劳务作业人员备案登记和有关保险的缴纳	15 分	建立劳务作业人员花名册，已建立××名工人台账，按当地政府主管部门要求办理劳务作业人员备案登记，缴纳保险费××万元		
4	监督劳务公司及时与作业人员签订用工合同，监督劳务作业人员工资按时发放，并收集工资发放记录	15 分	监督劳务公司及时与作业人员××人签订用工合同，监督劳务作业人员工资按时发放，收集工资发放记录××份。合同及工资发放表均真实有效		
5	监督劳务分包单位组织作业工人进行入场体检，建立劳动者健康监护档案	15 分	当月新进××人，××人完成了体验		
6	负责施工现场门禁使用管理，及时办理门禁卡、设备维护等工作	10 分	当月门禁系统××		
7	发生事故时，参与事故救援，配合事故调查，认真落实防范措施	15 分	当月安全生产管理体系运行平稳，未发生生产安全事故		
考核结果	经考核，________同志考核分数为________分，能（不能）落实安全生产责任制内容。 考核人签字：　　　　　　　　考核日期：　　年　月　日				

注：1. 每季度末项目经理组织项目领导班子，对全员进行责任制考核；

2. 考核记录安全部存档。

2.6.2.14 项目机械工程师安全生产责任制考核表

项目机械工程师生产安全责任制考核表

单位名称： 项目名称：

被考核人		职务	项目机械工程师	
序号	责任制考核内容	应得分	责任制考核情况	实得分
1	对机械设备的安全负直接管理责任。负责落实国家、地方的各项法律法规，制订项目机械设备安全管理制度	10分	制订了机械设备安全管理制度	
2	参与组织设备进场安装前的联合验收，建立验收台账	10分	对××进行验收，建立验收台账	
3	审查、收集建筑起重设备产权单位的安装资质、安全许可证和人员的资格并收集相关资料，组织实施安装拆卸人员的安全交底和进场安全教育	10分	参加×××起重机械设备安装完成后的检查和验收，督促安装单位及时检测、办理使用登记备案	
4	参加对起重机械设备安装完成后的检查和验收，督促安装单位及时检测、办理使用登记	10分	参加××中小型机械设备的验收，建立了验收台账	
5	对起重设备安装、拆卸及顶升、加节、附墙等特殊过程现场监督	15分	对××起重设备安装、拆卸及顶升、加节、附墙现场监督	
6	督促设备出租商对起重机械设备及其安全保护装置、吊具、索具等进行经常性和定期的检查、维护和保养	15分	督促××设备出租商对××起重机械设备及其安全保护装置、吊具、索具等进行经常性和定期的检查、维护和保养	
7	负责机械设备管理资料的归档管理	10分	能够对机械设备管理资料的归档管理，对××机械设备××岗位人员证件进行审查、收集和整理	
8	每天对机械设备运行进行巡查，每半月组织一次专项检查，并复查整改落实情况	10分	当月组织专项检查××次，下发整改单××份，整改落实情况××	
9	参与事故救援，配合事故调查，认真落实防范措施	10分	当月安全生产管理体系运行平稳，未发生生产安全事故	
考核结果	经考核，________同志考核分数为________分，能（不能）落实安全生产责任制内容。 考核人签字： 考核日期： 年 月 日			

注：1. 每季度末项目经理组织项目领导班子，对全员进行责任制考核；
2. 考核记录安全部存档。

2.6.2.15　项目材料管理员安全生产责任制考核表

项目材料管理员安全生产责任制考核表

单位名称：　　　　　　　　　　　　　　　　　　项目名称：

被考核人			职务	项目材料管理员	
序号	责任制考核内容		应得分	责任制考核情况	实得分
1	对物资、劳动保护用品的安全管理，对采购的劳动防护用品的质量负责，所有料具用品均应符合国家法律法规和行业标准		15 分	当月新进场劳保用品均（是否）有合格证，质量检查报告，（是否）符合规范要求	
2	负责安全物资、劳保防护用品的采购和管理，所有料具用品均应符合国家或有关行业规定，并组织进场验收，收集产品质量合格证明材料，建立台账		15 分	采购××，合格证和质量报告齐全；各项台账齐全	
3	做好现场材料的堆放和物品存储工作，加强对现场易燃易爆、有毒有害及可能造成对人体伤害、环境污染等物品的存储、发放和回收管理		15 分	材料的堆放和物品存储工作符合要求	
4	对安全物资定期进行检验，不合格或过期的，要维修、报废或更新，确保安全使用		15 分	当月更换××个灭火器，××个安全帽	
5	负责进入施工现场的供应商人员的安全管理		20 分	当月供应商××人进入工地，（是否）管理到位	
6	参加应急救援，负责所需设备、材料、用品等的及时供应		20 分	当月安全生产管理体系运行平稳，未发生生产安全事故	
考核结果	经考核，________同志考核分数为________分，能（不能）落实安全生产责任制内容。 考核人签字：　　　　　　　　　　考核日期：　　年　月　日				

注：1. 每季度末项目经理组织项目领导班子，对全员进行责任制考核；

2. 考核记录安全部存档。

2.6.2.16 责任制考核结果公示表

×年×月份责任制考核结果公示表（示意）

工程名称：

施工单位：

序号	姓名	岗位	得分	考核结果	扣分原因	备注
1	张三	安全工程师	89	优良		

考核人：　　　　　　　　时间：

第3章　安全生产管理制度

3.1　编制概况

3.1.1　编制目的

为了加强安全生产工作，防止和减少生产安全事故的发生，保障项目平稳运行，制定本制度。

3.1.2　编制依据

《中华人民共和国安全生产法》（2014）
《建筑施工安全检查标准》（JGJ 59—2011）

3.2　综合类安全管理制度

3.2.1　安全生产例会制度

为了加强项目安全管理，提高项目部全体人员的安全意识，项目部定于每周召开安全生产周例会。每周一、周三、周五召开安全生产日例会，会议记录由安监部记录，工程部负责及时下发。

3.2.1.1　制定目的

总结并研究解决上周施工现场存在的安全隐患，通报上周处罚、奖励情况，查找在日常管理中的不足，总结经验，持续改进，使本项目安全生产工作不断完善。

3.2.1.2　具体要求

1. 项目安全生产周例会由项目经理组织、日例会均由生产经理组织，参加部门有工程部、安监部、机电、各分包现场负责人、安全员等。参加人员必须进行签到，对会议的内容要及时形成会议纪要。

参加会议的人员要准时到场，若不能参加，需提前向生产经理或项目执行经理请假。对逾期无故不参加例会的人员将进行处罚。

2. 主要总结最近一周存在的安全问题及安全隐患，整改、落实情况，提出进一步提高安全生产的对策和要求，并对每周的安全奖罚情况进行通报。

3. 学习上级部门下发的最新的安全生产文件，安全管理制度，安全操作规程、安全技术等知识。

4. 对现场的安全隐患问题进行通报，组织分析、讨论原因，制订整改措施及预防措施。

5. 根据应急事故预案和操作规程的要求，进行应急处置能力的培训，及时按照相关要求进行演练。

6. 进行安全技术、新技术、施工难点等应用的知识学习。

7. 进行讨论，就施工现场安全管理和隐患整改等内容提出合理化建议等要求。

8. 要充分发挥各分包现场负责人、专职安全员、班组长的作用，落实各项安全责任。

9. 针对重大安全隐患，要及时召开专题分析会，以便及时处理问题、解决问题。

10. 安全生产日例会主要是针对前一次日例会安排的工作事项进行检查落实情况以及本日的施工

工作以及后续工作安排、施工中需注意的安全事项等情况。

11. 会议结束后，要及时将会议记录发至各部门、各分包单位。对会议做出的决议事项或工作部署、工作安排，各分包要及时落实，总包安监部要进行跟进、监督、检查。

3.2.2 安全生产资金投入及安全生产费用提取、管理和使用制度

3.2.2.1 编制目的

为保证本项目安全生产条件所需的资金投入，特制定本制度。

3.2.2.2 使用范围

适用于本项目各项安全费用的提取以及使用管理。

3.2.2.3 职责

项目经理：项目安全生产第一责任人，负责安全生产措施费用的足额投入，保证专款专用。

商务部：确定工程合同中安全生产措施费，在业主支付工程款时确保安全生产措施费同时完成支付；在组织工程合同交底、签订分包合同时，明确安全生产、文明施工措施费范围，比例或支付方式；审核项目安全生产措施费清单，对该费用的统筹、统计工作负责。

安监部：监督项目安全生产费用的落实。

3.2.2.4 安全生产费用管理

1. 施工现场安全生产费用的构成

安全警示标识，现场围挡，公示标牌，企业标志，场容场貌，材料堆放，现场防火，垃圾清运，粉尘控制，噪声控制，毒害气体控制，办公生活设施，生产设施，临时用电，楼板、屋面、阳台等临边防护，通道口防护，预留洞口防护，电梯井口防护，垂直方向交叉作业防护，高空作业防护，安全防护用品，检测器具，检测费用，新型安全措施应用费用，防护搭设人工费用等。

2. 安全生产费用计提标准

安全生产费用以建筑安装工程造价为计提依据，计提标准按房屋建筑工程按2.0%提取。

3. 安全生产费用的使用

(1) 每年1月份项目经理应组织生产、技术、商务、安全、材料等有关人员编制项目安全生产费用投入计划项目安全生产费用投入计划表。安全生产费用应满足施工现场安全防护、文明施工措施费用，超出部分，据实计入项目成本。

(2) 安全生产费用使用流程按财务有关支付、报销流程执行，并按月统计上报项目安全投入台账。

(3) 项目部在安全生产费用投入方面使用前，先按照物资程序编制需求计划，经各部分审批后，根据相关流程落实使用。

(4) 安全生产费用的使用主要部分应将发票复印件与安全费用汇总一并存档。

(5) 项目部的安全生产费用的使用、管理，接受公司安监部、财务部的监督。

本制度自项目立项之日起实施，自项目结算结束后失效。

3.2.3 安全生产检查制度

3.2.3.1 目的

确保施工项目安全目标的实现，督促施工项目各级人员、各岗位履行安全职责，保证安全技术措施的执行和落实，特制定施工项目安全生产检查制度。

3.2.3.2 项目安全生产逐级检查制度

1. 项目部每周×由项目经理组织，生产经理、各栋号长、安全总监、分包队伍负责人、安全员等开展周安全生产大检查。

2. 项目所有管理人员、专职安全员每日对施工现场要进行巡视、检查。

3. 分包队伍、班组实行日检制度。

4. 工人进入工作面要进行岗前培训、简单的安全检查，作业中、离岗时安全设施和安全环境的自查、自检。

5. 项目部安全员监督各项检查活动的实施和落实。

6. 据施工变化、工作需要及施工季节的不同，项目部由项目经理或生产经理组织不定期的安全生产大检查，例如临电、消防等专项检查，每月不得少于 2 次。

7. 冬季、雨季、高温和大风天气及时开展季节性专项安全检查，并加强日常安全巡检。

8. 节假日期间和节假日前后，进行全面安全检查和巡视。

3.2.3.3 全面安全大检查的主要内容

1. 查是否认真贯彻了“安全第一、预防为主”的方针，是否正确处理了安全和施工生产进度的关系等。

2. 查教育，在时间、内容、人员上是否落实。

3. 查防护，各种现场防护是否达到了标准要求，安全防护技术措施是否得到落实。

4. 查制度，各项管理制度是否健全，是否得到以真正的落实。

5. 查隐患，施工现场各方面是否存在隐患，“三违”“三定”工作是否落实。

6. 查整改，上级部门或项目经理部检查中所发现的安全隐患是否已经整改完毕。

7. 周检或日检的主要内容：工人教育、安全措施、安全技术交底、防护状况、设备设施的验收和安全性、遵纪守法和文明施工等具体项目。

3.2.3.4 隐患整改

对查出的事故隐患要做到“四定”：定整改责任人、定整改措施、定整改完成时间、定整改验收人。

3.2.3.5 检查评比与考核

认真开展安全检查的考核和评比，安全检查结果要与项目岗位效益考核挂钩，好的要给予表扬、给予奖励；差的要批评、给予处罚。

3.2.3.6 档案建立

建立安全生产检查记录和隐患整改档案，及时发现、诊断安全通病和管理缺陷，有效予以纠正，并制订预防措施。

3.2.4 事故隐患排查治理制度

3.2.4.1 制定目的

为了建立安全生产事故隐患排查治理长效机制，加强事故隐患监督、排查管理，防止和减少事故发生，保障项目员工及企业财产安全，根据《安全生产事故隐患排查治理暂行规定》等法律、行政法规，制定本制度。

3.2.4.2 适用范围

本制度适用于本项目事故隐患排查治理方面的工作。

3.2.4.3 事故说明

安全事故隐患（以下简称“事故隐患”）是指违反安全生产法律、法规、规章、标准、规程和安全生产管理制度的规定，或者因其他因素在生产经营活动中存在可能导致事故发生的危险状态、人的不安全行为和管理上的缺陷。

3.2.4.4 事故隐患分类

根据危害及整改难度把事故隐患分为一般事故隐患和重大事故隐患。

一般事故隐患，是指发现后能够立即整改排除的隐患。

重大事故隐患，是指危害和整改难度大，需全部或者局部停工，并经过一定时间整改治理方能排除的隐患，或者因外部因素影响致使自身难以排除的隐患。

3.2.4.5 职责分工

项目部各部门职责范围内对项目排查出的治理事故隐患工作实施监督管理，各部门主要负责人对项目部事故隐患排查治理工作负责。

3.2.4.6 隐患报告

项目部全体员工有发现事故隐患者，均有权向事故隐患排查治理部门安监部和有关部门报告，事故隐患排查治理部门或负责人接到事故隐患报告后，应当按照分工立即组织核查并予以处理、整改、落实，并排除隐患。

3.2.4.7 隐患整改单

项目部事故隐患排查治理领导小组要根据项目每周的安全综合检查，对查出的事故隐患，按照事故隐患分类进行登记，并下发《工程项目安全隐患整改通知单》，接到安全隐患整改单的部门应尽快制订隐患治理的各项措施并落实。

3.2.4.8 隐患治理

对于一般事故隐患，有隐患发生的单位负责人或者有关人员立即组织整改；对于重大事故隐患，应立即报送公司有关部门，说明隐患的现状、产生的原因、危害程度和整改难度、采取的措施等。

项目部事故隐患治理小组会同项目部相关人员，按照隐患治理规定的期限，对事故隐患单位治理工作完成情况进行复查验收。隐患治理未按期完成或治理不彻底的，对事故隐患存在的单位现场负责人或相关人员、班组长按照相关处罚规定进行相应的经济处罚，并局部或全面停工，并责令限期完成整改。

项目部应经常性地组织生产、技术、工程、安全等部门相关人员对施工现场、生活区进行隐患排查。施工单位现场负责人、管理人员、班组长是事故隐患排查的最基础的环节，要求其加大对隐患排查整改的力度，要提高其安全意识，加强其安全责任心，对现场存在的一般事故隐患应立即组织相关人员进行整改。对于重大事故隐患应按照相关规定进行分析、采取的整改措施等进行上报。并及时上报公司主管部门，以便对施工现场进行管控。

3.2.4.9 事故防范

项目部各责任部门在事故隐患治理过程中，应当采取相应的安全防范措施，防止事故发生。事故隐患排除前或者在排除过程中无法保证安全的，应当从危险区域内撤离作业人员，并疏散可能危及的其他人员，并及时设置警示标志，暂时停工或者停止使用等，对暂时难以停工或者停止使用的相关生产储存装置、设施、设备，应加强维护和保养，做好相关安全防护措施，防止事故的发生。

项目部的事故隐患排查小组要及时组织项目的技术、生产、安全、工程等部门开展季节性事故隐患排查、专项事故隐患排查及节假日前期事故隐患排查治理工作。

3.2.4.10 协议签订

项目部应与各施工单位、租赁方等单位签订安全生产管理协议，明确各方对事故隐患排查、治理的相关措施、要求等。

项目部安监部应当指导、监督施工单位或班组要严格按照法律、法规、规章、标准和规程的要求进行整改、落实各项措施和要求。

3.2.4.11 隐患复查

事故隐患经施工单位整改、治理后，自查认为符合安全生产要求的，其单位要及时相总包安监部或事故隐患治理小组相关人员或部门提出恢复生产的书面申请。经总包相关部门审查同意后，方可恢复生产。

3.2.4.12 奖罚

对于发现、排除和报告事故隐患有功的人员，给与物质奖励和表彰。

对于事故隐患不按期进行排查、治理或治理不彻底的单位或对隐患整改走过场的人员、班组、施工单位按相关安全处罚规定进行处罚、处理。隐患整改通知单范本见下表。

隐患整改通知单

<table>
<tr><td colspan="3" rowspan="2">隐患整改通知单</td><td>表格编号</td></tr>
<tr><td></td></tr>
<tr><td>工程名称及编码</td><td colspan="3"></td></tr>
<tr><td>项目基本情况</td><td colspan="3"></td></tr>
<tr><td>接收单位</td><td></td><td>接收人</td><td></td></tr>
<tr><td colspan="4">整改内容：

检查人：　　　　　　年　月　日</td></tr>
<tr><td>完成期限</td><td>年　月　日</td><td>指定验证人</td><td></td></tr>
<tr><td colspan="4">处理情况和自检结果：

自检人：　　　　　　年　月　日</td></tr>
<tr><td colspan="4">验收记录：

验证人：　　　　　　年　月　日</td></tr>
</table>

注：本表一式二联。交被通知单位一联，下达人留存一联；整改完成并填写“处理情况和自检结果”后，整改单位一联返回下达人。

3.2.5　安全生产验收制度

3.2.5.1　制定目的

为确保安全方案和安全技术措施的实施和落实，施工项目建立安全生产验收制度。

3.2.5.2　安全技术方案实施情况的验收

1. 项目的安全技术方案由项目总工程师牵头组织验收。
2. 交叉作业施工的安全技术措施由区域责任工程师组织验收。
3. 分部分项工程安全技术措施由专业责任工程师组织验收。
4. 一次验收严重不合格的安全技术措施应重新组织验收。
5. 安全总监要参与以上验收活动，并提出自己的具体意见或见解，对需重新组织验收的项目，要督促有关人员尽快整改。

3.2.5.3 设施与设备验收

1. 一般防护设施和中小型机械设备由项目经理部专业责任工程师会同分包有关责任人共同进行验收。

2. 整体防护设施以及重点防护设施由项目总工程师组织区域责任工程师、专业责任工程师及有关人员进行验收。

3. 区域内的单位工程防护设施及重点防护设施由区域责任师组织专业责任工程师、分包施工、技术负责人和工长进行验收。

4. 项目经理部安全总监及相关分包安全员参与验收，其验收资料分专业归档。

5. 因设计方案变更，重新安装、架设的大型设备及高大防护设施须重新进行验收。

6. 安全验收必须严格遵照国家标准、规定，按照施工方案和安全技术措施的设计要求，验收人员严格把关并办理书面签字手续，验收人员对方案、设备、设施的安全保证性能负责。

3.2.6 安全技术管理制度

3.2.6.1 编制概况

项目部施工组织设计或施工方案中必须有针对性的安全技术措施。安全技术措施的编制，必须考虑现场的实际情况、施工特点及周围作业环境，此外，编制的安全技术措施要具有及时性、针对性和具体性。凡施工过程中可能发生的危险因素及建筑物周围外部环境不利因素等，都必须从技术上采取具体且有效的措施予以预防。

安全技术措施中必须有施工总平面图，在图中必须对危险品油库、易燃材料库，变电设备以及材料、构件的堆放位置，塔式起重机、井子架或龙门架、搅拌台的位置等，按照施工需要和安全要求明确定位，并提出要求。

3.2.6.2 必须单独编制安全技术方案的特殊和危险性大的工程

1. 深坑桩基施工与土方开挖方案。

2. ±0.00以下结构施工方案。

3. 工程临时用电技术方案。

4. 结构施工临边、洞口及交叉作业、施工防护安全技术措施。

5. 塔式起重机、施工外用电梯等安装与拆除安全技术方案含基础方案。

6. 大模板施工安全技术方案含支撑系统。

7. 高大、大型脚手架，整体式爬升或提升，脚手架及卸料平台安全技术方案。

8. 特殊脚手架——吊篮架、悬挑架、挂架等安全技术方案。

9. 钢结构吊装安全技术方案。

10. 防水施工安全技术方案。

11. 设备安装安全技术方案。

12. 新工艺、新技术、新材料施工安全技术措施。

13. 冬、雨期施工安全技术措施。

14. 临街防护、临近外架供电线路、地下供电、供气、通风、管线、毗邻建筑物防护等安全技术措施。

15. 主体结构、装修工程安全技术方案。

16. 群塔作业安全技术措施。

17. 单独的安全技术方案，必须有设计、有计算、有详图、有文字要求。

18. 安全技术措施和安全技术方案要有编制、有审批、审核。

3.2.6.3 施工项目实行逐级安全技术交底

1. 工程开工前，项目总工程师将工程概况、施工方法、安全技术措施等情况向各施工单位负责人、工长、项目的管理人员、班组长进行详细交底，并向工程项目全体员工进行交底。

2. 两个及两个以上分包单位或工种配合施工时，工程项目经理、工长要按工程进度定期或不定期地向有关施工单位和班组进行交叉作业的安全书面交底。

3. 工长安排班组长工作前，进行书面的安全技术交底。

4. 班组长每天要对工人进行施工要求、作业环境等的书面安全交底班前安全讲话。

3.2.6.4 安全技术交底的内容

1. 本工程项目施工作业的特点。
2. 本工程项目施工作业中的危险。
3. 针对危险点的具体防范措施。
4. 施工中应注意的安全事项。
5. 有关的安全操作规程和标准。
6. 一旦发生事故后应及时采取的避难和急救措施。
7. 各级书面安全技术交底必须有时间、内容及交底人和接受交底人的签字。交底书面按单位工程分部分项归档存放。

出现以下几种情况时，工程项目经理、技术负责人或工长应及时对班组进行安全技术交底：

1. 因故改变安全操作规程。
2. 实施重大和季节性安全技术措施。
3. 更新仪器、设备和工具，推广新工艺、新技术。
4. 发生因工伤亡事故、机械损坏事故及重大未遂事故。
5. 出现其他不安全因素，导致安全生产环境发生了变化。

施工项目应严格执行安全验收制度。

3.2.7 安全生产值班保卫制度

3.2.7.1 制定目的

为保证现场材料及其工具的安全，制定本制度，各单位以及外来人员必须遵守本制度。

3.2.7.2 细则

1. 施工现场必须安排责任心强、身体健康的人员值班，值班人员要协助材料员，做好材料进出的验收和施工现场的安全防范工作，加强巡逻检查，严防不法分子进行偷盗和破坏活动。

2. 施工现场办公室必须保证门窗完整、安全，钥匙要随身携带，做到人离关窗、上锁，贵重物品(例如现金，手表，电脑等）要随身携带。

3. 施工现场的物资要分类堆放，留出通道且不要紧靠围墙。

4. 材料运出现场，应填写证明，货物出门证明细手续齐全，及时清理水泥袋等易燃物，工程竣工及时收回多余材料。

5. 高档木材、门窗、瓷砖、钢配件、铝合金等贵重材料物资应存放在专门的安全地点。

6. 施工现场配备的消防器材要有专人负责，标明有效期，妥善保管，不得乱丢乱放或移作他用。

7. 施工现场食堂现金、票证要专门人负责，严格保管，食物要存放在安全、卫生的地方妥然保管。

8. 发生事故或案件，要保护好现场，并及时向公安、保卫部门报告，积极协助公安、保卫部门处理事故或侦破案件。

9. 项目和各单位都必须配备门卫值班人员，各个单位及项目对门卫值班人员进行业务指导并进行督促检查。

10. 对工地内的一切建筑物资、设备的数量、规格进行查对，符合出门单的准予出门，凡是无出门单或者出门单不符的，门卫有权暂扣。节假日和下班以后，原则上不准物资出门，例如生产急用，除了必须有出门单据外，经办人员必须出示本人证件，向值班门卫登记签名。

11. 个人携带物品进入大门，值班门卫认为有必要时，有权进行检查，不得拒绝。凡合同期满或提前离开本项目。人员以及调整到其他办事处基地住宿的人员，所携带的行李物品出门，必须到安监部办理出门手续，值班门卫才能放行。

12. 门卫值班人必须坚持原则，不徇私情，对违章人员应给予批评教育和纠正。

13. 提高警惕，对职责范围内的地区巡视、勤检查，防止发生偷窃或治安灾害事故的发生，发现可疑情况及时报告公安、保卫部门。

14. 夜间值班的门卫要将报警器插入电源。

15. 外单位人员进项目、现场联系工作或探亲访友，必须值班室登记经内部人员同意后可领入，夜间访友者必须在晚上十时前离开。

16. 外单位车辆不得在基地内停放过夜，如有特殊情况须经项目领导批准同意。

17. 每个门岗必须保证保安人数，不得私自更换人员。

18. 施工现场进出口必须设置坚固、美观的门卫室，门卫人员要统一着装。遵纪守法，坚守工作岗位，严格执行交接班制度，工作中禁止喝酒。

19. 执勤保安每人配备对讲机一部，手电一个，安全帽一顶。

20. 保安服从队长、项目部的管理。

21. 严格履行职责，认真检查出入场人员，做好各种建筑材料进出的登记管理。

22. 做好交接班记录，人员来访记录，货物出门记录。

23. 对人员管理：所有进入施工现场人员必须佩戴证件，对于与工程无关人员严禁入内。来访人员或参观人员必须说明进入施工现场所找人员姓名，待核实后方可入内，并做好登记。人员出门严禁携带任何与工程有关物品，否则必须到项目进行登记。

24. 发现特殊情况要保护现场，及时报告项目安监部门。

3.2.8 危险性较大的分部分项工程管理制度

3.2.8.1 制定目的

根据《危险性较大分部分项工程安全管理办法》、本工程危险性较大分部分项工程清单、工程现场实际情况、项目部安全管理制度等，制定了本制度。

3.2.8.2 细则

1. 贯彻执行党和国家安全生产的“安全第一、预防为主、综合治理”方针，加强项目绿色安全施工管理，防止发生一般及以上伤亡事故、设备事故、火灾事故，中毒事故、交通事故，维护劳动者的安全与健康，保护国家和企业财产。

2. 执行国家的法律、法规和方针政策，落实安全生产责任制，做好安全生产工作，自觉接受国家监察和行业管理。

3. 施工人员按规定佩戴安全帽并扣好帽带进入施工现场。

4. 按照现行标准《建筑机械使用安全技术规程》(JGJ 33)。配备齐全的安全装置，不带病作业，不超负荷使用，不在机械运转中保养，严格执行现行标准《塔式起重机安全规程》(GB 5144)。

5. 现场临时用电必须符合现行标准《临时用电安全技术规范》(JGJ 46)。

6. 脚手架严禁钢、木、竹混搭，且应经验收合格后使用。

7. 严格执行现行标准《高处作业安全技术规范》(JGJ 80)。在高空作业时，正确穿戴好个人防护用品和防滑鞋，严禁打闹嬉戏和酒后工作。

8. 职工进入工地前应经过三级安全教育、登记建卡，特种作业人员还必须进行专门安全技术培训，持证上岗。

9. 定期开展安全生产检查，组织成立安全生产小组，由负责人为组长，按现行标准《建筑施工安全检查标准》(JGJ 59)，做好绿色施工。

10. 进入施工作业人员，不论任何人违反各项制度，给予一定的处罚。

3.3 人员类安全管理制度

3.3.1 安全生产教育制度

3.3.1.1 制定目的

为加强对员工劳动保护、安全生产基本知识的教育和安全技术的培训，不断提高员工的安全意识、法制水平，使之自觉遵守企业安全生产的规章制度和安全技术操作规程，减少和消除不安全行为，保证项目实现安全生产，根据上级有关规定特制定施工项目安全生产教育制度。

3.3.1.2 细则

1. 工程项目经理、安全负责人必须参加规定课时和规定内容的安全教育培训及年度考核，并持有效的安全生产资格证件上岗。

2. 分包队伍负责人、专职安全员必须参加规定课时和规定内容的安全教育培训及年度考核，并持有效的安全生产资格证件上岗。

3. 新施工人员进入现场必须进行三级安全教育，教育时间不得少于50小时（公司级15小时、项目级15小时、班组级20小时），经考试合格后此类人员方可上岗作业。

4. 特种作业人员必须持省级及以上建委主管部门颁发的建筑施工特种作业证，且在有效期内，方可上岗。

5. 对转场或变换工种的工人必须进行转场或变换工种的安全教育，教育时间不得少于20小时。

6. 各分包单位要认真进行每天的班前安全讲话，讲话内容要有针对性，并做好教育记录。并对早班会的照片、视频、教育内容等及时上报给总包。

7. 认真开展日常的安全教育和安全活动，例如安全周、安全月、百日安全无事故活动，坚持经常化、形式多样化，例如录像、讲座、板报、知识竞赛等，并讲究实际效果。

8. 施工项目必须建立各级、各类人员安全教育培训档案，坚持全体人员的安全继续教育，确保关键岗位和关键人员持证上岗。

9. 每月××日召开全员月度教育大会，各分包单位要积极组织全员参加。每月不少于一次特殊工种的定期安全专项教育活动。

3.3.2 领导干部、项目负责人和管理人员施工现场作业带班制

3.3.2.1 制定目的

1. 为切实加强项目生产安全管理，强化企业负责人及项目负责人安全生产责任落实，排查和治理安全隐患，防止生产安全事故发生，制定本规定。

2. 本规定所称的领导干部，是指项目总包、专业分包、劳务分包的企业法人代表、总经理、主管质量安全和生产工作的副总经理、总工程师和副总工程师，以及企业分公司、事业部层级的经理、主管质量安全和生产工作的副经理、总工程师和副总工程师。建筑施工企业负责人应当持有“A”类安全生产考核合格证书。

3. 本规定所称的项目负责人，是指建筑施工总包、专业分包企业项目经理和劳务分包企业项目管理人。

4. 本规定所称的施工现场，是指承接的施工作业活动的场所。

5. 施工现场带班，是指企业负责人带班检查和项目负责人带班生产。

6. 企业负责人带班检查，是指由建筑施工企业负责人带队实施对工程项目质量安全生产状况及项目负责人带班生产情况的检查。

7. 项目负责人带班生产，是指项目负责人在施工现场组织协调工程项目的质量安全生产活动。

3.3.2.2　项目负责人带班生产要求

1. 项目经理应为备案合同中明确的项目经理，且不得擅自变更。

2. 项目负责人应当确保每月在现场带班生产的实际时间不少于本月施工时间的80%，且不得擅自脱岗。

3. 项目负责人是施工现场带班制度的第一责任人，对落实带班制度全面负责。

4. 项目经理不在岗时应书面委托持有“B”类安全生产考核合格证书的项目执行经理、生产经理、技术负责人等人员代行其承担管理工作，被委托人应相对固定。

5. 当施工现场有超过一定规模的、危险性较大的分部分项工程施工、出现灾害性天气或发现重大隐患、出现险情等情况时，项目负责人等关键岗位人员必须在岗带班。存在局级和公司级监控危险源的项目，要按月、按要求如实提前向上级安全生产监管部门报告。

6. 项目负责人带班生产时，要全面掌握工程项目的质量安全生产状况，加强对重点部位、关键环节的控制，并及时消除隐患。要认真做好带班生产记录并签字存档备查。

7. 实施项目负责人带班生产考勤制度。带班人员名单每天应当在工地内进场的主要通道处进行公示；带班人员要认真做好带班生产记录附件并签字存档备查；与项目部签订生产安全责任书的上级单位，指定专人对项目经理上下班时间进行考勤，可采用项目经理通过手机短信、公司办公平台录入等方式，考勤人员不定时抽查确认，考勤情况记录在案附件。

8. 总包方项目负责人对分包单位项目负责人带班的生产情况进行记录考核，并以此作为对其安全生产标准达标的评判依据之一。

3.3.2.3　奖罚

项目负责人未按规定带班生产，责令限期整改并在公司、分公司或上级单位范围内通报，并根据检查组的组织单位确定，同时记录在案。现场隐患严重的，按局奖罚规定加倍处罚；发生事故的，按上限处罚，并从重追究直接上级企业负责人的责任。

企业负责人未按规定带班检查，责令整改并在同级安委会上通报，同时记入安委会会议纪要；现场隐患严重的，按局奖罚规定加倍处罚；发生事故的，按上限处罚，并从重追究直接上级企业负责人的责任。

项目部现场带班检查的负责人如有变更，及时进行告知。

3.3.2.4　附则

项目部应根据本规定要求，并结合实际情况建立本项目领导干部和管理人员作业现场带班检查的职责权限、组织形式、检查内容、方式以及考核办法等具体事项。

本规定自发布之日起施行。

附表：

1. 项目负责人带班生产情况记录表（本书第53页）

2. 项目负责人带班生产情况考勤记录（本书第54页）

3. 企业负责人带班检查记录（本书第55页）

4. 企业负责人带班检查情况月统计表（本书第56页）

项目负责人带班生产情况记录表

<table>
<tr><td colspan="4">项目经理带班安全检查记录表</td></tr>
<tr><td>项目名称</td><td></td><td>形象进度</td><td>基础阶段 □
主体阶段 □
装饰阶段 □</td></tr>
<tr><td>项目经理
（签字）</td><td></td><td>带班日期</td><td></td></tr>
<tr><td>人员到岗
履职情况</td><td colspan="3">（1）项目管理人员到岗履职情况：

（2）分包管理人员到岗履职情况：</td></tr>
<tr><td>重点部位、
关键环节的
控制情况</td><td colspan="3"></td></tr>
<tr><td>其他安全生产情况</td><td colspan="3"></td></tr>
<tr><td>安全生产隐患
整改情况</td><td colspan="3"></td></tr>
</table>

公司项目负责人带班考勤表

项目名称(全称):　　　　　　　　项目负责人:　　　　　　　　年　　月

编号	上月					本月																										合计
	26	27	28	29	30	31	1	2	3	4	5	6	7	8	9	10	11	12	13	14	15	16	17	18	19	20	21	22	23	24	25	
1																																
2																																
3																																
4																																
5																																
6																																
7																																
8																																
9																																
10																																
11																																
12																																
13																																
14																																
15																																
16																																

企业负责人带班检查记录

<table>
<tr><td colspan="6">领导现场带班安全检查记录表</td></tr>
<tr><td>项目名称</td><td></td><td>项目规模</td><td></td><td>项目地址</td><td></td></tr>
<tr><td>项目经理</td><td></td><td>联系电话</td><td></td><td>形象进度</td><td>基础阶段□
主体阶段□
装饰阶段□</td></tr>
<tr><td>带班领导
（签字）</td><td></td><td>职务</td><td></td><td>带班日期</td><td></td></tr>
<tr><td>重大风险工程</td><td colspan="5"></td></tr>
<tr><td>现场安全生产状况
和管理情况
（在对应方框内打√）</td><td colspan="5">□好　□一般　□差
亮点工作：
存在问题：</td></tr>
<tr><td>下级单位领导带班
安全检查制度
落实情况
（在对应方框内打√）</td><td colspan="5">（1）下级单位领导带班安全检查落实情况：
□ 按要求落实：
□ 未按要求落实：
（2）项目经理/执行经理现场带班安全检查制度落实情况：
□ 按要求落实：
□ 未按要求落实：</td></tr>
<tr><td>下一步安全生产
工作要求</td><td colspan="5"></td></tr>
</table>

企业负责人带班检查情况月统计表

序号	公司	职务	姓名		1	2	3	4	5	6	7	8	9
例	××公司	总经理	李××	带班日期									
				检查项目									
1													
2													
3													
4													
5													

3.3.3 班前安全活动制度

3.3.3.1 教育内容

操作工人在接受完第三级安全教育、熟悉本工种的安全技术操作规程外，每天班前由各队安全员参加，班组长负责组织进行一次班前安全活动，项目部管理人员进行监督，主要内容有：

1. 结合当天安全生产情况，讲评各种安全注意事项。
2. 对本日生产情况进行安全技术交底，对容易发生事故的部位及劳动防护用品的使用提出要求。
3. 本工种的安全操作规程。
4. 各种机具设备及其安全防护设施的性能和作用。
5. 进入新的区域时，要对班组长本次作业工作的概况、工作性质及范围进行交待。

3.3.3.2 班组安全生产基本要求

1. 牢固树立“安全生产，人人有责”的思想，要有较强的自我保护意识，不能只顾干活，不顾安全。确保消除隐患，确保“四不伤害”的发生。
2. 积极参加安全活动，遵守安全操作规程和安全规章制度。对不安全的作业要主动提出改进意见。
3. 熟悉施工要求、作业环境，认真执行安全交底，不违章、不蛮干。
4. 对于没有安全交底的生产任务，施工班组长有权拒绝接受，并有权抵制违章指令。
5. 发扬团结友爱精神，互相关照，并制止他人违章作业。
6. 正确穿戴劳动保护用品，进入施工现场戴好安全帽，高处作业挂好安全带。
7. 操作移动式电动工具时，要穿好绝缘鞋，并戴好绝缘手套。
8. 熟悉所使用工具的性能、操作方法，作业前和作业中注意检查，操作人员不带病上岗，机器不带病运转，发现问题及时报告，经修复后再用。
9. 保护生产现场的一切防护设施，不得任意拆改，例如脚手架、防护栏、孔洞防护等，若必须改动时，要报告机电人员进行处理。
10. 机电设备发生故障，自己不得拆动，要报告机电人员或者电工进行处理。
11. 发生重大伤亡事故和重大未遂事故，要立即向领导报告，保护好现场并如实向调查人员汇报事故情况。
12. 特种作业人员必须持证才能上岗。凡是特种作业的人员，例如电工、架子工、焊工、卷扬机司机、施工升降机司机、塔式起重机司机、起重工、机动车辆驾驶员、爆破工、锅炉及压力容器操作工等，必须经专门培训考试合格后持证上岗，并将其操作证复印件和花名册登记表和考核复验资料等一并存入安全资料档案。对业务能力不符合要求的人员，要进行培训，实际操作必须达标，严禁无证岗。

3.3.4　特种作业管理制度

1. 特种工种作业时，必须先将其特殊工种证件上报给总包安监部，经查验、报审，在教育、培训符合要求后，方可上岗。

2. 施工时设防护和标识，专人监护，操作人员经过专门培训合格取证，懂得简易急救知识，定期体检，正确使用个人防护用品。施工前进行安全培训和安全技术交底，履行签字手续，确保其遵守安全规程，并对作业场所进行全面安全检查，确保安全设施、安全装置灵敏可靠和急救措施齐备后再行作业。特殊作业人员必须持证上岗，并按建设行政主管部门规定参加年度安全培训。

3. 特殊作业人员档案资料应统一管理，其档案及上岗证件必须齐全有效。

4. 特殊作业人员必须按规定执行班前必检制度，对玩忽职守造成安全事故的，追究当事人责任。

5. 特殊作业人员在班前检查中，发现的安全隐患必须及时上报工长、安全员，隐患排除，且经工长、安全员验收合格后方可作业。特殊作业人员严格执行每天 8 小时工作制，须加班时由工长安排轮流值班。

6. 特殊作业人员必须按规定佩带好安全防护用品，并对劳保用品的安全性进行检查。

7. 高处作业人员的衣着应灵便，不得攀登脚手架、门井架或乘吊篮上下，严禁向下抛掷；交叉作业，保持隔离防护棚牢固严密。

8. 临时用电安装、拆除、维修，必须由维修电工完成，搬运、移动用电设备，必须切断电源并做妥善处理后进行，停用的机械设备必须切断电源并锁好开关箱。非机电或电气人员严禁乱动电气设备。在潮湿场所作业，使用安全电压。

9. 严禁机械设备带病运转，垂直运输、起重吊装设备的安装、拆卸，作业队伍必须具备相应资质等级。

10. 各种气瓶的运输、储运、使用，严格遵守有关规定，有防火、防爆防晒防剧烈振动措施，距明火 10m 以上。在易燃易爆场所施焊，先办动火证。高处施焊，要清除下方及周围易燃易爆物，并用阻燃板接住火花。

11. 在有强腐蚀、放射性场所作业，必须保持防护设施的安全有效，锅炉压力容器安装、维修，必须加强通风，操作人员要熟知其内部介质特征。

12. 起重吊装作业，应充分作好准备，四周不得有障碍物，保证起重机械设备、吊具、安全装置灵敏和受力部件、索具强度。作业人员要听从指挥，相互配合，起吊过程力求平稳。

13. 拆除工程严密措施，严禁顺序颠倒，不得造成伤害和殃及毗邻。脚手架和模板拆除应按设计，遵循先支的后拆、后支的先拆、非承重的先拆、承重的后拆原则，严禁向下抛掷。

3.3.5　安全奖罚制度

3.3.5.1　制定目的

为确保项目的顺利施工，提高安全施工管理水平，实现安全目标，杜绝违章作业行为，鼓励安全施工的单位和个人，特制定本制度。

3.3.5.2　安全奖励

安全奖励拟采用口头、精神、物质、奖金的方式：

1. 百万人工时——无事故奖励。

2. 总包审核时业绩最好的专业分包队——发流动红旗/季。

3. 优秀 EHS 管理人员——每半年。

4. 优秀 EHS 个人——每季。

安全建议收集、安全征文、安全知识问答等活动，对表现突出的个人将予以奖励。

其他安全活动的奖励。

3.3.5.3 处罚及处理措施

1. 新入场的工人没有经过安全培训即上岗工作。安全员将立即禁止该工人在现场继续工作，直至该工人完成项目培训，并处人民币 200 元/人的罚款。同时，要求施工队伍的人员尽可能固定，若有人员变化，及时通知安监部，若不及时通知，也不及时上报现场施工人员花名册，对现场施工人员人数不了解的，将处以人民币 500 元以上的罚款。

2. 未按照批准的施工方案工作，将会被立即停止该项工作，直到施工方案经改正符合要求并通过各项检查，方准继续该项施工，同时处以罚款人民币 1000 元/次。

3. 专业分包队没有及时向总包提交安全日报或安全周报，处罚款人民币 100 元/次。

4. 从事特种作业的人员没有相应的特种作业证，要求立即停止该人员的作业，并处罚款人民币 500 元/次。

5. 施工设备或工具在动迁至现场前没有经过检查并记录，或者在现场使用过程中没有定期进行检查并记录，或者出现有缺陷的设备在现场使用，将要求专业分包队立即停止在现场继续使用该设备直至该设备通过了检查方准使用，并将处以罚款人民币 1000 元/次。

6. 施工现场道路、消防通道等必须保持畅通，材料、工具等分类摆放整齐。若没有按照要求摆放，必须立即改正，并处人民币 500 元/次的罚款。

7. 楼内平台孔洞、临边、电梯井口、井道、钢结构、屋面边等、开挖区域、沟、坑、孔、无防护临边等必须进行良好的维护，并符合防护标准。若没有进行维护或封盖，停止该危险区域作业立即落实，同时处以罚款人民币 1000 元。

8. 脚手架施工必须按照批准方案实施，每层脚手架都要有挡脚板、中栏杆、上扶手和通道，涂刷红白警示色。移动架只可在坚固的平面上使用和移动。移动架的底部四周稳固，确保移动式脚手架不会发生倾覆。若没有达到要求，架体搭设随意、无剪刀撑、拉结不到位、脚手板铺设不及时、挡脚板不到位等即投入使用，处以罚款人民币 1000 元。

9. 所有的梯子在使用前都需要经过检查，在施工现场只允许使用成品的便携梯，任何自制的便携梯都将禁止使用。便携梯禁止出现缺挡、损坏、开裂等，梯子必须具有防滑脚。若没有达到要求，停止使用并处以罚款人民币 500 元/次。

10. 吊装作业必须严格执行“十不吊”，其吊装区域进行适当维护，禁止无关人员进入作业区域内，指定合格的起重吊装指挥和司索人员，并在适当的情况下拉设警戒线，起吊信号要明确，禁止进行超负荷起重作业，起重和吊装的设备和索具保持良好状态，符合国家相关要求，没有达到要求，禁止用于起重吊装作业。违反者处以罚款人民币 2000 元。

11. 未做到文明施工、未做到工完场清，处以罚款人民币 500～1000 元/次。

12. 现场电气焊作业，不按照电气焊操作规章制度执行的，无看火人员，无灭火器材，防火措施不到位、火花乱溅，焊工无证或证件过期，个人防护用品不到位等，对其处以人民币 500～1000 元的罚款。

13. 生活区必须遵守生活区管理制度及规定，逐间宿舍编号，每间宿舍必须选出一名室长，具体负责宿舍范围内的卫生、临时用电、消防安全等工作。宿舍必须保持干净整洁；严禁躺在床上吸烟，烟头严禁随地乱扔。宿舍内禁止随意乱接电线，灯头处不得乱搭接电源。宿舍内严禁使用电炉子、电饭锅、热得快、电褥子、碘钨灯等大功率用电设备。严禁在墙面上乱涂、乱画、钉钉子；乱倒脏水；不准将汽油、稀料、油漆等易燃易爆物品带入生活区。爱护消防设施，消防器具不准随意挪用。对违反生活区管理规定的，将处以人民币 500～2000 元的罚款。

食堂应严格执行食堂的各种规章制度，凡违反规定，发生食品安全问题的，将从重处罚，并处以人民币500～2000元的罚款。

14. 分包队人员在本工地打架、斗殴、滋事的，影响工地正常秩序，造成恶劣影响的，对滋事主体进行处罚，每次处以5000～30000元的罚款。

15. 受处罚主体如若将罚款转嫁给工人，将受到双倍的处罚。

3.3.5.4　过错分类

1. 轻微犯规

(1) 没有按要求佩戴个人保护用品，个人保护用品包括安全鞋、安全帽、护目镜、防尘口罩、耳塞和手套的。

(2) 没有正确佩戴个人防护用品的。

(3) 没有佩戴胸卡的。

(4) 使用有缺陷的工具或设备的。

(5) 在非指定区域吸烟的。

2. 较严重的犯规

(1) 非工作时间内在工作区睡觉的。

(2) 教唆工人触犯安全指示或不安全行为的。

(3) 没有遵守现场有效的安全指示的。

(4) 没有遵守警告标志的。

(5) 损坏或滥用安全装置或设备的。

(6) 没有授权进入限制区域的。

(7) 不负责任的驾驶或操作移动设备的。

(8) 架上作业及2m以上无防护设施的高处作业不系安全带者。

(9) 未经主要管理人员许可，擅自动用材料、电器开关、机械设备、电箱、消防器材、安全标志者。

(10) 凡在整改期间内隐患未得到落实整改回执的。

3. 严重犯规。

(1) 打架。

(2) 盗窃。

(3) 工作前饮酒或现场饮酒，使用违禁药物。

(4) 工作时间内在工作区域睡觉。

(5) 命令工人触犯公布的安全规定、程序或不安全行为。

(6) 伪造安全许可证、项目胸卡或需要的报告。

(7) 违反安全标识、障栏或其他安全栅栏管理要求。

(8) 非特种作业人员从事特种作业者。

(9) 特种作业人员未持操作证上岗者。

(10) 私自拆改施工现场安全防护设施、毁坏、挪用安全标识者。

(11) 从高处向下抛掷任何废料者。

(12) 现场违章操作、违章指挥，经有关管理人员制止不听者，无理顶撞领导和不服从管理人员的指挥。

(13) 凡违反本工种操作规程进行施工的。

3.3.5.5　违规处罚

1. 轻微违规

(1) 第一次违规，违规人员将会收到警告信。

（2）第二次违规，违规人员及其主管需要接受再培训，违规人员及其主管学会正确的工作方法，培训费用由分包队承担。

（3）第三次违规，总包应要求分包队将触犯者清退出项目，并处罚分包队500～5000元人民币。

2. 较严重违规

（1）第一次违规，触犯者、其直接主管和工作班组接受再培训，培训费用由分包队承担。

（2）第二次违规，总包应要求分包队将触犯者清退出项目，并处以分包队人民币500～5000元的罚款。

3. 严重违规

总包应要求专业分包队将触犯者清退出项目，并处分包队人民币500～5000元的罚款。

若专业分包队被罚款总值超过人民币20000元，除了罚款，分包队还将被要求停工3天并对其所有员工进行安全教育及培训。由此导致的时间及经济损失由分包队负全责。

此后，如果违规行为继续发生并且分包队没有努力加强安全工作，项目部及安全主管有保留将罚款数额增至三倍的权利。

在某些严重违反安全要求、规则的情况下，总包将停止付款，有可能终止与专业分包队的合同。

罚款金额从工程进度款中扣除。

4. 事故报告

（1）没有及时报告事故。

（2）医疗处理伤害，罚款人民币1000元。

（3）工时损失伤害，罚款人民币5000元。

（4）发生重大伤害事故或发生潜在影响很大的未遂事故，总包、安全主管将保留对分包队做出如下处罚的权利：

① 发生重大伤害事故，处罚分包队不高于人民币50000元。

② 发生潜在影响很大、导致被媒体曝光的事故，处罚分包队不高于人民币20000元。

3.3.6 职工伤亡事故报告、调查、处理管理制度

3.3.6.1 伤亡事故的范围和分类

因工伤亡事故：是指企业职工在生产区域内发生的与生产或工作有关的伤亡事故，包括：

1. 职工从事生产或工作发生的伤亡事故。

2. 在生产时间、生产区域内，职工虽未从事生产或工作，但由于企业的设备、设施、劳动条件、工作环境不良而造成的伤亡事故。

3. 与企业的生产、工作有关，在生产区域内包括厂区、货场、建筑工地等，因车辆伤害造成的伤亡事故。

4. 企业发生各种灾害或者危险情况时，职工因抢险救灾而造成伤亡事故。

5. 企业主管部门报市安全监察机关确定的其他职工伤亡事故。

6. 国家规定其他属于工伤事故的范畴。

3.3.6.2 伤亡事故的分类

1. 轻伤：受伤后歇工在一个工作日，但够不上重伤的事故。

2. 重伤：造成劳动者肢体残缺或视觉、听觉等器官受到严重损伤，以及有下列情况的：

（1）经医师诊断已成为或可能成为残疾的。

（2）伤势严重，需要进行较大的手术才能挽救的。

（3）人体要害部位严重灼伤、烫伤或虽非要害部位，但灼伤、烫伤占全身面积1/3以上的。

（4）胸骨、肋骨、脊椎骨、锁骨、肩胛骨、腕骨、腿骨和脚骨等受伤引起严重骨折或导致严重脑震荡等的。

（5）眼部受伤较重有失明的可能的。

（6）手部伤害，包括大拇指轧断一节；其他各指中任何一指轧断两节或任何两指各轧断一节的；局部肌腱受伤甚剧，引起机能障碍，有不能自由伸屈的残废可能的。

（7）脚部伤害，包括脚趾轧断三趾以上的；局部肌腱受伤甚剧，引起肌障碍，有不能行走自如的残废可能的。

（8）内部伤害，如内脏损伤、内出血或伤及腹膜等的。

3. 死亡事故：指一次事故中死亡1～2人的事故。

4. 重大死亡事故：指一起事故中死亡3人以上（含3人）的事故。

5. 急性中毒事故：指生产性毒物一次或短期内通过人的呼吸道、皮肤或消化道大量进入人体内，使人体在短时间内发生病变，导致职工立即中断工作，并需要进行急救或导致死亡的事故。

6. 未遂事故：指事故虽然发生但无人员伤亡和财产损失的事故。

3.3.6.3　伤亡事故的报告

1. 伤者本人或目击者应立即报告单位负责人，本着“抢救伤员、保护现场、立即上报”的原则，用电话、电传等形式逐级上报。

2. 事故单位应出具事故的简单经过、安全技术交底及相关的具体规定、伤亡人员花名册、特种作业操作证及入场教育试卷、企业与伤亡人员签订的安全协议书、甲乙双方的承包合同、与劳务方的劳动合同、事故现场平面布置图。

3. 重伤者以上事故除按上述要求报告外，还要在规定的时间内写出事故快报和调查报告书。

3.3.6.4　现场救护

1. 发生伤亡事故，项目负责人要赶赴现场，组织抢救并保护事故现场。因抢救伤员或为防止事故继续扩大而必须移动现场设备、设施时，现场负责人应组织人员查清现场情况，做出标志和记明数据，绘制现场示意图，要根据有关要求做好相应标记、记录并绘制示意图。

2. 在事故抢救时，项目值班领导要亲临现场指挥，项目主管领导在接到报告后要马上赶赴现场组织抢救，如确无法赶往现场时，要指派主要领导到现场组织抢救。

3. 抢救伤员时，要采取正确的救助方法避免二次伤害，同时遵循救助的科学性和实效性，防止抢救受到阻碍或使伤害蔓延；对于伤员救治医院的选择要确保迅速、准确，进而减少不必要的转院或贻误治疗时机。

4. 发生因工伤亡事故的单位，其生产作业场所依然存在危及人身安全的事故隐患，各级安监部门必须依法下达终止作业或限期整改指令，对发生因工伤事故的现场应实施停产整顿。

5. 任何单位和个人不得以抢救伤员等名义，故意破坏或伪造事故现场。

3.3.6.5　事故调查组成员及部门的组成

事故调查组成员必须满足以下条件：

1. 与所发生事故没有直接利害关系。

2. 具有事故调查所需要的某一方面业务的专长。

3. 满足事故调查中所涉及企业管理范围需要的人员。

事故调查组的组成：

1. 轻伤事故由项目经理部的项目经理，技术、安全、水电等有关部门的成员组成事故调查组。

2. 重伤事故由办事处经理，技术、安全、行政人事、工会、审计等有关部门的成员，会同上级主管部门负责人组成事故调查组。

3. 死亡事故由公司生产、技术、安全、行政人事、工会、审计等有关部门的成员，会同上级主管部门负责人、政府安全监督部门、行业主管部门、公安部门、工会组成事故调查组。

4. 重大死亡事故由公司配合总公司主管部门，会同政府安全监督部门、行业主管部门、公安部门、监察部门、工会组成事故调查组。

3.3.6.6 事故的调查与处理

事故发生后，应立即组织调查、处理事故的调查组。在事故调查组到达现场前，项目部要准备好如下材料：

1. 事故单位的营业执照原件及复印件。
2. 有关经营承包经济合同。
3. 安全生产管理制度。
4. 技术标准、安全操作规程、安全技术交底。
5. 安全培训材料及安全培训教育记录。
6. 施工许可证。
7. 伤亡人员证件，包括特种作业证及身份证。
8. 劳务用工注册手续。
9. 事故调查的初步情况，包括伤亡人员的自然情况、事故的初步原因分析等。
10. 事故现场示意图。
11. 案件调查人员要求提供的与事故有关的其他材料。

事故调查应本着“造成事故的原因查不清不放过、责任者没有受到处理不放过、群众没有受到教育不放过、未制订出防止事故重复发生的措施不放过”的“四不放过”原则开展工作。

事故调查组的处理：

1. 进行证据收集、组织技术鉴定，包括对当事人、旁证人有关事故发生前后有关情况、事故发生、抢救经过的笔录，对事故现场的拍照录像、勘察测绘；索取有关生产、设备、工艺的资料和医疗部门对伤亡者诊断情况的资料以及其他信息采集等。
2. 查明事故发生过程、人员伤亡和财产损失情况。
3. 组织召开因工伤亡事故分析会，分析事故直接原因和主要原因，确定事故性质和责任者。
4. 提出防止同类事故再次发生所采用的措施的建议；提出对事故责任者的处理意见。
5. 根据分析会的结论和上级各部门的意见，及时填报“职工死亡、重伤事故调查报告书”。

3.3.6.7 事故的结案与现场恢复

职工伤亡事故的处理，需按下列规定批准后方可结案：

1. 轻伤事故由办事处提出处理意见，公司批准结案。
2. 重伤事故由办事处填报“职工伤亡事故结案处理审批表”，经公司呈报上级主管部门批准结案。
3. 死亡事故由办事处填写“职工伤亡事故结案处理审批表”，呈报地级市劳动局及上级主管部门、市政府批准结案。
4. 重大死亡事故由公司填写“职工伤亡事故结案处理审批表”，呈报地级市劳动局，并由市政府呈报省政府结案。

事故现场必须原样保留，为抢救伤员和防止事故扩大而必须移动的部分必须做出标记或留有照片；现场的恢复必须由批准结案的部门做出决定。

1. 轻伤事故现场清理，由项目经理报经办事处主管经理批准。
2. 重伤事故现场清理，由办事处报经公司主管经理批准。
3. 死亡事故现场清理，由公司报经市劳动局批准。

3.3.7 分包队伍安全管理制度

3.3.7.1 责任划分

分包单位应按有关规定，采取严格的安全防护措施，否则由于自身安全措施不力而造成事故的责任和因此而发生的费用由分包单位承担。非分包方责任的伤亡事故，由责任方承担责任和有关费用。

分包单位应熟悉并能自觉遵守、执行中华人民共和国住房和城乡建设部《建筑施工安全检查标准》以及相关的各项规范；自觉遵守当地政府有关安全施工的各项规定和行业主管部门颁布实施的有关安全生产的法律、法规、规范、标准及各项规定，并且积极参加各种有关促进安全生产的各项活动，切实保障施工工作人员的安全与健康。

分包单位必须尊重并且服从总包方现行的有关安全生产各项规章制度和管理方式，并按经济合同有关条款加强自身管理，履行乙方责任。

3.3.7.2　分包单位必须执行的安全管理制度

安全技术方案报批制度：分包单位必须执行总包方总体工程施工组织设计和安全技术方案。分包单位自行编制的单项作业安全防护措施，须报总包方审批后方可执行，若改变原方案必须重新报批。

分包单位必须执行安全技术交底制度、安全例会制度与班前安全讲话制度，并做好跟踪检查管理工作。

分包单位必须执行各级安全制度。

分包单位项目经理、主管生产经理、技术负责人须接受安全培训、考试合格后办理分包单位安全资格审查认可证后方可组织施工。

分包单位的工长、技术员，机械、物资等部门负责人以及各专业安全管理人员等部门负责人须接受安全技术培训、参加总包方组织的安全年审考核，合格者办理“安全生产资格证书”，并持证上岗。

分包单位工人入场一律接受三级安全教育，考试合格并取得“安全生产考核证”后方准进入现场施工，如果分包单位的人员需要变动，必须提出计划报告总包方，按规定进行教育、考核合格后方可上岗。

分包单位的特种作业人员的配置必须满足施工需要，并持有有效证件原籍地、市级劳动部门颁发、当地劳动部门核发的特种作业临时操作证，持证上岗。

分包单位工人变换施工现场或工种时，要进行转场和转换工种教育。

分包单位必须执行总包方的安全检查制度：

分包单位必须虚心接受总包方以及其上级主管部门和各级政府、各行业主管部门的安全生产检查，否则造成的罚款等损失均由分包方承担。

分包单位必须按照总包方的要求建立自身的定期和不定期的安全生产检查制度，并且严格贯彻实施。

分包单位必须设立专职安全人员实施日常安全生产检查制度及工长、班长跟班检查制度和班组自检制度。

分包单位必须严格执行检查整改销项制度。

分包单位必须执行安全防护措施、设备验收制度和施工作业转换后的交接检验制度。

分包单位自带的各类施工机械设备，必须是国家正规厂家的产品，且机械性能良好、各种安全防护装置齐全、灵敏、可靠。

分包单位的中小型机械设备和一般防护设施执行自检后报总包方有关部门验收，合格后方可使用。

分包单位的大型防护设施和大型机械设备，在自检的基础上申报总包方，接受专职部门的专业验收；分包单位必须按规定提供设备技术数据，防护装置技术性能，设备履历档案以及防护设施支搭安装方案，其方案必须满足总包方所在地方政府有关规定。

分包单位须执行安全防护验收表和施工变化后交接检验制度。

分包单位必须执行相关公司和当地政府行业主管部门对重要劳动防护用品的定点采购制度。

分包单位必须执行个人劳动防护用品定期定量供应制度。

分包单位必须预防和治理职业伤害与中毒事故。

分包单位必须严格执行职工因工伤亡报告制度。

分包单位职工在施工现场从事施工过程中所发生的伤害事故为工伤事故。

如果发生因工伤亡事故，分包单位应在1小时内，以最快捷的方式通知总包方的项目主管领导，向其报告事故的详情。由总包方通过正常渠道及时逐级上报上级有关部门，同时积极组织抢救工作采取相应的措施，保护好现场，如因抢救伤员必须移动现场设备、设施者要做好记录或拍照，总包方为抢救提供必要条件。

分包单位要积极配合总包方上级部门、政府部门对事故的调查和现场勘查。凡因分包方隐瞒不报、做伪证或擅自拆毁事故现场，所造成的一切后果均由分包方承担。

分包单位须承担因为分包单位的原因造成的安全事故的经济责任和法律责任。

如果发生因工伤亡事故，分包单位应积极配合总包方做好事故的善后处理工作，伤亡人员为分包方人员的，分包单位应直接负责伤亡者及其家属的接待善后工作，因此发生的资金费用由分包单位先行支付，因不能积极配合总包方对事故进行善后处理而产生的一切后果由分包方自负。

分包单位必须执行安全工作奖罚制度：分包单位要教育和约束自己的职工严格遵守施工现场安全管理规定，对遵章守纪者给予表扬和奖励，对违章作业、违章指挥、违反劳动纪律和规章制度者给予处罚。

分包单位必须执行安全防范制度。

分包单位要对分包工程范围内工作人员的安全负责。

3.3.7.3 消防保卫工作要求

必须认真遵守国家的有关法律、法规及住房城乡建设部和当地政府、建委颁发的有关治安、消防、交通安全管理规定及条例，分包单位应严格按总包方消防保卫制度以及总包方施工现场消防保卫的特殊要求组织施工，并接受总包方的安全检查，对总包方所签发的隐患整改通知，分包方应在总包方指定的期限内立即整改完毕，逾期不改或整改不符合总包方要求的，总包方有权按规定对分包方进行经济处罚。

须配备至少一名专（兼）职消防保卫管理人员，负责本单位的消防保卫工作；分包单位管理以及自身防范措施不力或分包方工人责任造成的案件、火灾、交通事故含施工现场内等灾害事故，事故经济责任、事故法律责任以及事故的善后处理均由分包方独自承担，因此给总包方造成的经济损失由分包方负责赔偿，总包方可对其处罚。

3.3.7.4 现场绿色施工及其人员行为的管理

分包单位必须遵守现场绿色安全施工的各项管理规定，在设施投入、现场布置、人员管理等方面要符合总包方CI战略的要求，按总包方的规定执行，在施工过程中，对其全体员工的服饰、安全帽等进行统一管理。

分包单位应采取一切合理的措施，防止其劳务人员发生任何违法或妨碍治安的行为，保持安定局面并且保护工程周围人员和财产不受上述行为的危害，否则由此造成的一切损失和费用均由分包方负责。

分包单位应按照总包方要求建立全工地有关文明安全施工、消防保卫、环保卫生、料具管理和环境保护等方面的各项管理规章制度，同时必须按照要求，采取有效的防扰民、防噪声、防空气污染、防道路遗撒和垃圾清运等措施。

分包单位必须严格执行保安制度、门卫管理制度，工人和管理人员要举止文明、行为规范、遵章守纪、对人有礼貌，切忌上班喝酒、寻衅闹事。

分包单位在施工现场应按照国家、地方政府及行业管理部门有关规定，配置相应数量的专职安全管理人员，专门负责施工现场安全生产的监督、检查以及因工伤亡事故处理工作，分包单位应赋予安全管理人员相应的权利，坚决贯彻“安全第一、预防为主、综合治理”的方针。

分包单位应严格执行国家的法律法规，采取适当的预防措施，以保证其劳务人员的安全、卫生、健康，在整个合同期间，自始至终在工人所在的施工现场和住所，配有医务人员、紧急抢救人员和设备，并且采取适当的措施以预防传染病，并提供应有的福利以及卫生条件。

3.3.7.5　争议的处理

当合约双方发生争议时，可以通过协商解决或申请施工合同管理机构有关部门调解，不愿通过调解或调解不成的可以向当地人民法院起诉。

3.3.8　危险作业许可制度

3.3.8.1　目的

为落实危险作业安全管理，突出危险作业重点管理，特制订危险作业许可制度。下文明确的危险作业，须严格执行审批制度。

3.3.8.2　危险作业范围

受限空间作业；防护设施拆除作业；脚手架拆除作业；动火作业；爆破；起重吊装作业：采用非常规起重设备、方法，且单件起吊重量在 100kN 及以上的起重吊装作业；超大、超长的异型吊物起重吊装作业；流动式起重机械吊装作业；起重机械安装、拆除及顶升作业；建、构筑物拆除作业；电梯井内施工作业。

3.3.8.3　危险作业审批许可流程

1. 申请：危险作业前由分包单位提出申请，明确作业人员、作业内容及部位。

2. 审核：由项目专业工程和安全工程师对危险作业安全措施、人员资格进行审核，确认是否具备危险作业条件。

3. 审批：安全措施到位，由项目经理或生产经理审批。

4. 检查：危险作业监护人、安全工程师对危险作业过程进行旁站或巡视监控。

5. 结束确认：危险作业结束后应清理作业现场，经所在单位安全员签字确认后危险作业许可关闭。

3.3.9　建设项目安全设施和职业病防护设施“三同时”管理制度

3.3.9.1　目的

在新建、新技术等应用时，必须严格执行《中华人民共和国安全生产法》《北京市安全生产条例》《中华人民共和国职业病防治法》等法律、法规、规章制度等，必须坚持“安全第一、预防为主、综合治理”的安全生产方针，认真按照建设项目安全设施必须与主体工程同时设计、同时施工、同时投入生产和使用（以下简称“三同时”），特制订本制度。

1. “三同时”安全设施所需的资金应纳入建设项目概算。

2. 项目安全和职业健康危害防护设施“三同时”的责任部门为项目经理部、执行经理部、商务部、安监部、工程部等。

3. 超过一定规模的危险性较大的分部分项工程，必须编制专项的安全施工方案。经专家论证，审批后方可施工。

4. 设计单位在项目的初步设计时，对项目安全和职业危害防护设施进行设计，编制安全和职业危害防护设施专篇，设计单位、设计人应当对其编制的设计文件负责。

3.3.9.2　建设项目安全和职业危害防护

1. 设计依据。

2. 建设项目概述。

3. 建设项目涉及的危险性、有害因素，危险、有害程度及周边环境安全分析。

4. 建筑场地的布置。

5. 重大危险源分析及检测监控。

6. 安全和职业危害防护设施、设计采取的防范措施。
7. 安全生产管理机构的设置。
8. 从业人员的职业健康教育、培训情况。
9. 工艺、技术、设备、设施的先进性和可靠性分析。
10. 安全和职业危害防护设施设计专项投资概算。
11. 安全和职业危害防护与评价报告中的安全对策及建议采纳情况。
12. 预期效果以及存在的问题及建议。
13. 可能出现的职业病和伤害事故预防及应急救援措施。
14. 其他事项。

3.3.9.3 建设项目职业病危害、安全防护设施设计完成后，应按规定向安全生产监督管理部门提出审查申请，并提交相关资料。

3.3.9.4 建设项目职业病危害、安全设施方面，无建设项目审批、核准，未按有关安全生产的法律、法规和规章制度、国家标准、行业标准进行设计的，不得开工建设。

3.3.9.5 "三同时"在施工过程中，要严格按照审批的方案进行施工，不得擅自更改安全设施、职业病防护措施、环保设施的设计，并确保施工质量，并配备齐全符合要求的安全防护设施、设备安全带、防毒面具、防护手套、安全鞋、耳塞、防护面具等，生产部门、工程部、安监部进行监督、检查。对不符合质量要求或安全防护要求、个人防护用品损坏、未正确使用的提出整改要求或暂停作业。

3.3.9.6 "三同时"验收方面，隐蔽工程完成后，必须先进行验收，自检合格后报验，并进行逐级验收。同时委托具有专业资质的机构进行检测、验收，并出具安全、环境、职业健康评估报告。对未达到设计要求的，不予验收，并提出整改意见和建议。施工单位整改完毕后再次报验，重新进行验收。

3.3.10 较大危险因素场所、设备、设施的安全管理制度

3.3.10.1 目的

为了加强对具有较大危险、危害因素场所安全设备、设施的安全管理，预防事故的发生，确保项目的安全生产，根据《中华人民共和国安全生产法》、本公司管理手册等文件，结合项目的特点，特制订本制度。

3.3.10.2 使用范围

具有较大危险因素的生产经营场所和有关设施、设备的场所，具体详见项目的危险源清单及公司、局控危险源清单等。

3.3.10.3 本项目危险性较大的分部分项工程

1. 土方开挖工程：开挖深度超过 3m（含 3m）的基坑的土方开挖工程。
2. 模板工程及支撑体系：混凝土模板工程，搭设高度 5m 及以上。
3. 起重吊装及安拆工程：采用起重机械进行的安装工程；塔式起重机的安装、拆除。
4. 脚手架工程：悬挑式脚手架工程；卸料平台、移动操作平台。
5. 其他：建筑幕墙安装工程；钢结构；采用新技术、新工艺的危险性较大的分部工程。

超过一定规模的危险性较大的分部分项工程：

深基坑：开挖深度超过 5m（含 5m）的基坑的土方开挖、支护、降水工程。

模板工程及支撑体系：混凝土模板支撑工程：搭设高度 8m 及以上。

脚手架工程：搭设高度 20m 及以上悬挑式脚手架工程。

3.3.10.4 防范措施

1. 建立以岗位责任制为中心的安全生产逐级负责制，制度明确、奖罚分明。
2. 按施工人数的比例，根据北京市建委、本公司文件的相关规定及要求，配备足够的专职安全员

以及兼职安全人员。在现场巡视时应佩戴袖标，专职佩戴红色袖标，兼职佩戴黄色袖标。

3. 在编制施工计划的同时，做好相应的详细操作规程以及切实可行的安全技术措施，分发到各班组，并逐条落实。

4. 每一工序开始前，做好详细的施工方案和实施措施，报监理审批后，及时做好施工技术及安全技术交底，并在施工中监督、检查，严格执行特殊工种持证上岗制度。

5. 进行定期、不定期的安全检查，及时发现和解决不安全事故隐患，杜绝违章作业和违章指挥现象，同时，加大安全教育及宣传力度，做好应急处置和演练工作。

3.3.10.5　大中小机械设备、机具

1. 设备、设施使用、维护、检测方面，应符合国家标准或行业标准，租赁方、使用方必须对安全设备进行经常性的维护、保养，定期进行检测，并做好相应的记录。使用、保养、维护必须按照操作规程、使用说明书等安全管理制度进行。

2. 设备进场后，要及时进行验收、报验，合格后方能使用。

3. 危险性较大的分部分项工程施工，必须编制专项施工方案，严格按照方案施工，超过一定规模的危险性较大的分部分项工程，方案必须经过专家论证，审批后严格按照方案进行，落实各项安全措施，并做好监测工作。

4. 其他方面：临边、洞口，临时用电、消防安全、易燃易爆等物品、动火作业等严格按照《北京市安全标准化手册》以及本公司《安全生产标准化手册》落实，做好各项措施。

5. 危险性较大的分项工程，施工作业前要严格执行作业许可制度，并在现场张贴、公示。

3.3.11　重要劳动防护用品管理制度

为确保施工项目安全防护工作的可靠性，特制定重要劳动防护用品定点使用管理制度。

3.3.11.1　重要劳动防护用品范围

1. 安全网，包括水平安全网、密目式安全网。
2. 安全带，包括常用安全带、防坠器。
3. 安全帽。
4. 防护鞋。
5. 漏电断路器。
6. 配电箱、开关箱。
7. 临时用电的电缆、电源线。
8. 脚手架扣件。
9. 安全标志。

3.3.11.2　防护用品由项目实行认定产品的监督控制办法，项目每年发布相关信息1～2次，项目经理部、各分包可从中选择认定厂家的认定产品。

项目部要求各定点厂家提供所购认定的合格证、技术检测报告书，并予以存档。同时，按照相关规定进行现场验收，对不合格的要求立即退场。

项目部不定期对重要防护用品进行检查，对使用中损坏的产品及时通报厂家进行维修，对超过使用期限的失效产品及时报废和更换。

3.3.12　重大危险源控制措施管理制度

3.3.12.1　总则

根据企业特点以及施工现场危害因素识别，制订大型脚手架、深基础土方工程、塔式起重机、装饰工程消防安全、25cm×25cm以上的洞口不按规定防护、临电未达到“三级配电、两级保护”要求等易发生重大事故的部位、环节控制措施。

3.3.12.2 大型脚手架控制措施

大型脚手架：搭设高度在20m以上的组装式脚手架；搭设高度小于20m的悬挑脚手架；高度在6.5m以上、均匀荷载大于3kN/m^{2}的满堂红脚手架；附着式整体提升脚手架。

1. 因地基沉降引起的脚手架局部变形。在双排架横向截面上架设八字戗或剪刀撑，隔一排立杆架设一组，直至变形区外排。八字戗或剪刀撑下脚必须设在坚实、可靠的地基上。

2. 脚手架的悬挑钢梁挠度变形超过规定值。应对悬挑钢梁后锚固点进行加固，钢梁上面用钢支架加U形托旋紧后顶住屋顶。预埋钢筋环与钢梁之间有空隙，须用马楔塞紧。吊挂钢梁外端的钢丝绳逐根检查，全部紧固保证均匀受力。

3. 脚手架卸荷、拉接体系局部产生破坏，要立即按原方案制订的卸荷、拉接方法将其恢复，并对已经产生变形的部位及杆件进行纠正。如纠正脚手架向外张的变形，先按每个开间设一个5t倒链，与结构绷紧，松开刚性拉接点，各点同时向外收紧倒链，至变形被纠正，做好刚性拉接，并将各卸荷点钢丝绳收紧，使其受力均匀，最后放开倒链。

4. 附着升降脚手架出现意外情况，工地应先采取如下应急措施：

(1) 沿升降式脚手架范围设隔离区。

(2) 在结构外墙柱、窗口等处用插口架搭设方法迅速加固升降式脚手架。

(3) 立即通知附着升降式脚手架出租单位技术负责人到现场，提出解决方案。

3.3.12.3 深基础土方工程控制措施

深基础土方工程是指挖掘深度超过1.5m的沟槽和深度超过5m（含5m）的土方工程以及人工挖扩孔桩工程。

1. 悬臂式支护结构过大，内倾变位。可采用坡顶卸载，桩后适当挖土或人工降水、坑内桩前堆筑砂石袋或增设支撑、锚结构等方法处理。为了减少桩后的地面荷载，基坑周边应严禁搭设施工临时用房，不得堆放建筑材料和弃土，不得停放大型施工机械和车辆。施工机具不得反方向挖土，不得向基坑周边倾倒生活及生产用水。坑周边地面须进行防水处理。

2. 有内撑或锚杆支护的桩墙发生较大的内凸变位。要在坡顶或桩墙后卸载，基坑内停止挖土作业，适当增加内撑或锚杆，桩前堆筑砂石袋，严防锚杆失效或拔出。

3. 基坑发生整体或局部土体滑塌失稳。应在有可能条件下降低土中水位和进行坡顶卸载，加强未滑塌区段的监测和保护，严防事故继续扩大。

4. 未设止水幕墙或止水墙漏水、流土，坑内降水开挖造成坑周边地面或路面下陷和周边建筑物倾斜、地下管线断裂等。应立刻停止坑内降水和施工开挖，迅速用堵漏材料处理止水墙的渗漏，坑外新设置若干口回灌井，高水位回灌，抢救断裂或渗漏管线或重新设置止水墙，对已倾斜建筑物进行纠倾扶正和加固，防止其继续恶化。同时要加强对坑周围地面和建筑物的观测，以便继续采取有针对性的处理。坑外也可设回灌井、观察井，保护相邻建筑物。

5. 桩间距过大，发生流沙、流土、坑周边地面开裂塌陷。立即停止挖土，采取补桩、桩间加挡土板，利用桩后土体已形成的拱状断面，用水泥砂浆抹面或挂铁丝网，有条件时可配合桩顶卸载、降水等措施。

6. 设计安全储备不足，桩入土深度不够，发生桩墙内倾或踢脚失稳现象。应停止基坑开挖，在已开挖而尚未发生踢脚失稳段，在坑底桩前堆筑砂石袋或土料反压，同时对桩顶适当卸载，再根据失稳原因进行被动区土体加固采用注浆、旋喷桩等，也可在原挡土桩内侧补打短桩。

7. 基坑内外水位差较大，桩墙未进入不透水层或嵌固深度不足，坑内降水引起土体失稳，停止基坑开挖、降水，必要时进行灌水反压或堆料反压。管涌、流沙停止后应通过桩后压桩、补桩、堵漏、被动区土体加固等措施加固处理。

8. 基坑开挖后超固结土层反弹或地下水浮力作用使基础底板上凸、开裂，甚至使整个基础上浮，工程桩随底板上拔而断裂以及柱子标高发生错位。在基坑内或周边进行深层降水时，由于土体失水固结，桩周产生负摩擦下拉力，迫使桩下沉，同时降低底板下的水浮力，并将抽出的地下水回灌箱基内，对箱基底反压使其回落，首层地面以上主体结构要继续施工加载，待建筑物全部稳定后再从箱基内抽水，处理开裂的底板方可停止基坑降水。

9. 在有较高地下的场所、采用喷锚土钉墙等护坡加固措施不力，基坑开挖后加固边坡大量滑塌破坏。停止基坑开挖，有条件时应进行坑外降水。无条件坑外降水时，应重新设计、施工支护结构包括止水墙，然后方可进行基坑开挖施工。

10. 因基坑土方超过挖引起支护结构破坏。应暂时停止施工。回填土或在桩前堆载，保持支护结构稳定，再根据实际情况，采取有效措施处理。

11. 人工挖孔桩，护壁养护时间不够未按规定时间拆模或未按规定做支护造成坍塌事故。由于坍塌时护壁可相互支撑，孔下人员有生还希望，应紧急向孔下送氧。将钢管套筒下到孔内，人员下去掏挖，大块的混凝土护壁用吊车吊上来，如塌孔较浅可用挖掘机将塌孔四周挖开，为人工挖掘提供作业面。

3. 3. 12. 4　塔式起重机控制措施

塔式起重机是指在施工现场使用的、符合国家标准的租用的塔式起重机。

1. 当塔式起重机出轨与基础下沉、倾斜时：

(1) 应立即停止作业并将回转机构锁住，限制其转动。

(2) 根据情况设置地锚，控制塔式起重机的倾斜。

(3) 用两个 100t 的千斤顶在行走部分将塔式起重机顶起，两个千斤顶要同步，如果出轨则接一根临时钢轨将千斤落下，使出轨部分行走机构落在临时道上开至安全地带。如是一侧基础下沉，将下沉部位基础填实，调整至符合规定的轨道高度落下千斤顶。

2. 当塔式起重机平衡臂、起重臂折臂时：

(1) 塔式起重机不能做任何动作。

(2) 按照抢险方案根据情况采用焊接等手段，将塔式起重机结构加固或用连接方法将其结构与其他物体连接，防止塔式起重机倾覆和在拆除过程中发生意外。

(3) 用 2～3 台适量吨位的起重机，一台锁起重臂，一台锁平衡臂。其中一台在拆臂时起平衡力矩作用，防止因力的突然变化而造成倾覆。

(4) 按抢险方案规定的顺序将起重臂或平衡臂连接件中变形的连接件取下，用气电气焊开，用起重机将臂杆取下。

(5) 按正常的拆塔程序将塔式起重机拆除，遇变形结构用气电气焊开。

3. 当塔式起重机倾覆时：

(1) 采取焊接、连接方法，在不破坏失稳受力情况下增加平衡力矩，控制险情发展。

(2) 选用适量吨位起重机按照抢险方案将塔式起重机拆除，变形部件用气电气焊开或调整。

4. 当锚固系统险情时：

(1) 将塔式平衡臂对应到建筑物，转臂过程要平稳并锁住。

(2) 将塔式起重机锚固系统加固。

(3) 如需要更换锚固系统部件，先将塔机降至规定高度后，再行更换部件。

5. 塔身结构变形：

(1) 将塔式平衡臂对应到变形部位，转臂过程要平稳并锁住。

(2) 根据情况采用焊接等手段，将塔式起重机结构变形或断裂、开焊部位加固。

(3) 更换损坏结构。

3. 3. 12. 5　消防安全控制措施

易燃易爆物品的消防安全控制措施：

施工单位应根据工程的具体情况制订消防保卫方案，建立健全各项消防安全制度和安全施工的各种操作规程。

1. 施工单位不得在工程内存放油漆、稀释料等易燃易爆物品。

2. 施工单位不得在工程内设置调料间，不得在工程内进行油漆的调配。

3. 施工单位不得在工程内设置仓库存放任何其他的易燃易爆材料。

4. 施工现场内严禁吸烟，使用各种明火作业应得到消防保卫部门的批准。

5. 施工现场必须配足灭火器材。

3.3.12.6 临时用电的消防安全控制措施

由于在施工现场要使用大量的线路照明，在工程内架设了大量的低压线路，所以低压线路的铺设要严格按照操作规程施工：由正式的电工安装临时用电线路和临时用电灯泡，其他任何人员不得随意在线路上私自乱拉乱接照明灯泡，临时用电的闸箱非正式电工不得随意拆改箱内的线路；临时线路的架设高度应符合要求；施工期间各工种的机械设备的线路不得有破损，线路的接头应符合要求。不得使用损坏的插头，施工期间电工操作人员要每天对线路和闸箱进行巡视、检查。

3.3.12.7 氧气瓶、乙炔瓶消防安全控制措施

1. 施工期间不准任何单位在在建工程内存放氧气瓶、乙炔瓶。

2. 氧气瓶、乙炔瓶的施工作业时要与明火点保持 10m 的距离，氧气瓶、乙炔瓶的距离应保持在 5m 以上。

3.3.13 脚手架安全管理制度

3.3.13.1 基本规定

1. 脚手架的搭设要根据建筑的高度、外形结构，确定其搭设形式。

2. 搭设前应对使用的工具、钢管、扣件、底座、架板等部件进行检查，钢管应平直，扣件、螺栓等应完整无损。

3. 非专业人员不得搭设或拆除脚手架。

4. 架子搭设要按照《脚手架施工方案》及其技术交底要求进行搭设，拆除时应征得项目部的同意。

5. 搭设新脚手架时，不得私自与原有脚手架进行连接搭设。

6. 脚手架搭设应符合规范要求，本工程采用的脚手架必须按照设计、方案要求进行搭设，特殊建筑工程的脚手架应编制详细的施工作业指导书。

7. 一般的脚手架由项目部和使用者、监理等单位相关人员进行验收，验收应有书面的验收单，验收合格应挂牌。

8. 脚手架应经常检查，特别是在大风、暴雨后及解冻期更应加强检查，长期停用的脚手架在恢复使用前，应经项目各部门检查、确认符合要求后方可使用。

9. 拆除脚手架应按规定进行，拆除大型脚手架及高空危险性较大的独立脚手架时，必须编制详细的安全施工技术措施，经总工程师审核、批准后方可实施。

10. 任何单位或个人不得随意损坏、拆除脚手架，违反者按工程项目有关规定进行处罚。如因此而发生事故由损坏单位承担包括经济在内的全部责任。

11. 任何单位不得将任何物料、作业工具放置或者支设在外脚手架上。

12. 脚手架搭设单位应在明显处设置“脚手架状态标识牌”。

13. 使用单位与搭设单位办理交接、验收手续，填写《脚手架移交单》，如发现存在问题应在整改后方可正式使用。

14. 每次爬升脚手架必须填写升降架每次升降许可证、检查、准许使用证后方可正常施工。

15. 必须确保脚手架的构架和防护设施达到承载可靠和使用安全的要求。在编制施工组织设计、技术措施和施工应用中，必须对以下方面作出明确的安排和规定：

（1）对脚手架杆配件的质量和允许缺陷的规定。

（2）脚手架的构架方案、尺寸以及对控制误差的要求。

（3）连墙点的设置方式、布点间距，对支承物的加固要求需要时，以及某些部位不能设置时的弥补措施。

（4）在工程体形和施工要求变化部位的构架措施。

（5）作业层铺板和防护的设置要求。

（6）对脚手架中荷载大、跨度大、高空间部位的加固措施。

（7）对实际使用荷载包括架上人员、材料机具以及多层同时作业的限制。

（8）对施工过程中需要临时拆除杆部件和拉结件的限制以及在恢复前的安全弥补措施。

（9）安全网及其他防围护措施的设置要求。

（10）脚手架地基或其他支承物的技术要求和处理措施。

3.3.13.2　管理要求

必须严格地按照规范、设计要求和有关规定进行脚手架的搭设、使用和拆除，坚决制止乱搭、乱改和乱用情况。在这方面出现的问题很多，难以全面地归纳起来，大致归纳如下：

1. 有关乱改和乱搭问题

（1）任意改变构架结构及其尺寸。

（2）任意改变连墙件设置位置，减少设置数量。

（3）使用不合格的杆配件和材料。

（4）任意减少铺板数量、防护杆件和设施。

（5）在不符合要求的地基和支承物上搭设。

（6）不按质量要求搭设，立杆偏斜，连接点松弛。

（7）不按规定的程序和要求进行搭设和拆除作业。在搭设时未及时设置拉撑杆件；在拆除时过早地拆除拉结杆件和连接件。

（8）在搭、拆作业中未采取安全防护措施，包括不设置防围护和不使用安全防护用品。

（9）不按规定要求设置安全网。

2. 有关乱用问题

（1）随意增加上架的人员和材料，引起超载。

（2）任意拆去构架的杆配件和拉结。

（3）任意抽掉、减少作业层脚手板。

（4）在架面上任意采取加高措施，增加了荷载，加高部分无可靠固定、不稳定，防护设施也未相应加高。

（5）站在不具备操作条件的横杆或单块板上操作。

（6）工人进行搭设和拆除作业不按规定使用安全防护用品。

（7）在把脚手架作为支撑和拉结的支撑物时，未对构架采用相应的加强措施。

（8）在架上搬运超重构件和进行安装作业。

（9）在不安全的天气条件（六级以上风天，雷雨和雪天）下继续施工。

（10）在长期搁置以后未作检查的情况下重新启用。

3. 必须健全规章制度、加强规范管理、制止和杜绝违章指挥和违章作业。

4. 必须完善防护措施和提高施管人员的自我保护意识和素质。

5. 爬模脚手架方案必须经过专家论证后方可实施。

3.3.14　施工用电安全管理制度

3.3.14.1　目的

为了落实“安全第一、预防为主、综合治理”的方针和确保施工现场顺利进行同时确保安全用电，特对施工现场临时用电作如下规定。

3.3.14.2 相关要求

1. 施工用电的布设必须按经批准的施工组织总设计进行，并符合当地供电部门要求。施工现场所有布线必须经过项目机电部同意后方可实施。

2. 配电系统实行分区配电。各类配电箱安装和内部设置必须符合有关规定，箱内电器可靠完好。其选型、定值符合规定。各类配电箱、开关箱应外观完整、牢固、防雨、防尘。箱门上设警示图标文字，箱内无杂物。箱体应可靠接地、接零并用临时安全围栏围住。

3. 施工供电可实行分阶段供电。供电电缆必须埋入冻土层以下并设走向标志。架空供电线路离地面高度不得低于6m。

4. 临时供电线路的敷设必须整齐、统一且不影响人员通行、设备搬运和安装。

5. 施工现场临时用电采用TN-S三级配电，逐级漏电保护系统。用电设备采用分断时具有可见分断电的断路器，严禁私拉乱接。

6. 施工现场临时用电必须按三相五线制，三级配电，逐级保护，做到一机、一闸、一箱、一漏保。

7. 易燃、易爆作业场所采用防爆灯具和开关。

8. 施工现场独立的配电系统应采用三相五线制的接零保护系统，与外电线路共用同一供电线路系统时，电气设备应根据当地要求，做保护接地或接零，严禁一部分设备保护接地。

9. 电焊机应单独设开关。电焊机外壳做接地保护。电焊机应集中放置或使用集装箱。电焊机设置地点应防潮、防雨、防砸。电焊机一次线长度小于5m，并安装可靠防护装置。二次线应集中布置，排列整齐。

10. 施工现场临时用电必须由电工操作，其他人员严禁私自操作。

11. 操作人员必须持证上岗，操作时必须两人进行，严禁带电作业，严禁非电工人员接线，上班时严禁饮酒。

12. 晚上要有电工人员值班，电闸箱内不准放任何杂物，配电箱要编号，控制设备要有标牌。

13. 每天上班前要检查漏电保护器，是否漏电，并做好记录，达不到漏电标准立即更换。

14. 施工现场的移动设备，例如手电钻、手电刨、切割机、砂轮机、振动器等。电线不准拖地，不准挂在钢筋或钢管上。

15. 经理部每半个月组织有关人员进行一次联合大检查，施工队的班组专职电工要跟班作业，每天随时检查。经理部电工、责任工程师、安全员等有关人员要每天对施工机械用电设备进行检查，发现问题及时整改。

16. 生活区、职工宿舍不准用大灯泡，不准使用大容量电器和热得快，不准乱接电线，乱安装插座。

3.4 环境类安全管理制度

3.4.1 作业场所职业卫生管理制度

1. 施工单位应加强机械设备的管理，防止有毒、有害物质的跑、冒、滴、漏，要采取通风、降噪、隔离等技术性措施或者消除作业现场的有毒有害物质。

2. 设备、设施进场后必须进行报验、验收，符合相关要求后方可使用。严禁未经验收便擅自投入使用。

3. 各分包现场负责人为施工现场卫生管理第一责任人，班组长为直接责任人，分别负责本施工队伍、班组的职业卫生管理工作并明确其职责。

4. 施工现场必须严格执行北京市建委的相关要求，严禁使用袋装水泥等散装、易飞扬的材料。

5. 施工现场噪声较大的设备电锯、地泵等，必须搭设封闭式的防护棚。大型机械设备夜间 10 时至次日凌晨 6 时严禁作业。强噪声设备作业时，施工人员必须戴好个人防护用品。

6. 施工单位必须及时提供符合职业危害的个人防护用品安全帽、安全鞋、安全带、耳塞、防护手套等，领取时签字，严禁以货币等形式代替防护用品的发放。总包要加强检查、使用的情况，对不符合要求的，提出整改要求。

7. 项目部要监督、督促、教育各分包、班组、施工人员要遵守职业病防治的法律、法规和操作规程，指导施工人员正确佩戴、使用劳保用品。

8. 施工现场要加大对个人劳动防护用品的宣传力度，大力营造其氛围。

9. 如遇到政府部门或者甲方发布相关重污染天气警示警告或重大活动时，乙方应按照警示警告内容以及甲方的要求做好一切停工工作，并做好相应停工措施。

10. 当各分包单位施工现场设置易产生扬尘的施工机械或施工作业时，必须配备降尘防尘装置。施工现场设置垃圾站应为密闭式。水泥、粉煤灰、灰土、砂石等易产生扬尘的细颗粒建筑材料应密闭存放或进行覆盖。

3.4.2　文明施工管理制度

1. 施工现场主要入口处设置工程概况简介、施工单位标牌、门卫制度牌、安全措施牌和施工总平面布置图等九牌一图，标志牌要规格统一，排列整齐，字迹清楚，挂设牢固。

2. 施工现场的主要管理人员在施工现场应佩戴证明身份的胸卡。

3. 应当按照施工总平面布置图，设置各项临时设施，堆放大型材料、成品、半成品和机具设备，不得侵犯场内道路及安全防护等设施。

4. 施工现场内场地要平整，排水要形成系统，保持排水畅通，无积水；场内道路平坦、整洁，道路上不乱堆乱放、无散落物，保持道路畅通，保证消防水源。

5. 工人要佩戴一致的安全帽，上班期间不得嬉戏、打逗，不准穿拖鞋。

6. 施工现场配置各种安全宣传标语，悬挂各种机械的安全操作规程。

7. 每天早晨、晚上有专人进行现场清理，下班后做到工完场清。

8. 为规范现场施工，创造整洁的施工环境，防止火灾发生，加强文明施工的管理力度，特制定如下制度，各单位必须遵守并互相监督。

9. 严格做到工完场地清，对下班后未将施工作业面清理干净的将进行经济处罚。

10. 各单位每日抽调 4 人对本单位所涉及的作业面进行全天跟踪清理，保持地面整洁。

11. 各单位当天施工产生的垃圾，当天必须清理出楼外，统一放置施工区垃圾场内。

12. 各单位楼内的施工材料必须统一放置一侧码放整齐，周围干净整洁，并悬挂公示牌，标明单位、物品名称、联系人、电话号码等，以便项目部检查。

13. 对施工现场各种物资材料零散杂乱的，项目部有权将其清理出楼外。

14. 施工现场必须戴安全帽，严禁吸烟。

15. 严禁在施工现场大小便。

16. 各单位动火前必须办理动火证，并报监理审批。

17. 对安监部下发项目部的罚款，经调查，定责后将处双倍罚款。

18. 帽号与胸卡必须相符。

19. 各单位严禁挪动临边洞口防护设施。

3.4.3　安全警示标志管理制度

1. 安全标志牌由安全员专职负责管理。

2. 安全标志牌按安全标志分布图布置。

3. 安全标志牌必须悬挂在醒目的位置，固定牢固。

4. 安全标志牌不得随意挪动、破坏、污染。

5. 对于破坏安全标志牌者，一经发现，给予经济处罚。

6. 安全标志牌若有损坏要及时更换。

3.4.4 噪声管理制度

3.4.4.1 人为噪声的控制措施

施工现场提倡文明施工，建立健全控制人为噪声的管理制度。尽量减少人为的大声喧哗，增强全体施工人员防噪声扰民的自觉意识。

3.4.4.2 强噪声作业时间的控制

凡在居民稠密区进行强噪声作业的，严格控制作业时间，晚间作业不超过22时，早晨作业不早于6时，特殊情况需连续作业（或夜间作业）的，应尽量采取降噪措施，事先做好周围群众的工作，并报工地所在地区环保局备案后方可施工。

3.4.4.3 强噪声机械的降噪措施

1. 牵扯到产生强噪声的成品，半成品加工、制作作业（如预制构件，木门窗制作等），应尽量放在工厂、车间完成，减少因施工现场加工制作产生的噪声。

2. 尽量选用低噪声、有消声降噪设备的施工机械。施工现场的强噪声机械（如搅拌机、电锯、电刨、砂轮机等），要设置封闭的机械棚，以减少强噪声的扩散。

3.4.4.4 加强施工现场的噪声监测

加强施工现场环境噪声的监测，采用专人管理的原则，根据测量结果，凡超过《施工场界噪声限值》标准的，要及时对施工现场噪声超标的有关因素进行调整，达到施工噪声不扰民的目的。

3.4.5 车辆交通安全管理制度

1. 进场车辆必须遵守现场相关管理规定，限速行驶，在指定地点停车，不得乱停乱放。

2. 车辆驾驶员在现场办事时必须佩戴安全帽，外来驾驶员必须有专人陪同。

3. 进入现场的车辆必须保证所装货物不散落、不飞扬、不污染现场环境。

4. 进入现场车辆必须服从现场管理人员的指挥。

5. 进入现场前应提前申请车辆通行证，进出现场的车辆必须接受门卫的检查。

6. 进入施工现场的车辆必须车况良好，符合安全要求，否则门卫有权拒绝进入，并禁止通行。

7. 随车人员必须符合现场施工人员着装要求，来访人员必须办理登记手续。

8. 严禁临时车辆未经专人陪同或指挥私自进入施工点作业区内。

9. 进入现场的车辆严禁超载、超限、人货混载和无证违章行车。

3.4.6 现场消防管理制度

1. 现场的消防工作应遵照国家、地方的法律、法规、规定开展。

2. 要有明显的防火宣传标志，要按比例配备义务消防人员，要定期组织其教育培训。

3. 必须设置消防车道，其宽度不得小于3.5m，并保证其畅通，禁止在消防通道上堆放物料或挤占临时通道。

4. 必须配备消防器材重点部位应配备不少于4具4kg的灭火器，并经常检查、维修、保养，保证灭火器材灵敏、有效。

5. 消防干管直径不小于100mm，消火栓处昼夜要设有明显标志配备足够的水龙带，周围3m内不准存放物品。地下消火栓必须符合防火规范。

6. 24m（含 24m 以上）的工程，应安装临时竖管，管径不得小于 75mm，每层消火栓接口，配备足够的水龙带。

7. 在建工程内不得存放易燃、可燃材料，因施工需要，进入工程内的易燃、可燃材料要限量进入，并采取可靠的防火措施。

8. 现场严禁吸烟，不得在工程内设置职工宿舍。

9. 重点部位，如易着火的物料仓库、露天仓库，应设在水源充足，消防车能够驶到的地方，并应设在下风方向。四周内应有宽不少于 6m 的平坦空地作为消防通道；生活区、办公区的用电要符合防火规定，未经批准不得使用电热器具，严禁明火保暖。

10. 重点工种，如电气焊、防水等动火作业的防火，要落实三级动火审批制度的要求，动火制度不加落实，不得动火作业。

11. 重点时段，如冬季施工尽量采用不燃、难燃材料施工，油漆、喷漆、油漆调料间、木工房、料库不得用火炉取暖、要避免强光灯照射等。

12. 照明线路及灯具要远离可燃保温材料。

13. 冬季下雪时，应及时清除消火栓上的积雪，预防积雪融化后将消火栓盖冻住。

14. 高层临时消防竖管应进行保温或将水放空，消防水泵内应考虑采暖措施，以免冻结。

15. 临时设施区要确保 $100m^2$ 配置两瓶 10L 灭火器，大型临时设施总面积超过 $1200m^2$ 的应备有专供消防用的太平桶、积水桶池、黄沙池等器材设施。

3.4.7　动火管理制度

3.4.7.1　总则

1. 在施工现场使用电、气焊割、喷灯、明火及在易燃、易爆区域使用电钻、砂轮等，可产生火焰、火花及炽热表面的作业，均为动火作业，必须按本规定申请办理动火证。

2. 冬季施工严禁使用明火加温、保温；液化气瓶、乙炔瓶、氧气瓶等气瓶，严禁动用明火加热、烘烤；严禁使用超过 200W 的大功率电器；严禁在仓库内动火作业。

3. 施工现场严禁一级动火（特殊动火）。确需动火时必须编制防火施工方案，并经项目总工、项目经理、上一级技术部门和监理审核审批同意后方可开具动火证，同时报事业部安全总监处备案；分包单位现场管理人员、总分包安全员、消防监督员必须全程旁站监督；除配备 4 只灭火器、消防水桶外，必须将临时消防水引至动火点 5m 内。

4. 动火证当日有效，变换动火部位时须重新申请。

3.4.7.2　施工现场动火作业分三级管理

1. 一级动火（特殊动火）

一级动火是指在一类易燃、易爆物存放及施工部位附近水平距离小于 10m 或在一类易燃、易爆物上方的动火作业的、具有特殊危险的动火作业。

施工现场常见一类易燃、易爆物，如液化气、乙炔、氧气瓶，汽油、柴油、机油、冷底油等油品，油漆、稀料、胶水、有机涂料，保温挤塑板、防水卷材、橡塑保温材料，各类包装纸箱和塑料布等。

2. 二级动火

二级动火是指在二类易燃、易爆物存放及施工部位附近水平距离小于 10m 或在二类易燃、易爆物上方的动火作业的、具有危险的动火作业。

施工现场常见二类易燃、易爆物，如竹胶板、木方、竹木脚手板、安全网等。

3. 三级动火（一般动火）

三级动火是指一、二级动火以外的动火作业，一般指在水平固定场所，且周围 10m 范围内无一、二类易燃、易爆物情况下进行的动火作业。

3.4.7.3 动火作业审批流程

1. 三级动火作业审批流程

需动火作业的施工人员填写“动火作业审批表”内容填写齐全→上报分包单位施工员审核分包单位施工员须确认是否必须动火作业，并查看需动火部位是否可以动火和易燃易爆物的清理情况，确定1名看火人，并签署审核意见→分包单位施工员同意动火后，上报项目部施工员审批项目部施工员须确认是否必须动火作业，并查看需动火部位是否可以动火和易燃易爆物的清理情况，并签署审批意见→项目部施工员同意动火后，上报项目安监部开具动火证动火人员和看火人员，须带两只灭火器、接火斗和水桶，共同到安监部开具动火证（电、气焊人员同时必须携带特殊工种上岗证或复印件）→持动火证开始动火作业分包消防监督管理员、分包和项目安全员对动火部位进行巡视检查间隔时间不得超过2h；对不符合规定的动火作业要收回动火证，并旁站监督整改；对无证动火人员除旁站制止外，须按规定予以处罚→交回动火证动火人须在次日上午9时前交回项目安监部，否则对该分包单位次日动火全部停开动火证。

2. 二级动火作业审批流程

需动火作业的施工人员填写“动火作业审批表”内容填写齐全→上报分包单位施工员审核分包单位施工员须确认是否必须动火作业，并查看需动火部位是否可以动火和易燃易爆物的清理情况，确定1名看火人和1名分包消防监督管理员全程旁站监督，并签署审核意见→分包单位施工员同意动火后，上报项目部施工员审批项目部施工员须确认是否必须动火作业，并查看需动火部位是否可以动火和易燃易爆物的清理情况，并签署审批意见→项目部施工员同意动火后，上报项目安监部开具动火证动火人员和看火人员，须带两只灭火器、接火斗和水桶，共同到安监部开具动火证（电、气焊人员同时必须携带特殊工种上岗证或复印件）→持动火证开始动火作业分包消防监督管理员全程旁站监督，分包和项目安全员对动火部位进行巡视检查间隔时间不得超过2h；对不符合规定的动火作业要收回动火证，并旁站监督整改；对无证动火人员除旁站制止外，须按规定予以处罚→交回动火证动火人须在次日上午9时前交回项目安监部，否则对该分包单位次日动火全部停开动火证。

3. 一级动火作业审批流程

需动火作业的施工人员填写“动火作业审批表”内容填写齐全→上报分包单位施工员审核分包单位施工员须确认是否必须动火作业，并查看需动火部位是否可以动火和易燃易爆物的清理情况，编制防火作业施工方案，确定两名看火人和一名分包消防监督管理员全程旁站监督，并签署审核意见→分包单位施工员同意动火后，上报项目部施工员审核项目部施工员须确认是否必须动火作业，并查看需动火部位是否可以动火和易燃易爆物的清理情况，审核防火作业施工方案，并签署审核意见→项目施工员同意动火后，上报项目部总工程师审核项目部总工程师须确认是否必须动火作业，并查看需动火部位是否可以动火和易燃易爆物的情况，审批防火作业施工方案，同时上报事业部技术部门，北京地区报公司技术部门和监理审批→防火作业施工方案经事业部技术部门和监理审批同意后，“动火作业审批表”报项目经理审批→项目经理同意动火后，通知项目安监部开具动火证，同时通过电话或网络报事业部安全总监处备案动火人员和两名看火人员，须带4只灭火器、接火斗和水桶，共同到安监部开具动火证；临时消防水须引至动火点5m内（电、气焊人员同时必须携带特殊工种上岗证或复印件）→持动火证开始动火作业分包消防监督管理员、分包和项目安全员各1人按照防火作业施工方案对动火作业全程进行旁站监督；对不符合规定的动火作业要收回动火证，并旁站监督整改；对无证动火人员除旁站制止外，须按规定予以处罚→交回动火证动火人须在次日上午9时前交回项目安监部，否则对该分包单位次日动火全部停开动火证。

3.4.8 高处作业及交叉作业安全管理制度

1. 工程部门安排施工时尽量减少高处作业。

2. 施工前必须双方签订交叉作业协议，编写安全措施，经批准后执行。

3. 必须按规定安装相应的安全防护设施。

4. 必须保障特殊高处作业的通信顺畅。

5. 施工人员必须经体检合格后方可上岗。

6. 施工人员必须严格遵守高处作业及交叉作业的安全规定。

7. 必须设置相应的安全警示标志。

8. 特种作业必须持证上岗。

9. 工程部、总工程师负责按规定审批安全措施。

10. 检查安全设施是否齐全、标准。

11. 检查并督促整改个人违章及其他不安全因素。

12. 检查特种作业取证情况和施工人员体检情况。

13. 项目部协调交叉作业中不同单位间的安全关系。

14. 工程处作业前组织施工人员体检，合格后方可上岗。

15. 工程处作业前必须按批准的安全措施进行交底签字。

16. 工程处作业前必须检查，完善相应的安全设施。

17. 施工中项目部按规定定期、不定期进行检查，对查出的问题下整改单按“三定”原则整改。

18. 交叉作业前施工单位必须与交叉单位联系，设计并安装安全设施。

19. 施工完毕后，安装单位负责按规定拆除不用的安全隔离设施。

3.4.9　生活卫生管理制度

为提高职工的生活水平，保障广大职工身心健康，减少疾病，以保证施工生产任务的顺利完成，特制定本制度。

3.4.9.1　职工食堂管理制度

1. 为加强建筑工地食堂管理，严防肠道传染病的发生，杜绝食物中毒，把住病从口入关，各单位要加强对职工食堂的治理整顿。凡在岗位上的炊管人员，必须持有所在地区防疫部门办理的健康证。民工炊管人员无健康证不准上岗，否则予以经济处罚，责令关闭食堂，并追究有关领导的责任。

2. 炊管人员每年要进行一次健康检查，持有健康合格证及卫生知识培训证后，方可上岗。凡患有痢疾、肝炎、伤寒、活动性肺结核、渗出性皮肤病以及其他有碍食品卫生的疾病，不得参加接触直接入口食品的制售及食品洗涤工作。

3. 炊管人员在操作时必须穿戴好工作服、发帽，并保持清洁整齐，做到文明生产，不赤背、不光脚，禁止随地吐痰。

4. 炊管人员必须做好个人卫生，要坚持做到四勤（勤理发、勤洗澡、勤换衣、勤剪指甲）。

5. 食堂必须有卫生部门发放的卫生许可证，炊事员必须持健康证上岗。

6. 食堂环境必须达到文明工地的标准。

7. 认真执行《中华人民共和国食品卫生法》，保证厨具炊具清洁，餐具要定期消毒，炊事人员努力学习，不断提高服务质量和业务技术水平。

8. 食堂炊事人员要认真掌管好食堂的炊事用具，不准外界随意挪用或人为丢失、损坏。

9. 坚持生熟分开、冷热分开、厨房操作间与库房分开。

10. 严禁使用腐烂变质的食物，杜绝食物中毒现象发生。

11. 严格遵守现场各项规章制度，虚心接受各方意见，食堂卫生由食堂管理员全面负责。

12. 从原料到成品实行“二不”制度，即采购员不买腐烂变质的食品原料，炊事员不卖腐烂变质的食品。

13. 食品存放“四隔离”即生与熟隔离，成品与半成品隔离，食物与杂物、药物隔离，食品与天然冰隔离。

14. 食具洗涤“四过关”即一洗、二刷、三冲、四消毒。

15. 食堂应当保持内外环境整洁，采取有效措施，消除老鼠、蟑螂、苍蝇和其他有害昆虫及其滋生条件。

16. 采购外地食品应向供货单位索取县以上食品卫生监督机构开具的检验合格证或检验单。必要时，请当地食品卫生监督机构进行复验。

17. 采购食品用的车辆，容器要清洁卫生，做到生熟分开，防尘、防蝇，防雨、防晒。

18. 不得采购制售腐败变质、霉变、生虫、有异味或《中华人民共和国食品卫生法》规定禁止生产经营的食品。

19. 根据《中华人民共和国食品卫生法》的规定，食品不得接触有毒物或不洁物。建筑上用的防冻盐（亚硝酸钠）等有毒有害物质，各施工单位要设专人专库存放，严禁亚硝酸盐和食盐同仓共贮，要建立健全管理制度。

20. 贮存食品要隔墙、离地，注意做到通风、防潮、防虫、防鼠，有条件的单位应设冷藏设备。主副食品、原料、半成品，成品要分开存放。

21. 盛放酱油、盐等副食调料要做到容器物见本色，加盖存放，保证清洁卫生。

3.4.9.2　职工宿舍卫生管理制度

1. 室内布置科学合理，有明确的卫生轮流值日制度。

2. 室内严禁存放或使用煤气油炉、电炉、煤气罐做饭。

3. 室内四壁无尘土，无落灰和蜘蛛网，地面无痰、无纸屑、无烟头和火柴棒，门窗玻璃清亮，灯具无尘土。

4. 床上被褥衣服叠放整齐，摆放一致，床单枕巾清洁。

5. 床下一望到底，无死角、无杂物，鞋应放置固定地方，摆放整齐。

6. 桌上无尘土，物品放置整齐有序。

7. 牙餐具洗刷干净，餐具要放在固定的地方，有遮盖，无剩菜剩饭。

8. 毛巾搭成一条线，脸盆摆放一致。

9. 夏季要防蚊蝇，无臭虫。

10. 冬季凡室内生火炉的必须安装烟筒。

3.4.9.3　办公室卫生管理制度

1. 物品摆放合理，有明确的卫生轮流值日制度。

2. 室内有痰盂，痰盂内外清洁干净无污垢。

3. 室内四壁无尘土，无落灰和蜘蛛网，地面无痰迹，无纸屑，无烟头和火柴棒。门窗玻璃光亮，灯具无尘土。

4. 桌柜上无尘土，物品清洁整齐，书报、杂志、文件和办公用品摆放有序不凌乱。

5. 室内设有值班床的，要求被褥叠放整齐一致，床单枕巾清洁，床下无堆物，无死角，达到一望到底。

3.4.9.4　生活区卫生管理标准

1. 生活区有条件的要搞好绿化，种植花草树木，卫生要有专人清理，保持环境整洁优美。无专人负责环境卫生的单位，要实行地段区域分片包干现任制，以保持卫生工作经常化。

2. 场内堆物、堆料整齐有序，设置垃圾箱加盖，垃圾要及时清理。

3. 场地地面保持平整，不随意泼水和倒垃圾，保持下水道畅通无积水。

4. 设置痰盂，玻璃光亮，墙壁无尘土，无落灰和蜘蛛网，地面无垃圾，无痰。

5. 厕所要有专人每日打扫冲刷 2～3 次，墙壁无落灰和蜘蛛网门窗玻璃光亮，灯无尘土，大、小便池无污垢，纸篓每日清理，地面干净，水池清洁不堵塞，夏季有防蝇设备，达到无蝇、无蛆、无味的环境。

3.5　其他类安全管理制度

3.5.1　安全生产承诺制度

3.5.1.1　总则

1. 为强化全员安全意识，深入落实安全责任，提高遵章守纪的自觉性，确保安全生产，制订该制度。

2. 认真落实安全承诺制度，是项目部、各分包、班组、施工人员履行岗位安全职责的基本保证，各班组人员均应向总包进行书面的承诺，即签订安全承诺书。

3. 安全承诺书由总包统一制作，承诺人必经在安全承诺书上亲笔签字，并认真履行安全承诺。

4. 各级人员均要以岗位安全职责为主要内容，带头落实安全承诺制度。

3.5.1.2　安全承诺内容

1. 认真执行“安全第一、预防为主、综合治理”的安全生产方针，遵守各项安全生产制度和规定，做到“三不伤害”，即不伤害自己，不伤害他人，不被他人伤害。

2. 不违章指挥，不违章作业，不违反劳动纪律，抵制违章指挥，纠正违章行为。

3. 严格执行危险性较大的作业安全作业申请制度，例如动火作业、临时用电、高处作业、起重吊装、有限空间等，按规定程序申请、批准并出示作业许可证，不得无证作业。

4. 按规定和相关操作规程，穿戴好个人劳动保护用品，严格遵守各项安全制度和规定。

5. 进入施工现场前，必须主动接受总包的入场安全教育以及“三级”安全教育、培训和考核，学会并熟练掌握使用符合本岗位的安全设施和器材，并掌握相应的应急处置知识。

6. 严格履行各自的岗位安全职责。

3.5.1.3　安全承诺的范围和程序

1. 总包必须与各参建单位签订劳动合同的所有人员都应进行安全承诺。

2. 新入场的人员在完成“三级安全”教育、培训、考试后，签订安全承诺书，如未按规定进行安全教育或入场安全教育不符合要求的人员不应在承诺书上签字。

3. 承诺人必须熟悉安全承诺内容，并在安全承诺书上亲笔签字，不允许他人代签。安全承诺一式两份，一份由承诺人随身携带，一份由总包安监部存档。

4. 安全承诺书在入场教育合格后签订，有效期为 1 年。

3.5.1.4　安全承诺的要求

1. 施工现场主要领导是实施安全承诺签字的总负责人，安监部是组织实施和考核安全承诺的责任部门，应定期对承诺书的落实情况进行检查考核。

2. 施工人员必须熟知安全生产承诺书的相关内容。

3. 安全承诺誓词：“我已接受过本岗位的安全教育，并熟知安全承诺书内容，愿认真执行，如违反本承诺，愿承担相应责任。”

3.5.1.5　违反承诺的责任

承诺人违反承诺，造成责任事故或情节严重的按照安全生产责任制和考核办法以及安全管理奖惩办法等有关条款进行处罚，并承担相应责任。

3.5.1.6　附则

1. 总包安监部参照本制度，制订施工现场施工人员的安全承诺规定。

2. 各部门要将安全承诺制度纳入安全生产责任制和责任制进行检查考核，并制订出检查考核办法。

3. 本制度由总包安监部负责解释。

4. 本制度自公布之日起实行。

3.5.2 安全生产举报制度

为了增强全体施工人员对安全生产的参与意识，加大安全生产监管力度，及时发现和消除安全生产隐患，及时发现和制止违章作业、违章指挥、违反劳动纪律的行为，有效预防事故的发生，保障安全生产，根据《中华人民共和国安全生产法》、本公司安全管理手册等管理文件、程序、制度等，结合本工程的实际情况制定本制度：

任何施工人员均有权对施工现场的安全隐患，如无作业规程或作业措施、安全设施不完善，隐患不排除等安排作业的违章行为；安全设施、设备不符合安全要求、破坏防护设施、设备等恶劣行为，包括物的不安全状态、人的不安全行为和管理上的缺陷等进行举报。

项目部设立安全生产隐患举报办公室，其办公室设在项目安监部，安监部安排专人负责受理举报工作。

举报人可采用书信、电话、面谈、举报信箱等方式举报施工现场有关安全生产隐患的举报，要鼓励举报人提供真实姓名、班组、通信方式等。以备查询和回复意见，对不愿公开自己姓名，班组的举报人要尊重其意愿。

对举报人借举报为名，故意捏造、歪曲事实，诬告、陷害他人的，将依照有关规定进行严肃处理。

项目部专职接受举报人，要讲究文明、礼貌，做到热情和蔼、耐心细致、正确疏导、认真负责。

受理人应当及时记录、编号，按照相关规定、要求如实填写。受理面谈举报，应当将举报情况写成实录，向举报人宣读或者交举报人阅读，经确认无误后，双方签字。

受理人电话举报，应当细心接听、询问清楚、如实记录。

举报事项经核实后，由安监部下发“安全隐患整改通知单”，督促相关单位限期整改，隐患整改方整改完毕要及时向总包安监部进行反馈，以便及时复查、销项。

受理举报的人员，必须严格遵守保密制度，妥善保管和使用举报材料。不得泄露举报人相关信息，严禁将举报材料转给被举报班组、单位，违者将严肃处罚。任何单位和个人不得以任何形式、借口压制和报复举报人，一经查实有打击报复行为的，将依照相关规定进行严肃处理。

举报人的奖励应具备以下条件：实名举报、举报内容经现场核实确认属实等。对同一举报事项的举报人只奖励一次，多人举报同一事故隐患的，奖励对象为首次举报人，多人联名举报同一事故隐患的，奖金可平均分配。

本制度执行中的具体问题由项目部安监部负责解释。

3.5.3 安全资料、台账管理制度

3.5.3.1 目的

明确各部室单位的安全台账、资料管理范围，规范建立健全安全台账，收集安全资料，为项目部的安全管理打下良好的基础。

3.5.3.2 范围

项目部、各分包单位

按相关管理规定和项目的要求，项目部应建立如下台账：

1. 专兼职安全人员建档登记台账。
2. 安全工作会议例会记录。
3. 安全考试登记台账。
4. 新入场人员三级安全教育卡片。
5. 安全检查及整改登记台账。
6. 安全施工问题通知单附隐患整改反馈单。

7. 违章及罚款登记台账。
8. 安全奖励登记台账。
9. 各类事故及惩处登记台账。
10. 各类事故月年报表。
11. 分包单位安全资质审查表。
12. 安全技术措施计划实施登记台账。
13. 职工体检表。
14. 特种作业人员建档登记台账。
15. 职业防护用品、用具试验、鉴定登记台账。

应收集的文件有：

1. 项目转发的上级单位的安全、文明施工相关文件。
2. 项目下发的安全、文明施工管理制度和程序文件。
3. 地方劳动局的安全文明施工管理制度及程序文件。
4. 业主和监理的相关管理制度和程序文件。
5. 项目部的安全文明施工管理制度及程序文件。
6. 应收集或编写的安全资料。
7. 安全教育培训的教材。
8. 安全考试卷。
9. 安全检查表会议议题及会议纪要。
10. 三级安全教育卡。
11. 安全文明施工周简报。
12. 各类安全活动记录。
13. 相关总结和记录。
14. 项目部各施工单位应建立健全的安全台账。
15. 安全工作例会记录。
16. 工、器具安全装备周期检查试验记录。
17. 安全施工措施交底签字记录。
18. 安全奖励登记台账。
19. 违章及罚款登记台账。
20. 安全检查及整改登记台账。
21. 特种作业人员建档登记台账。

保存的资料：

1. 有关安全工作的规程、规定、计划、总结、措施、文件、事故通报和安全简报等。

2. 项目部财务管理部

安全劳动保护专项费用和安全奖励专用基金台账。

3. 物质供应部

(1) 危险品采购、发放、领用台账。
(2) 安全防护用品、用具采购、发放、领用台账。
(3) 劳动保护用品试验和鉴定台账。

3.5.4　红黄牌管理制度

为提高安全生产风险防范意识和能力，完善安全生产风险动态监控及预测预警机制，丰富安全生产综合监管手段，对安全管理问题突出、安全生产风险较大的单位实施风险警示，不断强化企业安全生产风险防控特制订本制度。

3.5.4.1 黄牌警示

黄牌警示是指集团、公司在日常安全监管活动中，对安全管理问题突出、存在较大安全生产风险的单位实施公开警示并重点督促整改的管理措施。

3.5.4.2 红牌警示

红牌警示是指集团、公司在日常安全监管活动中，对安全管理问题突出、存在重大安全生产风险的单位实施公开警示并重点督促整改的管理措施。

3.5.4.3 黄牌警示事项

1. 二、三级单位领导未落实领导带班安全检查制度。
2. 二、三级单位安全监管机构不健全或人员配备不满足要求。
3. 二、三级单位安全巡查未落实“三必”标准、未量化监督数据。
4. 二、三级单位未组织项目安全策划。
5. 对上级单位检查出的安全隐患未及时整改闭合。
6. 被上级单位检查下达局部暂缓施工。
7. 违反十项“零容忍”安全隐患管理制度。
8. 受到政府部门安全生产行政处罚、约谈或通报。
9. 发生火灾、机械设备等非亡人生产安全事故。
10. 本公司领导、相关部门或分公司认为应被列入黄牌警示的其他事项。

3.5.4.4 红牌警示事项

1. 发生具有较大社会影响的险肇事件。
2. 发生工亡事故。
3. 迟报、瞒报生产安全事故。
4. 未按要求开展事故调查。
5. 黄牌警示问题逾期未完成整改。
6. 被上级单位检查下达全面停工整改。
7. 局领导认为应被列入红牌警示的其他事项。

第4章　安全生产监督检查

4.1　安全检查方式和内容

4.1.1　企业级

4.1.1.1　安全巡查

1. 安全巡查的方式

公司安监部采取随机抽查的方式，针对各项目安全生产管理情况进行安全巡查。

2. 安全巡查的频次

全年安全巡查覆盖所有分公司。

3. 安全巡查的内容

安全巡查的内容包括公司、分公司和项目部安全体系建设、安全管理行为及安全管理活动开展，具体如下：

(1) 领导带班制度落实。

(2) 安全监督日志填写。

(3) 安全监管人员配置。

(4) 危大工程管控。

(5) 十项零容忍隐患整治。

(6) 行为安全之星活动开展等。

4.1.1.2　例行检查

1. 检查的方式

公司结合年度工作安排开展例行检查，检查开始10日内制订检查方案，确定受检范围、检查重点、检查人员及时间。

2. 检查的频次

每季度至少安全监管体系运行情况。

3. 检查的内容

(1) 安全生产责任制落实。

(2) 公司有关制度宣贯和落实情况。

(3) 上级主管部门和公司文件落实。

(4) 日常安全管理活动开展情况。

(5) 安全设施及防护用品投入情况。

(6) 危大工程管控等。

(7) 十项“零容忍”安全隐患管理。

4.1.1.3　专项检查

1. 检查的方式

根据上级有关要求及企业安全生产现状确定。

2. 检查的频次

每季度至少开展1次。

3. 检查的内容
(1) 对易发生安全生产事故的特种设备、特殊场所、特殊工序、危险作业等进行检查。
(2) 特种设备。
(3) 临时用电。
(4) 消防安全。
(5) 脚手架。
(6) 模板支撑体系。
(7) 安全防护。
(8) 起重吊装。
(9) 绿色施工等。

4.1.2 项目级

4.1.2.1 定期检查

1. 责任部门(人员)和相关部门
由项目经理组织，项目各部门参加，对现场进行安全检查。
2. 检查的频次
每周组织1次。
3. 检查的内容
(1) 高风险作业许可管理情况。
(2) 安全专项方案、交底、验收等执行情况。
(3) 安全防护、机械设备、临时用电、消防、违章等情况。
(4) 人员入场、安全教育、持证等情况。
(5) 安全设施及防护用品投入情况。
(6) 危大工程管理情况。

4.1.2.2 专项检查

1. 责任部门(人员)和相关部门
由专业工程师组织，安全工程师参加，对项目进行专项安全检查。
2. 检查的频次
每月组织1次。
3. 检查的内容
(1) 消防安全。
(2) 临时用电。
(3) 大型机械设备。
(4) 临时设施。
(5) 深基坑。
(6) 高支模等。

4.1.2.3 节假日检查及停复工检查

1. 责任部门(人员)和相关部门
由项目生产经理组织，项目各部门参加，对现场进行节假日检查。
2. 检查的频次
法定节假日和停复工。
3. 检查的内容
(1) 办公区、生活区管理。

（2）消防保卫。
（3）安全防护。
（4）机械安全。
（5）脚手架。
（6）安全文明施工。
（7）模板支撑体系。
（8）临时用电。
（9）工人的心理状态等。

4.1.2.4　日常巡查

1. 责任部门（人员）和相关部门

由安全工程师组织，专业工程师参加，对现场进行日常巡查。

2. 检查的频次

每日进行检查。

3. 检查的内容

（1）现场高风险作业审批许可。
（2）安全措施落实情况。
（3）安全防护措施。
（4）“三违”等行为。
（5）安全文明施工。
（6）临时用电。
（7）消防安全。
（8）机械设备运行情况。
（9）危大工程管控情况。
（10）隐患整改落实情况。
（11）各项安全管理活动落实情况等。

4.2　安全检查记录

例：《建筑施工安全检查标准》（JGJ 59—2011）中的“建筑施工安全分项检查评分表”。

安全管理检查评分表

序号	检查项目		扣分标准	应得分数	扣减分数	实得分数
1	保证项目	安全生产责任制	未建立安全生产责任制，扣 10 分； 安全生产责任制未经责任人签字确认，扣 3 分； 未制订各工种安全技术操作规程，扣 10 分； 未按规定配备专职安全员，扣 10 分； 工程项目部承包合同中未明确安全生产考核指标，扣 8 分； 未制订安全资金保障制度，扣 5 分； 未编制安全资金使用计划及实施，扣 2～5 分； 未制订安全生产管理目标（伤亡控制、安全达标、文明施工），扣 5 分； 未进行安全责任目标分解的，扣 5 分； 未建立安全生产责任制、责任目标考核制度，扣 5 分； 未按考核制度对管理人员定期考核，扣 2～5 分	10		

续表

序号	检查项目		扣分标准	应得分数	扣减分数	实得分数
2	保证项目	施工组织设计	施工组织设计中未制订安全措施，扣10分； 危险性较大的分部分项工程未编制安全专项施工方案，扣3～8分； 未按规定对专项方案进行专家论证，扣10分； 施工组织设计、专项方案未经审批，扣10分； 安全措施、专项方案无针对性或缺少设计计算，扣6～8分； 未按方案组织实施，扣5～10分	10		
3		安全技术交底	未采取书面安全技术交底，扣10分； 交底未做到分部分项，扣5分； 交底内容针对性不强，扣3～5分； 交底内容不全面，扣4分； 交底未履行签字手续，扣2～4分	10		
4		安全检查	未建立安全检查（定期、季节性）制度，扣5分； 未留有定期、季节性安全检查记录，扣5分； 事故隐患的整改未做到定人、定时间、定措施，扣2～6分； 对重大事故隐患改通知书所列项目未按期整改和复查，扣8分	10		
5		安全教育	未建立安全培训、教育制度，扣10分； 新入场工人未进行三级安全教育和考核，扣10分； 未明确具体安全教育内容，扣6～8分； 变换工种时未进行安全教育，扣10分； 施工管理人员、专职安全员未按规定进行年度培训考核，扣5分	10		
6		应急预案	未制订安全生产应急预案，扣10分； 未建立应急救援组织、配备救援人员，扣3～6分； 未配置应急救援器材，扣5分； 未进行应急救援演练，扣5分	10		
小计			—	60		
7	一般项目	分包单位安全管理	分包单位资质、资格、分包手续不全或失效，扣10分； 未签订安全生产协议书，扣5分； 分包合同、安全协议书，签字盖章手续不全，扣2～6分； 分包单位未按规定建立安全组织、配备安全员，扣3分	10		
8		特种作业持证上岗	一人未经培训从事特种作业，扣4分； 一人特种作业人员资格证书未延期复核，扣4分； 一人未持操作证上岗，扣2分	10		
9		生产安全事故处理	生产安全事故未按规定报告，扣3～5分； 生产安全事故未按规定进行调查分析处理，未制订防范措施，扣10分； 未办理工伤保险，扣5分	10		
10		安全标志	主要施工区域、危险部位、设施未按规定悬挂安全标志，扣5分； 未绘制现场安全标志布置总平面图，扣5分； 未按部位和现场设施的改变调整安全标志设置，扣5分	10		
小计				40		
检查项目合计				100		

4.3　安全生产检查及反馈

4.3.1　安全隐患整改通知单

安全隐患整改通知单

<table>
<tr><td colspan="2">隐患整改通知单</td><td>编号</td><td></td></tr>
<tr><td>工程名称及编码</td><td colspan="3"></td></tr>
<tr><td>项目基本情况</td><td colspan="3"></td></tr>
<tr><td>接收单位</td><td> </td><td>接收人</td><td></td></tr>
<tr><td colspan="4">整改内容：

检查人：　　　　　年　月　日</td></tr>
<tr><td>完成期限</td><td>年　月　日</td><td>指定验证人</td><td></td></tr>
<tr><td colspan="4">处理情况和自检结果：

自检人：　　　　　年　月　日</td></tr>
<tr><td colspan="4">验收记录：

验证人：　　　　　年　月　日</td></tr>
</table>

4.3.2 暂缓施工通知单

暂缓施工通知单

<table>
<tr><td colspan="3">暂缓施工通知单</td><td>编号</td><td></td></tr>
<tr><td>项目名称</td><td></td><td>处罚时间</td><td colspan="2"></td></tr>
<tr><td>暂缓施工事由</td><td colspan="4"></td></tr>
<tr><td>暂缓施工部位、作业</td><td colspan="4"></td></tr>
<tr><td>巡查人员
处理意见</td><td colspan="4">签字：　　　　年　月　日</td></tr>
<tr><td>项目经理签收</td><td colspan="4">签字：　　　　年　月　日</td></tr>
<tr><td>备注</td><td colspan="4">被暂缓施工项目在整改完成后，书面向处罚下达人提出申请，经复查合格，处罚下发人同意后，方可恢复施工</td></tr>
</table>

4.3.3 停工告知单

停工告知单

<table>
<tr><td colspan="2">停工告知单</td><td>编号</td><td></td></tr>
<tr><td>工程名称</td><td></td><td>日期</td><td></td></tr>
<tr><td colspan="4">致＿＿＿＿＿＿＿＿＿＿＿＿（项目经理部/××班组长）：
由于＿＿＿＿＿＿＿＿＿＿＿＿＿＿＿原因，现通知你方于＿＿＿年＿＿＿月＿＿＿日＿＿＿时起，暂停＿＿＿＿＿＿＿＿＿＿＿＿＿＿＿部位（工序）施工，并按照下述要求做好后续工作。

要求：

项目监理部（盖章）：

总监理工程师（签字）：

年　月　日</td></tr>
</table>

4.3.4 复工告知单

复工告知单

<table>
<tr><td colspan="2">复工告知单</td><td>编号</td><td></td></tr>
<tr><td>工程名称</td><td></td><td>日期</td><td></td></tr>
<tr><td colspan="4">致______________（项目经理部/××班组）：
我方发出的编号为____________________“停工告知单”，要求暂停施工的部位（工序），经查已具备复工条件。经建设单位同意，现通知你方于______年______月______日______时起恢复施工。

附件：工程复工报审表

项目监理部（盖章）：

总监理工程师（签字）：

年　月　日</td></tr>
</table>

第5章　安全生产培训教育

5.1　安全生产培训教育的意义、目的及作用

5.1.1　安全生产培训教育的意义

开展安全培训教育是生产经营单位安全管理的需要，也是国家法律法规的要求。一方面，开展安全培训教育是发展、宣传企业安全文化的需要，是安全生产向广度和深度发展的需要。同时，也是搞好安全管理的基础工作，是企业从业人员掌握各种安全知识，避免各类事故发生的有效途径。企业的各岗位和生产设施设备具有不同的安全技术特性和要求。随着高新技术装备的大量使用，企业对从业人员的安全素质要求越来越高。从业人员的安全生产意识和安全技能的高低，直接关系到企业生产活动的安全可靠性。从业人员需要通过有效的安全生产培训教育，掌握系统的安全知识，熟练的安全生产技能，以及对不安全因素和事故隐患、突发事故的预防、处理能力和经验。要适应企业生产活动的需要，从业人员应接受专门的安全生产教育和业务培训，不断提高自身的安全生产技术知识和能力。

5.1.2　安全生产培训教育的目的

安全培训的主要目的就是通过加强和规范生产经营单位安全培训工作，提高从业人员的素质，防范伤亡事故，减轻职业伤害；熟悉并能认真贯彻执行安全生产方针、政策、法律、法规、及国家标准、行业标准；掌握有关安全分析、安全决策、事故预测和防范等方面知识，以杜绝或减少安全事故的发生。其目的主要包括：

1. 加强和规范生产经营单位安全培训工作，提高从业人员安全素质，防范伤亡事故，减轻职业危害。

2. 使广大从业人员熟悉有关安全生产规章制度和安全操作规程，认真贯彻执行安全生产方针、政策、法律、法规及国家标准、行业标准，具备必要的安全生产知识，掌握本岗位的安全操作技能，增强预防事故、控制职业危害和应急处理的能力。

3. 安全培训教育是企业安全生产工作的重要内容，坚持安全教育制度，搞好对全体从业人员的安全教育，提高企业安全生产水平。

4. 提高企业各级管理人员的安全生产法律意识和管理水平。

5. 提高从业人员的安全生产意识和安全操作技能，掌握本行业、本工作领域有关的安全风险、事故预防与应急救援的知识。

6. 减少“三违”作业行为，预防和减少事故的发生。

7. 熟悉安全管理知识，具有组织安全生产检查、事故隐患整改、事故应急处理等方面的组织管理能力。

5.2　安全生产培训教育相关制度

5.2.1　企业安全生产培训教育制度

为了提高从业人员的安全意识，提高安全技术素质，防范人员伤亡事故，减轻职业危害，规范企

业从业人员职业安全教育培训工作，使从业人员正确认识和学习职业卫生安全的法律、法规、基本知识，了解本企业的安全生产规章制度，确保安全生产，各企业应依照相应法律法规，制订符合企业生产特点、实际可行的安全生产培训制度。

企业安全生产培训教育制度应适用于企业各部门和基层单位；面向与企业各部门和基层单位形成劳动关系的从业人员。

企业安全生产培训教育制度应包括安全生产法规和安全生产教育等内容，其制度内容应包括以下几个方面：

1. 有关安全生产的法律法规、标准规范等。
2. 本单位安全生产情况及安全生产和职业卫生安全基本知识。
3. 本单位安全生产规章制度和劳动纪律。
4. 从业人员安全生产权利和义务。
5. 有关事故案例等。
6. 安全事故应急救援预案。
7. 事故应急预案演练及事故防范措施等。

5.2.2 项目安全生产培训教育制度

项目部及所属施工单位应建立健全安全生产教育培训制度，从业人员应经过安全生产的教育培训，并通过考试，未经安全生产教育培训或考试不合格的人员不得上岗。

项目部应根据项目生产特点向从业人员详细讲解项目的关键管理部位、重点施工工序及阶段、危险区域和设备，建立培训考试台账，所有从业人员考核合格后方可上岗。其制度主要内容应包括以下几点：

1. 介绍本项目生产特点、性质。如施工生产方式及危险源分布特点；人员结构，安全生产组织及活动情况；主要工种及作业中的安全管理要求；现场危险区域、特种作业场所，有毒有害岗位情况，劳动保护用品穿戴要求及注意事项，事故隐患多发部位，常见事故和对典型案例的剖析，安全生产、工完场清的经验与问题等。
2. 根据项目的特点介绍本工程的基本情况及应遵守的安全事项。
3. 介绍消防、环保、防洪防大风、文物保护等有关安全知识。
4. 介绍有关安全生产和文明生产的法规与制度、措施、要求等。
5. 施工现场的安全管理实施细则。
6. 容易发生的事故伤害：高坠、物体打击、触电、坍塌、机械伤害等事故教训。
7. 事故预防与应急管理措施。

5.2.3 班组安全生产培训教育制度

施工单位、班组是企业生产的“前线”，生产活动是以施工单位或班组为基础的。由于操作人员活动在施工单位、班组，机具设备在施工单位、班组，事故常常发生在施工单位、班组。因此，项目应加强施工单位、班组安全教育，并建立培训教育台账，所有施工人员应经考核合格后方可上岗。

班组安全教育培训主要制度内容是：

1. 班组长应向班组成员介绍本班组的生产概况、特点、范围、作业环境、设备状况，作业主要危险源以及应急设施等。班组长应重点介绍可能发生伤害事故的各种危险因素和危险部位，并利用典型的事故实例去剖析讲解。

2. 班组长应向班组成员讲解本岗位使用的机械设备、中小型机械的性能，防护装置的作用和安全操作规程；宣贯本工种安全操作规程和岗位责任及有关安全注意事项；介绍班组安全活动内容及作业场所的安全检查和交接班制度；从业人员一旦发现事故隐患或事故，应及时报告领导或有关人员，并学会如何紧急处理险情。

3. 班组长应向班组成员讲解劳动保护用品正确使用方法及其保管方法和工完场清的要求。

4. 班组长应向班组成员示范安全操作，重点讲解安全操作要领，做到边示范边讲解，说明注意事项，并讲述哪些操作是危险的、是违反操作规程的，使从业人员懂得违章将会造成的严重后果。

5. 班组长应向班组成员详细讲解项目安全管理规章制度。

5.3　安全生产培训教育类型及要求

5.3.1　安全生产培训教育类型

5.3.1.1　领导干部安全生产培训教育

1. 培训对象：企业主要领导、企业各部门分管领导、项目经理。

2. 培训频次：企业主要领导及各部门分管领导每年一次，项目经理每半年一次。

3. 培训内容：最新的安全生产法律法规和安全生产管理理念及方法，典型事故案例教训分析和学习等。

5.3.1.2　安全监管骨干培训

1. 培训对象：企业主要领导、企业安全监督管理人员、项目安全监督管理人员。

2. 培训频次：每季度一次。

3. 培训内容：安全生产法律法规、安全生产管理方法、安全生产技术知识、安全监管能力培训、职业健康管理等。

5.3.1.3　安全取证培训（安管人员）

1. 取证培训对象：企业“安管人员”（包括企业主要负责人），是指对本企业生产经营活动和安全生产工作具有决策权的领导人员。

项目负责人，是指取得相应注册执业资格，由企业法定代表人授权，负责具体工程项目管理的人员。

专职安全生产管理人员，是指在企业专职从事安全生产管理工作的人员，包括企业安全生产管理机构的人员和工程项目专职从事安全生产管理工作的人员。

2. 取证培训频次：安全生产合格证书有效期为 3 年，安全生产考核合格证书有效期届满需要延续的，“安管人员”应当在有效期届满前 3 个月内，由本人通过受聘企业向原考核机关申请证书延续。准予证书延续的，证书有效期延续 3 年。

3. 取证培训内容：

（1）安全生产知识考核内容包括：建筑施工安全的法律法规、规章制度、标准规范，建筑施工安全管理基本理论等。

（2）安全生产管理能力考核内容包括：建立和落实安全生产管理制度、辨识和监控危险性较大的分部分项工程、发现和消除安全事故隐患、报告和处置生产安全事故等方面的能力。

5.3.1.4　项目管理人员安全生产培训教育

1. 项目管理人员入场安全教育

主责部门：项目经理。

相关部门（岗位）：项目总工、项目生产经理、项目安全总监。

项目管理人员到岗后、上岗前进行入场安全教育，由项目经理负主要职责，安全总监、生产经理、总工负责配合项目经理对新到岗的管理人员进行入场安全教育，并且留存安全教育记录表格以及安全教育考试试卷，以备后续相关政府部门及企业到项目检查项目时提供。

2. 项目管理人员月度安全教育

主责部门：项目经理。

相关部门（岗位）：项目总工、项目安全总监。

项目管理人员每个月进行管理人员月度安全教育培训，每月组织一次，由项目经理负责组织管理人员月度安全教育，安全总监及总工进行授课，面向项目各部门全体管理人员，月度教育完毕后，留存月度安全教育记录表及签到表，以备后续相关政府部门及企业到项目检查项目时提供。

5.3.1.5　项目作业人员安全生产培训教育

1. 项目作业人员三级安全教育

主责部门：分包单位。

相关部门（岗位）：项目生产经理、项目劳务管理工程师。

项目新进场的作业人员在进入施工现场前，由分包单位组织所有新进场作业人员进行三级安全教育（包括企业级、项目级、班组级），由项目生产经理、劳务管理工程师协同组织开展三级安全教育。三级安全教育结束后，留存进场作业人员花名册（附身份证复印件），作业人员三级教育记录卡（按属地政府要求为准），三级安全教育考试试卷，相关资料留存总包项目部以备检查使用。

2. 项目作业人员入场安全教育

主责部门：项目安全总监。

相关部门（岗位）：项目安全监督管理部、项目劳务管理工程师、项目材料工程师。

项目新进场的作业人员进入施工现场当天，由总包单位安全总监组织开展新进场作业人员入场安全教育，安全工程师、劳务管理工程师、材料工程师负责协助项目安全总监开展作业人员入场安全教育，通过入场安全教育，讲解从业人员的权利和义务，工程概况，劳动纪律，现场主要危险源及防范措施，个人防护用品的使用和维护，应急处置措施等内容。入场安全教育结束后，留存安全教育培训记录表，考试试卷以及劳动防护用品发放记录表。

3. 项目作业人员月度安全教育

主责部门：项目生产经理。

相关部门（岗位）：项目工程管理部、项目机电管理部、项目安全监督管理部、项目劳务管理工程师。

项目作业人员月度安全教育每月开展一次，由项目生产经理负责组织开展，工程管理部、安全监督管理部、劳务管理工程师负责协助开展，月度安全教育内容由生产经理及安全总监进行授课，项目全体作业人员接受月度教育。生产经理宣贯本月安全生产情况以及下月安全注意事项等；安全总监宣贯本月违章点评、警示事故案例、应急处置、安全管理活动内容等。作业人员月度安全教育结束后，留存月度安全教育记录表及全员签到表。

4. 项目作业人员节假日安全教育

主责部门：项目生产经理。

相关部门（岗位）：项目工程管理部、项目机电管理部、项目安全监督管理部、项目劳务管理工程师。

项目作业人员节假日安全教育在节前开展，由项目生产经理负责组织开展，工程管理部、安全监督管理部、劳务管理工程负责协助开展，土建工程师、电气工程师及安全工程师参加，节假日安全教育内容由生产经理及安全总监进行授课，全体作业人员接受教育。生产经理宣贯节假日期间主要施工内容及安全注意事项；安全总监宣贯节假日期间外出安全事项，节后复工收心教育，突发事件应急处置等内容。作业人员节假日安全教育结束后，留存节假日安全教育记录表及全员签到表。

5. 项目作业人员季节性安全教育

主责部门：项目生产经理。

相关部门（岗位）：项目工程管理部、项目机电管理部、项目安全监督管理部、项目劳务管理工程师。

项目作业人员季节性安全教育开展于冬季、夏季、雨季等其他恶劣天气多发的季节，由项目生产经理负责组织开展，工程管理部、安全监督管理部、劳务管理工程负责协助开展，土建工程师、电气工程师、机械工程师及安全工程师参加，季节性安全教育内容由生产经理及安全总监进行授课，全体作业人员接受教育。生产经理宣贯当前恶劣天气下的施工内容及注意事项；安全总监宣贯恶劣天气的事故案例分析以及恶劣天气下的紧急处置措施。

6. 项目作业人员班前安全教育

主责部门：项目生产经理。

相关部门（岗位）：项目全体管理人员。

项目作业人员班前安全教育开展于每日施工作业前，由生产经理负责组织，分包单位各班组全体作业人员参加，项目值班人员进行督促指导，安全监督管理部负责监督。分包单位班组长负责检查作业人员身体及精神状态，防护用品的佩戴，交代当天作业危险因素及防范措施，进行违章点评，并且要求签字记录留存班前教育活动记录；项目值班人员负责督促指导班前教育开展并且留存照片及视频等影像资料；安全监督管理部负责监督作业人员班前安全教育的开展情况。

5.3.1.6 项目特种作业人员安全生产培训教育

项目特种作业人员安全培训教育每月开展一次，由各专业工程师负责组织开展，项目安全监督管理部负责监督开展。

主责部门：项目各专业工程师。

相关部门（岗位）：项目安全总监、项目安全工程师及分包单位安全工程师。

1. 架子工

架子工的安全教育培训由土建工程师、安全工程师负责组织开展。

2. 电焊工、电工

电焊工、电工的安全教育培训由电气工程师、安全工程师负责组织开展。

3. 起重吊装司机、信号指挥、施工电梯司机、挖掘机司机、桩基操作工、吊篮操作工

起重吊装司机、信号指挥、施工电梯司机、挖掘机司机、桩基操作工、吊篮操作工等机械操作人员的安全教育培训由机械工程师、安全工程师负责组织开展。安全总监、土建工程师、电气工程师、机械工程师负责对特种作业人员讲解工作区域内的危险因素及防范措施，日常作业过程中个人防护用品的使用和维护，作业过程中各类机械的操作规程，施工现场的应急处置及事故警示案例等。

5.3.1.7 项目相关方安全生产培训教育

项目相关方人员在进入施工现场前，由安全监督管理部、工程管理部、物资设备部组织对相关方人员进行入场安全教育，教育完成后留存安全教育记录表、安全告知书。

5.3.1.8 项目外来人员安全生产培训教育

项目外来人员在进入施工现场前，由安全监督管理部组织对外来人员进行入场安全教育，教育完成后留存安全教育记录表、安全告知书。

安全告知书模板见“安全告知书”。

安全告知书

安全告知书	编号	
为认真贯彻执行公司安全生产管理规定，增强从业人员的安全意识。切实保障施工人员的人身安全，防止安全事故的发生。结合本工地实际情况，制订本告知书。 一、施工纪律 1. 施工人员必须遵守国家的法律法规和治安管理条例，遵守安全生产规章制度和安全操作规程，遵守公司和项目部制订的规章制度和劳动纪律。 2. 施工人员必须是18周岁以上55周岁以下的成年人。施工人员必须保证个人身体健康，无心脏病、高血压、恐高症等有碍室外高空作业的病症，严禁隐瞒病情或带病作业。		

续表

3. 进入施工现场必须戴安全帽、正确识别并严格遵守各种安全标志标牌。施工现场不准袒胸露背、赤脚或穿拖鞋；严禁吸烟及酒后作业，严禁打架斗殴，不准随地大小便。

4. 遵守劳动纪律，按时上下班，不准迟到或早退，不准旷工。有事要请假，要写请假条，注明请假原因、请假期限，原则不准销假。不经项目部批准严禁私自外出。

5. 服从施工安排，认真学习、钻研施工技术，提出合理化建议。发扬团队精神，有组织、有纪律、协同完成各项工作。

6. 施工现场不准无故串岗，随意打闹。不属于自己的施工区域禁止进入和任意通行。

7. 禁违章操作、野蛮施工，施工人员有权拒绝违章指挥及强令冒险作业。

二、施工安全

1. 坚持“以人为本”，牢记“安全第一、预防为主”的安全生产方针。增强每个施工人员的安全防范意识。

2. 正确使用劳动防护用品，爱惜使用工具，合理使用材料，节约成本，杜绝人为浪费或损坏材料的行为，作业用各种工具、材料不得随意乱扔乱放，作业完成后及时回收。

3. 施工人员在操作使用工具前应认真学习安全操作规程，熟练掌握操作要领，严格按照操作规程作业。

4. 高空作业时施工工具必须采取有效的安全防护措施后方可进行作业，避免工具坠落，发生意外事故。

5. 施工现场高空作业人员，必须正确佩戴安全帽、安全带及相应的防护用品，安全带要做到高挂低用。正确利用“三宝”（安全帽、安全带、安全网）的防护作用。高空作业严禁投抛物料，临边作业、垂直交叉作业应进行相应防护后方可进行施工。做到不安全不生产。

6. 施工前认真检查施工现场，发现安全隐患及时排除，切实做好安全防护措施。不经批准严禁随意拆除各种临边防护设施，正确认识“四口”（楼梯口、电梯口、预留洞口、安全通道口）和“五临边”（无防护的屋面周边、无栏杆的阳台周边、框架工程楼层周边、跑道斜道两侧边、卸料台的外侧边）的危险性，做到远离事故多发点和危险点，禁止在上述地点停留。

7. 施工中如遇到不可预测的危险时，例如狂风暴雨雷电等，应立即停止施工；进入室内，把材料、工具转移到室内安全地点；吊篮应落至地面，如无法及时降落要就近固定牢固。

三、安全用电

1. 认真遵守安全用电管理制度，认真学习安全用电常识，施工现场的临时用电或作业用电，需由电工接好后方可使用。严禁私拉或私接电源，接通电源后禁止电缆线盘成团。

2. 施工暂停或每天工作结束后应关闭电源，清理现场，不留下任何安全隐患。

3. 熟悉各种电动工具的特性和正确的操作方法。所用的手持电动工具的电源插座和插头，必须有接地保护，各线路连接部件应牢固连接，防止断线造成触电事故。

4. 所有电气设备，必须设防护安全罩加以保护。电气设备严禁带“病”运转。在施工过程中，如果电动工具出现异常现象，应及时关掉电源，通告专业维修人员，禁止随意拆卸。

5. 每天工作结束后，要关闭所有电源，及时回收工作面的工具和材料并清理现场卫生，做好成品保护工作，做到工完场清。

四、特种设备和特殊工种

1. 电气焊工应严格遵守电气焊工焊接安全职责和操作规程，施工前，必须先申请动火证，不经安全员批准不准动火。

2. 每天施焊前首先检查施工区域内有无易燃、易爆物品，并将现场清理干净，消除事故隐患后，方可施工。在施焊过程中必须有效使用接火盘，并配备灭火器，并由专人监护。焊接时用剩的短焊头，不得随意乱扔、乱放。在施焊过程中要注意保护下方产品。每次施焊结束后认真清理现场并消除安全隐患。

3. 使用氧气、乙炔切割前，乙炔瓶禁止暴晒、倒置或平放，工作场地要远离易燃、易爆物品。氧气瓶与乙炔瓶间距不得小于5m以上，两瓶距施工面间距不小于10m，使用时距明火不得小于10m以上。

4. 吊篮施工人员必须遵守吊篮安全操作规程，经过培训考核后方可上岗。在操作过程中要认真学习操作要领，严格按照操作规程进行操作，禁止随意拆卸零部件，杜绝冒险操作。

5. 吊篮施工人员必须戴安全帽，佩带安全带、自锁扣。施工中应保持注意力集中，严禁空中落物、向外观望、推扯打闹。上吊篮首先要把安全带捆扎牢靠，再把自锁扣扣到生命绳上，再将安全带与自锁扣连接牢固后，施工人员才可进入吊篮；下吊篮则反之。上下吊篮时必须严格按照上述操作规程执行。

6. 每次使用吊篮前施工人员要严格检查是否有异物卷进电机及钢丝绳是否完好。并对吊篮配重机构、悬挂机构进行全面检查，并在距地面1m左右将吊篮上下升降数次，确保无误后方可使用。

7. 操作过程中如出现异常现象，应立即关闭电源，通知专业人员进行维修。在等待救援过程中严禁冒险离开吊篮。

8. 吊篮中如涉及电焊作业不得使用吊篮接零，严禁电焊机接地线碰到吊篮任何位置，禁止将电焊机放在吊篮上，施工作业时禁止随意将电焊钳及夹持的电焊条搭在吊篮上，应放在绝缘板上，以防打火，打断钢丝绳，发生意外事故。

9. 在暴雨雪、风力大于五级时严禁使用吊篮。每天工作结束后，吊篮施工人员必须将吊篮停靠安全或降落地面并且把吊篮内卫生清理干净。

续表

10. 吊篮严禁用作垂直运输机械使用，严禁超载，每天工作结束后应切断电源盖好提升机与电控箱。 五、生活管理 1. 所有人员必须遵守宿舍管理制度，服从项目部统一安排，由室长负责宿舍内的文明、卫生、安全管理。遵守作息时间，统一关灯，宿舍内不准大声喧哗和嬉闹，不得影响他人休息。 2. 住宿人员应团结、友爱、互助，共同创造一个良好的居住环境。 3. 宿舍内禁止吸烟，严禁酗酒、打架、盗窃、赌博等违法行为。宿舍内电线严禁乱拉、乱扯。 4. 施工暂停或公休期间，施工人员必须在生活区待命；严禁私自外出，有事要请假。晚 11 时以前必须回到生活区，严禁夜不归宿。 以上各项请施工人员认真学习遵守，提高自身安全保护意识，避免意外事故的发生。 教育人： 被教育人： 身份证号： 日　期：　　年　月　日 ×××××项目部

5.3.2　安全生产培训教育的要求及范本

5.3.2.1　项目管理人员安全生产培训教育要求

1. 入场安全教育

(1) 教育内容

项目情况介绍、岗位安全生产职责宣贯、项目规章制度宣贯、劳防用品的使用和维护、消防安全、应急知识培训等。

(2) 教育流程

先培训后组织考试，考试合格发放劳防用品，粘贴教育帽贴，考试不合格需继续接受教育、培训。

(3) 教育标准

未经培训或考试不合格（满分 100，80 分及以上合格），应重新进行教育培训，培训合格后方可入场施工。

2. 月度安全教育

(1) 教育内容

学习安全专项方案、法律法规、标准及规范、危险源辨识及防范措施、安全管理制度、事故案例分析及应急处置、上级文件传达及落实措施部署等。

(2) 教育标准

项目经理、总工、生产经理、安全总监均应根据上述教育内容进行授课，并对授课内容进行记录。

5.3.2.2　项目管理人员安全生产培训教育要求及范本

1. 三级安全教育

分包企业（一级）教育内容（15 学时）

(1) 单位安全生产情况及安全生产基本知识。

(2) 单位安全生产规章制度和劳动纪律。

(3) 从业人员安全生产权利和义务。

(4) 有关事故案例等。

模板见“分包企业（一级）安全教育记录表”。

分包企业（一级）安全教育记录表

<table>
<tr><td colspan="4">安全教育记录表</td><td colspan="2">编号</td><td></td></tr>
<tr><td>培训主题</td><td colspan="3">新工人入场教育</td><td colspan="2">培训对象及人数</td><td>木工 10 人</td></tr>
<tr><td>培训部门或召集人</td><td>企业级</td><td>主讲人</td><td>魏××</td><td colspan="2">记录整理人</td><td>付××</td></tr>
<tr><td>培训时间</td><td colspan="2">2020 年××月××日至
2020 年××月××日</td><td>地点</td><td>项目部会议室</td><td>学时</td><td>15</td></tr>
<tr><td colspan="7">培训提纲：</td></tr>
<tr><td colspan="7">一、进入施工现场安全注意事项
1. 所有进场的工人必须经过三级安全教育考试合格后，方可持证上岗。上岗人员必须熟悉本工种的安全技术操作规范，遵守现场的一切规章制度，听从安排、服从指挥，严格按照施工安全技术交流进行施工，及时消除安全隐患，特种作业人员持证上岗，确保不发生任何安全事故。
2. 建筑施工是危险性比较大的工作，容易产生的安全隐患和不利因素也比较多，施工环境比较复杂，容易发生的事故有 5 大类：物体打击、高空坠落、触电事故、机械事故、坍塌事故。
3. 当前全国和企业安全形势，重大安全事故的时有发生，要引起所有施工人员的注意，杜绝安全事故的发生。
4. 认真识别危险元素，严格按照有关作业指导书进行操作。
5. 进场施工现场所有人员必须戴好安全帽，系好帽带。
6. 2m 以上高处作业必须必须戴好安全帽，且高挂低用。
7. 非特种作业人员严禁从事特种作业。
8. 特种作业人员作业时，必须持有效证件上岗。
9. 施工现场禁止吸烟，严禁大、小便。
10. 服从现场安全管理人员的管理。
二、安全生产法规和安全生产教育
1. 学习《中华人民共和国宪法》第四十二条、第一百一十三条、第一百一十四条、第一百一十五条、第一百八十七条。
2. 学习《××市施工现场管理规定》。
3. 学习《中华人民共和国建筑法》《中华人民共和国安全生产法》《中华人民共和国劳动法》《安全生产违法行为行政处罚办法》。
4. ××市从业人员因工伤事故处理办法。
5. 国务院发布的《建筑安装工程技术规程》及××市建筑安装施工工程中预防高空坠落和物体打击事故的规定。
6. 项目经理部规定各项规章制度和奖罚条件。
7. 施工现场容易发生的伤害事故案例。
8. 认真学习有关企业的制度。
三、学习《××市建设工程施工现场作业人员安全卫生知识》。
四、学习《建设工程施工现场安全防护、场容卫生、环境保护及消防保卫标准》</td></tr>
<tr><td colspan="7">参加培训教育人员（签名）</td></tr>
<tr><td colspan="7">李××　王××　张××　王×　高××　安××　魏××　刘××　于××　袁××

2020 年××月××日</td></tr>
</table>

分包项目部（二级）教育内容（15 学时）

（1）工作环境及危险因素识别。

（2）主要工种专业安全要求。

（3）自救互救、急救方法、疏散和现场紧急情况的处理。

（4）安全设备设施、个人防护用品的使用和维护。

（5）本项目部安全生产状况及规章制度。

（6）预防事故和职业危害的措施及应注意的安全事项。

（7）有关事故案例等。

模板见“分包项目部（二级）安全教育记录表”。

分包项目部（二级）安全教育记录表

<table>
<tr><td colspan="4">安全教育记录表</td><td colspan="2">编号</td><td></td></tr>
<tr><td>培训主题</td><td colspan="3">新工人入场教育</td><td colspan="2">培训对象及人数</td><td>木工10人</td></tr>
<tr><td>培训部门或召集人</td><td>项目级</td><td>主讲人</td><td>常××</td><td colspan="2">记录整理人</td><td>马××</td></tr>
<tr><td>培训时间</td><td colspan="2">2020年××月××日至
2020年××月××日</td><td>地点</td><td>项目部会议室</td><td>学时</td><td>15</td></tr>
<tr><td colspan="7">培训提纲：</td></tr>
<tr><td colspan="7">1. 学习《××市建筑工程现场安全防护基本标准》。
2. 学习《××市特种作业人员劳动安全管理办法》。
3. 学习《××市建筑施工人员安全生产须知》。
4. 学习《建筑施工高处作业安全技术规范》。
5. 学习《建筑施工人员安全常识读本》。
6. 本工程的基本情况及必须遵守的安全事项。
7. 在施工过程中所用化工产品的用途，防毒知识、防火知识以及防煤气中毒事故，防触电知识及措施。
8. 施工现场的安全管理细则。
9. 容易发生的伤害事故：
（1）高处作业坠落事故教训。
（2）物体打击事故教训。
（3）触电事故教训。
（4）坍塌事故教训。
（5）机械伤害事故教训。
10. 容易发生事故的规律和预防。</td></tr>
<tr><td colspan="7">参加培训教育人员（签名）</td></tr>
<tr><td colspan="7">李×× 王×× 张×× 王× 高×× 安×× 魏×× 刘×× 于×× 袁××

2020年××月××日</td></tr>
</table>

施工班组（三级）教育内容（20学时）

（1）岗位安全操作规程。

（2）岗位之间工作衔接配合的安全与职业卫生事项。

（3）有关事故案例等。

模板见“施工班组（三级）安全教育记录表”。

施工班组（三级）安全教育记录表

<table>
<tr><td colspan="4">安全教育记录表</td><td colspan="2">编号</td><td></td></tr>
<tr><td>培训主题</td><td colspan="3">新工人入场教育</td><td colspan="2">培训对象及人数</td><td>木工10人</td></tr>
<tr><td>培训部门或召集人</td><td>班组级</td><td>主讲人</td><td>刘××</td><td colspan="2">记录整理人</td><td>王××</td></tr>
<tr><td>培训时间</td><td colspan="2">2020年××月××日至
2020年××月××日</td><td>地点</td><td>项目部会议室</td><td>学时</td><td>20</td></tr>
<tr><td colspan="7">培训提纲：</td></tr>
<tr><td colspan="7">1. 进入施工现场必须正确佩戴安全帽。
2. 模板支撑不得使用腐朽、劈裂的材料。支撑要垂直，底端平整坚实，并加以木垫。木垫要钉牢，并用横杆和剪刀撑拉牢。
3. 支模应严格检查，发现严重变形、螺栓松动等应及时修复。
4. 支模应按工序进行，模板没有固定前，不得进行下道工序，禁止利用拉杆、支撑攀登。</td></tr>
</table>

续表

5. 支设4m以上的立柱模板，四周必须顶牢，可搭设工作台，系安全带，不足4m的，可使用马凳操作。 6. 拆除模板应经施工技术人员同意。操作时应按顺序分段进行，严禁硬砸或大面积整体剥落和拉倒。完工前不得留下松动和悬挂的模板，拆下的模板应及时运送到指定地点集中堆放，防止钉子扎脚。 7. 锯木机操作前应进行检查锯片不得有裂口，螺丝应上紧。锯盘要有防护罩，防护挡板等安全装置、无人操作时要切断电源。 8. 操作要戴防护眼镜，站在锯片一侧，禁止站在与锯片同一直线上，手臂不得跨过锯片。
参加培训教育人员（签名）
李×× 王×× 张×× 王× 高×× 安×× 魏×× 刘×× 于×× 袁×× 2020年××月××日

2. 入场安全教育

（1）教育内容

教育内容包括从业人员的权利和义务、工程概况、劳动纪律、现场主要危险因素及防范措施、个人防护用品的使用和维护、消防安全、应急处置。

（2）教育流程

首先组织人员教育培训，然后进行书面考试，考试合格（不合格应继续进行教育培训）后发放劳防用品并粘贴入场安全教育帽贴。

（3）教育标准

是否按流程组织入场教育，现场查看帽贴粘贴情况并与考试试卷、劳防用品发放记录进行验证。

3. 月度安全教育

（1）教育内容

教育内容包括本月安全生产情况，下月安全生产注意事项、个人防护用品的使用和维护、劳动纪律、事故案例分析；工作环境及危险因素、消防安全、紧急情况安全处置和应急疏散知识、十项零容忍安全隐患、季节气候不利因素及防范措施。

（2）教育流程

提前通知，组织现场所有人员参加，项目经理出席并发言，生产经理、安全总监结合实际进行授课，记录教育内容。

（3）教育标准

查看教育内容是否有针对性，是否与实际相符，教育人员参加及授课情况，活动签到及影像资料。

4. 节假日安全教育内容

节假日期间施工安全注意事项、消防保卫事项、外出安全事项、节后收心教育、突发事件应急处置。

5. 班前教育

1）教育内容

（1）点名统计人数，检查作业人员身体及精神状态。

（2）检查个人劳动防护用品的佩戴情况。

（3）进行违章点评，简单总结昨天的安全生产情况，对获得“行为安全表彰卡”的作业人员进行表彰，对违章作业人员进行教育。

（4）讲解当天施工作业中存在的危险有害因素及安全防范措施。

（5）确认高风险作业是否办理审批许可手续，作业前安全措施是否落实。

2）教育流程

班前会由分包单位组织，项目部每天安排管理人员参加，活动开展时间为班组施工作业前，时长

5～10 分钟，班前会参与人员签字，班组长兼职安全员记录当天活动内容并上报。

3）教育检查标准

活动开展覆盖所有班组、所有作业人员、所有作业日，检查活动是否全覆盖、活动开展是否具有针对性。

各工种具体班前教育示例见“班组班前讲话记录（1）～(14)”。

班组班前讲话记录（1）

<table>
<tr><td colspan="5">班组班前讲话记录</td><td>编号</td><td colspan="2"></td></tr>
<tr><td>工程名称</td><td colspan="3"></td><td>操作班组</td><td>架子工</td><td colspan="2">年　月　日</td></tr>
<tr><td>当天
作业
部位</td><td></td><td>当天
作业
内容</td><td></td><td>作业
人数</td><td></td><td>安全防护用品
配备、使用</td><td></td></tr>
<tr><td>班前
讲话
内容</td><td colspan="7">1. 人员资质：从事脚手架搭设作业的人员必须持住房城乡建设厅颁发的特种作业人员操作证，无证或证件过期、失效的人员严禁进行脚手架作业，只允许从事地面递送材料等辅助工作。
2. 人员着装及精神状态：穿防滑鞋，禁止穿硬底或带钉易滑的鞋，衣物需轻便；严禁酒后上岗、疲劳上岗、带病上岗，感觉身体不适的当日应停止作业。
3. 个体防护：所有人员务必戴好安全帽并系好帽带，从事高处作业（超过 2m）必须使用五点式双大钩安全带并系挂到可靠部位。
4. 方案、交底、教育：确保所有作业人员均已接受安全、技术交底，了解方案内容，已接受安全教育。
5. 搭设或拆除脚手架时，工具、材料的上下须用工具袋、绳索传递，禁止上下投掷，防止意外伤人。
6. 材料：注意选材，锈蚀严重、弯曲、有裂纹或孔洞的、未刷漆的钢管、损坏的扣件严禁使用，集中堆在一处，以免与合格材料混淆。
7. 搭设脚手架时，在下方设置警戒区，安排人员监护以免人员误入。如果有人员误入，任何人发现都应停止作业，立即将其清走。
8. 基础、步距、跨距、剪刀撑、连墙件、密目网等设置严格按照方案操作。
9. 搭设时先铺设好脚手板作为可靠立足点，脚手板要铺稳、铺满、不得有空洞、探头板，禁止用砖头等支垫脚手板。
10. 作业时材料、工具需放置稳妥，下班前对架体进行检查，确保架体上材料清理完毕、杆件连接紧固到。
11. 大风、大雨、大雾立即停止作业。
12. 其他。</td></tr>
<tr><td>参加活动作业
人员名单</td><td colspan="7">李××　王××　张××　王×　高××　安××　魏××　刘××　于××　袁××</td></tr>
</table>

班组班前讲话记录（2）

<table>
<tr><td colspan="5">班组班前讲话记录</td><td>编号</td><td colspan="2"></td></tr>
<tr><td>工程名称</td><td colspan="3"></td><td>操作班组</td><td>木工</td><td colspan="2">年　月　日</td></tr>
<tr><td>当天
作业
部位</td><td></td><td>当天
作业
内容</td><td></td><td>作业
人数</td><td></td><td>安全防护用品
配备、使用</td><td></td></tr>
<tr><td>班前
讲话
内容</td><td colspan="7">1. 所用斧头、钉锤和刀锯等工具，使用前均要检查是否牢固，避免脱柄、掉头；不用时应放在工具袋内，不许夹在腋下或插在腰带上，以防其坠落伤人。
2. 使用圆盘锯时严禁带手套，防止手被绞伤。圆盘锯工作台上严禁堆放杂物，使用前观察安全防护装置是否完好，各部件是否连接紧固，若有缺失，应停止使用，报告班组长。送料时，不得将木料左右晃动或高抬，遇木节</td></tr>
</table>

续表

<table>
<tr><td>班前
讲话
内容</td><td>要缓缓送料。木料的长度不宜过短。接近端头时，应使用推棍送料。操作人员不得站在锯片旋转离心力方向操作，手不得跨越锯片。料加工如遇锯线走偏，不得猛力推进或拉住，应立即切断电源，停车调整后再锯，以防锯片破裂伤人。使用完毕后，及时将木屑及废木料清理，切记在任何部位都严禁吸烟。
3. 吊运材料时，一定由信号司索工进行指挥，注意避免长短混吊、捆绑不牢、歪拉斜吊等情况；扣件和顶托等零散材料要用料斗单独吊装，严禁与钢管混在一起；放置材料时，注意材料放置处基础的稳定性，材料要放平、堆放高度不应超过1.5m。
4. 搭设模板支架时，务必严格按照方案搭设，立杆间距、步距严格控制，扫地杆、水平杆、扫顶杆剪刀撑等均勿缺失；如遇洞口处，立杆底部应设置工字钢做基础；架体严禁断开，尤其是两个小班组交界处。模板支架严禁与外脚手架相连。在浇筑混凝土过程中看模人员要经常检查，如发现有变形、松动等情况，立即报告并停止浇筑，及时修整加固。
5. 支设模板时，严禁在没有固定的梁、板、柱上行走；高处、临边支模，应系挂安全带；大模板起吊前，应捆绑牢固，稳起稳吊，严禁用人力搬运大模板，严防模板大幅度摆动或碰倒其他模板；大模板安装时，应先内后外，双面模板就位后，用拉杆和螺栓固定，未就位和未固定前严禁解钩；模板必须连接牢固，防止脱开和断裂坠落；外墙模板安装好后，要立即穿好销杆，紧固螺栓。
6. 拆模板时，应严格按照拆模工序进行，分段拆除；使用撬棍拆除时，操作人员应站在侧面，不允许在拆模的正下方行走或采取同一垂直面下操作；严禁先将全部模板支架拆除，再拆除模板；不得留有松动或悬挂的模板，严禁硬砸或大面积拉倒模板；拆除边梁外侧模板以及固定模板的钢管时，注意防止材料坠落；拆下的模板应随时清理运走，不能及时运走时，要集中堆放，并将钉子扭平打弯，以防戳脚。
7. 高空拆模时，操作人员应系好安全带，并禁止站在模板的横拉杆上操作；拆下的模板应尽量用绳索吊下，不准向下乱扔；如有施工孔洞，应随时盖好或加设围栏，以防踏空跌落。
8. 其他：</td></tr>
<tr><td>参加活动作业人员名单</td><td>李×× 王×× 张×× 王× 高×× 安×× 魏×× 刘×× 于×× 袁××</td></tr>
</table>

班组班前讲话记录（3）

<table>
<tr><td colspan="6">班组班前讲话记录</td><td>编号</td><td></td></tr>
<tr><td>工程名称</td><td colspan="3"></td><td>操作班组</td><td>钢筋工</td><td colspan="2">年 月 日</td></tr>
<tr><td>当天
作业
部位</td><td></td><td>当天
作业
内容</td><td></td><td>作业
人数</td><td></td><td>安全防护用品
配备、使用</td><td></td></tr>
<tr><td>班前
讲话
内容</td><td colspan="7">1. 钢筋后台操作时：使用的钢筋机械、设备应安装平稳牢靠，并装有安全防护和接地装置，导线绝缘良好，确认安全可靠后方可进行作业；操作钢筋调直机、切断机、弯曲机、对焊机，应了解和掌握机械性能和操作技术及安全操作规定。并严格按安全操作规程的规定进行操作，严禁违章；用人工断料、平直钢筋时，锤柄应连接牢固，击锤与掌握钢筋者应密切配合，在击锤范围内严禁站人；弯钢筋时，应注意其刚度和柔性，以防折断和回弹伤人；钢筋除锈时，操作者应戴口罩和护目镜。使用喷砂机除锈时，还应戴风帽，设挡砂防护板，站在上风操作；下班前应将作业场所和机械打扫干净，切断电源，开关箱应加锁。
2. 多人抬运长钢筋时，负重应均匀，起、落、转、停和走行要一致，以防扭腰砸脚。上下传递钢筋时，不得站在同一垂直线上。
3. 塔式起重机吊运钢筋时，并有信号司索工指挥，吊索具应绑扎牢固，材料起吊后应平稳，杜绝“长短混吊、捆绑不牢、歪拉斜吊、超载”等情况；吊运小箍筋时应使用料斗。
4. 绑扎墙柱钢筋时，应搭设操作架，铺好脚手板，必要时系挂安全带，严禁攀爬在柱钢筋上或踩在木方等不可靠立足点上作业。
5. 在雨篷、阳台及悬臂式的构件绑扎钢筋时，应事先检查顶撑是否牢固；严禁将梁钢筋压在外脚手架上。
6. 绑扎新型结构时，应熟悉绑扎方案和工艺及安全操作规定。如果不明确时，要求重新交底，不得盲目操作。</td></tr>
</table>

续表

班前讲话内容	7. 起吊或绑扎钢筋靠近架空高压电线路时，应有隔离防护措施，以防钢筋接触电线而触电伤人。 8. 钢筋为易导电材料，因此，雷雨天气应停止露天作业，以防电击伤人。 9. 不得在绑扎好的钢筋或模板拉杆、支撑上行走和攀登，以防坠落伤人。 10. 其他。
参加活动作业人员名单	李×× 王×× 张×× 王× 高×× 安×× 魏×× 刘×× 于×× 袁××

班组班前讲话记录（4）

<table>
<tr><td colspan="6">班组班前讲话记录</td><td>编号</td><td></td></tr>
<tr><td>工程名称</td><td colspan="3"></td><td>操作班组</td><td>混凝土工</td><td colspan="2">年　月　日</td></tr>
<tr><td>当天作业部位</td><td></td><td>当天作业内容</td><td></td><td>作业人数</td><td></td><td>安全防护用品配备、使用</td><td></td></tr>
<tr><td>班前讲话内容</td><td colspan="7">1. 用溜槽浇筑混凝土时，溜槽及串筒节间必须连接牢固。操作部位应有护身栏杆，不准直接站在溜槽帮上操作。
2. 用输送泵输送混凝土，管道接头、安全阀必须完好，管道的架子必须牢固，输送前必须试送，检修必须卸压。
3. 用布料机浇筑时，应先检查布料机金属结构件，各焊接部位是否有开焊现象，底座横梁与建筑物墙体连接是否牢靠，布料机有无防倾倒措施。浇筑时，注意多人协作，统一听从指挥。
4. 混凝土灌筑接近标高时，拆除的平台料具、灌筑设备应及时清走，不应摆放在边缘处，以防坠落伤人；在楼板临边倾倒混凝土浆时应注意防止混凝土浆掉到外架中而弹伤人员；浇捣拱形结构，应自两边拱脚对称同时进行；浇圈梁、雨篷、阳台，应设防护措施。
5. 使用振动棒等机械前应先检查电源电压，输电必须安装漏电开关，保护电源线路是否良好；应穿胶鞋，湿手不得接触开关，电源线不得有破皮漏电；电源线不得有接头，机械运转应正常。机械移动时不能硬拉电线，更不能在钢筋和其他锐利物上拖拉，防止割破、拉断电线而造成触电伤亡事故。
6. 预应力灌浆，应严格按照规定压力进行，输浆管道应畅通，阀门接头要严密牢固。
7. 铺设车道板时，两头需搁置平稳，并用钉子固定，在车道板下面每隔1.5m需加横楞、顶撑，2m以上的高空架道，必须装有防护栏杆；车道板上应经常清扫垃圾、石子等以防行车受阻、人仰车翻；在运料时，前后应保持一定的车距，不准奔走、抢道或超车；到终点卸料时，双手应扶牢车把卸料，严禁双手脱把，防止翻车伤人。
8. 用塔式起重机、料斗浇捣混凝土时，指挥扶斗人员与塔式起重机驾驶员应密切配合，当塔式起重机放下料斗时，操作人员应主动避让，应随时注意料斗碰头，并应站立稳当，防止料斗碰人坠落。
9. 混凝土凿毛、清基（凿除桩头）用人工作业时，大锤头和手柄应连接牢固，掌钎和打钎人应配合好，锤击的前方严禁站人，以免锤头脱落伤人。
10. 采用风枪作业时，在试风枪或操作中禁止将枪口对人，以防锤体射出伤人。
11. 其他。</td></tr>
<tr><td>参加活动作业人员名单</td><td colspan="7">李×× 王×× 张×× 王× 高×× 安×× 魏×× 刘×× 于×× 袁××</td></tr>
</table>

班组班前讲话记录（5）

<table>
<tr><td colspan="6">班组班前讲话记录</td><td>编号</td><td colspan="2"></td></tr>
<tr><td>工程名称</td><td colspan="3"></td><td>操作班组</td><td>信号工、司索工</td><td colspan="3">年　月　日</td></tr>
<tr><td>当天
作业
部位</td><td></td><td>当天
作业
内容</td><td></td><td>作业
人数</td><td></td><td>安全防护用品
配备、使用</td><td colspan="2"></td></tr>
<tr><td>班前
讲话
内容</td><td colspan="8">信号工：
1. 从事信号指挥的工作人员，必须责任心强、能适应高处作业，并经专业安全技术培训考试合格，取得特种作业上岗证后方可持证上岗。
2. 信号工应当能够掌握并熟悉运用手势、对讲机等4种指挥方法。
3. 信号工要在每天上岗前先检查起重用的吊索具，保证吊索具安全有效并对其安全技术状况负责。
4. 信号指挥时必须精神集中，保证挂钩人员和吊物下方人员以及起重设备的作业安全，保证所吊运的物件材料堆放整齐、稳妥及起、落吊全过程的安全。
5. 信号工在上岗时必须穿戴整齐信号工专业指挥工作服，并要正确戴好安全帽，站在高处危险部位（临边、悬空等）时必须正确系挂好安全带；严禁酒后上岗。
6. 在吊装异形构件时，信号工必须首先弄清楚构件重量再进行起吊。
7. 信号工要严格执行吊装安全操作规程，抵制违章作业的指令。坚持“十不吊的规定”，即①被吊物重量超过机械性能允许范围不准吊；②信号不清楚不准吊；③吊物下方有人不准吊；④吊物上站人不准吊；⑤埋在地下物不准吊；⑥斜拉斜牵物不准吊；⑦散物捆扎不牢不准吊；⑧小零散物料无容器不准吊；⑨吊物重量不明，吊索具不符合规定不准吊；⑩六级以上强风不准吊。
8. 群塔作业时，信号工必须了解防碰撞措施，作业指挥时要注意避让，防止碰撞。
司索工：
1. 使用起重机作业时，必须正确选择吊点位置，合理穿挂索具，经试吊无误后方可起吊。除指挥及挂钩人员外，严禁其他人员进入吊装作业。
2. 作业时必须按照技术交底进行操作，听从统一指挥。
3. 穿绳：确定吊物重心，选好挂绳位置；穿绳应用铁钩，不得将手臂伸到吊物下面；调运棱角坚硬或易滑的吊物，必须加衬垫、有套索。
4. 挂绳：应按顺序挂绳，吊绳不得相互挤压、交叉、扭压、绞拧；一般吊物可用兜挂法，必须保持吊物平衡；对于易滚、易滑或超长货物，宜采用索绳方法，使用卡换锁紧吊绳。
5. 试吊：吊绳套挂牢固，起重机缓慢起升，将吊绳绷紧稍停，起升不得过高；试吊中，信号工、挂钩工、司机必须协调配合；如发现吊物重心偏移或与其他物件粘连等情况时，必须立即停止起吊，采取措施并确认后安全后方可起吊。
6. 摘绳：落绳、停稳、支稳后方可放松吊绳；对易滑、易滚、易散的吊物，摘绳要用安全钩；挂钩工不得站在吊物上面；如遇不易人工摘绳时，应选用其他机具辅助，严禁攀登吊物及绳索。
7. 抽绳：吊钩应与吊物重心保持垂直，缓慢起绳，不得斜拉、强拉，不得旋转吊臂抽绳；如遇吊绳被压，应立即停止抽绳，可采取捉提头试吊方法抽绳。吊运易损、易滚、易倒的吊物不得使用起重机抽绳。
8. 长期不用的起重、吊挂机具，必须进行检测，试吊，确认安全后方可使用。
9. 其他。</td></tr>
<tr><td>参加活动作业
人员名单</td><td colspan="8">李××　王××　张××　王×　高××　安××　魏××　刘××　于××　袁××</td></tr>
</table>

班组班前讲话记录（6）

<table>
<tr><td colspan="6">班组班前讲话记录</td><td>编号</td><td></td></tr>
<tr><td>工程名称</td><td colspan="3"></td><td>操作班组</td><td>塔式起重机司机</td><td colspan="2">年　月　日</td></tr>
<tr><td>当天
作业
部位</td><td></td><td>当天
作业
内容</td><td></td><td>作业
人数</td><td></td><td>安全防护用品
配备、使用</td><td></td></tr>
<tr><td>班前
讲话
内容</td><td colspan="7">1. 起重吊装的操作人员必须持证上岗，作业时应与指挥人员密切配合，执行规定的指挥信号。操作人员应按照指挥人员的信号进行作业，当信号不清或错误时，操作人员可拒绝执行。
2. 起重机作业前，应检查轨道基础平直无沉陷，鱼尾板连接螺栓及道钉无松动，并应清除轨道上的障碍物，松开夹轨器并向上固定好。
3. 起动前重点检查项目应符合下列要求：
（1）金属结构和工作机构的外观情况正常。
（2）各安全装置和各指示仪表齐全完好。
（3）各齿轮箱、液压油箱的油位符合规定。
（4）主要部位连接螺栓无松动。
（5）钢丝绳磨损情况及各滑轮穿绕符合规定。
（6）供电电缆无破损。
4. 送电前，各控制器手柄应在零位。当接通电源时，应采用试电笔检查金属结构部分，确认无漏电后，方可上机。
5. 作业前，应进行空载运转，试验各工作机构是否运转正常，有无噪声或异响，各机构的制动器及安全防护装置是否有效，确认正常后方可作业。
6. 起吊重物时，重物和吊具的总重量不得超过起重机相应幅度下规定的起重量。
7. 应根据起吊重物和现场情况，选择适当的工作速度，操纵各控制器时应从停止点（零点）开始，依次逐级增加速度，严禁越挡操作。在变换运转方向时，应将控制器手柄扳到零位，待电动机停转后再转向另一方向，不得直接变换运转方向、突然变速或制动。
8. 在吊钩提升、起重小车或行走大车运行到限位装置前，均应减速缓行到停止位置，并应与限位装置保持一定距离（吊钩不得小于 1m，行走轮不得小于 2m）；严禁采用限位装置作为停止运行的控制开关。
9. 动臂式起重机的起升、回转、行走可同时进行，变幅应单独进行。每次变幅后应对变幅部位进行检查。允许带载变幅的，当载荷达到额定起重量的 90%及以上时，严禁变幅。
10. 提升重物，严禁自由下降。重物就位时，可采用慢就位机构或利用制动器使之缓慢下降。
11. 提升重物作水平移动时，应高出其跨越的障碍物 1m 以上。
12. 对于无中央集电环及起升机构不安装在回转部分的起重机，在作业时，不得顺一个方向连续回转。
13. 装有上、下两套操纵系统的起重机，不得上、下同时使用。
14. 作业中，当停电或电压下降时，应立即将控制器扳到零位，并切断电源。如吊钩上挂有重物，应稍松稍紧反复使用制动器，使重物缓慢地下降到安全地带。
15. 采用涡流制动调速系统的起重机，不得长时间使用低速挡或慢就位速度作业。
16. 作业中如遇六级及以上大风或阵风，应立即停止作业，锁紧夹轨器，将回转机构的制动器完全松开，起重臂应能随风转动；对轻型俯仰变幅起重机，应将起重臂落下并与塔身结构锁紧在一起。在作业中遇到四级风以上风力时，严禁吊运大模板作业。
17. 作业中，操作人员临时离开操纵室时，必须切断电源，锁紧夹轨器。
18. 作业中应注意塔式起重机与塔式起重机大臂之间保持不小于 2m 的安全距离，吊物与吊物之间保持不小于 2m 的安全距离。
19. 起重机的变幅指示器、力矩限制器、起重量限制器以及各种行程限位开关等安全保护装置，应完好齐全、灵敏可靠，不得随意调整或拆除。严禁利用限制器和限位装置代替操纵机构。
20. 起重机作业时，起重吊物上下时，现鸣笛后起吊；起重臂和重物下方严禁有人停留、工作或通过；重物吊运时，严禁从人上方通过；严禁用起重机载运人员。
21. 严禁使用起重机进行斜拉、斜吊和起吊地下埋设或凝固在地面上的重物以及其他不明重量的物体；现场浇注的混凝土构件或模板，必须全部松动后方可起吊。</td></tr>
</table>

续表

<table>
<tr><td>班前
讲话
内容</td><td>22. 严禁起吊重物长时间悬停在空中，作业中遇突发故障，应采取措施将重物降落到安全地方，并关闭发动机或切断电源后进行检修。在突然停电时，应立即把所有控制器拨到零位，断开电源总开关，并采取措施使重物降到地面。
23. 操纵室远离地面的起重机，在正常指挥发生困难时，地面及作业层（高空）的指挥人员均应采用对讲机等有效的通讯联络进行指挥。
24. 作业完毕后，起重机应停放在轨道中间位置，起重臂应转到顺风方向，并松开回转制动器，小车及平衡重应置于非工作状态，吊钩直升到离起重臂顶端2～3m处。
25. 停机时，应将每个控制器拨回零位，依次断开各开关，关闭操纵室门窗，下机后，应锁紧夹轨器，使起重机与轨道固定，断开电源总开关，打开高空指示灯。
26. 检修人员上塔身、起重臂、平衡臂等高空部位检查或修理时，必须系好安全带。
27. 在寒冷季节，对停用起重机的电动机、电器柜、变阻器箱、制动器等，应严密遮盖。
28. 动臂式和尚未附着的自升式塔式起重机，塔身上不得悬挂标语牌。
29. 其他。</td></tr>
<tr><td>参加活动作业
人员名单</td><td>李×× 王×× 张×× 王× 高×× 安×× 魏×× 刘×× 于×× 袁××</td></tr>
</table>

班组班前讲话记录（7）

<table>
<tr><td colspan="6">班组班前讲话记录</td><td>编号</td><td></td></tr>
<tr><td>工程名称</td><td colspan="3"></td><td>操作班组</td><td>电焊工</td><td colspan="2">年　月　日</td></tr>
<tr><td>当天
作业
部位</td><td></td><td>当天
作业
内容</td><td></td><td>作业
人数</td><td></td><td>安全防护用品
配备、使用</td><td></td></tr>
<tr><td>班前
讲话
内容</td><td colspan="7">1. 作业人员必须是经过电、气焊专业培训和考试合格后，取得特种作业操作证的电气焊工，并持证（在有效期内）上岗。
2. 作业人员必须经过安全教育考核合格后才能上岗作业。
3. 施工现场禁止吸烟，严禁酒后作业，严禁追逐打闹，禁止串岗，严格遵守各项安全操作规程和劳动纪律。
4. 电焊作业人员作业时必须使用头罩或手持面罩，穿干燥工作服，绝缘鞋，用耐火防护手套，耐火的护腿套、套袖及其他劳动防护用品。要求上衣不准扎在裤子里，裤脚不准塞在鞋（靴）里，手套套在袖口外。
5. 进入施工现场必须戴好合格的安全帽，系紧下颚带，高处作业必须系好防火安全带，高挂低用。
6. 进入作业地点后，熟悉作业环境，检查设备及各项安全防护设施。若发现不安全因素、隐患，必须及时处理或向有关部门汇报，确认安全后再进行施工作业。对施工过程中发现危及人身安全的隐患，应立即停止作业，及时要求有关部门处理解决。现场所有安全防护设施和安全标志，严禁私自移动和拆除，如需暂时移动和拆除的须报经有关负责人审批后，在确保作业人员及其他人员安全的前提下才能拆移，并在工作完毕（包括中途休息）后立即复原。
7. 严禁借用金属管道，金属脚手架、轨道，结构钢筋等金属物代替导线。
8. 焊接电缆横过通道时必须采取穿管，埋入地下或架空等保护措施。
9. 雨雪天气、六级以上大风开气不得露天作业，雨雪过后应消除积水、积雪后方可作业。
10. 作业时如遇到以下情况必须切断电源：
（1）改变电焊机接头。
（2）更换焊件需要改接二次回路时。
（3）转移工作地点搬运焊机时。
（4）焊机发生故障需要进行检修时。
（5）更换保险装置时。
（6）工作完毕或临时离开操作现场时。</td></tr>
</table>

续表

班前讲话内容	11. 焊工高处作业时： （1）必须使用标准的防火安全带并系在可靠的构件上。 （2）高处作业时必须在作业点下方5m处设护栏专人监护，清除易燃易爆物品并设置接火盘。 （3）线缆应用电绝缘材料捆绑在固定处。严禁绕在身上、搭在背上或踩在脚下作业。焊钳不得夹在腋下，更换焊条不要赤手操作。 12. 焊工必须站在稳定的操作台上作业，焊机必须放置平稳、牢固，设有良好的接零（接地）保护。 13. 在狭小空间或金属容器内作业时，必须穿绝缘鞋，脚下垫绝缘垫，作业时间不能过长，应两人轮流作业，一人作业一人监护，监护人随时注意操作人员的安全操作是否正确等情况，一旦发现危险情况应立即切断电源，进行抢救。身体出汗，衣服潮湿时，严禁将身体靠在金属工件上，以防触电。 14. 电焊机及金属防护笼（罩）必须有良好的接零（接地）保护。 15. 电焊机必须使用防触电保护器，并设单独开关箱。 16. 一、二次导线绝缘必须很好，接线正确，焊把线与焊机连接牢固可靠。接线处防护罩齐全，焊钳手柄绝缘良好，二次导线长度不大于30m，并且双线到位。 17. 严禁在起吊部件的过程中，边吊边焊。 18. 作业完毕必须及时切断电源锁好开关箱。 19. 其他。
参加活动作业人员名单	李××　王××　张××　王×　高××　安××　魏××　刘××　于××　袁××

班组班前讲话记录（8）

班组班前讲话记录						编号	
工程名称				操作班组	电工	年　月　日	
当天作业部位		当天作业内容		作业人数		安全防护用品配备、使用	
班前讲话内容	1. 电工须持证上岗，禁止无证人员进行电气作业。 2. 所有绝缘、检验工具应妥善保管，严禁他用，并应定期检查、校验。 3. 线路上禁止带负荷接电或断电，并禁止带电操作。 4. 电力传动装置系统及高低压各型开关调试时，应将有关开关手柄取下或锁上，悬挂标示牌，防止误合闸。 5. 用摇表测定绝缘电阻，应防止有人触及线路或设备。测定容性或感性设备、材料后，必须放电。雷电时禁止测定线路绝缘。 6. 现场变配电高压设备，不论带电与否，单人值班不准超越遮拦和从事修理工作。 7. 在高压带电区域内部分停电工作时，人体与带电部分应保持一定距离，并需有人监护。 8. 线路作业前，应根据规定（工作票）作好停电、验电、接地措施。切断电源的操作手柄应上锁或挂标示牌；验电时应戴绝缘手套，并有人监护；装设接地线由两人进行，先接接地端，再接导线端，拆除时顺序相反；拆、接时均应穿戴绝缘防护用品；接地线应使用截面不少于25mm^{2}的多股软裸铜线和专用线夹。 9. 设备或线路检修完毕，应全面检查无误后方可拆除接地线，恢复送电。严禁约时停、送电。 10. 电气设备的外壳必须作接零保护，接零后可另外作重复接地，但同一电网上不允许电气设备中有的接零有的接地。 11. 开关保险丝的额定电流应与电气设备的负荷容量相适应。禁止用其他金属线代替保险丝。 12. 对动力电气设备应实行“一机一闸一漏电保护”。 13. 在现场安装电线禁止乱扯乱拉，随地拖拉，严禁让电缆线拖拉在道路路面；不准将电线绑在树木上、脚手架上、房屋支架上；对无用电线应及时清理。 14. 室内配线必须采用绝缘导线。采用瓷瓶、瓷（塑料）夹等敷设，距地面高度不得小于2.5m。室内灯具不得低于2.4m，室外不得低于3m，灯具金属外壳作接零保护。单相回路的照明开关箱内必须装设漏电保护器。						

续表

<table>
<tr><td>班前
讲话
内容</td><td>15. 行灯电压不得超过36V，在潮湿和易触及带电体场所的照明电源电压不得大于24V，在特别潮湿的场所、导电良好的地面、锅炉或金属容器内工作的照明电源电压不得大于12V。
16. 易燃、易爆场所，应使用防爆灯具或设备。
17. 应经常检查电缆、开关的完好情况，发现破损、失灵失效应及时更换或修理。
18. 进行高处及其他相关作业应遵守有关安全规程和规定。
19. 禁止带电操作，需要拉闸操作和维修时，须经项目部有关部门审批，作业时执行安全用电的组织措施和技术措施，不得自行拆改用电设备设施和线路，严格按规范标准和施工组织设计，交底要求执行。
20. 每天对现场用电设备、设施、线路进行两次例行巡视检查，发现问题及时停电检修并监护，同时报有关领导组织处理，所有设备、设施、线路要防护到位；设备设施要保持整洁、有效。
21. 其他。</td></tr>
<tr><td>参加活动作业
人员名单</td><td>李×× 王×× 张×× 王× 高×× 安×× 魏×× 刘×× 于×× 袁××</td></tr>
</table>

班组班前讲话记录（9）

<table>
<tr><td colspan="6">班组班前讲话记录</td><td>编号</td><td colspan="2"></td></tr>
<tr><td>工程名称</td><td colspan="3"></td><td>操作班组</td><td>施工电梯司机</td><td colspan="3">年 月 日</td></tr>
<tr><td>当天
作业
部位</td><td></td><td>当天
作业
内容</td><td></td><td>作业
人数</td><td></td><td>安全防护用品
配备、使用</td><td colspan="2"></td></tr>
<tr><td>班前
讲话
内容</td><td colspan="8">1. 电梯司机必须在班前检查，其主要内容有：空载及满载试运行，检查制动器的灵敏性和可靠性，确认正常后，方可正式运行。
2. 驾驶升降机的人员必须为经过有关行政主管部门培训、考核，取得合格证的专职人员，严禁无证操作。电梯司机严禁将钥匙交给其他管理人员或工人，严禁其他人员自行驾驶施工电梯。
3. 升降机载物，乘人时，应尽量使载荷均匀分布，并严禁按升降机额定荷载和最大乘员人数核定，严禁超载使用。
4. 各停靠层的运料通道两侧必须有良好的防护，楼层门应处于关闭状态，必须由司机负责控制，司机是第一责任人，楼层的门如未关好，停止升降机载物、乘人，否则一切后果由电梯司机负责。所以各楼层的门开闭情况，司机必须高度重视。
5. 升降机在运行过程中，严禁以碰撞上、下限位开关来实现停车。
6. 司机因事离开吊笼，必须将吊笼降至地面，切断总电源并锁上电箱门，以防止其他无证人员擅自开动吊笼。司机下班时，同样按上述要求，并做好相应的落手清理工作。
7. 当升降机顶部风速大于20m/s（风力达6级及以上）时司机必须停止作业，并将吊笼降至地面。
8. 升降机应装设必要的联络通信装置，当联络通讯信号不明时，司机应当在确认信号后才能开动升降机；作业不论任何人在任何楼层发出紧急停车信号时，司机应当立即执行停止升降。
9. 司机应维持施工电梯内部及周边的清洁卫生，并配合维保工及时做好升降机各活动部件的润滑和保养工作，并填写好记录，每班要做好安全运行记录及交接班记录，以备上级安全部门检查。
10. 严禁在升降机运行状态下进行维修保养工作，如需进行维修和调整作业，必须切断电源并在醒目处挂上“有人检修，禁止合闸”的标志牌。必要时应设专人看守监护。
11. 灯光不明，信号不清。机械发生故障未排除，钢丝绳断丝磨损超过报废标准等以上情况时，司机必须停止吊笼运行。
12. 严禁酒后作业。
13. 其他。</td></tr>
<tr><td>参加活动作业
人员名单</td><td colspan="8">李×× 王×× 张×× 王× 高×× 安×× 魏×× 刘×× 于×× 袁××</td></tr>
</table>

班组班前讲话记录（10）

<table>
<tr><td colspan="6">班组班前讲话记录</td><td>编号</td><td></td></tr>
<tr><td>工程名称</td><td colspan="3"></td><td>操作班组</td><td>砌筑抹灰工</td><td colspan="2">年 月 日</td></tr>
<tr><td>当天
作业
部位</td><td></td><td>当天
作业
内容</td><td></td><td>作业
人数</td><td></td><td>安全防护用品
配备、使用</td><td></td></tr>
<tr><td>班前
讲话
内容</td><td colspan="7">1. 作业人员进入施工现场必须戴好安全帽，系好下颚带，锁好带扣；临边、高空作业系好安全带。
2. 在操作之前必须检查操作环境是否符合安全要求，道路是否畅通，机具是否完好牢固，安全设施和防护用品是否齐全，经检查符合要求后施工；严禁踩踏脚手架的护身栏杆和阳台栏板进行操作。
3. 墙身砌体高度超过地坪高度1.2m或以上时，搭设脚手架；在墙体高度超过4m时，采用里脚手架挂设安全网，采用外脚手架设护身栏杆和挡脚板后砌筑。使用活动脚手架时，应将架体剪刀撑、爬梯、防护栏杆等安全部件安装到位，并将刹车刹牢，作业时，将安全带系挂在可靠位置，移动活动脚手架时，严禁上方有人。
4. 严禁使用砖及砌块做脚手架的支撑；脚手架搭设后经检查使用，施工用的脚手板满铺，其端头必须伸出架的支撑横杆约200mm，但也不许伸过太长或成探头板。
5. 采用高凳上铺脚手板时，宽度不得小于两块（约500mm）脚手板，间距不得大于2m，移动高凳时上面不得站人，作业人员最多不得超过2人，高度超过2m时，由架子工搭设脚手架。在高度超过2m（含2m）作业面施工时必须佩戴安全带。
6. 脚手架站脚的高度，低于已砌砖的高度；每块脚手板上的操作人员不得超过两人；堆放砌块不得超过单行3皮；采用砖笼吊砖时，砖在架子上或楼板上要均匀分布，不集中堆放；灰桶、灰斗放置有序，使架子上保持畅通。
7. 作业过程中遇有脚手架与建筑物之间拉接，未经项目部同意，严禁拆除。
8. 脚手架上的工具、材料堆载不集中，堆载不能超过200kg/m²。工具要搁置稳当，以防止掉落伤人，在两层脚手架上操作时，尽量避免在同垂直线上作业。不得站在墙顶上作划线、吊线、清扫等工作。
9. 在架子上砍砖时，操作人员面向里把碎砖打在脚手板上，严禁把砖头打向架外；禁止用手向上抛砖运送，人工传递时，稳递稳接，两人位置避免在同一垂直面上作业。
10. 运砖小推车前后距离平道上不小于2m，坡道上不小于10m。装砖时要先取高处后取低处，防止垛倒砸人。
11. 砌砖使用的工具、材料放在稳妥的地方，工作完毕后将脚手板和砖墙上的碎砖、灰浆等清扫干净，防止掉落伤人。
12. 砂浆搅拌机运转时，严禁将锹、耙等工具伸入罐内，必须进罐扒沙浆时，要停机进行。工作完毕，将拌筒清洗干净。搅拌机有专用开关箱，并装有漏电保护器，停机时拉断电闸，下班时电闸箱要上锁。
13. 采用手推车运输料时，不得争先抢道，装车不过满；卸车时有挡车措施，不得用力过猛或撒把，以防车把伤人。
14. 装卸砌块时，严禁倾卸丢掷，堆放整齐。
15. 注意用电安全：临时用移动照明灯时，必须用不大于36V的安全电压。机械操作人员须持证上岗，非操作人员不得动用现场各种用电机械设备。严禁酒后作业和高血压患者上架作业。
16. 按照施工组织要求做好“三宝四口”防护，如需拆除必须履行审批制度，否则不予随意拆除。
17. 交叉作业的防护：凡在同一立面上，同时进行上下作业时，禁止在同一垂直面的上下位置作业，否则中间有隔离防护措施。
18. 其他。</td></tr>
<tr><td>参加活动作业
人员名单</td><td colspan="7">李×× 王×× 张×× 王× 高×× 安×× 魏×× 刘×× 于×× 袁××</td></tr>
</table>

班组班前讲话记录（11）

<table>
<tr><td colspan="6">班组班前讲话记录</td><td>编号</td><td></td></tr>
<tr><td>工程名称</td><td colspan="3"></td><td>操作班组</td><td>涂料作业工</td><td colspan="2">年　月　日</td></tr>
<tr><td>当天
作业
部位</td><td></td><td>当天
作业
内容</td><td></td><td>作业
人数</td><td></td><td>安全防护用品
配备、使用</td><td></td></tr>
<tr><td>班前
讲话
内容</td><td colspan="7">1. 对工人做好进场安全教育，让工人掌握本工种的安全操作技术规程，凡不符合高处作业的人员，一律禁止高处作业。严禁酒后作业，严格按照操作规程作业，严禁违章操作。
2. 进入施工现场必须佩戴安全帽，凡 2m 以上外墙操作人员必须系挂安全带，严禁在架子上打闹、嬉戏，使用工具不要乱丢乱扔。施工作业人员严禁穿硬底的鞋、拖鞋、高跟鞋。遵守高处作业规定，工具必须入袋，物件严禁高处抛掷。
3. 涂刷高度超过 1.5m 时，要搭设马凳或操作平台，并在施工前检查是否牢固，脚手板不得搭设在门窗、栏杆等非承重物体上。脚手架上工具、材料要分散放稳，不得超负荷堆放。
4. 上架前先检查架子是否稳定，有无松动、缺挡、开裂、腐朽等，架板有无裂痕、腐朽，铺设时严禁有翘头板，杜绝一切安全隐患。
5. 上下交叉作业时，作业人员不得在同一垂直方向上操作。
6. 临时用电线路按规范布设，严禁私拉乱接，使用合格线材，电动工具必须安装漏电保护装置，使用前先试验合格后方可操作。
7. 严禁站或骑在窗槛上操作，刷檐边时应利用外脚手架，作业人员必须系挂好保险带。
8. 在涂刷或喷涂对人体有害的油漆时，需戴上防护口罩，如对眼睛有害，需戴上密闭式眼镜进行保护。在涂刷作业过程中作业人员如用感到身体不适时应立即停止作业到户外换取新鲜空气。
9. 施工现场的脚手架、连墙件、防护设施、安全标志、警告牌等不得擅自拆除，需要拆动的要经责任工长同意，并同专业人员加固后拆动。
10. 涂刷大面积场地时，（室内）照明和电气设备必须按防火等级规定进行安装。
11. 操作人员在施工时感觉头痛、心悸或恶心时，应立即离开工作地点，到通风良好处换换空气。如仍不舒服，应去保健站治疗。
12. 在配料或提取易燃品时严禁吸烟，浸擦过清油、清漆、油的棉纱、擦手布不能随便乱丢，应投入有盖金属容器内及时处理。
13. 使用的人字梯不准有断档，拉绳必须结牢并不得站在最上一层操作，不要站在高梯上移位，在光滑地面操作时，梯子脚下要绑布或其他防滑物。
14. 不得在同一脚手板上交授工作面。不得在未做防水的地面蓄水。
15. 油漆仓库严禁明火入内，必须配备相应的灭火器。不准装设小太阳灯。各类油漆和其他易燃、有毒材料，应存放在专用库房内，不得与其他材料混放。挥发性油料应装入密闭容器内，妥善保管。
16. 涉及油漆、溶剂油、松香水以及汽油、柴油、乙炔、氧气等物品要指派专业人员保管，并进行上岗教育交底，危险物品保管员还须经过特殊工种专业培训，并达到合格，取得相应的证书，才准予从事危险品的保管工作。
17. 库房应通风良好，不准住人，并设置消防器材和“严禁烟火”的明显标志。库房与其他建筑应保持一定的安全距离。
18. 应控制粉尘、污染物、噪声、震动等对相邻居民、居民区和城市环境的污染及危害。施工堆料不得占用楼道内的公共空间，封堵紧急出口。
19. 不得堵塞、破坏上、下水管道等公共设施，不得损坏楼内各种公共标识。
20. 每天收工后应尽量不剩材料，剩余材料不能乱倒，应按文明施工、环保要求集中分类及时处理。工程验收前应将施工现场清理干净。
21. 其他。</td></tr>
<tr><td>参加活动作业
人员名单</td><td colspan="7">李××　王××　张××　王×　高××　安××　魏××　刘××　于××　袁××</td></tr>
</table>

班组班前讲话记录（12）

<table>
<tr><td colspan="5">班组班前讲话记录</td><td>编号</td><td colspan="2"></td></tr>
<tr><td>工程名称</td><td colspan="3"></td><td>操作班组</td><td>防水工</td><td colspan="2">年　月　日</td></tr>
<tr><td>当天
作业
部位</td><td></td><td>当天
作业
内容</td><td></td><td>作业
人数</td><td></td><td>安全防护用品
配备、使用</td><td></td></tr>
<tr><td>班前
讲话
内容</td><td colspan="7">1. 防水作业人员通过培训考试合格后方可持证上岗。
2. 防水卷材、辅助材料及燃料，应按规定分别存放并保持安全距离，覆盖到位，并配备灭火器，设专人管理。其中防水卷材应立放，汽油桶、燃气瓶必须分别入专用库存放。
3. 材料堆放处、库房、防水作业区必须配备消防器材。
4. 施工作业人员必须持证上岗并穿戴防护用品（如口罩、工作服、工作鞋、手套、安全帽等），按规程操作，不得违章。
5. 防水作业区必须保持通风良好。
6. 施工人员在基坑中休息时需远离防水保护墙，不得在防护墙上行走。
7. 出入基坑必须走规定的坡道爬梯，室内和容器内做防水必须保持良好的通风。
8. 高处作业必须有安全可靠的脚手架，并满铺脚手板绑扎牢固，作业人员必须系好安全带。
9. 施工用火必须取得现场用火动火证。
10. 火焰加热器必须专人操作，严禁使用碘钨灯。定时保养，禁止带故障使用。在加油、更换气瓶时必须关火，禁止在防水层上操作，喷头点火时不得正面对人并远离油桶、气瓶、防水材料及其他易燃易爆材料。
11. 严禁使用220V电压照明和敞开式灯具。
12. 卷材包装纸等垃圾为易燃物，应及时归堆打包，及时清理出场。
13. 其他。</td></tr>
<tr><td>参加活动作业
人员名单</td><td colspan="7">李××　王××　张××　王×　高××　安××　魏××　刘××　于××　袁××</td></tr>
</table>

班组班前讲话记录（13）

<table>
<tr><td colspan="5">班组班前讲话记录</td><td>编号</td><td colspan="2"></td></tr>
<tr><td>工程名称</td><td colspan="3"></td><td>操作班组</td><td>杂工</td><td colspan="2">年　月　日</td></tr>
<tr><td>当天
作业
部位</td><td></td><td>当天
作业
内容</td><td></td><td>作业
人数</td><td></td><td>安全防护用品
配备、使用</td><td></td></tr>
<tr><td>班前
讲话
内容</td><td colspan="7">1. 挖土时应根据工作面情况，保持适当距离，一般应保持2～3m为宜，不得过挤，并采取同一方向操作；使镐时不准戴手套。
2. 回填土方拆除支承时，应由下而上顺序进行，不得一次拆到顶。
3. 人工打夯，应先详细检查绳索、绳环、脚手架、板等是否符合要求，工作中应集中思想，步调一致，以防伤人。
4. 搬运较长物件时，应注意前后、左右，以防撞伤他人；转弯或放下物件时更应注意安全，以防扭伤自己；搬运物件严禁在墙上行走。
5. 搬运石灰、水泥或其他有腐蚀、污染、易燃易爆的物品时，应使用必要的防护用品，并站立在上风工作，运输道路应采取防滑措施。
6. 从砖垛上取砖时，应按顺序进行，不准一码到底，应同时拆3～4码，按阶梯式进行；禁止从中间或下边掏取，以防倒下伤人。
7. 脚手架上放砖高度不准超过3侧砖；每次传砖不得超过5块，最下边一块不许放断砖，一般不宜抛扔；传瓦每次不宜超过两块。</td></tr>
</table>

续表

班前讲话内容	8. 上、下坡推车，车上应加控制刹，行车时两车距离不得少于 2m（下坡更应当放长）；下坡道上严禁停放车辆，下坡时禁止人坐在车上顺坡溜滑。 9. 用手推车装运材料时，不宜倒拖；装车时，要自前而后，卸车应自后而前，防止车头翘起伤人。 10. 清理屋内杂物时，二层楼以上不准由窗口直接投扔杂物；清理出的模板、杂物应堆放于指定地点，以防钉子戳脚。 11. 严禁擅自接电，使用塔式起重机、井架、混凝土拌和机、砂浆搅拌机、柴油机、蛙式打夯机等机械时，应严格遵守相应机械的安全和技术操作规程。 12. 其他。
参加活动作业人员名单	李×× 王×× 张×× 王× 高×× 安×× 魏×× 刘×× 于×× 袁××

班组班前讲话记录（14）

<table>
<tr><td colspan="6">班组班前讲话记录</td><td>编号</td><td></td></tr>
<tr><td>工程名称</td><td colspan="3"></td><td>操作班组</td><td>水电工</td><td colspan="2">年　月　日</td></tr>
<tr><td>当天作业部位</td><td></td><td>当天作业内容</td><td></td><td>作业人数</td><td></td><td>安全防护用品配备、使用</td><td></td></tr>
<tr><td>班前讲话内容</td><td colspan="7">1. 上班前的准备工作：
（1）检查所使用的工具，例如手柄等有无松动、断裂或不牢靠。如有问题，必须修复。
（2）个人安全防护用品是否戴好，例如安全帽、安全带、手套等。
（3）检查作业环境，排除不安全因素。
2. 作业高度在 2m 或以上时，必须设置安全防护设施。当安全防护设施不到位时，不得登高作业。使用活动脚手架时，应将架体剪刀撑、爬梯、防护栏杆等安全部件安装到位，并将刹车刹牢，作业时，将安全带系挂在可靠位置，移动活动脚手架时，严禁上方有人。
3. 在架子上工作，工具和材料要放置妥当，不准随便乱扔，严格控制脚手架施工荷载。施工中不准随意拆除脚手架上的安全设施，如妨碍施工必须经项目施工负责人批准后，方能拆除妨碍部位。
4. 危险作业不得单独操作，要二人同时操作，必要时派人监护。
5. 剔槽打眼时，锤头不得松动，铲子应无卷边、裂纹，作业人员必须戴好防护眼镜。楼板、砖墙打、钻透眼时，板下、墙后不得有人靠近。
6. 使用手持电钻时，电钻必须有可靠的接保护零线和重复接地，电源线必须通过触电保护器，灵敏有效。靠梯不准碰、压电源电线。
7. 管子穿带线时，不得对管口呼唤、吹气，防止带线弹力勾眼。穿导线时，应互相配合防止挤手。
8. 安装照明线路不准直接在板条天棚或隔音板上通行或堆放材料。必须通行时，应在木枋上铺设脚手板。
9. 人力弯管器弯管，应选好场地，防止滑倒和坠落。管子加热时，管口前不得站人或通过。
10. 线路上禁止带负荷接电或断电，并禁止带电操作；设备未做有效接地前，不准通电试机。
11. 作业过程中，如发现光线不够，不得私自乱接乱拉电线，应向施工负责人汇报，找专业电工安装。
12. 作业中如发现工程进度较快，而安全防护设施未及时到位，应立即向施工负责人汇报，确保作业安全。例如采光井、阳台处离墙开挡间距过大，不得擅自找块木板随意铺设，应向施工负责人汇报，派专人设置可靠立足点，方可施工。
13. 其他。</td></tr>
<tr><td>参加活动作业人员名单</td><td colspan="7">李×× 王×× 张×× 王× 高×× 安×× 魏×× 刘×× 于×× 袁××</td></tr>
</table>

5.3.2.3 项目特种作业人员安全生产培训教育要求及范本

1. 特种作业人员教育责任人

（1）土建工程师负责架子工定期教育。

（2）电气工程师负责电工、电焊工、气焊工的定期教育。

（3）设备工程师负责起重机械司机、信号司索工、安装拆卸工、高处作业吊篮安装拆卸工、中小型机械设备操作人员、场内机动车辆司机等人员的定期教育。

2. 教育内容

教育内容包括本工种安全操作规程、季节气候不利因素及防范措施、工作环境与危险因素识别与分析、紧急情况安全处置、个人防护用品佩戴、消防器材的使用及维护、事故案例警示。

3. 教育流程

首先组织教育培训，并进行书面考试，考试合格发放特种作业人员安全教育帽贴，留存教育影像资料及签到表。

4. 教育检查标准

检查电工、电焊工、架子工、塔式起重机司机、指挥、场内机动车辆司机等特种作业人员教育是否全覆盖、教育内容是否具有针对性。

特种作业人员安全教育过后，对人员证件进行审核登记见“特种作业人员登记表”。

特种作业人员登记表

特种作业人员登记表							编号	
工程名称：					施工单位（租赁单位）：			
序号	姓名	性别	身份证号	工种	证件编号	发证机关	有效期至年月	进退场时间
项目经理部审查意见： 安全部门负责人（签字）： 年 月 日								
监理单位复核意见： 经复核，符合要求，同意上岗（ ） 经复核，不符合要求，不同意上岗（ ） 监理工程师（签字）： 年 月 日								

5.3.2.4 相关方人员安全生产培训教育要求

1. 教育内容

教育内容包括项目基本情况及施工特点，现场安全生产管理制度，现场危险有害因素及防范措施，作业过程中的应急措施及安全注意事项，劳防用品佩戴及使用，与其他方交叉作业的安全管理要求。

2. 教育流程

按照谁通知谁负责的原则，先通知安监部组织进场相关方人员安全教育培训并签字，并由项目专业工程师进行书面安全技术交底。

3. 教育标准

所有相关方进场人员均应经过入场教育和安全技术交底。

5.3.2.5 外来人员安全生产培训教育要求

1. 项目基本情况。

2. 现场可能接触到的危害因素及应急知识。

3. 现场安全管理要求及个人防护用品的佩戴要求。

5.3.2.6 安全生产教育培训计划

安全生产教育培训计划应根据国家相关法律法规及本单位安全生产工作实际需要制订，由各层级安全生产监督管理部门负责编制。

1. 计划内容

（1）本年度拟组织的安全生产教育培训形式、次数、时间、所需资源。

（2）本年度安全讲师培养计划。

2. 管理要求

安全生产教育培训计划需报安全生产教育培训领导小组审核，并由企业安委会，企业安全生产领导小组批准，最终列入本单位安全生产目标管理。

具体教育培训计划模板见“安全教育培训计划表”。

安全教育培训计划表

安全教育培训计划表						表格编号
项目名称		×××项目				
序号	工种	培训形式	培训地点	培训内容	计划时间	授课人
1	新入场人员	授课	教育室	工程概况、安全教育的意义和目的、施工现场基本要求、文明施工及环境保护、消防安全、临时用电、门禁卡管理、生活区规定及特种作业安全操作规程、岗位安全生产责任	随时	安全总监、安全工程师
2	特种作业人员	授课	项目会议室	工程概况、安全教育的意义和目的、施工现场基本要求、文明施工及环境保护、消防安全、临时用电、门禁卡管理、生活区规定及特种作业安全操作规程、岗位安全生产责任	20××.02	安全总监
3	班组长	授课	项目会议室	节后普法教育、各工种班组长培训	20××.02	劳务工程师
4	各工种组长	授课	项目会议室	职工技能培训、针对性技术培训	20××.03	土建工程师、机电工程师
5	项目管理人员	授课	项目会议室	开工后安全管理注意事项、工程概况、安全教育的意义和目的、施工现场基本要求、文明施工及环境保护、消防安全、临时用电、门禁卡管理、生活区规定、岗位安全生产责任	20××.03	项目经理、项目总工、安全总监

续表

序号	工种	培训形式	培训地点	培训内容	计划时间	授课人
6	班组长	授课	项目会议室	普法教育、各工种班组长培训	20××.03	劳务工程师
7	特种作业人员	授课	项目会议室	工程概况、安全教育的意义和目的、施工现场基本要求、文明施工及环境保护、消防安全、临时用电、机械安全、门禁卡管理、生活区规定、岗位安全生产责任	20××.03	安全工程师
8	全体工人	授课、演练	教育讲台	安全生产注意事项讲解，现场消防演练、机械伤害演练、触电演练、岗位安全生产责任	20××.03	安全总监、安全工程师
9	项目管理人员	授课	项目会议室	工程概况、安全教育的意义和目的、施工现场基本要求、文明施工及环境保护、消防安全、临时用电、机械安全、门禁卡管理、生活区规定、岗位安全生产责任	20××.04	项目经理、项目总工、安全总监
10	特种作业人员	授课	项目会议室	工程概况、安全教育的意义和目的、施工现场基本要求、文明施工及环境保护、消防安全、临时用电、门禁卡管理、生活区规定、岗位安全生产责任	20××.04	安全工程师
11	全体工人	授课	教育讲台	“五一”国际劳动节前专项安全教育	20××.04	安全总监、安全工程师
12	项目管理人员	授课	项目会议室	工程概况、安全教育的意义和目的、施工现场基本要求、文明施工及环境保护、消防安全、临时用电、门禁卡管理、生活区规定、岗位安全生产责任	20××.05	项目经理、项目总工、安全总监
13	特种作业人员	授课	项目会议室	工程概况、安全教育的意义和目的、施工现场基本要求、文明施工及环境保护、消防安全、临时用电、门禁卡管理、生活区规定、岗位安全生产责任	20××.05	安全总监、安全工程师
14	各工种组长	授课	项目会议室	职工技能培训、针对性技术培训	20××.06	土建工程师、机电工程师
15	项目管理人员	授课	项目会议室	工程概况、安全教育的意义和目的、施工现场基本要求、文明施工及环境保护、消防安全、临时用电、门禁卡管理、生活区规定、岗位安全生产责任	20××.06	项目经理、项目总工、安全总监
16	特种作业人员	授课	项目会议室	工程概况、安全教育的意义和目的、施工现场基本要求、文明施工及环境保护、消防安全、临时用电、门禁卡管理、生活区规定、岗位安全生产责任	20××.06	安全工程师
17	全体工人	授课	教育讲台	安全月宣传教育	20××.06	安全总监、安全工程师
18	全体工人	授课	教育讲台	安全咨询日，安全月宣传教育及消防、防汛、触电应急演练、岗位安全生产责任	20××.06	安全总监、安全工程师
19	班组长	授课	项目会议室	普法教育、各工种班组长培训	20××.06	劳务工程师

续表

序号	工种	培训形式	培训地点	培训内容	计划时间	授课人
20	项目管理人员	授课	项目会议室	工程概况、安全教育的意义和目的、施工现场基本要求、文明施工及环境保护、消防安全、临时用电、门禁卡管理、生活区规定、岗位安全生产责任	20××.07	项目经理、项目总工、安全总监
21	特种作业人员	授课	项目会议室	工程概况、安全教育的意义和目的、施工现场基本要求、文明施工及环境保护、消防安全、临时用电、门禁卡管理、生活区规定、岗位安全生产责任	20××.07	安全工程师
22	全体工人	授课	教育讲台	汛期防汛教育	20××.07	安全总监、安全工程师
23	项目管理人员	授课	项目会议室	工程概况、安全教育的意义和目的、施工现场基本要求、文明施工及环境保护、消防安全、临时用电、门禁卡管理、生活区规定、岗位安全生产责任	20××.08	项目经理、项目总工、安全总监、安全工程师
24	全体工人	授课	教育讲台	办公区演练	20××.08	安全总监、安全工程师
25	特种作业人员	授课	项目会议室	工程概况、安全教育的意义和目的、施工现场基本要求、文明施工及环境保护、消防安全、临时用电、机械安全、门禁卡管理、生活区规定、岗位安全生产责任	20××.08	安全总监、安全工程师
26	项目管理人员	授课	项目会议室	工程概况、安全教育的意义和目的、施工现场基本要求、文明施工及环境保护、消防安全、临时用电、机械安全、门禁卡管理、生活区规定、岗位安全生产责任	20××.09	项目经理、项目总工、安全总监
27	特种作业人员	授课	项目会议室	工程概况、安全教育的意义和目的、施工现场基本要求、文明施工及环境保护、消防安全、临时用电、机械管理、门禁卡管理、生活区规定、岗位安全生产责任	20××.09	安全工程师
28	全体工人	授课	教育讲台	国庆节前专项安全教育	20××.09	安全总监、安全工程师
29	班组长	授课	项目会议室	普法教育、各工种班组长培训	20××.09	劳务工程师
30	各工种组长	授课	项目会议室	职工技能培训、针对性技术培训	20××.03	土建工程师、机电工程师
31	项目管理人员	授课	项目会议室	工程概况、安全教育的意义和目的、施工现场基本要求、文明施工及环境保护、消防安全、临时用电、机械管理、门禁卡管理、生活区规定、岗位安全生产责任	20××.10	项目经理、项目总工、安全总监
32	特种作业人员	授课	项目会议室	工程概况、安全教育的意义和目的、施工现场基本要求、文明施工及环境保护、消防安全、临时用电、机械管理、门禁卡管理、生活区规定、岗位安全生产责任	20××.10	安全工程师

续表

序号	工种	培训形式	培训地点	培训内容	计划时间	授课人
33	项目管理人员	授课	项目会议室	工程概况、安全教育的意义和目的、施工现场基本要求、文明施工及环境保护、消防安全、临时用电、机安全、门禁卡管理、生活区规定、岗位安全生产责任	20××.11	项目经理、项目总工、安全总监
34	特种作业人员	授课	项目会议室	工程概况、安全教育的意义和目的、施工现场基本要求、文明施工及环境保护、消防安全、临时用电、机械安全、门禁卡管理、生活区规定、岗位安全生产责任	20××.11	安全工程师
35	全体工人	授课	教育讲台	冬季施工专项安全教育、消防演练、高坠演练、机械伤害演练	20××.11	安全总监、安全工程师
36	项目管理人员	授课	项目会议室	工程概况、安全教育的意义和目的、施工现场基本要求、文明施工及环境保护、消防安全、临时用电、机械安全、门禁卡管理、生活区规定、岗位安全生产责任	20××.12	项目经理、项目总工、安全总监
37	特种作业人员	授课	项目会议室	工程概况、安全教育的意义和目的、施工现场基本要求、文明施工及环境保护、消防安全、临时用电、机械安全、门禁卡管理、生活区规定、岗位安全生产责任	20××.12	安全工程师
38	全体工人	授课	教育讲台	元旦节前专项安全教育	20××.12	安全总监、安全工程师
39	班组长	授课	项目会议室	普法教育、各工种班组长培训	20××.03	劳务工程师
40	各工种组长	授课	项目会议室	职工技能培训、针对性技术培训	20××.03	土建工程师、机电工程师

第6章　危险源识别

6.1　危险源辨识计划

项目部应在项目开工10日内由项目总工依据项目实施计划编制、制订危险源辨识计划，项目总工每月组织项目副经理、安全总监、责任工程师、专业工程师、安全工程师、材料工程师、机械管理工程师等其他管理岗位人员按职责分工，以分部分项工程为时间节点，组织劳务分包或监督专业分包单位进行辨识评价，识别出一般、重大危险源，制订具体、可操作的控制措施明确相关责任人，并予以公示。施工前1个月内进行第一次辨识，以后每月底辨识下月危险源，并填写危险源辨识评价表，对识别出的危险源进行汇总，评价危险源并制定相应的危险源控制措施，形成危险源清单及控制计划。由项目经理审批，发布危险源清单并上报至上级单位，由上级单位评价汇总，发布危险源清单及控制计划。

6.2　危险源辨识与评价

6.2.1　危险源辨识要素

根据事故原因辨识：管理缺陷、人的不安全行为、物的不安全状态、环境的不安全条件。

根据事故类型辨识：高处坠落、物体打击、机械伤害、起重伤害、车辆伤害、触电、火灾、坍塌、爆炸、淹溺、中毒和窒息、其他伤害。

6.2.2　危险源辨识评价方法

1. 直接判定法

不符合国家法律法规要求的，曾发生过事故且防范控制措施不到位的直接判定为重大危险源。

2. 调查询问法

在施工现场观察、询问、交流，查询相关施工记录，获取有效信息判定危险源。

3. 头脑风暴法

危险源评价小组以会议的形式，结合所在业务系统相关工作对危险源明细、级别分别发表意见，小组集中讨论，筛选准确意见形成决议。

4. 安全检查表法

结合《建筑施工安全检查评分标准》（JGJ 59—2011）或根据项目实际自行编制检查表，对现场进行系统检查，识别存在的危险源。

5. 直观经验法

以相关管理人员、作业人员的经验和判断为主，对照行业标准规范、事故教训等资料进行判定。

6. 专家评估法

由专家综合考虑伤害严重程度、伤害发生可能性、法律法规符合性等因素，对已辨识出的危险源判定其等级。

7. 条件危险性评价法

用与危险源相关的3个因素指标值之乘积评价危险源大小，即 $D=L_X E_X C$。

L：发生事故的可能性大小，取值范围从 0.1～10，代表从实际不可能到完全可能发生。

E：作业人员暴露在危险环境中的频繁程度，取值范围从 0.5～10，代表非常罕见暴露到连续暴露。

C：事故发生可能导致的后果，取值范围从 1～100，代表轻伤到 10 人以上死亡。

$D>70$，则属于重大危险源，$D\leqslant 70$，则属于一般危险源。

需要注意的是，当编制危险源清单时，以施工阶段为第一级目录，以分部分项工程为第二级目录，包括构筑物拆除工程、爆破工程、土石方工程、桩基工程、支护工程、回填工程、砌筑工程、模板工程、混凝土工程、脚手架工程、临时用电工程、消防工程、钢结构工程、安装工程、门窗工程、抹灰工程、屋面工程、幕墙工程、内装饰工程、预应力工程、道路工程、桥梁工程、施工机械等。

6.2.3　危险源分类

按照场所分类：施工现场、物料存放区域、办公及生活区域，按照施工阶段分类：设计阶段、基础施工阶段、主体施工阶段、装饰装修阶段等。

6.2.4　危险源等级

根据危险程度分为重大危险源和一般危险源。

6.3　每月（周）危险源控制计划

6.3.1　周危险源控制计划

由项目总工每周组织组织劳务分包或监督专业分包单位按照施工计划安排，对下周计划施工的危险性较大的分部分项工程及其他存在较大风险的施工活动，对照危险源清单，梳理安全控制要点及控制措施，明确责任人，形成《每周危险源控制计划清单》，其中重大危险源需安全管理人员旁站监督。

6.3.2　月危险源控制计划

项目总工每月组织项目副经理、安全总监、责任工程师、专业工程师、安全工程师、材料工程师、机械管理工程师等其他管理岗位人员按职责分工，以分部分项工程为时间节点，组织劳务分包或监督专业分包单位进行辨识评价，识别出一般、重大危险源，制订具体、可操作的控制措施明确相关责任人，并予以公示。施工前 1 个月内进行第一次辨识，以后每月底辨识下月危险源，并填写危险源辨识评价表，对识别出的危险源进行汇总，评价危险源并制订相应的危险源控制措施，形成危险源清单及控制计划。见每周（月）危险源控制计划清单。

每周（月）危险源控制计划清单

施工企业安全生产资料管理全书								
每周（月）危险源控制计划清单							表格编号	
项目名称								
项目基本情况								
序号	分部分项工程名称	计划工作内容	开始时间	完成时间	危险源名称	具体控制措施	责任人	落实情况
1								
2								
3								
编制：项目总工			审核：项目安全总监			审批：项目经理		年　月　日

6.4 危险源管控清单并分级管控

6.4.1 风险源辨别清单库

各企业可参照下列风险源判别清单库，充分结合企业实际，建立本企业风险源判别清单库，并持续更新完善，供项目部在开展施工安全风险源识别工作时参考（后附风险分级管控清单，见表6.4.2）。

6.4.2 分级管控

6.4.2.1 风险分级管控原则

施工安全风险管控应遵循风险级别越高管控层级越高的原则，并符合下列要求：

1. 对于重大风险和较大风险应重点进行管控。

2. 上一级负责管控的施工安全风险，下一级必须同时负责具体管控，并逐级落实具体措施。

3. 管控层级可进行增加或提级。

施工单位应根据风险管控原则和组织机构设置情况，合理确定各级风险的管控层级，区分为企业层、项目层，也可结合本单位实际，对风险管控层级进行增加。

1. 重大风险（红色）、较大风险（橙色）的管控由企业负责。

2. 一般风险（黄色）和较低风险（蓝色）的管控由项目部负责。

6.4.2.2 风险源识别清单编制和公告

1. 施工单位应编制《企业施工安全风险源判别清单库》，定期进行更新，由施工单位技术负责人、分管安全负责人审批后发布。

2. 施工单位项目部在开始施工前，应识别、分析施工现场存在的风险源，对施工安全风险进行评价定级，并随监测情况、内外部环境变化等进行调整更新。

3. 施工单位项目部应编制《项目部施工安全风险源识别清单》，经项目负责人签字确认后报施工单位审核。

4. 经过施工单位审核的《项目部施工安全风险源识别清单》应报送建设单位和监理单位审批，由建设单位项目负责人和监理单位总监理工程师签字确认后方可施工。

5. 施工单位应审核《项目部施工安全风险源识别清单》，并编制《企业施工安全风险源识别清单》，并及时进行更新，由施工单位主要负责人（可以授权技术负责人）审批后发布。

施工单位项目部应对已识别的施工安全风险进行公告，具体内容如下：

1. 应在施工现场大门内及危险区域设置施工安全风险公告牌。

2. 安全风险公告内容应包括主要安全风险、可能引发事故类别、事故后果、管控措施、应急措施及报告方式等。

3. 存在重大安全风险的工作场所和岗位应设置明显的安全标志，并强化风险源监测和预警。

6.4.2.3 风险分级管控措施

施工安全风险管控措施主要从技术措施、管理措施、应急措施等方面制订并实施如下内容：

1. 技术措施主要包括科学先进的施工技术、施工工艺、操作规程、设备设施、材料配件、信息化技术、监测技术等。

2. 管理措施主要包括制订组织制度、责任制度、考核制度、培训制度等各项管理制度，以及选择放弃某些可能招致风险的活动和行为从而规避风险的决策等。

3. 应急措施主要包括建立应急抢险队伍、储备应急物资、进行有针对性的应急演练等。

对重大风险和较大风险，施工单位应编制专项施工方案，施工单位技术负责人应组织技术、安全、生产、成本等部门按照规定审查专项施工方案中的管控措施，审查完成后施工单位技术负责人应审核签字，并由施工单位分管安全负责人组织落实，组织落实的措施包括但不限于定期听取汇报、进行组织调度、定期开展检查、督促实施、总结考核等。

对一般风险和较低风险，施工单位项目技术负责人应组织项目技术、安全、生产、成本等专业人员按照规定制定施工方案，明确管控措施，施工单位项目技术负责人应审核签字，由项目分管安全负责人组织落实，组织落实的措施包括但不限于进行组织调度、开展定期或不定期检查、督促实施、总结考核等。

经过施工单位审核的（专项）施工方案应报送建设单位和监理单位审批，由建设单位项目负责人和监理单位总监理工程师签字确认。

施工单位项目部应通过施工现场安全教育、施工班前会、安全技术交底等方式告知各岗位人员本岗位存在的施工安全风险及应采取的措施，使其掌握规避风险的方法并落实到位。

施工单位应实现施工安全风险信息化、动态化管理，建立本企业施工安全风险电子地图，主要内容包括施工安全风险清单、风险等级（颜色）、主责部门（人员）、影响范围、应急资源等信息，并与本市施工安全风险管控信息系统实现数据共享。

参建单位应建立不同职能、层级间的内部沟通和用于与其他相关方的外部沟通机制，及时有效传递施工安全风险信息，提高风险管控效率。

6.5　危险源更新

1. 当出现以下情况时，施工单位应及时调整施工安全风险管控措施

（1）国家、地方和行业相关法律、法规、标准和规范发生变更的。

（2）施工现场内外部环境发生变化，形成新的重大施工安全风险的。

（3）施工工艺和技术发生变化的。

（4）施工现场应急资源发生重大变化的。

（5）发生安全生产事故的。

（6）已有的施工安全风险管控措施失效的。

（7）企业或项目组织机构发生重大调整的。

（8）所在区域举办重大活动的。

（9）其他需要调整的情况。

2. 施工单位应对施工安全风险管控情况进行评价

（1）施工单位项目部应定期（至少每季度）对施工安全风险管控情况进行评价。

（2）施工单位每半年应组织技术、安全、生产、成本等部门对本企业工程施工安全风险识别、风险评价以及风险管控情况进行评价，及时发现问题并改进管控手段。

（3）项目的施工安全风险管控评价结果应纳入企业的内部年度绩效考核。重大施工安全风险信息更新后，参建单位应及时组织相关人员进行培训。

风险分级管控清单

风险分级管控清单																表格编号	
项目名称																	
辨识阶段		基础、主体、装饰装修															
风险点		作业步骤		危险源或潜在事件	可能发生的事故类型及后果	风险评价					风险分级	管控措施(仅列要点)					项目部责任人
编号	名称	序号	名称	标准		L	E	C	D	评价级别		工程技术措施	管理措施	培训教育措施	个体防护措施	应急处置措施	
1	基坑工程	1	降水阶段	基坑开挖深度范围内有地下水,未采取有效的降水措施	坍塌	6	7	6	252	二级	较大风险	基坑开挖深度范围内有地下水,必须采取有效的降水措施,降水水位应低于基坑底0.5m	基坑开挖过程中及开挖完成后,检查基底是否有明水	做好班前教育培训工作及入场交底工作	正确佩戴安全帽,高处作业正确佩戴安全带	停止施工	项目生产经理(或总工)
2		2	排水阶段	基坑开挖时无排水措施	坍塌	6	7	6	252	二级	较大风险	基坑开挖时,应设置集水坑并配备足够的排水泵	定期检查排水设施	做好班前教育培训工作及入场交底工作	正确佩戴安全帽,高处作业正确佩戴安全带	停止施工	项目生产经理(或总工)
3		3	机械挖土	开挖深度超过3m,但未超过5m时,按施工方案的要求分层、分段开挖	坍塌	6	7	6	252	二级	较大风险	土方开挖应遵循"开槽支撑,先撑后挖,分层开挖,严禁超挖"的原则	严格按照施工方案施工,安排专人现场进行检查	对基坑开挖操作工人做好班前安全教育	正确佩戴安全帽,高处作业正确佩戴安全带	停止施工	项目生产经理(或总工)
4		4	机械挖土	超过一定规模的基坑土方开挖支护结构未达到设计要求	坍塌	3	40	3	360	一级	重大风险	按照设计参数进行基坑计算,按照设计参数进行基坑支护	进行专家论证,按论证方案施工;支护扎设完毕进行验收,开挖过程中专人监督检测	1. 进行基坑安全事故案例培训; 2. 进行应急处置培训	正确佩戴安全帽,高处作业正确佩戴安全带	编制应急预案,若发现基坑不稳定时停止施工,现场出现紧急情况是启动应急预案	二级单位总工

续表

编号	名称	序号	名称	标准	可能发生的事故类型及后果	L	E	C	D	评价级别	风险分级	工程技术措施	管理措施	培训教育措施	个体防护措施	应急处置措施	项目部责任人
5	基坑工程	5	机械挖土	基坑开挖过程中未采取防止碰撞支护结构或工程桩的有效措施	坍塌	3	15	6	270	二级	较大风险	开挖过程中，专业人员应旁站指挥，确保开挖时不碰撞到支护结构和工程桩	安排专人负责，确保安全	做好班前教育培训工作及入场交底工作	正确佩戴安全帽，高处作业正确佩戴安全带	停止施工	项目生产经理(或总工)
6		6	机械挖土	基坑内土方开挖机械的安全距离不符合规范要求	机械伤害	3	7	6	126	三级	一般风险	多台机械开挖时，挖土机间距应大于10m	设置专人管理，施工现场安排专人进行巡视	做好班前教育培训工作及入场交底工作	正确佩戴安全帽，高处作业正确佩戴安全带	责令挖土机械保持安全距离	项目生产经理(或总工)
7		7	机械挖土	在各种管线范围内机械挖土作业未设专人监护（开挖无管线证明资料及监护人）	其他伤害	3	7	6	126	三级（二级）	一般风险	作业前，应记录施工场地各种管线的地点及走向，并用明显的记号标示	开挖前，制订安全防护措施，并安排专人现场监护	做好班前教育培训工作及入场交底工作	正确佩戴安全帽，高处作业正确佩戴安全带	停止施工	项目生产经理(或总工)
8		8	人工修整	基坑内未设置供施工人员上下的专用梯道或梯道设置不符合规范要求	高处坠落	3	7	6	126	三级	一般风险	基坑内宜设置定型化专用通道	开挖前，制订安全防护方案，并安排专人现场监护	做好班前教育培训工作及入场交底工作	正确佩戴安全帽，高处作业正确佩戴安全带	停止施工	项目生产经理(或总工)
9		9	人工修整	人工修整时，上下垂直作业未采取防护措施	物体打击	6	7	3	126	三级	一般风险	上下垂直作业时，下层作业位置应在上层坠落半径之外，否则应设置安全防护层	开挖前，制订安全防护措施，并安排专人现场监护	做好班前教育培训工作及入场交底工作	正确佩戴安全帽	停止施工	项目生产经理(或总工)
10		10	土钉施工	土钉长度不足	坍塌	3	7	6	126	三级	一般风险	土钉长度应严格按照专项施工方案下料，土钉长度宜为开挖深度的0.5～1.2倍	土钉安装前检查土钉长度，并形成记录	做好班前教育培训工作及入场交底工作	正确佩戴安全帽，高处作业正确佩戴安全带	更换足够长度的土钉	项目生产经理(或总工)

续表

编号	名称	序号	名称	标准	可能发生的事故类型及后果	L	E	C	D	评价级别	风险分级	工程技术措施	管理措施	培训教育措施	个体防护措施	应急处置措施	项目部责任人
11	基坑工程	11	土钉施工	土钉间距及角度不满足规范要求	坍塌	3	7	6	126	三级	一般风险	土钉间距及角度严格按照专项施工方案布置，间距宜为1.5m，梅花形布置，与水平面夹角宜为5°～20°	土钉安装时检查土钉间距及角度，并形成记录	做好班前教育培训工作及入场交底工作	正确佩戴安全帽，高处作业正确佩戴安全带	按照方案设计调整土钉间距及角度	项目生产经理(或总工)
12		12	注浆	注浆时，注浆管内材料空	机械伤害	6	7	3	126	三级	一般风险	向土钉孔注浆时，注浆管内应保持一定数量的砂浆，以防管体放空，砂浆喷出伤人	注浆作业前对工人进行安全技术交底	做好班前教育培训工作及入场交底工作	拆除作业人员正确佩戴安全帽，高处作业正确佩戴安全带	停止施工	项目生产经理(或总工)
13		13	注浆	使用灰浆泵前，泵内干硬灰浆等杂物未清理干净	机械伤害	6	7	6	252	二级	较大风险	每次使用灰浆泵后，将输送管道中的灰浆全部泵出，并将泵和输送管道清洗干净	注浆作业前应检查泵内有无干硬灰浆等杂物	做好班前教育培训工作及入场交底工作	拆除作业人员正确佩戴安全帽，高处作业正确佩戴安全带	停止施工	项目生产经理(或总工)
14		14	混凝土面层施工	喷射混凝土时，枪头前站人	物体打击	3	7	6	126	三级	一般风险	在喷射混凝土时，枪头前严禁站人，防止混凝土混合料伤人	喷射作业前对工人进行技术交底	做好班前教育培训工作及入场交底工作	作业人员按规定佩戴安全防护用品	停止施工	项目生产经理(或总工)
15		15	混凝土面层施工	喷射第一步基坑边坡时，基坑边无防护措施	物体打击	6	7	3	126	三级	一般风险	喷射第一步基坑边坡时，应在基坑上口用木板等防护进行堵边，防止喷射混凝土混合料伤人及物	喷射作业前对工人进行技术交底	做好班前教育培训工作及入场交底工作	拆除作业人员正确佩戴安全帽，高处作业正确佩戴安全带	停止作业，待防护措施到位后再继续进行喷射	项目生产经理(或总工)

续表

编号	名称	序号	名称	标准	可能发生的事故类型及后果	L	E	C	D	评价级别	风险分级	工程技术措施	管理措施	培训教育措施	个体防护措施	应急处置措施	项目部责任人
16	基坑工程	16	泄水孔设置	基坑边有透水层时未设置泄水孔	坍塌	6	7	3	126	三级	一般风险	检查基坑泄水孔是否严格按照方案设置	喷射作业前对工人进行技术交底	做好班前教育培训工作及入场交底工作	拆除作业人员正确佩戴安全帽，高处作业正确佩戴安全带	停止作业，按要求设置泄水孔	项目生产经理(或总工)
17		17	监测项目	未按要求进行基坑工程监测	坍塌	6	7	6	252	二级	较大风险	检查基坑监测资料是否及时、齐全	设置专人管理，施工现场安排专人进行巡视	做好班前教育培训工作及入场交底工作	拆除作业人员正确佩戴安全帽，高处作业正确佩戴安全带	编制应急预案，若发现基坑不稳定时停止施工，现场出现紧急情况立即启动应急预案	项目生产经理(或总工)
18		18	监测频率	监测的时间间隔不符合要求或监测结果变化速率较大，未加密观测次数	其他伤害	6	7	6	252	二级	较大风险	基坑监测频率应符合《建筑基坑监测技术规范》(GB 50497—2009)中表7.0.3规定	设置专人管理，施工现场安排专人进行巡视	做好班前教育培训工作及入场交底工作	拆除作业人员正确佩戴安全帽，高处作业正确佩戴安全带	编制应急预案，若发现基坑不稳定时停止施工，现场出现紧急情况立即启动应急预案	项目生产经理(或总工)
19		19	拆除顺序	基坑支撑结构的拆除方式、拆除顺序不符合专项施工方案要求	坍塌、物体打击	6	7	6	252	二级	较大风险	支撑拆除应严格按拆除方案进行，先施工的后拆除，后施工的先拆除，即从上至下分层进行	基坑支撑结构拆除前，必须对施工作业人员进行书面安全技术交底	做好班前教育培训工作及入场交底工作	拆除作业人员正确佩戴安全帽，高处作业正确佩戴安全带	停止施工	项目生产经理(或总工)
20		20	机械拆除	机械拆除作业时，施工荷载大于支撑结构承载能力	坍塌、物体打击	6	7	6	252	二级	较大风险	机械拆除作业施工时，严禁超载作业或任意扩大使用范围	对施工作业人员进行书面安全技术交底	做好班前教育培训工作及入场交底工作	拆除作业人员正确佩戴安全帽，高处作业正确佩戴安全带	停止施工	项目生产经理(或总工)
21		21	人工拆除	人工拆除作业时，未按规定设置防护设施	物体打击	3	7	6	126	三级	一般风险	支撑拆除应严格按拆除方案进行，先施工的后拆除，后施工的先拆除，即从上至下分层进行	基坑支撑拆除范围内严禁非操作人员入内，拆除的零部件严禁随意抛落	做好班前教育培训工作及入场交底工作	拆除作业人员正确佩戴安全帽，高处作业正确佩戴安全带	停止施工	项目生产经理(或总工)

续表

编号	名称	序号	名称	标准	可能发生的事故类型及后果	L	E	C	D	评价级别	风险分级	工程技术措施	管理措施	培训教育措施	个体防护措施	应急处置措施	项目部责任人
22	混凝土工程	1	泵管搭设	泵管固定不牢，对接不严密	物体打击	3	3	2	18	四级	低风险	水平泵管应采用支架固定，垂直泵管支架应与结构牢固连接；对接处加密封圈	由项目专职安全员和泵管搭设人员共同检查	做好班前教育培训工作及入场交底工作	作业人员正确佩戴安全帽，高处作业正确佩戴安全带	固定、对接后验收	作业人员
23		2	泵管搭设	泵管搭设到脚手架、模板支撑架体上	坍塌、物体打击	3	3	2	18	四级	低风险	泵管应设置独立的加固体系，不应和脚手架、模板支撑架体相连	使用前由项目专职安全员进行检查	对作业人员进行安全教育、交底	作业人员正确佩戴安全帽，高处作业正确佩戴安全带	搭设后进行验收，合格后使用	作业人员
24		3	混凝土场内运输	车辆入口处，无交通安全指挥人员	车辆伤害	3	3	3	27	四级	低风险	出入口设置人车分离设施，安排指挥人员，设置警示标示	在大门入口处设置交通安全指挥人员	对作业人员、司机进行安全教育、交底	作业人员正确佩戴安全帽、对讲机、扬声器	严禁驶入	作业人员
25		4	混凝土场内运输	施工现场道路不畅，场地不平整	车辆伤害	3	3	3	27	四级	低风险	现场道路宜设置环形车道，对道路、场地进行疏通、平整	对道路、场地进行检查	对作业人员、司机进行安全教育、交底	作业人员正确佩戴安全帽、对讲机、扬声器	严禁驶入	作业人员
26		5	混凝土场内运输	夜间施工道路照明不足	车辆伤害	3	3	3	27	四级	低风险	夜间施工设置足够数量和照度的照明灯具	夜间施工前对照明情况进行检查	对作业人员、司机进行安全教育、交底	作业人员正确佩戴安全帽、对讲机、扬声器、照明灯	严禁驶入	作业人员
27		6	泵送混凝土	混凝土泵送无专人指挥、通信不畅	其他伤害	3	3	2	18	四级	低风险	停稳、支好，作业前验收	配备有效通信工具，设置专职指挥人员；由项目专职安全员巡检	对作业人员、司机进行安全教育、交底	作业人员正确佩戴安全帽、对讲机、扬声器	停止作业	作业人员
28		7	混凝土布料	布料设备固定不牢	机械伤害	3	7	6	126	三级	一般风险	布料设备应固定牢固，并采取抗倾覆措施，必要时采取加固措施	编制布料机专项施工方案；使用前由项目安全管理人员和设备安装人员共同检查	对作业人员、司机进行安全教育、交底	作业人员正确佩戴安全帽、对讲机、扬声器、高处作业安全带	严禁使用	班组

续表

编号	名称	序号	名称	标准	可能发生的事故类型及后果	L	E	C	D	评价级别	风险分级	工程技术措施	管理措施	培训教育措施	个体防护措施	应急处置措施	项目部责任人
29	混凝土工程	8	混凝土布料	外脚手架搭设、电梯井和洞口防护滞后	高处坠落	3	3	3	27	四级	低风险	外脚手架防护高度宜高出作业层一步，电梯井和洞口应搭设防护	混凝土浇筑前由项目专职安全员进行检查	对作业人员、司机进行安全教育、交底	作业人员正确佩戴安全帽、对讲机、扬声器、高处作业安全带	停止作业	作业人员
30		9	混凝土布料	作业层混凝土堆放过于集中	坍塌	3	3	3	27	四级	低风险	混凝土应均匀布料	浇筑由项目专职安全员进行检查	对作业人员进行安全教育	作业人员正确佩戴安全帽、高处作业安全带	停止浇筑	作业人员
31		10	混凝土振捣	振动棒、振动器漏电保护失效	触电	3	7	6	126	三级	一般风险	采购标准电箱，进场验收	定期对工具进行维修保养，专职电工现场检查	对作业人员进行安全教育、交底	正确佩戴绝缘手套、穿绝缘鞋	更换灵敏有效的漏电保护装置	班组
32		11	混凝土养护(冬季施工时处理的方式)	混凝土养护作业时安全防护措施不到位	高处坠落	3	3	2	18	四级	低风险	应设置防护措施，混凝土未硬化前禁止上人	对防护设施进行检查	对作业人员进行安全教育、交底	作业人员正确佩戴安全帽，高处作业安全带	停止作业	作业人员
33	模板工程	1	木方下料	机械上方未设置防护棚或防护棚设置不符合要求	物体打击	3	3	3	27	四级	低风险	机械上方搭设双层防护棚，防护棚强度和刚度应满足规范要求	对防护棚搭设情况进行检查	对作业人员进行安全教育、交底	作业人员正确佩戴安全帽，高处作业安全带	严禁使用	作业人员
34		2	木方下料	作业人员戴手套操作平刨	机械伤害	3	3	3	27	四级	低风险	操作平刨时，作业人员不准戴手套，衣袖要扎紧	进行检查	对作业人员进行安全教育	作业人员正确佩戴安全帽	停止作业	作业人员
35		3	面板下料	手持电锯作业完毕未切断电源	其他伤害	3	3	3	27	四级	低风险	作业完毕切断电源	制订奖罚制度，对违章操作人员进行罚款并公示	对作业人员进行安全教育、交底	作业人员正确佩戴安全帽、高处作业安全带、绝缘手套	断电后离开	作业人员
36		4	面板下料	面板拼装不严密	物体打击	3	3	3	27	四级	低风险	面板板边要刨平刨直、接缝严密、不漏浆	进行检查	对木工进行安全操作技术规程培训	作业人员正确佩戴安全帽、高处作业安全带	拼装后验收	作业人员

续表

编号	名称	序号	名称	标准	可能发生的事故类型及后果	L	E	C	D	评价级别	风险分级	工程技术措施	管理措施	培训教育措施	个体防护措施	应急处置措施	项目部责任人
37	模板工程	5	模板堆放	模板堆放高度过高	其他伤害	3	3	3	27	四级	低风险	加工好的模板堆放高度应符合要求	对模板堆放情况进行检查	对作业人员进行安全教育、交底	作业人员正确佩戴安全帽、高处作业安全带	停止堆放	作业人员
38		6	模板堆放	模板加工区未配备灭火器材	火灾	3	3	3	27	四级	低风险	模板加工区必须按规范要求配备灭火器材	对灭火器材配备情况进行检查	对作业人员进行安全教育、交底	作业人员正确佩戴安全帽、高处作业安全带	停止使用	作业人员
39		7	模板捆绑	模板码放不整齐，捆绑不牢	物体打击	3	3	3	27	四级	低风险	模板吊运必须码放整齐，待捆绑牢固后方可起吊	进行检查	对作业人员进行安全教育	作业人员正确佩戴安全帽、高处作业安全带	严禁吊运	作业人员
40		8	模板起吊	吊运用钢丝绳起刺断股	物体打击	6	7	3	126	三级	一般风险	钢丝绳应符合《起重机钢丝绳保养、维护、安装、检验和报废》(GB/T5972）现行标准要求	设置专人对钢丝绳进行定期检查	对作业人员进行安全教育、交底	作业人员正确佩戴安全帽、高处作业安全带	严禁吊运	班组
41		9	模板起吊	模板离地 1m 以上时作业人员靠近	物体打击	3	3	3	27	四级	低风险	吊运钢筋离地 1m 以上作业人员不得靠近	进行检查	对作业人员进行安全教育	正确佩戴安全帽	严禁吊运	作业人员
42		10	模板起吊	超荷载吊运模板	物体打击	6	7	6	252	二级	较大风险	塔式起重机力矩限位器应灵敏有效	设备管理人员进行检查，严格遵守“十不吊”	对作业人员进行安全教育、交底	作业人员正确佩戴安全帽，高处作业安全带	严禁吊运	项目部
43		11	模板起吊	吊运时吊点不足	物体打击	6	7	3	126	三级	一般风险	吊运大块或整体模板时，竖向吊运不应少于两个吊点，水平吊运不应少于四个吊点	—	对作业人员进行安全教育	作业人员正确佩戴安全帽、高处作业安全带	严禁吊运	班组级

续表

编号	名称	序号	名称	标准	可能发生的事故类型及后果	L	E	C	D	评价级别	风险分级	工程技术措施	管理措施	培训教育措施	个体防护措施	应急处置措施	项目部责任人
44	模板工程	12	模板起吊	夜间吊运照明不足	物体打击	3	3	3	27	四级	低风险	夜间吊运设置足够的照明灯具	夜间吊运作业前对现场照明灯具进行检查	对作业人员进行安全教育、交底	作业人员正确佩戴安全帽、高处作业安全带	严禁吊运	作业人员
45		13	模板起吊	恶劣天气进行模板吊装作业（明确超级别运转）	物体打击	3	3	3	27	四级	低风险	恶劣天气时，不得从事露天起重作业	由项目专职安全员进行监督检查	对作业人员进行安全教育、交底	作业人员正确佩戴安全帽、高处作业安全带	立即停止作业	作业人员
46		14	模板安放	模板就位后未连接牢固即摘除卡环	物体打击	3	3	3	27	四级	低风险	卡环摘除应在模板就位并连接牢固后进行	过程检查，交底教育	对作业人员进行安全教育	作业人员正确佩戴安全帽、高处作业安全带	停止作业	作业人员
47		15	墙柱模板安装	模板安装高度超过3m时，未搭设脚手架	高处坠落	3	3	3	27	四级	低风险	模板安装高度超过3m时，必须搭设脚手架	由项目专职安全员进行不定期巡检	对作业人员进行安全教育、交底	作业人员正确佩戴安全帽，高处作业安全带	停止作业	作业人员
48		16	墙柱模板安装	拼装高度2m以上的竖向模板未采取临时固定设施	物体打击	3	3	3	27	四级	低风险	拼装高度2m以上的竖向模板，安装过程中应设置临时固定设施	对临时固定设施进行检查	对作业人员进行安全教育、交底	作业人员正确佩戴安全帽，高处作业安全带	停止作业	作业人员
49		17	梁板模板安装	跨度大于4m时模板未起拱	坍塌	3	3	3	27	四级	低风险	跨度大于4m时模板应起拱，设计无具体要求时，起拱高度宜为全跨长度的1/1000～3/1000	由项目技术负责人或技术员对起拱进行检查	对作业人员进行安全教育、交底	作业人员正确佩戴安全帽，高处作业安全带	停止作业	作业人员
50		18	梁板模板安装	模板支架未采取防倾覆的临时固定措施	坍塌	3	3	3	27	四级	低风险	模板支架必须设置牢固的水平杆，且不得与门窗等临时构件连接	对模板支架临时固定情况进行检查	对作业人员进行安全教育、交底	作业人员正确佩戴安全帽、高处作业安全带	停止作业	作业人员

续表

编号	名称	序号	名称	标准	可能发生的事故类型及后果	L	E	C	D	评价级别	风险分级	工程技术措施	管理措施	培训教育措施	个体防护措施	应急处置措施	项目部责任人
51	模板工程	19	梁板模板安装	模板楞梁支点不足	高处坠落、坍塌	3	3	3	27	四级	低风险	模板楞梁应至少搁置两个支点上	由项目专职安全员进行不定期巡检	对作业人员进行安全教育、交底	作业人员正确佩戴安全帽、高处作业安全带	停止作业	作业人员
52		20	墙柱模板拆除	临边模板拆除作业未系安全带	高处坠落	3	7	6	126	三级	一般风险	按要求系挂安全带	对违章作业行为进行处罚并公示	对作业人员进行安全教育	作业人员正确佩戴安全帽、高处作业安全带	停止作业	班组
53		21	墙柱模板拆除	电梯井拆模无水平防护安全网	高处坠落、物体打击	3	3	3	27	四级	低风险	每隔两层且不超过 10m 设一道水平安全网	对电梯井水平防护安全网进行检查	对作业人员进行安全教育、交底	作业人员正确佩戴安全帽、高处作业安全带	停止作业	作业人员
54		22	梁板模板拆除	拆模顺序不当	坍塌	3	3	3	27	四级	低风险	先支后拆，后支先拆；先拆非承重模板，后拆承重模板；从上而下进行拆除	拆模前对作业人员进行技术交底	对作业人员进行安全教育、交底	作业人员正确佩戴安全帽、高处作业安全带	停止作业	作业人员
55		23	梁板模板拆除(加入全钢模板存放、使用)	作业层超荷载集中堆放模板	坍塌	3	3	3	27	四级	低风险	作业层模板堆放应分布均匀	由项目专职安全员不定期巡检	对作业人员进行安全教育	作业人员正确佩戴安全帽、高处作业安全带	停止作业	作业人员
56		24	梁板模板拆除	悬臂构件拆模时间过早	坍塌	3	7	6	126	三级	一般风险	悬臂构件拆模应在混凝土强度完全达到设计强度时进行	悬臂构件拆模前应经项目技术负责人检查确认	对作业人员进行安全教育、交底	作业人员正确佩戴安全帽、高处作业安全带	停止拆除	班组
57		25	模板配件运输	构配件运输未使用料斗	物体打击	3	3	3	27	四级	低风险	构配件的运输应使用料斗，料斗应不少于四个吊点	由项目专职安全员进行不定期巡检	对作业人员进行安全教育	作业人员正确佩戴安全帽、高处作业安全带	严禁吊运	作业人员
58	钢筋工程	1	钢筋调直	调直区料盘未采取有效隔离措施	机械伤害	3	3	3	27	四级	低风险	料盘应设置隔离区，隔离设施应坚固、稳定	调直作业前对隔离设施进行检查	对作业人员进行安全教育、交底	作业人员正确佩戴安全帽	禁止使用	作业人员

续表

编号	名称	序号	名称	标准	可能发生的事故类型及后果	L	E	C	D	评价级别	风险分级	工程技术措施	管理措施	培训教育措施	个体防护措施	应急处置措施	项目部责任人
59	钢筋工程	2	钢筋调直	调直机未设置防护棚或防护棚设置不符合要求	物体打击	3	7	6	126	三级	一般风险	调直机搭设双层防护棚，防护棚强度和刚度应满足规范要求	对防护棚搭设情况进行检查	对作业人员进行安全教育、交底	正确佩安全帽	停止作业	班组
60		3	钢筋调直	钢筋拉直卡头未卡牢	机械伤害	3	3	3	27	四级	低风险	按照规范要求操作	钢筋正式拉直前对卡头牢固情况进行检查	对作业人员进行安全教育、交底	作业人员正确佩戴安全帽	停止作业	作业人员
61		4	钢筋调直	移动式调直机作业时行走轮未揳紧固定	机械伤害	3	3	3	27	四级	低风险	作业前移动式调直机行走轮应揳紧固定	对作业人员进行安全技术交底；检查确认行走轮揳紧固定情况	对作业人员进行安全教育、交底	作业人员正确佩戴安全帽	停止作业	作业人员
62		5	钢筋调直	女工头发未扎好	机械伤害	3	3	3	27	四级	低风险	—	作业前对女工安全作业行为进行检查	对女工进行安全教育	正确佩戴安全帽	停止作业	作业人员
63		6	钢筋切断	机械未达到正常转速时进行切料	机械伤害	3	3	3	27	四级	低风险	切料应在机械运转达到正常速度后进行	对作业人员进行安全技术交底	对作业人员进行安全教育、交底	作业人员正确佩戴安全帽	停止作业	作业人员
64		7	钢筋切断	手和切刀之间距离太近	机械伤害	3	3	3	27	四级	低风险	切断作业时，手和切刀之间应保持安全距离	作业前对隔离设施进行检查	对作业人员进行安全教育、交底	作业人员正确佩戴安全帽、高处作业安全带，正确佩戴防护手套	停止作业	作业人员
65		8	钢筋切断	防护棚内照明灯未加网罩或照明灯亮度不足	机械伤害	3	6	7	126	三级	一般风险	防护棚内照明灯具加防护网罩；设置足够照度灯具	施工前对防护棚内照明情况进行检查	对作业人员进行安全教育、交底	作业人员正确佩戴安全帽、高处作业安全带，正确佩戴绝缘手套	停止作业	班组
66		9	钢筋切断	机械使用完未切断电源	触电	3	3	3	27	四级	低风险	工作完毕拉闸限电	制订奖罚制度，对违章操作人员进行罚款并公示	对作业人员进行安全教育、交底	作业人员正确佩戴安全帽，绝缘手套	检查	作业人员

续表

编号	名称	序号	名称	标准	可能发生的事故类型及后果	L	E	C	D	评价级别	风险分级	工程技术措施	管理措施	培训教育措施	个体防护措施	应急处置措施	项目部责任人
67	钢筋工程	10	钢筋弯曲	弯曲钢筋直径超过机械性能规定要求	机械伤害	3	3	3	27	四级	低风险	弯曲钢筋直径应符合机械性能规定要求	进行定期检查	对作业人员进行钢筋弯曲操作技术规程培训	作业人员正确佩戴安全帽	停止作业	作业人员
68		11	钢筋弯曲	弯曲机未停稳进行转盘换向	机械伤害	3	3	3	27	四级	低风险	转盘换向应在弯曲机停稳后进行	进行检查	对作业人员进行钢筋弯曲操作技术规程培训	作业人员正确佩戴安全帽	停止作业	作业人员
69		12	钢筋堆放	成品钢筋堆放时弯钩朝上	其他伤害	3	3	3	27	四级	低风险	成品钢筋应堆放整齐，弯钩朝下	对钢筋堆放进行检查	对作业人员进行安全教育、交底	作业人员正确佩戴安全帽	立即调整	作业人员
70		13	钢筋堆放	钢筋堆放高度过高	其他伤害	3	3	3	27	四级	低风险	码放高度符合规定要求	对钢筋堆放情况进行检查	对作业人员进行安全教育、交底	作业人员正确佩戴安全帽	严禁堆放	作业人员
71		14	钢筋下料	端部打磨时手与磨光机距离过近	机械伤害	3	3	3	27	四级	低风险	钢筋端部打磨时，手与磨光机应保持安全距离	进行定期检查	对作业人员进行安全教育、交底	正确佩戴防护手套	停止作业	作业人员
72		15	钢筋下料	套丝时钢筋固定不牢	机械伤害	3	3	3	27	四级	低风险	套丝前应用平台上的夹具将钢筋夹紧固定	套丝前对钢筋固定情况进行检查	对作业人员进行安全教育、交底	作业人员正确佩戴安全帽、防砸鞋	停止作业	作业人员
73		16	钢筋套丝	套丝前机械设备未添加冷却液	机械伤害	3	3	3	27	四级	低风险	—	套丝前对机械设备冷却液进行检查	对作业人员进行安全教育、交底	作业人员正确佩戴安全帽、防砸鞋	严禁使用	作业人员
74		17	钢筋连接	钢筋丝头插入套筒深度不足	物体打击	3	3	3	27	四级	低风险	安装接头时可用管钳扳手拧紧，使钢筋丝头在套筒中央位置相互顶紧	进行定期检查	对作业人员进行安全教育、交底	作业人员正确佩戴安全帽、防砸鞋	停止作业	作业人员
75		18	钢筋端头制备	钢筋端头打磨时手与磨光机距离过近	机械伤害	3	3	3	27	四级	低风险	钢筋端部打磨时，手与磨光机应保持安全距离	进行定期检查	对作业人员进行安全教育、交底	正确佩戴防护手套、作业人员正确佩戴安全帽、防砸鞋	停止作业	作业人员

续表

编号	名称	序号	名称	标准	可能发生的事故类型及后果	L	E	C	D	评价级别	风险分级	工程技术措施	管理措施	培训教育措施	个体防护措施	应急处置措施	项目部责任人
76	钢筋工程	19	安装焊接夹具和钢筋	焊接夹具安装固定不牢，上下钢筋未在同一轴线上	物体打击	3	3	3	27	四级	低风险	焊接夹具应具有足够的刚度，上、下钳口应夹紧于上、下钢筋上，钢筋一经夹紧，不得晃动，且两钢筋应同心	持证上岗，项目专职安全员不定期巡检	对作业人员进行安全教育、交底	正确佩戴安全帽	停止作业	作业人员
77		20	施焊	焊接作业下方或周围有易燃材料	火灾	3	3	3	27	四级	低风险	钢筋焊接前应清除下方或周围易燃材料	持证上岗，配备消防器材，项目专职安全员不定期巡检	对作业人员进行安全教育	护目镜、绝缘手套、绝缘鞋	停止作业	作业人员
78		21	钢筋捆绑	钢筋捆绑不牢，长短不一	物体打击	3	3	3	27	四级	低风险	吊装钢筋应有两个捆绑点，且钢筋伸出捆绑点一定长度，钢筋长短一致	设置专职信号工指挥；项目专职安全员不定期巡检	对作业人员进行安全教育、交底	正确佩戴安全帽	停止作业	作业人员
79		22	钢筋起吊	钢筋吊装前未进行试吊	物体打击	3	3	3	27	四级	一般风险	钢筋吊装前应进行试吊，确认无问题后方可继续作业	对塔机司机违章作业进行处罚并公示	对作业人员进行安全教育、交底	正确佩戴安全帽	停止作业	班组
80		23	钢筋起吊	吊装作业无信号工指挥	物体打击	3	3	3	27	四级	低风险	—	1. 设置专职信号工指挥； 2. 项目专职安全员不定期巡检	对作业人员进行安全教育、交底	正确佩戴安全帽	停止作业	作业人员
81		24	钢筋起吊	吊运用钢丝绳起刺断股	物体打击	3	3	3	27	四级	低风险	钢丝绳应符合《起重机钢丝绳保养、维护、安装、检验和报废》(GB/T 5972)现行标准要求	设置专人对钢丝绳进行定期检查	对作业人员进行安全教育、交底	正确佩戴安全帽	停止作业	作业人员

续表

编号	名称	序号	名称	标准	可能发生的事故类型及后果	L	E	C	D	评价级别	风险分级	工程技术措施	管理措施	培训教育措施	个体防护措施	应急处置措施	项目部责任人
82	钢筋工程	25	钢筋起吊	钢筋离地 1m 以上时作业人员靠近	物体打击	3	3	3	27	四级	低风险	吊运钢筋离地 1m 以上作业人员不得靠近	对马凳和支架设置进行检查	对作业人员进行安全教育、交底	正确佩戴安全帽	停止作业	作业人员
83		26	钢筋起吊	超荷载吊运钢筋	物体打击	6	7	6	252	二级	较大风险	塔式起重机力矩限位器应灵敏有效	设备管理人员进行检查，严格遵守“十不吊”	对作业人员进行安全教育、交底	正确佩戴安全帽	停止作业	项目部
84		27	钢筋起吊	夜间吊运照明不足	物体打击	3	3	3	27	四级	低风险	夜间吊运设置足够的照明灯具	夜间吊运作业前对现场照明灯具进行检查	对作业人员进行安全教育、交底	正确佩戴安全帽	停止作业	作业人员
85		28	钢筋起吊	恶劣天气进行钢筋吊装作业	物体打击	3	6	3	54	四级	一般风险	恶劣天气，不得从事露天起重作业	由项目专职安全员进行监督检查	对作业人员进行安全教育、交底	正确佩戴安全帽	立即停止作业	班组
86		29	钢筋安放	马凳或支架设置不符合要求	物体打击	3	3	3	27	四级	低风险	钢筋禁止放到外脚手架上，应放到作业层指定位置	由项目专职安全员不定期巡检	对作业人员进行安全教育、交底	正确佩戴安全帽	停止作业	作业人员
87		30	钢筋安放	作业层超荷载集中堆放钢筋	坍塌	6	7	3	126	三级	一般风险	作业层钢筋堆放应分布均匀	由项目专职安全员不定期巡检	对作业人员进行安全教育、交底	正确佩戴安全帽	停止作业	班组
88		31	基础底板钢筋绑扎	马凳或支架设置不符合要求	坍塌	3	7	6	126	三级	一般风险	马凳或支架应严格按施工方案设置；马凳或支架可采用钢筋弯制、焊接，上部钢筋较大、较密时，可采用型钢制作	对马凳和支架设置进行检查	对作业人员进行安全教育、交底	正确佩戴安全帽	停止作业	班组

续表

编号	名称	序号	名称	标准	可能发生的事故类型及后果	L	E	C	D	评价级别	风险分级	工程技术措施	管理措施	培训教育措施	个体防护措施	应急处置措施	项目部责任人
89	钢筋工程	32	基础底板钢筋绑扎	底板钢筋绑扎未设置走道	高处坠落、其他伤害	3	3	3	27	四级	低风险	1. 马凳或支架应严格按施工方案设置； 2. 马凳或支架可采用钢筋弯制、焊接，上部钢筋较大、较密时，可采用型钢制作	底板钢筋绑扎过程由项目专职安全员不定期巡检	对作业人员进行安全教育、交底	作业人员正确佩戴安全帽、高处作业安全带	停止作业	作业人员
90		33	绑扎墙柱钢筋	未设立可靠的操作平台	高处坠落	3	3	3	27	四级	低风险	设置可靠的操作平台，禁止攀登钢筋骨架作业	进行检查	对作业人员进行安全教育、交底	作业人员正确佩戴安全帽、高处作业安全带	停止作业	作业人员
91		34	绑扎墙柱钢筋	柱筋在4m以上时未设置临时支撑	物体打击	3	3	3	27	四级	低风险	柱筋在4m以上时应设置可靠的斜支撑或拉结	对作业人员进行钢筋绑扎技术交底	对作业人员进行安全教育、交底	正确佩戴安全帽	停止作业	作业人员
92		35	绑扎梁钢筋	落梁速度过快导致支撑及模板荷载突然加大	坍塌	3	3	3	27	四级	低风险	落梁时应缓慢、均匀下落，使支撑及模板受力均衡稳定	落梁时现场设专人指挥	对作业人员进行安全教育、交底	作业人员正确佩戴安全帽	停止作业	作业人员
93		36	绑扎梁钢筋	绑扎楼板钢筋未采取防倾倒、防坠落措施	其他伤害	3	3	3	27	四级	低风险	作业层铺设走道板，临边设置防护设施	进行检查	对作业人员进行安全教育、交底	作业人员正确佩戴安全帽、高处作业安全带	禁止通行	作业人员
94	钢结构	1	方案审批	施工前未编制专项施工方案	其他伤害	6	7	6	252	二级	较大风险	钢结构施工必须编制专项施工方案	施工方案应由本单位技术、安全、设备等部门审核、技术负责人审批后，经监理单位批准实施	—	—	不得进行施工	总工
95		2	检查资质证书	施工单位无资质证书	其他伤害	6	7	6	252	二级	较大风险	钢结构施工单位必须具有钢结构施工资质	施工单位进场前项目部管理人员应对施工单位的资质证书进行检查	—	—	不得进场	合约经理

续表

编号	名称	序号	名称	标准	可能发生的事故类型及后果	L	E	C	D	评价级别	风险分级	工程技术措施	管理措施	培训教育措施	个体防护措施	应急处置措施	项目部责任人
96	钢结构	3	人员证件	特殊工种未持证上岗	其他伤害	6	7	6	252	二级	较大风险	特种作业人员必须具有建筑施工特殊工种作业操作证书	特种作业施工前，项目部管理人员应对施工人员的特殊工种证书进行检查	每月组织特种作业人员教育	配备合格的劳保用品	退场，更换有合格证件人员	安全总监
97		4	技术交底	未对人员进行安全技术交底	其他伤害	3	7	6	126	三级	一般风险	—	作业前项目部管理人员应对作业人员的安全技术交底进行检查	学习安全管理制度	—	未经交底不得施工	责任工程师
98		5	基础验收	钢结构、网架安装用支撑平台基础承载力不满足设计要求	坍塌、物体打击	6	3	15	270	二级	较大风险	钢结构基础及其地基承载力应符合设计图纸的要求，安装前应对基础进行验收，合格后方可安装	安装前进行联合验收，不合格不得安装	认真阅读设计图纸	—	停止安装	总工
99		6	检查工具、构件	作业前未对使用的吊具、索具及塔式起重机各构件进行检查	起重伤害	6	7	3	126	三级	一般风险	安装使用的吊具、索具及各个构配件，在吊装前经检验合格后方可使用	安装单位施工人员在吊装前对所有的工具、配件进行检查	安全技术交底、早班会教育	—	配备备用的吊具、索具和构配件，发现有问题，立即更换	责任工程师
100		7	警戒隔离	吊装作业时，未设置警戒区，未统一指挥	物体打击	6	7	3	126	三级	一般风险	吊装钢构件时，应统一指挥，分工明确，地面设置警戒区，并有明显标志，现场派专人监护	项目部安全管理人员和安装单位安全管理人员在构件吊装前检查警戒区和明显标志，派专人监护	学习安全管理制度	—	配备警戒线、警示标志，及时进行隔离	责任工程师

续表

编号	名称	序号	名称	标准	可能发生的事故类型及后果	L	E	C	D	评价级别	风险分级	工程技术措施	管理措施	培训教育措施	个体防护措施	应急处置措施	项目部责任人
101	钢结构	8	人员防护	人员未正确佩戴劳保防护用品	高处坠落、物体打击	3	1	3	9	四级	低风险	钢结构施工应正确佩戴安全帽、安全带、防滑鞋、手套、工作服等劳保防护用品	钢结构单位安全管理人员检查作业人员的防护用品佩戴情况设置生命绳	学习安全管理制度	正确佩戴安全帽、安全带，穿戴工作服、防滑鞋，使用防坠器	设置生命绳、防坠器	责任工程师
102		9	人员防护	施工人员酒后作业	高处坠落	3	2	7	42	四级	低风险	—	钢构单位安全管理人员进行监督、检查	进行安全教育	正确佩戴安全帽、安全带，穿戴工作服、防滑鞋	—	责任工程师
103		10	构件安装	钢结构、钢梁安装支撑平台未搭设同步防风、防倾覆措施	高处坠落、物体打击	3	2	15	90	三级	一般风险	钢构件安装后必须及时进行固定，采取防倾覆措施	吊装后检查耳板、螺栓连接	进行安全技术交底	正确佩戴安全帽、安全带，穿戴工作服、防滑鞋	停止安装，整改完毕后再进行施工	责任工程师
104		11	构件安装	钢结构安装过程中，当利用钢梁作为水平通道时，未设置安全绳等防护设施	高处坠落	6	6	7	252	二级	较大风险	钢梁安装过程中必须设置安全绳	吊装前安全管理人员进行监督、检查	安全技术交底	正确佩戴安全帽、安全带，穿戴工作服、防滑鞋	—	责任工程师
105		12	构件吊装	物件起吊时未绑扎牢固，悬挂其他物件	物体打击	6	7	3	126	三级	一般风险	物件起吊时应绑扎牢固，不得在吊物上堆放或悬挂其他物件，零星材料起吊时，必须用吊笼或钢丝绳绑扎牢固	检查吊物，不符合要求不得起吊	对作业人员进行安全教育、交底	正确佩戴安全帽	—	责任工程师
106		13	动火作业	焊接作业未开具动火证未使用接火斗、未设置看火人、消防器材配备不足、未清理易燃物	火灾	6	3	15	270	二级	较大风险	动火前必须开具动火证；根据现场情况配备消防器材，设置看火人	施工时派专人进行监护	对作业人员进行安全教育、交底	正确佩戴安全帽、安全带，穿戴工作服、防滑鞋	停止作业	责任工程师

续表

编号	名称	序号	名称	标准	可能发生的事故类型及后果	L	E	C	D	评价级别	风险分级	工程技术措施	管理措施	培训教育措施	个体防护措施	应急处置措施	项目部责任人
107	钢结构	14	易燃易爆危险品管理	氧气、乙炔等危险品存放不合理，使用时距离不符合要求	火灾、爆炸	6	3	15	270	二级	较大风险	气瓶必须分类单独存放，并保持安全距离	建立安全管理制度；派专人进行监护	对作业人员进行安全教育、交底	—	停止作业	责任工程师
108	钢结构	15	过程控制	操作平台未正确吊装	物体打击、高处坠落	3	3	3	27	四级	低风险	操作平台必须固定牢固，吊装时不得倾斜	吊装前后验收	对作业人员进行安全教育、交底	正确佩戴安全帽、安全带，穿戴工作服、防滑鞋	停止作业，及时排除	责任工程师
109	钢结构	16	过程控制	恶劣天气情况下，违章安装作业	起重伤害	3	3	3	27	四级	低风险	风力在四级或以上时不得进行安装、拆除作业，作业时突然遇到风力加大，必须立即停止作业	进行安全技术交底	对作业人员进行安全教育、交底	正确佩戴安全帽、安全带，穿戴工作服、防滑鞋	停止作业	责任工程师
110	钢结构	17	过程控制	作业时向下抛掷物品	物体打击	3	3	3	27	四级	低风险	严禁作业时向下抛掷任何物品	钢构安全管理人员进行监督、检查	学习安全管理制度	正确佩戴安全帽、安全带，穿戴工作服、防滑鞋	隔离防护	责任工程师
111	钢结构	18	过程控制	压型钢板铺设过程中安全防护不到位或是铺设未固定	物体打击、高处坠落	6	7	3	126	三级	一般风险	压型钢板铺设时必须设置安全绳等防护措施，铺设完毕后及时固定	钢构安全管理人员进行监督、检查	对作业人员进行交底	正确佩戴安全帽、安全带	正确佩戴安全帽、安全带，穿戴工作服、防滑鞋	责任工程师
112	高处作业	1	人工修整	基坑内未设置供施工人员上下的专用梯道或梯道设置不符合规范要求	高处坠落	3	7	6	126	三级	一般风险	基坑内宜设置定型化专用通道	施工时派专人进行监护	对作业人员进行安全教育、交底	正确佩戴安全帽、安全带，穿戴工作服、防滑鞋	制订综合应急预案	总工程师
113	高处作业	2	基础底板钢筋绑扎	底板钢筋绑扎未设置走道	高处坠落	3	3	3	27	四级	低风险	1. 马凳或支架应严格按施工方案设置； 2. 马凳或支架可采用钢筋弯制、焊接，上部钢筋较大较密时，可采用型钢制作	底板钢筋绑扎过程由项目专职安全员不定期巡检	对作业人员进行安全教育、交底	正确佩戴安全帽、安全带，穿戴工作服、防滑鞋	—	总工程师/责任工程师

续表

编号	名称	序号	名称	标准	可能发生的事故类型及后果	L	E	C	D	评价级别	风险分级	工程技术措施	管理措施	培训教育措施	个体防护措施	应急处置措施	项目部责任人
114	高处作业	3	绑扎墙柱钢筋	未设立可靠的操作平台	高处坠落	3	3	3	27	四级	低风险	设置可靠的操作平台禁止攀登钢筋骨架作业	钢筋绑扎过程由项目专职安全员不定期巡检	对作业人员进行安全教育、交底	正确佩戴安全帽、安全带，穿戴工作服、防滑鞋	停止作业	总工程师/责任工程师
115		4	墙柱模板安装	模板安装高度超过3m时，未搭设脚手架	高处坠落	3	3	3	27	四级	低风险	设置可靠的操作平台禁止攀登钢筋骨架作业	由项目专职安全员进行不定期巡检	对作业人员进行安全教育、交底	正确佩戴安全帽、安全带，穿戴工作服、防滑鞋	停止作业	总工程师/责任工程师
116		5	梁板模板安装	模板楞梁支点不足	高处坠落	3	3	3	27	四级	低风险	模板楞梁应至少搁置两个支点上	由项目专职安全员进行不定期巡检	对作业人员进行安全教育、交底	正确佩戴安全帽、安全带，穿戴工作服、防滑鞋	停止作业	总工程师/责任工程师
117		6	墙柱模板拆除	临边模板拆除作业未系安全带	高处坠落	3	7	6	126	三级	一般风险	—	对违章作业行为进行处罚并公示	对作业人员进行安全教育、交底	正确佩戴安全帽、安全带，穿戴工作服、防滑鞋	停止作业	总工程师/责任工程师
118		7	墙柱模板拆除	电梯井拆模无水平防护安全网	高处坠落	3	3	3	27	四级	低风险	每隔两层且不超过10m设一道水平安全网	对电梯井水平防护安全网进行检查	对作业人员进行安全教育、交底	正确佩戴安全帽、安全带，穿戴工作服、防滑鞋	停止作业	总工程师/责任工程师
119		8	混凝土布料	外脚手架搭设、电梯井和洞口防护滞后	高处坠落	3	3	3	27	四级	低风险	外脚手架防护高度宜高出作业层一步，电梯井和洞口应防护	混凝土浇筑前由项目专职安全员进行检查	对作业人员进行安全教育、交底	正确佩戴安全帽、安全带，穿戴工作服、防滑鞋	停止作业	总工程师/责任工程师
120		9	混凝土养护	混凝土养护作业时安全防护措施不到位	高处坠落	3	3	2	18	四级	低风险	应设置防护措施，混凝土未硬化前禁止上人	对防护设施进行检查	对作业人员进行安全教育、交底	正确佩戴安全帽、安全带，穿戴工作服、防滑鞋	停止作业	总工程师/责任工程师

续表

编号	名称	序号	名称	标准	可能发生的事故类型及后果	L	E	C	D	评价级别	风险分级	工程技术措施	管理措施	培训教育措施	个体防护措施	应急处置措施	项目部责任人
121	高处作业	10	作业环境	恶劣天气搭设外脚手架	高处坠落	3	7	6	126	三级	一般风险	雷雨天气、六级及以上强风天气应停止架上作业；雨雪雾天气应停止脚手架的搭设或拆除作业；雨雪霜后上架作业应采取有效的防滑措施，并应清除积雪	恶劣天气停止脚手架搭拆作业	作业前对工人进行脚手架安全教育培训	佩戴安全帽、穿防滑鞋	停止作业	总工程师/责任工程师
122		11	拆除物料	拆除时无防止人员或物料坠落的措施	高处坠落	6	7	6	252	二级	较大风险	根据安全技术交底进行作业	拆除脚手架前先清除架体上的物料；拆除期间禁止工人向下抛掷物料，应集中吊运；拆除过程进行检查，严格按方案与交底作业	对工人进行安全教育，事故案例教育	作业人员系好安全带、穿防滑鞋	隔离防护	总工程师/责任工程师
123		12	悬挑工字钢拆除	安全措施不到位情况下进行悬挑工字钢拆除作业	高处坠落	6	7	6	252	二级	较大风险	根据方案拆除步骤进行操作	设置警戒区；安排专人现场监督检查	对工人进行安全教育，事故案例教育	作业人员系好安全带、戴安全帽、穿防滑鞋	停止作业	总工程师/责任工程师
124		13	砌筑	临边、临空、高处作业时未佩戴安全带	高处坠落	3	7	6	126	三级	一般风险	在距坠落高度基准面2m及以上的高处作业时，必须佩戴安全带，安全带应高挂低用	安全管理人员日常巡视，对未正确佩戴安全带的作业人员进行罚款并公示	对作业人员进行安全教育、交底	正确佩戴安全帽、安全带，穿戴工作服、防滑鞋	停止作业	总工程师/责任工程师
125		14	砌筑	砌筑时提前拆除临边防护	高处坠落	6	7	3	126	三级	一般风险	影响砌体施工的临边防护不得提前拆除，施工完成后临边防护及时恢复	安全管理人员日常巡视，对未办理拆除许可进行罚款并公示	对作业人员进行安全教育、交底	正确佩戴安全帽、安全带，穿戴工作服、防滑鞋	停止作业	总工程师/责任工程师

续表

编号	名称	序号	名称	标准	可能发生的事故类型及后果	L	E	C	D	评价级别	风险分级	工程技术措施	管理措施	培训教育措施	个体防护措施	应急处置措施	项目部责任人
126	高处作业	15	搭设操作平台	搭设临时飞跳板作业	高处坠落	3	7	6	126	三级	一般风险	严禁在暖气管、电路管、窗台上搭设临时飞跳板作业	安全管理人员日常巡查，发现此问题立即制止	对作业人员进行安全教育、交底	正确佩戴安全帽、安全带，穿戴工作服、防滑鞋	停止作业	总工程师/责任工程师
127		16	搭设操作平台	操作平台上有人时，其他人员移动平台	高处坠落	3	3	3	27	四级	低风险	操作平台移动时，操作平台上不得站人	安全管理人员日常巡查，发现此问题立即制止	对作业人员进行安全教育、交底	正确佩戴安全帽、安全带，穿戴工作服、防滑鞋	停止作业	总工程师/责任工程师
128		17	抹灰	使用单梯高空抹灰作业时不符合规范要求	高处坠落	3	3	3	27	四级	低风险	使用单梯时梯面应与水平面夹角呈75°，踏步不得缺失，梯格间距宜为300mm，不得垫高使用；同一梯子上不得两人同时作业	作业前检查单梯是否牢固	对作业人员进行安全教育、交底	正确佩戴安全帽、安全带，穿戴工作服、防滑鞋	停止作业	总工程师/责任工程师
129		18	抹灰	临边、临空、高处作业时未佩戴安全带	高处坠落	3	6	7	126	三级	一般风险	在距坠落高度基准面2m及以上的高处作业时，必须佩戴安全带，安全带应高挂低用	安全管理人员日常巡视，对未正确佩戴安全带的作业人员进行罚款并公示	对作业人员进行安全教育、交底	正确佩戴安全帽、安全带，穿戴工作服、防滑鞋	停止作业	总工程师/责任工程师
130		19	使用外脚手架施工	使用脚手架作业时有探头板和飞跳板	高处坠落	3	7	6	126	三级	一般风险	外墙保温用的脚手架搭设应符合安全规定，并经安全部门验收合格后方可使用	安全管理人员日常巡查	对作业人员进行安全教育、交底	正确佩戴安全帽、安全带，穿戴工作服、防滑鞋	停止作业	总工程师/责任工程师
131		20	使用吊篮施工	作业人员在空中攀缘窗户进出吊篮	高处坠落	6	7	6	252	二级	较大风险	所有人员必须在地面进出吊篮，严禁在空中攀缘窗户进出吊篮	安全管理人员日常巡查	对作业人员进行安全教育、交底	正确佩戴安全帽、安全带，穿戴工作服、防滑鞋	停止作业	总工程师/责任工程师

续表

编号	名称	序号	名称	标准	可能发生的事故类型及后果	L	E	C	D	评价级别	风险分级	工程技术措施	管理措施	培训教育措施	个体防护措施	应急处置措施	项目部责任人
132	高处作业	21	使用吊篮施工	施工时单台吊篮超员	高处坠落	3	7	6	126	三级	一般风险	单台吊篮内作业人员数量不得超过2人	施工前对作业人员进行安全技术交底	对作业人员进行安全教育、交底	正确佩戴安全帽、安全带，穿戴工作服、防滑鞋	停止作业	总工程师/责任工程师
133		22	使用吊篮施工	作业人员在吊篮上施工时两人共用一根安全绳	高处坠落	6	7	3	126	三级	一般风险	每个操作人员应配备独立的安绳，并将安全带正确挂在安全绳上	安全管理人员日常巡查	对作业人员进行安全教育、交底	正确佩戴安全帽、安全带，穿戴工作服、防滑鞋	停止作业	总工程师/责任工程师
134		23	使用吊篮施工	大风天气未停止作业	高处坠落	6	7	3	126	三级	一般风险	当风力大于五级时，禁止使用吊篮进行保温板安装作业	大风天气时安全管理人员进行巡查，发现吊篮仍在作业的立即制止	对作业人员进行安全教育、交底	正确佩戴安全帽、安全带，穿戴工作服、防滑鞋	停止作业	总工程师/责任工程师
135		24	内门窗安装	使用不符合要求的梯子进行安装作业	高处坠落	3	3	3	27	四级	低风险	梯子不得缺档，不得垫高使用，人字梯底脚要扎牢	安全管理人员日常巡视，对未正确佩戴安全带的作业人员进行罚款并公示	对作业人员进行安全教育、交底	正确佩戴安全帽、安全带，穿戴工作服、防滑鞋	停止作业	总工程师/责任工程师
136		25	外窗安装	室外高空安装作业时将安全带挂在窗撑上	高处坠落	3	7	6	126	三级	一般风险	在室外高空安装外窗，无外脚手架时，应系好安全带，其保险钩应挂在操作人员上方的可靠物件上	门窗安装前对工人进行技术交底	对作业人员进行安全教育、交底	正确佩戴安全帽、安全带，穿戴工作服、防滑鞋	停止作业	总工程师/责任工程师
137		26	支架制作与安装	高处作业操作平台不符合要求	高处坠落	3	3	3	27	四级	低风险	高处作业操作平台应符合现行标准《建筑施工高处作业安全技术规范》(JGJ 80)的要求	在设有架空电缆处工作，做好安全措施，并设专人监护；梯上有人禁止移动；不得两人同时在梯子上作业	对作业人员进行安全教育、交底	正确佩戴安全帽、安全带，穿戴工作服、防滑鞋	停止作业	总工程师/责任工程师

续表

编号	名称	序号	名称	标准	可能发生的事故类型及后果	L	E	C	D	评价级别	风险分级	工程技术措施	管理措施	培训教育措施	个体防护措施	应急处置措施	项目部责任人
138	高处作业	27	管内穿线（线槽、放线敷设）	电缆敷设时打开的沟槽、孔洞未及时盖好	高处坠落	3	3	3	28	四级	低风险	临时打开的沟槽、孔洞盖板应正确设置围栏；围栏四周应设置明显警示标识	项目部电气技术人员、安全员在高层电缆敷设期间进行巡检	对作业人员进行安全教育、交底	正确佩戴安全帽，穿戴工作服、防滑鞋	停止作业	总工程师/责任工程师
139		28	接闪器安装	坡屋面接闪器安装作业人员无可靠的安全防护措施	高处坠落	6	7	6	252	二级	较大风险	操作人员必须系安全带，且安全带必须可靠拉结	由安全员进行检查，发现作业人员不系安全带现象，立即制止，并进行处罚	对作业人员进行安全教育、交底	正确佩戴安全帽、安全带、防滑鞋	停止作业	总工程师/责任工程师
140	砌体工程	1	砌体堆放	砌体材料堆放过高	物体打击	3	1	1	3	四级	低风险	施工现场砌块应堆放整齐，堆放高度不得超过 2m	卸车时做好把控	加强教育	佩戴安全帽	转移材料堆放地点	材料主管
141		2	砌体堆放	砌体材料堆放在基坑边缘	坍塌、物体打击	3	7	6	126	三级	一般风险	堆放砌体材料应离开基坑边缘 1m 以上	基坑外边缘划线	加强教育	佩戴劳保防护用品	转移材料堆放地点	材料主管/责任工程师
142		3	搅拌机搅拌	加料前未进行试运转	机械伤害	3	1	3	9	四级	低风险	加料前应先进行试运转，待机械运转正常后再加料进行搅拌	明确操作规程	加强教育	佩戴劳保防护用品	设置急停开关	责任工程师
143		4	搅拌机搅拌	搅拌机运行时料斗下方站人	机械伤害	3	7	6	126	三级	一般风险	搅拌机运行时料斗下方严禁站人	设置警示标志，无关人员不得靠近	加强教育	佩戴劳保防护用品	责令立即远离搅拌机料斗	责任工程师
144		5	搅拌机检修	搅拌机料斗检修清理时，料斗未采取固定措施	机械伤害	3	1	1	3	四级	低风险	料斗检修或清理时，应将料斗提升后用铁链或插入销锁住	安排专人负责搅拌机料斗清理	加强教育	佩戴劳保防护用品	立即疏散，设置警戒区	总工程师/责任工程师

续表

编号	名称	序号	名称	标准	可能发生的事故类型及后果	L	E	C	D	评价级别	风险分级	工程技术措施	管理措施	培训教育措施	个体防护措施	应急处置措施	项目部责任人
145	砌体工程	6	装料	装料过满	物体打击	3	1	2	6	四级	低风险	装砌体、砂浆材料不得超出料斗或小车侧壁	严禁满罐	加强教育	佩戴劳保防护用品	立即疏散，设置警戒区	责任工程师
146		7	运输	使用违规料斗运输砌体材料	物体打击	3	7	6	126	三级	一般风险	使用塔式起重机吊运砌体材料时应使用密闭料斗	严禁私自加工料斗	加强教育	佩戴劳保防护用品	停止运输材料，更换料斗	总工程师/责任工程师
147		8	卸料	使用塔式起重机运输砌体材料时拆外网卸料	物体打击	3	7	6	126	三级	一般风险	使用塔式起重机吊运砌体材料时应搭设卸料平台	严禁拆网	加强教育	佩戴劳保防护用品	立即通知吊装，并设置警戒区	总工程师/责任工程师
148		9	搭设操作平台	砌体作业未搭设操作平台	高处坠落	3	7	6	126	三级	一般风险	砌筑高度超过 1.2m 时，应搭设操作平台	施工前对作业人员进行安全技术交底	加强教育	佩戴安全带	停止砌筑，搭设操作平台	总工程师/责任工程师
149		10	搭设操作平台	砌体作业使用的操作平台不合格	高处坠落	3	7	6	126	三级	一般风险	操作平台应平稳、牢固	使用操作平台前检查操作平台稳固性	加强教育	佩戴使用安全带	立即加固或更换操作平台	总工程师/责任工程师
150		11	砌筑	临边、临空、高处作业时未佩戴安全带	高处坠落	3	7	6	126	三级	一般风险	在距坠落高度基准面 2m 及以上的高处作业时，必须佩戴安全带，安全带应高挂低用	安全管理人员日常巡视，对未正确佩戴安全带的作业人员进行罚款并公示	加强教育	佩戴使用安全带	停止作业，设置警戒区	总工程师/责任工程师
151		12	砌筑	砌筑时提前拆除临边防护	高处坠落	6	7	3	126	三级	一般风险	影响砌体施工的临边防护不得提前拆除，施工完成后临边防护及时恢复	严禁私自拆除，提前申请	加强教育	佩戴使用安全带	对临边防护进行恢复	总工程师(生产经理)/责任工程师

续表

编号	名称	序号	名称	标准	可能发生的事故类型及后果	L	E	C	D	评价级别	风险分级	工程技术措施	管理措施	培训教育措施	个体防护措施	应急处置措施	项目部责任人
152	砌体工程	13	砌筑	构造柱预留插筋未采取有效防护	其他伤害	3	1	1	3	四级	低风险	设置可靠的操作平台	检查构造柱插筋是否有防护罩等安全防护措施	加强教育	佩戴劳保防护用品	立即送医清理包扎	总工程师/责任工程师
153		14	砌筑	砌筑时废旧材料高空抛撒	物体打击	1	3	1	3	四级	低风险	设置专用垃圾通道或垃圾装袋集中清运	项目部管理人员监督检查，对高空抛撒人员进行罚款并公示	加强教育	正确佩戴安全帽	停止交叉作业	生产经理(总工程师)/责任工程师
154		15	成品保护	遇大风天气时，外围迎风墙砌筑完成后未采取加固措施	坍塌、物体打击	6	7	3	126	三级	一般风险	在大风天气时，外围迎风墙宜加设适当临时支撑	项目部管理人员监督检查	加强教育	佩戴劳保防护用品	立即采取加固措施	生产经理(总工程师)/责任工程师
155	装配式工程	1	预制构件运输	工地场地狭小，重型载重汽车或拖车行驶未有足够空间	碰撞	3	1	1	3	四级	低风险	总平面布置要考虑行车、驳运线路，载重汽车的单行道宽度不得小于3.5m，拖车的单行道宽度不得小于4m，双行道宽度不得小于6m；载重汽车的转弯半径不得小于10m，全拖式拖车的转弯半径不宜小于20m	专人负责管理运输预制构件重型车辆不得超高，超宽，按规范要求行驶停放	做好车辆司机人员班前教育培训工作及入场交底工作	正确配戴安全帽，高处作业配备安全带	停止运输作业，确保行驶安全	生产经理(总工程师)/责任工程师
156		2	预制构件卸载	构件体积、重量较大，起重机械超荷载吊运	物体打击	6	7	6	252	二级	较大风险	塔式起重机力矩限位器应灵敏有效	设备管理人员进行检查，严格遵守“十不吊”	做好班前教育培训工作及入场交底工作	正确佩戴劳保用品	停止作业	总工程师(生产经理)/责任工程师

续表

编号	名称	序号	名称	标准	可能发生的事故类型及后果	L	E	C	D	评价级别	风险分级	工程技术措施	管理措施	培训教育措施	个体防护措施	应急处置措施	项目部责任人
157	装配式工程	3	预制构件卸载	卸载时构件下方或周围站人	物体打击	3	7	6	126	三级	一般风险	卸载时严禁站人	设置警示标志	对作业人员加强安全教育	正确佩戴劳保用品	责令立即远离	生产经理/责任工程师
158		4	预制构件堆放	堆场承载力不满足设计要求	倾覆	3	3	3	27	四级	低风险	设置预制构件专用堆场，堆场在地下室顶板上时，应据堆场荷载对结构设计配筋进行验算，以防止压裂楼板，或，直接加强地下室顶板设计配筋方式进行加固	管理人员严格进行过程把控	做好班前教育培训工作及入场交底工作	正确佩戴劳保用品	责令立即停止作业，重新选取堆场	生产经理/责任工程师
159		5	预制构件堆放	预制剪力墙、柱的临时支撑系统不到位	倾覆	3	6	7	126	三级	一般风险	吊装就位、吊钩脱钩前，需设置工具式钢管斜撑等形式的临时支撑以维持构件自身稳定，斜撑与地面的夹角宜呈 45°～60°，上支撑点宜设置在不低于构件高度的 2/3 位置处；为避免高大剪力墙等构件底部发生面外滑动，还可以在构件下部再增设一道短斜撑	管理人员及时监控，严格按照要求设置支架	做好班前教育培训工作及入场交底工作	正确佩戴劳保用品	责令立即停止限期整改	生产经理/责任工程师

续表

编号	名称	序号	名称	标准	可能发生的事故类型及后果	L	E	C	D	评价级别	风险分级	工程技术措施	管理措施	培训教育措施	个体防护措施	应急处置措施	项目部责任人
160	装配式工程	6	预制构件堆放	预制梁、楼板的临时支撑体系不到位	倾覆	3	6	7	126	三级	一般风险	预制梁、楼板的临时支撑体系：吊装就位、吊钩脱钩前，根据后期受力状态与临时架设稳定性考虑，设置模板支撑	管理人员及时监控，严格按照要求方案设置支架	做好班前教育培训工作及入场交底工作	正确佩戴劳保用品	责令立即停止限期整改	生产经理/责任工程师
161		7	预制构件堆放	构件堆放高度过高，摆放不规范导致管理难度加大	滑落、物体打击	3	3	3	27	四级	低风险	预制构件按照指定顺序进行归类堆放；墙板类构件一般采用立放，叠合板、楼梯、阳台板等构件一般采用平放；立放构件的堆放一般采用简易式堆架，水平构件叠放在枕木上，预制叠合楼板每叠不得超过 6 块，并根据叠合楼板自身强度进行堆码以防底部楼板负荷过大断裂	安排专人进行现场检查，确保严格按照方案施工	做好班前教育培训工作及入场交底工作	正确佩戴劳保用品	责令立即停止限期整改	生产经理/责任工程师
162		8	预制构件堆放	操作人员操作不规范	失稳、滑落、物体打击	3	3	3	27	四级	低风险	制订操作规范章程	设置专人管理，施工现场安排专人现场监护	做好班前教育培训工作及入场交底工作	正确佩戴劳保用品	责令立即停止限期整改	班组

续表

编号	名称	序号	名称	标准	可能发生的事故类型及后果	L	E	C	D	评价级别	风险分级	工程技术措施	管理措施	培训教育措施	个体防护措施	应急处置措施	项目部责任人
163	装配式工程	9	预制构件堆放	构件堆放区周围未设置防护设施及灭火器材	火灾、挤压伤害	3	3	3	27	四级	低风险	构件堆放区必须按规范要求配备灭火器材及防护设施；严禁工人非工作原因在存放区长时间逗留、休息，在预制外墙板之间的间隙中休息，防止墙板倾覆造成人体挤压伤害	对防护设施及灭火器材配备情况进行检查	做好班前教育培训工作及入场交底工作	正确佩戴劳保用品	未配备的及时配备，失效的及时更换	生产经理/责任工程师
164		10	预制构件临时固定拆除	预制构件未行程稳定体系即拆除固定设施进行吊装等	倾覆	3	7	6	126	三级	一般风险	严格依照安全专项施工方案实施	制订防护措施并现场巡视	做好班前教育培训及交底工作	正确佩戴劳保用品	责令立即停止限期整改更换	生产经理/责任工程师
165		11	预制构件起吊	吊点位置布设不合理，吊点不足导致构件在吊运线路上剧烈摆动	滑落、物体打击	3	15	6	270	二级	较大风险	制订专项吊装方案并满足《装配整体式混凝土结构施工及质量验收规范》(DGJ08-2117—2012)中包含部分通用性的安全规定，吊钩通常与构上预留的起吊点进行连接；吊点位置的布设必须经过严格的设计与验算，吊点的刚度和强度符合设计要求	进行论证严格按照方案进行施工，现场安排人员监督旁站	做好班前教育培训工作及入场交底工作	正确佩戴劳保用品	责令立即停止施工整改更换	作业人

续表

编号	名称	序号	名称	标准	可能发生的事故类型及后果	L	E	C	D	评价级别	风险分级	工程技术措施	管理措施	培训教育措施	个体防护措施	应急处置措施	项目部责任人
166	装配式工程	12	预制构件起吊	吊具性能要求不合格，吊运用钢丝绳起刺断股连接部位失效导致构件在吊运线路上空中脱钩	滑落、物体打击	6	7	3	126	三级	一般风险	钢丝绳应符合《起重机钢丝绳保养、维护、安装、检验和报废》(GB/T 5972)现行标准要求，吊具的安全性必须经过严格的设计与验算，符合起吊强度的要求	进行论证严格按照方案进行施工，现场安排人员监督旁站	做好班前教育培训工作及入场交底工作	正确佩戴劳保用品	未责令立即停止施工整改更换	生产经理/责任工程师
167		13	预制构件起吊	构件体积、重量较大，起重机械超荷载吊运	滑落、物体打击	6	7	6	252	二级	较大风险	塔式起重机力矩限位器应灵敏有效；将工程预制构件的型式、尺寸、所处楼层位置、重量、数量等分别汇总列表，作为所选择起重设备能力的核算依据	严格按照方案要求施工，安排专人现场进监督指导	做好班前教育培训工作及入场交底工作	正确佩戴劳保用品	未责令立即停止施工整改更换	生产经理/责任工程师
168		14	预制构件起吊	夜间吊运照明不足	高空坠物、物体打击	3	3	3	27	四级	低风险	夜间吊运设置足够的的照明灯具保证视野亮度	夜间吊装作业前对现场灯具进行检查	做好班前教育培训工作及入场交底工作	正确佩戴劳保用品	未责令立即停止施工整改更换	生产经理/责任工程师
169		15	预制构件起吊	恶劣天气进行预制构件吊装作业	高空坠物、物体打击	3	3	3	27	四级	低风险	六级及以上大风天气应停止吊装作业，其他恶劣天气时，不得从事露天起重作业遵守“十不吊”规则	由项目专职安全员进行现场监督检查旁站	做好班前教育培训工作及入场交底工作	正确佩戴劳保用品	责令立即停止施工整改更换	作业人员

续表

编号	名称	序号	名称	标准	可能发生的事故类型及后果	L	E	C	D	评价级别	风险分级	工程技术措施	管理措施	培训教育措施	个体防护措施	应急处置措施	项目部责任人
170	装配式工程	16	预制构件起吊	塔式起重机及作业人员配备未按规范要求即进场作业，塔式起重机性能不达标导致构件长时间滞留空中，操作人员操作失误导致构件滑落	高空坠物、碰撞	3	7	6	126	三级	一般风险	塔式起重机等起重设备的附着措施构件宜采用与塔式起重机型号一致的原厂设计加工的标准构件，精准安装，吊车司机、指挥人员持证上岗	设备及人员进场前严格审查资质，严把验收确保安全	做好班前教育培训工作及入场交底工作	正确佩戴劳保用品	责令立即更换具备相应资质的设备或人员	生产经理/责任工程师
171		17	预制构件起吊	构件离地 1m 以上时作业人员靠近	物体打击、人员伤害	6	7	3	126	三级	一般风险	吊装范围内进行临时性隔离，非作业人员不得入内	吊装作业前设置专人进行检查监督	做好班前教育培训工作及入场交底工作	正确佩戴劳保用品	责令立即停止施工	作业人员
172		18	预制构件安装	由于装配式建筑在施工作业的过程中不搭设脚手架，施工人员进行外挂板吊装时，安全绳索没有着力点无法系牢，增大了高空坠落的可能性	临边坠落	6	7	6	252	二级	较大风险	为工人发放安全带、安全绳，进行防高处坠落安全教育培训、监管；设置多处着力点，严格按照方案要求进行施工	临边作业时现场安排专人旁站监督安全带佩戴正确牢固	做好班前教育培训工作及入场交底工作	正确佩戴劳保用品，高处作业系挂安全带	责令立即停止施工进行整改	生产经理/责任工程师
173		19	预制构件安装	高处作业临边防护不到位不及时	高处坠落	6	7	6	252	二级	较大风险	使用钢管在临边洞口搭设护栏，并用安全网进行围挡，同时，使用颜色醒目的油漆进行涂刷，确保临边防护的强度和密度达到要求，设置警示标志	临边作业时现场安排专人旁站监督安全带佩戴正确牢固	做好班前教育培训工作及入场交底工作	正确佩戴劳保用品，高处作业系挂安全带	责令立即停止施工进行整改	生产经理/责任工程师

续表

编号	名称	序号	名称	标准	可能发生的事故类型及后果	L	E	C	D	评价级别	风险分级	工程技术措施	管理措施	培训教育措施	个体防护措施	应急处置措施	项目部责任人
174	装配式工程	20	预制构件安装	摘钩作业移动操作平台监护不及时	跌落，物体打击	3	7	6	126	三级	一般风险	预制构件吊装就位后，工人到构件顶部的摘钩作业，可使用移动式操作平台，当采用简易人字梯等工具进行登高摘钩作业时，应安排专人对梯子进行监护	临边作业时现场安排专人旁站监督安全带佩戴正确牢固	做好班前教育培训工作及入场交底工作	正确佩戴劳保用品，高处作业系挂安全带	责令立即停止施工进行整改	生产经理/责任工程师
175		21	设备电气调试带负荷送电	电气调试带负荷送电	火灾、触电	3	7	6	126	三级	一般风险	按照规范严格施工	项目部安全管理人员、电气调试人员在调试前注意检查用电设备、用电器具、分配电箱、开关箱等	做好班前教育培训工作及入场交底工作	正确佩戴劳保用品	切断电源，立即停止调试作业	生产经理/责任工程师
176		22	清理现场	下班前未清理现场，残存易燃、易爆物	火灾	3	3	3	27	四级	低风险	防腐作业场所应保持整洁；作业结束后，应将残存的可燃、易爆、有毒物及其他清除干净	检查现场是否有残存易燃、易爆物	做好班前教育培训工作及入场交底工作	正确佩戴劳保用品	责令整改	班组
177	装饰装修工程	1	搭设操作平台	搭设临时飞跳板作业	高处坠落	3	7	6	126	三级	一般风险	严禁在暖气管、电路管、窗台上搭设临时飞跳板作业	安全管理人员日常巡查，发现此问题立即制止	加强教育培训	佩戴使用安全带	立即停止作业，设置警戒区	生产经理/责任工程师
178		2	搭设操作平台	操作平台上有人时，其他人员移动平台	高处坠落	3	3	3	27	四级	低风险	操作平台移动时，操作平台上不得站人	安全管理人员日常巡查，发现此问题立即制止	加强教育培训	佩戴使用安全带	立即停止作业，设置警戒区	作业人员

续表

编号	名称	序号	名称	标准	可能发生的事故类型及后果	L	E	C	D	评价级别	风险分级	工程技术措施	管理措施	培训教育措施	个体防护措施	应急处置措施	项目部责任人
179	装饰装修工程	3	抹灰	使用单梯高空抹灰作业时不符合规范要求	高处坠落	3	3	3	27	四级	低风险	使用单梯时梯面应与水平面的夹角呈75°，踏步不得缺失，梯格间距宜300mm，不得垫高使用；同一梯子上不得两人同时作业	作业前检查单梯是否牢固	加强教育培训	佩戴使用安全带	立即停止作业，设置警戒区	班组
180	装饰装修工程	4	抹灰	临边、临空、高处作业时未佩戴安全带	高处坠落	3	6	7	126	三级	一般风险	在距坠落高度基准面2m及以上的高处作业时，必须佩戴安全带，安全带应高挂低用	安全管理人员日常巡视，对未正确佩戴安全带的作业人员进行罚款并公示	加强教育培训	佩戴使用安全带	立即停止作业，设置警戒区	生产经理/责任工程师
181	装饰装修工程	5	抹灰	抹灰时废旧材料高空抛撒	物体打击	3	3	3	27	四级	低风险	设置专用垃圾通道或垃圾装袋集中清运	项目部管理人员监督检查，对高空抛撒人员进行罚款并公示	加强教育培训	正确佩戴安全帽	立即停止作业，设置警戒区	生产经理/责任工程师
182	装饰装修工程	6	使用外脚手架施工	使用脚手架作业时有探头板和飞跳板	高处坠落	3	7	6	126	三级	一般风险	外墙保温用的脚手架搭设应符合安全规定，并经安全部门验收合格后方可使用	安全管理人员日常巡查	加强教育培训	正确佩戴安全帽	立即停止作业，设置警戒区	生产经理/责任工程师
183	装饰装修工程	7	使用外脚手架施工	保温板安装时施工人员吸烟	火灾	3	3	3	27	四级	低风险	保温材料堆放场地及每台吊篮内应配备灭火器	安全管理人员日常巡查，发现工人操作时吸烟立即制止并进行罚款	加强教育培训	—	立即灭火	生产经理/责任工程师

续表

编号	名称	序号	名称	标准	可能发生的事故类型及后果	L	E	C	D	评价级别	风险分级	工程技术措施	管理措施	培训教育措施	个体防护措施	应急处置措施	项目部责任人
184	装饰装修工程	8	使用吊篮施工	作业人员在空中攀缘窗户进出吊篮	高处坠落	6	7	6	252	二级	较大风险	所有人员必须在地面进出吊篮，严禁在空中攀缘窗户进出吊篮	安全管理人员日常巡查	加强教育培训	佩戴使用安全带	设置警戒区，吊篮落地	生产经理/责任工程师
185		9	使用吊篮施工	施工时单台吊篮超员	高处坠落	3	7	6	126	三级	一般风险	单台吊篮内作业人员数量不得超过2人	施工前对作业人员进行安全技术交底	加强教育培训	佩戴使用安全带	吊篮落地，疏散人员	生产经理/责任工程师
186		10	使用吊篮施工	作业人员在吊篮上施工时两人共用一根安全绳	高处坠落	6	7	3	126	三级	一般风险	每个操作人员应配备独立的安全绳，并将安全带正确挂在安全绳上	安全管理人员日常巡查	加强教育培训		停止作业，吊篮落地	生产经理/责任工程师
187		11	使用吊篮施工	大风天气未停止作业	高处坠落	6	7	3	126	三级	一般风险	当风力大于五级时，禁止使用吊篮进行保温板安装作业	大风天气时安全管理人员进行巡查，发现吊篮仍在作业的立即制止	加强教育培训	佩戴使用安全带	停止作业，吊篮停靠地面平稳	生产经理/责任工程师
188		12	内门窗安装	使用不符合要求的梯子进行安装作业	高处坠落	3	3	3	27	四级	低风险	梯子不得缺档，不得垫高使用，人字梯底脚要扎牢	安全管理人员日常巡视，对未正确佩戴安全带的作业人员进行罚款并公示	加强教育培训	佩戴使用安全带	停止作业	生产经理/责任工程师
189		13	外窗安装	室外高空安装作业时将安全带挂在窗撑上	高处坠落	3	7	6	126	三级	一般风险	在室外高空安装外窗，无外脚手架时，应系好安全带，其保险钩应挂在操作人员上方的可靠物件上	门窗安装前对工人进行技术交底	加强教育培训	佩戴使用安全带	停止作业	生产经理/责任工程师
190		14	外窗安装	在砖砌体上安装外门窗用射钉固定	物体打击	3	2	1	6	四级	低风险	—	加强检查	加强教育培训	佩戴使用劳保防护用品	停止此类作业，重新整体排查整改	生产经理/责任工程师

续表

编号	名称	序号	名称	标准	可能发生的事故类型及后果	L	E	C	D	评价级别	风险分级	工程技术措施	管理措施	培训教育措施	个体防护措施	应急处置措施	项目部责任人
191	装饰装修工程	15	外窗安装	在高处安装玻璃时，上下交叉作业	物体打击	3	7	6	126	三级	一般风险	高处安装玻璃时下方设置警戒线，禁止通行	签署交叉作业安全协议	加强教育培训	佩戴使用劳保防护用品	停止作业	生产经理/责任工程师
192		16	外窗安装	大风天气未停止作业	物体打击	3	7	6	126	三级	一般风险	当风力大于五级，难以控制玻璃时，不得进行玻璃搬运及安装	遇大风天气时，安全管理人员进行巡查，发现未停止作业的立即制止	加强教育培训	佩戴使用劳保防护用品	停止作业	生产经理/责任工程师
193	脚手架	1	材料进场前验收	进场材料钢管直径、壁厚不满足规范要求	坍塌、钢管弯曲、扣件断裂	1	0.5	40	20	四级	低风险	钢管应满足直径48.3mm，误差±0.5mm，壁厚直径3.6mm，误差±0.36mm，扣件在螺栓拧紧扭力矩达到65N·m时，不得发生破坏	实施材料进场登记，确保每根钢管扣件都满足规范要求	做好班前教育培训工作及入场交底工作	—	如有不合格材料，立即退场	材料主管
194		2	材料检测	进场材料钢管、扣件、水平网、密目式安全立网，存有不符合规范要求	坍塌、钢管弯曲、扣件断裂	1	0.5	40	20	四级	低风险	依据《低压流体输送用焊接钢管》(GB/T 3091—2015)、《钢管脚手架扣件》(GB 15831—2006)、《安全网》(GB 5725—2009)	核对检测报告内容如脚手架钢管、扣件、密目式安全立网、水平网等	做好班前教育培训工作及入场交底工作	—	如有不合格材料，立即退场	材料主管
195		3	特种作业人员持证上岗	搭拆脚手架作业人员未持证上岗人的不安全行为、管理的缺陷	高处坠落、物体打击	3	6	40	720	一级	重大风险	脚手架搭设人员必须经培训考核合格后，取得特殊工种证件	实行实名制进场登记，查验证件真伪及有效期，确保架子工持有效证件进场作业，确保现场安全生产	作业人员接受安全教育培训、每日早班会、月度安全教育、季度安全教育	—	人证不合一人员，禁止进入现场作业	生产经理/责任工程师

续表

编号	名称	序号	名称	标准	可能发生的事故类型及后果	L	E	C	D	评价级别	风险分级	工程技术措施	管理措施	培训教育措施	个体防护措施	应急处置措施	项目部责任人
196	脚手架	4	人员教育、交底(安全教育、安全技术交底、技术交底)	新进场特种作业人员未进行安全教育、安全技术交底、技术交底	人的不安全行为、搭设不符合施工方案要求	3	0.5	40	60	四级	低风险	脚手架搭设前项目技术负责人应向作业人员进行书面交底、项目安全总监或安全工程师对其进行安全教育培训方可上岗	制订管理制度，未接受交底、教育的人员禁止进场作业	作业人员接受安全教育培训、每日早班会、月度安全教育、季度安全教育	—	未教育、交底人员禁止进入现场作业	生产经理/责任工程师
197		5	劳动防护用品的使用	架子工没有配备安全帽、安全带、防滑鞋、工具袋	物体打击、高处坠落	3	0.5	40	60	四级	低风险	项目部或专业分包单位统一配备劳动防护用品	制订管理制度，未正确穿戴劳动防护用品的人员禁止进场作业	作业人员接受安全教育培训、每日早班会、月度安全教育、季度安全教育	—	不合格防护用品禁止使用	生产经理/责任工程师
198		6	作业环境	恶劣天气搭拆外脚手架	高处坠落	3	0.5	40	60	四级	低风险	雷雨天气、六级及以上强风天气应停止架上作业；雨、雪、雾天气应停止脚手架的搭设和拆除作业；雨、雪、霜后上架作业应采取有效的防滑措施，并应清除积雪	遇恶劣天气应停止脚手架搭拆作业	作业前对工人进行脚手架安全教育培训	正确佩戴安全防护用品	恶劣天气停止作业，发生事故时启动应急救援预案	生产经理/责任工程师

续表

编号	名称	序号	名称	标准	可能发生的事故类型及后果	L	E	C	D	评价级别	风险分级	工程技术措施	管理措施	培训教育措施	个体防护措施	应急处置措施	项目部责任人
199	脚手架	7	脚手架地基与基础	地基土松动，基础不牢固，导致架体基础失稳	坍塌	3	6	40	720	一级	重大风险	脚手架地基与基础的施工，应根据脚手架所受荷载、搭设高度、搭设场地土质情况与现行国家标准《建筑地基基础工程质量验收规范》(GB 50202)的有关规定进行，压实填土地基应符合现行国家标准《建筑地基基础设计规范》(GB 50007)的相关规定，立杆垫板或底座面标高高于自然地坪 50～100mm	脚手架基础验收合格后，应按施工组织设计或专项方案的要求放线定位	作业人员接受安全教育培训、每日早班会、月度安全教育、季度安全教育	正确佩戴安全防护用品	启动现场处置方案	生产经理/责任工程师
200		8	脚手架搭设	接头出现在同步同跨处、脚手板对接不严、未张挂平网、剪刀撑未由底至顶连续设置、竖向密目网封闭不严等	物体打击、架体倾覆、架体坍塌	3	6	40	720	一级	重大风险	严格按照脚手架施工方案进行搭设，超过一定规模危险性较大的分部分项工程需要专家论证	搭设前负责人、责任工程师应对特种作业人员进行安全技术交底、技术交底，搭脚手架设完毕应进行验收检查	作业人员接受安全教育培训、每日早班会、月度安全教育、季度安全教育	正确佩戴安全防护用品	发生事故时启动应急救援预案	生产经理/责任工程师

续表

编号	名称	序号	名称	标准	可能发生的事故类型及后果	L	E	C	D	评价级别	风险分级	工程技术措施	管理措施	培训教育措施	个体防护措施	应急处置措施	项目部责任人
201	脚手架	9	脚手板铺设	脚手板材质不符合规范要求，作业层未满铺脚手板，脚手板搭接长度不足，搭接处未设置小横杆	高处坠落	3	6	1	18	四级	低风险	严格按照脚手架施工方案进行搭设	进场前验收合格方可投入使用，搭设前负责人、责任工程师应对特种作业人员进行安全技术交底、技术交底	作业人员接受安全教育培训、每日早班会、月度安全教育、季度安全教育	正确佩戴安全防护用品	发生事故时启动应急救援预案	生产经理/责任工程师
202		10	剪刀撑与横向斜撑	搭设双排脚手架未设置剪刀撑与横向斜撑、单排脚手架应搭设剪刀撑	架体倾覆	3	6	40	720	一级	较大风险	剪刀撑宽度不应小于4跨，且不小于6m，斜杆与地面倾角应在45°～60°之间；横向斜撑应在同一节间，由底至顶呈之字型连续布置，高度在24m以上的封闭型脚手架，除拐角应设置横向斜撑外，中间应每隔6跨距设置一道	搭脚手架设完毕应进行验收检查，工人进行安全技术交底、技术交底	作业人员接受安全教育培训、每日早班会、月度安全教育、季度安全教育	正确佩戴安全防护用品	启动现场处置方案	生产经理/责任工程师
203		11	脚手架搭设抛撑	脚手架开始搭设立杆时未设置抛撑	坍塌、倾覆	3	6	7	126	三级	一般风险	开始搭设立杆时应每隔6跨设置一根抛撑，直至连墙件安装稳定后，方可根据情况拆除	作业前进行安全技术交底；安排专人监督检查	作业人员接受安全教育培训	正确佩戴安全防护用品	启动现场处置方案	生产经理/责任工程师
204		12	架体堆载	架体存在模板、钢管、扣件、螺丝、竹杆件、竹片、工具等物体坠落隐患	物体打击、倾覆	3	6	1	18	四级	低风险	—	检查脚手架上是否存在易坠落物品	作业人员接受安全教育培训	正确佩戴安全防护用品	发生事故时启动应急救援预案	生产经理/责任工程师

续表

编号	名称	序号	名称	标准	可能发生的事故类型及后果	L	E	C	D	评价级别	风险分级	工程技术措施	管理措施	培训教育措施	个体防护措施	应急处置措施	项目部责任人
205	脚手架	13	悬挑脚手架U型钢预埋	U型预埋件是否采用方案要求的型钢，是否采增加压脚铁预埋	高处坠落、物体打击	3	6	40	720	一级	重大风险	严格按方案实施，增加2根 $\phi10\times1.5m$ 的压脚铁	检查隐蔽工程的验收，确保准确无误，工人进行安全技术交底、技术交底	作业人员接受安全教育培训	正确佩戴安全防护用品	发生事故时启动应急救援预案	总工程师/责任工程师
206		14	悬挑脚手架工字钢	工字钢的锚固端与悬挑端是否满足方案要求	高处坠落、物体打击	3	6	40	720	一级	重大风险	严格按方案实施，锚固端因大于悬挑端的1.25倍	检查工字钢锚固端与悬挑端长度，工人进行安全技术交底、技术交底	作业人员接受安全教育培训	正确佩戴安全防护用品	发生事故时启动应急救援预案	总工程师/责任工程师
207		15	悬挑脚手架卸荷钢丝绳	未按施工方案进行安装	坍塌	3	6	40	720	一级	重大风险	每根工字钢均采用钢丝绳进行一次卸载，工字钢采用连续布置的钢丝绳进行卸荷、卸载，钢丝绳顶部通过预埋钢筋拉环与结构相连接；卡环在钢丝绳上、下端均布置4个，限制钢丝绳的滑移最末端应设置缓冲弯，钢丝绳夹压板应在钢丝绳受力一侧，绳夹间距A不小于100mm	验收应按专项施工方案进行检查，工人进行安全技术交底、技术交底	作业人员接受安全教育培训	正确佩戴安全防护用品	启动现场处置方案	总工程师/责任工程师

续表

编号	名称	序号	名称	标准	可能发生的事故类型及后果	L	E	C	D	评价级别	风险分级	工程技术措施	管理措施	培训教育措施	个体防护措施	应急处置措施	项目部责任人
208	脚手架	16	悬挑脚手架工字钢锚环设置	未按施工方案进行锚固，钢筋型号不符合要求	坍塌	3	6	40	720	一级	重大风险	工字钢的锚环采用 $\phi 18$ 的圆钢制作，预埋钢筋锚环的位置应按施工方案要求设置	验收应按专项施工方案进行检查，工人进行安全技术交底、技术交底	作业人员接受安全教育培训	正确佩戴安全防护用品	启动现场处置方案	总工程师/责任工程师
209		17	悬挑脚手架底部防护	悬挑脚手架底部水平、竖向洞口是否采用硬质防护严密	高处坠落、物体打击	3	6	7	126	三级	一般风险	采用硬质防护固定牢固、严密	定期排查防护措施	作业人员接受安全教育培训	正确佩戴安全防护用品	发生事故时启动应急救援预案	生产经理/责任工程师
210		18	搭设进度	脚手架与工程施工进度不同步	坍塌、高处坠落、物体打击	3	6	7	126	三级	一般风险	落地作业脚手架、悬挑脚手架的搭设应与工程施工同步，一次搭设高度不应超过最上层连墙件两步，且自由高度不应大于4m	作业前进行安全技术交底；检查脚手架搭设进度与施工是否同步	作业人员接受安全教育培训	正确佩戴安全防护用品	发生事故时启动应急救援预案	生产经理/责任工程师
211		19	脚手架靠墙网的搭设	搭设脚手架时，未设置靠墙网防护	高处坠落	3	6	15	270	二级	较大风险	按方案进行设置靠墙网	按照方案及规范标准进行验收	作业人员接受安全教育培训、每日早班会、月度安全教育、季度安全教育	正确佩戴安全防护用品	发生事故时启动应急救援预案	生产经理/责任工程师
212		20	脚手架连墙件	搭设脚手架时，缺少连墙件或未设置连墙件	坍塌、架体倾覆	6	6	40	1440	一级	重大风险	连墙件按“两步三跨”进行设置，必须采用刚性连墙件	按照方案及规范标准进行验收	作业人员接受安全教育培训、每日早班会、月度安全教育、季度安全教育	正确佩戴安全防护用品	加密设置，发生事故时启动应急救援预案	生产经理/责任工程师

续表

编号	名称	序号	名称	标准	可能发生的事故类型及后果	L	E	C	D	评价级别	风险分级	工程技术措施	管理措施	培训教育措施	个体防护措施	应急处置措施	项目部责任人
213	脚手架	21	脚手架分段搭设完毕验收	架体分段搭设、分段使用未进行分段验收	坍塌	3	6	7	126	三级	一般风险	架体分段搭设完毕后，进行分段验收	按照方案及规范标准进行验收	作业人员接受安全教育培训	正确佩戴安全防护用品	停止施工	生产经理/责任工程师
214		22	脚手架搭设完毕验收	架体搭设完毕未办理验收手续	坍塌	3	6	7	126	三级	一般风险	编制验收方案；验收完毕，验收组人员签字确认	验收完毕未办理签字手续的不得使用	作业人员接受安全教育培训	正确佩戴安全防护用品	停止施工	生产经理/责任工程师
215		23	脚手架架体验收	遇有六级及以上强风或大雨后、冻结地区解冻后、停用超过规范规定后未进行验收	坍塌	3	6	7	126	三级	较大风险	遇有六级及以上强风或大雨后、冻结地区解冻后、停用超过一个月后应先进行验收再使用	按照方案及规范标准进行验收	作业人员接受安全教育培训	正确佩戴安全防护用品	停止施工	生产经理/责任工程师
216		24	警戒区隔离设置	拆除时下方未设置隔离区，无专人监护	物体打击	3	3	7	63	四级	低风险	根据拆除范围设置隔离区	安排专人负责设置隔离区；脚手架拆除期间安全管理人员现场进行监督	作业前对工人进行安全教育	正确佩戴安全防护用品	专人监护，发生事故时启动应急救援预案	安全总监/安全工程师/生产经理/责任工程师
217		25	拆除物料	拆除时无防止人员或物料坠落的措施	高处坠落、物体打击	3	3	7	63	四级	低风险	根据安全技术交底进行作业	脚手架拆除设置警戒区，设专人看护拆除脚手架前先清除架体上的物料；拆除期间禁止工人向下抛掷物料，应集中吊运；拆除过程进行检查，严格按方案与交底作业	对工人进行安全教育，事故案例教育	正确佩戴安全防护用品	专人监护；发生事故时启动应急救援预案	生产经理/责任工程师

续表

编号	名称	序号	名称	标准	可能发生的事故类型及后果	L	E	C	D	评价级别	风险分级	工程技术措施	管理措施	培训教育措施	个体防护措施	应急处置措施	项目部责任人
218	脚手架	26	脚手架拆除顺序	拆除顺序不符合要求	物体打击	3	3	7	63	四级	低风险	架体的拆除应从上而下逐层进行，严禁上下同时作业；同层杆件和构配件必须按先外后内的顺序拆除；剪刀撑、斜撑杆等加固杆件必须在拆卸至该部位杆件时再拆除	制定拆除措施；专人负责监督指挥；发现拆除顺序与方案不符，立即制止，停止作业	作业前对工人进行拆除作业安全教育及观看事故案例视频	正确佩戴安全防护用品	专人监护，发生事故时启动应急救援预案	生产经理/责任工程师
219		27	连墙件拆除顺序	作业脚手架连墙件拆除不符合要求	物体打击、架体倾覆	3	3	7	63	四级	低风险	作业脚手架连墙件必须随架体逐层拆除，严禁先将连墙件整层或数层拆除后再拆架体；拆除作业过程中，当架体的自由端高度超过2步时，必须加设临时拉结	制订拆除措施；专人负责监督指挥；发现拆除顺序与方案不符，立即制止，停止作业	作业前对工人进行拆除作业安全教育及观看事故案例视频	正确佩戴安全防护用品	专人监护，发生事故时启动应急救援预案	生产经理/责任工程师
220		28	悬挑工字钢拆除	安全措施不到位情况下进行悬挑工字钢拆除作业	高处坠落、物体打击	3	3	7	63	二级	低风险	根据方案拆除步骤进行操作	设置警戒区；安排专人现场监督检查	对工人进行安全教育，事故案例教育	正确佩戴安全防护用品	专人监护、指挥作业，发生事故时启动应急救援预案	生产经理/责任工程师
221		29	附着式升降脚手架安装	未按方案进行安装	倾覆、高处坠落、物体打击	6	6	40	1440	一级	重大风险	按照方案进行安装	设置警戒区；安排专人现场监督检查	对工人进行安全教育，事故案例教育	正确佩戴安全防护用品	专人监护、指挥作业，发生事故时启动应急救援预案	安全总监/安全工程师/生产经理/责任工程师

续表

编号	名称	序号	名称	标准	可能发生的事故类型及后果	L	E	C	D	评价级别	风险分级	工程技术措施	管理措施	培训教育措施	个体防护措施	应急处置措施	项目部责任人
222	脚手架	30	附着式升降脚手架提升	未按方案进行提升	倾覆、高处坠落、物体打击	3	6	15	270	二级	较大风险	按照方案进行提升	设置警戒区；安排专人现场监督检查	对工人进行安全教育，事故案例教育	正确佩戴安全防护用品	专人监护、指挥作业，发生事故时启动应急救援预案	安全总监/安全工程师/生产经理/责任工程师
223		31	附着式升降脚手架拆除	未按方案进行拆除	倾覆、高处坠落、物体打击	6	6	40	1440	一级	重大风险	按照方案进行拆除	设置警戒区；安排专人现场监督检查	对工人进行安全教育，事故案例教育	正确佩戴安全防护用品	专人监护、指挥作业，发生事故时启动应急救援预案	安全总监/安全工程师/生产经理/责任工程师
224	临电	1	线路检查绝缘测试临电调试	电源线线径不一；设备用线芯股不符合要求；设备未进行绝缘电阻测试便送电调试；临时用电接地电阻测试；临时用电漏电保护器运行检测；电工巡检	触电	3	7	6	126	三级	一般风险	低压电气设备：用500～1000V的兆欧表检测绝缘，线路测试时导线间，导线对地的绝缘电阻应大于0.5MΩ；电动机绝缘测试值应大于等于1MΩ；大型电气设备、开关、动力、照明配电箱等绝缘测试值应大于0.5MΩ电缆线线径及芯股检查，零线及地线连接情况	各家配备专业电工，定期进行临电检查	对作业人员进行现场临电培训	正确佩戴绝缘劳保用品	责令停工限期整改	安装副经理
225		2	配电线路	外电线路的安全距离和防护措施符合规范要求，配电线路规格、型号符合施组及规范要求，配电线路敷设、安装符合规范要求	触电、火灾	3	7	6	126	三级	一般风险	根据临电施组进行施工	各家配备专业电工，定期进行临电检查	对作业人员进行现场临电培训	正确佩戴绝缘劳保用品	责令停工限期整改/制定综合应急预案	安装副经理/机电工程师

续表

编号	名称	序号	名称	标准	可能发生的事故类型及后果	L	E	C	D	评价级别	风险分级	工程技术措施	管理措施	培训教育措施	个体防护措施	应急处置措施	项目部责任人
226	临电	3	接地与接零保护系统	配电系统采用TN-S接零保护系统PE线规格、型号、连接符合规范要求；接地与防雷装置安装及接地电阻值符合规范要求	触电	3	7	6	126	三级	一般风险	根据临电施组进行施工	安装人员进行安全技术交底	对作业人员进行现场临电培训	正确佩戴绝缘劳保用品	责令停工限期整改	安装副经理/机电工程师
227		4	配电箱与开关箱	配电系统采用三级配电、逐级漏电保护系统，配电箱、开关箱箱内配置、安装及使用符合规范要求；配电箱（柜）、开关箱防护措施符合标准要求；配电室设置及管理符合规范要求，开关箱符合“一机、一闸、一漏、一箱”	触电	3	7	6	126	三级	一般风险	根据临电施组进行施工	各家配备专业电工，定期进行临电检查	对作业人员进行现场临电培训	正确佩戴绝缘劳保用品	责令停工限期整改	安装副经理/机电工程师
228		5	用电设备与照明装置	用电设备电源线敷设及连接符合规范要求；手持电动工具使用管理符合规范要求；电焊机的安装、使用和专用开关箱符合规范要求；照明电源电压和照明灯具安装、使用符合规范要求；照明低压变压器安装、使用及专用箱符合规范要求	触电	3	7	6	126	三级	一般风险	根据临电施组进行施工	各家配备专业电工，定期进行临电检查	对作业人员进行现场临电培训	正确佩戴绝缘劳保用品	停止施工	安装副经理/机电工程师

续表

编号	名称	序号	名称	标准	可能发生的事故类型及后果	L	E	C	D	评价级别	风险分级	工程技术措施	管理措施	培训教育措施	个体防护措施	应急处置措施	项目部责任人
229	临电	6	资料	临时用电施工组织设计编制、变更及审批手续，临时用电管理协议、安全技术交底、验收、调试、检测等资料	—	3	3	7	63	四级	低风险	—	—	—	—	—	安装副经理
编制				项目安全总监	审核					项目总工程师			审批		项目经理		
时间					时间								时间				

第7章　办公区、生活区管理

7.1　生活区、办公区用电

7.1.1　宿舍照明用电

1. 公共区域照明设置

（1）生活区在每栋板房设置大型LED照明灯组，根据生活区范围设置灯具，分不同方向照明，确保场地内的夜间生活光源。

（2）在楼梯口、食堂、配电室等重要场所，设置照明灯具，使用安全电压，采用混合照明方式，即普通照明和应急照明相结合的方式供电，应急电源采用双耳猫头灯。

2. 照明灯具的选型及安装高度

（1）室内安装有节能照明灯具，室外及潮湿区域灯具采用防水型。灯具金属外壳和金属支架作接零保护。灯具离地高度室外大于3m，室内不得低于2.5m，不足时，加装接地线。

（2）生活区内照明电压一律采用36V安全电压。

（3）照明系统与动力供电系统合用，动力和照明系统用电分别设置开关控制，并装有漏电保护器。电源由按用电要求设置的三级配电箱引来。

7.1.2　生活区充电设置

1. 为满足生活区工人手机充电方便，可单独建立手机充电处或在房间内设置低压转换充电器。

2. 宿舍内采用低压5V的USB充电接口，充电接口应使用具有3C认证，且配备质量合格的面板。

7.1.3　办公区、生活区配电箱设置

1. 配电箱内设置总隔离开关和分路隔离开关，以及总熔断器和分路熔断器。

2. 一级配电箱使用3m×4m的标准化成品防护，并设置防鼠挡板；配电箱设置防雨及防砸措施。配电箱四周通道的宽度要求：正面不小于1.5m，后面不小于1.5m，侧面不小于1m，上部不小于1m。配电箱应该做好标识与警示，明确管理责任人。

3. 生活区、办公区按《施工现场临时用电安全技术规范》（JGJ 46—2005）的有关规定执行，生活区、办公区配电采用架空或埋地敷设方式。生活区、办公区电气设备不带电的外露导电部分，要作保护接零。

4. 保护零线，重复接地点设置在明显位置，连接线采用绝缘多股铜芯线。重复接地采用人工接地体。人工接地体采用镀锌角钢或扁钢，并用BVR-10mm^{2}铜芯线接至配电箱接地螺栓，接地极有外露明装的连接显示。

5. 办公区、生活区应采取强电限流模式进行供电，每1～4间宿舍共用一套智能限电器，单个插座限定功率为100W（可设置）。自动复位时间60s（可设置），智能限电器正常工作时能实时检测，当判断出阻性负载功率（如电热器、电炉、热得快等）超过100W时，自动切断电源。延迟60s后自动恢复供电，并继续检测。若判断出阻性负载不超过100W时，则保持正常供电，保证电脑、电视、手机充电等电器设备正常用电。

6. 设置时钟控制器，定时供电、断电。

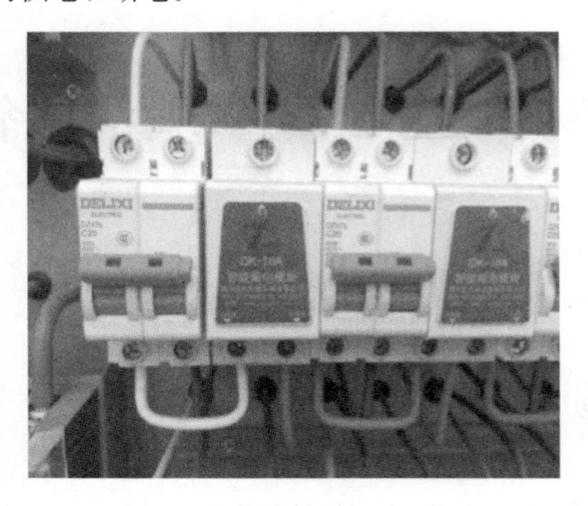

智能限电器

7.2 生活区、办公区设置

7.2.1 临时用房防火要求

根据现行标准《建设工程施工现场消防安全技术规范》（GB 50720）规定，生活区临建用房的建筑层数不应超过3层，每栋单层建筑面积不应大于300m²，会议室、文化娱乐室等人员密集的房间应设置在第一层。

生活区用房的建筑构件的燃烧性能等级为A级。施工现场主要临时用房、临时设施防火间距以及临时室外消防水量见下表。

施工现场主要临时用房、临时设施防火间距 单位：m

名称间距	办公用房、宿舍	发电机房、变配电房	可燃材料库房	厨房操作间、锅炉房	可燃材料堆场及加工场	固定动火作业场	易燃、易爆物品库房
办公用房、宿舍	4	4	5	5	7	7	10
发电机房、变配电房	4	4	5	5	7	7	10
可燃材料库房	5	5	5	5	7	7	10
厨房操作间、锅炉房	5	5	5	5	7	7	10
可燃材料堆场及加工场	7	7	7	7	7	10	10
固定动火作业场	7	7	7	7	10	10	12
易燃、易爆物品库房	10	10	10	10	10	12	12

注：1. 临时用房、临时设施的防火间距应按临时用房外墙外边线或堆场、作业场、作业棚边线间的最小距离计算，如临时用房外墙有凸出可燃构件时，应从其凸出可燃构件的外缘算起。
2. 两栋临时用房相邻较高一面的外墙为防火墙时，防火间距不限。
3. 本表未规定的，可按同等火灾危险性的临时用房、临时设施的防火间距确定。

临时室外消防水量

临时用房的建筑面积（m²）	火灾延续时间（h）	消火栓用水量（L/s）	每只水枪最小流量（L/s）
1000＜面积＜5000	1	10	5
面积＞5000		15	5

7.2.2　环境卫生要求

7.2.2.1　办公区卫生要求

办公设施必须符合施工组织设计要求并建立健全各项卫生管理制度，有专（兼）职人员负责管理。办公设施布置，应当符合规范性结构的要求，环境应保持整洁，无垃圾和污水。办公室内做到干净整洁，门窗完好，墙壁无灰尘，各种办公用具整齐干净，四壁、顶棚、灯具无尘土、蛛网，地面干净、无痰迹和烟头纸屑，无杂物堆积、无蚊蝇、无鼠迹。办公室内不能存放与办公无关的物品。每天上班前要对办公室进行清洁卫生，门窗玻璃、灯具每周清洁一次，做到光亮整洁。办公区域内各种标牌应保持完整、清晰、整洁。办公区域内要做到无人畜粪便、无垃圾杂物、无砖头瓦砾、无纸屑、菜皮、无坑洼污水，无杂草丛生。办公室内卫生一天至少打扫一次，办公室外卫生每周至少清洁一次。

7.2.2.2　生活区卫生管理

员工宿舍门窗齐全、牢固、无耗损，室内无乱接电线，无禁用电器。室内卫生要做到床单、被褥干净，室内物品、培壁无乱贴乱画，顶棚无蛛网，灯具和悬挂物品无灰尘，玻璃明亮、地面干净、无痰迹和废纸屑等杂物，室内通风良好，无异味、无蚊蝇、无鼠迹。人人做到不随地吐痰、不乱扔脏物，不乱悬挂，不乱扔垃圾，不乱扔烟头、纸屑、果皮（核）和物品，不损坏花草树木和一切公物。生活区统一规划垃圾箱，做到定期清理，定期喷药消毒，防止蚊蝇滋生。

7.2.3　设备、设施设置要求

7.2.3.1　一般规定

1. 生活区应设置门卫室、宿舍、食堂、厕所、盥洗设施、淋浴间、文体活动室、封闭式垃圾箱、手机充电柜等临时设施。

2. 食堂、锅炉房等应采用单层建筑，应与宿舍保持安全距离。生活区内应提供晾晒衣物的场地。

3. 设置开水炉、电热水器或饮用水保温桶。

4. 设置应急疏散通道、逃生指示标识和应急照明灯。

5. 使用节水龙头和节能灯具，杜绝长流水和长明灯。

7.2.3.2　宿舍

1. 宿舍内应保证必要的生活空间，室内高度不低于2.5m，通道宽度不小于0.9m，人均使用面积不应小于2.5m^2，每间宿舍居住人员不得超过15人。

2. 宿舍内严禁使用通铺。床铺高度不得低于0.3m，面积不小于1.9m×0.9m，床铺间距不得小于0.3m，床铺搭设不得超过2层。床头应设姓名卡。

3. 宿舍内应设置生活用品专柜、垃圾桶等生活设施，生活用品摆放整齐，环境卫生良好。

4. 宿舍内宜设置烟感报警装置。

5. 宿舍应设置可开启式窗户，保持室内通风。

6. 宿舍夏季应有防暑降温措施，冬季有取暖措施，宜设置空调、电暖气或集中供暖。严禁使用煤炉等明火设备取暖。

7.2.3.3　食堂

1. 食堂与厕所、垃圾站等污染源的距离应符合规定要求。

2. 所用材料应符合环保、消防要求。

3. 应设置独立的制作间、储藏间，门扇下方应设不低于0.6m的防鼠挡板。灶台及其周边墙面应做到易清洁、耐擦洗，地面应做硬化和防滑处理，并保持整洁。

4. 应配备必要的排风和冷藏设施，应设置油烟净化装置，并定期维护保养。

5. 宜使用电炊具。使用燃气的食堂，液化石油气钢瓶应单独设置通风良好的存放间，并加装燃气报警装置。

6. 设置隔油池，并应及时清理。含油污水应经隔油池处理后，方可排入市政污水管道。

7. 食堂制作间的刀、盆、案板等炊具应生熟分开，宜存放在封闭的橱柜内。

8. 储藏间内应有存放各种佐料和副食的密闭器皿，粮食存放台应距墙面、地面大于 0.2m。

9. 食堂应设置密闭式泔水桶。

7.2.3.4 厕所

1. 生活区内应设置水冲式厕所或移动式厕所。

2. 墙壁、屋顶应封闭严密，门窗齐全并通风良好。应设置洗手设施，墙面、地面应耐冲洗。

3. 厕位应根据生活区人员的数量设置，厕位之间应设隔板，高度不应低于 0.9m。

4. 化粪池应作抗渗处理。

7.2.3.5 盥洗设施

1. 生活区设置满足人员使用的水池和水龙头。

2. 盥洗设施的下水口应设置过滤网，与市政污水管线连接，保证排水通畅。

7.2.3.6 淋浴间

1. 设置冷、热水管和淋浴喷头，淋浴间应能满足人员的需求。

2. 淋浴间内应设置储衣柜或挂衣架。

3. 下水口应设置过滤网，与市政污水管线连接，保证排水通畅。

4. 淋浴间的用电设施应满足用电安全，照明必须采用防水型灯具和开关。

7.2.3.7 文体活动室

1. 应配备电视机、多媒体播放设施，并设书报、杂志等必要的文体活动用品。

2. 文体活动室不应小于 $35m^2$。

7.2.4 防暑降温、取暖措施要求

7.2.4.1 防暑降温措施要求

1. 明确职责。管理人员高度重视施工现场的防暑降温工作，以对一线施工人员生命和健康高度负责的态度，切实加强对防暑降温工作的重视；指定专人负责此项工作，明确工作职责，落实安全生产责任制；制订应急预案，落实防范措施，加强对重点时段和施工现场的监督管理。

2. 源头防范。要求各分包施工单位及时向施工人员宣传讲解高温天气安全施工常识，增强个人的自我保护意识。夏季食物容易变质，要求施工单位加强食品卫生安全管理，多提供营养丰富的水果和蔬菜，饮食干净卫生可口，保障工人体力。

3. 加强管理。严格要求施工单位执行高温作业有关规定和标准，把防暑降温工作落实到每一个班组、每一个职工，高温作业场所必须采取有效的通风、隔热、降温。施工作业场所必须采取有效的通风、隔热、降温措施，避免中暑。项目部每日充分供应防暑降温饮料，藿香正气水、清凉油等防暑降温物品。

4. 合理安排。避开高温时段，趁早晚较为凉爽的时间抓紧施工，工人要保证充足睡眠，尽量采用轮换或者间隙作业。管理人员时刻关注天气变化，提前谋划安排工作。下雨之前补足施工材料，防止雨天脱货而造成停工，高温天气对混凝土采取覆盖养护，增加浇水次数，全力保障高温天气下重点工程又好又快地推进。

7.2.4.2 取暖措施要求

项目部夜间设专职人员值班，保证昼夜有人值班，同时设兼职天气预报员，负责收听和发布天气预报情况，并及时通报消防安全领导小组，并记录。检查施工现场及生活区的取暖用电情况，如有违规的取暖设施立即没收。

办公区及生活区配备中央空调，将统一控制办公区与宿舍内温度，保证职工上、下班期间正常取暖要求；为洗浴间配备空气能热水器，在保证节能减排的情况下，有效达到取暖要求；生活区、办公区和食堂设置足够数量的热水器，充分满足职工生活用水。

项目部设置电暖气取暖（增加办公区取暖，特别说明，不得燃煤取暖、不得用电炉子、电热毯取暖，办公区、每队生活区注明负责人，无人时关闭电暖器）由于冬期施工作业人员减少，各施工队应将人员应集中紧凑进行取暖，以降低电能消耗，项目部管理人员与各施工队人员的取暖设施均采用电暖气（电暖气额定电压为220V，功率为2000kW），每台电暖气必须附带出厂合格证，电暖气发放前，必须由专业电气工程师进行二次复查检测，复查检测合格后方可发放到每个房间，电暖气应放在室内正中间，电暖气严禁覆盖，并且周围1m范围不得有针织物品或易燃物，电暖气应由专业电气工程师在每周一统一检测，确保每台电暖气安全使用。

医疗急救应急电话为120，消防电话为119。

7.3　食堂、厕所管理（分功能区设置）

7.3.1　食堂卫生环境

1. 食堂采用单层建筑，室内地面应铺贴防滑瓷砖，餐饮设施符合标准。

2. 应在食堂就餐场所醒目位置设置食品经营许可证、从业人员健康检查证和卫生法规知识培训证。

3. 食堂应达到“明厨亮灶”的要求。

4. 食堂应具备餐饮服务许可证、炊事人员身体健康证，证件挂在制作间明显处。

5. 炊事人员上岗应穿戴洁净的工作服、工作帽和口罩，并保持个人卫生。非炊事人员不得随意进入食堂制作间。

6. 炊具、餐具应及时进行清洗和消毒。

7. 生熟食品应分开加工和保管，存放成品或半成品的器皿有耐冲洗的生熟正反面标识，并应遮盖。

8. 食堂应按照许可范围经营，购买证件齐全的食品和原料建立采购台账，并保存原始采购单据。

9. 食堂应制订食品留样制度，当天食品应有专人负责留样，留样时间不得小于48h，并做好台账登记工作。

10. 食堂垃圾应分类处理，厨余垃圾做到封闭无渗漏储存，及时清运，杜绝遗洒。

11. 存放食品原料的储藏间或库房有通风、防潮、防虫、防鼠等措施。库房不得兼做他用。

7.3.2　食堂设施、设备

1. 食堂应设置有效的隔油池，设专人负责定期清理，加强日常管理。隔油池应不少于两级。

2. 食堂应使用具有质量合格证明的炊具。

7.3.3　厕所设置

1. 彩钢板房卫生间说明

（1）工人生活区设置封闭、水冲式卫生间，卫生间比例1：25，蹲位之间设置成品隔板，隔板高度1.2m，并设置自动冲水箱。

（2）卫生间内部应铺设防滑地砖。

（3）卫生间应具有符合抗渗要求的化粪池，污水经过化粪池处理之后方可接入市政污水管线，化粪池详图见管理人员生活区。

（4）卫生间应专人清理、消毒、化粪池及时清掏。

（5）卫生间平面尺寸可根据工程大小和现场实际情况确定。

2. 砌体卫生间说明

（1）工人生活区卫生间内部要求同板房式卫生间。

（2）砖砌卫生间墙体采用多孔墙砌筑，内外15mm厚水泥砂浆抹灰，外刮白色涂料。

（3）内墙裙镶贴300mm×300mm的白瓷砖，瓷砖以上采用白色涂料。

7.4 生活区、办公区资料

7.4.1 生活区卫生设施及卫生责任区划分平面图

项目经理部应绘制并留存生活区卫生设施平面布置图，平面布置图应包括食堂、宿舍、厕所、隔油池、急救站、浴室、生活垃圾、饮水站、文体活动室、办公室、消防设施、安全通道等位置。

7.4.2 管理制度

7.4.2.1 生活区管理制度

为加强生活区综合治安管理工作，增强卫生、环境保护意识，建立文明生活区，使全体员工有一个良好的生活环境，特制订如下制度，所有单位和个人必须严格执行。

1. 进入生活区的人员一律凭出入证出入，无证人员不得入内。

2. 进出生活区的人员，必须服从门卫管理，自觉出示证件。

3. 生活区所有人员必须严格遵守各项管理制度，剩饭剩菜入桶，生活用水入池，大小便入厕。

4. 劳务单位要派专人负责生活区、宿舍、食堂、卫生责任区等后勤管理工作，确保生活区的各项工作管理到位。

5. 生活区内不准打架斗殴、酗酒闹事、赌博嫖娼、观看黄色书籍及音像制品、偷盗他人及公共财物，违者按治安条例处理。

6. 生活区内不准留宿他人、不得男女混住，违者每人每晚罚款50元。

7. 生活区内不准赤背及只穿内裤。

8. 生活区内宿舍、各种设备、设施、树木重点保护，不得随意动用、变改、丢失、损坏，违者修复、赔偿，并承担全部损失责任。

9. 施工单位要从思想上高度重视后勤管理工作，抓好人员管理、文明教育。

7.4.2.2 生活区防火管理制度

生活区是员工居住的集体场所，是防火安全的重点区域。因此，每位员工必须遵守以下规定：

1. 楼梯通道严禁堆放物品，消防器材严禁随意挪动。

2. 宿舍内要保持整洁，室内严禁存放易燃易爆等危险品。

3. 禁止卧床吸烟，烟头不得随意乱扔，烟头要放进有水的容器中。

4. 宿舍一律使用USB充电，严禁随意加长充电线，宿舍无人时将所有充电设备取掉。

5. 严禁私拉乱接、拆改线路，严禁使用电炉子、电热毯、热得快等设备，室内严禁使用煤气炉、柴油炉及液化气等。

违反以上规定，构成违规造成火灾，对违规者视情节轻重给予一定的经济处罚，严重者构成犯罪的，移交司法机关追究刑事责任。

7.4.2.3 文明宿舍管理制度

1. 凡来工地施工作业人员，在现场宿舍住宿的必须由项目部统一安排，按照指定的宿舍入住，不准擅自转调床位，不准冒名顶替住宿，不准私自留宿他人。

2. 不准在宿舍内卧床吸烟、生火取暖，不准使用电炉、电炒锅、电磁炉、煤炉、煤气灶、酒精炉、电饭煲在宿舍内烧饭炒菜。不得随意私拉乱接电线、电灯，防止火灾事故发生。手机充电时，在专用 USB 充电口进行充电。

3. 不准在宿舍内寻衅闹事，严禁斗殴、赌博、嫖宿或从事其他流氓活动。不准传播放映反动、淫秽的书画、照片、录音、录像，坚决制止非法同居，男女混居的不法行为。

4. 室内有防蚊蝇防鼠措施，预防传染病发生；室内布置科学合理。宿舍设置可开启式窗户，保持室内通风良好。

5. 住宿人员的现金、贵重物品要妥善保管，谨防遗失和被盗；严禁把门钥匙转让他人，进出房门时，随手关好门和窗；严禁将易燃易爆、放射物品、特种刀具等危险物品入房存放。

6. 生活垃圾等废弃物丢在指定垃圾桶内，楼上住宿人员禁止向楼下随意倾倒生活污水及投掷垃圾。

7. 住宿人员起床后必须把被子和床铺整理好，并打扫室内卫生，衣服等其他用品等放置有序，做到整齐一致，保持宿舍内文明卫生整洁。

8. 爱护一切公用设施，严禁故意损坏公共场所配电箱、开关或灯具等用电设施，如有违反规定造成损失或事故的，除加倍赔偿外要追究相应责任。

9. 提高警惕，发现可疑人员要及时向工地负责人报告。

10. 宿舍由各班组长具体负责，各班组长要每天检查，并督促落实。项目部安全管理人员每天检查宿舍，对有违反上述规定的人和事，项目部有权处理并根据违反情况进行 100 元/次的经济处罚，严重者提交当地公安机关处理。

11. 自觉节约用电，爱护公物，不准在墙上乱钉、乱写、乱划，损坏、浪费公物照价赔偿。

12. 有明确的卫生轮流值班制度，自觉养成良好的社会公德和卫生习惯，保持宿舍内外环境卫生清洁。

7.4.2.4　食堂卫生管理制度

1. 食堂“三证”应齐全有效，并上墙公示，炊事人员应随身携带健康证和培训证（可带复印件），无证人员不准上岗作业。

2. 食堂内外应卫生整洁，合理设置隔油池，炊具干净、卫生，码放整齐，灶台、炊具要物见本色，并定期消毒。

3. 食堂应配备纱窗、纱门、纱罩等，并要做到无鼠、无蝇、无蟑螂。

4. 食堂应配备必要的排风设施和冷藏设施。

5. 食堂外设置密闭式泔水桶，并及时清运。

6. 炊事员要搞好个人卫生，进入工作间要穿戴整洁的工作服、工作帽和口罩；炊事员和生活管理人员每年进行一次健康查体，持卫生防疫部门颁发的健康合格证上岗。

7. 加工或保管的生、熟食品要分开，食品有遮盖。炊具要有明显生熟标记，食堂内不准使用塑料炊具。

8. 仓库均不准住人，物品应分类码放整齐。主食存放应有距地、墙不小于 30cm 距离的粮食存放台。

9. 严把进货关，不买三无产品，确保食品卫生安全，严禁售卖腐烂变质食品、潲饭剩菜；严禁使用市场地沟油和潲水油，不得购买市场腊味干货菜源必须购买新鲜菜品；每天所售饭菜必须留样。

10. 保持厨房、餐厅卫生整洁，勤于打扫，建立健全环境卫生管理制度，确保全体员工的饮食健康。

7.4.2.5 饮水卫生管理制度

1. 现场确保全天供应开水，设专人负责。
2. 现场饮水设备要每天清洗定期消毒，确保饮水安全。
3. 现场饮水桶要加盖、加锁，确保饮水安全。
4. 派专人负责，坚守岗位，保持饮水站周围环境的清洁卫生。

7.4.2.6 厕所卫生管理制度

1. 厕所屋顶、墙壁严密，门窗、纱门、纱窗齐全有效，并采用瓷砖地面。
2. 厕所男、女标识要明确规范。
3. 厕所要有负责人并设专人清扫，定期、定时用水冲洗，保持厕所内外环境卫生。
4. 粪便及时清理，化粪池及时清掏，有防蝇措施，并定期消毒。
5. 使用厕所后必须放水冲洗，并保持公共卫生。
6. 废纸入篓，不得随意丢弃或使用硬纸。
7. 爱护卫生间设施，人为损坏，照价赔偿。
8. 必须保证卫生间清洁，养成便后冲洗、洗手的习惯。

7.4.3 临建工程消防验收表

临建工程消防验收表

<table>
<tr><td colspan="7">生活区、办公区临建房屋消防验收表</td></tr>
<tr><td colspan="2">建设工程名称</td><td colspan="5"></td></tr>
<tr><td colspan="2">临建房屋地址</td><td colspan="5"></td></tr>
<tr><td colspan="2">临建施工单位名称</td><td colspan="2"></td><td>企业资质</td><td colspan="2"></td></tr>
<tr><td colspan="2">临建施工负责人</td><td>联系电话</td><td></td><td>验收日期</td><td colspan="2"></td></tr>
<tr><td colspan="2">临建房屋最高层数</td><td></td><td>临建房屋栋数</td><td></td><td>建筑面积</td><td></td></tr>
<tr><td rowspan="5">建筑设计</td><td>选址情况</td><td colspan="5"></td></tr>
<tr><td rowspan="2">防火间距</td><td>与主体建筑间距</td><td></td><td>与既有建筑距离</td><td colspan="2"></td></tr>
<tr><td colspan="3">成组布置间距
（临建房屋之间最小距离）</td><td colspan="2"></td></tr>
<tr><td>安全疏散距离</td><td>门到楼梯最远距离</td><td></td><td>楼梯宽度</td><td colspan="2"></td></tr>
<tr><td colspan="3">房屋围护结构（保温材料）材料材质</td><td></td><td>阻燃等级</td><td></td></tr>
<tr><td rowspan="2">消防设施</td><td colspan="2">消防道路是否环行</td><td></td><td>道路宽度</td><td colspan="2">m</td></tr>
<tr><td colspan="2">轻便灭火器材</td><td>具</td><td>消火栓</td><td colspan="2">座</td></tr>
<tr><td rowspan="2">食堂管理</td><td colspan="4">液化石油气钢瓶是否设置专用储存间</td><td colspan="2"></td></tr>
<tr><td colspan="4">气灶与罐之间超过 2m 是否采用金属管连接，连接装置及配件是否安全可靠</td><td colspan="2"></td></tr>
<tr><td rowspan="4">临时用电</td><td>临电方案</td><td>审批人</td><td></td><td>审批单位</td><td colspan="2"></td></tr>
<tr><td rowspan="3">电气线路</td><td colspan="3">线路敷设情况</td><td colspan="2"></td></tr>
<tr><td colspan="3">取暖、空调插座设置是否满足要求</td><td colspan="2"></td></tr>
<tr><td colspan="3">充电装置及设置是否满足要求</td><td colspan="2"></td></tr>
<tr><td colspan="2">安装单位验收结论</td><td colspan="2"></td><td>现场负责人签字</td><td colspan="2">年 月 日</td></tr>
<tr><td colspan="2">使用单位验收结论</td><td colspan="2"></td><td>项目经理签字</td><td colspan="2">年 月 日</td></tr>
<tr><td colspan="2">监理单位验收结论</td><td colspan="2"></td><td>总监理工程师签字</td><td colspan="2">年 月 日</td></tr>
</table>

7.4.4　生活区、办公区值班巡查工作记录

生活区、办公区值班巡查工作记录

工程名称		施工单位	
巡视地点			
巡视内容			
值班人员：			
值班情况：（发现的问题，例如临时用电、消防保卫、板房稳定性、新冠疫情、场容卫生等）			
处理结果： 验收人员：　　时间：			

注：本表由值班人员当日填写，并装订成册。

7.4.5　生活区、办公区临建房屋安全、质量验收记录表

生活区、办公区临建房屋安全、质量验收记录表

工程名称		使用单位		建筑面积	
建设单位		安装单位		层数	
监理单位		验收部位		验收时间	

检查项目		检查情况	使用单位验收意见
主控项目	1. 构件应提供出厂合格证		
	2. 钢构件不应明显变形，损坏和严重锈蚀		
	3. 构配件的焊接部位不得脱焊，焊缝便面不得有裂纹、焊瘤等缺陷		
	4. 主要受力构件的防火保护层应符合设计要求		
	5. 基础的混凝土、砂浆强度应符合设计要求		
	6. 楼板质量应符合设计要求，锁定装置齐全有效		
	7. 节点螺栓规格、数量应符合设计要求，螺栓应紧固		
	8. 支撑体系应符合设计要求，花篮式调节螺栓的锁定装置应完好		
	9. 屋面、外墙、外门窗防止雨、雪渗漏措施应符合设计要求		

续表

<table>
<tr><th colspan="2">检查项目</th><th>检查情况</th><th>使用单位验收意见</th></tr>
<tr><td rowspan="12">一般项目</td><td>1. 主构件采用2根C型薄壁型钢焊接制作，应在C型薄壁型钢外侧接缝处进行防水密封处理</td><td></td><td></td></tr>
<tr><td>2. 非承重的彩钢板厚度不应小于0.4mm；彩钢板用于屋面时，彩钢板的厚度不应小于0.5mm</td><td></td><td></td></tr>
<tr><td>3. 墙板应无明显变形、损坏；不得现场裁割</td><td></td><td></td></tr>
<tr><td>4. 外窗气密性、水密性、保温隔热性能应符合设计要求</td><td></td><td></td></tr>
<tr><td>5. 嵌入式墙板安装应平整，上下搭接缝应采用企口缝，外侧板应向下搭接，搭接长度为8～15mm。</td><td></td><td></td></tr>
<tr><td>6. 楼板、地板应安装平稳、拼缝紧密，楼板、地板与墙板之间的缝隙应采用30mm×5mm的压边条封边</td><td></td><td></td></tr>
<tr><td>7. 楼梯的坡度应符合设计要求，楼梯与楼面梁之间应用螺栓可靠连接，栏杆与楼面、楼梯应连接牢靠</td><td></td><td></td></tr>
<tr><td>8. 穿透屋面螺栓处的防渗漏措施应符合设计要求，屋面板的固定螺栓、防水垫圈、金属垫圈、尼龙套管等应齐全、连接可靠</td><td></td><td></td></tr>
<tr><td>9. 屋面板应安装平稳、檐口平直，板的搭接方向应正确一致。屋面包角钢板、泛水钢板等构配件的搭接应顺主导风向或顺水流方向，搭接部位、长度应符合设计要求，屋脊引水板应固定牢固</td><td></td><td></td></tr>
<tr><td>10. 门窗垂直度和平整度应符合规范要求，接缝处应用玻璃胶密封，门窗框和玻璃应有成品保护措施</td><td></td><td></td></tr>
<tr><td>11. 钢构件油漆应完好，外露螺栓应有防护措施</td><td></td><td></td></tr>
<tr><td>12. 活动房周边排水应通畅、无积水</td><td></td><td></td></tr>
<tr><td colspan="2">安装单位意见：

项目负责人：

年　月　日</td><td colspan="2">使用单位验收意见：

项目负责人：

年　月　日</td></tr>
<tr><td colspan="4">监理单位意见：

监理工程师：　　　年　月　日</td></tr>
</table>

7.4.6　项目职业健康档案

项目经理部应建立职业健康档案，职业病高危人员建立职业健康监护档案，档案包括作业人员姓名、性别、年龄、籍贯、身份证号码、联系方式等基本信息和上岗前、在岗期间、离岗时职业健康检查结果等内容，并后附体检报告。

××项目职业健康档案（参考）

姓名	性别	年龄	籍贯	身份证号码	联系方式	上岗前健康检查结果	在岗期间健康检查结果	离岗时健康检查结果

7.4.7　食堂及炊事人员证件

项目经理部应留存食堂卫生许可证、炊事人员健康证、体检报告、卫生知识培训证复印件，并加盖食堂单位公章。

项目经理部应填写炊事人员证件登记表，应包含姓名、性别、年龄、证件名称、有效期等信息。

炊事人员证件登记表（参考）

序号	姓名	性别	年龄	证件名称	有效期至
				健康证	
				培训合格证	
				…	

项目经理部应如实建立采购台账，并保存原始采购单据。

食品采购登记表

采购日期	食品名称	数量	单位	采购地点（商店）	联系电话	采购员签字	备注
	大米						
	大豆油						
	面粉						
	食盐						
	酱油						
	鱼						
	味精						
	…						

根据《餐饮服务食品安全操作规范》（国食药监食〔2011〕395号）规定，超过100人的建筑工地食堂，每餐次的食品成品应留样，留样食品应按品种分别盛放于清洗消毒后的密闭专用容器内，并放置在专用冷藏设施中，在冷藏条件下存放48h以上，每个品种留样量应满足检验需要，不少于100g，并记录留样食品名称、留样量、留样时间、留样人员、审核人员等。

食堂食品留样记录表

检查人：　　　　年　月　日

餐别	食品名称		留样时间	留样人	备注
早餐	1				
	2				
	3				
	4				
	…				
中餐	1				
	2				
	3				
	4				
	…				
晚餐	1				
	2				
	3				
	4				
	…				

7.4.8 各类应急措施

项目经理部应留存传染病管理制度、卫生防疫应急预案

7.4.8.1 传染病管理制度

为加强施工现场的卫生管理工作，防止各种疾病的发生，保证大施工人员的身体健康，特制订施工现场传染病管理制度。

1. 防制病媒生物措施

（1）厕所选择生活区、食堂、水源的下风方向，距离大于30m。厕所有门窗、上面有顶棚。

（2）厕所内有流动水源，每天定时冲刷。

（3）厕所每天有专人打扫，并定时喷洒消毒药品。

（4）工地食堂具有防蚊、蝇、鼠、蟑、灰尘等措施。例如地面为水泥面、无鼠洞。有门窗、有冷藏设施，做到生、熟分开。

（5）职工宿舍有完好的门窗，地面无鼠洞，设置单人床，面积不小于1.9m×0.9m，居住人员不得超过15人，室内采光、通风良好，生活用品摆放整齐。

（6）如果发现宿舍或食堂有老鼠、蟑螂、苍蝇应及时组织人员开展灭杀工作。各种消毒、杀虫、灭鼠药品，要有专人负责管理，配药浓度科学合理，严防中毒。

（7）主管卫生责任人，定期组织有关人员，对以上落实情况，进行认真检查。

2. 卫生防病岗位职责及制度

主管卫生负责人职责：负责整个工作现场的卫生安全，定期组织有关人员进行卫生检查，积极主动地配合卫生防病工作，定期向单位负责人汇报工作。

3. 环境卫生管理员职责

（1）开展卫生防疫宣传和健康教育。

（2）定期组织本单位卫生检查和评比。

（3）依据《北京市外地来京人员卫生防疫管理规定》为现场工作人员提供生产、生活环境。

（4）监督检查病媒生物防治措施的落实情况。

4. 食堂卫生管理员职责

（1）贯彻落实《中华人民共和国食品卫生法》的规定，预防、控制、消除食物中毒的发生。

（2）依据《中华人民共和国食品卫生法》的规定，组织炊管人员进行健康体检，办理健康证。

（3）监督检查食堂工作情况，严禁加工生、冷食品，严禁食用扁豆等容易造成食物中毒的食品，不采购发芽土豆、不明来历的菌类等蔬菜。

（4）监督检查个人卫生，保持餐、饮、灶用具清洁卫生等工作情况。

（5）监督检查病媒生物防治措施的落实情况。

5. 宿舍卫生管理员职责

（1）安排宿舍卫生值日人员，每日清扫两次。

（2）依据宿舍管理规定，行李物品摆放整齐，地面整清无垃圾，严禁乱倒污水污物。

（3）教育施工人员保持个人卫生，预防疾病的发生。

（4）监督检查病媒生物。

6. 食堂卫生制度

（1）食堂卫生管理员负责办理食堂卫生许可证，组织工作人员到区卫生防疫部门进行体检，办理健康证。

（2）食堂卫生管理员严格依据《中华人民共和国食品卫生法》规定的各项要求检查工作，严防食物中毒的发生。

（3）食堂卫生管理员每天早、晚各检查一次食堂卫生情况，发现问题及时纠正和解决。

（4）食堂卫生管理员定期向主管卫生负责人汇报卫生工作落实情况。

7. 宿舍卫生制度

（1）宿舍卫生管理员每天检查宿舍（包括宿舍外）卫生一次。

（2）宿舍卫生管理员定期组织人员消灭蚊、蝇、鼠、蟑等病媒生物。

（3）宿舍要求干净整洁，空气新鲜，设置单人床，面积不小于1.9m×0.9m，居住人员不得超过15人。

（4）宿舍卫生管理员定期向主管卫生工作的领导汇报工作情况。

8. 厕所卫生制度

（1）每天至少打扫厕所卫生一次。

（2）厕所要求有流动水源冲刷，有棚、有门等防蝇措施。

9. 卫生防疫宣传制度

（1）本单位主管卫生负责人负责卫生防疫宣传工作。

（2）本单位工作现场有卫生防病知识的宣传栏，有卫生防病知识的宣传画。

（3）本单位设置一名卫生管理员，负责宿舍内、外环境的卫生。有卫生管理制度及要求。

（4）对新进场人员进行岗前卫生知识的培训，宣传贯彻有关法律法规，组织外来务工人员到卫生防疫部门进行体检，领取健康证。

（5）本单位主管卫生负责人，定期进行工作检查，发现问题及时提出改进意见，并检查落实情况。

（6）积极配合本地区卫生行政部门，做好卫生防病知识宣传工作。

10. 疫情报告制度

（1）认真贯彻落实《中华人民共和国传染病防治法》，积极落实好各项卫生防疫工作。

（2）卫生防疫主管人员负责疫情报告和传染病防治工作的宣传教育。

（3）对新进场的职工首先进行有关预防传染病知识的教育，及时办理健康证。

（4）如果发生传染病病例或集中短时间内出现许多症状相同而未做出明确诊断前，立即向当地卫生防疫部门报告，力争做到“早发现、早隔离、早治疗”，并积极支持、配合防疫部门工作。

7.4.8.2　卫生防疫应急预案

为了做好××项目卫生防疫工作，确保所有员工的身体健康，根据国家有关食品卫生和传染病防治法律、法规和规章，结合施工现场和生活区实际情况，本着“预防为主、统一指挥、分工负责、自救与社会救援相结合”原则，制订卫生防疫应急预案。

1. 编制依据及工程概况

编制依据：

（1）《建设工程施工现场供用电安全规范》（GB 50194—2014）

（2）《建筑机械使用安全技术规程》（JGJ 33—2012）

（3）《建筑施工安全检查标准》（JGJ 59—2011）

（4）《危险化学品重大危险源辨识》（GB 18218—2018）

（5）《应急准备和响应控制程序》（ZJBE/MS/P 18—2008）

（6）国家及北京市现行的安全生产、文明施工、环保及消防等有关规定。

2. 工程概况

本工程位于××。总建设规模××m^2，其中地上××m^2，地下××m^2。

3. 保障体系及职责分配

项目部应急准备及响应领导小组职责及分工：

（1）组长职责：

① 全面负责卫生防疫预案的审批。

② 组建应急救援队伍。

③ 领导督促小组成员做好卫生防疫的预防措施和应急救援的各项准备工作。

④ 发布和解除应急救援命令、信号。

⑤ 组织指挥救援队伍实施救援行动。

⑥ 向上级汇报和向友邻单位通报事故情况，必要时向有关单位发出救援请求；组织事故调查，总结应急救援经验教训。

（2）副组长职责：

① 协助组长负责应急救援的具体指挥工作。

② 负责危险源的确定及潜在危险性的评估，发生重大事故时，协助组长做好事故报警、情况通报及事故处置工作。

（3）现场控制、通信联络小组职责：

① 控制现场秩序，稳定人员情绪，及时向领导小组报告事故信息。

② 事故现场及有害物质扩散区域内的洗消、监测工作。

③ 负责与各级领导和地区防疫部门的联系。

④ 保持通信系统通畅，做好通信记录。

⑤ 拨叫急救中心电话。

（4）救援小组职责：

① 负责治安保卫疏散工作。

② 必要时代表指挥部对外发布有关信息。

③ 负责现场医疗救护指挥及受伤人员分类抢救和护送转院工作。

（5）后勤小组职责：

① 负责防疫期间相关计划资金的落实，并收集、核算、计划、控制成本费用，降低资源消耗，对救援活动提供资金保障。

② 编制防疫期间的所需物资及费用报表，并对物资采购进行监督管理。

③ 负责救援物资的供应和运输工作。

（6）调查善后小组职责：

① 负责应急预案的制订、修订，发生事故时负责技术处理措施及督促措施落实情况。

② 收集各种现场证据供进行事故分析使用。

③ 通过调查形成调查报告。

④ 处理伤亡人员的保险赔偿和设备的维修。

⑤ 清理现场恢复生产施工，安抚人员的情绪。

⑥ 为不脱产的专业救援队伍，平时针对危险目标，配备装备器材，并对信号做出规定。报警方法、联络号码和信号使用规定要置于明显位置，使每一位员工都能熟练掌握。

应急响应领导小组：

组长：项目经理

副组长：生产经理、总工

现场控制、通讯联络小组：×××

救援小组：×××　×××　×××　×××　×××　×××

后勤小组：×××　×××　×××

调查、善后小组：×××　×××　×××　×××

4. 工作要求

1）相关人员必须服从统一指挥，整体配合、协同作战、有条不紊、忙而不乱。

2）必须确保应急救援器材及设备数量充足、状态良好，保证遇到突发事件时各项救援工作正常运转。

3）各应急小组成员必须落实到人，各司其职，熟练掌握防护技能。

4）项目部安全领导小组必备的资料与设施：

（1）数量足够的内线和外线电话、或其他通信设备。

（2）卫生防疫物资数据库：卫生防疫物资和设备名称、数量、型号大小、状态、使用方法、存放地点、负责人及调动方式。

（3）现场人员个人防护用品使用情况。

（4）结合疫情特点制订卫生防疫应急救援实施方案。

（5）各专业小组人员联络方式、现场员工名单表、各宿舍人员登记表。

（6）上级安全生产管理机构、应急服务机构的联系方式。

5. 工作流程

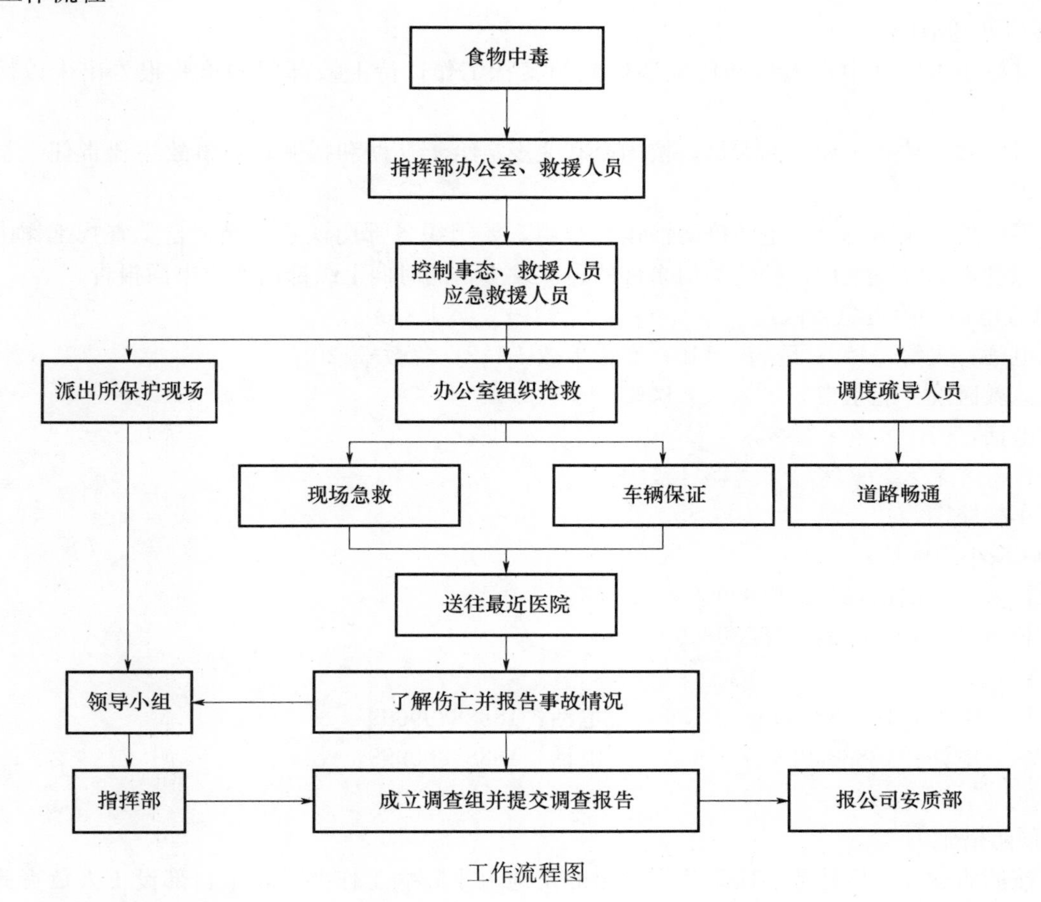

工作流程图

6. 卫生防疫救援原则

（1）先判断疫情，根据疫情决定救援方式和救援对象先后次序。

（2）应急救援力求方法最简单、效果最佳。

7. 应急响应

发生或者可疑发生食物中毒或传染病时，各工作小组成员各负其责，积极采取措施控制事态的发展，启动应急救援程序，并及时向各级应急领导小组报告。

（1）兼职医务人员立即到现场进行初步检查。

（2）一旦发生或发现食物中毒或其他传染病时，应立即通报办公室，办公室立即安排交通工具将患者送到就近医院。对病情较轻者，组织人员陪同送往就近医院治疗；并办理有关治疗或住院手续，同时向领导小组组长汇报。

（3）领导小组接到报告后，应当及时向当地卫生行政部门报告，同时要详尽说明发生食物中毒事故的单位、地址、时间、中毒人数、可疑食物等有关内容。如果可疑食品还没有吃完，请立即包装起来，并标注“危险”字样，将其冷藏保存，特别是要保存好污染食物的包装材料和标签，例如罐头盒等。同时立即封闭厨房各加工间，待卫生部门调查取证后方可进行消毒处理。派专人保护现场，搜集可疑食品及患者排泄物以备卫生防疫部门检验。对传染病病人密切接触者（同宿舍居住的）在卫生防疫部门的指导下，采取隔离和检疫。

（4）根据卫生防疫部门的意见，做好配合工作，对同时就餐尚未发病人员或传染病病人密切接触者，就地观察，必要时停工观察。

（5）事故及紧急情况得到遏制后，注意保护事故现场，不得故意破坏事故现场，毁灭有关证据，并按国务院 75 号令开展事故调查处理。一般事故，由事故发生单位将事故调查处理意见上报指挥部。

8. 善后处理措施

（1）善后小组做好中毒人员和传染病病人的安抚工作，待上级部门的检验报告出来以后，确定责任。

（2）对致残、致病、死亡的人员，按国家有关规定给予补助和抚恤；对事故主要责任人员，按有关规定处理。

（3）事件处理完毕后，卫生防疫防治领导小组，要组织各部门认真总结，自觉查找工作中存在的不足，加强管理，吸取教训，杜绝类似事件的再次发生，同时向上级部门作出书面报告。

9. 急救电话和附近急救医院

应急电话：火警—119；匪警—110；交通事故—122；急救—120。

附近急救医院：北京市×××××医院。

医院电话：010-×××××××。

地址：×××××××

附行车线路图。

10. 联系小组电话：

组长：××　电话：18888899999

副组长：×××　电话：18888899999

组员：

×××　电话：18888899999　×××　电话：18888899999

×××　电话：18888899999　×××　电话：18888899999

……

11. 预防措施

（1）按照市建委、区建委、区卫生局提出的工地卫生防病工作要求，项目部设 1 人负责此项工作并定期进行检查，落实各项卫生防病措施。

（2）利用板报、宣传栏及开会等形式宣传有关卫生防病知识，提高工人对卫生防疫管理工作的认识和自我保健意识，养成良好的习惯。

（3）组织炊事人员进行健康体检并办理《健康体检合格证》。

（4）食堂要有《卫生许可证》，食堂炊管人员要有《健康证》，按照食品卫生要求做好食堂卫生工作，采购员要严格把好进货关。

（5）民工宿舍应每日通风和清扫，并定期进行消毒。

（6）设立饮水设施，保证开水供应，严禁操作工人喝生水。

（7）工地周边定点安放鼠夹、鼠盒、定期投放鼠药和喷洒杀虫剂，做好杀虫、灭鼠工作。

（8）加强文明施工，搞好环境卫生，施工垃圾和生活垃圾实行专人负责，定场集中封闭管理，及时清理。

项目经理部应留存应急救援演练记录。

项目经理部应对应急药品、器材进行登记并留存使用记录。

应急药品、器材的登记及使用记录

序号	药品、器材名称	生产厂家	规格数量	保质期至	

应急药品、器材使用记录

序号	名称	使用人	使用数量	使用日期	备注

7.4.9　检查记录及整改

项目经理部应留存日检、周检、月检、专项检查相关记录并指定整改责任人。

整改通知单

<table>
<tr><td>工程名称及编码</td><td colspan="3"></td></tr>
<tr><td>项目基本情况</td><td colspan="3"></td></tr>
<tr><td>接收单位</td><td></td><td>接收人</td><td></td></tr>
<tr><td colspan="4">整改内容：

检查人：　　　　年　月　日</td></tr>
<tr><td>完成期限</td><td>年　月　日</td><td>指定验证人</td><td></td></tr>
<tr><td colspan="4">处理情况和自检结果：

自检人：　　　　年　月　日</td></tr>
<tr><td colspan="4">验收记录：

验证人：　　　　年　月　日</td></tr>
</table>

注：本表一式二联。交被通知单位一联，下达人留存一联；整改完成并填写“处理情况和自检结果”后。整改单位一联返回下达人。

第 8 章　职业健康管理

8.1　职业健康安全管理体系

8.1.1　总要求

为了深入学习贯彻习近平新时代中国特色社会主义思想和党的十九大精神，进一步健全职业健康安全生产管理体系，规范安全生产行为，实现安全管理的同质化、规范化和标准化。

8.1.2　职业健康安全方针

企业最高管理者应建立、实施并保持职业健康安全方针。职业健康安全方针应包括如下方面。

1. 包括为防止与工作相关的伤害和健康损害而提供安全和健康的工作条件的承诺，并适合于组织的宗旨和规模、组织所处的环境，以及组织的职业健康安全风险和职业健康安全机遇的特性。

2. 为制订职业健康安全目标提供框架。

3. 包括满足法律法规要求和其他要求的承诺。

4. 包括消除危险源和降低职业健康安全风险的承诺，包括持续改进职业健康安全管理体系的承诺。

5. 包括工作人员及其代表（若有）的协商和参与的承诺。职业健康安全方针应包含如下方面。

（1）作为文件化信息而可被获取。

（2）在组织内予以沟通。

（3）在适当时可为相关方所获取。

（4）保持相关和适宜，定期评审，以确保其与组织保持相关和适宜。

8.2　法律法规和标准规范受控清单

8.1.1　职业健康安全法律法规受控文件清单

职业健康安全法律法规受控文件清单

单位名称及编码				编号	
序号	文件名称	编号	颁布单位	颁布日期	实施日期
1	中华人民共和国劳动法（2018 修正）	主席令 28 号	全国人大常委会	1994.07.05	2013.07.01
2	中华人民共和国合同法	主席令 15 号	全国人大常委会	1999.03.15	1999.10.01
	…				

8.1.2　标准规范清单

标准规范清单

单位名称及编码				编号	
序号	文件名称	编号	颁布单位	颁布日期	实施日期
1	职业健康安全管理体系要求及使用指南	GB/T 45001—2020	质量监督检验检疫总局	2020.03.06	2020.03.06
2	施工企业安全生产管理规范	GB 50656—2011	住房城乡建设部	2011.07.26	2012.04.01
3	施工企业安全生产评价标准	JGJ/T 77—2010	住房城乡建设部	2010.05.08	2010.11.01
4	企业安全生产标准化基本规范	GB/T 33000—2016	国家安全生产监督管理总局	2016.12.13	2017.04.01
5	生产经营单位生产安全事故应急预案编制导则	GB/T 29639—2013	国家质量监督检验检疫总局	2013.07.19	2013.10.01

8.1.3　地方法律法规清单

地方法律法规清单

单位名称及编码				编号	
序号	文件名称	编号	颁布单位	颁布日期	实施日期
1	北京市建设工程施工现场消防安全管理规定	北京市人民政府令第 84 号	北京市人民政府	2001.08.29	2001.12.01
2	北京市安全生产条例（2011 修订）	北京市第十三届人民代表大会常务委员会公告第 16 号	北京市人民代表大会	2011.05.27	2011.09.01
3	北京市消防条例（2011 修订）	北京市第十三届人民代表大会常务委员会公告第 17 号	北京市人民代表大会	2011.05.27	2011.09.01
4	北京市建设工程施工现场作业人员安全知识手册	京建施〔2007〕8 号	北京市建设委员会	2007.01.09	2007.01.09
5	关于印发《北京市建筑起重机械安全监督管理规定》的通知	京建施〔2008〕368 号	北京市建设委员会	2008.06.04	2008.06.04

8.1.4　地方标准规范清单

地方标准规范清单

单位名称及编码				编号	
序号	文件名称	编号	颁布单位	颁布日期	实施日期
1	北京市市政工程施工安全操作规程	DBJ01—56—2001	北京市建设委员会	2001.05.14	2001.07.01
2	北京市建筑工程施工安全操作规程	DBJ01—62—2002	北京市建设委员会	2002.06.13	2002.09.01
3	北京市供热与燃气管道工程施工安全技术规程	DBJ01—86—2004	北京市建设委员会	2004.05.19	2004.08.01
4	北京市道路工程施工安全技术规程	DBJ01—84—2004	北京市建设委员会	2004.05.19	2004.08.01
5	北京市桥梁工程施工安全技术规程	DBJ01—85—2004	北京市建设委员会	2004.05.19	2004.08.01

8.1.5 企业职业健康受控文件清单

企业职业健康受控文件清单

单位名称及编码				编号	
序号	文件名称	编号	颁布单位	颁布日期	实施日期
1					
2					
3					
4					
5					
6					
7					
8					
9					

8.3 危险源识别和机遇评价

8.3.1 专家评价法

1. 由评价小组（一般为5～7人）对本单位、本项目已辨识出的危险源进行逐个打分，根据分值大小确定一般危险源和重大危险源。在评价时要考虑：A伤害程度；B风险发生的可能性；C法律法规符合性；D影响程度；E资源消耗等因素。

2. 评价时，对应“危险源评价专家打分法分值表”，几人同时对某一危险源进行打分，然后由专人将各位专家的分值相加，再除以人数，所得分数即为危险源和级别分数。综合得分在12分以下为一般危险源，12分以上为重大危险源；当A=5和B=5时，也应定为重大危险源。评价情况填入“危险源（专家打分法）评价表”内。

危险源（专家打分法）评价表

评价项目	伤害的可能程度	应得分值
A伤害程度	严重	5
	一般	3
	轻微	1
B危险发生的可能	大	5
	中	3
	小	1
C法律法规符合性	超标	5
	接近标准	3
	达标	1
D影响程度	严重	5
	一般	3
	轻微	1
E资源消耗	大	5
	中	3
	小	1

8.3.2 条件危险性评价法（LEC 法）

1. 作业条件危险性评法用与系统风险有关的三种因素之积来评价操作人员伤亡风险大小，这三种因素是：L（事故发生的可能性）、E（暴露于危险环境中的频繁程度）和 C（发生事故可能造成的后果）。

2. 由评价小组专家共同确定每一危险源的 LEC 各项分值，然后再以三个分值的乘积来评价作业条件危险性的大小，即 D=LEC，将 D 值与危险性等级划分标准中的分值相比较，进行风险等级划分，若 D 值大于 70 分，则应定为重大危险源。危险源评价情况填入“危险源辨识及风险和机遇评价表”内。

发生事故的可能性（L）

分数值	事故发生的可能性
10	完全可以预料
6	相当可能
3	可能，但不经常
1	可能性小，完全意外
0.5	很不可能，可以设想
0.2	极不可能
0.1	实际不可能

暴露于危险环境的频繁程度（E）

分数值	频繁程度
10	连续暴露
6	每天工作时间内暴露
3	每周一次，或偶然暴露
2	每月一次暴露
1	每年四次暴露及以上
0.5	每年四次以下暴露

发生事故可能造成的后果（C）

分数值	频繁程度
100	大灾难，50 人及以上死亡
40	灾难，3 人及以上死亡或者重伤 10 人以上
15	非常严重，1 人死亡或 3 人以上重伤
7	严重，重伤致残
3	重大，轻伤，需要救护
1	轻微不需要救护

危险性分值（D）及级别

D 值	危险程度	危险级别
$D>320$	极其危险，需立即停止作业	5
$160<D\leqslant320$	高度危险，需立即整改	4
$70<D\leqslant160$	显著危险，需要整改	3
$20\leqslant D\leqslant70$	一般危险，需要注意	2
$D<20$	稍有危险，可以接受	1

危险源辨识及风险和机遇评价表

<table>
<tr><td colspan="3">工程名称及编码</td><td colspan="9"></td></tr>
<tr><td colspan="3">项目基本情况</td><td colspan="9">房建工程</td></tr>
<tr><td rowspan="2">序号</td><td rowspan="2">活动/场所</td><td rowspan="2">危险源</td><td>分类</td><td colspan="4">风险值 $D=L\times E\times C$</td><td rowspan="2">风险等级</td><td rowspan="2">是否重大</td><td rowspan="2">机遇</td><td rowspan="2">控制措施要点</td></tr>
<tr><td>危险、有害因素/事故类别/职业健康</td><td>可能性 L</td><td>频繁程度 E</td><td>重大</td><td>危险性 D</td></tr>
<tr><td>1</td><td rowspan="2">施工全过程</td><td>施工组织设计中未制订安全技术措施</td><td>管理缺陷</td><td>3</td><td>1</td><td>15</td><td>45</td><td>4</td><td>否</td><td>管理到位，避免发生事故，减少损失</td><td>按规范标准要求编制</td></tr>
<tr><td>2</td><td>危险性较大的分部分项工程未编制安全专项施工方案</td><td>管理缺陷</td><td>3</td><td>6</td><td>15</td><td>270</td><td>2</td><td>是</td><td>管理到位，避免发生事故，减少损失</td><td>检查按规范标准要求编制</td></tr>
<tr><td colspan="2">编制</td><td colspan="2"></td><td colspan="3">审核</td><td colspan="2"></td><td colspan="2">批准</td><td></td></tr>
<tr><td colspan="2">时间</td><td colspan="2"></td><td colspan="3">时间</td><td colspan="2"></td><td colspan="2">时间</td><td></td></tr>
</table>

8.4 危险源识别、风险和机遇的风险控制措施清单

8.4.1 一般风险

一般风险，需要控制整改。比如存在较大的人身伤害和设备损坏隐患的可能性。对于该级别的风险，应引起关注并负责控制管理，应制定管理度、规定进行控制，在规定其即日内实施降低风险措施。

危险源辨识、风险和机遇的风险控制措施清单

危险源辨识、风险和机遇的风险控制措施清单 ■一般风险						
工程名称及编码						
项目基本情况		房建工程				
序号	作业活动	危险源	分类	风险等级	计划控制措施(a～f)	责任部门/人
			危险、有害因素/事故类别/职业健康			
1	施工全过程	施工组织设计中未制定安全技术措施	管理缺陷/各类伤害	4	a、b、e	工程技术
2		专业管理人员未持证上岗	管理缺陷/各类伤害	4	a、b、e	项目经理
3		管理职责不明确或不落实	管理缺陷/各类伤害	5	a、b、e	项目经理
4		未制定危险化学品管理制度	管理缺陷/各类伤害	4	a、b、c、e	安监部
5		作业人员现场打闹、奔跑	行为错误/各类伤害	5	a、b、c、e	专业工程师
6		作业人员靠在防护设施上休息	行为错误/各类伤害	5	a、b、c、e	专业工程师
7		开水炉的使用	高温物质	4	a、b、e	安全工程师
编制/日期：			审核/日期：			

注：控制措施中，a—制订目标、指标和管理方案；b—制订管理程序；c—教育和培训；d—应急预案与响应；e—加强现场监督检查；f—保持现有措施。

8.4.2 重大风险

不可接受的重大风险，即将发生极其风险，必须立即停工整改。对于该级别风险，只有当风险已降低时，才能开始或继续工作。

危险源辨识、风险和机遇的风险控制措施清单

危险源辨识、风险和机遇的风险控制措施清单　■重大风险						
工程名称及编码						
项目基本情况		房建工程				
序号	作业活动	危险源	分类 危险、有害因素/事故类别/职业健康	风险级别	计划控制措施(a～f)	责任部门/人
1	施工全过程	危险性较大的分部分项工程未编制安全专项施工方案	管理缺陷/各类事故	2	a、b	工程技术
2 3		未按规定对超过一定规模危险性较大的分部分项工程专项施工方案进行专家论证	管理缺陷/各类事故	2	a、b	工程技术
4		施工组织设计、专项施工方案未经审批	管理缺陷/各类事故	1	a、b	工程技术
5		未对特殊作业编制专项方案或方案有效性差	管理缺陷/各类事故	1	a、b	工程技术
6		未进行必要的设计或设计计算有误	管理缺陷/坍塌	1	a、b	工程技术
		未按施工组织设计、专项施工方案组织实施	管理缺陷/各类事故	1	a、b、e	工程技术
编制/日期：			审核/日期：			

注：控制措施中，a—制订目标、指标和管理方案；b—制订管理程序；c—教育和培训；d—应急预案与响应；e—加强现场监督检查；f—保持现有措施。

8.5 职业健康安全合规性评价表

职业健康安全合规性评价表

单位名称及编码					
序号	法律法规和其他要求名称	条款摘要	现状描述	合规性(符合/不符合)	备注
1	中华人民共和国刑法	第一百三十四条 在生产、作业中违反有关安全管理的规定,因而发生重大伤亡事故或者造成其他严重后果的,处三年以下有期徒刑或者拘役;情节特别恶劣的,处三年以上七年以下有期徒刑; 强令他人违章冒险作业,因而发生重大伤亡事故或者造成其他严重后果的,处五年以下有期徒刑或者拘役;情节特别恶劣的,处五年以上有期徒刑	公司《安全生产管理手册》明确了领导者和管理者的职责,规定了各级人员、各职能部门的安全生产责任制,符合条文要求	符合	
2		第一百三十五条 安全生产设施或者安全生产条件不符合国家规定,因而发生重大伤亡事故或者造成其他严重后果的,对直接负责的主管人员和其他直接责任人员,处三年以下有期徒刑或者拘役;情节特别恶劣的,处三年以上七年以下有期徒刑	安全生产设施条件符合安全生产条件	符合	
3		第一百三十七条 建设单位、设计单位、施工单位、工程监理单位违反国家规定,降低工程质量标准,造成重大安全事故的,对直接责任人员,处五年以下有期徒刑或者拘役,并处罚金;后果特别严重的,处五年以上十年以下有期徒刑,并处罚金	无降低工程质量标准的现象,工程质量合格率100%	符合	
4		第一百三十九条(之一) 在安全事故发生后,负有报告职责的人员不报或者谎报事故情况,贻误事故抢救,情节严重的,处三年以下有期徒刑或者拘役;情节特别严重的,处三年以上七年以下有期徒刑	公司《安全生产管理手册》明确规定相关报告要求及处罚要求	符合	
合规性评价结论:					

评价人		批准人	
日期		日期	

8.6　职业病及职业健康安全防护措施

8.6.1　职业病的定义

职业病是指企业、事业单位和个体经济组织的劳动者在职业活动中，因接触粉尘、放射性物质和其他有毒、有害物质等因素而引起的疾病。

8.6.2　职业病的分类

根据《职业病分类和目录》将职业病分为10类132种。

1. 职业性尘肺病及其他呼吸系统疾病。
2. 职业性皮肤病。
3. 职业性眼病。
4. 职业性耳鼻喉口腔疾病。
5. 职业性化学中毒。
6. 物理因素所致职业病。
7. 职业性放射性疾病。
8. 职业性传染病。
9. 职业性肿瘤。
10. 其他职业病。

8.6.3　职业病防治措施

1. 做好宣传教育，使预防职业病工作成为职工的自觉行动。
2. 生产工艺技术革新，降低与职业病接触的频次，或者从根本上杜绝与发生职业病的工序有接触。
3. 采取个人防护措施和增强体质。
4. 定期进行健康检查。
5. 限制工作时间。
6. 严格落实作业审批制度。
7. 制订应急措施，现场配备应急装备，严禁盲目施救。

8.6.4　职业危害因素公示牌

施工现场职业危害因素公示牌

项目名称：

危害因素名称	分部分项工程	职业危害	防控措施	急救措施	受控时间	监控责任人

职业危害因素公示牌

8.6.5　职业病危害告知卡（以丙酮为例）

丙酮是无色透明易挥发液体，有一种特殊的辛辣气味，与水混溶，可混溶于乙醇、乙醚、氯仿、油类等多数有机溶剂。易燃，其蒸气与空气可形成爆炸性混合物，遇明火、高热极易燃烧爆炸，与氯化剂发生强烈反应。其蒸气比空气重，能在低处扩散引着回燃。

职业病危害告知卡

8.6.6　职业安全防护措施

8.6.6.1　个人防护措施

1. 安全帽

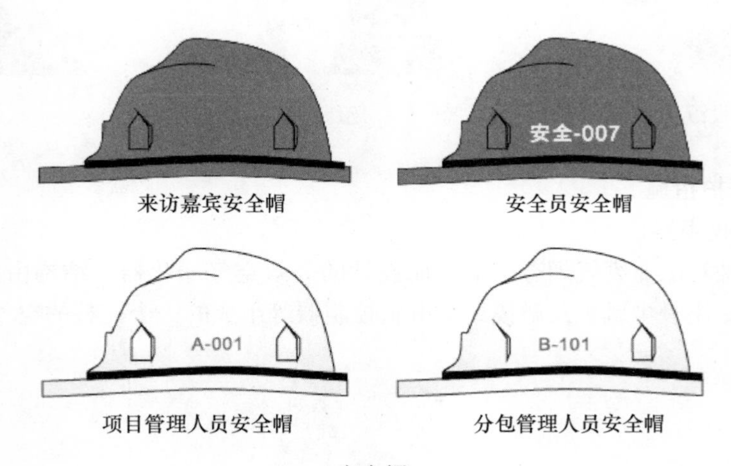

安全帽

2. 劳保鞋

防砸防刺劳保鞋

劳保鞋

3. 手持电焊面罩

4. 防护口罩

手持电焊面罩

防护口罩

5. 防护眼镜

6. 绝缘手套

7. 焊工手套

防护眼镜

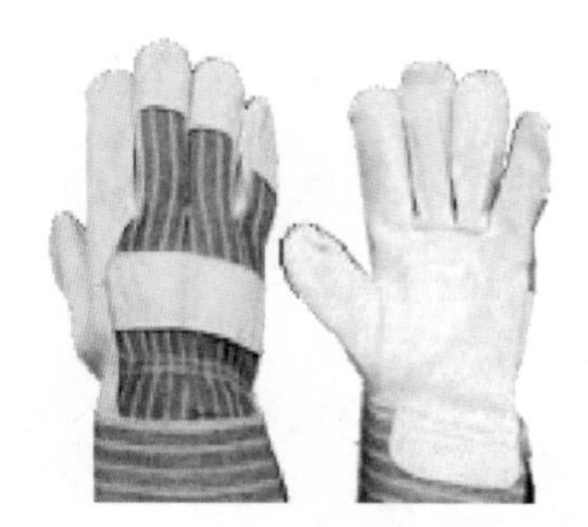

绝缘手套

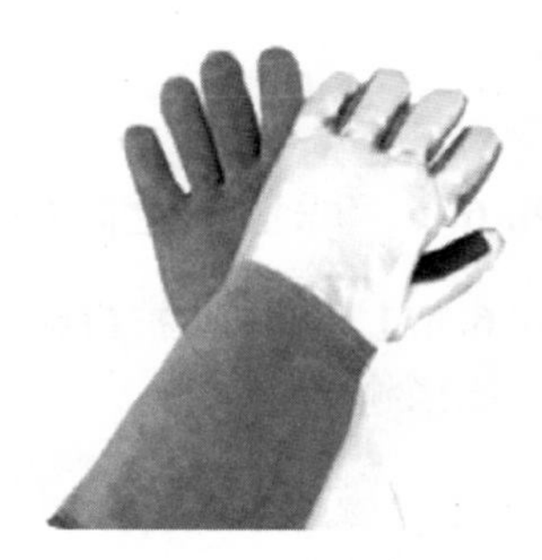

焊工手套

8.6.6.2 其他防护措施

1. 旱烟烟尘净化收集器

烟尘净化器是一种对工业废气烟雾、烟尘而设计的高效空气净化器，结构由吸尘管道、高效过滤器、活性炭过滤器、专用吸尘风机及触摸式微电脑控制器等组成的一个完整的空气净化系统。

旱烟烟尘净化收集器

8.7　职业病危害事故应急预案

职业病危害事故应急预案

审批：________________

审核：________________

编制：________________

××公司

二〇二〇年××月××日

图 8.7　职业病危害事故应急预案

第9章　安全生产应急与响应

9.1　术语和定义

9.1.1　应急预案（Emergency Plan）

为有效预防和控制可能发生的事故，最大程度减少事故及其造成损害而预先制订的工作方案。

9.1.2　应急准备（Emergency Preparedness）

针对可能发生的事故，为迅速、科学、有序地开展应急行动而预先进行的思想准备、组织准备和物资准备。

9.1.3　应急响应（Emergency Response）

针对发生的事故，有关组织或人员采取的应急行动。

9.1.4　应急救援（Emergency Rescue）

在应急响应过程中，为最大限度地降低事故造成的损失或危害，防止事故扩大，而采取的紧急措施或行动。

9.1.5　应急演练（Emergency Exercise）

针对可能发生的事故情景，依据应急预案而模拟开展的应急活动。

9.2　安全生产应急的目的

1. 切实做好安全生产事故的预防与应急救援工作，把保障人员健康和生命财产安全作为首要任务，最大程度地减少重大事故和突发事件所造成的人员伤亡和危害。

2. 注重安全生产的事前管理，常抓不懈，防患于未然。增强忧患意识，坚持预防与应急相结合、常态与非常态相结合，做好应对突发事件的各项准备工作。

9.3　生产安全应急管理工作范围

生产安全事故（事件）或可能影响施工生产安全的突发事件，例如强降水、强风暴（台风）、高温、大雪、突发传染病、海外突发政治事件等。

9.4　安全生产应急与响应组织机构及职责

各项目部及其直属上级单位应成立安全生产应急与响应组织机构，下可设应急指挥部、危险源风险评估组、抢险救援组、保卫警戒组、后勤保障组等部门。具体分工职责见下表。

安全生产应急与响应组织机构职责

序号	部门	职责
1	安全生产应急与响应指挥部	1. 分析紧急状态确定相应报警级别，根据相关危险类型、潜在后果、现有资源控制紧急情况的行动类型； 2. 指挥、协调应急反应行动； 3. 与企业外应急反应人员、部门、组织和机构进行联络； 4. 直接监察应急操作人员行动； 5. 最大限度地保证现场人员、外援人员及相关人员的安全； 6. 协调后勤方面以支援应急反应组织； 7. 应急反应组织的启动； 8. 应急评估、确定升高或降低应急警报级别； 9. 通报外部机构，决定请求外部援助； 10. 决定应急撤离，决定事故现场外影响区域的安全性
2	危险源风险评估组	1. 对各施工现场及加工厂特点以及生产安全过程的危险源进行科学的风险评估； 2. 指导生产安全部门安全措施落实和监控工作，减少和避免危险源的事故发生； 3. 完善危险源的风险评估资料信息，为应急反应的评估提供科学的、合理的、准确的依据； 4. 落实周边协议应急反应共享资源及应急反应最快捷有效的社会公共资源的报警联络方式，为应急反应提供及时的应急反应支援措施； 5. 确定各种可能发生事故的应急反应现场指挥中心位置以使应急反应及时启用； 6. 科学合理地制订应急反应物资、器材、人力计划
3	安全生产应急与响应指挥办公室	1. 根据项目部生产安全事故应急领导小组指令组织实施应急预案； 2. 负责组织应急预案的演习、操练和讲解活动； 3. 完成项目经理部生产安全事故应急领导小组交办的各项工作
4	应急专家组	1. 参与编制生产安全事故应急救援预案； 2. 参与生产安全事故应急救援预案的定期评审； 3. 开展应急救援技术，论证救援方案的可行性； 4. 参与生产安全事故应急救援预案的演练； 5. 参与应急管理的考核工作； 6. 根据现场情况，为抢险救灾组提供技术指导； 7. 参与组织实施救援； 8. 调查、分析事故发生原因，评估事故损失及制订预防改进措施
5	抢险救援组	1. 参与编制生产安全事故应急救援预案； 2. 参与生产安全事故应急救援预案的定期评审； 3. 参与生产安全事故应急救援预案的演练； 4. 组织应急抢险救援队伍； 5. 与社会应急救援组织的联系； 6. 组织专业抢险和现场救援力量进行现场处置； 7. 根据需要随时调遣后续处置和增援队伍； 8. 按照应急预案进行事故现场重要物资的转移工作
6	保卫警戒组	1. 参与生产安全事故应急救援预案的演练； 2. 与公安与社会救援的日常联系； 3. 协调公安与社会救援力量做好现场警戒和疏散工作； 4. 设置警示标志（包括警示牌、灯光、报警器）； 5. 负责事发地交通管制工作，确保运输畅通； 6. 落实应急指挥部指令，参与协调疏散工作

续表

序号	部门	职责
7	后勤保障组	1. 购置、储备应急救援物资； 2. 负责应急物资的储备管理、运输及发放工作； 3. 负责应急后勤保障工作
8	善后工作组	应急终止后，事发单位认真制定并执行生产经营的恢复计划，积极稳妥、深入细致地做好善后工作，妥善处理各方面遗留问题
9	新闻发言中心	1. 协助开展生产安全事故应急救援预案的宣传培训； 2. 组织各公司新闻发言人的业务培训； 3. 参与生产安全事故应急救援预案的演练； 4. 参与应急管理的考核工作； 5. 搜集、整理事故现场有关事故及应急救援信息； 6. 根据现场应急救援进展情况与媒体及时沟通； 7. 开展舆论宣传，做好事件波及区域员工和群众的思想稳定工作； 8. 负责新闻发布和上报材料起草工作

9.5 危险源辨识与监控

项目开工前应由项目经理牵头组织系统分析工程所有施工阶段涉及的分部分项工程，对本工程危险源辨识、风险分析及预防措施进行汇总。对存在起重伤害、机械伤害、高处坠落、物体打击、坍塌、触电、火灾等生产安全事故的可能性进行辨析作为应急预案编制与应急物资准备的依据。

9.6 安全生产应急预案

安全生产应急预案是指针对可能发生的事故，为迅速、有序地开展应急行动而预先制订的行动方案。

9.6.1 编制目的

1. 应急预案确定了应急救援的范围和体系，使应急管理不再无据可依，无章可循，尤其是通过培训和演练，可以使应急人员熟悉自己的任务，具备完成指定任务所需的相应能力，并检验预案和行动程序，评估应急人员的整体协调性。

2. 应急预案有利于做出及时的应急响应，控制和防止事故进一步恶化，应急行动对时间要求十分敏感，不允许有任何拖延，应急预案预先明确了应急各方职责和响应程序，在应急资源等方面进行先期准备，可以指导应急救援迅速、高效、有序地开展，将事故造成的人员伤亡、财产损失和环境破坏降到最低限度。

3. 应急预案是各类突发事故的应急基础，通过编制应急预案，可以对那些事先无法预料到的突发事故起到基本的应急指导作用，成为开展应急救援的“底线”，在此基础上，可以针对特定事故类别编制专项应急预案，并有针对性地制订应急预案、进行专项应急预案准备和演习。

4. 应急预案建立了与上级单位和部门应急救援体系的衔接，通过编制应急预案可以确保当发生超过本级应急能力的重大事故时与有关应急机构的联系和协调。

5. 应急预案有利于提高风险防范意识，应急预案的编制、评审、发布、宣传、演练、教育和培训，有利于各方了解面临的重大事故及其相应的应急措施，有利于促进各方提高风险防范意识和能力。

9.6.2 编制要求

9.6.2.1 针对性

应急预案是针对可能发生的事故而迅速、有序地开展应急行动而预先制订的行动方案，因此，应急预案应结合危险源分析的结果。

1. 针对重大危险源。重大危险源是指长期地或是临时地生产、搬运、使用或贮存危险性物品，且危险物品的数据等于或超过临界量的单位，重大危险源历来就是生产经营单位监管重点对象。

2. 针对可能发生的各类事故。在编制应急预案之初需要对生产经营单位中可能发生的各类事故进行分析和编制，在此基础上编制预案，才能保证应急预案更广范围的覆盖性。

3. 要根据不同的工程类型，针对关键的岗位和地点。

4. 针对薄弱环节。生产经营单位的薄弱环节主要是指生产经营单位为应对重大事故发生而存在的应急能力缺陷或不足方面，企业在编制预案过程中，必须针对生产经营在进行重大事故应急救援过程中，人力、物力、救援装备等资源，是否可以满足要求而提出弥补措施。

5. 针对重要工程，其建设和管理单位应当编制预案。重要工程往往关系到国计民生的大局，一旦发生事故，其造成的影响或损失往往不可估量，因此，针对这些重要工程应当编制应急预案。

9.6.2.2 科学性

应急救援工作是一项科学性很强的工作，编制应急预案必须以科学的态度，在全面调查研究的基础上，实行领导和专家结合的方式，开展科学分析和论证，制订出决策程序和处置方案，使应急预案真正地具有科学性。

9.6.2.3 可操作性

应急预案应具有实用性和可操作性，即发生重大事故灾害时，有关应急组织，人员可以按照应急预案的规定的迅速、有序、有效地开展应急救援行动，降低事故损失。

9.6.2.4 完整性

1. 功能完整：应急预案中应说明有关部门应履行的应急准备、应急响应职能和灾后恢复职能，说明为确保履行这些职能而应履行的支持性职能。

2. 应急过程完整：包括应急管理工作中的预防、准备、响应、恢复 4 个阶段。

3. 适用范围完整：要阐明该预案的适用范围，即针对不同事故性质可能会对预案的适用范围进行扩展。

9.6.2.5 合规性

应急预案的内容应符合国家法律、法规、标准和规范的要求。

9.6.2.6 可读性

可读性体现于以下几点内容：

1. 易于查询。

2. 语言简洁、通俗易懂。

3. 层次及结构清晰。

9.6.2.7 相互衔接

安全生产应急预案应相互协调一致、相互兼容，符合施工组织设计及现场其他变动。

9.6.3 编制流程

生产经营单位应急预案编制程序包括成立应急预案编制工作组、资料收集、风险评估、应急能力评估、编制应急预案和应急预案评审 6 个步骤。

9.6.3.1 成立应急预案编制工作组

生产经营单位应结合本单位部门职能和分工，成立以单位主要负责人（或分管负责人）为组长，单位相关部门人员参加的应急预案编制工作组，明确工作职责和任务分工，制订工作计划，组织开展应急预案编制工作。

9.6.3.2 资料收集

应急预案编制工作组应收集与预案编制工作相关的法律法规、技术标准、应急预案、国内外同行业企业事故资料，同时收集本单位安全生产相关技术资料、周边环境影响、应急资源等有关资料。

9.6.3.3 风险评估

主要内容包括以下三点：

1. 分析生产经营单位存在的危险因素，确定事故危险源。
2. 分析可能发生的事故类型及后果，并指出可能产生的次生、衍生事故。
3. 评估事故的危害程度和影响范围，提出风险防控措施。

9.6.3.4 应急能力评估

在全面调查和客观分析生产经营单位应急队伍、装备、物资等应急资源状况基础上开展应急能力评估，并依据评估结果，完善应急保障措施。

9.6.3.5 编制应急预案

依据生产经营单位风险评估以及应急能力评估结果，组织编制应急预案。应急预案编制应注重系统性和可操作性，做到与相关部门和单位应急预案相衔接。

9.6.3.6 应急预案评审

应急预案编制完成后，生产经营单位应组织评审。评审分为内部评审和外部评审，内部评审由生产经营单位主要负责人组织有关部门和人员进行。外部评审由生产经营单位组织外部有关专家和人员进行评审。应急预案评审合格后，由生产经营单位主要负责人（或分管负责人）签发实施，并进行备案管理。

9.6.4 应急预案内容

应急预案体系是针对现场可能发生的事故和所有危险源制订，由综合应急预案、专项应急预案及现场处置方案组成。

9.6.4.1 综合应急预案

综合应急预案是生产经营单位应急预案体系的总纲，主要从总体上阐述事故的应急工作原则，包括生产经营单位的应急组织机构及职责、应急预案体系、事故风险描述、预警及信息报告、应急响应、保障措施、应急预案管理等内容。

综合应急预案模板见 9.14.1 附件一：综合应急预案。

9.6.4.2 专项应急预案

专项应急预案是生产经营单位为应对某一类型或某几种类型事故，或者针对重要生产设施、重大危险源、重大活动等内容而定制的应急预案。专项应急预案主要包括事故风险分析、应急指挥机构及职责、处置程序和措施等内容。

专项应急预案模板见 9.14.2 附件二：专项应急预案。

9.6.4.3 现场处置方案

现场处置方案是生产经营单位根据不同事故类型，针对具体的场所、装置或设施所制订的应急处置措施，主要包括事故风险分析、应急工作职责、应急处置和注意事项等内容。生产经营单位应根据风险评估、岗位操作规程以及危险性控制措施，组织本单位现场作业人员及安全管理等专业人员共同编制现场处置方案。

现场处置方案模板见 9.14.3 附件三：现场处置方案。

9.6.5 预案管理

应急指挥部应每 3 年组织一次应急预案的修订。出现以下原因时，应及时对本预案进行调整：

1. 相关新法律法规、标准的颁布实施。
2. 相关法律法规、标准的修订。
3. 应急组织指挥体系或者职责发生调整的。
4. 上级主管部门要求修订的。
5. 预案演练或应急事件处置中发现不符合项的。
6. 其他原因。

9.7　突发事件预警

9.7.1　适用范围

在可能影响施工生产安全的突发事件，例如强降水、强风暴（台风）、高温、大雪、突发传染病、海外突发政治事件等发生时，启动突发事件预警。

9.7.2　预警级别

1. 在监测、分析、预测的基础上，根据可能发生的突发事件的可控性、影响范围、紧急程度和发展势态，以及可能造成的人员伤亡、财产损失和社会危害的严重程度等，预警级别从高到低分为一级、二级、三级和四级，分别用红色、橙色、黄色和蓝色标志。

2. 与突发事件分为四个级别相对应，可能发生Ⅰ级（特别重大）事件时，发布一级（红色）预警；可能发生Ⅱ级（重大）事件时，发布二级（橙色）预警；可能发生Ⅲ级（较大）事件时，发布三级（黄色）预警；可能发生Ⅳ级（一般）事件时，发布四级（蓝色）预警。

9.7.3　预防措施

1. 加强对突发事件的预防管理，制订相应制度并严格执行，积极开展教育培训，提高防范意识和技能。针对可能发生的各种突发事件，完善预警机制，提升预防能力，尽最大可能把问题解决在萌芽状态。

2. 接收预警信息的所有单位，根据事件性质、影响范围、严重程度和转化为突发事件的可能性，结合预警级别和实际工作需要，制订处置方案，采取必要的预防措施。

3. 可能发生突发事件的单位，根据应急管理工作条件和预警级别，有针对性地制订处置方案，加强预防监测，组织排查隐患。发现隐患立即整改，无法立即整改的，必须积极采取预防措施并及时报告。

9.7.4　预警发布

1. 一级（红色）预警的发布与否、具体内容、告知范围、级别调整、解除与否等，由项目部直属上级单位生产安全事故应急与响应指挥部审核，指挥部组长审批。预警发布后，各项目生产安全事故应急与响应办公室、有关配合机构和接收预警信息的所有单位均进入预警状态。

2. 二级（橙色）预警的发布与否、具体内容、告知范围、级别调整、解除与否等，由项目部直属上级单位生产安全事故应急与响应指挥部审批。预警发布后，各项目生产安全事故应急与响应办公室、有关配合机构和接收预警信息的所有单位均进入预警状态。

3. 三级（黄色）预警的发布与否、具体内容、告知范围、级别调整、解除与否等，由各项目生产安全事故应急与响应办公室审核，项目部直属上级单位生产安全事故应急与响应指挥部审批。预警发布后，各项目生产安全事故应急与响应办公室、有关配合机构和接收预警信息的所有单位均进入预警状态。

4. 各单位层面四级（蓝色）预警的发布与否、具体内容、告知范围、级别调整、解除与否等，由各项目生产安全事故应急与响应办公室审批，报项目部直属上级单位生产安全事故应急与响应指挥部备案。预警发布后，各项目生产安全事故应急与响应办公室、有关配合机构和接收预警信息的所有单位均进入预警状态。

9.8 应急响应

9.8.1 应急响应管理

1. 事故发生后，事故现场有关人员应当立即组织救援，控制事态，防止事故扩大，同时向本单位负责人报告；单位负责人接到报告后，启动应急响应程序，在不危及人身安全时，现场人员采取救援措施开展救援，严重危及人身安全时，迅速停止作业，现场人员采取必要的或可能的应急措施后撤离危险区域，并向上级求助。

2. 发生安全事故的单位，根据情节严重，事故单位负责人必须在第一时间（2h）电话通知公司领导和安全主管部门，并提交事故快报表（见 9.14.5 附件四：事故快报表）。

3. 事故处理后，需及时组织调查了解事故发生的经过，并在 12h 内将事故调查报告上报至安全生产应急与响应指挥部。

4. 如符合上报工伤保险要求，需在 24h 上报至安全生产应急与响应指挥部，以便上报工伤保险所，报告表按所属地行政部要求填写。

5. 如发生在场外（上下班途中、因公外出等）事故，现场人员应立即向本单位负责人报告，事故单位负责人根据实际情况按上述要求进行报告。

9.8.2 应急救援

项目领导接到事故报告后，应当立即启动事故应急预案，或者采取有效措施，组织抢救，防止事故扩大，减少人员伤亡和财产损失。

项目经理部人员应当妥善保护事故现场以及相关证据。因抢救人员、防止事故扩大以及疏通交通等原因，需要移动事故现场物件的，应当做出标志，绘制现场简图并做出书面记录，妥善保存现场重要痕迹、物证。

上级接到项目请求救援信息时，应急指挥机构迅速启动，上级应急领导小组成员迅速到达指定岗位，因特殊情况不能到岗的，经上级同意，由所在部门、单位按职务从高到低递补。

9.8.3 应急结束

经采取必要措施及充分研究论证，当事态已得到有效控制，各种应急处置行动已无继续的必要，事件次生、衍生隐患已消除，可能引起的中长期影响趋于合理且较低的水平时，可以申请终止应急工作。

按照“谁启动，谁结束”的原则，应急处置现场指挥部认为符合终止条件时，向启动应急响应的决策单位提出申请。终止申请批准后，应急处置现场指挥部宣布应急终止，应急状态解除，应急工作结束。

9.8.4 后期处置

9.8.4.1 善后处置

应急终止后，事发单位认真制订并执行生产经营的恢复计划，积极稳妥、深入细致地做好善后工作，妥善处理各方面遗留问题。

9.8.4.2　调查追责

事发单位全面调查事件原因，依法查处有关责任人员。若是由第三方造成，必要时可以按有关程序，并追究第三方的责任。

9.8.4.3　总结完善

事发单位协同应急处置现场指挥部，编写应急工作报告，总结经验和教训，填写事故调查报告，及时改进、完善应急预案，防止类似事件再次发生。

9.8.4.4　事故调查报告

事故处理后，需及时组织调查了解事故发生的经过，并在 12h 内将事故调查报告上报至安全生产应急与响应指挥部。

事故调查报告模板见 9.14.5 附件五：事故调查报告。

9.8.4.5　汇总归档

事发单位协同安全生产应急与响应指挥部，及时汇总整个事件过程中所有收发信息、领导批示、调研报告、工作报告、现场影像和图片文字材料等，并移交给应急管理分管部门归档。

9.9　培训与演练

项目部应至少每半年组织一次演练，并在演练前编制演练方案，开展演练方案培训，演练结束后填写应急演练记录表，归档保存。

9.9.1　应急演练方案

应急演练方案由项目部根据安全生产事故应急预案及响应流程编制，应包括演练目的、物资准备、参演人员、事故现场应急、人员撤离、伤亡救治、事故报告、善后处理等内容。

应急演练方案模板见 9.14.6 附件六：应急演练方案。

9.9.2　应急演练培训

为了在出现险情时处理迅速、正确应对，对救援队和项目部相关人员均进行针对性的应急知识培训，并对预设险情进行实地演练。应急演练培训应由安全部组织安排，并填写培训教育记录表。保证所有应急小组成员都能接受有效的应急培训，使其熟悉事故处置流程、疏散路线、安全躲避场所等。

基本任务：锻炼和提高队伍在突发事件情况下的快速抢险堵源、及时营救队员、正确指导和帮助群众基础防护或撤离、有效消除危害后果、开展现场急救和伤员转送等应急救援技能和应急反应综合素质，有效降低事故危害，减少事故损失。

培训的内容应包括：

1. 灭火器、消火栓及其他抢险物资的使用方法。
2. 在事故现场的自我保护。
3. 对危险源、事故隐患及重要环境因素的分析、辨识。
4. 应急救援程序及报警、示警方法。
5. 紧急情况下人员的安全疏散。
6. 各种抢救的基本技能。
7. 应急救援的团队协作意识。

9.9.3　应急演练及评价记录

应急演练及评价记录见 9.14.7 附件七：应急演练及评价记录表。

9.10 信息发布

1. 根据突发事件的发展变化、处置情况和社会影响，有必要对政府、媒体或公众发布事件处置信息的，经启动应急响应的决策单位研究同意，可以予以发布。

2. 信息发布按照“统一口径、权威真实、有效引导”的原则，根据信息发布有关规定，由启动应急响应的决策单位委派的新闻发言人、有关部门或事发单位的权威代表出面沟通，澄清事实、控制影响、引导舆论、维护权益。

3. 信息发布应当及时、准确、全面、客观，未经启动应急响应的决策单位同意或授权，或未按信息发布有关规定执行，任何单位和个人不得擅自对外发布信息和接受媒体采访。违反规定造成一定后果的，将逐级追究有关人员的责任。

9.11 保障措施

9.11.1 通信与信息保障

项目及上级单位应建立应急通信录，包含安全生产应急与响应组织机构全体成员。

应急通信一览表

序号	姓名	职务	电话

9.11.2 应急队伍保障

建立内部抢险救援队，并联系外部抢险救援队，包括政府机构、医疗机构、公安机构、消防机构及其他抢险救援机构，明确联系人及联系方式。

抢险救援队成员及名单

序号	姓名	职务	电话

9.11.3 应急物资装备保障

项目现场配备的应急物资和设备主要有常备药品、抢险工具、应急器材 3 类。在项目制订的预案中列清单，说明品名、数量、存放地点，专人保管并定期检查，随时补充。储备在施工现场的应急物资设备为应急救援专用常备物资，非特殊情况，不得动用。需相关单位援助的应急物资和设备，例如挖掘机、推土机、发电机等，项目交通运输组定期与这些物资设备单位保持联络，了解设备的状态，确保紧急情况发生时能提供援助。

9.11.4 经费保障

保证应急救援专项经费来源，经费只能用于应急救援物资设备保障、人员培训保障和应急预案演练保障，确保专款专用。

9.12　其他关键资料

1. 警报系统分布及覆盖范围。
2. 重要防护目标，危险源一览表、分布图。
3. 应急指挥部位置及救援队伍行动路线。
4. 疏散路线、警戒范围、重要地点等的标志。
5. 相关平面布置图纸、救援力量的分布图纸等。
6. 与相关应急救援部门签订的应急救援协议或备忘录。

9.13　责任与奖惩

应急处置工作实行领导负责制和责任追究制。对在应急工作中作出突出贡献的先进集体和个人，由应急指挥部提出申请，经局安委会批复后给予表彰和奖励。应急指挥部对迟报、谎报、瞒报和漏报应急事件重要情况或应急工作有其他失职、渎职行为的，报局主要领导指令纪委监察室牵头成立调查组进行核实调查，按照相关规定对有关责任人进行处理；构成犯罪的，移交司法机关。

9.14　附　　件

9.14.1　附件一：综合应急预案

综合应急预案

1. 总则
1.1　编制目的
简述应急预案编制的目的。
1.2　编制依据
简述应急预案编制所依据的法律、法规、规章、标准和规范性文件以及相关应急预案等。
1.3　适用范围
说明应急预案适用的工作范围和事故类型、级别。
1.4　应急预案体系
说明生产经营单位应急预案体系的构成情况，可用框图形式表述。
1.5　应急预案工作原则
说明生产经营单位应急工作的原则，内容应简明扼要、明确具体。
2. 事故风险描述
简述生产经营单位存在或可能发生的事故风险种类、发生的可能性以及严重程度及影响范围等。
3. 应急组织机构及职责
明确生产经营单位的应急组织形式及组成单位或人员，可用结构图的形式表示，明确构成部门的职责。应急组织机构根据事故类型和应急工作需要，可设置相应的应急工作小组，并明确各小组的工作任务及职责。
4. 预警及信息报告
4.1　预警
根据生产经营单位检测监控系统数据变化状况、事故险情紧急程度和发展势态或有关部门提供的预警信息进行预警，明确预警的条件、方式、方法和信息发布的程序。

4.2 信息报告

信息报告程序主要包括如下内容。

4.2.1 信息接收与通报

明确24h应急值守电话、事故信息接收、通报程序和责任人。

4.2.2 信息上报

明确事故发生后向上级主管部门、上级单位报告事故信息的流程、内容、时限和责任人。

4.2.3 信息传递

明确事故发生后向本单位以外的有关部门或单位通报事故信息的方法、程序和责任人。

5. 应急响应

5.1 响应分级

针对事故危害程度、影响范围和生产经营单位控制事态的能力，对事故应急响应进行分级，明确分级响应的基本原则。

5.2 响应程序

根据事故级别的发展态势，描述应急指挥机构启动、应急资源调配、应急救援、扩大应急等响应程序。

5.3 处置措施

针对可能发生的事故风险、事故危害程度和影响范围，制订相应的应急处置措施，明确处置原则和具体要求。

5.4 应急结束

明确现场应急响应结束的基本条件和要求。

6. 信息公开

明确向有关新闻媒体、社会公众通报事故信息的部门、负责人和程序以及通报原则。

7. 后期处置

主要明确污染物处理、生产秩序恢复、医疗救治、人员安置、善后赔偿、应急救援评估等内容。

8. 保障措施

8.1 通信与信息保障

明确可为生产经营单位提供应急保障的相关单位及人员通信联系方式和方法，并提供备用方案。同时，建立信息通信系统及维护方案，确保应急期间信息通畅。

8.2 应急队伍保障

明确应急响应的人力资源，包括应急专家、专业应急队伍、兼职应急队伍等。

8.3 物资装备保障

明确生产经营单位的应急物资和装备的类型、数量、性能、存放位置、运输及使用条件、管理责任人及其联系方式等内容。

8.4 其他保障

根据应急工作需求而确定的其他相关保障措施（例如经费保障、交通运输保障、治安保障、技术保障、医疗保障、后勤保障等）。

9. 应急预案管理

9.1 应急预案培训

明确对生产经营单位人员开展的应急预案培训计划、方式和要求，使有关人员了解相关应急预案内容，熟悉应急职责、应急程序和现场处置方案。如果应急预案涉及到社区和居民，要做好宣传教育和告知等工作。

9.2 应急预案演练

明确生产经营单位不同类型应急预案演练的形式、范围、频次、内容以及演练评估、总结等要求。

9.3 应急预案修订

明确应急预案修订的基本要求，并定期进行评审，实现可持续改进。

9.4 应急预案备案

明确应急预案的报备部门，并进行备案。

9.5 应急预案实施

明确应急预案实施的具体时间、负责制订与解释的部门。

9.14.2 附件二：专项应急预案

专项应急预案

1. 事故风险分析

针对可能发生的事故风险，分析事故发生的可能性以及严重程度、影响范围等。

2. 应急指挥机构及职责

根据事故类型，明确应急指挥机构总指挥、副总指挥以及各成员单位或人员的具体职责。应急指挥机构可以设置相应的应急救援工作小组，明确各小组的工作任务及主要负责人职责。

3. 处置程序

明确事故及事故险情信息报告程序和内容、报告方式和责任等内容。根据事故响应级别，具体描述事故接警报告和记录、应急指挥机构启动、应急指挥、资源调配、应急救援、扩大应急等应急响应程序。

4. 处置措施

针对可能发生的事故风险、事故危害程度和影响范围，制订相应的应急处置措施，明确处置原则和具体要求。

9.14.3 附件三：现场处置方案

现场处置方案

1. 事故风险分析

1.1 事故类型。

1.2 事故发生的区域、地点或装置的名称。

1.3 事故发生的可能时间、事故的危害严重程度及其影响范围。

1.4 事故前可能出现的征兆。

1.5 事故可能引发的次生事故、衍生事故。

2. 应急工作职责

根据现场工作岗位、组织形式及人员构成，明确各岗位人员的应急工作分工和职责。

3. 应急处置

3.1 事故应急处置程序。根据可能发生的事故及现场情况，明确事故报警、各项应急措施启动、应急救护人员的引导、事故扩大及同生产经营单位应急预案的衔接的程序。

3.2 现场应急处置措施。针对可能发生的火灾、爆炸、危险化学品泄漏、坍塌、水患、机动车辆伤害等，从人员救护、工艺操作、事故控制，消防、现场恢复等方面制订明确的应急处置措施。

3.3 明确报警负责人以及报警电话及上级管理部门、相关应急救援单位联络方式和联系人员，事故报告基本要求和内容。

4. 注意事项

4.1 佩戴个人防护器具方面的注意事项。

4.2 使用抢险救援器材方面的注意事项。

4.3 采取救援对策或措施方面的注意事项。

4.4 现场自救和互救注意事项。

4.5 现场应急处置能力确认和人员安全防护等事项。

4.6 应急救援结束后的注意事项。

4.7 其他需要特别警示的事项。

9.14.4 附件四：事故快报表

事故快报表

<table>
<tr><td colspan="6">事故快报表</td><td>编号</td><td></td></tr>
<tr><td colspan="8">事故发生的企业信息（包括总承包、分包企业）</td></tr>
<tr><td colspan="3">名称</td><td>经济性质</td><td>资质等级</td><td colspan="2">直接主管部门</td><td>业别</td></tr>
<tr><td colspan="3">总承包：</td><td></td><td></td><td colspan="2"></td><td></td></tr>
<tr><td colspan="3">分包：</td><td></td><td></td><td colspan="2"></td><td></td></tr>
<tr><td colspan="8">事故伤亡人员　　其中：死亡　　人，重伤　　人，轻伤　　人。</td></tr>
<tr><td>姓名</td><td>伤亡程度</td><td>用工形式</td><td>工种</td><td>级别</td><td>性别</td><td>年龄</td><td>事故类别</td></tr>
<tr><td></td><td></td><td></td><td></td><td></td><td></td><td></td><td></td></tr>
<tr><td></td><td></td><td></td><td></td><td></td><td></td><td></td><td></td></tr>
<tr><td></td><td></td><td></td><td></td><td></td><td></td><td></td><td></td></tr>
<tr><td></td><td></td><td></td><td></td><td></td><td></td><td></td><td></td></tr>
<tr><td></td><td></td><td></td><td></td><td></td><td></td><td></td><td></td></tr>
<tr><td></td><td></td><td></td><td></td><td></td><td></td><td></td><td></td></tr>
<tr><td></td><td></td><td></td><td></td><td></td><td></td><td></td><td></td></tr>
<tr><td></td><td></td><td></td><td></td><td></td><td></td><td></td><td></td></tr>
<tr><td colspan="2">事故的简要经过及原因初步分析（说明：从事何工作时发生的事故，发生现场部位及起因）</td><td colspan="6"></td></tr>
<tr><td colspan="2">事故发生后采取的措施及控制情况</td><td colspan="6"></td></tr>
<tr><td colspan="2">报告单位</td><td colspan="4"></td><td>报告时间</td><td></td></tr>
</table>

9.14.5　附件五：事故调查报告

企业职工因工伤亡事故调查报告书

工程名称：　　　　　　　　　　　　　　　　　　填报单位：
填报人：　　　　　　　　　　　　　　　　　　　填报时间：

1. 概述

事故发生的时间、地点、单位、伤亡人员、经济损失以及事故调查组成立的情况。

2. 事故基本情况

事故工程概况及事故涉及的所有参建单位情况。

3. 事故经过及应急处置情况

事故发生详细过程及事故发生后的应急处置情况。

4. 事故调查取证情况

事故调查组现场勘查、人员问询及事故原因分析、责任认定有关材料收集验证情况。

5. 事故造成的人员伤亡和经济损失

人员伤亡和直接经济损失。

6. 事故原因及性质

事故发生的直接原因、间接原因、主要原因及事故性质。

7. 对事故责任人员及责任单位的处理建议

7.1　责任主要包括：直接责任、管理责任、技术责任、领导责任等。

7.2　对责任人员处理建议应包括：责任人员违法行为、应承担的责任、处罚依据和具体处罚情况。

7.3　对责任单位处理建议应包括：责任单位违法行为、应承担的责任、处罚依据和具体处罚情况。

8. 事故教训及预防事故充分发生的措施

根据事故原因分析和调查了解的情况，分析事故主要教训并提出有针对性的防范措施。

9. 事故调查的有关资料

9.1　事故现场平面示意图

9.2　事故现场模拟照片

9.3　企业营业执照及资质证书复印件

9.4　死者个人证件、受安全教育情况

9.5　安全技术交底书

9.6　见证人的证明材料

9.7　事故伤亡诊断书及证明

9.8　与死者家属签订的经济补偿协议书

9.9　事故调查的其他资料

10. 事故调查小组成员名单

事故调查组成员名单及签字表。

11. 事故“四不放过”证明材料

9.14.6 附件六：应急演练方案

应急演练方案

1. 演练时间
2. 演练地点
3. 演练目的、目标
检验预案、锻炼队伍、磨合机制、宣传教育、完善准备或其他目的。
4. 演练类型
综合演练、单项演练、现场演练或桌面演练。
5. 演练内容
5.1　预警与报告
5.2　指挥与协调
5.3　应急通信
5.4　事故监测
5.5　警戒与管制
5.6　疏散与安置医疗卫生
5.7　现场处置
5.8　社会沟通
5.9　后期处置
5.10　……
6. 参演人员分组，任务、职责分工
6.1　应急指挥部
整个应急过程的指挥、协调。
6.2　抢险救援组
负责排险。
6.3　保卫警戒组
负责警戒、保障。
6.4　应急专家组
负责技术指导。
6.5　……
7. 演练筹备（人员、经费、物资、场地、安全、通信和其他保障）
7.1　工具、物资
7.2　场地
7.3　演练人员
7.4　演练事故情景设计
8. 演练主要步骤
演练的准备、报警、应急响应、排险、应急结束的具体流程。
9. 结束后现场点评
应急演练结束后，在演练现场，评估人员对演练中发现的问题、不足及取得的成效进行口头点评。
10. 应急演练书面评估
依据评估标准，对演练全过程进行科学分析和客观评价，重点评估演练的组织实施、目标实现、参演人员表现、演练暴露的问题。

10.1　演练信息

应急演练目的和目标、情景描述，应急行动与应对措施简介等。

10.2　评估内容

应急演练准备、应急演练组织与实施、应急演练效果等。

10.3　评估标准

应急演练各环节应达到的目标评判标准。

10.4　评估程序

演练评估工作主要步骤及任务分工。

11. 演练总结报告

演练结束后，应对演练做出总结报告，内容包括演练概要、发现的问题和建议等。

9.14.7　附件七：应急演练及评价记录

应急演练及评价记录

<table>
<tr><td colspan="5">应急演练及评价记录</td><td>编号</td><td></td></tr>
<tr><td>单位名称</td><td colspan="6"></td></tr>
<tr><td>时间</td><td></td><td>地点</td><td></td><td>项目组织人</td><td colspan="2"></td></tr>
<tr><td colspan="7">过程记录：</td></tr>
<tr><td colspan="7">演练结果评价：</td></tr>
<tr><td colspan="7">记录人：</td></tr>
</table>

注：1. 参加演练人员做好签到记录；

2. 演练照片等记录附后。

第 10 章　安全生产费用

10.1　安全生产费用组成明细

1. 安全生产费用（以下简称安全费用）是指企业按照规定标准提取在成本中列支，专门用于完善和改进企业或者项目安全生产条件的资金。

安全费用按照“企业提取、政府监管、确保需要、规范使用”的原则进行管理。

2. 建筑工程安全防护、文明施工措施费用是由《建筑安装工程费用项目组成》（建标〔2003〕206号）中措施费所含的文明施工费、环境保护费、临时设施费、安全施工费组成。

其中安全施工费由临边、洞口、交叉、高处作业安全防护费，危险性较大工程安全措施费及其他费用组成。危险性较大工程安全措施费及其他费用项目组成由各地建设行政主管部门结合本地区实际自行确定。

3. 依法进行工程招标投标的项目，招标方或具有资质的中介机构编制招标文件时，应当按照有关规定并结合工程实际单独列出安全防护、文明施工措施项目清单。

建设工程安全防护、文明施工措施项目清单

<table>
<tr><th>类别</th><th colspan="2">项目名称</th><th>具体要求</th></tr>
<tr><td rowspan="8">文明施工与环境保护</td><td colspan="2">安全警示标志牌</td><td>在易发伤亡事故（或危险）处设置明显的、符合国家标准要求的安全警示标志牌</td></tr>
<tr><td colspan="2">现场围挡</td><td>（1）现场采用封闭围挡，高度不小于 1.8m；
（2）围挡材料可采用彩色、定型钢板，砖、混凝土砌块等墙体</td></tr>
<tr><td colspan="2">五板一图</td><td>在进门处悬挂工程概况、管理人员名单及监督电话、安全生产、文明施工、消防保卫五板；施工现场总平面图</td></tr>
<tr><td colspan="2">企业标志</td><td>现场出入的大门应设有本企业标志或企业标志</td></tr>
<tr><td colspan="2">场容场貌</td><td>（1）道路畅通；
（2）排水沟、排水设施通畅；
（3）工地地面硬化处理；
（4）绿化</td></tr>
<tr><td colspan="2">材料堆放</td><td>（1）材料、构件、料具等堆放时，悬挂有名称、品种、规格等标志牌；
（2）水泥和其他易飞扬细颗粒建筑材料应密闭存放或采取覆盖等措施；
（3）易燃、易爆和有毒有害物品分类存放</td></tr>
<tr><td colspan="2">现场防火</td><td>消防器材配置合理，符合消防要求</td></tr>
<tr><td colspan="2">垃圾清运</td><td>施工现场应设置密闭式垃圾站，施工垃圾、生活垃圾应分类存放；施工垃圾必须采用相应容器或管道运输</td></tr>
<tr><td rowspan="2">临时设施</td><td colspan="2">现场办公生活设施</td><td>（1）施工现场办公、生活区与作业区分开设置，保持安全距离；
（2）工地办公室、现场宿舍、食堂、厕所、饮水、休息场所符合卫生和安全要求</td></tr>
<tr><td>施工现场临时用电</td><td>配电线路</td><td>（1）按照 TN-S 系统要求配备五芯电缆、四芯电缆和三芯电缆；
（2）按要求架设临时用电线路的电杆、横担、瓷夹、瓷瓶等，或电缆埋地的地沟；
（3）对靠近施工现场的外电线路，设置木质、塑料等绝缘体的防护设施</td></tr>
</table>

续表

类别	项目名称		具体要求
临时设施	施工现场临时用电	配电箱开关箱	（1）按三级配电要求，配备总配电箱、分配电箱、开关箱三类标准电箱。开关箱应符合“一机、一箱、一闸、一漏”。三类电箱中的各类电器应是合格品；（2）按两级保护的要求，选取符合容量要求和质量合格的总配电箱和开关箱中的漏电保护器
		接地保护装置	施工现场保护零钱的重复接地应不少于三处
安全施工	临边洞口交叉高处作业防护	楼板、屋面、阳台等临边防护	用密目式安全立网全封闭，作业层另加两边防护栏杆和 18cm 高的踢脚板
		通道口防护	设防护棚，防护棚应为不小于 5cm 厚的木板或两道相距 50cm 的竹笆。两侧应沿栏杆架用密目式安全立网封闭
		预留洞口防护	用木板全封闭；短边超过 1.5m 长的洞口，除封闭外四周还应设有防护栏杆
		电梯井口防护	设置定型化、工具化、标准化的防护门；在电梯井内每隔两层（不大于 10m）设置一道安全平网
		楼梯边防护	设 1.2m 高的定型化、工具化、标准化的防护栏杆，18cm 高的踢脚板
		垂直方向交叉作业防护	设置防护隔离棚或其他设施
		高空作业防护	有悬挂安全带的悬索或其他设施；有操作平台；有上下的梯子或其他形式的通道
	其他	检测器具	电阻仪、力矩扳手、漏保测试仪等
		检测费用	特种设备检测检验支出
		新型安全措施应用费用	塔式起重机智能化防碰撞系统、空间限制器等安全生产适用的新技术、新标准、新工艺、新装备的推广应用支出
		防护搭设人工费用	临边洞口、交叉作业、高处作业防护搭设的人工费用

注：引用住房城乡建设部下发《建筑工程安全防护、文明施工措施费用及使用管理规定》表格，本表所列建筑工程安全防护、文明施工措施项目，是依据现行法律法规及标准规范确定。如修订法律法规和标准规范，本表所列项目应按照修订后的法律法规和标准规范进行调整。

10.2　安全生产费用使用计划

项目经理根据《安全生产措施费费用组成明细》，每年年初组织生产、技术、商务、安全、材料等有关人员编制《项目安全生产措施费使用计划》，安全生产费用应满足施工现场安全防护、文明施工措施费用，超出部分，据实计入项目生产成本。对于所需用品由项目根据实际需要遵循物资部门规定要求采购。

项目安全生产措施费使用计划

<table>
<tr><td colspan="5">项目安全生产措施费使用计划</td><td>表格编号</td><td colspan="2"></td></tr>
<tr><td>工程名称</td><td colspan="7"></td></tr>
<tr><td rowspan="2">序号</td><td rowspan="2">细项</td><td colspan="6">计划投入时间</td></tr>
<tr><td>1月</td><td>2月</td><td>3月</td><td>4月</td><td>5月</td><td>6月</td></tr>
<tr><td>1</td><td></td><td></td><td></td><td></td><td></td><td></td><td></td></tr>
<tr><td>2</td><td></td><td></td><td></td><td></td><td></td><td></td><td></td></tr>
<tr><td>3</td><td></td><td></td><td></td><td></td><td></td><td></td><td></td></tr>
<tr><td>4</td><td></td><td></td><td></td><td></td><td></td><td></td><td></td></tr>
<tr><td>5</td><td></td><td></td><td></td><td></td><td></td><td></td><td></td></tr>
<tr><td>6</td><td></td><td></td><td></td><td></td><td></td><td></td><td></td></tr>
<tr><td>7</td><td></td><td></td><td></td><td></td><td></td><td></td><td></td></tr>
<tr><td>8</td><td></td><td></td><td></td><td></td><td></td><td></td><td></td></tr>
<tr><td>9</td><td></td><td></td><td></td><td></td><td></td><td></td><td></td></tr>
<tr><td>10</td><td></td><td></td><td></td><td></td><td></td><td></td><td></td></tr>
<tr><td>11</td><td></td><td></td><td></td><td></td><td></td><td></td><td></td></tr>
<tr><td>12</td><td></td><td></td><td></td><td></td><td></td><td></td><td></td></tr>
<tr><td>…</td><td></td><td></td><td></td><td></td><td></td><td></td><td></td></tr>
<tr><td>商务经理</td><td></td><td>安全总监</td><td></td><td>项目经理</td><td></td><td>公司经理</td><td></td></tr>
<tr><td>时间</td><td></td><td>时间</td><td></td><td>时间</td><td></td><td>时间</td><td></td></tr>
</table>

10.3 安全生产费用计提

1. 建设工程是指土木工程、建筑工程、井巷工程、线路管道和设备安装及装修工程的新建、扩建、改建以及矿山建设。

建设工程施工企业以建筑安装工程造价为计提依据。依照《企业安全生产费用提取和使用管理办法》(财企〔2012〕16号)，各建设工程类别安全费用提取标准如下：

(1) 矿山工程为2.5%。

(2) 房屋建筑工程、水利水电工程、电力工程、铁路工程、城市轨道交通工程为2.0%。

(3) 市政公用工程、冶炼工程、机电安装工程、化工石油工程、港口与航道工程、公路工程、通信工程为1.5%。

建设工程施工企业提取的安全费用列入工程造价，在竞标时，不得删减，列入标外管理。国家对基本建设投资概算另有规定的，从其规定。

总承包单位应当将安全费用按比例直接支付分包单位并监督使用，分包单位不再重复提取。

2. 新建企业和投产不足一年的企业以当年实际营业收入为提取依据，按月计提安全费用。

混业经营企业，如能按业务类别分别核算的，则以各业务营业收入为计提依据，按上述标准分别提取安全费用；如不能分别核算的，则以全部业务收入为计提依据，按主营业务计提标准提取安全费用。

10.4　安全生产费用投入台账

1. 建设工程施工企业安全费用应当按照以下范围使用

（1）完善、改造和维护安全防护设施设备支出（不含“三同时”要求初期投入的安全设施），包括施工现场临时用电系统、洞口、临边、机械设备、高处作业防护、交叉作业防护、防火、防爆、防尘、防毒、防雷、防台风、防地质灾害、地下工程有害气体监测、通风、临时安全防护等设施设备支出。

（2）配备、维护、保养应急救援器材、设备支出和应急演练支出。

（3）开展重大危险源和事故隐患评估、监控和整改支出。

（4）安全生产检查、评价（不包括新建、改建、扩建项目安全评价）、咨询和标准化建设支出。

（5）配备和更新现场作业人员安全防护用品支出。

（6）安全生产宣传、教育、培训支出。

（7）安全生产适用的新技术、新标准、新工艺、新装备的推广应用支出。

（8）安全设施及特种设备检测检验支出。

（9）其他与安全生产直接相关的支出。

2. 每笔安全费用物资管理员会同安全经理（安全员）必须如实填写“项目安全投入台账”，并附各笔费用发票复印件、明细、验收单等支撑材料。每月最后一天报送公司施工安全管理部备案。

项目安全投入台账

项目安全投入台账				表格编号	
工程名称					
序号	费用投入使用内容	金额	发票编号	投入时间	备注
1					
2					
3					
4					
5					
6					
7					
8					
9					
10					
11					
12					
13					
14					
安全总监		商务经理		项目经理	
备注	投入台账应根据计划分类填写，含购买、调拨、租赁支出等				

10.5 安全生产费用核销

企业提取的安全费用应当专户核算，按规定范围安排使用，不得挤占、挪用。年度结余资金结转下年度使用，当年计提安全费用不足的，超出部分按正常成本费用渠道列支。

主要承担安全管理责任的集团公司经过履行内部决策程序，可以对所属企业提取的安全费用按照一定比例集中管理，统筹使用。

企业提取的安全费用属于企业自提自用资金，其他单位和部门不得采取收取、代管等形式对其进行集中管理和使用，国家法律、法规另有规定的除外。

建设工程施工总承包单位未向分包单位支付必要的安全费用以及承包单位挪用安全费用的，由建设、交通运输、铁路、水利、安全生产监督管理、煤矿安全监察等主管部门依照相关法规、规章进行处理、处罚。

第 11 章　临时用电管理

11.1　临时用电安全技术管理

11.1.1　临时用电组织设计要求

1. 施工现场临时用电设备在 5 台及以上或设备总容量在 50kW 及以上者，应编制临时用电组织设计。

2. 施工现场临时用电组织设计内容应符合现行标准《施工现场临时用电安全技术规范》（JGJ 46）的规范要求。

3. 施工现场临时用电组织设计及变更时，必须履行“编制、审核、批准”程序，由电气工程技术人员组织编制，经相关部门审核及具有法人资格企业的技术负责人批准后实施。变更用电组织设计时应补充有关图纸资料。

4. 临时用电工程图纸应单独绘制，临时用电工程应按图施工。

5. 临时用电工程必须经编制、审核、批准部门和使用单位共同验收，合格后方可投入使用。

6. 施工现场临时用电设备在 5 台以下和设备总容量在 50kW 以下者，应制订安全用电和电气防火措施。

11.1.2　临时用电责任人相关要求

1. 电气工程技术工程师

（1）负责组织编制施工现场临时用电组织设计。

（2）负责组织临时用电工程按照经审核审批的施工现场临时用电组织设计进行安装。

（3）负责组织临时用电工程按分部、分项进行验收。

（4）负责组织对临时用电工程的维修、拆改工作。

（5）负责组织对临时用电工程安装、维修、拆改人员开展安全技术交底工作。

（6）负责组织对现场电工开展月度安全教育培训工作。

2. 临时用电管理安全工程师

（1）参与施工现场临时用电组织设计的会审。

（2）组织电工对现场临时用电工程的巡查，对发现的问题督促电气工程技术工程师落实整改。

（3）对电气工程技术工程师负责组织临时用电工程安装、维修、拆改人员开展安全技术交底工作并进行监督。

（4）参加电工月度安全教育培训工作。

3. 电工

（1）必须经过国家现行标准考核合格后，持建筑电工证上岗工作。

（2）完成临时用电设备和线路安装、巡检、维修或拆除，电工作业时并应有人监护，电工等级应同工程的难易程度和技术复杂性相适应。

（3）作业前须经电气工程技术工程师开展安全技术交底，并参加月度教育培训工作。

4. 用电人员

（1）各类用电人员应掌握安全用电基本知识和所用设备的性能。

（2）使用电气设备前必须按规定穿戴和配备好相应的劳动防护用品，并应检查电气装置和保护设施，严禁设备带“缺陷”运转。

(3) 保管和维护所用设备，发现问题及时报告解决。

(4) 暂时停用设备的开关箱必须断开电源隔离开关，并应关门上锁。

(5) 用电设备需接电时应通知电工进行接电作业，严禁擅自进行接电作业。

5. 配电箱维护及使用要求注意事项

(1) 配电箱、开关箱应安装在干燥、通风场所，配电箱周围应整洁、不得堆放任何物品，且有两个人同时工作的空间。配电箱、开关箱安装应端正、稳固，进出线口应设在箱体下方，顺直固定。

(2) 对配电箱、开关箱进行定期维修、检查作业时，必须将其前一级电源隔离开关断电，并悬挂“禁止合闸、有人工作”停电标志牌，严禁带电作业。

(2) 配电箱防护棚旁边应配置干粉灭火器。

(3) 使用移动式或手持电动工具的操作人员应按规定穿戴绝缘手套和绝缘鞋。

(4) 停送电应按如下所示顺序操作（出现电器故障的紧急情况时除外）：

① 送电时顺序：总配电箱→分配箱→开关箱；

② 断电时顺序：开关箱→分配箱→总配电箱。

11.1.3 临时用电档案

1. 施工现场临时用电必须建立安全技术档案，并应包括下列内容：

(1) 临时用电组织设计的安全资料。

(2) 修改临时用电组织设计的资料。

(3) 临时用电技术交底资料。

(4) 临时用电工程检查验收表。

(5) 电气设备的试验、检验凭单和调试记录。

(6) 接地电阻、绝缘电阻和漏电保护器漏电动作参数测定记录表。

(7) 定期检（复）查表。

(8) 电工安装、巡检、维修、拆除工作记录。

2. 施工现场临时用电安全技术档案由主管该现场的电气工程技术工程师负责建立与管理，其中“电工安装、巡检、维修、拆除工作记录”由现场各责任电工负责。

临时用电相关应用表格示例如表所示。

安全技术交底

安全技术交底表				编号	
工程名称					
施工单位		交底部位		工种	
安全技术交底内容：					
针对性交底：					

续表

交底人	安装技术主管及安装工程师	职务		专职安全员监督（签字）	
接受交底单位负责人		职务		交底时间	
接受交底作业人员（签字）					

注：1. 项目对操作人员进行安全技术交底时填写此表；
2. 本表由总承包单位或专业承包单位工程技术人员填写，交底人、接受交底人、专职安全员各存一份；
3. 签名栏不够时，应将签字表附后。

施工现场临时用电验收记录

施工现场临时用电验收记录			编号	
工程名称			总承包单位	
单位工程/施工阶段			安装单位	
序号	检查项目	检查内容		检查结论
1	施工组织设计及方案	用电设备 5 台及以上或设备总容量在 50kW 以上，应编制临时用电施工组织设计		
2	外电防护	小于安全距离时应有安全防护措施；防护措施应符合要求		
3	接地与接零保护系统	应采用 TN-S 系统供电；接地装置及阻值符合要求；各种电气设备和施工机械的金属外壳、金属支架和底座必须按规定采取可靠的接零保护		
4	三级配电	配电室的设置应符合要求；现场实行三级配电，总配电箱（柜）应装设电压表、电流表、电度表及其他仪表；配电箱（柜）内总开关应采用自动空气开关（具有可见分断点），分路应设自动空气开关（具有可见分断点）和漏电保护器，开关箱严格实行“一机、一闸、一漏、一箱”		
5	逐级漏电保护	须实行逐级漏电保护；漏电保护装置应灵敏、有效，参数应匹配。总箱安装的漏电保护开关的漏电动作电流应为 100～150mA，动作时间应为 0.2s；分配电箱漏电保护器应为 50～75mA，动作时间应为 0.1s；开关箱漏电保护器应为 30mA，动作时间应为 0.1s；潮湿场所漏电保护器应为 15mA，动作时间应为 0.1s		
6	配电箱与开关箱	配电箱安装位置应符合要求，安装牢固，防护措施齐全，箱体应采用铁板或优质绝缘材料制作，不得使用木质材料制作；箱内电器安装板应为绝缘阻燃材料；工作零线、保护零线应分设接线端子板，并通过端子板接线；箱内接线应采用绝缘导线，接头不得松动，不得有带电体明露；金属箱体等不带电的金属体必须作保护接零；进线口和出线口应设在箱体的下面，并加护套保护；箱内应设有系统图。箱外有编号及负责人		
7	配电线路	配电线路规格、型号、敷设符合规定，无老化、破损现象		
8	其他	照明灯具金属外壳按规定作保护接零，低压照明电源电压不应超过 36V；低压变压器应设专用配电箱；交流电焊机须装设专用防二次触电保护装置，焊把线应双线到位、无破损		
9	其他增加的验收项目			

续表

<table>
<tr><td>10</td><td colspan="4">验收结论：
年 月 日</td></tr>
<tr><td rowspan="2">验收人（签字）</td><td>总承包单位项目电气技术负责人或项目技术负责人</td><td>项目经理部临电施工组织设计（方案）编制人</td><td>安装单位</td><td>其他</td></tr>
<tr><td></td><td></td><td></td><td></td></tr>
<tr><td colspan="5">监理单位意见：
监理工程师（签字）：
年 月 日</td></tr>
</table>

注：1. 其他单位包括分包单位、使用单位等。

2. 本表由施工单位填报，监理单位、施工单位各存一份。

3. 表中施工阶段分为结构施工阶段和装修施工阶段。

电气设备安装验收标准

编号：

<table>
<tr><td>施工单位</td><td colspan="2"></td><td>工程名称</td><td colspan="2"></td></tr>
<tr><td>设备名称编号</td><td colspan="2"></td><td>验收日期</td><td colspan="2"></td></tr>
<tr><td>验收负责人</td><td></td><td colspan="2">参加验收人员</td><td colspan="2"></td></tr>
<tr><td>验收项目</td><td colspan="3">电气设备安装验收标准</td><td>验收情况</td><td>结果</td></tr>
<tr><td rowspan="3">电箱设置</td><td colspan="3">现场实行三级配电，并采用符合规范的标准配电箱、开关箱。分配电箱与开关箱间距不得超过30m，开关箱与用电设备间距不超过3m</td><td></td><td></td></tr>
<tr><td colspan="3">配电箱、开关箱应安装牢固，固定式箱体中心点距地高度1.4～1.6m、移动式箱体中心点距地高度0.8～1.6m</td><td></td><td></td></tr>
<tr><td colspan="3">配电箱、开关箱周边应留有足够的安全操作距离，并设有明显警示标志和灭火器材。
现场设有配电室时，其设置应符合规范要求</td><td></td><td></td></tr>
<tr><td rowspan="3">电箱及箱内电器</td><td colspan="3">开关箱铁皮厚度不小于1.2mm，配电箱铁皮厚度不小于1.5mm。箱体应有箱体门和操作门，门、锁齐全，并有标识及分路图。箱门与箱体应进行电气连接</td><td></td><td></td></tr>
<tr><td colspan="3">配电箱、开关箱内的电器、连接线、N线和PE线端子板等配置及安装应符合规范要求</td><td></td><td></td></tr>
<tr><td colspan="3">总配电箱和开关箱必须安装漏电保护器，漏电保护器参数应匹配，动作应灵敏有效</td><td></td><td></td></tr>
<tr><td>进出线</td><td colspan="3">配电箱、开关箱进出线应采用橡皮护套绝缘电缆，并按规定与箱内专用接线点进行压接。进出线应与箱体固定</td><td></td><td></td></tr>
<tr><td>其他</td><td colspan="3"></td><td></td><td></td></tr>
<tr><td>验收（签字）</td><td colspan="5">验收结论：
电气技术负责人（签字）： 安全负责人（签字）： 项目负责人（签字）：
年 月 日 年 月 日 年 月 日</td></tr>
</table>

注：本表由施工单位填写，作为施工现场临时用电工程验收表的附件。

临时用电绝缘电阻测试记录

临时用电绝缘电阻测试记录								编号		
工程名称						施工单位				
计量单位	MΩ					测试日期				年 月 日
仪表型号		电压				天气情况			气温	℃
测试项目	相间			相对零			相对地			零对地
测试内容	A-B	B-C	C-A	A-N	B-N	C-N	A-E	B-E	C-E	N-E
测试结论										
参加人员（签字）	项目负责人			电气负责人			安全员			测试电工（二人）

监理单位意见：符合测试程序，同意使用（ ）

不符合测试程序，重新组织验收（ ）

监理工程师（签字）：

年 月 日

注：1. 本表由施工单位填写，建设单位、施工单位各存一份。

2. 本表适用于单相、单相三线、三相四线、三相五线的照明、动力线路及电缆线路、电机、设备电器等绝缘电阻的测试。

3. 表中A代表第一相、B代表第二相、C代表第三相、N代表零线（中性线）、E代表接地线。

临时用电接地电阻测试记录

临时用电接地电阻测试记录				编号	
工程名称			施工单位		
仪表型号			测试日期		年 月 日
计量单位	Ω		天气情况	气温	℃
接地类型	防雷接地	保护接地	重复接地	接地	接地
设计要求	≤Ω	≤Ω	≤Ω	≤Ω	≤Ω
测试结论					
参加人员（签字）	项目负责人	电气负责人	安全员	测试电工（二人）	

监理单位意见：符合测试程序，同意使用（ ）

不符合测试程序，重新组织验收（ ）

监理工程师（签字）：

年 月 日

注：本表由施工单位填写，监理单位、施工单位各存一份。

临时用电漏电保护器运行检测记录

临时用电漏电保护器运行检测记录							编号	
工程名称					施工单位			
仪表型号					检测日期		年　月　日	
序号	配电箱编号	漏电保护器型号	额定漏电动作电流及时间		测试动作电流及时间		试验按钮及外观	检测结论
			电流（mA）	时间（s）	电流（mA）	时间（s）		
参加人员（签字）	电气负责人				测试电工（二人）			

注：1. 本表由施工单位暂设电工填写，项目经理部应将有关技术资料存档。

2. 对搁置已久重新使用或连续使用的漏电器每月检测一次。

临时用电定期复查表

临时用电定期复查表			检查日期	年　月　日
工程名称			施工单位	
检查单位			检查人员	
序号	检查项目	检查项目、检查内容及隐患类型	实测、实量、实查	检查结果
1	外电防护	安全距离及防护措施； 是否符合要求、封闭是否严密； 是否设置警示标志、在高压线下是否搭建宿舍、堆料、施工等		

续表

序号	检查项目	检查项目、检查内容及隐患类型	实测、实量、实查	检查结果
2	接地与接零保护系统	工作接地与重复接地是否符合要求（材质、组数及阻值）是否采用 TN-S 系统； 专用保护零线设置是否符合要求、是否有零线接线端子板（按 JGJ 46—2005 规范第 5 章相关要求； 保护零线与工作零线是否混接（在总漏电保护后必须严格分开）		
3	配电箱开关箱	是否符合“三级配电两级保护”要求（在总箱设总漏电保护）、总箱是否装设电压表、电流表等需要的仪表； 开关箱（末级）有无漏电保护或保护器失灵、漏电保护装置参数是否匹配（总漏电保护 $I\Delta n>30$mA、$t>0.1$s、且 $\Delta n\cdot t\leqslant 30$mA·s，末级漏电保护 $I\Delta n\leqslant 30$mA、$t\leqslant 0.1$s）； 电箱每回路有无隔离开关（具有明显可见分断点的开关电器）； 是否违反“一机、一闸、一漏、一箱”、安装位置是否得当、周围是否堆杂物等不便操作（标高及周围环境）、闸具是否符合要求； 配电箱内多路配电有无标记； 电箱下引出线是否混乱（应穿管保护、横平竖直、固定牢固）； 电箱门、锁、防雨措施是否完好，箱内有无杂物		
4	现场照明	照明专用回路有无漏电保护、灯具金属外壳是否作接零保护； 室内线路及灯具安装高度低于 2.5m 是否使用安全电压供电； 室内线路及灯具是否用绝缘固定或穿墙有无保护管； 室外照明线路是否用护套线或电缆线； 潮湿作业是否使用 24V 及以下安全电压； 使用 36V 安全电压照明线路混乱和接头处是否用绝缘包扎； 手持照明灯是否使用 36V 及以下电源供电		
5	电器装置	闸具、熔断器、漏电保护器参数与设备容量是否匹配、安装是否符合要求		
6	变配电装置	是否符合安全规定（按 JGJ 46—2005 第 6 章要求）		
7	用电档案	有无专项用电组织设计（按 JGJ 46—2005 第 3.1 节要求）； 用电组织设计内容是否齐全、有无针对性或审批手续是否齐全； 有无接地电阻或绝缘电阻遥测记录； 有无电工巡检维修记录或填写是否真实、档案有无专人管理、内容是否齐全		
8	其他	复查接地电阻和绝缘电阻是否符合要求或其他电气是否存在安全隐患		
检查情况及处理意见：				
整改复查意见：			复查人（签字）：	年　月　日

注：定期检查执行周期最长可为：施工现场每周一次，施工企业每月一次。

电工巡检维修记录

<table>
<tr><td colspan="3">电工巡检维修记录</td><td>编号</td><td></td></tr>
<tr><td>值班时间</td><td colspan="2"></td><td>天气情况</td><td></td></tr>
<tr><td>序号</td><td>巡检项目</td><td colspan="2">巡检内容</td><td>问题隐患</td></tr>
<tr><td>1</td><td>高压线防护</td><td colspan="2">按方案进行防护并做到严密，安全可靠</td><td></td></tr>
<tr><td>2</td><td>接地或接零
保护系统</td><td colspan="2">工作接地、重复接地牢固可靠。工作接地电阻不大于4Ω，定期检测重复接地电阻，阻值不大于10Ω。保护零线正确，采用绿/黄双色线其截面与工作零线截面相同或不小于相线的1/2，严禁将绿/黄双色线用作负荷线</td><td></td></tr>
<tr><td>3</td><td>配电箱开关箱</td><td colspan="2">总配电箱中应在电源隔离开关（可视明显断开点）的负荷侧装置漏电保护器，并灵敏可靠。分配电箱正确并与开关箱距离不大于30m。固定开关箱（一机、一闸、一漏、一箱）漏电保护装置在设备负荷侧，灵敏可靠，并距离设备不大于3m。固定配电箱、开关箱安装位置正确，高度在1.4～1.6m。移动配电箱、开关箱安装高度在0.8～1.6m的电箱底进出线，不混乱，并应加绝缘护套采用固定线夹成束卡固在箱体花栏架构上；
箱内无杂物，有门、锁、编号、防触电标志及防雨措施。闸具、保护零线端子、工作零线端子齐全完好；
箱门与箱体之间必须采用编制软铜线电气连接；
电器用途明确标志；
箱内不应有带电明露点。箱内应有本箱体的配电系统图</td><td></td></tr>
<tr><td>4</td><td>现场、生活区照明</td><td colspan="2">现场照明回路有漏电保护器，动作灵敏可靠。灯具金属外壳应做保护接零；
室内220V灯具安装高度大于2.5m，低于2.5m使用安全电压供电；
手持照明灯具必须使用电压36V（含）以下照明，电源线必须采用橡套电缆线，不得使用塑胶线，手柄及防护罩完好无损；
低压安全变压器应放置在专用配电箱内，碘钨灯照明必须采用密闭式防雨灯具，金属灯具和金属支架应做好接零保护，架杆手持部位应采取绝缘措施，电源线必须采用橡套电缆线，电源侧应装设漏电保护器</td><td></td></tr>
<tr><td>5</td><td>配电线路</td><td colspan="2">配电线路无老化、破损、断裂现象，与交通线路交叉的电源线应符合有关安装架设标准有线路过路保护；
架空线路架符合有关规定，严禁架在树木、脚手架上</td><td></td></tr>
<tr><td>6</td><td>变配电装置</td><td colspan="2">配电室门应朝外开，有锁。变配电室内不得堆放杂物，并设有消防器材；
发电机组及其配电室内严禁存放贮油桶，发电机设有短路、过载保护；
配电室必须有相应的配电制度、配电平面图、配电系统图、防火管理制度、值班制度、责任人；具有良好的照明及应急照明；具有防止小动物进入的措施；具有良好的绝缘操作措施；良好通风条件；
易发热元件是否在正常工作范围内</td><td></td></tr>
<tr><td>7</td><td>其他</td><td colspan="2">除以上内容发现的其他隐患</td><td></td></tr>
<tr><td colspan="2">巡检电工（签字）</td><td colspan="3"></td></tr>
</table>

记录人（签字）：

配电箱每日巡视

项目：

序号	是否存在一闸多机	接线端子连接是否牢靠	工作零、保护零连接是否正确	是否有带电明露	漏电保护器是否有效	箱体内电路图及标识是否齐全
1	是□否□	是□否□	是□否□	是□否□	是□否□	是□否□
2	是□否□	是□否□	是□否□	是□否□	是□否□	是□否□
3	是□否□	是□否□	是□否□	是□否□	是□否□	是□否□
4	是□否□	是□否□	是□否□	是□否□	是□否□	是□否□
5	是□否□	是□否□	是□否□	是□否□	是□否□	是□否□
6	是□否□	是□否□	是□否□	是□否□	是□否□	是□否□
7	是□否□	是□否□	是□否□	是□否□	是□否□	是□否□
8	是□否□	是□否□	是□否□	是□否□	是□否□	是□否□
9	是□否□	是□否□	是□否□	是□否□	是□否□	是□否□
10	是□否□	是□否□	是□否□	是□否□	是□否□	是□否□
11	是□否□	是□否□	是□否□	是□否□	是□否□	是□否□
12	是□否□	是□否□	是□否□	是□否□	是□否□	是□否□
13	是□否□	是□否□	是□否□	是□否□	是□否□	是□否□
14	是□否□	是□否□	是□否□	是□否□	是□否□	是□否□
15	是□否□	是□否□	是□否□	是□否□	是□否□	是□否□
16	是□否□	是□否□	是□否□	是□否□	是□否□	是□否□
17	是□否□	是□否□	是□否□	是□否□	是□否□	是□否□
18	是□否□	是□否□	是□否□	是□否□	是□否□	是□否□
19	是□否□	是□否□	是□否□	是□否□	是□否□	是□否□
20	是□否□	是□否□	是□否□	是□否□	是□否□	是□否□
21	是□否□	是□否□	是□否□	是□否□	是□否□	是□否□
22	是□否□	是□否□	是□否□	是□否□	是□否□	是□否□
23	是□否□	是□否□	是□否□	是□否□	是□否□	是□否□
24	是□否□	是□否□	是□否□	是□否□	是□否□	是□否□
25	是□否□	是□否□	是□否□	是□否□	是□否□	是□否□
26	是□否□	是□否□	是□否□	是□否□	是□否□	是□否□
27	是□否□	是□否□	是□否□	是□否□	是□否□	是□否□
28	是□否□	是□否□	是□否□	是□否□	是□否□	是□否□
29	是□否□	是□否□	是□否□	是□否□	是□否□	是□否□
30	是□否□	是□否□	是□否□	是□否□	是□否□	是□否□
31	是□否□	是□否□	是□否□	是□否□	是□否□	是□否□

巡查电工（签字）：　　　　　　　　　　年　　月

11.2 配电箱及防护要求

建筑施工现场临时用电工程采用电源中性点直接接地的220V/380V三相四线制低压电力系统，应符合下列规定：

1. 采用三级配电系统。

2. 采用TN-S接零保护系统。

3. 采用逐级漏电保护系统。

施工现场配电箱及防护应符合国家相关法律法规、标准规范要求。

11.2.1 总配电箱及防护要求

1. 总配电箱应设在靠近电源的区域。

2. 总配电箱应装设电压表、电流表、计费电度表及其他需要的仪表，电流表与计费电度表不得共用一组电流互感器。

3. 施工现场临时用电漏电保护器漏电动作电流、时间参数应合理匹配，形成分级保护，总配电箱漏电保护器额定漏电动作电流100～150mA，额定漏电动作时间应大于0.1s且不大于0.2s，但其额定漏电动作电流与额定漏电动作时间的乘积不应大于30mA·s。

4. 总配电箱应编号，并应有用途标记。

5. 总配电箱停电维修时，应悬挂“禁止合闸、有人工作”停电标志牌，停送电必须由专人负责。

6. 施工现场总配电箱宜设置配电室，配电室应保证自然通风，设置排风扇，并应采取防止雨雪及动物进入的措施。配电室及配电箱正、立面效果如下图所示。

7. 配电室的建筑物和构筑物的耐火等级不低于3级，门口配置沙箱及干粉灭火器。

8. 配电室的门应向外开启，并设置权限管理（电磁密码锁）。

9. 配电室的照明分别设置日常照明和应急照明。

10. 配电室内应挂设管理制度及配电系统图。

11. 配电室应保持整洁，不得堆放任何妨碍操作、维修的杂物。

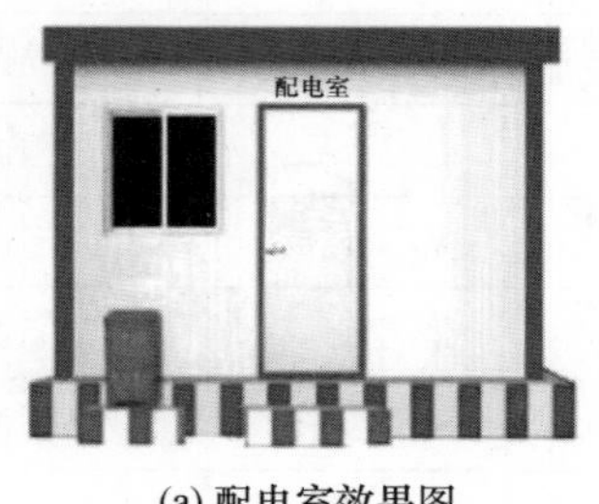

(a) 配电室效果图

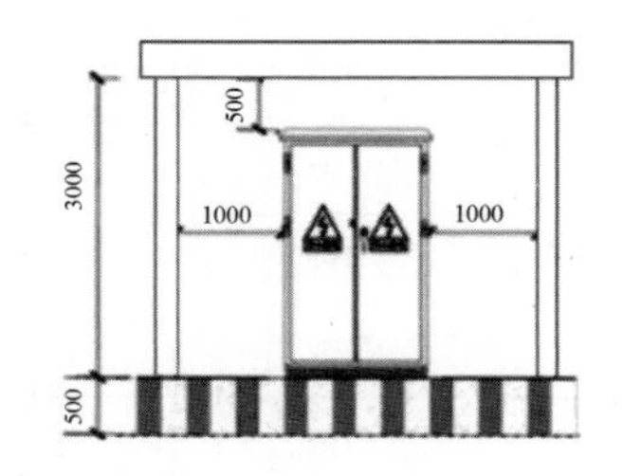

(b) 配电柜正立面尺寸图

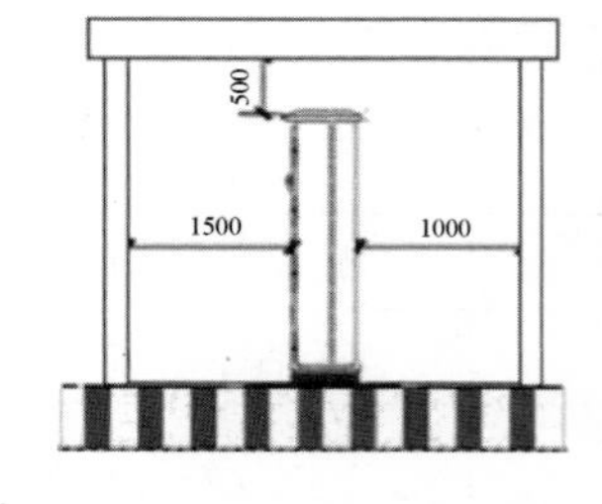

(c) 配电柜侧立面尺寸图

配电室及配电箱正、立面效果（单位：mm）

11.2.2 分配电箱及防护要求

1. 分配电箱应设在用电设备负荷相对集中的区域。

2. 分配电箱与开关箱的距离不得超过30m。

3. 分配电箱应装设总断路器、分路断路器以及总漏电保护器、分漏电保护器。

4. 施工现场漏电保护器额定漏电动作电流、时间参数应合理匹配，形成分级保护，分配电箱漏电保护器额定漏电动作电流50～75mA，额定漏电动作时间应不大于0.1s。

5. 分配电箱应张贴电箱信息标志牌，明确配电箱用途、上下级设备编号、验收信息、相关人员及联系方式等。

(a) 分配电室

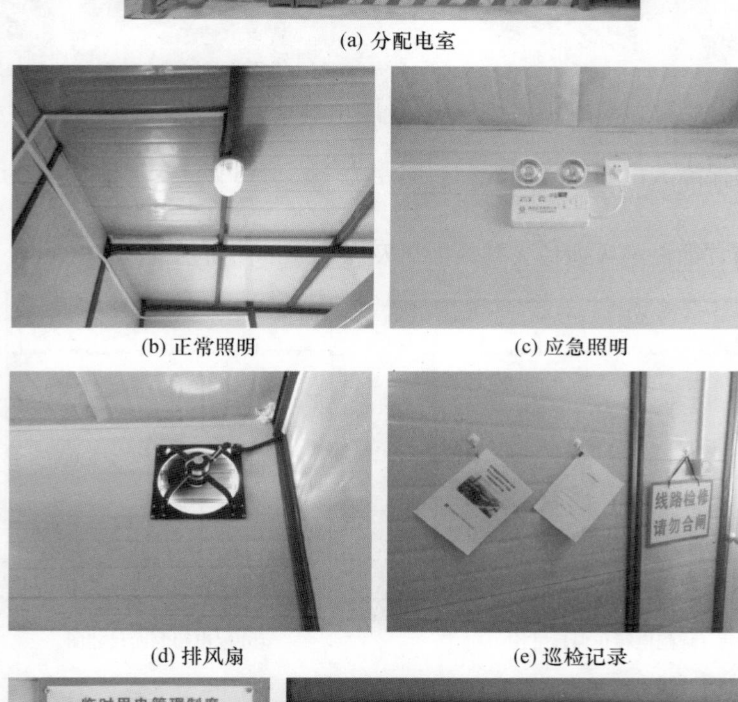

(b) 正常照明　　(c) 应急照明

(d) 排风扇　　(e) 巡检记录

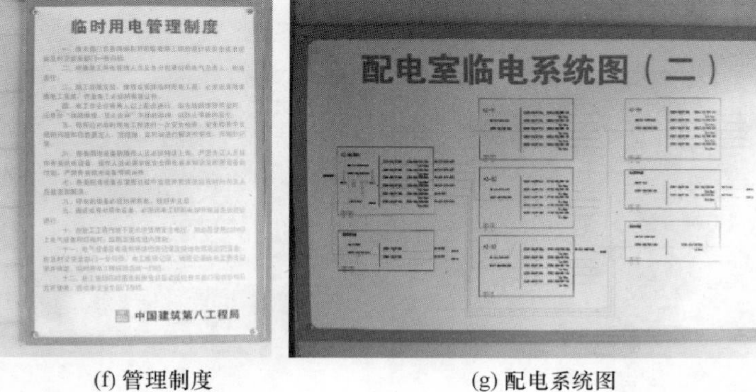

(f) 管理制度　　(g) 配电系统图

现场实际应用

6. 分配电箱内部线路图、保护罩、接地线排及其标识等应齐全，用电线路需进行详细标注，宜设置电缆标志牌。

7. 加工场等固定分配电箱进线处宜使用 PVC 管保护，PVC 管使用线卡固定，保持竖直、美观。

8. 移动分配电箱宜使用工业连接器，作为分配电箱与开关箱的连接器。

9. 宜在分配电箱侧面设置定型化绝缘支架做出线绝缘挂设。

10. 分配电箱处于室外或者塔式起重机覆盖范围内应设置防护棚，上方设置双层防砸设施，防护棚设置门并上锁，满足防雨、防砸要求。

分配电箱防护棚效果

11. 防护棚设置须保障人员操作空间，前后间距为 1200mm 以上，左右间距为 500mm 以上，防护棚高度在 2.5m 以上。

12. 防护棚内地面宜铺设绝缘地板。其余效果及要求如下图所示。

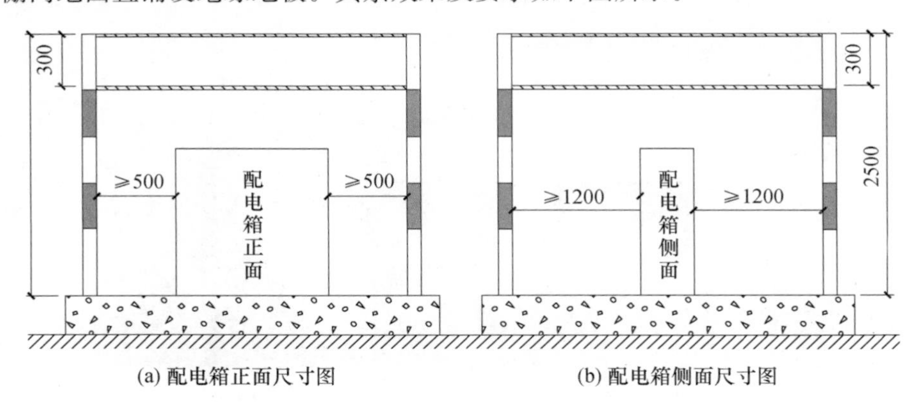

配电箱要求

加工场固定分配电箱使用 PVC 管保护效果

分配电箱使用工业连接器及侧面出线采用定型化绝缘支架效果

工业连接器应用效果图

11.2.3 开关箱要求

1. 开关箱与其控制的固定式用电设备水平距离不宜超过 3m。

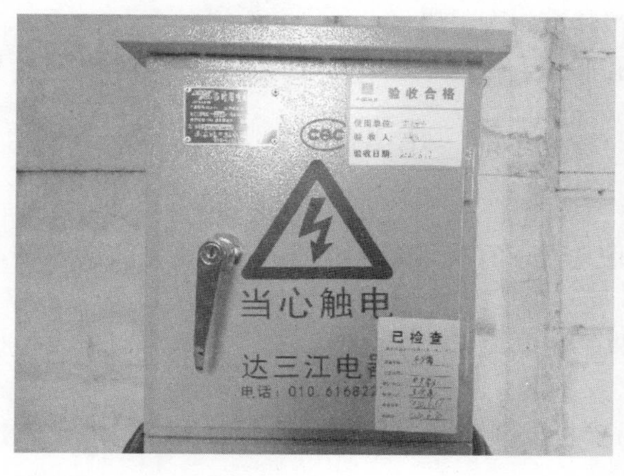

开关箱示意图

2. 开关箱必须配备断路器及漏电保护器。
3. 开关箱漏电保护器的额定漏电动作电流不应大于 30mA，额定漏电动作时间不应大于 0.1s，使用于潮湿或有腐蚀介质场所的漏电保护器应采用防溅型产品，其额定漏电动作电流应不大于15mA，额定漏电动作时间应不大于0.1s。

4. 开关箱必须严格执行“一机、一闸、一漏、一箱”的规定，即每一台用电设备，必须有一个专用的开关箱，严禁由同一个开关箱直接控制2台及以上的用电设备（含插座）。

5. 固定式开关箱的中心点与地面的垂直距离应为1.4～1.6m。移动式开关箱应设置箱腿，其中心点与地面的垂直距离宜为0.8～1.6m。

11.2.4 配电箱使用与维护

1. 使用管理

（1）所有的配电箱应有门，有锁；均应标明其名称、用途、编号，并标明责任人。

（2）配电箱内应有分路标记及系统连接图。

（3）施工现场用电设备停止作业时，应将开关箱内断路器和漏电保护器断电；施工现场停止作业1h以上，应将配电箱断电上锁，断电应切断断路器。

（4）现场总配电箱配电室应设置权限管理（即电磁密码锁），分配电箱应上锁管理。

（5）施工现场配电箱进场前均应由电气工程技术工程师、临电安全工程师共同组织验收，验收合格后在配电箱左上角张贴验收贴、右下角张贴月度检查贴。

（6）每月初电气工程技术工程师、临电安全工程师组织对配电箱全面检查，检查合格后在配电箱右下角张贴相应月份颜色的检查贴。

2. 维护的要求

（1）配电箱应由专业电工定期检查、维修，并做好检查、维修记录。

（2）配电箱进行维修、检查时，必须将其前一级相应的断路器断电，并悬挂“禁止合闸、有人工作”停电标志牌，严禁带电作业，作业时应有专人监护。

11.3 配电线路及防护要求

配电线路及防护要求的一般规定如下。

1. 施工现场电缆线路应采用埋地或架空敷设，严禁沿地面明设，并应避免机械损伤或介质腐蚀；埋地电缆线路径应设置明显的方位路线标识。

2. 施工现场电缆线路必须采用电缆埋地引入，严禁穿越脚手架引入。

3. 电缆垂直敷设应充分利用工程的竖井、垂直孔洞等，并宜靠近用电负荷中心。

11.3.1 室外线路

11.3.1.1 埋地敷设

1. 施工现场室外线路应采用埋地敷设，电缆线埋地敷设宜采用铠装电缆，选用无铠装电缆时，电缆线应能防水、防腐。

2. 电缆直接埋地敷设的深度不应小于0.7m，并应在电缆紧邻上、下、左、右侧均匀敷设不小于50mm厚的细砂，然后覆盖砖块或者混凝土板等硬质保护层。

3. 埋地电缆在穿越建筑物、构筑物、道路、易受机械损伤、介质腐蚀场所时，必须加设防护套管，防护套管内径不应小于电缆外径的1.5倍。

4. 埋地电缆的接头应设在地面上的接线盒内，接线盒应能防水、防尘、防机械损伤，并应远离易燃、易爆、易腐蚀场所。

5. 当埋地电缆设置电缆沟时，电缆沟内不得有石头等其他硬质杂质，电缆线上铺设100mm厚的细土或软沙，电缆线敷设后上面再铺 100mm 厚的细土或软沙，然后再盖上混凝土保护板或砖，覆盖的宽度应超出电缆两侧各 50mm。

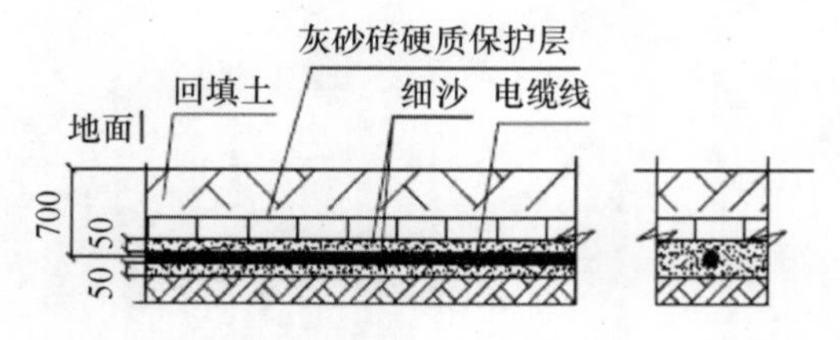

电缆线直埋地敷设（单位：mm）

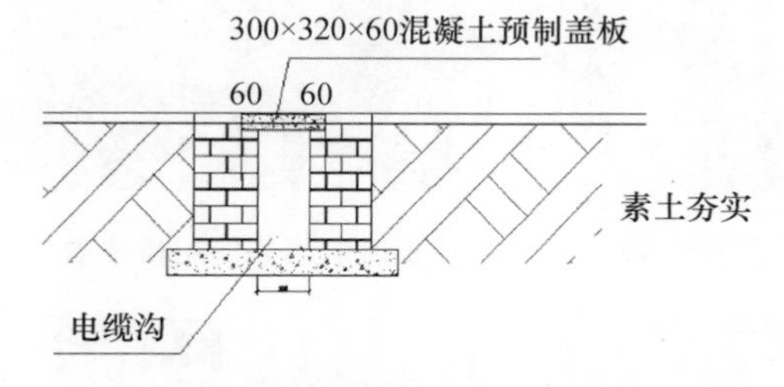

电缆沟设置（单位：mm）

11. 3. 1. 2　过路线槽敷设

室外部分电缆为进行埋地敷设时，电缆需经路面敷设可采用过路线槽固定保护电缆。

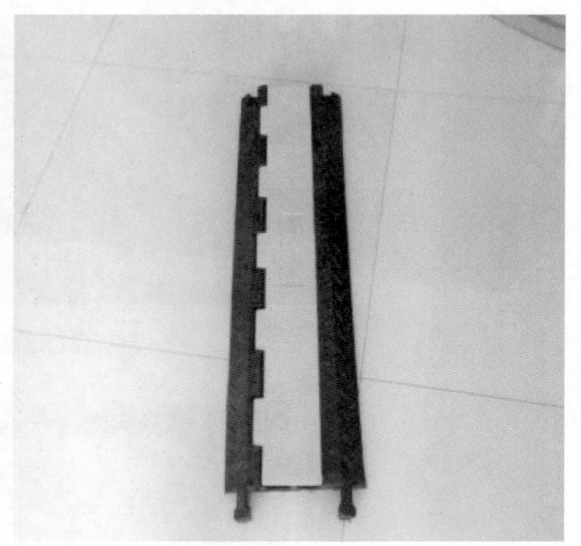

过路线槽敷设

11. 3. 2　室内线路

11. 3. 2. 1　桥架敷设

对于总配电箱、分配电箱处非埋地电缆敷设的架空部分，基坑周边敷设电缆、室内分配电箱走线宜使用电缆桥架敷设，用于对成股零散线缆集中布置，桥架宜采用正式点桥架相仿的材料及设置方式，其优点是防水防尘，形象美观，安全可靠性高。

11. 3. 2. 2　电缆线夹

施工现场垂直布设的电缆可采用木夹具固定，达到垂直电缆设置的整齐规范，同时固定也可起到电缆卸荷的作用，提高安全性。

总配电箱、分配电箱非埋地部分使用桥架敷设

基坑周边电缆采用桥架敷设

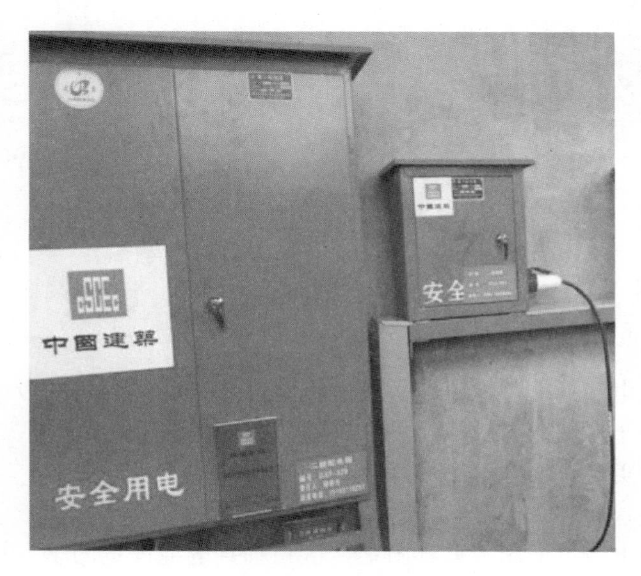

分配箱走线采用桥架敷设

垂直电缆采用电缆线夹固定

11.3.3　移动线路

11.3.3.1　钢丝绳绝缘挂设

施工现场主体施工拆模完成后可设置专用电缆挂设绳索，绳索上设置成品电缆绝缘挂钩，其中电缆挂设绳索宜采用带有绝缘皮的 6mm 钢丝绳，设置高度不应低于 2.5m，作业人员挂设电缆须配置绝缘电缆挂设叉。

楼层设置专用电缆挂设绳索、绳索设置成品绝缘挂钩

11.3.3.2　定型化绝缘支架

施工过程中的临时电缆挂设可采用定型化绝缘支架及成品绝缘钩。

定型化绝缘支架

11.3.4 外电线路防护要求

1. 在建工程（含脚手架）、施工现场的机动车道、起重机、防护设施与外电架空线路的安全距离应符合国家标准 GB 50194—2014 与 JGJ 46—2005 的规定。

2. 在建工程的塔式起重机回转半径内，如有外电架空线路，且达不到安全距离时，须搭设木制防护架等绝缘隔离防护措施。

3. 若现场搭设栅栏、遮拦场所地形狭窄时，无法满足上述数据时，即无法控制可靠的安全距离时，这时即使设置栅栏、遮拦等无任何意义，唯一的安全措施就是与有关部门协调，采取停电、迁移外电线路或改变工程位置等措施，否则不得强制施工。

4. 若满足上述数据时，则可根据施工现场实际情况采取以下几种不同防护方式：

（1）单独设置防护装置。

若在建工程不超过高压线 2m 时，应设置防护屏障；若超过高压线 2m 时，主要考虑超过高压线的作业层掉物可能引起高压线短路、且人员操作可触及高压线的危险，需设置顶部防护屏障。

（2）利用脚手架体设置防护装置。

当建筑物外脚手架与高压线距离较近，无法单独设置接地防护，则可以利用外脚手架防护立杆设置防护屏隙，即脚手架与高压线路平行的一侧必须用合格的密目式安全立网全部封闭。此侧面的钢管脚手架必须至少做 3 处可靠接地，接地电阻应当小于 10Ω。同时在与高压线等高的脚手架外侧面等长，约3～4m 高的细格金属网挂在与高压线等高的脚手架外侧，并把此网用绝缘接地外表线进行 3 处可靠接地，接地电阻小于 10Ω 的工程作业。仍需搭设顶棚防护屏障。如在搭设顶棚防护屏障有困难时，可在外架直接搭设防护屏障到外架顶部。

（3）跨越架防护装置。

起重吊装跨越高压线，或铺设电缆（线）跨越高压线，需搭设 T 型防护架，搭设的遮拦应有足够的刚度和强度，以避免发生遮拦断裂倾斜及变形的影响，对搭设遮拦要专人监护。

（4）露天变电、配电装置的防护。

室外变压器防护要求：

① 变压器周围要设围栏（栅栏、网状和板状遮拦）高度小于 1700mm；

② 变压器外廓与围栏或建筑物外墙的净距小于 800mm；

③ 变压器底部距地面高度小于 300mm；

④ 栅栏的栏条之间间距不大于 200mm，遮拦的网眼大于 40mm×402mm。

（5）高压线过路防护。

在一般情况下，穿过高压线下方的道路，其高压线下方无需作防护。但在施工现场情况比较复杂，现场的开挖堆土、斜坡改道等情况较多，这样使高压线的对地距离不够。高压线下方就必须做相应的防护屏障，使车辆通过时有高度限制。高压线防护屏的距离应满足最小安全净距。

在施工过程中会遇到各种各样复杂的情况，在搭设上述防护屏障时必须要注意以下问题：

① 防护遮拦、栅栏的搭设可用竹、木脚手架杆作防护立杆、水平杆；可用木板、竹排或干燥的荆芭、密目式安全立网等作纵向防护屏。

② 各种防护杆的材质及搭设方法应按竹木脚手架施工的有关安全技术标准进行。

③ 搭设和拆除时应停电作业，应有专职的电气技术人员，金属制成的防护屏障应用可靠接地和接零防护。

④ 搭设防护遮拦、栅栏应有足够的机构强度和耐火性能，金属制成的防护屏障应做可靠接零防护。

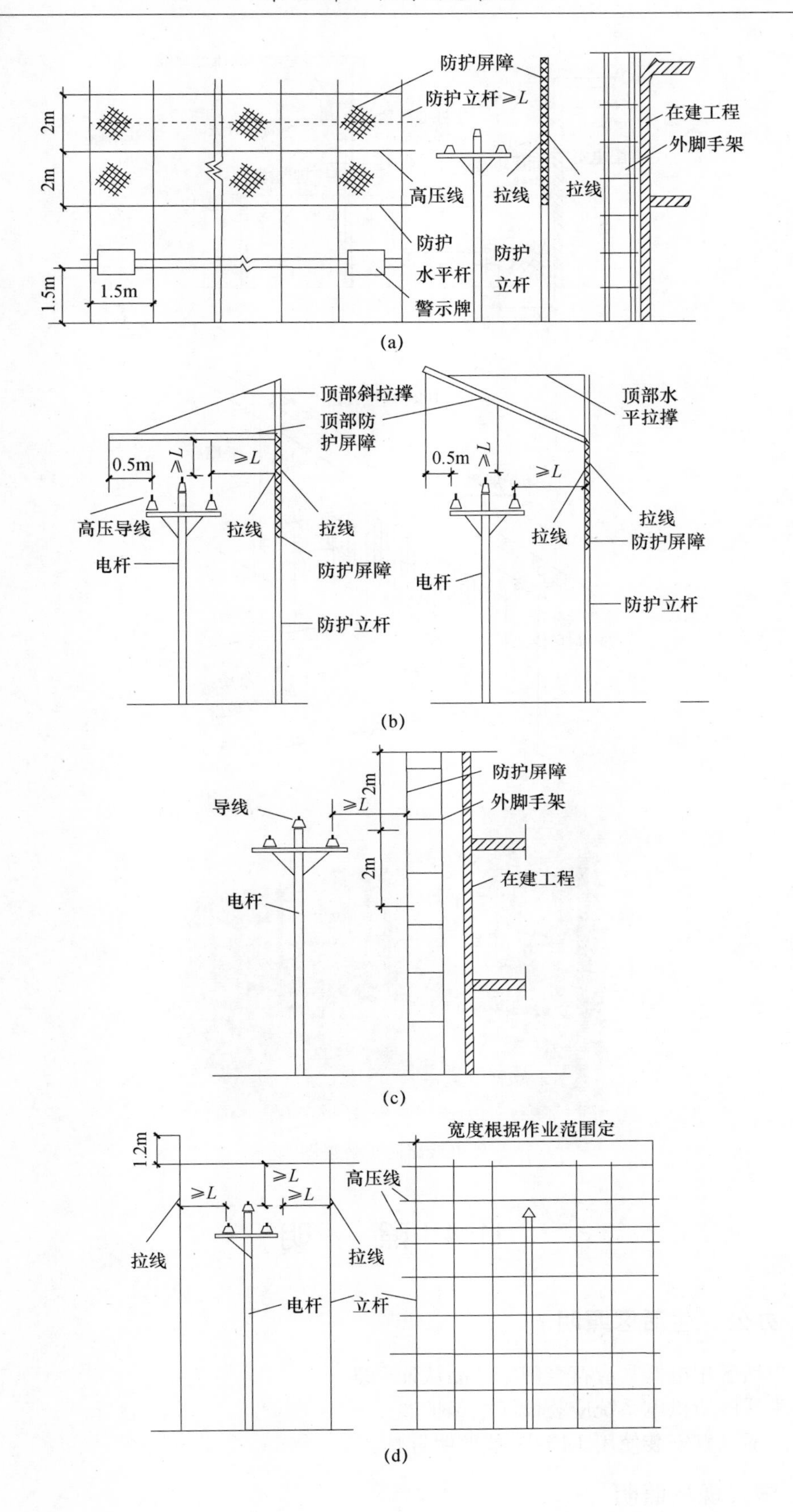
防护屏障
防护立杆≥L
在建工程
外脚手架
2m
2m
高压线
拉线
拉线
防护
水平杆
防护
立杆
1.5m
1.5m
警示牌
(a)
顶部斜拉撑
顶部防
护屏障
顶部水
平拉撑
0.5m
≥L
≥L
高压导线
拉线
拉线
电杆
防护屏障
防护立杆
0.5m
≥L
≥L
拉线
拉线
防护屏障
电杆
防护立杆
(b)
2m
防护屏障
外脚手架
导线
≥L
2m
在建工程
电杆
(c)
宽度根据作业范围定
1.2m
≥L
≥L
≥L
高压线
拉线
拉线
电杆
立杆
(d)

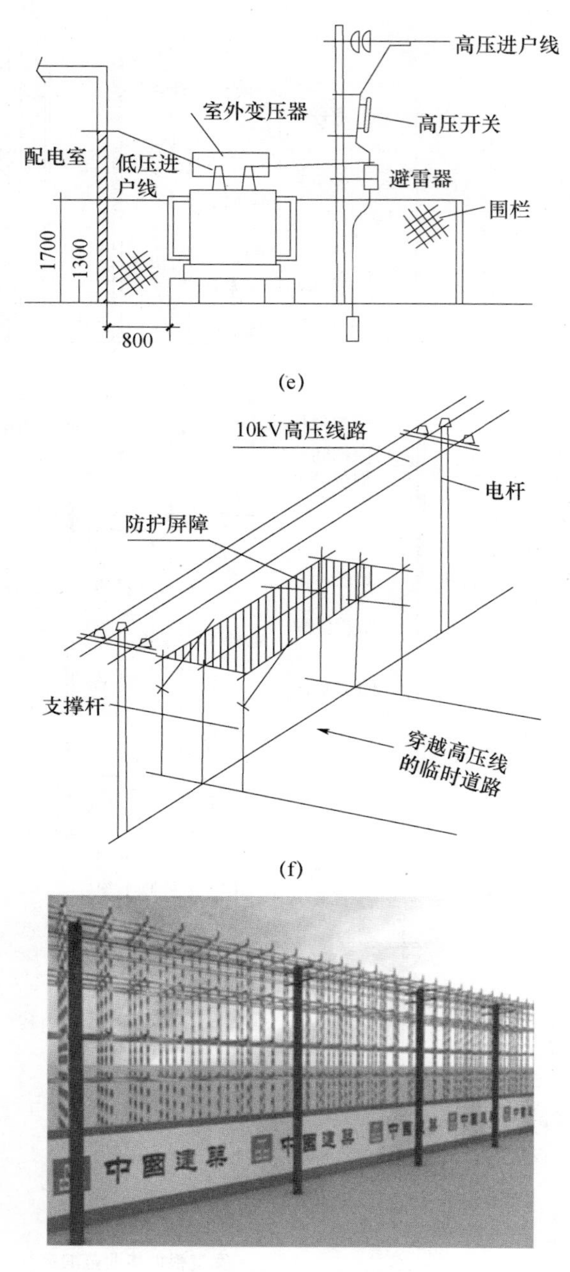

外电线路防护效果图

11.4 照　　明

11.4.1 办公、生活区照明

1. 办公、生活区用电器具应符合国家产品认证标准。
2. 办公、生活区所供电系统应装设漏电保护器。
3. 办公、生活区宜安装使用 LED 节能照明灯具。

11.4.2 施工现场照明

1. 一般场所宜选用额定电压为 220V 的照明器。

2. 施工现场室外照明电源电压和照明灯具安装、使用应符合规范要求。

3. 施工现场宜安装使用 LED 节能照明灯具。

4. 下列特殊场所应使用安全特低电压照明器。

(1) 隧道、人防工程、高温、有导电灰尘、比较潮湿或灯具离地面高度低于 2.5m 等场所的照明，电源电压不应大于 36V。

(2) 潮湿和易触及带电体场所的照明，电源电压不得大于 24V。

(3) 特别潮湿场所、导电良好的地面、锅炉或金属容器内的照明，电源电压不得大于 12V。

5. 室外照明灯应设置灯架，灯架由基础部分、标准节、平台和连接件组成；灯架均为成品，经验收合格后，到现场进行组拼和安装。

(1) 灯架基础采用正方形独立基础形式，基础上表面与地面平齐。基础混凝土等级 C30，钢筋采用 HRB335，钢筋保护层厚度为 40mm。基础下垫层厚度为 70mm，垫层混凝土等级为 C10。

(2) 灯架基础中的预埋锚杆应事先加工且安放周正，固定好位置再浇捣混凝土。为了确保灯架的平面位置和垂直度，应复核预埋锚杆的中心线位置和水平高差。

(3) 灯架底部标准节与基础采用螺栓连接固定。

(4) 架体与操作平台安装完毕，打设接地桩，上、下节做好跨接接地。确认安全可靠后，方可上人进行灯具安装、接通电缆及漏电开关安装工作。

(5) 灯架基础应进行隐蔽工程验收，且灯架安装完毕应进行最终验收，并保留相关验收评定资料。验收合格后挂合格牌。

(6) 标准节高度为 900mm，长为 650mm，基础节高度为 1050mm。

6. 移动照明灯具

现场施工作业照明可使用成品电源式照明灯及充电式照明灯，其分别使用于以下场所：

电源式照明灯适用于需要强光源、高照度的施工作业部位，充电式照明灯适用于施工现场光线较差的临时照明，特别是缺少电源的部位。

充电式照明灯具有以下优点：

(1) 充电时 LED 移动照明灯无需配电箱，省去了接线操作环节。

(2) 使用更安全。

(3) 储电续航时间长，节能，节约使用成本。

(4) 冷光源，不易引发火灾事故。

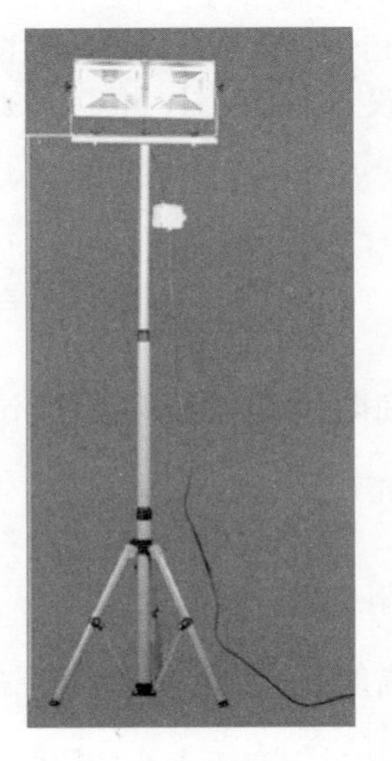

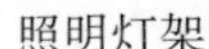

照明灯架　　电源式照明灯

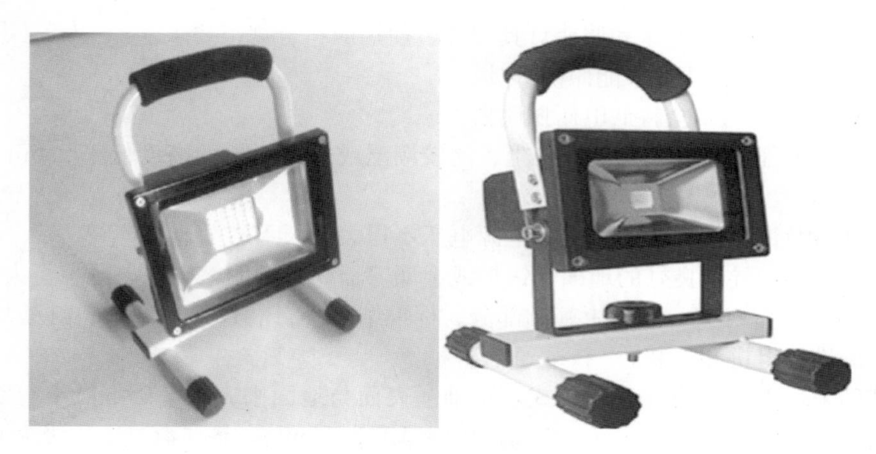

充电式 LED 照明灯

11.5 接地与接零保护

11.5.1 接地保护

1. 施工现场临时用电必须使用 TN-S 三相五线制接零保护系统，做到三级配电、逐级漏电保护。

2. TN 系统中的保护零线除必须在配电室或总配电箱处做重复接地外，还必须在配电系统的中间处和末端处做重复接地。

在 TN 系统中，保护零线每一处重复接地装置的接地电阻值不应大于 10Ω。在工作接地电阻值允许达到 10Ω 的电力系统中，所有重复接地的等效电阻值不应大于 10Ω。

11.5.2 接零保护

1. 当施工现场与外电线路共用同一供电系统时，电气设备的接地、接零保护应与原系统保持一致。

2. 配电系统的首端处、中间处和末端处必须做重复接地。

3. 施工现场内的起重机、井字架、龙门架等机械设备，以及钢脚手架和正在施工的在建工程等的金属结构，当在相邻建筑物、构筑物等设施的防雷装置接闪器的保护范围以外时，应按规定装防雷装置。当最高机械设备上避雷针（接闪器）的保护范围能覆盖其他设备，且又最后退出现场，则其他设备可不设防雷装置。

11.6 临时用电安全检测设备

11.6.1 临时用电绝缘电阻测试记录仪

绝缘电阻是指用绝缘材料隔开两部分导体之间的电阻，而绝缘电阻测试仪是用来测量绝测量绝缘电阻大小的仪器，为了保证电气设备运行的安全，应对其不同极性（不同相）的导体之间或导体与外壳之间的绝缘电阻提出一个最低要求。

11.6.2 临时用电接地电阻测试仪

1. 单台容量超过 100kVA 或使用同一接地装置并联运行且总容量超过 100kVA 的电力变压器或发电机的工作接地电阻值不得大于 4Ω。

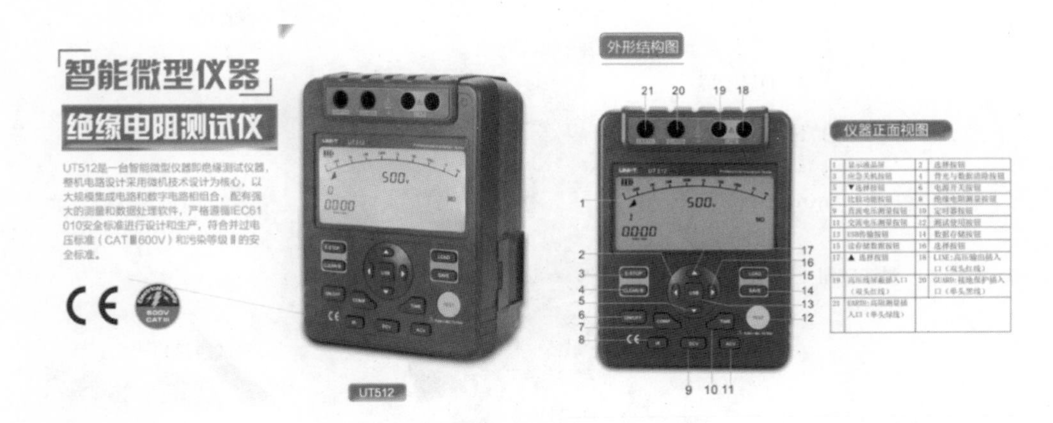

临时用电绝缘电阻测试记录仪

单台容量不超过 100kVA 或使用同一接地装置并联运行且总容量不超过 100kVA 的电力变压器或发电机的工作接地电阻值不得大于 10Ω。

2. 在 TN 系统中，保护零线每一处重复接地装置的接地电阻值不应大于 10Ω。在工作接地电阻值允许达到 10Ω 的电力系统中，所有重复接地的等效电阻值不应大于 10Ω。

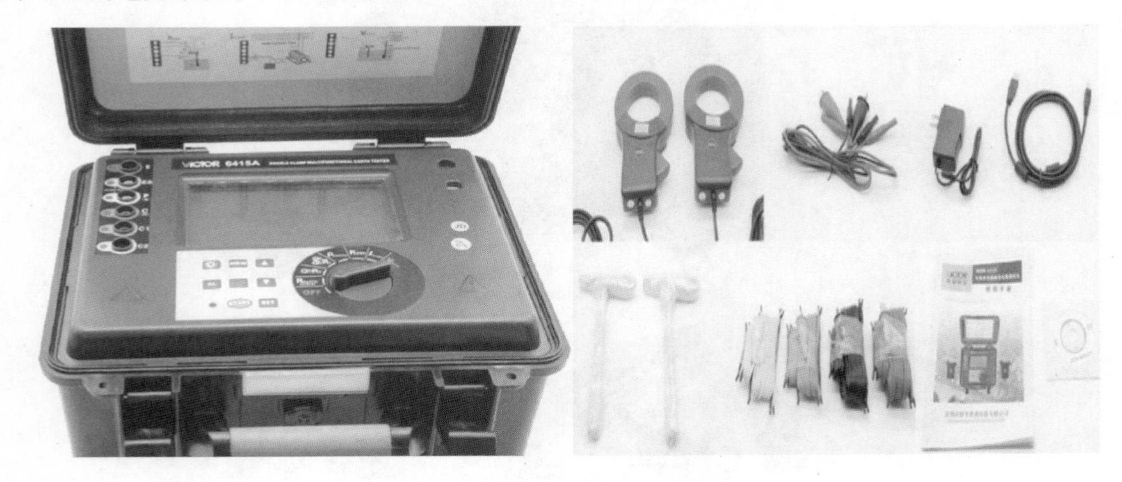

临时用电接地电阻测试仪

11.6.3　临时用电漏电保护器运行检测记录仪

漏电检测仪是指一种用来检测漏电现象设备仪器。能够检测电流型触电保安器的动作电流及检测小于电流型触电保安器动作的不平衡泄漏电流，还能区分对人体有害的泄漏电压及对人体无害的感应电压；能有效地检测用电器的漏电现象。施工现场临时用电漏电保护器漏电动作电流、时间参数应合理匹配，形成分级保护，一般总配电箱内漏电保护器额定漏电动作电流 100～150mA，额定漏电动作时间不大于 0.2s，分配电箱内漏电保护器额定漏电动作电流 50～75mA，额定漏电动作时间不大于 0.1s。开关箱内漏电保护器额定漏电动作电流 30mA，额定漏电动作时间不大于 0.1s。

使用于潮湿或有腐蚀介质场所的漏电保护器应采用防溅型产品，其额定漏电动作电流不应大于 15mA，额定漏电动作时间不应大于 0.1s。

总配电箱中漏电保护器的额定漏电动作电流应大于 30mA，额定漏电动作时间应大于 0.1s，但其额定漏电动作电流与额定漏电动作时间的乘积不应大于 30mA·s。

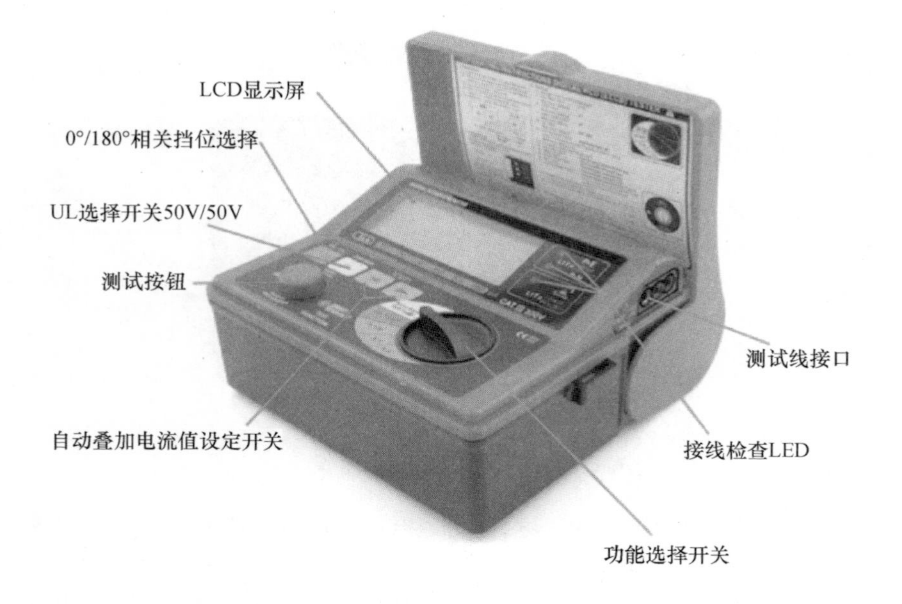

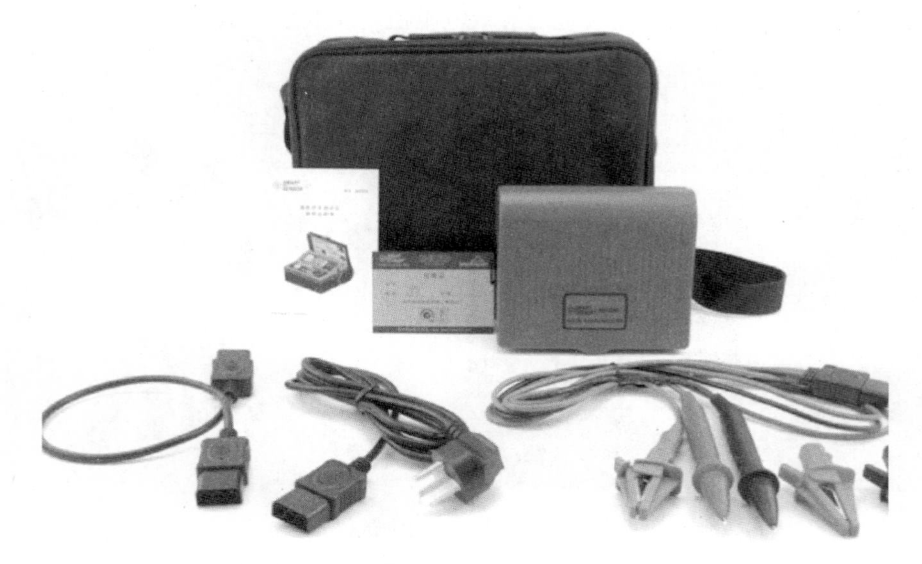

临时用电漏电保护器运行检测记录仪

第12章　脚手架管理

12.1　构配件

所有构配件进场前，由项目材料负责人提前联系生产厂家，提供生产厂家资质证书、生产许可证、产品质量合格证、产品质量检测合格报告等资料；构配件进场后，由项目材料负责人组织项目技术负责人、生产负责人、安全负责人进行联合验收，并按照规定要求随机抽取一定数量的钢管、扣件、安全网送往具有相应资质的检测机构进行复测，监理单位安排人员现场见证，将取样检测报告收集存档。验收合格、取样检测合格的，方可进场使用，项目部做好进场记录，填报进场验收表。

12.1.1　钢管

12.1.1.1　生产厂家资质证书

生产厂家资质证书由钢管生产厂家提供，项目部收集存档。

12.1.1.2　产品检验合格报告

产品检验合格报告由钢管生产厂家提供，项目部收集存档。

12.1.1.3　取样检测报告

在钢管进场后，项目部应按照规定要求随机抽取一定数量的钢管送往具有相应资质的检测机构进行检测，并将取样检测报告收集存档。钢管按照每750根钢管至少抽取1根进行复测（不足750根，按照750根标准取样）。

12.1.1.4　钢管进场验收

钢管进场验收见下表。

钢管进场验收

<table>
<tr><td colspan="5">钢管进场验收表</td><td>编号</td><td></td></tr>
<tr><td colspan="2">工程名称</td><td colspan="5"></td></tr>
<tr><td colspan="2">施工单位</td><td colspan="5"></td></tr>
<tr><td colspan="2">材料供应商</td><td colspan="5"></td></tr>
<tr><td colspan="2">钢管类型</td><td>□普通钢管　□盘扣架钢管　□碗扣架钢管
□轮扣架钢管　□其他类型钢管______</td><td>数量</td><td></td><td>进场日期</td><td></td></tr>
<tr><td>序号</td><td>检查项目</td><td colspan="3">检查内容与要求</td><td colspan="2">验收结果</td></tr>
<tr><td rowspan="2">1</td><td rowspan="2">技术资料</td><td colspan="3">有生产厂家资质证书、产品合格证、产品检验合格报告</td><td colspan="2"></td></tr>
<tr><td colspan="3">取样抽检符合要求，每750根钢管至少抽取1根进行复测（不足750根，按照750根取样）。有取样检测报告</td><td colspan="2"></td></tr>
<tr><td rowspan="3">2</td><td rowspan="3">基本要求</td><td colspan="3">钢管表面应平直光滑，不应有裂缝、结疤、分层、错位、硬弯、毛刺、压痕、深的划道及严重锈蚀等缺陷，钢管使用前必须涂防锈漆</td><td colspan="2"></td></tr>
<tr><td colspan="3">钢管严禁打孔</td><td colspan="2"></td></tr>
<tr><td colspan="3">钢管外径为48.3mm，允许偏差为±0.5mm；壁厚为3.6mm，允许偏差为±0.36mm</td><td colspan="2"></td></tr>
</table>

续表

<table>
<tr><td>序号</td><td>检查项目</td><td colspan="2">检查内容与要求</td><td>验收结果</td></tr>
<tr><td rowspan="2">3</td><td rowspan="2">盘扣架、
碗扣架、
轮扣架钢管</td><td colspan="2">钢管的铸造件表面应光滑平整，不得有砂眼、缩孔、裂纹、浇冒口残余等缺陷，表面黏砂应清除干净；冲压件不得有毛刺、裂纹、氧化皮等缺陷。各处焊缝应饱满，不得有未焊透、夹砂、咬肉、裂纹等缺陷</td><td rowspan="2"></td></tr>
<tr><td colspan="2">立杆连接套管，其壁厚不应小于 3.5mm，内径不应大于 50mm，套管长度不应小于 160mm，外伸长度不应小于 110mm。连接焊缝应饱满，不得有未焊透、夹砂、咬肉、裂缝等缺陷</td></tr>
<tr><td>4</td><td>其他要求</td><td colspan="2"></td><td></td></tr>
<tr><td colspan="5">验收结论：

年　月　日</td></tr>
<tr><td colspan="2" rowspan="5">验收人
（签字）</td><td>总承包单位</td><td>材料供应商</td><td>其他单位</td></tr>
<tr><td>项目材料负责人（签字）：</td><td rowspan="4"></td><td rowspan="4"></td></tr>
<tr><td>项目技术负责人（签字）：</td></tr>
<tr><td>项目生产负责人（签字）：</td></tr>
<tr><td>项目安全负责人（签字）：</td></tr>
</table>

注：本表由施工单位填报。

12.1.2 扣件

12.1.2.1 生产厂家资质证书

生产厂家资质证书由扣件生产厂家提供，项目部收集存档。

12.1.2.2 产品检验合格报告

产品检验合格报告由扣件生产厂家提供，项目部收集存档。

12.1.2.3 取样检测报告

在扣件进场后，项目部应按照规定要求随机抽取一定数量的扣件送往具有相应资质的检测机构进行检测，并将取样检测报告收集存档。扣件按照每 500 件扣件至少抽取 8 件进行复测（不足 500 件，按照 500 件标准取样）。

12.1.2.4 扣件进场验收

扣件进场验收见下表。

扣件进场验收

<table>
<tr><td colspan="4">扣件进场验收表</td><td>编号</td><td></td></tr>
<tr><td colspan="2">工程名称</td><td colspan="4"></td></tr>
<tr><td colspan="2">施工单位</td><td colspan="4"></td></tr>
<tr><td colspan="2">材料供应商</td><td colspan="4"></td></tr>
<tr><td colspan="2">扣件类型</td><td>□直角扣件　□旋转扣件　□对接扣件</td><td>数量</td><td>进场日期</td><td></td></tr>
<tr><td>序号</td><td>检查项目</td><td colspan="2">检查内容与要求</td><td colspan="2">验收结果</td></tr>
<tr><td rowspan="2">1</td><td rowspan="2">技术资料</td><td colspan="2">有生产厂家资质证书、产品合格证、产品检验合格报告</td><td colspan="2"></td></tr>
<tr><td colspan="2">取样抽检符合要求，每 500 件扣件至少抽取 8 件进行复测（不足 500 件，按照 500 件取样）。有取样检测报告</td><td colspan="2"></td></tr>
</table>

续表

<table>
<tr><th>序号</th><th>检查项目</th><th colspan="2">检查内容与要求</th><th>验收结果</th></tr>
<tr><td rowspan="5">2</td><td rowspan="5">基本要求</td><td colspan="2">不允许有裂缝、变形、滑丝的螺栓存在</td><td></td></tr>
<tr><td colspan="2">扣件与钢管接触部位不应有氧化皮</td><td></td></tr>
<tr><td colspan="2">扣件活动部位应能灵活转动，旋转扣件两旋转面间隙应小于1mm</td><td></td></tr>
<tr><td colspan="2">扣件表面应进行防锈处理</td><td></td></tr>
<tr><td colspan="2">扣件在螺栓拧紧扭力矩达到65N·m时，不得发生破坏</td><td></td></tr>
<tr><td>3</td><td>其他要求</td><td colspan="2"></td><td></td></tr>
<tr><td colspan="5">验收结论：

年　月　日</td></tr>
<tr><td rowspan="5" colspan="2">验收人
（签字）</td><td>总承包单位</td><td>材料供应商</td><td>其他单位</td></tr>
<tr><td>项目材料负责人（签字）：</td><td rowspan="4"></td><td rowspan="4"></td></tr>
<tr><td>项目技术负责人（签字）：</td></tr>
<tr><td>项目生产负责人（签字）：</td></tr>
<tr><td>项目安全负责人（签字）：</td></tr>
</table>

注：本表由施工单位填报。

12.1.3　安全网

12.1.3.1　生产厂家资质证书

生产厂家资质证书由扣件生产厂家提供，项目部收集存档。

12.1.3.2　产品检验合格报告

产品检验合格报告由扣件生产厂家提供，项目部收集存档。

12.1.3.3　取样检测报告

安全网进场时，由项目材料负责人组织项目技术、生产、安全负责人进行联合验收，并按照规定要求随机抽取一定数量的安全网送往具有相应资质的检测机构进行复测，监理单位安排人员现场见证，将取样检测报告收集存档。验收合格、取样检测合格的，方可进场使用，项目部做好进场记录，填报进场验收表。

取样抽检须符合要求，安全网每批次数量不大于500张的，见证取样送检2张；每批次数量在500～2000张的，见证取样送检4张；每批次数量大于2000张的，见证取样送检6张；使用不同厂家、不同规格安全网的，应按不同厂家、不同规格分别送检，送检数量应按照上述要求见证取样。

12.1.3.4　安全网进场验收

安全网进场验收见下表。

安全网进场验收

<table>
<tr><td colspan="5">安全网进场验收表</td><td>编号</td><td></td></tr>
<tr><td colspan="2">工程名称</td><td colspan="5"></td></tr>
<tr><td colspan="2">施工单位</td><td colspan="5"></td></tr>
<tr><td colspan="2">材料供应商</td><td colspan="5"></td></tr>
<tr><td colspan="2">扣件类型</td><td>□安全平网　□密目式安全立网</td><td>数量</td><td></td><td>进场日期</td><td></td></tr>
<tr><td>序号</td><td>检查项目</td><td colspan="3">检查内容与要求</td><td colspan="2">验收结果</td></tr>
<tr><td rowspan="2">1</td><td rowspan="2">技术资料</td><td colspan="3">有生产厂家资质证书、产品合格证、产品检验合格报告</td><td colspan="2"></td></tr>
<tr><td colspan="3">安全网每批次数量不大于500张的，见证取样送检2张；每批次数量在500～2000张的，见证取样送检4张；每批次数量大于2000张的，见证取样送检6张；使用不同厂家、不同规格安全网的，应按不同厂家、不同规格分别送检，送检数量应按照上述要求见证取样</td><td colspan="2"></td></tr>
<tr><td rowspan="10">2</td><td rowspan="10">基本要求</td><td colspan="3">单张安全网的重量不得超过15kg</td><td colspan="2"></td></tr>
<tr><td colspan="3">安全网缝线不应有跳针、漏缝，缝边应均匀</td><td colspan="2"></td></tr>
<tr><td colspan="3">每张密目式安全立网允许有一个缝接，缝接部位应端正牢固</td><td colspan="2"></td></tr>
<tr><td colspan="3">网体上不应有断纱、破洞、变形及有碍使用的编织缺陷</td><td colspan="2"></td></tr>
<tr><td colspan="3">安全网应具有阻燃性能，续燃、阴燃时间均不得大于4s</td><td colspan="2"></td></tr>
<tr><td colspan="3">安全网的系绳与网体应牢固连接，各系绳沿网边均匀分布，相邻两系绳间距不应大于75cm，系绳长度不小于80cm。当筋绳加长用作系绳时，其系绳部分必须加长，且与边绳系紧后，再折回边绳系紧，至少形成双股</td><td colspan="2"></td></tr>
<tr><td colspan="3">安全网如有筋绳，则筋绳分布应合理，平网上两根相邻筋绳的距离不应小于30cm</td><td colspan="2"></td></tr>
<tr><td colspan="3">安全网上所用的网绳、边绳、系绳、筋绳均应由不小于3股单绳制成。绳头部分应经过编花、燎烫等处理，不应散开</td><td colspan="2"></td></tr>
<tr><td colspan="3">密目式安全立网应满足100cm^{2}且不得少于2000目</td><td colspan="2"></td></tr>
<tr><td colspan="3">安全网的连接件应经检测和试验</td><td colspan="2"></td></tr>
<tr><td>3</td><td>其他要求</td><td colspan="3"></td><td colspan="2"></td></tr>
<tr><td colspan="7">验收结论：

年　月　日</td></tr>
<tr><td colspan="2" rowspan="5">验收人
（签字）</td><td colspan="2">总承包单位</td><td>材料供应商</td><td colspan="2">其他单位</td></tr>
<tr><td colspan="2">项目材料负责人（签字）：</td><td rowspan="4"></td><td colspan="2" rowspan="4"></td></tr>
<tr><td colspan="2">项目技术负责人（签字）：</td></tr>
<tr><td colspan="2">项目生产负责人（签字）：</td></tr>
<tr><td colspan="2">项目安全负责人（签字）：</td></tr>
</table>

注：本表由施工单位填报。

12.1.4　脚手板

脚手板进场验收见下表。

脚手板进场验收

脚手板进场验收表			编号	
工程名称				
施工单位				
材料供应商				
脚手板类型	□钢脚手板 □木脚手板 □竹脚手板	数量		进场日期

序号	检查项目	检查内容与要求	验收结果
1	质量	单块脚手板的质量不宜大于30kg	
2	钢脚手板	冲压钢脚手板应有产品质量合格证	
		冲压钢脚手板不得有裂纹、开焊与硬弯；新、旧脚手板均应涂防锈漆	
	木脚手板	木脚手板材质应符合现行国家标准《木结构设计规范》(GB 50005) 中II_a级材质的规定。扭曲变形、劈裂、腐朽的脚手板不得使用	
		木脚手板厚度不应小于50mm，宽度不宜小于200mm，两端宜各设置直径不小于4mm的镀锌钢丝，箍两道	
3	竹脚手板	竹脚手板宜采用由毛竹或楠竹制作的竹串片板，不应使用竹笆板	
		竹串片脚手板宜采用螺栓将并列的竹片串连而成。螺栓直径宜为3～10mm，螺栓间距宜为500～600mm，螺栓离板端宜为200～250mm，板宽250mm，板长2000mm、2500mm、3000mm	
4	其他要求		
验收结论： 年 月 日			
验收人（签字）	总承包单位	材料供应商	其他单位
	项目材料负责人（签字）：		
	项目技术负责人（签字）：		
	项目生产负责人（签字）：		
	项目安全负责人（签字）：		

注：本表由施工单位填报。

12.1.5 型钢（悬挑脚手架用）

12.1.5.1 产品检验合格报告

产品检验合格报告由型钢生产厂家提供，项目部收集存档。

12.1.5.2 型钢（悬挑脚手架用）进场验收

型钢进场验收见下表。

型钢进场验收

<table>
<tr><td colspan="3">型钢进场验收表</td><td>编号</td><td></td></tr>
<tr><td colspan="2">工程名称</td><td colspan="3"></td></tr>
<tr><td colspan="2">施工单位</td><td colspan="3"></td></tr>
<tr><td colspan="2">材料供应商</td><td colspan="3"></td></tr>
<tr><td colspan="2">型钢类型</td><td>□工字钢　□其他类型型钢________　数量　</td><td>进场日期</td><td></td></tr>
<tr><td>序号</td><td>检查项目</td><td colspan="2">检查内容与要求</td><td>验收结果</td></tr>
<tr><td>1</td><td>技术资料</td><td colspan="2">有产品检验合格报告</td><td></td></tr>
<tr><td rowspan="3">2</td><td rowspan="3">基本要求</td><td colspan="2">型钢表面应平直光滑，不应有裂缝、结疤、硬弯、压痕、深的划道及严重锈蚀等缺陷，型钢使用前必须涂防锈漆</td><td></td></tr>
<tr><td colspan="2">型钢不得焊接接长后使用</td><td></td></tr>
<tr><td colspan="2">型钢不得打孔</td><td></td></tr>
<tr><td>3</td><td>其他要求</td><td colspan="2"></td><td></td></tr>
<tr><td colspan="5">验收结论：

年　月　日</td></tr>
<tr><td colspan="2" rowspan="5">验收人
（签字）</td><td>总承包单位</td><td>材料供应商</td><td>其他单位</td></tr>
<tr><td>项目材料负责人（签字）：</td><td rowspan="4"></td><td rowspan="4"></td></tr>
<tr><td>项目技术负责人（签字）：</td></tr>
<tr><td>项目生产负责人（签字）：</td></tr>
<tr><td>项目安全负责人（签字）：</td></tr>
</table>

注：本表由施工单位填报。

12.1.6　附着式升降脚手架

12.1.6.1　生产厂家资质证书

生产厂家资质证书由附着式升降脚手架生产厂家提供，项目部收集存档。

12.1.6.2　产品检验合格报告

产品检验合格报告由附着式升降脚手架生产厂家提供，项目部收集存档。

12.1.6.3　附着式升降脚手架进场验收

附着式升降脚手架进场验收见下表。

附着式升降脚手架进场验收

附着式升降脚手架进场验收表		编号	
工程名称			
总承包单位		进场时间	
专业承包单位		专业承包单位负责人	
序号	验收项目	验收内容	验收结果
1	技术资料	符合现行行业标准《建筑施工工具式钢管脚手架安全技术规范》（JGJ 202）规范要求	
		有生产厂家资质证书、产品检验合格报告	
2	竖向主框架	各杆件的轴线应汇交于节点处，并应采用螺栓或焊接连接，如不汇交于一点，应进行附加弯矩计算	
		各节点应焊接或螺栓连接	
		相邻竖向主框架的高度差不大于30mm	
3	水平支承桁架	桁架上、下弦应采用整根通长杆件，或设置刚性接头；腹杆上、下弦连接采用焊接或螺栓连接	
		桁架各杆件的轴线应相交于节点上，并宜用节点板构造连接，节点板的厚度不得小于6mm	
4	立杆支承位置	架体构架的立杆底端应设置在上弦节点各轴线的交汇处	
5	扣件拧紧力矩	扣件拧紧力矩符合40～65N·m	
验收结论： 年 月 日			

验收人（签字）	总承包单位	专业承包单位	分包等其他单位
	项目材料负责人（签字）：		
	项目技术负责人（签字）：		
	项目生产负责人（签字）：		
	项目安全负责人（签字）：		

注：本表由施工单位填报。

12.2 施工准备

12.2.1 施工方案

施工单位应当在施工作业前组织工程技术人员编制施工方案。危险性较大的分部分项工程（以下简称危大工程）应当编制专项施工方案。

实行施工总承包的，施工方案应当由施工总承包单位组织编制，由施工单位技术负责人审核签字、加盖单位公章，并由总监理工程师审查签字、加盖执业印章后方可实施。

危大工程实行专业分包的，专项施工方案可由相关专业分包单位组织编制，并由专业分包单位项目负责人主持编制，经专业分包单位技术负责人及施工总承包单位技术负责人共同审核签字并加盖单位公章，并由总监理工程师审查签字、加盖执业印章后方可实施。

危大工程实行专业承包的，专项施工方案应当由相关专业承包单位组织编制，并由专业承包单位项目负责人主持编制，经专业承包单位技术负责人及建设单位技术负责人共同审核签字并加盖单位公章，由施工总承包单位技术负责人审核签字，并由总监理工程师审查签字、加盖执业印章后方可实施。

超过一定规模的危大工程专项施工方案除应当履行以上规定的审核审查程序外，还应当由负责工程安全质量的建设单位代表审批签字。

施工组织设计/（专项）施工方案报审见下表。

施工组织设计/（专项）施工方案报审

<table>
<tr><td colspan="2">施工组织设计/（专项）施工方案报审表</td><td>资料编号</td><td></td></tr>
<tr><td>工程名称</td><td colspan="3"></td></tr>
<tr><td colspan="4">致：________（项目监理机构）
我方已完成________工程施工组织设计/（专项）施工方案的编制和审批，请予以审查。
附件：□施工组织总设计________
□施工组织设计________
□专项施工方案________
施工项目经理部（盖章）
施工单位项目负责人（签字、加盖执业印章）：
年　月　日</td></tr>
<tr><td colspan="4">审查意见：
施工单位（盖章）：
施工单位技术负责人（签字）：
年　月　日</td></tr>
<tr><td colspan="4">审查意见：
专业监理工程师（签字）：
年　月　日</td></tr>
<tr><td colspan="4">审核意见：
项目监理机构（盖章）
总监理工程师（签字、加盖执业印章）：
年　月　日</td></tr>
<tr><td colspan="4">审批意见（仅对超过一定规模的危险性较大的分部分项工程专项施工方案）：
建设单位（盖章）
项目负责人（签字）：
年　月　日</td></tr>
</table>

注：本表由施工单位填写，建设单位、监理单位、施工单位各存一份。

脚手架搭拆作业前，应当按程序完成人员安全教育、方案交底、安全技术交底、施工作业人员登记、特种作业人员登记及证件审查等工作，负责脚手架和模板支撑体系专业的专职安全员（以下简称模架工程专职安全员）应当全程参与，及时纠正不合规行为，并做好记录。

12.2.2　危险性较大的分部分项工程

危险性较大的分部分项工程应严格按照《危险性较大的分部分项工程安全管理规定》（建设部令 37 号）和《住房城乡建设部办公厅关于实施〈危险性较大的分部分项工程安全管理规定〉有关问题的通知》（建办质〔2018〕31 号）（以下简称“37 号令”和“31 号文”）进行管理，危大工程资料应单独编辑归档。危大工程资料包括以下 13 个方面的内容。

12.2.2.1　危险性较大的分部分项工程清单

《危险性较大的分部分项工程清单》由施工单位依据 37 号令和 31 号文组织编制，建设单位、监理单位、施工单位各存一份。

12.2.2.2　危险性较大的分部分项工程汇总

危险性较大的分部分项工程汇总见下表。

危险性较大的分部分项工程汇总

危险性较大的分部分项工程汇总表		编号	
工程名称			
施工单位		监理单位	
危险性较大的分部分项工程类别		是否涉及	具体内容
危险性较大的分部分项工程	1. 基坑支护与降水工程： a. 开挖深度超过 3m（含 3m）的基坑（槽）支护、降水工程。（　） b. 开挖深度超过 3m 但地质条件和周围环境复杂的基坑（槽）支护、降水工程。（　）		
	2. 土方开挖工程： 开挖深度超过 3m（含 3m）的基坑（槽）的土方开挖工程。（　）		
	3. 模板工程及支撑体系： a. 各类工具式模板工程：包括大模板、滑模、爬模、飞模等工程。（　） b. 混凝土模板支撑工程： 搭设高度 5m 及以上。（　） 搭设跨度 10m 及以上。（　） 施工总荷载 $10kN/m^2$ 及以上。（　） 集中线荷载 15 kN/m 及以上。（　） 高度大于支撑水平投影宽度且相对独立无联系构件的混凝土模板工程。（　） c. 承重支撑体系：用于钢结构安装等满堂支撑体系。（　）		
	4. 起重吊装工程及安装拆卸工程： a. 采用非常规起重设备、方法，且单件起吊重量在 10kN 及以上的起重吊装工程。（　） b. 采用起重机械进行安装的工程。（　） c. 起重机械设备自身的安装、拆卸。（　）		
	5. 脚手架工程： a. 搭设高度 24m 及以上的落地式钢管脚手架工程。（　） b. 附着式整体和分片提升脚手架工程。（　） c. 悬挑式脚手架工程。（　） d. 吊篮脚手架工程。（　） e. 自制卸料平台、移动操作平台工程。（　） f. 新型及异型脚手架工程。（　）		

续表

<table>
<tr><th colspan="2">危险性较大的分部分项工程类别</th><th>是否涉及</th><th>具体内容</th></tr>
<tr><td rowspan="2">危险性较大的分部分项工程</td><td>6. 拆除、爆破工程：
a. 建筑物、构筑物拆除工程。（　　）
b. 采用爆破拆除的工程。</td><td></td><td></td></tr>
<tr><td>7. 其他危险性较大的工程：
a. 建筑幕墙安装工程。（　　）
b. 钢结构、网架和索膜结构安装工程。（　　）
c. 人工挖（扩）孔桩工程。（　　）
d. 地下暗挖、顶管及水下作业工程。（　　）
e. 预应力工程。（　　）
f. 采用新技术、新工艺、新材料、新设备及尚无相关技术标准的危险性较大的分部分项工程。（　　）</td><td></td><td></td></tr>
<tr><td rowspan="6">应组织专家论证的超过一定规模的危大工程</td><td>1. 深基坑工程：
a. 开挖深度超过 5m（含 5m）的基坑（槽）的土方开挖、支护、降水工程。（　　）
b. 开挖深度虽未超过 5m，但地质条件、周围环境和地下管线复杂，或影响毗邻建（构）筑物安全的基坑（槽）的土方开挖、支护、降水工程。（　　）</td><td></td><td></td></tr>
<tr><td>2. 模板工程及支撑体系：
a. 工具式模板工程：包括滑模、爬模、飞模等工程。（　　）
b. 混凝土模板支撑工程：
搭设高度 8m 及以上；（　　）
搭设跨度 18m 及以上；（　　）
施工总荷载 15kN/m² 及以上；（　　）
集中线荷载 20 kN/m 及以上。（　　）
c. 承重支撑体系：用于钢结构安装等满堂支撑体系，承受单点集中荷载 700kg 以上。（　　）</td><td></td><td></td></tr>
<tr><td>3. 起重吊装工程及安装拆卸工程：
a. 采用非常规起重设备、方法，且单件起吊重量在 100kN 及以上的起重吊装工程。（　　）
b. 起重量 300kN 及以上的起重设备安装工程；高度 200m 及以上内爬起重设备的拆除工程。（　　）</td><td></td><td></td></tr>
<tr><td>4. 脚手架工程：
a. 搭设高度 50m 及以上的落地式钢管脚手架工程。（　　）
b. 提升高度 150m 及以上附着式整体和分片提升脚手架工程。（　　）
c. 架体高度 20m 及以上悬挑式脚手架工程。（　　）</td><td></td><td></td></tr>
<tr><td>5. 拆除、爆破工程：
a. 采用爆破拆除的工程。（　　）
b. 码头、桥梁、高架、烟囱、水塔货拆除中容易引起有毒有害气（液）体货粉尘扩散、易燃易爆事故发生的特殊建（构）筑物的拆除工程。（　　）
c. 可能影响行人、交通、电力设施、通信设施或其他建（构）筑物安全的拆除工程。（　　）
d. 文物保护建筑、优秀历史建筑或历史文化风貌区控制范围的拆除工程。（　　）</td><td></td><td></td></tr>
<tr><td>6. 其他：
a. 施工高度 50m 及以上的建筑幕墙安装工程。（　　）
b. 跨度大于 36m 及以上的钢结构安装工程。（　　）
跨度大于 60m 及以上的网架和索膜结构安装工程。（　　）
c. 开挖深度超过 16m 的人工挖孔桩工程。（　　）
d. 地下暗挖工程、顶管工程、水下作业工程。（　　）
e. 采用新技术、新工艺、新材料、新设备及尚无相关技术标准的危险性较大的分部分项工程。（　　）</td><td></td><td></td></tr>
</table>

注：本表由施工单位填报，监理单位、施工单位各存一份。

12.2.2.3　风险评价和风险管控相关资料

风险评价和风险管控相关资料由施工单位依据各地区风险分级管控相关要求编制并实施，若当地政府无相关文件要求，可参考《关于印发〈北京市房屋建筑和市政基础设施工程施工安全风险分级管控技术指南（试行）〉的通知》（京建发〔2018〕424 号）。

12.2.2.4　专项施工方案及审批手续

施工单位或专业承（分）包单位编制专项施工方案，施工单位审核、监理单位审查、建设单位审批手续依据 37 号令和 31 号文实施。

12.2.2.5　危险性较大的分部分项工程专家论证

超过一定规模的危险性较大的分部分项工程的专家论证，依据 37 号令和 31 号文实施，危险性较大的分部分项工程专家论证报告及专家论证会会议签到见下表（签到表略）。

危险性较大的分部分项工程专家论证

<table>
<tr><td colspan="5">危险性较大的分部分项工程专家论证表</td><td>编号</td><td></td></tr>
<tr><td colspan="2">工程名称</td><td colspan="5"></td></tr>
<tr><td colspan="2">总承包单位</td><td colspan="2"></td><td>项目负责人</td><td colspan="2"></td></tr>
<tr><td colspan="2">分包单位</td><td colspan="2"></td><td>项目负责人</td><td colspan="2"></td></tr>
<tr><td colspan="2">危险性较大分部分项工程名称</td><td colspan="5"></td></tr>
<tr><td colspan="7">专家一览表</td></tr>
<tr><td>姓名</td><td>性别</td><td>年龄</td><td>工作单位</td><td>职务</td><td>职称</td><td>专业</td></tr>
<tr><td></td><td></td><td></td><td></td><td></td><td></td><td></td></tr>
<tr><td></td><td></td><td></td><td></td><td></td><td></td><td></td></tr>
<tr><td></td><td></td><td></td><td></td><td></td><td></td><td></td></tr>
<tr><td></td><td></td><td></td><td></td><td></td><td></td><td></td></tr>
<tr><td></td><td></td><td></td><td></td><td></td><td></td><td></td></tr>
<tr><td></td><td></td><td></td><td></td><td></td><td></td><td></td></tr>
<tr><td></td><td></td><td></td><td></td><td></td><td></td><td></td></tr>
<tr><td colspan="7">专家论证意见：</td></tr>
<tr><td colspan="7">论证结论：
通过，可实施　□
未通过，进行修改　□
（加盖论证专用章）
年　月　日</td></tr>
<tr><td colspan="2">专家（签字）</td><td colspan="5">组长（签字）：
专家（签字）：</td></tr>
<tr><td colspan="2">项目经理部</td><td colspan="5">（章）
年　月　日</td></tr>
</table>

注：1. 本表由施工单位填报，建设单位、监理单位、施工单位各存一份。
　　2. 签到表应附后。

12.2.2.6　方案交底及安全技术交底

由项目技术负责人或方案编制人员对项目管理人员和分包管理人员、班组长进行方案交底，由土建施工员对分包管理人员、班组长和作业人员进行安全技术交底。方案交底表和安全技术交底见下表。

方案交底

<table>
<tr><td colspan="4">方案交底表</td><td>编号</td><td></td></tr>
<tr><td>工程名称</td><td colspan="5"></td></tr>
<tr><td>施工单位</td><td colspan="2"></td><td>方案名称</td><td colspan="2"></td></tr>
<tr><td colspan="6">方案交底内容：</td></tr>
<tr><td>交底人</td><td></td><td>职务</td><td></td><td>交底时间</td><td></td></tr>
<tr><td>接受交底人员（签字）</td><td colspan="5"></td></tr>
</table>

注：1. 进行方案交底时填写此表。

2. 本表由总承包单位或专业承包单位工程技术人员填写，交底人、接受交底人、专职安全员各存一份。

3. 签名栏不够时，应将签字表附后。

安全技术交底

<table>
<tr><td colspan="4">安全技术交底表</td><td>编号</td><td></td></tr>
<tr><td>工程名称</td><td colspan="5"></td></tr>
<tr><td>施工单位</td><td></td><td>交底部位</td><td></td><td>作业内容</td><td></td></tr>
<tr><td colspan="6">安全技术交底内容：</td></tr>
<tr><td colspan="6">针对性交底：</td></tr>
</table>

续表

<table>
<tr><td colspan="2">交底人</td><td></td><td>职务</td><td></td><td>专职安全员
监督（签字）</td><td></td></tr>
<tr><td colspan="2">接受交底单位负责人</td><td></td><td>单位及职务</td><td></td><td>交底时间</td><td></td></tr>
<tr><td>接受交底
作业人员
（签字）</td><td colspan="6"></td></tr>
</table>

注：1. 项目对操作人员进行安全技术交底时填写此表。

2. 本表由总承包单位或专业承包单位工程技术人员填写，交底人、接受交底人、专职安全员各存一份。

3. 签名栏不够时，应将签字表附后。

12.2.2.7　施工作业人员登记

由分包单位劳务管理员按照分部分项施工内容填报施工作业人员登记表，经分包单位项目负责人确认后，报送总包单位确认并存档。施工作业人员登记见下表。

施工作业人员登记

<table>
<tr><td colspan="7">施工作业人员登记表</td><td>编号</td><td colspan="2"></td></tr>
<tr><td colspan="2">工程名称</td><td colspan="8"></td></tr>
<tr><td colspan="2">总承包单位</td><td colspan="5"></td><td>填报时间</td><td colspan="2"></td></tr>
<tr><td colspan="2">分包单位</td><td colspan="5"></td><td>施工内容</td><td colspan="2"></td></tr>
<tr><td>序号</td><td>姓名</td><td>性别</td><td>身份证号</td><td>籍贯</td><td>工种</td><td></td><td>岗位证书编号</td><td>档案编号</td><td>进场时间</td></tr>
<tr><td></td><td></td><td></td><td></td><td></td><td></td><td></td><td></td><td></td><td></td></tr>
<tr><td></td><td></td><td></td><td></td><td></td><td></td><td></td><td></td><td></td><td></td></tr>
<tr><td></td><td></td><td></td><td></td><td></td><td></td><td></td><td></td><td></td><td></td></tr>
<tr><td></td><td></td><td></td><td></td><td></td><td></td><td></td><td></td><td></td><td></td></tr>
<tr><td></td><td></td><td></td><td></td><td></td><td></td><td></td><td></td><td></td><td></td></tr>
<tr><td></td><td></td><td></td><td></td><td></td><td></td><td></td><td></td><td></td><td></td></tr>
<tr><td></td><td></td><td></td><td></td><td></td><td></td><td></td><td></td><td></td><td></td></tr>
<tr><td></td><td></td><td></td><td></td><td></td><td></td><td></td><td></td><td></td><td></td></tr>
<tr><td></td><td></td><td></td><td></td><td></td><td></td><td></td><td></td><td></td><td></td></tr>
<tr><td></td><td></td><td></td><td></td><td></td><td></td><td></td><td></td><td></td><td></td></tr>
<tr><td></td><td></td><td></td><td></td><td></td><td></td><td></td><td></td><td></td><td></td></tr>
<tr><td></td><td></td><td></td><td></td><td></td><td></td><td></td><td></td><td></td><td></td></tr>
<tr><td></td><td></td><td></td><td></td><td></td><td></td><td></td><td></td><td></td><td></td></tr>
<tr><td></td><td></td><td></td><td></td><td></td><td></td><td></td><td></td><td></td><td></td></tr>
<tr><td colspan="2" rowspan="3">总承包单位</td><td colspan="2">项目劳务管理员（签字）：</td><td colspan="2" rowspan="3">分包单位</td><td colspan="4">分包劳务管理员（签字）：</td></tr>
<tr><td colspan="2">项目生产负责人（签字）：</td><td colspan="4">分包项目负责人（签字）：</td></tr>
<tr><td colspan="2">项目安全负责人（签字）：</td><td colspan="4">其他负责人（签字）：</td></tr>
</table>

注：本表由分包单位填报，总承包单位、分包单位各存一份。

12.2.2.8 项目负责人现场履职记录

项目负责人现场履职记录由项目负责人本人亲笔填写。项目负责人现场履职记录见下表。

项目负责人现场履职记录

<table>
<tr><td colspan="3">项目负责人现场履职记录表</td><td>编号</td><td></td></tr>
<tr><td>项目名称</td><td></td><td>形象进度</td><td colspan="2">基础阶段□
主体阶段□
装饰阶段□</td></tr>
<tr><td>项目经理（签字）</td><td></td><td>带班日期</td><td colspan="2"></td></tr>
<tr><td>人员到岗履职情况</td><td colspan="4">(1) 项目管理人员到岗履职情况：

(2) 分包管理人员到岗履职情况：</td></tr>
<tr><td>重点部位、关键环节的控制情况</td><td colspan="4"></td></tr>
<tr><td>其他安全生产情况</td><td colspan="4"></td></tr>
<tr><td>安全生产隐患整改情况</td><td colspan="4"></td></tr>
<tr><td>其他事项</td><td colspan="4"></td></tr>
</table>

注：本表应由项目经理本人填写，其他人员不得代为填写。

12.2.2.9　项目专职安全管理人员现场监督记录

项目专职安全管理人员现场监督记录见下表，即危大工程施工安全旁站监督记录表和安全生产监督日志。

项目专职安全管理人员现场监督记录（危大工程施工安全旁站监督记录）

<table>
<tr><td colspan="3">危大工程施工安全旁站监督记录表</td><td>编号</td><td></td></tr>
<tr><td>工程名称</td><td></td><td>危大工程名称</td><td colspan="2"></td></tr>
<tr><td>总承包单位</td><td></td><td>分包单位</td><td colspan="2"></td></tr>
<tr><td>旁站日期</td><td>年　月　日</td><td>工程地点</td><td colspan="2"></td></tr>
<tr><td>旁站部位</td><td></td><td>施工工序</td><td colspan="2"></td></tr>
<tr><td>施工情况</td><td colspan="4"></td></tr>
<tr><td>安全保障措施
落实情况</td><td colspan="4"></td></tr>
<tr><td>发现问题及
处理措施</td><td colspan="4"></td></tr>
<tr><td>备注</td><td colspan="4"></td></tr>
<tr><td>旁站人员
签字</td><td colspan="4"></td></tr>
</table>

项目专职安全管理人员现场监督记录（安全生产监督日志）

<table>
<tr><td colspan="3">安全生产监督日志</td><td>编号</td><td></td></tr>
<tr><td colspan="2">年　月　日</td><td>星期</td><td colspan="2">天气：</td></tr>
<tr><td rowspan="2">安全教育</td><td>教育类型</td><td colspan="2">受教育单位、工种、人数、授课内容</td><td>授课人</td></tr>
<tr><td></td><td colspan="2"></td><td></td></tr>
<tr><td rowspan="2">安全检查</td><td>检查类型</td><td colspan="2">主要检查内容、检查区域</td><td>检查参与人</td></tr>
<tr><td></td><td colspan="2"></td><td></td></tr>
<tr><td rowspan="2">安全技术交底</td><td>工序</td><td colspan="2">交底名称及被交底班组、人数</td><td>交底人</td></tr>
<tr><td></td><td colspan="2"></td><td></td></tr>
<tr><td rowspan="2">安全验收</td><td>验收项</td><td colspan="2">验收结果（若不合格写出主要原因）</td><td>组织人</td></tr>
<tr><td></td><td colspan="2"></td><td></td></tr>
<tr><td rowspan="4">安全隐患及
整改情况</td><td colspan="3">发现隐患名称、位置、整改期限</td><td>责任人</td></tr>
<tr><td colspan="3"></td><td></td></tr>
<tr><td colspan="3">到期应整改而未整改完成隐患名称</td><td>责任人</td></tr>
<tr><td colspan="3"></td><td></td></tr>
<tr><td rowspan="2">重大危险源
旁站监督</td><td>危险源名称</td><td colspan="2">安全保障措施落实情况</td><td>旁站监督人员</td></tr>
<tr><td></td><td colspan="2"></td><td></td></tr>
<tr><td rowspan="2">危险作业审批</td><td>危险作业名称</td><td colspan="2">现场保障措施落实情况</td><td>作业部位</td></tr>
<tr><td></td><td colspan="2"></td><td></td></tr>
<tr><td>事故处理</td><td colspan="4"></td></tr>
<tr><td>上级检查、
观摩交流等情况</td><td colspan="4"></td></tr>
</table>

12.2.2.10 施工监测和安全巡视记录

施工监测和安全巡视记录可以施工日志为准。需要第三方监测的，需提供第三方监测报告。

12.2.2.11 上月专项施工方案实施情况说明

由施工单位依据 37 号令和 31 号文实施，每月编制上月专项施工方案实施情况说明并存档。

12.2.2.12 验收记录

详见本章 12.3 节。

12.2.2.13 隐患排查整改和复查记录

隐患排查整改和复查记录格式见下表。

隐患排查整改和复查记录（安全隐患排查记录）

<table>
<tr><td colspan="3">安全隐患排查记录表</td><td>编号</td><td></td></tr>
<tr><td>工程名称</td><td></td><td>施工单位</td><td colspan="2"></td></tr>
<tr><td>施工部位/专业</td><td></td><td>受检单位
负责人（签字）</td><td colspan="2"></td></tr>
<tr><td colspan="5">检查情况及存在隐患：</td></tr>
<tr><td colspan="5">整改措施及要求：</td></tr>
<tr><td>检查人员（签字）</td><td colspan="4">年 月 日</td></tr>
<tr><td>复查意见</td><td colspan="4">复查人（签字）： 年 月 日</td></tr>
</table>

注：本表一式两份，检查单位、被检查单位各存一份。

隐患排查整改和复查记录（安全隐患整改反馈）

<table>
<tr><td colspan="3">安全隐患整改反馈表</td><td>编号</td><td></td></tr>
<tr><td>工程名称</td><td></td><td>施工单位</td><td colspan="2"></td></tr>
<tr><td colspan="5">针对________年________月________日____________________（单位）检查中发现问题，现将采取措施及整改情况反馈如下：

附件：（反馈时视实际情况附佐证资料）</td></tr>
<tr><td>整改单位
项目负责人（签字、盖章）</td><td></td><td>反馈日期</td><td colspan="2"></td></tr>
</table>

注：本表一式两份，检查单位、被检查单位各存一份。

12.2.3　人员资质

人员进场后，须审核人员资质。特种作业人员必须持有特种作业操作资格证书，且在有效期内。特种作业人员应做好台账登记，特种作业人员登记见下表。

特种作业人员登记

<table>
<tr><td colspan="6">特种作业人员登记表</td><td>编号</td><td colspan="2"></td></tr>
<tr><td colspan="2">工程名称</td><td colspan="7"></td></tr>
<tr><td colspan="2">总承包单位</td><td colspan="3"></td><td>分包单位</td><td colspan="3"></td></tr>
<tr><td>序号</td><td>姓名</td><td>性别</td><td>身份证号</td><td>工种</td><td>证件编号</td><td>发证机关</td><td>有效期至（年月）</td><td>进退场时间</td></tr>
<tr><td></td><td></td><td></td><td></td><td></td><td></td><td></td><td></td><td></td></tr>
<tr><td></td><td></td><td></td><td></td><td></td><td></td><td></td><td></td><td></td></tr>
<tr><td></td><td></td><td></td><td></td><td></td><td></td><td></td><td></td><td></td></tr>
<tr><td></td><td></td><td></td><td></td><td></td><td></td><td></td><td></td><td></td></tr>
<tr><td></td><td></td><td></td><td></td><td></td><td></td><td></td><td></td><td></td></tr>
<tr><td></td><td></td><td></td><td></td><td></td><td></td><td></td><td></td><td></td></tr>
</table>

续表

<table>
<tr><td>项目经理部审查意见：

项目安全负责人（签字）：　　　　年　月　日</td></tr>
<tr><td>监理单位复核意见：

经复核，符合要求，同意上岗（　　）
经复核，不符合要求，不同意上岗（　　）
监理工程师（签字）：　　　　年　月　日</td></tr>
</table>

注：1. 本表由施工单位填报，监理单位、施工单位各存一份。
2. 表后附操作证复印件及网上证书查询截图。

12.2.4　交底

脚手架工程施工作业前，由总承包单位项目技术负责人组织对项目管理人员、分包管理人员、班组长进行方案交底。由施工单位土建施工员组织对分包管理人员、班组长和作业人员进行安全技术交底。项目模架工程专职安全员对交底过程进行监督。交底人、被交底人、专职安全员应签署纸质安全技术交底资料留存。

12.2.4.1　方案交底

方案交底表格式见下表。

方案交底

<table>
<tr><td colspan="4">方案交底表</td><td>编号</td><td></td></tr>
<tr><td>工程名称</td><td colspan="5"></td></tr>
<tr><td>施工单位</td><td colspan="2"></td><td>方案名称</td><td colspan="2"></td></tr>
<tr><td colspan="6">方案交底内容：</td></tr>
<tr><td>交底人</td><td></td><td>职务</td><td></td><td>交底时间</td><td></td></tr>
<tr><td>接受交底人员（签字）</td><td colspan="5"></td></tr>
</table>

注：1. 进行方案交底时填写此表。
2. 本表由总承包单位或专业承包单位工程技术人员填写，交底人、接受交底人、专职安全员各存一份。
3. 签名栏不够时，应将签字表附后。

12.2.4.2 安全技术交底

安全技术交底表格式见下表。

安全技术交底

<table>
<tr><td colspan="5">安全技术交底表</td><td>编号</td><td></td></tr>
<tr><td colspan="2">工程名称</td><td colspan="5"></td></tr>
<tr><td colspan="2">施工单位</td><td></td><td>交底部位</td><td></td><td>作业内容</td><td></td></tr>
<tr><td colspan="7">安全技术交底内容：</td></tr>
<tr><td colspan="7">针对性交底：</td></tr>
<tr><td colspan="2">交底人</td><td></td><td>职务</td><td></td><td>专职安全员
监督（签字）</td><td></td></tr>
<tr><td colspan="2">接受交底单位
负责人</td><td></td><td>单位及职务</td><td></td><td>交底时间</td><td></td></tr>
<tr><td>接受交底
作业人员
（签字）</td><td colspan="6"></td></tr>
</table>

注：1. 项目对操作人员进行安全技术交底时填写此表。

2. 本表由总承包单位或专业承包单位工程技术人员填写，交底人、接受交底人、专职安全员各存一份。

3. 签名栏不够时，应将签字表附后。

12.3 检查验收

12.3.1 常规脚手架验收

脚手架工程施工作业前，由施工单位项目技术负责人组织对项目管理人员、分包管理人员、班组长进行方案交底。由施工单位土建施工员应组织对相关人员（包括管理人员和作业人员）进行安全技术交底，项目专职安全员对交底过程进行监督。

脚手架及其地基基础应在下列阶段进行检查与验收：基础完工后及脚手架搭设前；作业层上施加荷载前；每搭设完6～8m的高度后；达到设计高度后；遇有六级及以上强风或大雨后；冻结地区解冻后；停用超过一个月。

由土建施工员报验，项目技术负责人、生产负责人、安全负责人、分包管理人员、监理单位工程师参加验收，并填报验收表。

项目部每月组织模板支撑体系专项检查，对发现的问题及时组织整改落实。

12.3.1.1　脚手架搭设作业安全技术交底

脚手架搭设作业安全技术交底见下表。

脚手架搭设作业安全技术交底

<table>
<tr><td colspan="4">安全技术交底表</td><td>编号</td><td></td></tr>
<tr><td>工程名称</td><td colspan="5"></td></tr>
<tr><td>施工单位</td><td></td><td>交底部位</td><td></td><td>作业内容</td><td>脚手架搭设</td></tr>
<tr><td colspan="6">安全技术交底内容（参考）：
一、基本要求
1. 脚手架搭设与拆除人员必须是经考核合格的专业架子工，架子工必须持证上岗。
2. 在脚手架上作业人员必须穿防滑鞋，正确佩戴使用安全带，着装灵便。
3. 进入施工现场必须佩戴合格的安全帽，系好下颚带，锁好带扣。
4. 夜间不宜进行脚手架搭设与拆除作业。
5. 脚手架上作业人员应做好分工、配合，传递杆件应把握好重心，平稳传递。
6. 作业人员应配带工具袋，不要将工具放在架子上，以免掉落伤人。
7. 架设材料要随上随用，以免放置不当掉落伤人。
8. 搭、拆脚手架时必须设置物料提上、吊下设施，严禁抛掷。
9. 在搭设作业中，地面上配合人员应避开可能落物的区域。
10. 严禁在架子上作业时嬉戏、打闹、躺卧，严禁攀爬脚手架。
11. 严禁酒后上岗，严禁高血压、心脏病、癫痫病等不适宜登高作业人员上岗作业。
12. 搭拆脚手架时，要有专人协调指挥，地面应设警戒区，要有旁站人员看守，严禁非操作人员入内。
13. 脚手架基础必须平整夯实，具有足够的承载力和稳定性，立杆下必须放置垫座和通板，有畅通的排水设施。
14. 在脚手架上进行电、气焊作业时，应有防火措施和专人看护。
15. 遇有六级及以上强风或大雨后应停止脚手架作业。雨雪天气后作业时必须采取防滑措施，并应扫除积雪。
二、搭设
1. 脚手架搭设前应清除障碍物、平整场地、夯实基土、做好排水。应符合脚手架专项施工组织设计（施工方案）和技术措施交底的要求，基础验收合格后，放线定位。支搭脚手架作业前应对杆、扣件及其配件进行检查，包括杆件及其配件是否存在焊口开裂、严重锈蚀、扭曲变形情况，配件是否齐全，符合要求后方可使用。
2. 单排、双排脚手架必须配合施工进度搭设，一次搭设高度不应超过相邻连墙件以上两步；如果超过相邻连墙件以上两步，无法设置连墙件时，应采取撑拉固定措施与建筑结构拉结。
3. 每搭完一步脚手架后，应校正步距、纵距、横距及立杆的垂直度。
4. 底座安放应符合下列规定：
（1）底座、垫板均应准确地放在定位线上；
（2）垫板宜采用长度不少于2跨、厚度不小于50mm、宽度不小于200mm的木垫板。
5. 立杆搭设应符合下列规定：
（1）脚手架开始搭设立杆时，应每隔6跨设置一根抛撑，直至连墙件安装稳定后，方可根据情况拆除；
（2）当架体搭设至有连墙件的主节点时，在搭设完该处的立杆、纵向水平杆、横向水平杆后，应立即设置连墙件。
6. 脚手架纵向水平杆的搭设应符合下列规定：
（1）脚手架纵向水平杆应随立杆按步搭设，并应采用直角扣件与立杆固定；
（2）在封闭型脚手架的同一步中，纵向水平杆应四周交圈设置，并应用直角扣件与内外角部立杆固定。
7. 脚手架横向水平杆搭设应符合下列规定：
（1）双排脚手架横向水平杆的靠墙一端至墙装饰面的距离不应大于100mm；</td></tr>
</table>

续表

<table>
<tr><td colspan="6">
（2）单排脚手架的横向水平杆不应设置在下列部位：
① 设计上不允许留脚手眼的部位；
② 过梁上与过梁两端成60°角的三角形范围内及过梁净跨度1/2的高度范围内；
③ 宽度小于1m的窗间墙；
④ 梁或梁垫下及其两侧各500mm的范围内；
⑤ 砖砌体的门窗洞口两侧200mm和转角处450mm的范围内；其他砌体的门窗洞口两侧300mm和转角处600mm的范围内；
⑥ 墙体厚度小于或等于180mm；
⑦ 独立或附墙砖柱，空斗砖墙、加气块墙等轻质墙体；
⑧ 砌筑砂浆强度等级小于或等于M2.5的砖墙。
8. 脚手架连墙件安装应符合下列规定：
（1）连墙件的安装应随脚手架搭设同步进行，不得滞后安装；
（2）当单排、双排脚手架施工操作层高出相邻连墙件以上两步时，应采取确保脚手架稳定的临时拉结措施，直到上一层连墙件安装完毕后再根据情况拆除。
9. 脚手架剪刀撑与双排脚手架横向斜撑应随立杆、纵向和横向水平杆等同步搭设，不得滞后安装。
10. 扣件安装应符合下列规定：
（1）扣件规格必须与钢管外径相同；
（2）螺栓拧紧扭力矩不应小于40N·m，且不应大于65N·m；
（3）在主节点处固定横向水平杆、纵向水平杆、剪刀撑、横向斜撑等用的直角扣件、旋转扣件的中心点的相互距离不应大于150mm；
（4）对接扣件开口应朝上或朝内；
（5）各杆件端头伸出扣件盖板边缘长度不应小于100mm。
11. 作业层、斜道的栏杆和挡脚板的搭设应符合下列规定：
（1）栏杆和挡脚板均应搭设在外立杆的内侧；
（2）上栏杆上皮高度应为1.2m；
（3）挡脚板高度不应小于180mm；
（4）中栏杆应居中设置。
12. 脚手板必须铺严、实、平稳，与架体绑扎牢固，并用安全网双层兜底，不得有探头板；施工层往下每隔10m且不超过2层应用安全网封闭。
13. 脚手架沿架体外围用密目式安全立网或钢板网全封闭，密目式安全立网宜设置在脚手架外立杆的内侧，并与架体用专用绑扎绳绑扎牢固，钢板网应用专用螺栓与脚手架固定牢固，螺栓必须拧紧。
14. 脚手架要结合进度搭设，搭设未完的脚手架，在离开作业岗位时，不得留有未固定的构件和不安全隐患，确保架子稳定。
</td></tr>
<tr><td colspan="6">针对性交底：
（由施工单位依据施工方案编制相关内容）</td></tr>
<tr><td>交底人</td><td></td><td>职务</td><td></td><td>专职安全员
监督签字</td><td></td></tr>
<tr><td>接受交底
单位负责人</td><td></td><td>单位及职务</td><td></td><td>交底时间</td><td></td></tr>
<tr><td>接受交底
作业人员
（签字）</td><td colspan="5"></td></tr>
</table>

注：1. 项目对操作人员进行安全技术交底时填写此表。
2. 本表由总承包单位或专业承包单位工程技术人员填写，交底人、接受交底人、专职安全员各存一份。
3. 签名栏不够时，应将签字表附后。

12.3.1.2　满堂脚手架验收

满堂脚手架验收见下表。

满堂脚手架验收

满堂脚手架验收表					编号	
工程名称						
施工单位						
分包单位						
验收部位			高度		安装日期	
序号	检查项目	检查内容与要求			验收结果	
1	安全施工方案	满足危险性较大分部分项工程要求，有安全专项施工技术方案（设计），审批手续完备、有效				
		施工前有技术交底，交底有针对性				
2	构造要求	立杆基础必须坚实，满足立柱承载力要求。立杆下部必须设置纵横向扫地杆				
		搭设高度、高宽比符合方案或规范要求，连墙件设置符合方案、规范要求				
		作业层不得超过 1 层，脚手板满铺，水平安全网设置符合要求				
		满堂脚手架上人孔洞口处应设马道或爬梯，爬梯步距不得大于 300mm，高度超过 4m 时应设置马道或搭设与结构楼层相连接的通道				
3	剪刀撑	搭设高度在 8m 以下的满堂脚手架架体四面两端由底至顶连续设置竖向剪刀撑，剪刀撑净距超过 30m 时，应增设一道竖向剪刀撑。搭设高度在 8m 以上的满堂脚手架架体四周及立杆纵、横向每 10 排由底至顶连续设置竖向剪刀撑。搭设高度在 16m 以上的满堂脚手架架体，应每隔 5 步设置一道水平连续剪刀撑				
4	其他要求					
验收结论： 年　月　日						
验收人（签字）	总承包单位			搭设单位	其他单位	
	项目土建施工员（签字）：					
	项目技术负责人（签字）：					
	项目生产负责人（签字）：					
	项目安全负责人（签字）：					
监理单位意见： 监理工程师：　　　年　月　日						

注：本表由施工单位填报，监理单位、施工单位各存一份。

12.3.1.3　落地式脚手架验收

落地式脚手架验收见下表。

落地式脚手架验收

<table>
<tr><td colspan="4">落地式脚手架验收表</td><td>编号</td><td></td></tr>
<tr><td colspan="2">工程名称</td><td></td><td>总承包单位</td><td colspan="2"></td></tr>
<tr><td colspan="2">作业队伍</td><td></td><td>作业队负责人</td><td colspan="2"></td></tr>
<tr><td colspan="2">验收部位</td><td></td><td>搭设高度</td><td colspan="2"></td></tr>
<tr><td>序号</td><td>验收项目</td><td colspan="2">验收内容</td><td colspan="2">验收结果</td></tr>
<tr><td rowspan="2">1</td><td rowspan="2">施工方案</td><td colspan="2">符合现行行业标准《建筑施工扣件式钢管脚手架安全技术规范》（JGJ 130）的有关规定</td><td colspan="2"></td></tr>
<tr><td colspan="2">高度为24m以上的落地式脚手架搭设前必须编制安全专项施工方案，附设计计算书，审批手续齐全。搭设前须有技术交底。超过50m的脚手架应有专家论证</td><td colspan="2"></td></tr>
<tr><td>2</td><td>立杆基础</td><td colspan="2">脚手架基础必须平整坚实，有排水措施，架体必须支搭在底座（托）或通长脚手板上。纵、横向扫地杆应符合要求</td><td colspan="2"></td></tr>
<tr><td rowspan="2">3</td><td rowspan="2">钢管、扣件要求</td><td colspan="2">钢管、扣件有复试检测报告。宜采用外径48.3mm、壁厚3.6mm的钢管</td><td colspan="2"></td></tr>
<tr><td colspan="2">钢管无裂纹、弯曲、压扁、锈蚀</td><td colspan="2"></td></tr>
<tr><td>4</td><td>架体与建筑结构拉结</td><td colspan="2">脚手架必须按楼层与结构拉结牢固，拉结点垂直、水平距离符合要求，拉结必须使用刚性材料</td><td colspan="2"></td></tr>
<tr><td>5</td><td>剪刀撑设置</td><td colspan="2">脚手架必须设置连续剪刀撑，宽度及角度符合要求。搭接方式应符合规范要求</td><td colspan="2"></td></tr>
<tr><td rowspan="3">6</td><td rowspan="3">立杆、大横杆、小横杆的设置要求</td><td colspan="2">立杆间距应符合要求；立杆对接必须符合要求</td><td colspan="2"></td></tr>
<tr><td colspan="2">大横杆宜设置在立杆内侧，其间距及固定方式应符合要求；对接须符合有关规定</td><td colspan="2"></td></tr>
<tr><td colspan="2">小横杆的间距、固定方式、搭接方式等应符合要求</td><td colspan="2"></td></tr>
<tr><td>7</td><td>脚手板及密目网设置</td><td colspan="2">操作面脚手板铺设必须符合规范要求。操作面护身栏杆和挡脚板设置符合要求。操作面下方净空超过3m时须设一道水平网。架体须用密目网沿内侧进行封闭，并固定牢固</td><td colspan="2"></td></tr>
<tr><td>8</td><td>其他要求</td><td colspan="2">卸料平台、泵管、缆风绳等不能固定在脚手架上；脚手架与外电架空线之间的距离应符合规范要求，特殊情况须采取防护措施；马道搭设符合要求；门洞口的搭设符合要求</td><td colspan="2"></td></tr>
<tr><td>9</td><td>其他增加的验收项</td><td colspan="2"></td><td colspan="2"></td></tr>
<tr><td colspan="6">验收结论：
年　月　日</td></tr>
<tr><td colspan="2" rowspan="5">验收人
（签字）</td><td>总承包单位</td><td>搭设单位</td><td colspan="2">其他单位</td></tr>
<tr><td>项目土建施工员（签字）：</td><td rowspan="4"></td><td colspan="2" rowspan="4"></td></tr>
<tr><td>项目技术负责人（签字）：</td></tr>
<tr><td>项目生产负责人（签字）：</td></tr>
<tr><td>项目安全负责人（签字）：</td></tr>
<tr><td colspan="6">监理单位意见：
监理工程师（签字）：　　　年　月　日</td></tr>
</table>

注：本表由施工单位填报，监理单位、施工单位各存一份。

12.3.1.4　悬挑式脚手架验收

悬挑式脚手架验收见下表。

悬挑式脚手架验收

<table>
<tr><td colspan="4">悬挑式脚手架验收表</td><td>编号</td><td></td></tr>
<tr><td colspan="2">工程名称</td><td></td><td>总承包单位</td><td colspan="2"></td></tr>
<tr><td colspan="2">搭设单位</td><td></td><td>搭设单位负责人</td><td colspan="2"></td></tr>
<tr><td colspan="2">验收部位</td><td></td><td>验收时间</td><td colspan="2"></td></tr>
<tr><td>序号</td><td>验收项目</td><td colspan="2">验收内容</td><td colspan="2">验收结果</td></tr>
<tr><td rowspan="2">1</td><td rowspan="2">施工
方案</td><td colspan="2">符合现行行业标准《建筑施工扣件式钢管脚手架安全技术规范》(JGJ 130)规范要求</td><td colspan="2"></td></tr>
<tr><td colspan="2">有专项施工方案及设计计算书，审批手续齐全，超过 20m 的有专家论证</td><td colspan="2"></td></tr>
<tr><td rowspan="2">2</td><td rowspan="2">钢管、
扣件要求</td><td colspan="2">钢管、扣件有复试检测报告。宜采用外径为 48.3mm、壁厚为 3.6mm 的钢管</td><td colspan="2"></td></tr>
<tr><td colspan="2">钢管无裂纹、弯曲、压扁、锈蚀</td><td colspan="2"></td></tr>
<tr><td>3</td><td>架体与建筑
结构拉结</td><td colspan="2">脚手架必须按楼层与结构拉结牢固，拉结点垂直、水平距离符合要求，拉结必须使用刚性材料，按方案要求设置型钢悬挑梁，外端的钢丝绳或钢拉杆与上一层建筑结构斜拉结</td><td colspan="2"></td></tr>
<tr><td>4</td><td>悬挑梁设置
要求</td><td colspan="2">悬挑钢梁应采用双轴对称截面的整根型钢，钢梁截面高度不小于 160mm，悬挑长度应按设计确定，固定段长度不应小于悬挑段长度的 1.25 倍。型钢悬挑梁固定端应采用 2 个（对）及以上的 U 型钢筋拉环或锚固螺栓与建筑结构梁板固定</td><td colspan="2"></td></tr>
<tr><td>5</td><td>剪刀撑设置</td><td colspan="2">脚手架必须设置连续剪刀撑，宽度及角度符合要求。搭接方式应符合规范要求</td><td colspan="2"></td></tr>
<tr><td rowspan="3">6</td><td rowspan="3">立杆、大横杆、
小横杆的
设置要求</td><td colspan="2">立杆间距应符合要求；立杆对接必须符合要求</td><td colspan="2"></td></tr>
<tr><td colspan="2">大横杆宜设置在立杆内侧，其间距及固定方式应符合要求；对接须符合有关规定</td><td colspan="2"></td></tr>
<tr><td colspan="2">小横杆的间距、固定方式、搭接方式等应符合要求</td><td colspan="2"></td></tr>
<tr><td>7</td><td>脚手板及
密目网设置</td><td colspan="2">操作面脚手板铺设必须符合规范要求。操作面护身栏杆和挡脚板设置符合要求。操作面下方净空超过 3m 时须设一道水平网。架体须用密目网沿内侧进行封闭，并固定牢固</td><td colspan="2"></td></tr>
<tr><td>8</td><td>其他要求</td><td colspan="2"></td><td colspan="2"></td></tr>
<tr><td colspan="6">验收结论：
年　月　日</td></tr>
<tr><td colspan="2" rowspan="5">验收人
（签字）</td><td>总承包单位</td><td>搭设单位</td><td colspan="2">其他单位</td></tr>
<tr><td>项目土建施工员（签字）：</td><td rowspan="4"></td><td colspan="2" rowspan="4"></td></tr>
<tr><td>项目技术负责人（签字）：</td></tr>
<tr><td>项目生产负责人（签字）：</td></tr>
<tr><td>项目安全负责人（签字）：</td></tr>
<tr><td colspan="6">监理单位意见：
监理工程师（签字）：　　　　年　月　日</td></tr>
</table>

注：本表由施工单位填报，监理单位、施工单位各存一份。

12.3.1.5 电梯井操作平台验收

电梯井操作平台验收见下表。

电梯井操作平台验收

<table>
<tr><td colspan="4">电梯井操作平台验收表</td><td>编号</td><td></td></tr>
<tr><td colspan="2">工程名称</td><td></td><td>平台类型</td><td colspan="2"></td></tr>
<tr><td colspan="2">验收部位</td><td></td><td>支搭时间</td><td colspan="2"></td></tr>
<tr><td>序号</td><td>验收项目</td><td colspan="2">验收标准</td><td colspan="2">验收结果</td></tr>
<tr><td>1</td><td>设计计算方案</td><td colspan="2">设计方案，平面图，并附单独的计算书</td><td colspan="2"></td></tr>
<tr><td>2</td><td>材料</td><td colspan="2">平台制作符合方案要求，材质、焊缝、吊点满足使用要求</td><td colspan="2"></td></tr>
<tr><td>3</td><td>支撑点</td><td colspan="2">平台独立支撑点不得少于4个，并应对称设置；支撑构件符合设计要求；支撑点应在同一水平面上</td><td colspan="2"></td></tr>
<tr><td>4</td><td>平台安装</td><td colspan="2">平台安装就位后应保证平稳，与电梯井壁的间隙不得大于5cm；电梯井操作平台下方不得吊挂任何物品</td><td colspan="2"></td></tr>
<tr><td colspan="6">验收结论：
年 月 日</td></tr>
<tr><td colspan="2" rowspan="5">验收人
（签字）</td><td>总承包单位</td><td>搭设单位</td><td colspan="2">使用单位/班组</td></tr>
<tr><td>项目土建施工员（签字）：</td><td rowspan="4"></td><td colspan="2" rowspan="4"></td></tr>
<tr><td>项目技术负责人（签字）：</td></tr>
<tr><td>项目生产负责人（签字）：</td></tr>
<tr><td>项目安全负责人（签字）：</td></tr>
<tr><td colspan="6">监理单位意见：
监理工程师（签字）： 年 月 日</td></tr>
</table>

注：本表由搭设单位填报，总承包单位、搭设单位、使用单位各存一份。

12.3.1.6 卸料平台验收

卸料平台验收见下表。

卸料平台验收

<table>
<tr><td colspan="4">卸料平台验收表</td><td>编号</td><td></td></tr>
<tr><td colspan="2">工程名称</td><td></td><td>总承包单位</td><td colspan="2"></td></tr>
<tr><td colspan="2">搭设单位</td><td></td><td>搭设单位负责人</td><td colspan="2"></td></tr>
<tr><td colspan="2">验收部位</td><td></td><td>验收时间</td><td colspan="2"></td></tr>
<tr><td>序号</td><td>验收项目</td><td colspan="2">验收内容</td><td colspan="2">验收结果</td></tr>
<tr><td>1</td><td>施工方案</td><td colspan="2">设计符合规范要求，编制、审核、审批手续齐全</td><td colspan="2"></td></tr>
<tr><td rowspan="5">2</td><td rowspan="5">悬挑式钢平台</td><td colspan="2">符合现行行业标准《建筑施工高处作业安全技术规范》（JGJ 80）中的有关规定及相关要求</td><td colspan="2"></td></tr>
<tr><td colspan="2">平台结构的悬挑主梁使用整根的槽钢（或工字钢）</td><td colspan="2"></td></tr>
<tr><td colspan="2">平台承载面积不宜大于20m²；长宽比不应大于1.5：1</td><td colspan="2"></td></tr>
<tr><td colspan="2">平台临边应设置不低于1.5m的防护栏杆，栏杆内侧设置硬质材料的挡板</td><td colspan="2"></td></tr>
<tr><td colspan="2">悬挑式钢平台上的操作人员不应超过2人</td><td colspan="2"></td></tr>
</table>

续表

<table>
<tr><td>序号</td><td>验收项目</td><td colspan="2">验收内容</td><td>验收结果</td></tr>
<tr><td rowspan="3">2</td><td rowspan="3">悬挑式钢平台</td><td colspan="2">平台内侧设置荷载（吨位）标志牌，且注明各种物料放置数量和码放要求</td><td></td></tr>
<tr><td colspan="2">主、副钢丝绳绳径不得小于 21.5mm，绳卡设置符合要求</td><td></td></tr>
<tr><td colspan="2">锚固点、锚固件符合相关要求</td><td></td></tr>
<tr><td rowspan="3">3</td><td rowspan="3">落地式
卸料平台</td><td colspan="2">平台基础、扫地杆设置及架体搭设符合方案设计及相关要求；有载荷标志牌；卸料平台周边防护符合要求</td><td></td></tr>
<tr><td colspan="2">平台搭设使用钢管、扣件等主要材料材质符合要求</td><td></td></tr>
<tr><td colspan="2">平台架体连墙件、剪刀撑设置符合要求</td><td></td></tr>
<tr><td>4</td><td>其他增加
的验收项</td><td colspan="3"></td></tr>
<tr><td colspan="5">验收结论：

年　月　日</td></tr>
<tr><td colspan="2" rowspan="5">验收人
（签字）</td><td>总承包单位</td><td>搭设单位</td><td>其他单位</td></tr>
<tr><td>项目土建施工员（签字）：</td><td rowspan="4"></td><td rowspan="4"></td></tr>
<tr><td>项目技术负责人（签字）：</td></tr>
<tr><td>项目生产负责人（签字）：</td></tr>
<tr><td>项目安全负责人（签字）：</td></tr>
<tr><td colspan="5">监理单位意见：

监理工程师（签字）：　　　　年　月　日</td></tr>
</table>

注：本表由施工单位填报，监理单位、施工单位各存一份。

12.3.1.7　马道验收记录

马道验收记录见下表。

马道验收记录

<table>
<tr><td colspan="4">马道验收记录表</td><td>编号</td><td></td></tr>
<tr><td colspan="2">工程名称</td><td></td><td>总承包单位</td><td colspan="2"></td></tr>
<tr><td colspan="2">搭设单位</td><td></td><td>搭设单位负责人</td><td colspan="2"></td></tr>
<tr><td colspan="2">验收部位</td><td></td><td>验收时间</td><td colspan="2"></td></tr>
<tr><td>序号</td><td>验收项目</td><td colspan="2">验收内容</td><td colspan="2">验收结果</td></tr>
<tr><td>1</td><td>施工方案</td><td colspan="2">符合现行行业标准《建筑施工扣件式钢管脚手架安全技术规范》（JGJ 130）中的规范要求</td><td colspan="2"></td></tr>
<tr><td>2</td><td>材料</td><td colspan="2">钢管、扣件规格材质应符合要求，无严重锈蚀、弯曲、压扁或裂纹</td><td colspan="2"></td></tr>
<tr><td rowspan="3">3</td><td>间距</td><td colspan="2">立杆、横杆间距符合设计规范要求；单独坡道的立杆、横杆间距不得大于 1.5m，小横杆间距不得大于 1m；马道严禁搭设在有外电线路的一侧</td><td colspan="2"></td></tr>
<tr><td>宽度</td><td colspan="2">人行坡道宽度不小于 1m，运料坡道宽度不小于 1.5m，宽度超过 2m 应有单独的设计方案和计算书</td><td colspan="2"></td></tr>
<tr><td>坡度</td><td colspan="2">人行道坡度应不大于 1∶3，运料坡道坡度不大于 1∶6</td><td colspan="2"></td></tr>
</table>

续表

<table>
<tr><td>序号</td><td>验收项目</td><td colspan="3">验收内容</td><td>验收结果</td></tr>
<tr><td>4</td><td>脚手板</td><td colspan="3">脚手板必须铺严、铺牢，对头搭接时，端部下设双排钢管，并用铅丝捆绑牢固</td><td></td></tr>
<tr><td>5</td><td>剪刀撑</td><td colspan="3">马道两侧须按规范标准搭设剪刀撑。搭设外附马道架时，应加强连墙杆设置</td><td></td></tr>
<tr><td>6</td><td>平台</td><td colspan="3">马道转弯处应设有平台、护身栏和踢脚板</td><td></td></tr>
<tr><td colspan="6">验收结论：

年 月 日</td></tr>
<tr><td colspan="2" rowspan="5">验收人
（签字）</td><td>总承包单位</td><td colspan="2">搭设单位</td><td>其他单位</td></tr>
<tr><td>项目土建施工员（签字）：</td><td colspan="2" rowspan="4"></td><td rowspan="4"></td></tr>
<tr><td>项目技术负责人（签字）：</td></tr>
<tr><td>项目生产负责人（签字）：</td></tr>
<tr><td>项目安全负责人（签字）：</td></tr>
<tr><td colspan="6">监理单位意见：

监理工程师（签字）： 年 月 日</td></tr>
</table>

注：本表由搭设单位填报，总承包单位、搭设单位各存一份。

12.3.2 附着式升降脚手架验收

附着式升降脚手架安装前应具有下列文件：相应资质证书及安全生产许可证；附着式升降脚手架鉴定或验收的证书；产品进场前的自检记录；特种作业人员和管理人员岗位证书；各种材料、工具的质量合格证、材质单、测试报告；主要部件及提升机构的合格证。

附着式升降脚手架每次安装、拆除以及升降前，总承包单位应向有关作业人员进行安全教育，并应监督专业承包单位对有关施工人员进行安全技术交底，并安排专业技术人员现场指导。投入使用前，总承包单位应监督专业承包单位应对使用单位进行安全技术交底。

附着式升降脚手架应在下列阶段进行检查与验收：首次安装完毕；提升或下降前；提升、下降到位；投入使用前。

附着式升降脚手架安装完毕后，专业承包单位应首先组织自检并出具自检报告。自检合格后，应委托具有相应资质的检验检测机构进行检测。检测合格后，施工总承包单位应当组织专业承包单位对附着式升降脚手架的安装进行验收，监理单位进行验收监督。

在附着式升降脚手架使用、提升和下降阶段均应对防坠、防倾装置进行检查，合格后方可作业。

施工总承包单位应当自验收合格之日起 30 日内，持相关资料到工程所在地区行业主管部门办理使用登记备案。附着式升降脚手架专业承包单位应配合施工总承包单位做好使用登记备案工作。

12.3.2.1 附着式升降脚手架作业安全技术交底

附着式升降脚手架作业安全技术交底见下表。

附着式升降脚手架作业安全技术交底

附着式升降脚手架作业安全技术交底表				编号	
工程名称					
施工单位		交底部位		作业类型	□安装 □升降 □使用 □拆除
专业承包单位		单位负责人		作业内容	

安全技术交底内容：

一、基本要求

1. 脚手架搭设与拆除人员必须是经考核合格的专业架子工，架子工必须持证上岗。
2. 在脚手架上的作业人员必须穿防滑鞋，正确佩戴、使用安全带，且着装灵便。
3. 进入施工现场必须佩戴合格的安全帽，系好下颚带，并锁好带扣。
4. 夜间不宜进行脚手架搭设与拆除作业。
5. 脚手架上作业人员应做好分工、配合，传递杆件应把握好重心，平稳传递。
6. 作业人员应配带工具袋，不要将工具放在架子上，以免掉落伤人。
7. 架设材料要随上随用，以免放置不当掉落伤人。
8. 搭、拆脚手架时必须设置物料提上、吊下设施，严禁抛掷。
9. 在搭设作业中，地面上配合人员应避开可能落物的区域。
10. 严禁在架子上作业时嬉戏、打闹、躺卧，严禁攀爬脚手架。
11. 严禁酒后上岗，严禁高血压、心脏病、癫痫病等不适宜登高作业人员上岗作业。
12. 搭拆脚手架时，要有专人协调指挥，地面应设警戒区，要有旁站人员看守，严禁非操作人员入内。
13. 在脚手架上进行电、气焊作业时，应有防火措施和专人看护。
14. 遇五级及以上大风、雪、雾、雷雨等特殊天气应停止脚手架作业。雨雪天气后作业时必须采取防滑措施，并应扫除积雪。
15. 附着式升降脚手架的防坠落装置应经法定检测机构标定后方可使用；使用过程中，使用单位应定期对其有效性和可靠性进行检测。安全装置受冲击荷载后应进行解体检验。

二、安装

1. 附着式升降脚手架应按专项施工方案进行安装，可采用单片式主框架的架体，也可采用空间桁架式主框架的架体。
2. 附着式升降脚手架在首层安装前应设置安装平台，安装平台应有保障施工人员安全的防护设施，安装平台的水平精度和承载能力应满足架体安装的要求。
3. 安装时应符合下列规定：
   （1）相邻竖向主框架的高差不应大于 20mm；
   （2）竖向主框架和防倾导向装置的垂直偏差不应大于 5‰，且不得大于 60mm；
   （3）预留穿墙螺栓孔和预埋件应垂直于建筑结构外表面，其中心误差应小于 15mm；
   （4）连接处所需建筑结构的混凝土的强度应按设计要求确定，但不得小于 C10；
   （5）升降机构连接应正确且牢固可靠；
   （6）安全控制系统的设置和试运行效果应符合设计要求；
   （7）升降动力设备工作正常。
4. 附着支承结构的安装应符合设计规定，不得少装或使用不合格螺栓及连接件。
5. 安全保险装置应全部合格，安全防护设施应齐备，且应符合设计要求，并应设置必要的消防设施。
6. 电源、电缆及控制柜等的设置应符合现行行业标准《施工现场临时用电安全技术规范》（JGJ 46）的有关规定。
7. 采用扣件式脚手架搭设的架体构架，其构造应符合现行行业标准《建筑施工扣件式钢管脚手架安全技术规范》（JGJ 130）的要求。
8. 升降设备、同步控制系统及防坠落装置等专项设备，均应采用同一厂家的产品。
9. 升降设备、控制系统、防坠落装置等应采取防雨、防砸、防尘等措施。

三、升降

1. 附着式升降脚手架每次升降前，应按规定进行检查，经检查合格后，方可进行升降。
2. 附着式升降脚手架的升降操作应符合下列规定：
   （1）应按升降作业程序和操作规程进行作业；
   （2）操作人员不得停留在架体上；
   （3）升降过程中不得有施工荷载；

续表

<table>
<tr><td colspan="6">（4）所有妨碍升降的障碍物应已拆除；
（5）所有影响升降的约束应已解除；
（6）各相邻提升点间的高差不得大于30mm，整体架最大升降差不得大于80mm。
3. 升降过程中应实行统一指挥、统一指令。升降指令应由总指挥一人下达；当有异常情况出现时，任何人均可立即发出停止指令。
4. 当采用环链葫芦作升降动力时，应严密监视其运行情况，及时排除翻链、铰链或其他影响正常运行的故障。
5. 当采用液压设备作升降动力时，应排除液压系统的泄漏、失压、颤动、油缸爬行或不同步等问题的故障，确保正常工作。
6. 架体升降到位后，应及时按使用状况要求进行附着固定；在没有完成架体固定工作前，施工人员不得擅自离岗或下班。
7. 附着式升降脚手架架体升降到位固定后，应进行检查，合格后方可使用；遇五级及以上大风和大雨、大雪、浓雾和雷雨等恶劣天气时，不得进行升降作业。
四、使用
1. 附着式升降脚手架应按设计性能指标进行使用，不得随意扩大使用范围；架体上的施工荷载应符合设计规定，不得超载，不得放置影响局部杆件安全的集中荷载。
2. 架体内的建筑垃圾和杂物应及时清理干净。
3. 附着式升降脚手架在使用过程中不得进行下列作业：
（1）利用架体吊运物料；
（2）在架体上拉结吊装缆绳（或缆索）；
（3）在架体上推车；
（4）任意拆除结构件或松动连接件；
（5）拆除或移动架体上的安全防护设施；
（6）利用架体支撑模板或卸料平台；
（7）其他影响架体安全的作业。
4. 当附着式升降脚手架停用超过3个月时，应提前采取加固措施。
5. 当附着式升降脚手架停用超过1个月或遇六级及以上大风后复工时，应进行检查，确认合格后方可使用。
6. 螺栓连接件、升降设备、防倾装置、防坠落装置、电控设备、同步控制装置等应每月进行保养。
五、拆除
1. 附着式升降脚手架的拆除工作应按专项施工方案及安全操作规程的有关要求进行。
2. 拆除时应有可靠的防止人员或物料坠落的措施，拆除的材料及设备不得抛扔。
3. 拆除作业应在白天进行。遇五级及以上大风和大雨、大雪、浓雾和雷雨等恶劣天气时，不得进行拆除作业。</td></tr>
<tr><td colspan="6">针对性交底：
（由施工单位依据施工方案编制相关内容）</td></tr>
<tr><td>交底人</td><td></td><td>职务</td><td></td><td>专职安全员监（签字）</td><td></td></tr>
<tr><td>接受交底单位负责人</td><td></td><td>单位及职务</td><td></td><td>交底时间</td><td></td></tr>
<tr><td>接受交底作业人员（签字）</td><td colspan="5"></td></tr>
</table>

注：1. 项目对操作人员进行安全技术交底时填写此表。
2. 本表由总承包单位或专业承包单位工程技术人员填写，交底人、接受交底人、专职安全员各存一份。
3. 签名栏不够时，应将签字表附后。

12.3.2.2 附着式升降脚手架安装验收

附着式升降脚手架安装验收见下表。

附着式升降脚手架安装验收

附着式升降脚手架安装验收表				编号	
工程名称			总承包单位		
搭设（安装）单位			搭设（安装）单位负责人		
验收部位			验收时间		
序号	验收项目	验收内容		验收结果	
1	施工方案	符合现行行业标准《建筑施工工具式钢管脚手架安全技术规范》（JGJ 202）规范要求			
		有安全专项施工方案及设计计算书，专家论证等审核手续齐全			
	备案情况	应按照有关要求办理使用登记备案			
2	竖向主框架	各杆件的轴线应汇交于节点处，并应采用螺栓或焊接连接，如不汇交于一点，应进行附加弯矩计算			
		各节点应焊接或螺栓连接			
		相邻竖向主框架的高差不大于30mm			
3	水平支承桁架	桁架上、下弦应采用整根通长杆件，或设置刚性接头；腹杆上、下弦连接采用焊接或螺栓连接			
		桁架各杆件的轴线应相交于节点上，并宜用节点板构造连接，节点板的厚度不得小于6mm			
4	立杆支承位置	架体构架的立杆底端应设置在上弦节点各轴线的交汇处			
5	扣件拧紧力矩	符合40～65 N·m			
6	附墙支座	每个竖向主框架所覆盖的每一楼层处应设置一道附墙支座			
		使用工况，应将竖向主框架固定于附墙支座上			
		升降工况，附墙支座上应设有防倾、导向的结构装置			
		附墙支座应采用锚固螺栓与建筑物连接，受拉螺栓的螺母不得少于两个或采用单螺母加弹簧垫圈			
		附墙支座支撑在建筑物上连接处混凝土的强度应按设计要求确定，但不得小于C10			
7	架体构造尺寸	架高不大于5倍层高			
		架宽不大于1.2m			
		架体全高×支承跨度不大于110m²			
		支承跨度直线型架体不大于7m			
		支承跨度折线或曲线型架体，相邻两主框架支撑点处的架体外侧距离不大于5.4m			
		水平悬挑长度不大于2m，且不大于跨度的1/2			
		升降工况上端悬臂高度不大于2/5，且架体高度不大于6m			
		水平悬挑端以竖向主框架为中心对称斜拉杆水平夹角不小于45°			
8	防坠落装置	防坠落装置应设置在竖向主框架处并附着在建筑结构上			
		每一升降点不得少于一个，在使用和升降工况下都能起作用			
		防坠落装置与升降设备应分别独立固定在建筑结构上			
		应具有防尘防污染的措施，并应保证灵敏可靠和运转自如			
		钢吊杆式防坠落装置，钢吊杆规格应由计算确定，且不应小于ϕ25mm			

续表

序号	验收项目	验收内容	验收结果
9	防倾覆装置	防倾覆装置中应包括导轨和两个以上与导轨连接的可滑动的导向件	
		在防倾导向件的范围内应设置防倾覆导轨，且应与竖向主框架可靠连接	
		在升降和使用两种主框架下，最上和最下两个导向件之间的最小间距不得小于2.8m或架体高度的1/4	
		应具有防止竖向主框架倾斜的功能	
		应用螺栓与附墙支座连接，其装置与导轨之间的间隙应小于5mm	
10	同步装置设置	连续式水平支承桁架，应采用限制荷载自控系统	
		简支静定水平支承桁架，应采用水平高差同步自控系统，若设备受限时可选择限制荷载自控系统	
11	防护设施	密目式安全立网规格型号不小于2000目/100cm^2，不小于3kg/张	
		防护栏杆高度不小于1.2m	
		挡脚板高度不小于180mm	
		架体底层脚手板铺设严密，与墙体无间隙	
验收结论：			
验收人（签字）		总承包单位	安装单位	分包等其他单位
		项目土建施工员（签字）：		
		项目技术负责人（签字）：		
		项目生产负责人（签字）：		
		项目安全负责人（签字）：		
监理单位意见： 监理工程师（签字）：　　年　月　日			

注：本表由施工单位填报，监理单位、施工单位各存一份。

12.3.2.3 附着式升降脚手架提升、下降作业前验收

附着式升降脚手架提升、下降作业前验收见下表。

附着式升降脚手架提升、下降作业前验收

附着式升降脚手架提升、下降作业前验收表			编号	
工程名称			总承包单位	
搭设（安装）单位			搭设（安装）单位负责人	
验收部位			验收时间	
序号	验收项目	验收内容	验收结果	
1	施工方案	符合现行行业标准《建筑施工工具式钢管脚手架安全技术规范》（JGJ 202）规范要求		
		方案、应急预案符合要求		
2	附墙支座设置	每个竖向主框架所覆盖的每一楼层处应设置一道附墙支座		
		附墙支座上应设有完整的防坠、防倾、导向装置		

续表

<table>
<tr><td>序号</td><td>验收项目</td><td colspan="2">验收内容</td><td>验收结果</td></tr>
<tr><td>3</td><td>升降装置设置</td><td colspan="2">单跨升降式可采用手动葫芦；整体升降式应采用电动葫芦或液压设备。应启动灵敏，运转可靠，旋转方向正确</td><td></td></tr>
<tr><td rowspan="4">4</td><td rowspan="4">防坠落装置</td><td colspan="2">防坠落装置应设置在竖向主框架处并附着在建筑结构上</td><td></td></tr>
<tr><td colspan="2">每一升降点不得少于一个，在使用和升降工况下都能起作用</td><td></td></tr>
<tr><td colspan="2">防坠落装置与升降设备应分别独立固定在建筑结构上</td><td></td></tr>
<tr><td colspan="2">应具有防尘防污染的措施，并应灵敏可靠和运转自如</td><td></td></tr>
<tr><td rowspan="4">5</td><td rowspan="4">防倾覆装置</td><td colspan="2">防倾覆装置中应包括导轨和两个以上与导轨连接的可滑动的导向件</td><td></td></tr>
<tr><td colspan="2">在防倾导向件的范围内应设置防倾覆导轨，且应与竖向主框架可靠连接</td><td></td></tr>
<tr><td colspan="2">应具有防止竖向主框架倾斜的功能</td><td></td></tr>
<tr><td colspan="2">应用螺栓与附墙支座连接，其装置与导轨之间的间隙应小于 5mm</td><td></td></tr>
<tr><td rowspan="2">6</td><td>障碍物</td><td colspan="2">无障碍物阻碍外架的正常滑升</td><td></td></tr>
<tr><td>连接杆件</td><td colspan="2">应全部拆除</td><td></td></tr>
<tr><td>7</td><td>电缆线路开关箱</td><td colspan="2">符合现行行业标准《施工现场临时用电安全技术规范》（JGJ 46）中的对线路负荷的计算要求；设置专用的开关箱</td><td></td></tr>
<tr><td colspan="5">验收结论：

年　月　日</td></tr>
<tr><td colspan="2" rowspan="5">验收人
（签字）</td><td>总承包单位</td><td>安装单位</td><td>分包等其他单位</td></tr>
<tr><td>项目土建施工员（签字）：</td><td rowspan="4"></td><td rowspan="4"></td></tr>
<tr><td>项目技术负责人（签字）：</td></tr>
<tr><td>项目生产负责人（签字）：</td></tr>
<tr><td>项目安全负责人（签字）：</td></tr>
<tr><td colspan="5">监理单位意见：

监理工程师（签字）：　　　年　月　日</td></tr>
</table>

注：本表由施工单位填报，监理单位、施工单位各存一份。

12.4 拆　　除

脚手架拆除作业前，由施工单位土建施工员组织对分包管理人员、班组长和作业人员进行安全技术交底，并填报脚手架拆除作业审批表，模架工程专职安全员全程监督管理。

脚手架搭设、拆除作业前，项目土建施工员应办理脚手架搭设、拆除作业许可，经土建施工员、项目安全总监、项目生产经理审批通过后，方可进行脚手架搭设作业。脚手架拆除作业，除了办理作业许可外，还应由项目技术负责人、生产负责人、安全负责人、分包管理人员、监理单位工程师联合检查，确保脚手架处于安全状态后，方可开展拆除施工作业。

12.4.1 脚手架拆除作业安全技术交底

脚手架拆除作业安全技术交底见下表。

脚手架拆除作业安全技术交底

<table>
<tr><td colspan="4">脚手架拆除作业安全技术交底表</td><td>编号</td><td></td></tr>
<tr><td>工程名称</td><td colspan="5"></td></tr>
<tr><td>施工单位</td><td></td><td>交底部位</td><td></td><td>作业内容</td><td></td></tr>
<tr><td colspan="6">安全技术交底内容：
一、基本要求
1. 脚手架搭设与拆除人员必须是经考核合格的专业架子工，架子工必须持证上岗。
2. 作业人员在脚手架上必须穿防滑鞋，正确佩戴使用安全带，着装灵便。
3. 进入施工现场必须佩戴合格的安全帽，系好下颚带，锁好带扣。
4. 夜间不宜进行脚手架搭设与拆除作业。
5. 作业人员在脚手架上应做好分工、配合工作，传递杆件应把握好重心，平稳传递。
6. 作业人员应配带工具袋，不要将工具放在架子上，以免掉落伤人。
7. 架设材料要随上随用，以免放置不当掉落伤人。
8. 搭、拆脚手架时必须设置物料提上、吊下设施，严禁抛掷。
9. 在搭设作业中，地面上配合人员应避开可能落物的区域。
10. 严禁在架子上作业时嬉戏、打闹、躺卧，严禁攀爬脚手架。
11. 严禁酒后上岗，严禁高血压、心脏病、癫痫病等不适宜登高作业人员上岗作业。
12. 搭拆脚手架时，要有专人协调指挥，地面应设警戒区，要有旁站人员看守，严禁非操作人员入内。
13. 脚手架基础必须平整夯实，具有足够的承载力和稳定性，立杆下必须放置垫座和通板，有畅通的排水设施。
14. 在脚手架上进行电、气焊作业时，应有防火措施和专人看护。
15. 遇六级及以上大风、雪、雾、雷雨等特殊天气应停止脚手架作业。雨雪天气后作业时必须采取防滑措施，并应扫除积水和积雪。
二、拆除
1. 脚手架拆除应按专项方案施工，拆除前应做好下列准备工作：
（1）应全面检查脚手架的扣件连接、连墙件、支撑体系等是否符合构造要求；
（2）应根据检查结果补充完善施工脚手架专项方案中的拆除顺序和措施，经审批后方可实施；
（3）应清除脚手架上杂物及地面障碍物。
2. 脚手架拆除作业必须由上而下逐层进行，严禁上下同时作业；连墙件必须随脚手架逐层拆除，严禁先将连墙件整层或数层拆除后再拆脚手架；分段拆除高差大于两步时，应增设连墙件加固。
3. 当脚手架拆至下部最后一根长立杆的高度（约 6.5m）时，应先在适当位置搭设临时抛撑加固后，再拆除连墙件。当单排、双排脚手架采取分段、分立面拆除时，对不拆除的脚手架两端，应先设置连墙件和横向斜撑加固。
4. 架体拆除作业应设专人指挥，当有多人同时操作时，应明确分工、统一行动，且应具有足够的操作面。
5. 卸料时各构配件严禁抛掷至地面。
6. 运至地面的构配件应及时检查、整修与保养，并应按品种、规格分别存放。</td></tr>
<tr><td colspan="6">针对性交底：
（由施工单位依据施工方案编制相关内容）</td></tr>
<tr><td>交底人</td><td></td><td>职务</td><td></td><td>专职安全员
监督（签字）</td><td></td></tr>
<tr><td>接受交底单位负责人</td><td></td><td>单位及
职务</td><td></td><td>交底时间</td><td></td></tr>
<tr><td>接受交底
作业人员
（签字）</td><td colspan="5"></td></tr>
</table>

注：1. 项目对操作人员进行安全技术交底时填写此表。

2. 本表由总承包单位或专业承包单位工程技术人员填写，交底人、接受交底人、专职安全员各存一份。

3. 签名栏不够时，应将签字表附后。

12.4.2　脚手架拆除作业审批

脚手架拆除作业审批见下表。

脚手架拆除作业审批

脚手架拆除作业审批表				编号	
工程名称			作业时间	年　月　日　时至　时	
施工单位			分包单位		
脚手架类型		作业区域			
申请人员			作业负责人		
现场操作人员	姓名				
	工种				
	操作证号				
序号	主要安全措施		确认安全措施符合要求（签字）		
				作业负责人	监护人员
1	作业人员已接受安全教育和书面交底		是□　否□		
2	作业前对架体进行全面检查，架体扣件、连墙件、支撑体系等状况良好		是□　否□		
3	架体上方施工材料、用具及杂物等已清理完毕		是□　否□		
4	架子工均持证上岗，个人身体状况良好，个人防护用具配备齐全有效		是□　否□		
5	已设置警戒区域并进行警示，有专人监护		是□　否□		
6	不存在大风、大雾、大雨、大雪等恶劣天气		是□　否□		
现场作业安全生产条件是否具备： 是□　否□	土建施工员意见： 同意□　不同意□ 签字：　时间：				
是否对安全作业条件进行核实： 是□　否□	项目安全负责人意见： 同意□　不同意□ 签字：　时间：				
是否批准作业： 同意□　不同意□	项目生产负责人意见： 签字：　时间：				
工作结束确认人和结束时间： 签字：　时间：					

12.5　安全管理措施

脚手架搭拆人员必须是经考核合格的专业架子工，架子工应持证上岗。人员搭拆作业时，必须戴安全帽、系安全带、穿防滑鞋。

作业层上的施工荷载应符合设计要求，不得超载。不得将模板支撑体系、缆风绳、泵送混凝土和砂浆的输送管等固定在脚手架上；严禁悬挂起重设备，严禁拆除或移动架体上安全防护设施。

当有六级及以上强风、浓雾、雨或雪天气时应停止脚手架搭设与拆除作业。雨、雪后上架作业应有防滑措施，并应扫除积雪。夜间不得进行脚手架搭设与拆除作业。

脚手架搭设高度在6m以下时设置临时抛撑。抛撑采用通长杆件，并用旋转扣件固定在脚手架上，与地面的倾角应在45°～60°，连接点中心至主节点的距离不大于300mm。

脚手架搭设高度在6m以上时必须设置连墙件。连墙件与结构的连接采用刚性杆件连接；连墙杆件应成水平设置，当不能水平设置时，应向脚手架一端下斜连接；连墙件应靠近主节点设置，距离主节点不得大于300mm；开口型脚手架的两端及脚手架的开口处必须设置连墙件；双排钢管脚手架连墙件应与内外排杆件连接，宜与立杆连接。

作业层脚手板应铺满、铺稳、铺实，并应用安全网双层兜底。作业层外侧设置挡脚板高度不小于180mm。作业层下方净空距离3m内，必须设置一道水平安全网，第一道水平网下方每隔10m应设置另一道水平安全网。作业层里侧边缘与墙面间距大于200mm的，挂设水平安全网或铺设脚手板。

落地式脚手架和悬挑式脚手架外侧均采用钢板网进行防护。钢板网与架体采用专用连接件进行固定，必须连接牢固，封闭严密。悬挑架架体底层采取封闭措施。

搭拆脚手架时，地面设围栏和警戒标志，并应派专人看守，严禁非操作人员入内。

卸料平台的使用必须符合以下要求：

（1）卸料平台未经验收，不得使用。

（2）卸料平台每天使用（或周转起吊）前，必须对平台的钢丝绳、吊环、铺设的脚手板等进行全面的检查，发现问题必须及时处理。

（3）卸料平台不得长时间存放材料，做到随码放随吊运，码料高度不得高于1.2m，不得将材料码放在防护栏上方。

（4）卸料平台提升前，先将平台上的物料清理干净，挂钩人员挂好钓钩离开平台后再发出提升信号，稍提升再拆除固定钢丝绳和别杠，然后塔式起重机变幅小车向楼外行走，平台全部离开墙体后，再将平台升至上层位置，并按要求固定好，经验收后再使用。

（5）卸料平台在提升过程中，其下方不得有人作业或走动。

（6）卸料平台应张贴限载标志和吊装材料数量表。平台上装料不得超过荷载，物料长度不得超过平台长度50cm，堆放高度不得超过防护栏杆。

（7）平台上的防护栏杆不得任意拆除。

（8）放物料时必须按规格品种堆放整齐，长短分开，不得混吊，并且不得在平台上组装和清理模板。

（9）不得从上一层向下一层平台上乱抛物料。

（10）夜间施工平台上必须保持足够的照明。

（11）钢丝绳拉结时，注意混凝土棱角的成品保护（建筑物锐角口围系钢丝绳处应加补软垫物）。

（12）卸料平台在风雨、大雪天气严禁加载。

（13）由楼面通向平台的通料口必须严密、安全、可靠，上方设置防砸措施。

（14）起吊平台起吊物料时，由信号工指挥，必须做到指挥正确，必须设专人扶正吊物，不得碰撞钢绞线、外架和护身栏等。起吊不得超高、超重。同时应绑扎牢靠、不得散乱。

第13章 模板支撑体系管理

13.1 构配件

所有构配件进场前，由项目材料负责人提前联系生产厂家，提供生产厂家资质证书、生产许可证、产品质量合格证、产品质量检测合格报告等资料；构配件进场后，由项目材料负责人组织项目技术、生产、安全负责人进行联合验收，并按照规定要求随机抽取一定数量的钢管、扣件、安全网送往具有相应资质的检测机构进行复测，监理单位安排人员现场见证，将取样检测报告收集存档。验收合格、取样检测合格的，方可进场使用，项目部做好进场记录，填报进场验收表。

13.1.1 钢管

13.1.1.1 生产厂家资质证书

生产厂家资质证书由钢管生产厂家提供，项目部收集存档。

13.1.1.2 产品检验合格报告

产品检验合格报告由钢管生产厂家提供，项目部收集存档。

13.1.1.3 取样检测报告

在钢管进场后，项目部应按照规定要求随机抽取一定数量的钢管送往具有相应资质的检测机构进行检测，并将取样检测报告收集存档。钢管按照每750根钢管至少抽取1根进行复测（不足750根，按照750根标准取样）。

13.1.1.4 钢管进场验收

钢管进场验收见下表。

钢管进场验收

钢管进场验收表					编号	
工程名称						
施工单位						
材料供应商						
钢管类型		□普通钢管 □盘扣架钢管 □碗扣架钢管 □轮扣架钢管 □其他类型钢管________	数量		进场日期	
序号	检查项目	检查内容与要求			验收结果	
1	技术资料	有生产厂家资质证书、产品合格证、产品检验合格报告				
		取样抽检符合要求，每750根钢管至少抽取1根进行复测（不足750根，按照750根取样）。有取样检测报告				
2	基本要求	钢管表面应平直光滑，不应有裂缝、结疤、分层、错位、硬弯、毛刺、压痕、深的划道及严重锈蚀等缺陷，钢管使用前必须涂防锈漆				
		钢管严禁打孔				
		钢管外径48.3mm，允许偏差±0.5mm；壁厚3.6mm，允许偏差±0.36mm				

续表

<table>
<tr><td>序号</td><td>检查项目</td><td colspan="2">检查内容与要求</td><td>验收结果</td></tr>
<tr><td rowspan="2">3</td><td rowspan="2">盘扣架、碗扣架、轮扣架钢管</td><td colspan="2">钢管的铸造件表面应光滑平整，不得有砂眼、缩孔、裂纹、浇冒口残余等缺陷，表面黏砂应清除干净；冲压件不得有毛刺、裂纹、氧化皮等缺陷。各处焊缝应饱满，不得有未焊透、夹砂、咬肉、裂纹等缺陷</td><td></td></tr>
<tr><td colspan="2">立杆连接套管，其壁厚不应小于 3.5mm，内径不应大于 50mm，套管长度不应小于 160mm，外伸长度不应小于 110mm。连接焊缝应饱满，不得有未焊透、夹砂、咬肉、裂缝等缺陷</td><td></td></tr>
<tr><td>4</td><td>其他要求</td><td colspan="2"></td><td></td></tr>
<tr><td colspan="5">验收结论：

年 月 日</td></tr>
<tr><td colspan="2" rowspan="5">验收人
（签字）</td><td>总承包单位</td><td>材料供应商</td><td>其他单位</td></tr>
<tr><td>项目材料负责人（签字）：</td><td rowspan="4"></td><td rowspan="4"></td></tr>
<tr><td>项目技术负责人（签字）：</td></tr>
<tr><td>项目生产负责人（签字）：</td></tr>
<tr><td>项目安全负责人（签字）：</td></tr>
</table>

注：本表由施工单位填报。

13.1.2 扣件

13.1.2.1 生产厂家资质证书

生产厂家资质证书由扣件生产厂家提供，项目部收集存档。

13.1.2.2 产品检验合格报告

产品检验合格报告由扣件生产厂家提供，项目部收集存档。

13.1.2.3 取样检测报告

在扣件进场后，项目部应按照规定要求随机抽取一定数量的扣件送往具有相应资质的检测机构进行检测，并将取样检测报告收集存档。扣件按照每 500 件扣件至少抽取 8 件进行复测（不足 500 件，按照 500 件标准取样）。

13.1.2.4 扣件进场验收

扣件进场验收见下表。

扣件进场验收

<table>
<tr><td colspan="5">扣件进场验收表</td><td>编号</td><td></td></tr>
<tr><td colspan="2">工程名称</td><td colspan="5"></td></tr>
<tr><td colspan="2">施工单位</td><td colspan="5"></td></tr>
<tr><td colspan="2">材料供应商</td><td colspan="5"></td></tr>
<tr><td colspan="2">扣件类型</td><td>□直角扣件 □旋转扣件 □对接扣件</td><td>数量</td><td></td><td>进场日期</td><td></td></tr>
<tr><td>序号</td><td>检查项目</td><td colspan="3">检查内容与要求</td><td colspan="2">验收结果</td></tr>
<tr><td rowspan="2">1</td><td rowspan="2">技术资料</td><td colspan="3">有生产厂家资质证书、产品合格证、产品检验合格报告</td><td colspan="2"></td></tr>
<tr><td colspan="3">取样抽检符合要求，每 500 件扣件至少抽取 8 件进行复测（不足 500 件，按照 500 件取样）。有取样检测报告</td><td colspan="2"></td></tr>
</table>

续表

<table>
<tr><td>序号</td><td>检查项目</td><td colspan="2">检查内容与要求</td><td>验收结果</td></tr>
<tr><td rowspan="5">2</td><td rowspan="5">基本要求</td><td colspan="2">不允许有裂缝、变形、滑丝的螺栓存在</td><td></td></tr>
<tr><td colspan="2">扣件与钢管接触部位不应有氧化皮</td><td></td></tr>
<tr><td colspan="2">扣件活动部位应能灵活转动，旋转扣件两旋转面间隙应小于1mm</td><td></td></tr>
<tr><td colspan="2">扣件表面应进行防锈处理</td><td></td></tr>
<tr><td colspan="2">扣件在螺栓拧紧扭力矩达到65N·m时，不得发生破坏</td><td></td></tr>
<tr><td>3</td><td>其他要求</td><td colspan="2"></td><td></td></tr>
<tr><td colspan="5">验收结论：
年　月　日</td></tr>
<tr><td colspan="2" rowspan="5">验收人
（签字）</td><td>总承包单位</td><td>材料供应商</td><td>其他单位</td></tr>
<tr><td>项目材料负责人（签字）：</td><td rowspan="4"></td><td rowspan="4"></td></tr>
<tr><td>项目技术负责人（签字）：</td></tr>
<tr><td>项目生产负责人（签字）：</td></tr>
<tr><td>项目安全负责人（签字）：</td></tr>
</table>

注：本表由施工单位填报。

13.1.3　可调托撑

13.1.3.1　生产厂家资质证书

生产厂家资质证书由可调托撑生产厂家提供，项目部收集存档。

13.1.3.2　产品检验合格报告

产品检验合格报告由可调托撑生产厂家提供，项目部收集存档。

13.1.3.3　取样检测报告

在可调托撑进场后，项目部应按照规定要求随机抽取一定数量的扣件送往具有相应资质的检测机构进行检测，并将取样检测报告收集存档。可调托撑取样检测数量不得少于同批次进场数量的3‰。

13.1.3.4　可调托撑进场验收

可调托撑进场验收见下表。

可调托撑进场验收

<table>
<tr><td colspan="4">可调托撑进场验收表</td><td>编号</td><td></td></tr>
<tr><td colspan="2">工程名称</td><td colspan="4"></td></tr>
<tr><td colspan="2">施工单位</td><td colspan="4"></td></tr>
<tr><td colspan="2">材料供应商</td><td></td><td>数量</td><td>进场日期</td><td></td></tr>
<tr><td>序号</td><td>检查项目</td><td colspan="2">检查内容与要求</td><td colspan="2">验收结果</td></tr>
<tr><td>1</td><td>技术资料</td><td colspan="2">有产品质量合格证、质量检验报告</td><td colspan="2"></td></tr>
<tr><td rowspan="5">2</td><td rowspan="5">技术资料</td><td colspan="2">可调托撑螺杆外径不应小于36mm</td><td colspan="2"></td></tr>
<tr><td colspan="2">可调托撑的螺杆与支托板焊接应牢固，焊缝高度不应小于5mm</td><td colspan="2"></td></tr>
<tr><td colspan="2">可调托撑抗压承载力设计值不应小于40kN；可调底座底板的钢板厚度不应小于6mm，可调托撑钢板厚度不应小于5mm</td><td colspan="2"></td></tr>
<tr><td colspan="2">可调底座及可调托撑丝杠及调节螺母啮合长度不应少于5扣，螺母厚度不应小于30mm，插入立杆的长度不应小于150mm</td><td colspan="2"></td></tr>
<tr><td colspan="2">支托板、螺母有裂缝的严禁使用</td><td colspan="2"></td></tr>
</table>

续表

序号	检查项目	检查内容与要求	验收结果
3	其他要求		
验收结论： 年　月　日			

验收人（签字）	总承包单位	材料供应商	其他单位
	项目材料负责人（签字）：		
	项目技术负责人（签字）：		
	项目生产负责人（签字）：		
	项目安全负责人（签字）：		

注：本表由施工单位填报。

13.1.4 铝合金模板

铝合金模板进场验收见下表。

铝合金模板进场验收

铝合金模板进场验收表				编号	
工程名称					
施工单位					
材料供应商			数量		进场日期	
序号	检查项目	检查内容与要求		验收结果	
1	技术资料	有产品检验合格报告			
2	基本要求	铝合金模板表面应平直光滑，不应有裂纹、压痕、深的划道及严重锈蚀等缺陷			
		支撑立杆表面应平直光滑，不应有裂缝、分层、错位、硬弯、毛刺、压痕、深的划道及严重锈蚀等缺陷			
		平面模板的面板实测厚度不得小于3.5mm，边框、端肋公称壁厚不得小于5mm；连接角模板公称壁厚不得小于6mm；阴角模板公称壁厚不得小于3.5mm			
		连接焊缝应饱满，焊接飞溅物应清除干净，不得有未焊透、夹砂、气孔、咬肉、裂缝等缺陷			
3	其他要求				
验收结论： 年　月　日					

验收人（签字）	总承包单位	材料供应商	其他单位
	项目材料负责人（签字）：		
	项目技术负责人（签字）：		
	项目生产负责人（签字）：		
	项目安全负责人（签字）：		

注：本表由施工单位填报。

13.1.5　装配式建筑独立支撑

装配式建筑独立支撑进场验收见下表。

装配式建筑独立支撑进场验收

<table>
<tr><td colspan="6">装配式建筑独立支撑进场验收表</td><td>编号</td><td></td></tr>
<tr><td colspan="2">工程名称</td><td colspan="6"></td></tr>
<tr><td colspan="2">施工单位</td><td colspan="6"></td></tr>
<tr><td colspan="2">材料供应商</td><td></td><td colspan="2">数量</td><td></td><td>进场日期</td><td></td></tr>
<tr><td>序号</td><td>检查项目</td><td colspan="4">检查内容与要求</td><td colspan="2">验收结果</td></tr>
<tr><td>1</td><td>技术资料</td><td colspan="4">有生产厂家资质证书、产品合格证、产品检验合格报告</td><td colspan="2"></td></tr>
<tr><td rowspan="2">2</td><td rowspan="2">基本要求</td><td colspan="4">钢管表面应平直光滑，不应有裂缝、结疤、分层、错位、硬弯、毛刺、压痕、深的划道及严重锈蚀等缺陷，钢管使用前必须涂防锈漆</td><td colspan="2"></td></tr>
<tr><td colspan="4">各处焊缝应饱满，不得有未焊透、夹砂、咬肉、裂纹等缺陷</td><td colspan="2"></td></tr>
<tr><td>3</td><td>其他要求</td><td colspan="4"></td><td colspan="2"></td></tr>
<tr><td colspan="8">验收结论：
年　月　日</td></tr>
<tr><td colspan="2" rowspan="5">验收人
（签字）</td><td colspan="2">总承包单位</td><td colspan="2">材料供应商</td><td colspan="2">其他单位</td></tr>
<tr><td colspan="2">项目材料负责人（签字）：</td><td colspan="2" rowspan="4"></td><td colspan="2" rowspan="4"></td></tr>
<tr><td colspan="2">项目技术负责人（签字）：</td></tr>
<tr><td colspan="2">项目生产负责人（签字）：</td></tr>
<tr><td colspan="2">项目安全负责人（签字）：</td></tr>
</table>

注：本表由施工单位填报。

13.2　施工准备

13.2.1　施工方案

施工单位应当在施工作业前组织工程技术人员编制施工方案。危险性较大的分部分项工程（以下简称危大工程）应当编制专项施工方案。

实行施工总承包的，施工方案应当由施工总承包单位组织编制，由施工单位技术负责人审核签字、加盖单位公章，并由总监理工程师审查签字、加盖执业印章后方可实施。

危大工程实行专业分包的，专项施工方案可由相关专业分包单位组织编制，并由专业分包单位项目负责人主持编制，经专业分包单位技术负责人及施工总承包单位技术负责人共同审核签字并加盖单位公章，并由总监理工程师审查签字、加盖执业印章后方可实施。

危大工程实行专业承包的，专项施工方案应当由相关专业承包单位组织编制，并由专业承包单位项目负责人主持编制，经专业承包单位技术负责人及建设单位技术负责人共同审核签字并加盖单位公章，由施工总承包单位技术负责人审核签字，并由总监理工程师审查签字、加盖执业印章后方可实施。

超过一定规模的危大工程专项施工方案除应当履行以上规定的审核审查程序外，还应当由负责工程安全质量的建设单位代表审批签字。

施工组织设计/（专项）施工方案报审见下表。

施工组织设计/（专项）施工方案报审

<table>
<tr><td colspan="2">施工组织设计/（专项）施工方案报审表</td><td>资料编号</td><td></td></tr>
<tr><td>工程名称</td><td colspan="3"></td></tr>
<tr><td colspan="4">致：__________________（项目监理机构）
我方已完成__________________工程施工组织设计/（专项）施工方案的编制和审批，请予以审查。
附件：□施工组织总设计__________________
□施工组织设计__________________
□专项施工方案__________________
施工项目经理部（盖章）：
施工单位项目负责人（签字、加盖执业印章）：
年 月 日</td></tr>
<tr><td colspan="4">审查意见：
施工单位（盖章）：
施工单位技术负责人（签字）：
年 月 日</td></tr>
<tr><td colspan="4">审查意见：
专业监理工程师（签字）：
年 月 日</td></tr>
<tr><td colspan="4">审核意见：
项目监理机构（盖章）：
总监理工程师（签字、加盖执业印章）：
年 月 日</td></tr>
<tr><td colspan="4">审批意见（仅对超过一定规模的危险性较大的分部分项工程专项施工方案）：
建设单位（盖章）：
项目负责人（签字）：
年 月 日</td></tr>
</table>

注：本表由施工单位填写，建设单位、监理单位、施工单位各存一份。

模板支撑体系搭拆施工作业前，应当按程序完成人员安全教育、方案交底、安全技术交底、施工作业人员登记、特种作业人员登记及证件审查等工作，负责脚手架和模板支撑体系专业的专职安全员（以下简称模架工程专职安全员）应当全程参与，及时纠正不合规行为，并做好记录。

13.2.2 危险性较大的分部分项工程

危险性较大的分部分项工程应严格按照《危险性较大的分部分项工程安全管理规定》（建设部令第

37 号）和《住房城乡建设部办公厅关于实施〈危险性较大的分部分项工程安全管理规定〉有关问题的通知》（建办质〔2018〕31 号）（以下简称“37 号令”和“31 号文”）进行管理，危大工程资料应单独编辑归档。危大工程资料包括以下 13 个方面内容。

13.2.2.1　危险性较大的分部分项工程清单

危险性较大的分部分项工程清单由施工单位依据 37 号令和 31 号文组织编制，建设单位、监理单位、施工单位各存一份。

13.2.2.2　危险性较大的分部分项工程汇总

危险性较大的分部分项工程汇总见下表。

危险性较大的分部分项工程汇总

<table>
<tr><td colspan="5">危险性较大的分部分项工程汇总表</td><td>编号</td><td></td></tr>
<tr><td colspan="2">工程名称</td><td colspan="5"></td></tr>
<tr><td colspan="2">施工单位</td><td></td><td>监理单位</td><td colspan="3"></td></tr>
<tr><td colspan="5">危险性较大的分部分项工程类别</td><td>是否涉及</td><td>具体内容</td></tr>
<tr><td rowspan="6">危险性较大的分部分项工程</td><td colspan="4">1. 基坑支护与降水工程：
开挖深度超过 3m（含 3m）的基坑（槽）支护、降水工程。（　　）
开挖深度超过 3m 但地质条件和周围环境复杂的基坑（槽）支护、降水工程。（　　）</td><td></td><td></td></tr>
<tr><td colspan="4">2. 土方开挖工程：
开挖深度超过 3m（含 3m）的基坑（槽）的土方开挖工程。（　　）</td><td></td><td></td></tr>
<tr><td colspan="4">3. 模板工程及支撑体系：
a. 各类工具式模板工程：包括大模板、滑模、爬模、飞模等工程。（　　）
b. 混凝土模板支撑工程：搭设高度 5m 及以上。（　　）
搭设跨度 10m 及以上。（　　）
施工总荷载 10kN/m² 及以上。（　　）
集中线荷载 15 kN/m 及以上。（　　）
高度大于支撑水平投影宽度且相对独立无联系构件的混凝土模板工程。（　　）
c. 承重支撑体系：用于钢结构安装等满堂支撑体系。（　　）</td><td></td><td></td></tr>
<tr><td colspan="4">4. 起重吊装工程及安装拆卸工程：
a. 采用非常规起重设备、方法，且单件起吊质量在 10kN 及以上的起重吊装工程。（　　）
b. 采用起重机械进行安装的工程。（　　）
c. 起重机械设备自身的安装、拆卸。（　　）</td><td></td><td></td></tr>
<tr><td colspan="4">5. 脚手架工程：
a. 搭设高度 24m 及以上的落地式钢管脚手架工程。（　　）
b. 附着式整体和分片提升脚手架工程。（　　）
c. 悬挑式脚手架工程。（　　）
d. 吊篮脚手架工程。（　　）
e. 自制卸料平台、移动操作平台工程。（　　）
f. 新型及异型脚手架工程。（　　）</td><td></td><td></td></tr>
<tr><td colspan="4">6. 拆除、爆破工程：
a. 建筑物、构筑物拆除工程。（　　）
b. 采用爆破拆除的工程。</td><td></td><td></td></tr>
</table>

续表

<table>
<tr><th colspan="2">危险性较大的分部分项工程类别</th><th>是否涉及</th><th>具体内容</th></tr>
<tr><td>危险性较大的分部分项工程</td><td>7. 其他危险性较大的工程：
a. 建筑幕墙安装工程。（ ）
b. 钢结构、网架和索膜结构安装工程。（ ）
c. 人工挖（扩）孔桩工程。（ ）
d. 地下暗挖、顶管及水下作业工程。（ ）
e. 预应力工程。（ ）
f. 采用新技术、新工艺、新材料、新设备及尚无相关技术标准的危险性较大的分部分项工程。（ ）</td><td></td><td></td></tr>
<tr><td rowspan="6">应组织专家论证的超过一定规模的危大工程</td><td>1. 深基坑工程：
a. 开挖深度超过 5m（含 5m）的基坑（槽）的土方开挖、支护、降水工程。（ ）
b. 开挖深度虽未超过 5m，但地质条件、周围环境和地下管线复杂，或影响毗邻建（构）筑物安全的基坑（槽）的土方开挖、支护、降水工程。（ ）</td><td></td><td></td></tr>
<tr><td>2. 模板工程及支撑体系：
a. 工具式模板工程：包括滑模、爬模、飞模等工程。（ ）
b. 混凝土模板支撑工程：搭设高度 8m 及以上；（ ）
搭设跨度 18m 及以上；（ ）
施工总荷载 15kN/m² 及以上；（ ）
集中线荷载 20 kN/m 及以上。（ ）
c. 承重支撑体系：用于钢结构安装等满堂支撑体系，承受单点集中荷载 700kg 以上。（ ）</td><td></td><td></td></tr>
<tr><td>3. 起重吊装工程及安装拆卸工程：
a. 采用非常规起重设备、方法，且单件起吊重量在 100kN 及以上的起重吊装工程。（ ）
b. 起重量 300kN 及以上的起重设备安装工程；高度 200m 及以上内爬起重设备的拆除工程。（ ）</td><td></td><td></td></tr>
<tr><td>4. 脚手架工程：
a. 搭设高度 50m 及以上的落地式钢管脚手架工程。（ ）
b. 提升高度 150m 及以上附着式整体和分片提升脚手架工程。（ ）
c. 架体高度 20m 及以上悬挑式脚手架工程。（ ）</td><td></td><td></td></tr>
<tr><td>5. 拆除、爆破工程：
a. 采用爆破拆除的工程。（ ）
b. 码头、桥梁、高架、烟囱、水塔货拆除中容易引起有毒有害气（液）体货粉尘扩散、易燃易爆事故发生的特殊建、构筑物的拆除工程。（ ）
c. 可能影响行人、交通、电力设施、通信设施或其他建（构）筑物安全的拆除工程。（ ）
d. 文物保护建筑、优秀历史建筑或历史文化风貌区控制范围的拆除工程。（ ）</td><td></td><td></td></tr>
<tr><td>6. 其他：
a. 施工高度 50m 及以上的建筑幕墙安装工程。（ ）
b. 跨度大于 36m 及以上的钢结构安装工程。（ ）
跨度大于 60m 及以上的网架和索膜结构安装工程。（ ）
c. 开挖深度超过 16m 的人工挖孔桩工程。（ ）
d. 地下暗挖工程、顶管工程、水下作业工程。（ ）
e. 采用新技术、新工艺、新材料、新设备及尚无相关技术标准的危险性较大的分部分项工程。（ ）</td><td></td><td></td></tr>
</table>

注：本表由施工单位填报，监理单位、施工单位各存一份。

13.2.2.3　风险评价和风险管控相关资料

风险评价和风险管控相关资料由施工单位依据各地区风险分级管控相关要求编制并实施，若当地政府无相关文件要求，可参考《关于印发〈北京市房屋建筑和市政基础设施工程施工安全风险分级管控技术指南（试行）〉的通知》（京建发〔2018〕424 号）。

13.2.2.4　专项施工方案及审批手续

施工单位或专业承（分）包单位单位编制专项施工方案，施工单位审核、监理单位审查、建设单位审批手续依据 37 号令和 31 号文实施。

13.2.2.5　危险性较大的分部分项工程专家论证

超过一定规模的危险性较大的分部分项工程的专家论证，依据 37 号令和 31 号文实施，《危险性较大的分部分项工程专家论证报告》及专家论证会会议签到见下表（会议签到表，略）。

危险性较大的分部分项工程专家论证

<table>
<tr><td colspan="5">危险性较大的分部分项工程专家论证表</td><td>编号</td><td></td></tr>
<tr><td colspan="2">工程名称</td><td colspan="5"></td></tr>
<tr><td colspan="2">总承包单位</td><td colspan="2"></td><td>项目负责人</td><td colspan="2"></td></tr>
<tr><td colspan="2">分包单位</td><td colspan="2"></td><td>项目负责人</td><td colspan="2"></td></tr>
<tr><td colspan="2">危险性较大分部分项工程名称</td><td colspan="5"></td></tr>
<tr><td colspan="7">专家一览表</td></tr>
<tr><td>姓名</td><td>性别</td><td>年龄</td><td>工作单位</td><td>职务</td><td>职称</td><td>专业</td></tr>
<tr><td></td><td></td><td></td><td></td><td></td><td></td><td></td></tr>
<tr><td></td><td></td><td></td><td></td><td></td><td></td><td></td></tr>
<tr><td></td><td></td><td></td><td></td><td></td><td></td><td></td></tr>
<tr><td></td><td></td><td></td><td></td><td></td><td></td><td></td></tr>
<tr><td></td><td></td><td></td><td></td><td></td><td></td><td></td></tr>
<tr><td></td><td></td><td></td><td></td><td></td><td></td><td></td></tr>
<tr><td></td><td></td><td></td><td></td><td></td><td></td><td></td></tr>
<tr><td colspan="7">专家论证意见：</td></tr>
<tr><td colspan="7">论证结论：
通过，可实施　□
未通过，进行修改　□
（加盖论证专用章）
年　月　日</td></tr>
<tr><td colspan="2">专家签名</td><td colspan="5">组长（签字）：
专家（签字）：</td></tr>
<tr><td colspan="2">项目经理部</td><td colspan="5">（章）
年　月　日</td></tr>
</table>

注：1. 本表由施工单位填报，建设单位、监理单位、施工单位各存一份。

2. 签到表应附后。

13.2.2.6　方案交底及安全技术交底

由项目技术负责人或方案编制人员对项目管理人员和分包管理人员、班组长进行方案交底，由土建施工员对分包管理人员、班组长和作业人员进行安全技术交底。方案交底和安全技术交底见下表。

方案交底

<table>
<tr><td colspan="4">方案交底表</td><td>编号</td><td></td></tr>
<tr><td>工程名称</td><td colspan="5"></td></tr>
<tr><td>施工单位</td><td colspan="2"></td><td>方案名称</td><td colspan="2"></td></tr>
<tr><td colspan="6">方案交底内容：</td></tr>
<tr><td>交底人</td><td></td><td>职务</td><td></td><td>交底时间</td><td></td></tr>
<tr><td>接受交底人员（签字）</td><td colspan="5"></td></tr>
</table>

注：1. 进行方案交底时填写此表。

2. 本表由总承包单位或专业承包单位工程技术人员填写，交底人、接受交底人、专职安全员各存一份。

3. 签字栏不够时，应将签字表附后。

安全技术交底

<table>
<tr><td colspan="4">安全技术交底表</td><td>编号</td><td></td></tr>
<tr><td>工程名称</td><td colspan="5"></td></tr>
<tr><td>施工单位</td><td></td><td>交底部位</td><td></td><td>作业内容</td><td></td></tr>
<tr><td colspan="6">安全技术交底内容：</td></tr>
<tr><td colspan="6">针对性交底：</td></tr>
<tr><td>交底人</td><td></td><td>职务</td><td></td><td>专职安全员
监督（签字）</td><td></td></tr>
<tr><td>接受交底
单位负责人</td><td></td><td>单位及职务</td><td></td><td>交底时间</td><td></td></tr>
<tr><td>接受交底
作业人员
（签字）</td><td colspan="5"></td></tr>
</table>

注：1. 项目对操作人员进行安全技术交底时填写此表。

2. 本表由总承包单位或专业承包单位工程技术人员填写，交底人、接受交底人、专职安全员各存一份。

3. 签字栏不够时，应将签字表附后。

3.2.2.7 施工作业人员登记

由分包单位劳务管理员按照分部分项施工内容填报施工作业人员登记表，经分包单位项目负责人确认后，报送总包单位确认并存档。施工作业人员登记见下表。

施工作业人员登记

施工作业人员登记表						编号		
工程名称								
总承包单位						填报时间		
分包单位						施工内容		
序号	姓名	性别	身份证号	籍贯	工种	岗位证书编号	档案编号	进场时间
总承包单位		项目劳务管理员（签字）：		分包单位		分包劳务管理员（签字）：		
		项目生产负责人（签字）：				分包项目负责人（签字）：		
		项目安全负责人（签字）：				其他负责人（签字）：		

注：本表由分包单位填报，总承包单位、分包单位各存一份。

13.2.2.8 项目负责人现场履职记录

项目负责人现场履职记录由项目负责人本人亲笔填写。项目负责人现场履职记录见下表。

项目负责人现场履职记录

项目负责人现场履职记录表			编号	
项目名称		形象进度	基础阶段□ 主体阶段□ 装饰阶段□	
项目经理（签字）		带班日期		
人员到岗履职情况	（1）项目管理人员到岗履职情况： （2）分包管理人员到岗履职情况：			

续表

重点部位、关键环节的控制情况	
其他安全生产情况	
安全生产隐患整改情况	
其他事项	

注：本表应由项目经理本人填写，其他人员不得代为填写。

13.2.2.9　项目专职安全管理人员现场监督记录

项目专职安全管理人员现场监督记录见下表，即现场监督记录（危大工程施工安全旁站监督记录表和安全生产监督日志）。

项目专职安全管理人员（危大工程施工安全旁站监督记录）

危大工程施工安全旁站监督记录表			编号	
工程名称		危大工程名称		
总承包单位		分包单位		
旁站日期	年　月　日	工程地点		
旁站部位		施工工序		
施工情况				
安全保障措施落实情况				
发现问题及处理措施				
备注				
旁站人员（签字）				

项目专职安全管理人员现场监督记录（安全生产监督日志）

安全生产监督日志		编号	
年　月　日	星期	天气	
安全教育	教育类型	受教育单位、工种、人数、授课内容	授课人
安全检查	检查类型	主要检查内容、检查区域	检查参与人
安全技术交底	工序	交底名称及被交底班组、人数	交底人
安全验收	验收项	验收结果（若不合格写出主要原因）	组织人
安全隐患及整改情况	发现隐患名称、位置、整改期限		责任人
	到期应整改而未整改完成隐患名称		责任人
重大危险源旁站监督	危险源名称	安全保障措施落实情况	旁站监督人员
危险作业审批	危险作业名称	现场保障措施落实情况	作业部位
事故处理			
上级检查、观摩交流等情况			

13.2.2.10　施工监测和安全巡视记录

施工监测和安全巡视记录可以施工日志为准，需要第三方监测的，需提供第三方监测报告。

13.2.2.11　上月专项施工方案实施情况说明

由施工单位依据 37 号令和 31 号文实施，每月编制上月专项施工方案实施情况说明并存档。

13.2.2.12　验收记录

详见本章 13.3 节相关内容。

13.2.2.13　隐患排查整改和复查记录

安全隐患排查记录和安全隐患整改反馈格式见下表。

安全隐患排查记录表

<table>
<tr><td colspan="3">安全隐患排查记录表</td><td>编号</td><td></td></tr>
<tr><td>工程名称</td><td></td><td>施工单位</td><td colspan="2"></td></tr>
<tr><td>施工部位/专业</td><td></td><td>受检单位
负责人（签字）</td><td colspan="2"></td></tr>
<tr><td colspan="5">检查情况及存在隐患：</td></tr>
<tr><td colspan="5">整改措施及要求：</td></tr>
<tr><td>检查人员（签字）</td><td colspan="4">年　月　日</td></tr>
<tr><td>复查意见</td><td colspan="4">复查人（签字）：　　年　月　日</td></tr>
</table>

注：本表一式两份，检查单位、被检查单位各存一份。

安全隐患整改反馈表

<table>
<tr><td colspan="3">安全隐患整改反馈表</td><td>编号</td><td></td></tr>
<tr><td>工程名称</td><td></td><td>施工单位</td><td colspan="2"></td></tr>
<tr><td colspan="5">针对______年______月______日__________________（单位）检查中发现问题，现将采取措施及整改情况反馈如下：

附件：（反馈时视实际情况附佐证资料）</td></tr>
<tr><td>整改单位
项目负责人（签字、盖章）</td><td></td><td>反馈日期</td><td colspan="2"></td></tr>
</table>

注：本表一式两份，检查单位、被检查单位各存一份。

13.2.3 人员资质

人员进场后，须审核人员资质。特种作业人员必须持有特种作业操作资格证书，且在有效期内。特种作业人员应做好台账登记，特种作业人员登记见下表。

特种作业人员登记

<table>
<tr><td colspan="6">特种作业人员登记表</td><td>编号</td><td colspan="2"></td></tr>
<tr><td colspan="2">工程名称</td><td colspan="7"></td></tr>
<tr><td colspan="2">总承包单位</td><td colspan="3"></td><td>分包单位</td><td colspan="3"></td></tr>
<tr><td>序号</td><td>姓名</td><td>性别</td><td>身份证号</td><td>工种</td><td>证件编号</td><td>发证机关</td><td>有效期至年月</td><td>进退场时间</td></tr>
<tr><td></td><td></td><td></td><td></td><td></td><td></td><td></td><td></td><td></td></tr>
<tr><td></td><td></td><td></td><td></td><td></td><td></td><td></td><td></td><td></td></tr>
<tr><td></td><td></td><td></td><td></td><td></td><td></td><td></td><td></td><td></td></tr>
<tr><td></td><td></td><td></td><td></td><td></td><td></td><td></td><td></td><td></td></tr>
<tr><td></td><td></td><td></td><td></td><td></td><td></td><td></td><td></td><td></td></tr>
<tr><td></td><td></td><td></td><td></td><td></td><td></td><td></td><td></td><td></td></tr>
</table>

续表

项目经理部审查意见： 项目安全负责人（签字）：　　年　月　日
监理单位复核意见： 经复核，符合要求，同意上岗（　　） 经复核，不符合要求，不同意上岗（　　） 监理工程师（签字）：　　年　月　日

注：1. 本表由施工单位填报，监理单位、施工单位各存一份。
2. 表后附操作证复印件及网上证书查询截图。

13.2.4　交底

模板支撑体系工程施工作业前，由总承包单位项目技术负责人组织对项目管理人员、分包管理人员、班组长进行方案交底。由施工单位土建施工员组织对分包管理人员、班组长和作业人员进行安全技术交底。项目模架工程专职安全员对交底过程进行监督。交底人、被交底人、专职安全员应签署纸质安全技术交底资料留存。

13.2.4.1　方案交底

方案交底格式见下表。

方案交底

方案交底表				编号	
工程名称					
施工单位			方案名称		
方案交底内容：					
交底人		职务		交底时间	
接受交底人员（签字）					

注：1. 进行方案交底时填写此表。
2. 本表由总承包单位或专业承包单位工程技术人员填写，交底人、接受交底人、专职安全员各存一份。
3. 签字栏不够时，应将签字表附后。

13.2.4.2 安全技术交底

安全技术交底格式见下表。

安全技术交底

<table>
<tr><td colspan="5">安全技术交底表</td><td>编号</td><td></td></tr>
<tr><td colspan="2">工程名称</td><td colspan="5"></td></tr>
<tr><td colspan="2">施工单位</td><td></td><td>交底部位</td><td></td><td>作业内容</td><td></td></tr>
<tr><td colspan="7">安全技术交底内容：</td></tr>
<tr><td colspan="7">针对性交底：</td></tr>
<tr><td colspan="2">交底人</td><td></td><td>职务</td><td></td><td>专职安全员
监督（签字）</td><td></td></tr>
<tr><td colspan="2">接受交底单位负责人</td><td></td><td>单位及
职务</td><td></td><td>交底时间</td><td></td></tr>
<tr><td>接受交底
作业人员
（签字）</td><td colspan="6"></td></tr>
</table>

注：1. 项目对操作人员进行安全技术交底时填写此表。
2. 本表由总承包单位或专业承包单位工程技术人员填写，交底人、接受交底人、专职安全员各存一份。
3. 签字栏不够时，应将签字表附后。

13.3 检查验收

模板支撑体系工程施工作业前，由施工单位项目技术负责人组织对项目管理人员、分包管理人员、班组长进行方案交底。由施工单位土建施工员应组织对相关人员（包括管理人员和作业人员）进行安全技术交底，项目专职安全员对交底过程进行监督。

模板支撑体系及其地基基础应在下列阶段进行检查与验收：基础完工后及模板支撑体系搭设前；作业层合模前；作业层上施加荷载前；每搭设完 6～8m 的高度后；达到设计高度后；遇有六级及以上

强风或大雨后；冻结地区解冻后；停用超过一个月。

由土建施工员报验，项目技术负责人、生产负责人、安全负责人、分包管理人员、监理单位工程师参加验收，并填报验收表。

项目部每月组织模板支撑体系专项检查，对发现的问题及时组织整改落实。

13.3.1　常规模板支撑体系验收

13.3.1.1　模板支撑体系搭设作业安全技术交底

模板支撑体系搭设作业安全技术交底见下表。

模板支撑体系搭设作业安全技术交底

<table>
<tr><td colspan="4">模板支撑体系搭设作业安全技术交底表</td><td>编号</td><td></td></tr>
<tr><td>工程名称</td><td colspan="5"></td></tr>
<tr><td>施工单位</td><td></td><td>交底部位</td><td></td><td>作业内容</td><td></td></tr>
<tr><td colspan="6">安全技术交底内容：
一、基本要求
1. 模板支架搭设与拆除人员必须是经考核合格的专业架子工，架子工必须持证上岗。
2. 在模板支架上作业人员必须穿防滑鞋，正确佩戴、使用安全带，且着装灵便。
3. 进入施工现场必须佩戴合格的安全帽，系好下颚带，锁好带扣。
4. 夜间不宜进行脚手架搭设与拆除作业。
5. 模板支架上作业人员应作好分工、配合工作，传递杆件应把握好重心，平稳传递。
6. 作业人员应配带工具袋，不要将工具放在架子上，以免掉落伤人。
7. 架设材料要随上随用，以免放置不当掉落伤人。
8. 搭、拆脚手架时必须设置物料提上、吊下设施，严禁抛掷。
9. 在搭设作业中，地面上配合人员应避开可能落物的区域。
10. 严禁在架子上作业时嬉戏、打闹、躺卧，严禁攀爬脚手架。
11. 严禁酒后上岗，严禁高血压、心脏病、癫痫病等不适宜登高作业人员上岗作业。
12. 搭拆脚手架时，要有专人协调指挥，地面应设警戒区，要有旁站人员看守，严禁非操作人员入内。
13. 模板支架基础必须平整夯实，具有足够的承载力和稳定性，立杆下必须放置垫座和通板，有畅通的排水设施。
14. 在模板支架上进行电、气焊作业时，应有防火措施和专人看护。
15. 遇六级及以上大风、雪、雾、雷雨等特殊天气应停止模板支架作业。雨雪天气后作业时必须采取防滑措施，并应扫除积雪。
16. 模板支架载荷严禁超过设计荷载值，严禁将大量钢管、木方等材料堆放在模板支架上。
二、搭设
1. 模板支架搭设前应清除障碍物、平整场地、夯实基土、做好排水，应符合脚手架专项施工组织设计（施工方案）和技术措施交底的要求，基础验收合格后，放线定位。模板支架作业前应对杆、扣件及其配件进行检查，包括杆件及其配件是否存在焊口开裂、严重锈蚀、扭曲变形情况，配件是否齐全，符合要求后方可使用。
2. 模板支架搭设应按照先立杆后水平杆的顺序搭设，形成基本的架体单元，以此扩展成整体架体体系。
3. 每搭完一步脚手架后，应校正步距、纵距、横距及立杆的垂直度、水平杆的水平偏差。
4. 底座安放应符合下列规定：
（1）底座、垫板均应准确地放在定位线上；
（2）垫板宜采用长度不少于 2 跨、厚度不小于 50mm 宽度不小于 200mm 的木垫板。
5. 一次搭设高度不应超过 2 步。
6. 斜撑杆、剪刀撑、连墙件等加固件应随架体同步搭设，不得滞后安装。
7. 扣件安装应符合下列规定：
（1）扣件规格必须与钢管外径相同；
（2）螺栓拧紧扭力矩不应小于 40N·m，且不应大于 65N·m；
（3）在主节点处固定横向水平杆、纵向水平杆、剪刀撑、横向斜撑等用的直角扣件、旋转扣件的中心点的相互距离不应大于 150mm；</td></tr>
</table>

续表

<table>
<tr><td colspan="6">（4）对接扣件开口方向应朝上或朝内；
（5）各杆件端头伸出扣件盖板边缘长度不应小于100mm。
8. 在离开作业岗位时，不得留有未固定的构件，并造成不安全隐患，确保架子稳定。</td></tr>
<tr><td colspan="6">针对性交底：
（由施工单位依据施工方案编制相关内容）</td></tr>
<tr><td>交底人</td><td></td><td>职务</td><td></td><td>专职安全员
监督（签字）</td><td></td></tr>
<tr><td>接受交底
单位负责人</td><td></td><td>单位及职务</td><td></td><td>交底时间</td><td></td></tr>
<tr><td>接受交底
作业人员
（签字）</td><td colspan="5"></td></tr>
</table>

注：1. 项目对操作人员进行安全技术交底时填写此表。
2. 本表由总承包单位或专业承包单位工程技术人员填写，交底人、接受交底人、专职安全员各存一份。
3. 签字栏不够时，应将签字表附后。

13.3.1.2 扣件式钢管模板支撑体系验收

扣件式钢管模板支撑体系验收见下表。

扣件式钢管模板支撑体系验收

<table>
<tr><td colspan="5">扣件式钢管模板支撑体系验收表</td><td>编号</td><td></td></tr>
<tr><td colspan="2">工程名称</td><td colspan="5"></td></tr>
<tr><td colspan="2">施工单位</td><td colspan="5"></td></tr>
<tr><td colspan="2">分包单位</td><td colspan="5"></td></tr>
<tr><td colspan="2">验收部位</td><td></td><td>高度</td><td></td><td>安装日期</td><td></td></tr>
<tr><td>序号</td><td>检查项目</td><td colspan="3">检查内容与要求</td><td colspan="2">验收结果</td></tr>
<tr><td rowspan="4">1</td><td rowspan="4">安全施工方案</td><td colspan="3">模板支撑体系工程应有安全专项施工技术方案（设计），审批手续完备、有效</td><td colspan="2"></td></tr>
<tr><td colspan="3">高度超过8m，或跨度超过18m，施工总荷载大于15kN/m²，或集中线荷载大于20kN/m的支撑体系，其专项方案应经过专家论证，并根据专家意见进行修改</td><td colspan="2"></td></tr>
<tr><td colspan="3">支撑体系的材质应符合有关要求</td><td colspan="2"></td></tr>
<tr><td colspan="3">施工前应有技术交底，交底应具有针对性</td><td colspan="2"></td></tr>
<tr><td rowspan="5">2</td><td rowspan="5">构造要求</td><td colspan="3">立杆基础必须坚实，满足立柱承载力要求。立杆下部必须设置纵横向扫地杆</td><td colspan="2"></td></tr>
<tr><td colspan="3">构造应符合现行行业标准《建筑施工扣件式钢管脚手架安全技术规范》（JGJ 130）的有关规定</td><td colspan="2"></td></tr>
<tr><td colspan="3">立杆、横杆的间距必须按安全施工技术方案（计算书）要求搭设</td><td colspan="2"></td></tr>
<tr><td colspan="3">可调丝杆的伸出长度应符合方案的要求</td><td colspan="2"></td></tr>
<tr><td colspan="3">立杆最上端的自由段长度不得大于500mm</td><td colspan="2"></td></tr>
</table>

续表

<table>
<tr><td>序号</td><td>检查项目</td><td colspan="3">检查内容与要求</td><td>验收结果</td></tr>
<tr><td>3</td><td>剪刀撑</td><td colspan="3">采用满堂红支撑体系时，四边与中间每隔五排支架立杆应设置一道竖向剪刀撑，由底至顶连续设置；高于 4m 时，顶端和底部必须设置水平剪刀撑，中间水平剪刀撑设置间距应不大于 4m，连墙件设置符合方案要求</td><td></td></tr>
<tr><td>4</td><td>其他要求</td><td colspan="3"></td><td></td></tr>
<tr><td colspan="6">验收结论：
年　月　日</td></tr>
<tr><td colspan="2" rowspan="5">验收人
（签字）</td><td colspan="2">总承包单位</td><td>搭设单位</td><td>使用单位</td></tr>
<tr><td colspan="2">项目土建施工员（签字）：</td><td rowspan="4"></td><td rowspan="4"></td></tr>
<tr><td colspan="2">项目技术负责人（签字）：</td></tr>
<tr><td colspan="2">项目生产负责人（签字）：</td></tr>
<tr><td colspan="2">项目安全负责人（签字）：</td></tr>
<tr><td colspan="6">监理单位意见：
监理工程师（签字）：　　　年　月　日</td></tr>
</table>

注：本表由施工单位填报，监理单位、施工单位各存一份。

13.3.1.3　碗扣式模板支撑体系验收

碗扣式模板支撑体系验收见下表。

碗扣式模板支撑体系验收

<table>
<tr><td colspan="5">碗扣式模板支撑体系验收表</td><td>编号</td><td></td></tr>
<tr><td colspan="2">工程名称</td><td colspan="5"></td></tr>
<tr><td colspan="2">施工单位</td><td colspan="5"></td></tr>
<tr><td colspan="2">分包单位</td><td colspan="5"></td></tr>
<tr><td colspan="2">验收部位</td><td></td><td>高度</td><td></td><td>安装日期</td><td></td></tr>
<tr><td>序号</td><td>检查项目</td><td colspan="3">检查内容与要求</td><td colspan="2">验收结果</td></tr>
<tr><td rowspan="4">1</td><td rowspan="4">安全施工方案</td><td colspan="3">模板支撑体系工程应有安全专项施工技术方案（设计），审批手续完备、有效</td><td colspan="2"></td></tr>
<tr><td colspan="3">高度超过 8m，或跨度超过 18m，施工总荷载大于 10kN/m^2，或集中线荷载大于 15kN/m 的支撑体系，其专项方案应经过专家论证，并根据专家意见进行修改</td><td colspan="2"></td></tr>
<tr><td colspan="3">支撑体系的材质应符合有关要求</td><td colspan="2"></td></tr>
<tr><td colspan="3">施工前应有技术交底，交底应符合针对性</td><td colspan="2"></td></tr>
<tr><td rowspan="5">2</td><td rowspan="5">构造要求</td><td colspan="3">立杆基础必须坚实，满足立柱承载力要求。立杆下部需按规定设置纵横向扫地杆</td><td colspan="2"></td></tr>
<tr><td colspan="3">构造应符合现行行业标准《建筑施工碗扣式脚手架安全技术规范》（JGJ 166）的有关规定</td><td colspan="2"></td></tr>
<tr><td colspan="3">立杆、横杆的间距必须按安全施工技术方案（计算书）要求搭设</td><td colspan="2"></td></tr>
<tr><td colspan="3">可调丝杆的伸出长度不得超过 200mm</td><td colspan="2"></td></tr>
<tr><td colspan="3">立杆最上端的自由段长度不得大于 700mm</td><td colspan="2"></td></tr>
</table>

续表

<table>
<tr><td>序号</td><td>检查项目</td><td colspan="3">检查内容与要求</td><td>验收结果</td></tr>
<tr><td>3</td><td>剪刀撑</td><td colspan="3">模板支撑架四周从底到顶连续设置竖向剪刀撑；中间纵向、横向由底至顶连续设置竖向剪刀撑，其间距应小于4.5m；当模板支撑架高度大于4.8m时，顶端和底部必须设置水平剪刀撑，中间水平剪刀撑设置间距应小于或等于4.8m</td><td></td></tr>
<tr><td>4</td><td>其他要求</td><td colspan="3"></td><td></td></tr>
<tr><td colspan="6">验收结论：
年　月　日</td></tr>
<tr><td colspan="2" rowspan="5">验收人
（签字）</td><td colspan="2">总承包单位</td><td>搭设单位</td><td>使用单位</td></tr>
<tr><td colspan="2">项目土建施工员（签字）：</td><td rowspan="4"></td><td rowspan="4"></td></tr>
<tr><td colspan="2">项目技术负责人（签字）：</td></tr>
<tr><td colspan="2">项目生产负责人（签字）：</td></tr>
<tr><td colspan="2">项目安全负责人（签字）：</td></tr>
<tr><td colspan="6">监理单位意见：
监理工程师（签字）：　　　　年　月　日</td></tr>
</table>

注：本表由施工单位填报，监理单位、施工单位各存一份。

13.3.1.4 承插型盘扣式模板支撑体系验收

承插型盘扣式模板支撑体系验收见下表。

承插型盘扣式模板支撑体系验收

<table>
<tr><td colspan="4">承插型盘扣式模板支撑体系验收表</td><td>编号</td><td></td></tr>
<tr><td colspan="2">工程名称</td><td colspan="4"></td></tr>
<tr><td colspan="2">施工单位</td><td colspan="4"></td></tr>
<tr><td colspan="2">分包单位</td><td colspan="4"></td></tr>
<tr><td colspan="2">验收部位</td><td></td><td>高度</td><td></td><td>安装日期</td></tr>
<tr><td>序号</td><td>验收项目</td><td colspan="3">验收内容</td><td>验收结果</td></tr>
<tr><td rowspan="4">1</td><td rowspan="4">安全施工方案</td><td colspan="3">模板支撑体系工程应有安全专项施工技术方案（设计），审批手续完备、有效</td><td></td></tr>
<tr><td colspan="3">高度超过8m，或跨度超过18m，施工总荷载大于10kN/m²，或集中线荷载大于15kN/m的支撑体系，其专项方案应经过专家论证，并根据专家意见进行修改</td><td></td></tr>
<tr><td colspan="3">支撑体系的材质应符合有关要求</td><td></td></tr>
<tr><td colspan="3">施工前应有技术交底，交底应符合针对性</td><td></td></tr>
<tr><td rowspan="3">2</td><td rowspan="3">构造要求</td><td colspan="3">构造应符合现行行业标准《建筑施工承插型盘扣式钢管安全技术规程》（JGJ 231）的有关规定</td><td></td></tr>
<tr><td colspan="3">基础应符合设计要求，并应平整坚实，立杆与基础间应无松动、悬空现象，底座、支垫应符合规定</td><td></td></tr>
<tr><td colspan="3">立杆上端自由端长度不得大于650mm</td><td></td></tr>
</table>

续表

<table>
<tr><th>序号</th><th>验收项目</th><th colspan="3">验收内容</th><th>验收结果</th></tr>
<tr><td rowspan="4">2</td><td rowspan="4">构造要求</td><td colspan="3">高度不超过8m的满堂模板支架，步距不宜超过1.5m；高度超过8m的模板支架，步距不得超过1.5m</td><td></td></tr>
<tr><td colspan="3">可调托座和可调底座伸出水平杆的悬臂长度应符合设计限定要求；可调托座丝杆外露长度严禁超过400mm，插入立杆或双槽钢托梁长度不得小于150mm；可调底座调节丝杆外露长度不应大于300mm</td><td></td></tr>
<tr><td colspan="3">插销应具有可靠防拔脱构造措施，且应设置便于目视检查揳入深度的刻痕或颜色标记；插销外表面应与水平杆和斜杆杆端扣接头内表面吻合，插销连接应保证捶击自锁后不拔脱；水平杆扣接头与立杆连接盘的插销应击紧至所需插入深度的标志刻度</td><td></td></tr>
<tr><td colspan="3">扫地杆的最底层水平杆离地高度不应大于550mm</td><td></td></tr>
<tr><td>3</td><td>剪刀撑斜杆</td><td colspan="3">高度不超过8m的满堂模板支架，架体四周外立面向内的每一跨每层均应设置竖向斜杆，架体整体底层以及顶层均应设置竖向斜杆，并应在架体内部区域每隔5跨由底至顶纵向、横向均设置竖向斜杆或采用扣件钢管打折的剪刀撑，当架体高度超过4个步距时，应设置顶层水平斜杆或扣件钢管水平剪刀撑；
高度超过8m的模板支架，竖向斜杆应满布设置，沿高度每隔4～6个标准步距应设置水平层斜杆或扣件钢管剪刀撑；
当模板支架搭设成无侧向拉结的独立塔状支架时，架体每个侧面每步距均应设置竖向斜杆，当有防扭转要求，在顶层及每隔3～4个步距应增设水平层斜杆或钢管水平剪刀撑</td><td></td></tr>
<tr><td>4</td><td>其他要求</td><td colspan="3"></td><td></td></tr>
<tr><td colspan="6">验收结论：

年　月　日</td></tr>
<tr><td colspan="2" rowspan="5">验收人
（签字）</td><td colspan="2">总承包单位</td><td>搭设单位</td><td>使用单位</td></tr>
<tr><td colspan="2">项目土建施工员（签字）：</td><td rowspan="4"></td><td rowspan="4"></td></tr>
<tr><td colspan="2">项目技术负责人（签字）：</td></tr>
<tr><td colspan="2">项目生产负责人（签字）：</td></tr>
<tr><td colspan="2">项目安全主管（签字）：</td></tr>
<tr><td colspan="6">监理单位意见：

监理工程师（签字）：　　　　年　月　日</td></tr>
</table>

注：本表由施工单位填报，监理单位、施工单位各存一份。

13.3.2 铝合金模板支撑体系验收

铝合金模板支撑体系验收见下表。

铝合金模板支撑体系验收

<table>
<tr><td colspan="4">铝合金模板支撑体系验收表</td><td>编号</td><td></td></tr>
<tr><td colspan="2">工程名称</td><td colspan="4"></td></tr>
<tr><td colspan="2">施工单位</td><td colspan="4"></td></tr>
<tr><td colspan="2">分包单位</td><td colspan="4"></td></tr>
<tr><td colspan="2">验收部位</td><td>高度</td><td></td><td>安装日期</td><td></td></tr>
<tr><td>序号</td><td>检查项目</td><td colspan="2">检查内容与要求</td><td colspan="2">验收结果</td></tr>
<tr><td rowspan="4">1</td><td rowspan="4">安全施工方案</td><td colspan="2">模板支撑体系工程应有安全专项施工技术方案（设计），审批手续完备、有效</td><td colspan="2"></td></tr>
<tr><td colspan="2">高度超过 8m，或跨度超过 18m，施工总荷载大于 10kN/m²，或集中线荷载大于 15kN/m 的支撑体系，其专项方案应经过专家论证，并根据专家意见进行修改</td><td colspan="2"></td></tr>
<tr><td colspan="2">支撑体系的材质应符合有关要求</td><td colspan="2"></td></tr>
<tr><td colspan="2">施工前应有技术交底，交底应符合针对性</td><td colspan="2"></td></tr>
<tr><td rowspan="6">2</td><td rowspan="6">构造要求</td><td colspan="2">立杆基础必须坚实，满足立柱承载力要求</td><td colspan="2"></td></tr>
<tr><td colspan="2">配件必须安装牢固，支撑件应着力于钢背楞</td><td colspan="2"></td></tr>
<tr><td colspan="2">立杆、横杆的间距必须按安全施工技术方案（计算书）要求搭设</td><td colspan="2"></td></tr>
<tr><td colspan="2">墙柱模板必须支拉牢固、防止变形，墙柱模板斜撑的底部应可靠固定在楼板上</td><td colspan="2"></td></tr>
<tr><td colspan="2">梁底和模板支撑杆应保证垂直，支撑杆没有垂直方向的松动</td><td colspan="2"></td></tr>
<tr><td colspan="2">销钉、销片数量是否满足，是否全部打紧</td><td colspan="2"></td></tr>
<tr><td>3</td><td>其他要求</td><td colspan="2"></td><td colspan="2"></td></tr>
<tr><td colspan="6">验收结论：

年　月　日</td></tr>
<tr><td colspan="2" rowspan="5">验收人
（签字）</td><td colspan="2">总承包单位</td><td>搭设单位</td><td>使用单位</td></tr>
<tr><td colspan="2">项目土建施工员（签字）：</td><td rowspan="4"></td><td rowspan="4"></td></tr>
<tr><td colspan="2">项目技术负责人（签字）：</td></tr>
<tr><td colspan="2">项目生产负责人（签字）：</td></tr>
<tr><td colspan="2">项目安全负责人（签字）：</td></tr>
<tr><td colspan="6">监理单位意见：

监理工程师：　　　　年　月　日</td></tr>
</table>

注：本表由施工单位填报，监理单位、施工单位各存一份。

13.3.3 装配式建筑独立支撑体系验收

装配式建筑独立支撑体系验收见下表。

装配式建筑独立支撑体系验收

<table>
<tr><td colspan="4">装配式建筑独立支撑体系验收表</td><td>编号</td><td></td></tr>
<tr><td colspan="2">工程名称</td><td colspan="4"></td></tr>
<tr><td colspan="2">施工单位</td><td colspan="4"></td></tr>
<tr><td colspan="2">分包单位</td><td colspan="4"></td></tr>
<tr><td colspan="2">验收部位</td><td></td><td>高度</td><td>安装日期</td><td></td></tr>
<tr><td>序号</td><td>检查项目</td><td colspan="2">检查内容与要求</td><td colspan="2">验收结果</td></tr>
<tr><td rowspan="3">1</td><td rowspan="3">安全施工方案</td><td colspan="2">装配式建筑施工工程应有安全专项施工技术方案（设计），其专项方案应经过专家论证，并根据专家意见进行修改，审批手续完备、有效</td><td colspan="2"></td></tr>
<tr><td colspan="2">支撑体系的材质应符合有关要求</td><td colspan="2"></td></tr>
<tr><td colspan="2">施工前应有技术交底，交底应具有针对性</td><td colspan="2"></td></tr>
<tr><td rowspan="6">2</td><td rowspan="6">构造
要求</td><td colspan="2">立杆基础必须坚实，满足立柱承载力要求</td><td colspan="2"></td></tr>
<tr><td colspan="2">配件必须安装牢固，支撑件应着力于钢背楞</td><td colspan="2"></td></tr>
<tr><td colspan="2">立杆、横杆的间距必须按安全施工技术方案（计算书）要求搭设</td><td colspan="2"></td></tr>
<tr><td colspan="2">墙体斜支撑必须支拉牢固、防止变形，斜支撑的底部应可靠固定在楼板上</td><td colspan="2"></td></tr>
<tr><td colspan="2">独立支撑杆应保证垂直，支撑杆没有垂直方向的松动</td><td colspan="2"></td></tr>
<tr><td colspan="2">销钉、销片数量是否满足，是否全部打紧</td><td colspan="2"></td></tr>
<tr><td>3</td><td>其他要求</td><td colspan="2"></td><td colspan="2"></td></tr>
<tr><td colspan="6">验收结论：

年　月　日</td></tr>
<tr><td colspan="2" rowspan="5">验收人
（签字）</td><td colspan="2">总承包单位</td><td>搭设单位</td><td>使用单位</td></tr>
<tr><td colspan="2">项目土建施工员（签字）：</td><td rowspan="4"></td><td rowspan="4"></td></tr>
<tr><td colspan="2">项目技术负责人（签字）：</td></tr>
<tr><td colspan="2">项目生产负责人（签字）：</td></tr>
<tr><td colspan="2">项目安全负责人（签字）：</td></tr>
<tr><td colspan="6">监理单位意见：

监理工程师（签字）：　　　　年　月　日</td></tr>
</table>

注：本表由施工单位填报，监理单位、施工单位各存一份。

13.4　拆　　除

模板支撑体系搭设、拆除作业前，项目土建施工员应办理模板支撑体系搭设或拆除作业许可，经土建施工员、项目安全总监、项目生产经理审批通过后，方可进行模板支撑体系搭设作业。模板支撑体系拆除作业，除了办理作业许可外，还应具有同部位混凝土试块强度检测报告，确认混凝土强度符合拆模要求后，土建施工员填报混凝土拆模申请单，报质检员和项目技术负责人审批，危大工程部位的混凝土拆模申请单还应报总监理工程师审批。专职安全员全程监督管理。

相关人员确认符合拆除条件，办理完混凝土拆模申请单和模板支撑体系拆除作业许可后，方可进行拆除施工作业。

13.4.1　模板支撑体系拆除作业安全技术交底

模板支撑体系拆除作业安全技术交底见下表。

模板支撑体系拆除作业安全技术交底

<table>
<tr><td colspan="5">模板支撑体系拆除作业安全技术交底表</td><td>编号</td><td></td></tr>
<tr><td colspan="2">工程名称</td><td colspan="5"></td></tr>
<tr><td colspan="2">施工单位</td><td></td><td>交底部位</td><td></td><td>作业内容</td><td></td></tr>
<tr><td colspan="7">安全技术交底内容：
一、基本要求
1. 模板支架搭设与拆除人员必须是经考核合格的专业架子工，架子工必须持证上岗。
2. 在模板支架上作业人员必须穿防滑鞋，正确佩戴使用安全带，且着装灵便。
3. 进入施工现场必须佩戴合格的安全帽，系好下颚带，锁好带扣。
4. 夜间不宜进行脚手架搭设与拆除作业。
5. 模板支架上作业人员应做好分工、配合，传递杆件应把握好重心，平稳传递。
6. 作业人员应配带工具袋，不要将工具放在架子上，以免掉落伤人。
7. 架设材料要随上随用，以免放置不当掉落伤人。
8. 搭、拆脚手架时必须设置物料提上、吊下设施，严禁抛掷。
9. 在搭设作业中，地面上配合人员应避开可能落物的区域。
10. 严禁在架子上作业时嬉戏、打闹、躺卧，严禁攀爬脚手架。
11. 严禁酒后上岗，严禁高血压、心脏病、癫痫病等不适宜登高作业人员上岗作业。
12. 搭拆脚手架时，要有专人协调指挥，地面应设警戒区，要有旁站人员看守，严禁非操作人员入内。
13. 模板支架基础必须平整夯实，具有足够的承载力和稳定性，立杆下必须放置垫座和通板，有畅通的排水设施。
14. 在脚手架上进行电、气焊作业时，应有防火措施和专人看护。
15. 遇六级及以上大风、雪、雾、雷雨等特殊天气应停止脚手架作业。雨雪天气后作业时必须采取防滑措施，并应扫除积雪。
二、拆除
1. 模板支架拆除应按专项方案施工，拆除前应做好下列准备工作：
（1）应全面检查脚手架的扣件连接、连墙件、支撑体系等是否符合构造要求；
（2）应根据检查结果补充完善施工脚手架专项方案中的拆除顺序和措施，经审批后方可实施；
（3）应清除脚手架上杂物及地面障碍物。
2. 模板支架拆除作业必须由上而下逐层进行，严禁上下同时作业；连墙件必须随脚手架逐层拆除，严禁先将连墙件整层或数层拆除后再拆脚手架；分段拆除高差大于两步时，应增设连墙件加固。
3. 梁下架体的拆除，宜从跨中开始，对称地向两端拆除；悬臂构件下架体的拆除，宜从悬臂端向固定端拆除。
4. 架体拆除作业应设专人指挥，当有多人同时操作时，应明确分工、统一行动，且应具有足够的操作面。
5. 卸料时各构配件严禁抛掷至地面。
6. 运至地面的构配件应及时检查、整修与保养，并应按品种、规格分别存放。</td></tr>
<tr><td colspan="7">针对性交底：
（由施工单位依据施工方案编制相关内容）</td></tr>
<tr><td colspan="2">交底人</td><td></td><td>职务</td><td></td><td>专职安全员
监督（签字）</td><td></td></tr>
<tr><td colspan="2">接受交底
单位负责人</td><td></td><td>单位及职务</td><td></td><td>交底时间</td><td></td></tr>
<tr><td>接受交底
作业人员
（签字）</td><td colspan="6"></td></tr>
</table>

注：1. 项目对操作人员进行安全技术交底时填写此表。
2. 本表由总承包单位或专业承包单位工程技术人员填写，交底人、接受交底人、专职安全员各存一份。
3. 签字栏不够时，应将签字表附后。

13.4.2　混凝土拆模申请

混凝土拆模申请见下表。

混凝土拆模申请

<table>
<tr><td colspan="8">混凝土拆模申请表</td><td colspan="3">编号</td><td></td></tr>
<tr><td colspan="2">工程名称</td><td colspan="10"></td></tr>
<tr><td colspan="2">施工单位</td><td colspan="6"></td><td colspan="3">申请拆模部位</td><td></td></tr>
<tr><td colspan="2">混凝土
强度等级</td><td colspan="2"></td><td colspan="2">混凝土浇筑
完成时间</td><td colspan="2"></td><td colspan="3">申请拆模日期</td><td>年　月　日</td></tr>
<tr><td colspan="12">构件类型
（注：在所选择构件类型的□内划“√”）</td></tr>
<tr><td colspan="2" rowspan="2">□墙</td><td colspan="2" rowspan="2">□柱</td><td colspan="3">板</td><td colspan="2">梁</td><td colspan="3" rowspan="2">□悬臂构件</td></tr>
<tr><td colspan="3">□ 跨度≤2m
□ 2m＜跨度≤8m
□ 跨度＞8m</td><td colspan="2">□ 跨度≤8m
□ 跨度＞8m</td></tr>
<tr><td colspan="3">拆模时混凝土强度要求</td><td>龄期（d）</td><td colspan="3">同条件混凝土
抗压强度（MPa）</td><td colspan="2">达到设计
强度等级（%）</td><td colspan="3">强度报告编号</td></tr>
<tr><td colspan="3">应达到设计强度的______%
（或______MPa）</td><td></td><td colspan="3"></td><td colspan="2"></td><td colspan="3"></td></tr>
<tr><td colspan="12">审批意见：

批准拆模日期：
年　月　日</td></tr>
<tr><td rowspan="2">签字栏</td><td colspan="4">项目技术负责人</td><td colspan="5">专业质检员</td><td colspan="2">申请人</td></tr>
<tr><td colspan="4"></td><td colspan="5"></td><td colspan="2"></td></tr>
<tr><td>制表日期</td><td colspan="11">年　月　日</td></tr>
</table>

注：本表由施工单位填写。

13.4.3　模板支撑体系拆除作业审批

模板支撑体系拆除作业审批见下表。

模板支撑体系拆除作业审批

<table>
<tr><td colspan="5">模板支撑体系拆除作业审批表</td><td>编号</td><td></td></tr>
<tr><td colspan="2">工程名称</td><td colspan="3"></td><td>作业时间</td><td colspan="2">年　月　日　时至　时</td></tr>
<tr><td colspan="2">施工单位</td><td colspan="3"></td><td>分包单位</td><td colspan="2"></td></tr>
<tr><td colspan="2">脚手架类型</td><td colspan="3"></td><td>作业区域</td><td colspan="2"></td></tr>
<tr><td colspan="2">申请人员</td><td colspan="3"></td><td>作业负责人</td><td colspan="2"></td></tr>
<tr><td colspan="2" rowspan="3">现场操作人员</td><td>姓名</td><td></td><td></td><td></td><td></td><td></td></tr>
<tr><td>工种</td><td></td><td></td><td></td><td></td><td></td></tr>
<tr><td>操作证号</td><td></td><td></td><td></td><td></td><td></td></tr>
<tr><td rowspan="2">序号</td><td colspan="4" rowspan="2">主要安全措施</td><td colspan="3">确认安全措施符合要求（签字）</td></tr>
<tr><td></td><td>作业负责人</td><td>监护人员</td></tr>
<tr><td>1</td><td colspan="4">作业人员已接受安全教育和书面交底</td><td>是□　否□</td><td></td><td></td></tr>
<tr><td>2</td><td colspan="4">作业前对架体进行全面检查，架体扣件、连墙件、支撑体系等状况良好</td><td>是□　否□</td><td></td><td></td></tr>
<tr><td>3</td><td colspan="4">架体上方施工材料、用具及杂物等已清理完毕</td><td>是□　否□</td><td></td><td></td></tr>
<tr><td>4</td><td colspan="4">架子工均持证上岗，个人身体状况良好，个人防护用具配备齐全有效</td><td>是□　否□</td><td></td><td></td></tr>
<tr><td>5</td><td colspan="4">已设置警戒区域并进行警示，有专人监护</td><td>是□　否□</td><td></td><td></td></tr>
<tr><td>6</td><td colspan="4">不存在大风、大雾、大雨、大雪等恶劣天气</td><td>是□　否□</td><td></td><td></td></tr>
<tr><td colspan="8">现场作业安全生产条件是否具备：　　　土建施工员意见：
是□　　否□　　　　　　　　　　同意□　　不同意□
签字：　　　时间：</td></tr>
<tr><td colspan="8">是否对安全作业条件进行核实：　　　项目安全负责人意见：
是□　　否□　　　　　　　　　　同意□　　不同意□
签字：　　　时间：</td></tr>
<tr><td colspan="8">是否批准作业：　　　项目生产负责人意见：
同意□　　不同意□　　　　　　同意□　　不同意□
签字：　　　时间：</td></tr>
<tr><td colspan="8">工作结束确认人和结束时间：
签字：　　　时间：</td></tr>
</table>

13.5　安全管理

模板支撑体系搭拆人员必须是经考核合格的专业架子工，架子工应持证上岗。人员搭拆作业时，必须戴安全帽、系安全带、穿防滑鞋。

作业层上的施工荷载应符合设计要求，不得超载，人员不得集中站立、材料不得集中堆放。

当有六级及以上强风、浓雾、雨或雪天气时应停止模板支撑体系搭设与拆除作业。雨、雪后上架作业应有防滑措施，并应扫除积雪。夜间不得进行模板支撑体系搭设与拆除作业。

模板支撑体系应在水平方向设置水平剪刀撑。

模板支撑体系地基应坚实、平整，有防水、排水措施。模板支撑体系立杆底部应设置可调底座和垫板。架体搭设前应清除场地障碍物，对承载力不足的地基土或楼板应进行加固处理。

模板支撑体系应按照规范要求在四周及内部纵横向设置连续竖向剪刀撑，四周剪刀撑应连续封闭，剪刀撑布置宜均匀对称。竖向剪刀撑间隔不应大于 6 跨，每组剪刀撑的跨数不应超过 6 跨，剪刀撑倾斜角度宜在 45°～60°。

搭设高度 5m 以上的模板支撑体系顶层及扫地杆层应设置水平剪刀撑，采用旋转扣件固定在与之相交的立杆或水平杆上，并且间隔层数不应大于 6 步。

遇有既有结构时，模板支撑体系应采用拉或顶的方式与既有结构进行可靠连接；竖向连接间隔不宜超过 2 步，水平连接间隔不宜超过 8m，并优先布置在水平剪刀撑设置层处。

后浇带模板支撑体系应独立设置，高宽比大于 3：1 时应有防倾覆措施。

作业面临边部位应单独设置高度不低于 1.2m 高的防护栏杆，并挂设密目式安全立网、设置挡脚板。

作业面下方应挂设水平安全网。

搭拆模板支撑体系时，地面设围栏和警戒标志，并应派专人看守，严禁非操作人员入内。

第 14 章　机械安全管理

14.1　起重机械安全管理

14.1.1　建筑起重机械基本规定

1. 适用于房屋、市政、轨道、公路工程使用的塔式起重机、施工升降机（物料提升机）、门（桥）式起重机械的安装、使用和拆卸安全管理。

2. 塔式起重机和施工升降机安装单位应具备建设行政主管部门颁发的起重设备安装工程专业承包资质和建筑施工企业安全生产许可证。

3. 塔式起重机和施工升降机安装、拆卸项目应配备与承担项目相适应的专业安装作业人员以及专业安装技术人员。安装拆卸工、电工、司机等应具有建筑施工特种作业操作资格证书。

4. 建筑起重机械使用单位应与安装单位签订机械安装、拆卸合同，明确双方的安全生产责任。实行施工总承包的，施工总承包单位应与安装单位签订建筑起重机械安装、拆卸工程安全协议书。

5. 塔式起重机和施工升降机应具有特种设备制造许可证、产品合格证，并已在县级以上地方建设主管部门备案登记。

6. 有下列情况之一的塔式起重机严禁安装使用：

（1）国家明令淘汰的产品。

（2）超过规定使用年限，经评估不合格的产品。

（3）不符合国家现行相关标准的产品。

（4）没有完整安全技术档案的产品。

7. 有下列情况之一的施工升降机严禁安装使用：

（1）属国家明令淘汰或禁止使用的。

（2）超过由安全技术标准或制造厂家规定使用年限的。

（3）经检验达不到安全技术标准规定的。

（4）无完整安全技术档案的。

（5）无齐全有效的安全保护装置的。

14.1.2　建筑起重机械安装管理

14.1.2.1　塔式起重机安装管理

1. 基础方案与检查验收

（1）塔式起重机应编制基础专项施工方案，并经施工单位技术负责人审核签字、监理单位审批盖章后实施。

（2）塔式起重机的基础形式应根据工程地质、荷载与塔式起重机稳定性要求、现场条件，并结合塔式起重机使用说明书的要求确定。

（3）塔式起重机基础的设计应按独立状态下的工作状态和非工作状态的荷载分别计算。

（4）安装塔式起重机时，基础混凝土应达到设计强度的80％以上，塔式起重机运行使用时基础混凝土应达到设计强度的100％，以混凝土强度检测报告为准。

（5）塔式起重机基础桩质量应进行检查验收，钢筋绑扎后应做隐蔽工程验收，验收合格后方可浇筑混凝土。隐蔽工程应包括塔式起重机的预埋件或预埋节等，基础中的地脚螺栓、基础节等预埋件必须符合机械使用说明书要求，且应由租赁单位提供预埋件合格证明材料。基础施工完成后，必须对基础外观、尺寸进行检查验收，型钢平台和钢立柱应对焊接质量、尺寸偏差进行检查验收，并填写塔式起重机固定混凝土基础验收表。

塔式起重机固定混凝土基础验收

<table>
<tr><td colspan="4">塔式起重机固定混凝土基础验收表</td><td>编号</td><td></td></tr>
<tr><td>工程名称</td><td colspan="2">××工程</td><td>工程地址</td><td colspan="2">××市××路</td></tr>
<tr><td>规格型号</td><td colspan="2">××</td><td>备案证号</td><td colspan="2">×××-×××××</td></tr>
<tr><td>施工单位</td><td colspan="2">××公司</td><td>安装单位</td><td colspan="2">××公司</td></tr>
<tr><td>项目</td><td colspan="3">检查内容</td><td colspan="2">检查情况</td></tr>
<tr><td>基础设计</td><td colspan="3">检查基础施工是否符合基础方案设计图纸或安装使用说明书的设计要求</td><td colspan="2"></td></tr>
<tr><td>基础地槽</td><td colspan="3">检查基底标高，检查基底的土质及地下水的情况，地耐力是否符合基础设计方案或说明书要求</td><td colspan="2"></td></tr>
<tr><td>钢筋工程</td><td colspan="3">检查钢材型号、直径、根数、位置等是否符合设计要求。检查施工质量，例如锚固、搭接的位置和长度。绑扎以及几何尺寸间距等</td><td colspan="2"></td></tr>
<tr><td>预埋件</td><td colspan="3">预埋件规格尺寸是否符合设计要求。预埋件或螺栓是否由专业生产厂制造，并有质量合格的试验证明</td><td colspan="2"></td></tr>
<tr><td>混凝土工程</td><td colspan="3">混凝土的强度是否符合设计要求（检查混凝土强度检测报告），检查施工质量，其表面水平度应小于1/1000</td><td colspan="2">实测混凝土强度为______MPa，
水平误差为______mm</td></tr>
<tr><td>接地装置</td><td colspan="3">接地点应在基础周围设置，并不少于2点；接地装置应使用角钢（钢管），其埋设深度不小于2.5m；接地电阻应不大于4Ω</td><td colspan="2">接地装置有______处，
实测接地电阻为______Ω</td></tr>
<tr><td colspan="6">其他需要说明的内容：</td></tr>
<tr><td colspan="3">使用单位验收意见：

项目负责人（签字）：
（盖章）
年　月　日</td><td colspan="3">安装单位验收意见：

项目负责人（签字）：
（盖章）
年　月　日</td></tr>
<tr><td colspan="3">施工总包单位验收意见：

项目负责人（签字）：
（盖章）
年　月　日</td><td colspan="3">监理单位验收意见：

总监理工程师（签字）：
（盖章）
年　月　日</td></tr>
</table>

2. 方案管理

1）塔式起重机安装作业前，安装单位应编制安装工程专项施工方案，由安装单位技术负责人批准后，报送施工总承包单位或使用单位、监理单位审核，并告知工程所在地县级以上建设行政主管部门。塔式起重机安装方案应符合现行行业标准《建筑施工塔式起重机安装、使用、拆卸安全技术规程》（JGJ 196）规定。应包括下列内容：

(1) 工程概况。
(2) 安装位置平面图和立面图。
(3) 所选用的塔式起重机型号及性能技术参数。
(4) 基础和附着装置的设置。
(5) 爬升工况及附着节点详图。
(6) 安装顺序和安全质量要求。
(7) 主要安装部件的质量和吊点位置。
(8) 安装辅助设备的型号、性能及布置位置。
(9) 电源的设置。
(10) 施工人员的配置。
(11) 吊索具和专用工具的配备。
(12) 安装工艺程序。
(13) 安全装置的调式。
(14) 重大危险源和安全技术措施。
(15) 应急预案等。

2) 塔式起重机安装方案需要论证的,应按照《危险性较大的分部分项工程安全管理规定》(建设部令第37号)由施工单位组织论证。

3. 进场验收

塔式起重机进场前,总承包单位应提前通知租赁单位提供机械设备出厂合格证、制造许可证、备案证等相关资料,并对资料的真实性进行核实。安装前,总承包单位应组织租赁、安装、监理单位联合对机械设备进行进场查验,包括设备型号、出厂标志与所提供资料一致,机械设备主体结构、安全装置等满足说明书要求,填写塔式起重机安装前检查表。

塔式起重机安装前检查

塔式起重机安装前检查表			编号	
工程名称		××工程	设备型号	××
安装单位		××公司	设备编号	××
序号	检查项目	内容及要求	结果	
1	钢结构	无扭曲、变形、裂纹和严重锈蚀		
2	连接件、紧固件	销轴及螺栓螺母规格正确,数量齐全,质量满足设计要求;配套开口销或卡板规格数量均符合要求		
3	钢丝绳及其固结	钢丝绳完好符合GB/T 5972—2016要求,钢丝绳绳夹固结符合GB/T 5975—2006要求,压板固结应符合GB/T 5976—2006要求		
4	制动器	制动带(块)摩擦衬垫磨损不大于原厚度的1/2,间隙符合标准要求,能正常动作,设有防护罩		
5	安全装置	各安全装置应齐全、完好		
6	液压系统	油质良好、充足		
		各油管及管接头状况良好,平衡阀与油缸之间为硬管连接		
7	电气系统	保持较良好状况,能正常工作		
8	现场状况	安装现场应具备安全安装塔式起重机的条件		

续表

<table>
<tr><td>检查意见</td><td>

安装单位（盖章）
年　月　日</td></tr>
<tr><td rowspan="4">检查人员</td><td>安装单位技术负责人（签字）：</td></tr>
<tr><td>安装班组长（签字）：</td></tr>
<tr><td>安装单位安全员（签字）：</td></tr>
<tr><td>使用单位设备主管（签字）：</td></tr>
</table>

4. 塔式起重机安装人员配置及安装前准备

1）塔式起重机安装、拆卸作业应配备下列人员

（1）持有安全生产考核合格证书的项目负责人和安全负责人、机械管理人员。

（2）具有建筑施工特种作业操作资格证书的建筑起重机械安装拆卸工、起重司机、起重信号工、司索工等特种作业操作人员。

2）安装作业前，安装单位方案编制人应对现场管理人员进行方案交底、现场负责人对安装作业人员进行安全技术交底，并签字留存，在安装作业范围布置警戒区域；项目机械管理员应对安装作业人员操作证进行核实，组织对安装作业人员进行安全教育和安全技术交底；项目机械管理员应对安装（拆除）辅助机械的证件、机械安全装置、吊索具等进行检查，确保符合要求，组织对操作人员进行安全技术交底，并填写塔式起重机安装安全技术交底表。

塔式起重机安装安全技术交底

<table>
<tr><td colspan="4">塔式起重机安装安全技术交底表</td><td>编号</td><td></td></tr>
<tr><td>工程名称</td><td colspan="2">××工程</td><td>施工地点</td><td colspan="2">××市××路</td></tr>
<tr><td>总承包单位名称</td><td colspan="2">××公司</td><td>安、拆装单位名称</td><td colspan="2">××公司（盖章）</td></tr>
<tr><td rowspan="2">塔式起重机</td><td>型号</td><td></td><td>塔高</td><td colspan="2">（m）</td></tr>
<tr><td>统一编号</td><td></td><td>臂长</td><td colspan="2">（m）</td></tr>
<tr><td colspan="2">辅助起重设备名称及型号</td><td colspan="4"></td></tr>
</table>

续表

<table>
<tr><td colspan="4">交底内容</td></tr>
<tr><td>交底人（签字）</td><td></td><td>安全员（签字）</td><td></td></tr>
<tr><td>接受交底人（签字）</td><td></td><td></td><td></td></tr>
<tr><td>交底日期</td><td colspan="3">年　月　日</td></tr>
</table>

3）作业过程中，安装单位专职安全管理人员和项目部专职安全管理人员应全程进行旁站监督，并分别填写旁站监督记录表。旁站监督人员在作业过程中应根据方案和说明书核实安装程序，对作业过程中作业程序及安全行为进行监控及纠正，并填写塔式起重机安装过程旁站监督记录表。

塔式起重机安装过程旁站监督记录

<table>
<tr><td colspan="3">塔式起重机安装过程旁站监督记录表</td><td>编号</td><td></td></tr>
<tr><td>工程名称</td><td></td><td>工程地点</td><td colspan="2"></td></tr>
<tr><td>危险因素类型</td><td></td><td>日期及气候</td><td colspan="2"></td></tr>
<tr><td>旁站开始时间</td><td></td><td>旁站结束时间</td><td colspan="2"></td></tr>
<tr><td>施工单位</td><td colspan="4"></td></tr>
<tr><td>旁站的部位或工序</td><td colspan="4"></td></tr>
</table>

续表

安全教育、交底情况：
施工关键节点及安全管控措施落实情况：
发现问题及处理措施：
备注：
旁站人员（签字）： 年　月　日

4）结束当天作业或因中途恶劣天气等原因临时停止安装作业时，安装单位必须将机械设备停止在安全位置，采取禁止操作机械设备的可靠措施（例如断电、上锁等）。

5. 安装自检

（1）安装调试完成后，安装单位对安装质量进行自检，并填写塔式起重机自检记录表，项目机械管理员应对自检过程进行监督。

塔式起重机安装自检

塔式起重机安装自检表		编号	
工程名称		备案证号	
工程地址		出厂日期	
设备生产厂家		安装单位	
产权单位		安装日期	

资料检查项

序号	检查项目	结果
1	隐蔽工程验收单和混凝土强度报告	
2	安装方案、安全交底记录	

基础检查项

序号	检查项目	结果
1	地基允许承载能力（kN/m^2）	
2	基坑围护形式	
3	塔式起重机距坑边距离（m）	
4	基础下是否有管线、障碍物或不良地质	
5	排水措施（有、无）	
6	基础位置、标高及平整度	
7	行走式塔式起重机底架的水平度	
8	行走式塔式起重机导轨的水平度	
9	塔式起重机接地装置	
10	其他	

机械检查项

名称	序号	检查项目	要求	结果
标识与环境	1	登记编号牌和产品标牌	齐全	
	2	塔式起重机与周围环境关系	尾部与建（构）筑物及施工设施之间的距离不小于0.6m	
			两台塔式起重机之间的最小架设距离应保证处于低位塔机的起重臂端部与另一塔机的塔身之间的距离不得小于2m；处于高位的塔机的最低部件与低位塔机中处于最高位置的部件之间的垂直距离不得小于2m	
			与输电线路的距离应不小于现行标准《塔式起重机安全规程》（GB 5144）的规定	

续表

<table>
<tr><th>名称</th><th>序号</th><th colspan="2">检查项目</th><th>要求</th><th>结果</th></tr>
<tr><td rowspan="10">金属结构件</td><td>3</td><td colspan="2">主要结构件</td><td>无可见裂纹和明显变形</td><td></td></tr>
<tr><td>4</td><td colspan="2">主要连接螺栓</td><td>齐全，规格和预紧力矩达到使用说明书要求</td><td></td></tr>
<tr><td>5</td><td colspan="2">主要连接销轴</td><td>销轴符合出厂要求，连接可靠</td><td></td></tr>
<tr><td>6</td><td colspan="2">过道、平台、栏杆、踏板</td><td>符合现行标准《塔式起重机安全规程》（GB 5144）的规定</td><td></td></tr>
<tr><td>7</td><td colspan="2">梯子、护圈、休息平台</td><td>符合现行标准《塔式起重机安全规程》（GB 5144）的规定</td><td></td></tr>
<tr><td>8</td><td colspan="2">附着装置</td><td>设置位置和附着距离符合方案规定，结构形式正确，附墙与建筑物连接牢固</td><td></td></tr>
<tr><td>9</td><td colspan="2">附着杆</td><td>无明显变形，焊接无裂纹</td><td></td></tr>
<tr><td>10</td><td>独立状态塔身（或附着状态下最高附着点以上塔身）</td><td rowspan="2">在空载且风速不大于3m/s状态下</td><td>塔身轴心线对支承面的垂直度不大于4/1000</td><td></td></tr>
<tr><td>11</td><td>附着状态下最高附着点以下塔身</td><td>塔身轴心线对支承面的垂直度不大于2/1000</td><td></td></tr>
<tr><td>12</td><td colspan="2">内爬式塔式起重机的爬升框与支承钢梁、支承钢梁与建筑结构之间连接</td><td>连接可靠</td><td></td></tr>
<tr><td rowspan="3">爬升与回转</td><td>13</td><td colspan="2">平衡阀或液压锁与油缸间连接</td><td>应设平衡阀或液压锁，且与油缸用硬管连接</td><td></td></tr>
<tr><td>14</td><td colspan="2">爬升装置防脱功能</td><td>自升式塔式起重机在正常加节、降节作业时，应具有可靠的防止爬升装置在塔身支承中或油缸端头从其连接结构中自行（非人为操作）脱出的功能</td><td></td></tr>
<tr><td>15</td><td colspan="2">回转限位器</td><td>对回转处不设集电器供电的塔式起重机，应设置正反两个方向回转限位开关，开关动作时臂架旋转角度应不大(小)于±540°</td><td></td></tr>
<tr><td rowspan="3">起升系统</td><td>16</td><td colspan="2">起重力矩限制器</td><td>灵敏可靠，限制值小于额定载荷的110%，显示误差不大于5%</td><td></td></tr>
<tr><td>17</td><td colspan="2">起升高度限位器</td><td>对动臂变幅和小车变幅的塔式起重机，当吊钩装置顶部升至起重臂下端的最小距离为80cm处时，应能立即停止起升运动</td><td></td></tr>
<tr><td>18</td><td colspan="2">起重量限制器</td><td>灵敏可靠，限制值小于额定载荷110%，显示误差不大于5%</td><td></td></tr>
<tr><td rowspan="5">变幅系统</td><td>19</td><td colspan="2">小车断绳保护装置</td><td>双向均应设置</td><td></td></tr>
<tr><td>20</td><td colspan="2">小车断轴保护装置</td><td>应设置</td><td></td></tr>
<tr><td>21</td><td colspan="2">小车变幅检修挂篮</td><td>连接可靠</td><td></td></tr>
<tr><td>22</td><td colspan="2">小车变幅限位和终端止挡装置</td><td>对小车变幅塔式起重机，应设置小车行程限位开关和终端缓冲装置。限位开关动作后应保证小车停车时其端部距缓冲装置最小距离20cm</td><td></td></tr>
<tr><td>23</td><td colspan="2">动臂式变幅限位和防臂架后翻装置</td><td>动臂变幅有最大和最小幅度限位器，限制范围符合使用说明书要求；防止臂架反弹后翻的装置牢固可靠</td><td></td></tr>
</table>

续表

名称	序号	检查项目	要求	结果
机构及零部件	24	吊钩	钩体无裂纹、磨损、补焊，危险截面、钩筋无塑性变形	
	25	吊钩防钢丝绳脱钩装置	应完整可靠	
	26	滑轮	滑轮应转动良好，出现下列情况应报废： 1. 裂纹或轮缘破损； 2. 滑轮绳槽壁厚磨损量达原壁厚的20%； 3. 滑轮槽底的磨损量超过相应钢丝绳直径的25%	
	27	滑轮上的钢丝绳防脱装置	应完整、可靠，该装置与滑轮最外缘的间隙不应超过钢丝绳直径的20%	
	28	卷筒	卷筒壁不应有裂纹，筒壁磨损量不应大于原壁厚的10%；多层缠绕的卷筒，端部应有比最外层钢丝绳高出2倍钢丝绳直径的凸缘	
	29	卷筒上的钢丝绳防脱装置	卷筒上的钢丝绳应排列有序，设有防钢丝绳脱槽装置。该装置与卷筒最外缘的间隙不应超过钢丝绳直径的20%	
	30	钢丝绳完好度	见钢丝绳检查项目	
	31	钢丝绳端固定	符合使用说明书规定	
	32	钢丝绳穿绕方式、润滑与干涉	穿绕方式正确，润滑良好，无干涉	
	33	制动器	起升、回转、变幅、行走机构都应配备制动器，制动器不应有裂纹、过度磨损、塑性变形、缺件等缺陷。调整适宜，制动平稳可靠	
	34	传动装置	固定牢固，运行平稳	
	35	有可能伤人的活动零部件外露部分	防护罩齐全	
	36	紧急断电开关	非自动复位，有效，且便于司机操作	
	37	绝缘电阻	主电路和控制电路的对地绝缘电阻不应小于0.5MΩ	
	38	接地电阻	接地系统应便于复核检查，接地电阻不大于4Ω	
	39	塔式起重机专用开关箱	单独设置并有警示标志	
	40	声响信号器	完好	
	41	保护零线	不得作载流回路	
	42	电源电缆与电缆保护	无破损，老化。与金属接触处有绝缘材料隔离，移动电缆有电缆卷筒或防止磨损措施	
	43	障碍指示灯	塔顶高度大于30m且高于周围建筑物时应安装，该指示灯的供电不应受停机的影响	
	44	行走轨道端部止挡装置与缓冲器	应设置	
	45	行走限位装置	制停后距止挡装置不小于1m	
	46	防风夹轨器	应设置，有效	
	47	排障清轨板	清轨板与轨道间的间隙不应大于5mm	
	48	钢轨接头位置及误差	支撑在道木或路基箱上时，两侧错开且不小于1.5m；间隙不大于4mm；高差不大于2mm	
	49	轨距误差及轨距拉杆设置	小于1/1000且最大应小于6mm；相邻两根间距不大于6m	

续表

名称	序号	检查项目	要求	结果
司机室	50	性能标志牌（显示屏）	齐全，清晰	
	51	门窗和灭火器、雨刷等附属设施	齐全，有效	
	52	可升降司机室或乘人升降机	按现行标准《施工升降机》（GB/T 10054）和《施工升降机安全规程》（GB 10055）检查	
其他	53	平衡重、压重	安装准确，牢固可靠	
	54	风速仪	臂架根部铰点高于50m时应设置	

钢丝绳检查项

序号	检查项目	报废标准	实测	结果
1	钢丝绳磨损量	钢丝绳实测直径相对公称直径减小7%或更多		
2	常用规格钢丝绳规定长度内达到报废标准的断丝数	钢制滑轮上工作的圆股钢丝绳、抗扭钢丝绳中断根数的控制现行标准参照《起重机用钢丝绳检验和报废实用规范》（GB/T 5972）		
3	钢丝绳变形	出现波浪形时，在钢丝绳长度不超过25d范围内，若波形幅度值达到4d/3或以上，则钢丝绳应报废		
		笼状畸变、绳股挤出或钢丝挤出变形严重的钢丝绳应报废		
		钢丝绳出现严重的扭结、压扁和弯折现象应报废		
		钢丝绳经局部严重增大或减小均应报废		
4	其他情况描述			
检查结果				

检查人（签字）：

安装单位技术人员（签字）：

安装单位（盖章）

年　月　日

(2) 安装单位自检合格后，应委托有相应资质的检验检测机构进行检测，并出具检测报告。

6. 联合验收

(1) 经自检、检测合格后，由项目部组织租赁单位、安装单位、监理单位、使用单位进行联合验收，验收时应对机械设备的整机运行及安全装置进行测试，对起重性能、垂直度等数据进行核实，验收合格后填写塔式起重机安装验收记录表，各方签字、盖章完成后方可投入使用。

塔式起重机安装验收记录

<table>
<tr><td colspan="5">塔式起重机安装验收记录表</td><td>编号</td><td></td></tr>
<tr><td colspan="2">工程名称</td><td colspan="5"></td></tr>
<tr><td>型号</td><td></td><td>设备编号</td><td></td><td>安装高度（m）</td><td colspan="2"></td></tr>
<tr><td>幅度（m）</td><td></td><td>起重力矩（kN·m）</td><td></td><td>最大起重量（t）</td><td colspan="2"></td></tr>
<tr><td colspan="3">与建筑物水平附着距离（m）</td><td></td><td>附着道数（道）</td><td colspan="2"></td></tr>
<tr><td>验收部位</td><td colspan="4">验收要求</td><td colspan="2">结果</td></tr>
<tr><td rowspan="4">结构件</td><td colspan="4">部件、附件、连接件安装齐全，位置正确</td><td colspan="2"></td></tr>
<tr><td colspan="4">螺栓拧紧，力矩达到技术要求，开口销完全撬开</td><td colspan="2"></td></tr>
<tr><td colspan="4">结构件无变形、开焊、疲劳裂纹</td><td colspan="2"></td></tr>
<tr><td colspan="4">压重、配重的质量与位置使用说明要求</td><td colspan="2"></td></tr>
<tr><td rowspan="8">基础与轨道</td><td colspan="4">地基坚实、平整，地基或基础隐蔽工程资料齐全、准确</td><td colspan="2"></td></tr>
<tr><td colspan="4">基础周围有排水措施</td><td colspan="2"></td></tr>
<tr><td colspan="4">路基箱或枕木铺设符合要求，夹板、道钉使用正确</td><td colspan="2"></td></tr>
<tr><td colspan="4">钢轨顶面纵、横方向上的倾斜度不大于1/1000</td><td colspan="2"></td></tr>
<tr><td colspan="4">塔式起重机底架平整度符合使用说明书要求</td><td colspan="2"></td></tr>
<tr><td colspan="4">止挡装置距钢轨两端距离不小于1m</td><td colspan="2"></td></tr>
<tr><td colspan="4">行走限位装置距止挡装置距离不小于1m</td><td colspan="2"></td></tr>
<tr><td colspan="4">轨接头间距不大于4m，接头高低差不大于2mm</td><td colspan="2"></td></tr>
<tr><td rowspan="8">机构及零部件</td><td colspan="4">钢丝绳在卷筒上面缠绕整齐、润滑好</td><td colspan="2"></td></tr>
<tr><td colspan="4">钢丝绳规格正确、断丝和磨损未达到报废标准</td><td colspan="2"></td></tr>
<tr><td colspan="4">钢丝绳固定和编插符合国家及行业标准</td><td colspan="2"></td></tr>
<tr><td colspan="4">各部位滑轮转动灵活、可靠，无卡塞现象</td><td colspan="2"></td></tr>
<tr><td colspan="4">吊钩磨损未达到报废标准、保险装置可靠</td><td colspan="2"></td></tr>
<tr><td colspan="4">各机构转动平稳、无异常响声</td><td colspan="2"></td></tr>
<tr><td colspan="4">各润滑点润滑良好，润滑油牌号正确</td><td colspan="2"></td></tr>
<tr><td colspan="4">制动器动作灵活可靠，联轴器连接良好，无异常</td><td colspan="2"></td></tr>
<tr><td rowspan="7">附着锚固</td><td colspan="4">锚固框架安装位置符合规定要求</td><td colspan="2"></td></tr>
<tr><td colspan="4">塔身与锚固框架固定牢靠</td><td colspan="2"></td></tr>
<tr><td colspan="4">附着框、锚杆、附着装置等各处螺栓、销轴齐全、正确、可靠</td><td colspan="2"></td></tr>
<tr><td colspan="4">垫铁、楔块等零部件齐全可靠</td><td colspan="2"></td></tr>
<tr><td colspan="4">最高附着点下塔身轴线对支承面垂直度不得大于相应高度的2/1000</td><td colspan="2"></td></tr>
<tr><td colspan="4">独立状态或附着状态下最高附着点以上塔身轴线对支承面垂直度不得大于4/1000</td><td colspan="2"></td></tr>
<tr><td colspan="4">附着点以上塔式起重机悬臂高度不得大于规定高度</td><td colspan="2"></td></tr>
</table>

续表

<table>
<tr><th>验收部位</th><th>验收要求</th><th>结果</th></tr>
<tr><td rowspan="5">电气系统</td><td>供电系统电压稳定、正常工作、电压为380V（±10%的电压）</td><td></td></tr>
<tr><td>仪表、照明、报警系统完好、可靠</td><td></td></tr>
<tr><td>控制、操纵装置动作灵活、可靠</td><td></td></tr>
<tr><td>电气按要求设置短路和过流、失压及零位保护，切断总电源的紧急开关符合要求</td><td></td></tr>
<tr><td>电气系统对地的绝缘电阻不大于0.5MΩ</td><td></td></tr>
<tr><td rowspan="10">安全装置</td><td>起重量限制器灵敏可靠，其综合误差不大于额定值的±5%</td><td></td></tr>
<tr><td>力矩限制器灵敏可靠，其综合误差不大于额定值的±5%</td><td></td></tr>
<tr><td>回转限位器灵敏可靠</td><td></td></tr>
<tr><td>行走限位器灵敏可靠</td><td></td></tr>
<tr><td>变幅限位器灵敏可靠</td><td></td></tr>
<tr><td>顶升横梁防脱装置完好可靠</td><td></td></tr>
<tr><td>吊钩上的钢丝绳防脱钩装置完好可靠</td><td></td></tr>
<tr><td>滑轮、卷筒上的钢丝绳防脱装置完好可靠</td><td></td></tr>
<tr><td>小车断绳保护装置灵敏可靠</td><td></td></tr>
<tr><td>小车断轴保护装置灵敏可靠</td><td></td></tr>
<tr><td rowspan="3">环境</td><td>布设位置合理，且符合施工组织设计要求</td><td></td></tr>
<tr><td>与架空线最小距离符合规定</td><td></td></tr>
<tr><td>塔式起重机的尾部与周围建（构）筑物及其外围施工设施之间的安全距离不小于0.6m</td><td></td></tr>
<tr><td>其他</td><td></td><td></td></tr>
<tr><td colspan="2">租赁单位验收意见：
负责人（签字）：
（盖章）
年 月 日</td><td>安装单位验收意见：
负责人（签字）：
（盖章）
年 月 日</td></tr>
<tr><td colspan="2">使用单位验收意见：
项目负责人（签字）：
（盖章）
年 月 日</td><td>监理单位验收意见：
总监理工程师（签字）：
（盖章）
年 月 日</td></tr>
<tr><td colspan="3">施工总承包单位验收意见：
项目负责人（签字）：
（盖章）
年 月 日</td></tr>
</table>

（2）停机6个月以上的，需要重新组织进行验收，合格后方可使用。

（3）大型起重机械设备应按照各地方监管部门要求按期办理使用登记证。

14.1.2.2 施工升降机（物料提升机）安装管理

1. 基础方案与检查验收

（1）施工升降机基础制作前应编制基础专项施工方案，并经施工单位技术负责人审核签字、监理单位审批盖章后实施。

（2）施工升降机地基、基础应满足使用说明书的要求。对基础设置在地下室顶板、楼面或其他下部悬空结构上的施工升降机，应对基础支撑结构进行承载力验算。施工升降机安装前应对基础进行验收，合格后方能安装，安装在地库顶板上的需要对地库结构承载力进行计算，需要回顶的措施必须按方案设置回顶并经验收可达合格标准。

（3）安装作业前，安装单位应根据施工升降机基础验收表、隐蔽工程验收表和混凝土强度报告等相关资料，确认所安装的施工升降机和辅助起重设备的基础、地基承载力、预埋件、基础排水措施等符合施工升降机安装、拆卸工程专项施工方案的要求。

施工升降机基础验收

<table>
<tr><td colspan="4">施工升降机基础验收表</td><td>编号</td><td></td></tr>
<tr><td colspan="2">工程名称</td><td></td><td>工程地址</td><td colspan="2"></td></tr>
<tr><td colspan="2">使用单位</td><td></td><td>安装单位</td><td colspan="2"></td></tr>
<tr><td colspan="2">设备型号</td><td></td><td>备案登记号</td><td colspan="2"></td></tr>
<tr><td>序号</td><td colspan="2">检查项目</td><td colspan="2">检查结论</td><td>备注</td></tr>
<tr><td>1</td><td colspan="2">地基承载力</td><td colspan="2"></td><td></td></tr>
<tr><td>2</td><td colspan="2">基础尺寸偏差（长×宽×厚）（mm）</td><td colspan="2"></td><td></td></tr>
<tr><td>3</td><td colspan="2">基础混凝土强度报告</td><td colspan="2"></td><td></td></tr>
<tr><td>4</td><td colspan="2">基础表面平整度</td><td colspan="2"></td><td></td></tr>
<tr><td>5</td><td colspan="2">基础顶部标高偏差（mm）</td><td colspan="2"></td><td></td></tr>
<tr><td>6</td><td colspan="2">预埋螺栓、预埋件位置偏差（mm）</td><td colspan="2"></td><td></td></tr>
<tr><td>7</td><td colspan="2">基础周边排水措施</td><td colspan="2"></td><td></td></tr>
<tr><td>8</td><td colspan="2">基础周边与架空输电线安全距离</td><td colspan="2"></td><td></td></tr>
<tr><td colspan="6">其他需说明的内容：</td></tr>
<tr><td colspan="3">使用单位验收意见：

项目负责人（签字）：
（盖章）
年　月　日</td><td colspan="3">安装单位验收意见：

项目负责人（签字）：
（盖章）
年　月　日</td></tr>
<tr><td colspan="3">施工总包单位验收意见：

项目负责人（签字）：
（盖章）
年　月　日</td><td colspan="3">监理单位验收意见：

总监理工程师（签字）：
（盖章）
年　月　日</td></tr>
</table>

2. 方案管理

1）施工升降机安装作业前，安装单位应编制施工升降机安装工程专项施工方案，由安装单位技术负责人批准后，报送施工总承包单位或使用单位、监理单位审核，并告知工程所在地县级以上建设行政主管部门。应包括下列内容：

（1）工程概况。

（2）编制依据。

（3）作业人员组织和职责。

（4）施工升降机安装位置平面、立面图和安装作业范围平面图。

（5）施工升降机技术参数、主要零部件外形尺寸和重量。

（6）辅助起重设备的种类、型号、性能及位置安排。

（7）吊索具的配置、安装与拆卸工具及仪器。

（8）安装、拆卸步骤与方法。

（9）安全技术措施。

（10）安全应急预案。

2）施工升降机安装方案需要论证的，应按照《危险性较大的分部分项工程安全管理规定》（建设部令第 37 号）由施工单位组织论证。

3. 进场验收

（1）施工升降机进场前，项目部应提前通知租赁单位提供机械设备出厂合格证、制造许可证、备案证等相关资料，并对资料的真实性进行核实。施工升降机安装前，项目部应组织租赁、安装、监理单位联合对机械设备进行进场查验，包括设备型号、出厂标志与所提供资料一致，机械设备主体结构、安全装置等满足说明书要求。

施工升降机安装前检查见下表。

施工升降机安装前检查

施工升降机安装前检查表			编号	
工程名称			设备型号	
安装单位			设备编号	
序号	检查项目	内容及要求		结果
1	钢结构	无扭曲、变形、裂纹及严重锈蚀		
2	各齿轮、齿条	无明显齿面破坏及磨损，无任何裂纹现象		
3	齿条连接状况	齿条和导轨架连接方式正确、牢固、可靠		
4	各导向轮、背轮及滑轮	完好无损，润滑良好，转动正常。滑轮设有防钢丝绳跳槽装置		
5	驱动装置（传动装置）	转动正常，无异常噪声，状态良好		
		减速箱油量充足，油质符合要求，且无滴漏油现象		
		制动器为常闭式，动作灵敏、可靠		
6	零部件数目、状况	零部件规格正确、数量齐全，满足整机要求并符合相关标准		
7	连接件、紧固件	螺栓、螺母及销轴、开口销、卡板选配规格正确，数量齐全，质量标准达设计要求		
8	钢丝绳及其固结	钢丝绳完好度及固结符合现行标准 GB 5972 及 JGJ 33 的要求		
9	安全装置	防坠安全器须经检测，并在有效标定期内		
		安全钩齐全、有效、可靠		
		各限位开关及安全开关设置齐全，保持完好		
10	电气系统	保持较良好状况，能正常安全工作		
11	现场状况	安装现场须具备安全安装升降机的各项条件		

续表

<table>
<tr><td>检查
意见</td><td>安装单位（盖章）
年　月　日</td></tr>
<tr><td rowspan="4">检查
人员</td><td>安装单位技术负责人（签字）：</td></tr>
<tr><td>安装班组长（签字）：</td></tr>
<tr><td>安装单位安全员（签字）：</td></tr>
<tr><td>使用单位设备主管（签字）：</td></tr>
</table>

（2）施工升降机必须安装防坠安全器。防坠安全器应在1年有效标定期内使用，出厂5年的防坠安全器须强制报废。

4．施工升降机安装人员配置及安装前准备

1）施工升降机安装、拆卸作业应配备下列人员

（1）持有安全生产考核合格证书的项目负责人和安全负责人、机械管理人员。

（2）具有建筑施工特种作业操作资格证书的建筑起重机械安装拆卸工、起重司机、起重信号工、司索工等特种作业操作人员。

2）安装作业前，安装单位方案编制人应对现场管理人员进行方案交底、现场负责人对安装作业人员进行安全技术交底，并由双方和项目专职安全管理人员共同签字确认，在安装作业区域布置警戒区域；项目机械管理员应对安装作业人员操作证进行核实，组织对安装作业人员进行安全教育和安全技术交底；项目机械管理员应对安装/拆除辅助机械的证件、机械安全装置、吊索具等进行检查，确保符合要求，并组织对操作人员进行安全技术交底，并填写施工升降机（物料提升机）安装/拆卸安全技术交底表。

施工升降机（物料提升机）安装/拆卸安全、技术交底

<table>
<tr><td colspan="4">施工升降机（物料提升机）安装/拆卸安全、技术交底表</td><td>编号</td><td></td></tr>
<tr><td>工程名称</td><td colspan="2">×××工程</td><td>施工地点</td><td colspan="2">×××市×××路</td></tr>
<tr><td>总承包单位
名称</td><td colspan="2">×××公司</td><td>安、拆装单位
名称</td><td colspan="2">×××公司（盖章）</td></tr>
<tr><td rowspan="2">施工升降机
（物料提升机）</td><td>型号</td><td></td><td>预安装高度（m）</td><td colspan="2"></td></tr>
<tr><td>统一编号</td><td></td><td>附着道数（道）</td><td colspan="2"></td></tr>
<tr><td colspan="2">辅助起重设备名称及型号</td><td colspan="4"></td></tr>
<tr><td colspan="6">交底内容</td></tr>
</table>

续表

交底人（签字）		安全员（签字）	
接受交底人（签字）			
交底日期	年　月　日		

3）作业过程中，安装单位专业技术人员、专职安全管理人员和项目部专职安全管理人员应全程进行旁站监督，并分别填写旁站监督记录表。旁站监督人员在作业过程中应根据方案和说明书核实安装程序，对作业过程中作业程序及安全行为进行监控及纠正，并填写相关过程记录表。

施工升降机（物料提升机）安装/拆卸过程记录

施工升降机（物料提升机）安装/拆卸过程记录表		编号	
工程名称		工程地点	
危险因素类型		日期及气候	
旁站开始时间		旁站结束时间	
施工单位			
旁站的部位或工序			
安全教育、交底情况：			
施工关键节点及安全管控措施落实情况：			
发现问题及处理措施：			

续表

备注：
旁站人员（签字）： 年　月　日

4）安装作业时必须将按钮盒或操作盒移至吊笼顶部操作。当导轨架或附墙架上有人员作业时，严禁开动施工升降机。

5）结束当天作业或因中途恶劣天气等原因临时停止安装（拆除）作业时，安装单位必须将机械设备停止在安全位置，采取禁止操作机械设备的可靠措施（例如断电、上锁等）。

5. 安装自检

（1）安装调试完成后，安装单位对安装质量进行自检，并填写自检记录表（执行相应地标表格），项目机械管理员应对自检过程进行监督，并填写施工升降机安装自检表。

施工升降机安装自检

施工升降机安装自检表				编号	
工程名称				工程地址	
安装单位				安装资质等级	
设备型号				备案登记号	
制造单位				使用单位	
安装日期				安装高度	
名称	序号	检查项目	要求	检查结果	
资料检查	1	基础验收表和隐蔽工程验收单	应齐全		
	2	安装方案、安全交底记录	应齐全		
	3	转场保养作业单	应齐全		
标志	4	统一编号牌	应设置在规定位置		
	5	警示标志	吊笼内应有安全操作规程，操纵按钮及其他危险处应有醒目的警示标志，施工升降机应设限载和楼层标志		

续表

<table>
<tr><th>名称</th><th>序号</th><th>检查项目</th><th colspan="2">要求</th><th>检查结果</th></tr>
<tr><td rowspan="3">基础和围护设施</td><td>6</td><td>地面防护围栏门联锁保护装置</td><td colspan="2">应装机电联锁装置。吊笼位于底部规定位置时，地面防护围栏门才能打开。地面防护围栏门开启后吊笼不能启动</td><td></td></tr>
<tr><td>7</td><td>地面防护围栏</td><td colspan="2">基础上吊笼和对重升降通道周围应设置地面防护围栏，高度不小于 1.8m</td><td></td></tr>
<tr><td>8</td><td>安全防护区</td><td colspan="2">当施工升降机基础下方有施工作业区时，应加设对重坠落伤人的安全防护区及其安全防护措施</td><td></td></tr>
<tr><td rowspan="10">金属结构件</td><td>9</td><td>金属结构件外观</td><td colspan="2">无明显变形，脱焊、开裂和锈蚀</td><td></td></tr>
<tr><td>10</td><td>螺栓</td><td colspan="2">紧固件安装准确、紧固可靠</td><td></td></tr>
<tr><td>11</td><td>销轴</td><td colspan="2">销轴连接定位可靠</td><td></td></tr>
<tr><td rowspan="7">12</td><td rowspan="7">导轨架垂直度</td><td>架设高度 h（m）</td><td>垂直度偏差（mm）</td><td></td></tr>
<tr><td>$h \leqslant 70$</td><td>$\leqslant (1/1000)h$</td><td></td></tr>
<tr><td>$70 < h \leqslant 100$</td><td>$\leqslant 70$</td><td></td></tr>
<tr><td>$100 < h \leqslant 150$</td><td>$\leqslant 90$</td><td></td></tr>
<tr><td>$150 < h \leqslant 200$</td><td>$\leqslant 110$</td><td></td></tr>
<tr><td>$h > 200$</td><td>$\leqslant 130$</td><td></td></tr>
<tr><td colspan="2">对钢丝绳式施工升降机垂直度偏差应不大于 $(1.5/1000)h$</td><td></td></tr>
<tr><td rowspan="2">吊笼</td><td>13</td><td>紧急逃离门</td><td colspan="2">吊笼顶部应有紧急出口，装有向外开启的活动板门，并配有专用扶梯。活动板门应设有安全开关，当门打开时，吊笼不能启动</td><td></td></tr>
<tr><td>14</td><td>吊笼顶部护栏</td><td colspan="2">吊笼顶周围应设置护栏，高度不小于 1.05m</td><td></td></tr>
<tr><td>层门</td><td>15</td><td>层站层门</td><td colspan="2">应设置层站层门。层门只能由司机启闭，吊笼门框外边缘与层站边缘水平距离不大于 5cm</td><td></td></tr>
<tr><td rowspan="5">传动及导向</td><td>16</td><td>防护装置</td><td colspan="2">转动零部件的外露部分应有防护罩等防护装置</td><td></td></tr>
<tr><td>17</td><td>制动器</td><td colspan="2">制动性能良好，有手松闸功能</td><td></td></tr>
<tr><td>18</td><td>齿条对接</td><td colspan="2">相邻两齿条的对接处沿齿高方向的阶差应不大于 0.3mm；
沿长度方向的齿差应不大于 0.6mm</td><td></td></tr>
<tr><td>19</td><td>齿轮、齿条啮合</td><td colspan="2">齿条应有 90%以上的计算宽度参与啮合，且与齿轮的啮合侧隙应为 0.2～0.5mm</td><td></td></tr>
<tr><td>20</td><td>导向轮及背轮</td><td colspan="2">连接及润滑应良好、导向灵活、无明显倾侧现象</td><td></td></tr>
<tr><td rowspan="4">附着装置</td><td>21</td><td>附着装置</td><td colspan="2">应采用配套标准产品</td><td></td></tr>
<tr><td>22</td><td>附着间距</td><td colspan="2">应符合使用说明书要求或设计要求</td><td></td></tr>
<tr><td>23</td><td>自由高度</td><td colspan="2">应符合使用说明书要求</td><td></td></tr>
<tr><td>24</td><td>与构筑物连接</td><td colspan="2">应牢固可靠</td><td></td></tr>
</table>

续表

名称	序号	检查项目	要求	检查结果
安全装置	25	防坠安全器	只能在有效标定期限内使用（应提供检测合格证）	
	26	防松绳开关	对重应设置防松绳开关	
	27	安全钩	安装位置及结构应能防止吊笼脱离导轨架或安全器的输出齿轮脱离齿条	
	28	上限位	安装位置：当提升速度 $v<0.8$m/s 时，留有上部安全距离应不小于 1.8m；当 $v\geqslant0.8$m/s 时，留有上部安全距离应不小于 $1.8+v^2$m	
	29	上极限开关	极限开关应为非自动复位型，动作时能切断总电源，动作后须手动复位才能使吊笼启动	
	30	越程距离	上限位和上极限位开关之间的越程距离应不小于 0.15m	
	31	下限位	安装位置：应在吊笼制停时，距下极限开关一定距离	
	32	下极限开关	在正常工作状态下，吊笼碰到缓冲器之前，下极限开关应首先动作	
电气系统	33	急停开关	应在便于操作处装设非自行复位的急停开关	
	34	绝缘电阻	电动机及电气元件（电子元器件部分除外）的对地绝缘电阻应不小于 0.5MΩ；电气线路的对地绝缘电阻应不小于 1MΩ	
电气系统	35	接地保护	电动机和电气设备金属外壳均应接地，接地电阻应不大于 4Ω	
	36	失压、零位保护	灵敏、正确	
	37	电气线路	排列整齐，接地，零线分开	
	38	相序保护	应设置	
	39	通信联络装置	应设置	
	40	电缆与电缆导向	电缆应完好无破损，电缆导向架按固定设置	
对重系统	41	钢丝绳	应规格正确，且未达到报废标准	
	42	对重安装	应按使用说明书要求设置	
	43	对重导轨	接缝平整，导向良好	
	44	钢丝绳端部固定	应固定可靠。绳卡规格应与绳径匹配，其数量不得少于 3 个，间距不小于绳径的 6 倍，滑鞍应放在受力一侧	

续表

自检结论：   检查人（签字）：   安装单位技术人员（签字）：　　　　　　　　安装单位（盖章） 年　月　日

（2）安装单位自检合格后，应委托有相应资质的检验检测机构进行检测，并出具检测报告。

6. 联合验收

（1）经自检、检测合格后，由项目部组织租赁单位、安装单位、监理单位、使用单位进行联合验收，验收时应对机械设备的整机运行及安全装置进行测试，对起重性能、垂直度等数据进行核实，验收合格后填写安装验收记录表，各方签字、盖章完成后方可投入使用。施工升降机安装验收记录见表 14. 1. 2-12；物料提升机基础验收、安装自检和安装验收记录见下表。

施工升降机安装验收记录

施工升降机安装验收记录表		编号	
工程名称		工程地址	
设备厂家、型号		备案登记号	
出厂编号		出厂日期	
安装高度		产权登记号	
安装单位		安装日期	

检查项目	验收内容和要求		检查结果	备注
主要部件	导轨架、附墙架连接安全齐全、牢固，位置正确			
	螺栓拧紧力矩达到技术要求，开口销完全撬开			
	导轨架安装垂直度满足要求			
	结构件无变形、开焊、裂纹			
	对重导轨符合说明书要求			
传动系统	钢丝绳规格正确，未达到报废标准			
	钢丝绳固定和编结符合标准要求			
	各部位滑轮转动灵活、可靠			
	齿轮、齿条、导向轮、背轮符合要求			
	各机构转动平稳、无异常响声，润滑点的润滑良好			
	制动器、离合器动作灵敏、可靠			
安全系统	防坠落安全器在有效标定期内使用			
	超载保护装置灵敏可靠			
	上下限位开关灵敏可靠			
	上下极限位开关			
	急停开关灵敏可靠			
	安全钩完好			
	额定载重量标牌牢固清晰			
	地面防护围栏门、吊笼门机电联锁灵敏有效			
电气系统	接触器、继电器接触良好			
	仪表、照明、报警系统完好可靠			
	控制、操纵装置动作灵活、可靠			
	各种电气安全保护装置齐全、可靠			
	电气系统对导轨架的绝缘电阻应不小于0.5 MΩ，接地电阻不大于4Ω			
试运行	空载	双吊笼施工升降机应分别对两个吊笼进行试运行。试运行中吊笼应启动、制动正常，运行平稳，无异常现象		
	额定载重量			
	125%额定载重量			
坠落试验	吊笼制动后，结构及连接件应无任何损坏或永久变形，且制动距离应符合要求			
其他				

续表

<table>
<tr><td>租赁单位验收意见：

负责人（签字）：
（盖章）
年　月　日</td><td>安装单位验收意见：

负责人（签字）：
（盖章）
年　月　日</td></tr>
<tr><td>使用单位验收意见：

项目负责人（签字）：
（盖章）
年　月　日</td><td>监理单位验收意见：

总监理工程师（签字）：
（盖章）
年　月　日</td></tr>
<tr><td colspan="2">施工总承包单位验收意见：

项目负责人（签字）：
（盖章）
年　月　日</td></tr>
</table>

物料提升机基础验收

<table>
<tr><td colspan="3">物料提升机基础验收表</td><td>编号</td><td></td></tr>
<tr><td colspan="2">工程名称</td><td></td><td>工程地址</td><td></td></tr>
<tr><td colspan="2">使用单位</td><td></td><td>安装单位</td><td></td></tr>
<tr><td colspan="2">设备型号</td><td></td><td>备案登记号</td><td></td></tr>
<tr><td>序号</td><td colspan="2">检查项目</td><td>检查结论（合格√、不合格×）</td><td>备注</td></tr>
<tr><td>1</td><td colspan="2">地基承载力</td><td></td><td></td></tr>
<tr><td>2</td><td colspan="2">基础尺寸偏差（长×宽×厚）（mm）</td><td></td><td></td></tr>
<tr><td>3</td><td colspan="2">基础混凝土强度报告</td><td></td><td></td></tr>
<tr><td>4</td><td colspan="2">基础表面平整度</td><td></td><td></td></tr>
<tr><td>5</td><td colspan="2">基础顶部标高偏差（mm）</td><td></td><td></td></tr>
<tr><td>6</td><td colspan="2">预埋螺栓、预埋件位置偏差（mm）</td><td></td><td></td></tr>
<tr><td>7</td><td colspan="2">基础周边排水措施</td><td></td><td></td></tr>
<tr><td>8</td><td colspan="2">基础周边与架空输电线安全距离</td><td></td><td></td></tr>
<tr><td colspan="5">其他需说明的内容：</td></tr>
<tr><td colspan="3">使用单位验收意见：

项目负责人（签字）：
（盖章）
年　月　日</td><td colspan="2">安装单位验收意见：

项目负责人（签字）：
（盖章）
年　月　日</td></tr>
<tr><td colspan="3">施工总包单位验收意见：

项目负责人（签字）：
（盖章）
年　月　日</td><td colspan="2">监理单位验收意见：

总监理工程师（签字）：
（盖章）
年　月　日</td></tr>
</table>

物料提升机安装自检

<table>
<tr><td colspan="5">物料提升机安装自检表</td><td>编号</td><td></td></tr>
<tr><td colspan="2">工程名称</td><td></td><td>规格型号</td><td></td><td>产权登记证号</td><td></td></tr>
<tr><td colspan="2">项目</td><td colspan="3">项目要求</td><td colspan="2">检验结果</td></tr>
<tr><td colspan="2" rowspan="2">基础部分</td><td colspan="3">检查排水设施且排水设施齐全，不得有积水；检查混凝土基础沉降，基础表面水平误差小于 2mm</td><td colspan="2"></td></tr>
<tr><td colspan="3">检查接地装置连接应牢固，接地电阻值小于 4Ω</td><td colspan="2">实测接地电阻值______Ω</td></tr>
<tr><td colspan="2" rowspan="5">导轨架</td><td colspan="3">导轨架横、纵两个方向的垂直度不得超以下规定：</td><td colspan="2" rowspan="3">实测导轨架高度______m
横向垂直偏差______mm
纵向垂直偏差______mm</td></tr>
<tr><td>导轨架高度（m）</td><td>≤70</td><td>70～100</td></tr>
<tr><td>垂直偏差（mm）</td><td>≤导轨架高度的 1‰</td><td><70mm</td></tr>
<tr><td colspan="3">检查架体、标准节结构件：有变形扭曲、裂伤、开焊等现象时，应立即进行修复或更换</td><td colspan="2"></td></tr>
<tr><td colspan="3">检查架体、标准节连接螺栓是否牢固可靠</td><td colspan="2"></td></tr>
<tr><td rowspan="6">附着或缆风</td><td rowspan="2">附着</td><td colspan="3">检查每道附着装置之间的垂直距离应在允许范围内；顶端附着装置以上自由高度应符合设计规定</td><td colspan="2"></td></tr>
<tr><td colspan="3">检查附着装置：连接杆应在同一水平面上，锚固装置应牢固不得晃动，连接销轴、螺栓齐全、可靠</td><td colspan="2"></td></tr>
<tr><td rowspan="4">缆风</td><td colspan="3">检查每道缆风绳设置高度是否符合安全使用要求，每道缆风绳四角设置是否对称布置均匀分布，缆风绳与地面夹角是否在 45°～60°</td><td colspan="2"></td></tr>
<tr><td colspan="3">检查缆风绳直径是否不小于 9.3mm，钢丝绳是否有锈蚀严重、断股、打死结或一个捻距内断丝数达到规定报废值的现象</td><td colspan="2"></td></tr>
<tr><td colspan="3">检查缆风绳与架体、地锚的连接是否牢固，绳卡螺母应拧紧，数量为 3 只及以上</td><td colspan="2"></td></tr>
<tr><td colspan="3">检查地锚设置是否牢固可靠和满足架体安全要求</td><td colspan="2"></td></tr>
<tr><td colspan="2" rowspan="4">吊篮</td><td colspan="3">检查吊篮结构：有变形扭曲、裂伤、开焊等现象时，应立即进行修复或更换</td><td colspan="2"></td></tr>
<tr><td colspan="3">检查吊篮侧面防护板或防护网是否破损</td><td colspan="2"></td></tr>
<tr><td colspan="3">检查滚轮与导轨架立管间隙：吊篮运行时各导向滚轮与导轨架立管应抱合，受力均匀，无轴向窜动</td><td colspan="2"></td></tr>
<tr><td colspan="3">检查吊篮安全门：应齐全，开启、闭合轻便灵活</td><td colspan="2"></td></tr>
<tr><td colspan="2" rowspan="2">滑轮</td><td colspan="3">滑轮固定应牢固可靠，转动灵活，天轮系统固定应牢固，天梁应无变形、扭曲和裂伤，润滑良好</td><td colspan="2"></td></tr>
<tr><td colspan="3">检查所有滑轮磨损情况：应无裂纹，轮缘无破损，轮槽壁厚磨损达 20%或槽底磨损达钢丝绳直径的 25%应报废</td><td colspan="2"></td></tr>
<tr><td colspan="2" rowspan="6">卷扬机构</td><td colspan="3">检查减速箱油量，不足时添加，箱体不得有渗漏现象</td><td colspan="2"></td></tr>
<tr><td colspan="3">检查卷扬机基础：基础应坚实无沉陷，地锚牢固；放置应水平，卷筒轴线应与钢丝绳垂直，有防雨措施</td><td colspan="2"></td></tr>
<tr><td colspan="3">检查卷筒支座、联轴器螺栓是否紧固；联轴器连接应牢固，连接件应无损坏，发现磨损严重时应立即更换</td><td colspan="2"></td></tr>
<tr><td colspan="3">带负荷运行 3～5min，传动机构应无冲击和振动</td><td colspan="2"></td></tr>
<tr><td colspan="3">检查制动带与制动轮之间的间隙：应为 0.8～1.2mm</td><td colspan="2"></td></tr>
<tr><td colspan="3">检查制动片磨损情况：当有接触不均或磨损量达到原厚度的 50%时，应更换；清理跟踪器上灰尘和脏物</td><td colspan="2"></td></tr>
</table>

续表

项目	项目要求	检验结果
钢丝绳	钢丝绳缠绕排列应整齐；吊篮处在最低位置时，卷筒上留有的钢丝绳应不少于3圈及以上	
	钢丝绳锈蚀严重、断股、打死结、严重变形或一个捻距内断丝数达到规定的报废标准更换	
	检查钢丝绳固定：绳卡螺母应拧紧，数量3只及以上	
安全防护装置	检查吊篮防断绳装置结构是否完好，动作是否灵敏	
	检查吊篮安全停靠装置结构是否完好，吊篮运行至各卸料口出料门开启后，吊篮应能有效锁定在导轨架上；吊篮出料门闭合后应能解除机械锁定装置	
	检查上限位、下限位开关：吊篮运行至相应位置时，应能有效切断电机的电源，使吊篮迅速停止	
	检查进料口安全门：吊笼提升后应有机电联锁装置	
电气设备	检查操作开关、按钮触发应灵敏，警铃、指示灯齐全	
	检查开关箱内隔离开关、漏保器是否齐全完好	

检查结论：

检查人员（签字）：

安装单位专业技术人员（签字）： 安装单位（盖章）

安装负责人（签字）： 年 月 日

物料提升机安装验收记录

<table>
<tr><td colspan="3">物料提升机安装验收记录表</td><td>编号</td><td></td></tr>
<tr><td>工程名称</td><td></td><td>安装单位</td><td colspan="2"></td></tr>
<tr><td>施工单位</td><td></td><td>项目负责人</td><td colspan="2"></td></tr>
<tr><td>设备型号</td><td></td><td>设备编号</td><td colspan="2"></td></tr>
<tr><td>安装高度</td><td></td><td>附着形式</td><td colspan="2"></td></tr>
<tr><td>安装时间</td><td colspan="4"></td></tr>
<tr><td>验收项目</td><td colspan="2">验收内容及要求</td><td colspan="2">实测结果</td></tr>
<tr><td rowspan="5">基础</td><td colspan="2">基础承载力符合要求</td><td colspan="2"></td></tr>
<tr><td colspan="2">基础表面平整度符合说明书要求</td><td colspan="2"></td></tr>
<tr><td colspan="2">基础混凝土强度等级符合要求</td><td colspan="2"></td></tr>
<tr><td colspan="2">基础周边有排水措施</td><td colspan="2"></td></tr>
<tr><td colspan="2">与输电线路的水平距离符合要求</td><td colspan="2"></td></tr>
<tr><td rowspan="3">导轨架</td><td colspan="2">各标准节无变形、无开焊及严重锈蚀</td><td colspan="2"></td></tr>
<tr><td colspan="2">各节点螺栓紧固力矩符合要求</td><td colspan="2"></td></tr>
<tr><td colspan="2">导轨架垂直度不大于 0.15%，导轨对接阶差不大于 1.5mm</td><td colspan="2"></td></tr>
<tr><td rowspan="5">动力系统</td><td colspan="2">卷扬机卷筒节径与钢丝绳直径比值不小于 30</td><td colspan="2"></td></tr>
<tr><td colspan="2">吊笼处于最低位置时，卷筒上的钢丝绳不应小于 3 圈</td><td colspan="2"></td></tr>
<tr><td colspan="2">曳引轮直径与钢丝绳包角不小于 150°</td><td colspan="2"></td></tr>
<tr><td colspan="2">卷扬机固定牢固</td><td colspan="2"></td></tr>
<tr><td colspan="2">制动器、离合器工作可靠</td><td colspan="2"></td></tr>
<tr><td rowspan="5">钢丝绳与滑轮</td><td colspan="2">钢丝绳安全系数符合设计要求</td><td colspan="2"></td></tr>
<tr><td colspan="2">钢丝绳断丝、磨损未达到报废标准</td><td colspan="2"></td></tr>
<tr><td colspan="2">钢丝绳及绳夹规格匹配、紧固有效</td><td colspan="2"></td></tr>
<tr><td colspan="2">滑轮直径与钢丝绳直径的比值不小于 30</td><td colspan="2"></td></tr>
<tr><td colspan="2">滑轮磨损未达到报废标准</td><td colspan="2"></td></tr>
<tr><td rowspan="2">吊笼</td><td colspan="2">吊笼结构完好，无变形</td><td colspan="2"></td></tr>
<tr><td colspan="2">吊笼安全门开启灵活有效</td><td colspan="2"></td></tr>
<tr><td rowspan="2">电气系统</td><td colspan="2">电气设备绝缘电阻值不小于 0.5MΩ，重复接地电阻值不大于 10Ω</td><td colspan="2"></td></tr>
<tr><td colspan="2">短路保护、过电流保护和漏电保护齐全可靠</td><td colspan="2"></td></tr>
<tr><td rowspan="2">附墙架</td><td colspan="2">附墙架结构符合说明书要求</td><td colspan="2"></td></tr>
<tr><td colspan="2">自由端高度、附墙架间距不大于 6m，且符合设计要求</td><td colspan="2"></td></tr>
<tr><td rowspan="4">揽风绳与地锚</td><td colspan="2">揽风绳的设置组数及位置符合说明书要求</td><td colspan="2"></td></tr>
<tr><td colspan="2">揽风绳与导轨架连接处有防剪切措施</td><td colspan="2"></td></tr>
<tr><td colspan="2">揽风绳与地锚夹角在 45°～60°</td><td colspan="2"></td></tr>
<tr><td colspan="2">揽风绳与地锚用花篮螺栓连接</td><td colspan="2"></td></tr>
</table>

续表

验收项目	验收内容及要求	实测结果
安全与防护装置	防坠安全器在标定期内使用，且灵敏可靠	
	起重量限制器灵敏可靠，误差值不大于额定值的5%	
	安全停层装置灵敏有效	
	限位开关灵敏可靠，安全越程不小于3m	
	进料门口、停层平台门高度及强度符合要求，且达到工具化、标准化要求	
	停层平台及两侧防护栏杆搭设高度符合要求	
	进料口防护棚长度不小于3m，且强度符合要求	
	停层平台不得与脚手架相连	

验收结论：

租赁单位验收意见： 负责人（签字）： （盖章） 年　月　日	使用单位验收意见： 项目负责人（签字）： （盖章） 年　月　日
施工总承包单位验收意见： 项目负责人（签字）： （盖章） 年　月　日	监理单位验收意见： 总监理工程师（签字）： （盖章） 年　月　日

（2）停机6个月以上的，需要重新组织进行验收，合格后方可使用。

（3）施工升降机应按照各地方监管部门要求按期办理使用登记证。

14.1.2.3　门（桥）式起重机安装管理

1.基础方案与检查验收

（1）门（桥）式起重机应编制基础专项施工方案，并经施工单位技术负责人审核签字、监理单位审批盖章后实施。

（2）门（桥）式起重机的基础形式应根据工程地质、荷载与门（桥）式起重机稳定性要求、现场条件，并结合门（桥）式起重机使用说明书的要求确定。

（3）门（桥）式起重机基础的设计应按独立状态下的工作状态和非工作状态的荷载分别计算。

（4）安装门（桥）式起重机时基础混凝土应达到设计强度的80%以上，门（桥）式起重机运行使用时基础混凝土应达到设计强度的100%，以混凝土强度检测报告。

2.方案管理

1）门（桥）式起重机安装作业前，安装单位应编制门（桥）式起重机安装工程专项施工方案，由安装单位技术负责人批准后，报送施工总承包单位或机械使用单位、监理单位审核，并告知工程所在地县级以上建设行政主管部门。应包括下列内容：

（1）工程概况。

（2）编制依据。

（3）施工部署。

（4）门（桥）式起重机安装工艺流程。

（5）质量保证措施。

（6）起重安全操作规程。

（7）安全文明施工保障措施。

（8）安全应急预案。

（9）相关计算。

2）门（桥）式起重机安装方案需要论证的，应按照《危险性较大的分部分项工程安全管理规定》（建设部令第37号）由施工单位组织论证。

3.进场验收

门（桥）式起重机进场前，项目部应提前通知租赁单位提供机械设备出厂合格证、制造许可证、备案证等相关资料，并对资料的真实性进行核实。门（桥）式起重机进场后安装前，项目部应组织租赁、安装、监理单位联合对机械设备进行进场查验，包括设备型号、出厂标志与所提供资料一致，机械设备主体结构、安全装置等满足说明书要求。

4.门（桥）式起重机安装人员配置及安装前准备

1）门（桥）式起重机安装、拆卸作业应配备下列人员

（1）持有安全生产考核合格证书的项目负责人和安全负责人、机械管理人员。

（2）具有建筑施工特种作业操作资格证书的建筑起重机械安装拆卸工、起重司机、起重信号工、司索工等特种作业操作人员。

2）安装作业前，安装单位方案编制人应对现场管理人员进行方案交底、现场负责人对安装作业人员进行安全技术交底，并由双方和项目专职安全管理人员共同签字确认，在安装作业区域布置警戒区域；项目机械管理员应对安装作业人员操作证进行核实，组织对安装作业人员进行安全教育和安全技术交底；项目机械管理员应对安装（拆除）辅助机械的证件、机械安全装置、吊索具等进行检查，确保符合要求，并组织对操作人员进行安全技术交底。

3）作业过程中，安装单位专职安全管理人员和项目部专职安全管理人员应全程进行旁站监督，并分别填写旁站监督记录表。旁站监督人员在作业过程中应根据方案和说明书核实安装程序，对作业过

程中作业程序及安全行为进行监控及纠正。

4）结束当天作业或因中途恶劣天气等原因临时停止安装作业时，安装单位必须将机械设备停止在安全位置，采取禁止操作机械设备的可靠措施（如断电、上锁等）。

5）作业过程中，安装单位专业技术人员、专职安全管理人员和项目部专职安全管理人员应全程进行旁站监督，并分别填写旁站监督记录表。旁站监督人员在作业过程中应根据方案和说明书核实安装程序，对作业过程中作业程序及安全行为进行监控及纠正。

6）安装作业时必须将按钮盒或操作盒移至吊笼顶部操作。当导轨架或附墙架上有人员作业时，严禁开动门（桥）式起重机。

7）结束当天作业或因中途恶劣天气等原因临时停止安装（拆除）作业时，安装单位必须将机械设备停止在安全位置，采取禁止操作机械设备的可靠措施（如断电、上锁等）。

5. 安装自检

（1）安装调试完成后，安装单位对安装质量进行自检，并填写自检记录表（执行相应地标表格），项目机械管理员应对自检过程进行监督。

（2）安装单位自检合格后，应委托有相应资质的检验检测机构进行检测，并出具检测报告。

6. 联合验收

（1）经自检、检测合格后，由项目部组织租赁单位、安装单位、监理单位、使用单位进行联合验收，验收时应对门式起重机的整机运行及安全装置进行测试，对起重性能、垂直度等数据进行核实，验收合格后填写安装验收记录表（执行相应地标表格），各方签字、盖章完成后方可投入使用。

（2）停机6个月以上的，需要重新组织进行验收，合格后方可使用。

（3）门（桥）式起重机应按照各地方监管部门要求按期办理使用登记证。

门式起重机安装自检

门式起重机安装自检表				编号	
设备型号			额定起重量		
生产厂家			安装日期		
安装单位			备案编号		
工程名称			施工单位		
名称	序号	项目	内容和要求	检查结果	
作业环境和外观检查	1	标志标牌	起重机明显部位应有清晰的额定起重量标志和备案登记标牌		
	2	安全距离	1. 起重机上和其运行能达到的部位周围的人行通道和人需要到达维护的部位，固定物体与运动物体之间的安全距离不小于0.5m； 2. 无人行通道和不需要到达维护的部位，固定物体与运动物体之间的安全距离不小于0.1m； 3. 如安全距离不够，应采取有效的防护设施		
轨道铺设	3	轨道基础	地基承载力符合说明书要求，基础坚实、稳固，路基设置排水沟，轨道基础无杂物		
	4	轨道铺设	道钉、压板齐全紧固，钢轨规格符合要求，无混用		
	5	轨道接头	接头应错开，接头处应在轨枕上，两端高差不大于2mm，夹板及螺栓齐全、紧固		
	6	止挡装置	止挡装置符合规定，距轨道两端距离大于1m，行走限位装置距止挡装置距离大于1m		

续表

名称	序号	项目	内容和要求	检查结果
结构部分	7	结构件	受力结构件（如主梁、端梁、吊具横梁、小车架等）无明显变形、开焊、裂缝及严重锈蚀等现象	
	8	零部件	零部件齐全，安装准确，整体稳定。爬梯、护栏齐全完好	
	9	连接部件	螺栓、销轴及开口连接螺栓、销轴、开口销齐全有效	
工作机构及传动部分	10	工作机构	各工作机构安装牢固、运行平稳、工作正常；超速保护装置有效；行走运行同步性良好	
	11	操纵系统	操纵系统工作正常、仪表显示等正常	
	12	润滑情况	各运转部分润滑良好，无缺油、漏油现象	
	13	钢丝绳	排列整齐，状况良好，绳端固定符合规定	
	14	卷筒滑轮	卷筒滑轮完好，防脱槽装置完好有效	
	15	制动器、离合器	工作正常无异响，接合平稳，制动平稳可靠；零部件无裂纹、过度磨损、塑性变形、缺件等缺陷（制动片磨损达原厚度的 50%或露出铆钉时报废），液压制动器无漏油现象	
	16	吊钩	无裂纹、磨损、补焊、危险截面及钩筋塑性变形，标记清晰	
电气系统	17	开关箱	设置专用开关箱，符合规定，完好正常	
	18	接地电阻	接地电阻不大于 4Ω；重复接地应在轨道两端各一组，每隔 30m 增加一组，电阻值不大于 10Ω；轨道端部做环形连接，轨道接头处做电气连接	
	19	绝缘电阻	额定电压不大于 500V 时，电气线路对地绝缘电阻在一般环境中不低于 0.8MΩ，潮湿环境中不低于 0.4MΩ；电气绝缘电阻值符合要求	
	20	电线电缆	电线电缆完好无破损，电缆收放张紧装置应正常	
	21	电器元件	各电器件齐全完好	
	22	信号指示	总电源开关状态在司机室内有明显的信号指示；起重机械（手电门控制除外）有警示声响信号	

续表

名称	序号	项目	内容和要求	检查结果
安全装置与防护措施	23	电气与控制系统	总电源回路的短路保护、总电源失压（失电）保护、零位保护、过流（过载）保护等电气控制保护系统有效	
	24	起升高度限位器	起升高度限位器灵敏有效	
	25	运行限位器	大、小车运行机构行程限位器应可靠，应能够停止向运行方向的运行	
	26	紧急断电开关	紧急断电开关应能切断总电源，且不能自动复位	
	27	防风防滑装置	按照规定设置夹轨钳、锚定装置或者铁鞋，起重机防风装置及其与防风装置的连接部位应符合规定	
	28	扫轨板	扫轨板下端距轨道应符合要求，不得大于 10mm	
	29	防护罩	活动零部件防护罩，电气设备防雨罩等应齐全	
	30	防脱钩装置	钩头防脱钩装置完好有效	
	31	联锁保护装置	出入起重机械的门、司机室到桥架上的门应设连锁保护装置，灵敏有效	
	32	起重量限制器	额定起重量大于 10t 的门式起重机，应设置起重量限制器； 电动葫芦均需设置起重量限制器。要求灵敏有效	
	33	缓冲器和止挡装置	大、小车运行机构的轨道端部缓冲器、端部止挡装置应完好，缓冲器与端部止挡装置或者与另一台起重机运行机构的缓冲器对接应良好，端部止挡装置应固定牢固，两边能够同时接触缓冲器	
试运行	34	空载试验		
		额定载荷试验		

检查结论：

安装负责人（签字）：　　　　安装单位技术负责人（签字）：

年　月　日　　　　年　月　日

门式起重机、架桥机安装验收

<table>
<tr><td colspan="6">门式起重机、架桥机安装验收表</td><td colspan="2">编号</td></tr>
<tr><td>工程名称</td><td colspan="4"></td><td>施工地点</td><td colspan="2"></td></tr>
<tr><td>施工单位</td><td colspan="4"></td><td>安装单位</td><td colspan="2"></td></tr>
<tr><td>产权单位</td><td colspan="4"></td><td>安装单位</td><td colspan="2"></td></tr>
<tr><td>型号</td><td></td><td>跨度（m）</td><td></td><td>起升高度（m）</td><td></td><td>起重量（t）</td><td></td></tr>
<tr><td>项目</td><td colspan="5">验收内容和要求</td><td colspan="2">验收情况</td></tr>
<tr><td>基础</td><td colspan="5">基础稳定，轨道牢固无松动，排水良好</td><td colspan="2"></td></tr>
<tr><td rowspan="9">结构传动部分</td><td colspan="5">结构无变形、开焊、疲劳裂纹、过度磨损、锈蚀现象</td><td colspan="2"></td></tr>
<tr><td colspan="5">螺栓、销轴及开口销齐全有效、符合要求</td><td colspan="2"></td></tr>
<tr><td colspan="5">部件、附件、连接件、护栏齐全、安装正确</td><td colspan="2"></td></tr>
<tr><td colspan="5">行走运行同步性良好，无扭动现象</td><td colspan="2"></td></tr>
<tr><td colspan="5">各齿轮传动、减速机、联轴器等工作正常无异响</td><td colspan="2"></td></tr>
<tr><td colspan="5">各工作机构安装牢固，运行平稳，工作正常</td><td colspan="2"></td></tr>
<tr><td colspan="5">钢丝绳完好正常，润滑良好，绳端固定符合规定</td><td colspan="2"></td></tr>
<tr><td colspan="5">各滑轮转动灵活、工作正常，钢丝绳防脱槽装置有效</td><td colspan="2"></td></tr>
<tr><td colspan="5">各运转部位、减速机润滑良好无漏油</td><td colspan="2"></td></tr>
<tr><td rowspan="3">液压部分</td><td colspan="5">液压管路、接头、阀组等齐全完好，无漏油</td><td colspan="2"></td></tr>
<tr><td colspan="5">液压油量充足，无变质；仪表完好有效</td><td colspan="2"></td></tr>
<tr><td colspan="5">液压系统工作正常</td><td colspan="2"></td></tr>
<tr><td rowspan="7">电气部分</td><td colspan="5">专用开关箱符合规定，供电系统正常</td><td colspan="2"></td></tr>
<tr><td colspan="5">各电器开关、仪表、报警、显示装置齐全、有效</td><td colspan="2"></td></tr>
<tr><td colspan="5">各操纵装置动作灵活、可靠</td><td colspan="2"></td></tr>
<tr><td colspan="5">接地保护装置符合规定，电阻值小于4Ω</td><td colspan="2"></td></tr>
<tr><td colspan="5">电气绝缘电阻不小于0.5MΩ</td><td colspan="2"></td></tr>
<tr><td colspan="5">电线电缆完好无破损，电缆卷筒（滑架）安装符合规定</td><td colspan="2"></td></tr>
<tr><td colspan="5">与架空线最小安全距离符合规定</td><td colspan="2"></td></tr>
<tr><td rowspan="4">安全装置部分</td><td colspan="5">高度、运行限位器灵敏有效</td><td colspan="2"></td></tr>
<tr><td colspan="5">重量限制装置灵敏有效</td><td colspan="2"></td></tr>
<tr><td colspan="5">吊钩上防止钢丝绳脱出装置完好有效</td><td colspan="2"></td></tr>
<tr><td colspan="5">卡轨器正常有效</td><td colspan="2"></td></tr>
<tr><td rowspan="2">试运验</td><td colspan="5">空载试验</td><td colspan="2"></td></tr>
<tr><td colspan="5">额定载荷试验</td><td colspan="2"></td></tr>
<tr><td colspan="2">租赁单位验收意见：

负责人（签章）：
年　月　日</td><td colspan="2">安装单位验收意见：

负责人（签章）：
年　月　日</td><td colspan="2">施工单位验收意见：

负责人（签章）：
年　月　日</td><td colspan="2">监理单位监督验收意见：

总监理工程师（签章）：
年　月　日</td></tr>
</table>

14.1.3 建筑起重机械使用管理

14.1.3.1 塔式起重机使用管理

1. 当多台塔式起重机在同一施工现场交叉作业时，应编制专项方案，并应采取防碰撞的安全措施。

1）任意两台塔式起重机之间的最小架设距离应符合下列规定：

（1）低位塔式起重机的起重臂端部与另一台塔式起重机的塔身之间的距离不得小于 2m。

（2）高位塔式起重机的最低位置的部件（或吊钩升至最高点或平衡重的最低部位）与低位塔式起重机中处于最高位置部件之间的垂直距离不得小于 2m。

2）群塔作业专项方案应符合项目实际情况，须包含塔式起重机进场安装顺序及相关辅助起重设备的作业位置、初始安装高度、附着位置、每次附着或加（降）节后及最终高度时群塔间的高度关系等相关数据及示意图，如有起重臂长度变化则也需注明示意。

3）塔式起重机使用前应由施工单位编制使用应急预案，并经监理单位审批。

2. 塔式起重机司机、信号工、司索工等操作人员应取得特种作业人员资格证书，严禁无证上岗；塔式起重机使用前，应对以上作业人员进行安全技术交底。

塔式起重机的力矩限制器、重量限制器、变幅限位器、行走限位器、高度限位器等安全保护装置不得随意调整和拆除，严禁用限位装置代替操纵机构。

3. 每班作业应作好例行保养，并应做好记录。记录的主要内容包括结构件外观、安全装置、传动机构、连接件、制动器、索具、夹具、吊钩、滑轮、钢丝绳、液位、油位、油压、电源、电压等。

实行多班作业的设备，应执行交接班制度，认真填写交接班记录，接班司机经检查确认无误后，方可开机作业。

4. 加（降）节、附着装置安装

（1）项目机械管理员应联合租赁单位对塔式起重机标准节、附着装置的构配件（标准节、附着框及拉杆等）是否为原厂构配件、配件形式是否与该型号机械设备说明书要求一致、配件有无缺陷等情况进行核实检查。机械设备构配件经进场检查验收合格及资料收集齐全后由项目机械管理员存档，准备安装。

（2）塔式起重机加（降）节、附着装置的构配件（如标准节、附着框及拉杆等）安装作业前，由项目机械管理员对作业人员操作证件进行核实，且必须为初次安装时同一单位人员，并组织进行安全教育和安全技术交底。对塔式起重机的液压顶升系统进行检查和空载试运行，正常后方可进行作业。

（3）作业过程中，安装单位专职安全管理人员、项目机械管理员、专职安全管理人员应全程进行旁站监督，重点对作业安全行为进行监控及纠正，并分别填写旁站监督记录表。

（4）塔式起重机加（降）节、附着装置安装完成后，安装单位应对安装质量进行自检，项目机械管理员对安装单位自检过程进行监督，然后由项目部组织租赁、安装、使用单位、监理单位对安装质量进行联合验收，并填写验收记录表，验收合格后方可投入使用。

5. 使用过程安全检查与维保

（1）租赁单位检查与保养。租赁单位每月不少于 1 次对机械设备进行全面检查，检查时需通知项目机械管理员或专职安全管理人员。检查内容包括机械设备各安全装置、主结构件及连接件、附着装置、塔式起重机力矩测试等，发现问题立即落实整改，并填写检查记录报项目部留存，检查记录中应包括当次整改记录。

租赁单位应根据机械设备说明书保养要求落实定期保养，并填写检查维保记录报项目部留存。

（2）项目部安全检查。项目机械管理员负责对机械设备的日常管理，应联合专职安全管理人员对机械设备进行日常安全检查，侧重检查各安全装置、主结构件及连接件、人员操作安全等内容。

项目机械管理员应督促和联合租赁单位共同对机械设备的全面检查每月不少于1次，并做好检查记录，对存在的问题督促相关单位落实整改和验证完成情况；每月组织不少于1次对机械设备垂直度进行测量，台风、大雨等天气后应及时组织测量。垂直度超出允许限值的，必须立即停机整改，同时由项目经理组织项目总工、租赁单位、安装单位技术负责人确定纠正措施方案，按方案处理结束后重新测量，合格后方可使用，并留存前后测量记录。

(3) 吊索具检查。项目部应充分利用周安全检查、机械设备专项检查等，联合提供吊索具的分包单位，共同对吊索具进行全面检查，应保留相关检查与整改记录。

(4) 群塔作业专项方案实施情况的监督管理。项目机械管理员应熟知群塔作业专项方案相关内容，并协调确定塔式起重机在建筑结构附着位置，提前通知安装公司准备预埋件，协调项目相关部门配合预埋件安装，确保预埋件安装位置与方案一致。

塔式起重机在每次附着和加（降）节前，项目机械管理员应认真核实群塔作业专项方案中附着位置和现场结构附着部位是否具备安装条件，加节后整机高度不会产生新的障碍，确认无误后与安装单位进行交底，严格按照方案进行实施。如在核实过程中出现与原方案不一致的情况，必须由安装单位与项目技术人员重新进行确定群塔作业专项方案中相关内容，并重新报审，经审批后按新方案实施。

14.1.3.2　施工升降机使用管理

1. 施工升降机司机应持有建筑施工特种作业操作资格证书，不得无证操作。使用单位应对施工升降机司机进行书面安全技术交底，交底资料应留存备查。

2. 严禁施工升降机使用超过有效标定期的防坠安全器。

3. 施工升降机额定载重量、额定乘员数标牌应置于吊笼醒目位置。严禁在超过额定载重量或额定乘员数的情况下使用施工升降机。

4. 当建筑物超过2层时，施工升降机地面通道上方应搭设防护棚。当建筑物高度超过24m时，应设置双层防护棚。

5. 实行多班作业的施工升降机，应执行交接班制度，交班司机填写交接班记录表。接班司机应进行班前检查，确认无误后，方能开机作业。

6. 施工升降机每天第一次使用前，司机应将吊笼升离地面1～2m，停车验制动器的可靠性。当发现问题，应经修复合格后方能运。

7. 施工升降机每3个月应进行1次1.25倍额定重量的超载试验，进而确保制动器性能安全可靠。

8. 加（降）节、附着装置安装

(1) 施工升降机导轨节、附着装置的构配件进场后，项目机械管理员应联合租赁单位对以上构配件是否为原厂构配件、配件形式是否与该型号机械设备说明书要求一致、配件有无缺陷等情况进行核实检查。若为非原厂构配件必须具备制造厂家资质、合格证明和机械设备厂家允许使用的书面说明材料，否则禁止安装。机械设备构配件经进场检查验收合格及资料收集齐全后由项目机械管理员存档，准备安装。

(2) 施工升降机加（降）节、附着装置安装作业前，由项目机械管理员对作业人员操作证件进行核实，且必须为初次安装时同一单位人员，并组织进行安全教育和安全技术交底。对塔式起重机的液压顶升系统进行检查和空载试运行，正常后方可进行作业。

(3) 作业过程中，安装单位专职安全管理人员、项目机械管理员、专职安全管理人员应全程进行旁站监督，重点对作业安全行为进行监控及纠正，并分别填写旁站监督记录表。

(4) 施工升降机加（降）节、附着装置安装完成后，安装单位应对安装质量进行自检，项目机械管理员对安装单位自检过程进行监督，然后由项目部组织租赁、安装、使用单位、监理单位对安装质量进行联合验收，并填写验收记录表，验收合格后方可投入使用。

9. 使用过程安全检查与维保

1）租赁单位检查与保养

（1）租赁单位每月不少于1次对施工升降机进行全面检查，检查时需通知项目机械管理员或专职安全管理人员，检查内容包括施工升降机各安全装置、主结构件及连接件、附着装置等，发现问题立即落实整改，并填写检查记录报项目部留存，检查记录中应包括当次整改记录。

（2）租赁单位应根据施工升降机说明书保养要求落实定期保养，并填写检查维保记录报项目部留存。

2）项目部安全检查

（1）项目机械管理员负责对机械设备的日常管理，应联合专职安全管理人员对机械设备进行日常安全检查，侧重检查各安全装置、主结构件及连接件、人员操作安全等内容。

（2）项目机械管理员应督促和联合租赁单位共同对机械设备的全面检查每月不少于1次，并做好检查记录，对存在的问题督促相关单位落实整改和验证完成情况；每月组织不少于1次对施工升降机垂直度进行测量，台风、大雨等天气后应及时组织测量。垂直度超出允许限值的，必须立即停机整改，同时由项目经理组织项目技术负责人、租赁单位、安装单位技术负责人确定纠正措施方案，按方案处理结束后重新测量，合格后方可使用，并留存前后测量记录。

14.1.3.3　门（桥）式起重机使用管理

1. 一般规定

（1）起重工必须经专门安全技术培训，考试合格持证上岗。起重工严禁酒后作业。

（2）起重工应健康，两眼视力均不低于1.0，且无色盲、听力障碍、高血压、心脏病、癫痫病、眩晕、突发性晕厥及其他影响起重吊装作业的疾病与生理疾病。

（3）作业前必须检查作业环境、吊索具、防护用品。吊装区域无闲散人员，障碍已排除。吊索具无缺陷，捆绑正确牢固，被吊物与其他物件无连接，确认安全后方可作业。

（4）起重作业时必须确定吊装区域，并设警戒标志，必要时派人监护。

（5）大雨、大雪、大雾及风力四级以上等恶劣天气，必须停止露天起重吊装作业。

2. 起重机司机、指挥信号、挂钩工必备操作能力

1）起重机司机必须熟知下列知识和操作能力

（1）所操作的起重机的构造和技术性能。

（2）起重机安全技术规程、制度。

（3）起重量、变幅、起升速度与机械稳定性的关系。

（4）钢丝绳的类型、鉴别、保养与安全系数的选择。

（5）一般仪表的使用及电气设备常用故障的排除。

（6）钢丝绳接头的穿结（卡接、插接）。

（7）吊装构件重量计算。

（8）操作中能及时发现或判断各机构故障，并能采取有效措施。

（9）制动器突然失效能作紧急处理。

2）指挥信号人必须熟知下列知识和操作能力

（1）应掌握所指挥的起重机的技术性能和起重工作性能，能定期配合司机进行检查，能熟练地运用手势、旗语、哨声和通信设备。

（2）能看懂一般的建筑结构施工图，能按现场平面布置图和工艺要求指挥起吊、就位构件、材料和设备等。

（3）掌握常用材料的重要和吊运就位方法及构件重心位置，并能计算非标准构件和材料的重量。

（4）正确地使用吊具、索具，编插各种规格的钢丝绳。

(5) 有防止构件装卸、运输、堆放过程中变形的知识。

(6) 掌握起重机最大起重量和各种高度、幅度时的起重量，熟知吊装、起重有关知识。

(7) 具备指挥单机、双机或多机作业的指挥能力。

(8) 严格执行“十不吊”的原则。即被吊物重量超过机械性能允许范围；信号不清；吊物下方有人；吊物上站人；埋在地下物；斜拉斜牵物；散物捆绑不牢；立式构件、大模板等不用卡环；零碎物无容器；吊装物重量不明等。

3) 挂钩工必须相对固定并熟知下列知识和操作能力

(1) 必须服从指挥信号的指挥；信号方式为对讲机。

(2) 熟练运用手势、旗语、哨声的使用。

(3) 熟练起重机的技术性能和工作性能。

(4) 熟练常用材料重量，构件的重心位置及就位方法。

(5) 熟悉构件的装卸、运输、堆放的有关知识。

(6) 能正确使用吊、索具和各种构件的拴挂方法。

(7) 作业时必须执行安全技术交底，听从统一指挥。

(8) 使用起重机作业时，必须正确选择吊点的位置，合理穿挂索具，试吊。除指挥及挂钩人员外，严禁其他人员进入吊装作业区。

(9) 使用两台吊车抬吊时，吊车性能应一致，单机荷载应合理分配，且不得超过额定荷载的80%。作业时必须统一指挥，且动作一致。

3. 基本操作

1) 穿绳：确定吊物重心，选好挂绳位置。穿绳应用铁钩，不得将手臂伸到吊物下面。吊运棱角坚硬或易滑的吊物，必须加衬垫，用套索。

2) 挂绳：应按顺序挂绳，吊绳不得相互挤压、交叉、扭压、绞拧。一般吊物可用兜挂法，必须保护物平衡，对于易滚、易滑或超长货物，宜采用绳索方法，使用卡环锁紧吊绳。

3) 试吊：吊绳套挂牢固，起重机缓慢起重，将吊绳绷紧稍停，起挂不得过高，试吊中，指挥信号工、挂钩工、司机必须协调配合。如发现吊物重心偏挂或其他物件连等情况出现时，必须立即停止起吊，采取措施并确认安全后方可起吊。

4) 摘绳：落绳、停稳、支稳后方可放松吊绳。对易滚、易滑、易散的吊物，摘绳要用安全钩。挂钩工不得站在吊物上面。如遇不易人工摘绳时，应选用其他机具辅助；严禁攀登吊物及绳索。

5) 抽绳：吊钩应与吊物重心保持垂直，缓慢起绳，不得斜拉、强拉、不得旋转吊臂抽绳。如遇吊绳被压，应立即停止抽绳，可采取提头试吊方法抽绳。吊运易损、易滚、易倒的吊物不得使用起重机抽绳。

6) 吊挂作业应遵守以下规定

(1) 卡具吊挂时应避免卡具在吊装中被碰撞。

(2) 扁担吊挂时，吊点应对称于吊物重心。

7) 吊装

(1) 作业前应检查被吊物、场地、作业空间等，确认安全后方可作业。

(2) 作业时应缓起、缓转、缓移，并用控制绳保持吊物平稳。

(3) 移动构件、设备时，构件、设备必须和拍子连接牢固，保持稳定。道路应坚实平整，作业人员必须听从统一指挥，协调一致。

(4) 码放构件的场地应坚实平整。码放后应支撑牢固、稳定。

(5) 吊装大型构件使用千斤顶同时起落；一端使用两个千斤顶调整就位时，起落速度应一致。

(6) 超长型构件运输中，悬出部分不得大于总长的1/4，并应采取防护倾覆措施。

(7) 暂停作业时，必须把构件、设备支撑稳定，连接牢固后方可离开现场。

4. 吊索具

1）在吊钩上补焊、打孔。吊钩表面必须保持光滑，不得有裂纹，严禁使用危险断面磨损程度达到原尺寸的10%、钩口开口度尺寸比原尺寸增大15%、扭转变形超过10%、危险断面或颈部产生塑性变形的吊钩。板钩衬套磨损达到原尺寸的50%时，应报废衬套。板钩心轴磨损达到原尺寸的5%时，应报废心轴。

2）编插钢丝绳索具宜用6mm×37mm的钢丝绳。编插段的长度不得小于钢丝绳直径的20倍，且不得小于300mm。编插钢丝绳的强度应按原钢丝绳强度的70%计算。

3）吊索的水平夹角应大于45°。

4）使用卡环时，严禁卡环侧向受力，起吊前必须检查封闭销是否拧紧。不得使用有裂纹、变形的卡环。严禁用焊补方法修复卡环。

5）吊车限位器、钢丝绳、卸扣等应该经常检查，防止发生疲劳破坏。

6）凡有下列情况之一的钢丝绳不得继续使用

（1）在一个节距的断丝数量超过总丝数的10%。

（2）出现拧扭死结、死弯、压扁、松股明显、波浪形、钢丝外飞、绳芯挤出以及断股等现象。

（3）钢丝绳直径减少7%～10%。

（4）钢丝绳表面钢丝磨损或腐蚀程度，达表面钢丝直径的40%以上，或钢丝绳被腐蚀后，表面麻痕清晰可见，整根钢丝绳明显变硬。

塔式起重机、施工升降机、物料提升机、门（桥）式起重机的安全检查、定期维护保养、交接班记录、顶升附着试验、定期坠落试验记录等表格示例如下。

塔式起重机安全检查

塔式起重机安全检查表				编号	
工程名称		设备型号		现场编号	
产权（租赁）单位		起升高度（m）		幅度（m）	
起重力矩（kN·m）		最大起重量（t）			
与建筑物水平附着距离（m）		各道附着间距（m）		附着道数	
验收部位	验收要求			结果	
塔式起重机结构	部件、附件、连接件安装齐全，位置正确				
	螺栓拧紧力矩达到技术要求，开口销完全撬开				
	结构无变形、开焊、疲劳裂纹				
	压重、配重的重量与位置符合使用说明书要求				
基础	地基坚实、平整，地基或基础隐蔽工程资料齐全、准确				
	基础周围有排水措施				
机构及零部件	钢丝绳在卷筒上面缠绕整齐、润滑良好				
	钢丝绳规格正确，断丝和磨损未达到报废标准				
	钢丝绳固定和编插符合国家及行业标准				
	各部位滑轮转动灵活、可靠，无卡塞现象				
	吊钩磨损未达到报废标准、保险装置可靠				
	各机构转动平稳、无异常响声				
	各润滑点润滑良好、润滑油牌号正确				
	制动器动作灵活可靠，联轴节连接良好，无异常				

续表

验收部位	验收要求	结果
附着锚固	锚固框架安装位置符合规定要求	
	塔身与锚固框架固定牢靠	
	附着框、锚杆、附着装置等各处螺栓、销轴齐全、正确、可靠	
	垫铁、楔块等零部件齐全可靠	
	最高附着点下塔身轴线对支承面垂直度不得大于相应高度的 2/1000	
	独立状态或附着状态下最高附着点以上塔身轴线对支承面垂直度不得大于 4/1000	
	附着点以上塔式起重机悬臂高度不得大于规定要求	
电气系统	供电系统电压稳定、正常工作、电压 380×（1±10%）V	
	仪表、照明、报警系统完好、可靠	
	控制、操纵装置动作灵活、可靠	
	电气按要求设置短路和过电流、失压及零位保护，切断总电源的紧急开关符合要求	
	电气系统对地的绝缘电阻不大于 0.5Ω	
安全限位与保险装置	起重量限制器灵敏可靠，其综合误差不大于额定值的±5%	
	力矩限制器灵敏可靠，其综合误差不大于额定值的±5%	
	回转限位器灵敏可靠	
	变幅限位器灵敏可靠	
	超高限位器灵敏可靠	
	顶升横梁防脱装置完好可靠	
	吊钩上的钢丝绳防脱钩装置完好可靠	
	滑轮、卷筒上的钢丝绳防脱钩装置完好可靠	
	小车断绳保护装置灵敏可靠	
	小车断轴保护装置灵敏可靠	
环境	与架空线最小距离符合规定	
	塔式起重机的尾部与周围建（构）筑物及其外围施工设施之间的安全距离不小于 0.6m	
其他	已落实持证专职司机	
	有专人指挥并持有上岗证书	
	机操、指挥人员上岗挂牌已落实	
	机械性能挂牌已落实	
	驾驶室能密闭、门窗玻璃完好，门能上锁	
	塔式起重机油漆无起壳、脱皮，保养良好	

检查结论：

日期：年　月　日

参加人员（签字）	总承包单位	
	产权（租赁）单位	

注：验收栏目内有数据，必须在验收栏内填写实测的数据，无数据用文字说明

附表

塔式起重机型号		现场编号	
群塔作业（水平、垂直）相对位置照片		塔机附着照片	
塔身地脚螺栓、防雷接地照片		变幅限位器和小车断绳、断轴保护器照片	
起重量限位器照片		力矩限位器照片	
起升卷筒、滑轮防脱绳、高度限位器照片		起升和变幅钢丝绳照片	

施工升降机安全检查

<table>
<tr><td colspan="4">施工升降机安全检查表</td><td>编号</td><td></td></tr>
<tr><td colspan="2">工程名称</td><td></td><td>设备型号</td><td colspan="2"></td></tr>
<tr><td colspan="2">产权（租赁）单位</td><td></td><td>现场编号</td><td colspan="2"></td></tr>
<tr><td colspan="2">设备生产厂家</td><td></td><td>出厂编号</td><td colspan="2"></td></tr>
<tr><td colspan="2">出厂日期</td><td></td><td>安装高度</td><td colspan="2"></td></tr>
<tr><td>检查项目</td><td>序号</td><td colspan="2">内容和要求</td><td colspan="2">检查结果</td></tr>
<tr><td rowspan="9">主要部件</td><td>1</td><td colspan="2">导轨架、附墙架连接安装齐全、牢固，位置正确</td><td colspan="2"></td></tr>
<tr><td>2</td><td colspan="2">螺栓拧紧力矩达到技术要求，开口销完全撬开</td><td colspan="2"></td></tr>
<tr><td>3</td><td colspan="2">导轨架安装垂直度满足要求</td><td colspan="2"></td></tr>
<tr><td>4</td><td colspan="2">结构件无变形、开焊、裂纹</td><td colspan="2"></td></tr>
<tr><td>5</td><td colspan="2">各部位滑轮转动灵活、可靠，无卡阻现象</td><td colspan="2"></td></tr>
<tr><td>6</td><td colspan="2">齿条、齿轮、曳引轮符合标准要求，保险装置可靠</td><td colspan="2"></td></tr>
<tr><td>7</td><td colspan="2">各机构转动平稳，无异常响声</td><td colspan="2"></td></tr>
<tr><td>8</td><td colspan="2">各润滑点润滑良好，润滑油牌号正确</td><td colspan="2"></td></tr>
<tr><td>9</td><td colspan="2">制动器、离合器动作灵活可靠</td><td colspan="2"></td></tr>
<tr><td rowspan="7">电气系统</td><td>10</td><td colspan="2">供电系统正常，额定电压值偏差不大于 5%</td><td colspan="2"></td></tr>
<tr><td>11</td><td colspan="2">接触器、继电器接触良好</td><td colspan="2"></td></tr>
<tr><td>12</td><td colspan="2">仪表、照明、报警系统完好可靠</td><td colspan="2"></td></tr>
<tr><td>13</td><td colspan="2">控制、操作装置动作灵活、可靠</td><td colspan="2"></td></tr>
<tr><td>14</td><td colspan="2">各种电器安全保护装置齐全、可靠</td><td colspan="2"></td></tr>
<tr><td>15</td><td colspan="2">电气系统对导轨架的绝缘电阻应不小于 0.5MΩ</td><td colspan="2"></td></tr>
<tr><td>16</td><td colspan="2">接地电阻应不大于 4Ω</td><td colspan="2"></td></tr>
<tr><td rowspan="9">安全系统</td><td>17</td><td colspan="2">防坠安全器在有效标定期限内</td><td colspan="2"></td></tr>
<tr><td>18</td><td colspan="2">防坠安全器灵敏可靠</td><td colspan="2"></td></tr>
<tr><td>19</td><td colspan="2">超载保护装置灵敏可靠</td><td colspan="2"></td></tr>
<tr><td>20</td><td colspan="2">上、下限位开关灵敏可靠</td><td colspan="2"></td></tr>
<tr><td>21</td><td colspan="2">上、下极限开关灵敏可靠</td><td colspan="2"></td></tr>
<tr><td>22</td><td colspan="2">急停开关灵敏可靠</td><td colspan="2"></td></tr>
<tr><td>23</td><td colspan="2">安全钩完好</td><td colspan="2"></td></tr>
<tr><td>24</td><td colspan="2">额定载重量标牌牢固清晰</td><td colspan="2"></td></tr>
<tr><td>25</td><td colspan="2">地面防护围栏门、吊笼门机电联锁灵敏可靠</td><td colspan="2"></td></tr>
<tr><td rowspan="3">试运行</td><td>26</td><td>空载</td><td rowspan="3">双吊笼施工升降机应分别对两个吊笼进行试运行。试运行中吊笼应启动、制动正常，运行平稳，无异常现象</td><td colspan="2"></td></tr>
<tr><td>27</td><td>额定载重量</td><td colspan="2"></td></tr>
<tr><td>28</td><td>125%额定载重量</td><td colspan="2"></td></tr>
<tr><td>坠落实验</td><td>29</td><td colspan="2">吊笼制动后结构及连接件应无任何损坏或永久变形，且制动距离应符合要求</td><td colspan="2"></td></tr>
<tr><td colspan="6">检查结论：

日期：　年　月　日</td></tr>
<tr><td rowspan="2">参加人员（签字）</td><td colspan="2">总承包单位</td><td colspan="3"></td></tr>
<tr><td colspan="2">产权（租赁）单位</td><td colspan="3"></td></tr>
</table>

附表

施工升降机型号		现场编号	
导轨架轴心线垂直度照片		地脚螺栓、接地照片	
围栏门机械锁止装置、电气安全开关照片		进、出料门自动机械锁，电气开关照片	
防坠器照片		导轨架悬臂端高度照片	
上下限位照片		极限限位照片	

物料提升机安全检查

物料提升机安全检查表				编号	
工程名称			设备型号		
产权（租赁）单位			现场编号		
设备生产厂家			出厂编号		
出厂日期			安装高度		
检查项目	序号	内容和要求		检查结果	
基础	1	基础承载力符合要求			
	2	基础表面平整度符合说明书要求			
	3	基础混凝土强度等级符合要求			
	4	基础周边有排水设施			
	5	与输电线路的水平距离符合要求			
导轨架	1	各标准节无变形，无开焊及严重锈蚀			
	2	各节点螺栓紧固力矩符合要求			
	3	导轨架垂直度不大于 0.15%，导轨对接阶差不大于 1.5mm			
动力系统	1	卷扬机卷筒节径与钢丝绳直径的比值不小于 30			
	2	吊笼处于最低位置时，卷筒上的钢丝绳不应小于 3 圈			
	3	曳引轮直径与钢丝绳的包角不小于 150°			
	4	卷扬机（曳引机）固定牢固			
	5	制动器、离合器工作可靠			
钢丝绳与滑轮	1	钢丝绳安全系数符合设计要求			
	2	钢丝绳断丝、磨损未达到报废标准			
	3	钢丝绳及绳夹规格匹配，紧固有效			
	4	滑轮直径与钢丝绳直径的比值不小于 30			
	5	滑轮磨损未达到报废标准			
吊笼	1	吊笼结构完好，无变形			
	2	吊笼安全门开启灵活有效			
电气系统	1	供电系统正常，电源电压 380×（1±5%）V			
	2	电气设备绝缘电阻值不小于 0.5MΩ，重复接地电阻值不大于 10Ω			
	3	短路保护、过电流保护和漏电保护齐全可靠			
附墙架	1	附墙架结构符合说明书的要求			
	2	自由端高度、附墙架间距不大于 6m，且符合设计要求			
缆风绳与地锚	1	缆风绳的设置组数及位置符合说明书要求			
	2	缆风绳与导轨架连接处有防剪切措施			
	3	缆风绳与地锚夹角在 45°～60°			
	4	缆风绳与地锚用花篮螺栓连接			

续表

检查项目	序号	内容和要求	检查结果
安全与防护装置	1	防坠安全器在标定期限内，且灵敏可靠	
	2	起重量限制器灵敏可靠，误差值不大于额定值的5%	
	3	安全停层装置灵敏有效	
	4	限位开关灵敏可靠，安全越程不小于3m	
	5	进料门口、停层平台门高度及强度符合要求，且达到工具化、标准化要求	
	6	停层平台及两侧防护栏杆搭设高度符合要求	
	7	进料口防护棚长度不小于3m，且强度符合要求	

检查结论：

日期：年　月　日

参加人员（签字）	总承包单位	
	产权（租赁）单位	

门（桥）式起重机安全检查

门（桥）式起重机安全检查表				编号	
工程名称			设备型号		
产权（租赁）单位			现场编号		
设备生产厂家			出厂编号		
出厂日期			安装部位		
检查项目	序号	内容和要求		检查结果	
整机	1	起重机的主要承载结构件无腐蚀、裂纹、变形、整体稳定			
	2	司机室的结构应有足够的强度和刚度，司机室与起重机的连接应牢固、可靠			
	3	外露传动部位的防护罩（盖）应齐全、完好、固定牢固			
安全装置	1	在主梁一侧落钩的单梁起重机应设置防倾覆安全钩，当小车正常运行时，应保证安全钩与主梁的间隙，保证小车运行无卡阻			
	2	起升机构应设置起升高度限位器，且功能可靠、有效			
	3	大、小车运行机构应设置有效的行程限位装置，轨道端部应分别装设缓冲器和止挡装置，且有效			
	4	大车轨道如铺设在工作面或地面时，应设置扫轨板，扫轨板距轨面部应大于10mm			
	5	桥式起重机司机室如位于大车滑线端部时，通向起重机的梯子和走台与滑线间应设置防护板；滑线端的端梁下也应设防护板			
	6	防护门必须设有电器联锁保护装置，当门打开时，起重机的所有机构应不能工作			
	7	导绳器应移动灵活、自动限位灵敏、可靠			
钢丝绳与吊钩	1	钢丝绳的规格、型号应符合该机说明书规定，排列应整齐，与卷筒和滑轮应匹配，穿绕正确；钢丝绳未达到报废标准；钢丝绳达到最大出绳量时，在卷筒上应保留3圈以上钢丝绳			
	2	吊钩的规格应符合说明书规定，不得使用铸造吊钩；吊钩严禁补焊；吊钩表面应光洁、不应有剥裂、锐角、毛刺、裂纹；应设有防脱钩装置，防脱棘爪在吊钩负载时不得张开，安装棘爪在钩口尺寸减小值不得超过钩口尺寸的10%，防脱棘爪的形态应与钩口端部吻合			
电气系统	1	电源开关应设在靠近起重机地面易操作的地方；应实行一机、一箱、一闸、一漏			
	2	电气设备及电器元件应齐全、完好、安装牢固，绝缘性能良好，动作灵敏、有效，符合说明书规定			
	3	总电源应设有失压保护装置，当供电电源中断时，必须能自动断开总电源回路，且不是自动复位型的			

续表

<table>
<tr><th>检查项目</th><th>序号</th><th>内容和要求</th><th>检查结果</th></tr>
<tr><td rowspan="3">行走机构</td><td>1</td><td>轨道不应有裂纹、磨损或影响安全运行的缺陷</td><td></td></tr>
<tr><td>2</td><td>大车运行出现啃轨时，大车轨距偏差、跨度偏差是否满足规范要求</td><td></td></tr>
<tr><td>3</td><td>驱动轮应同步转动；车轮不应有明显的磨损</td><td></td></tr>
<tr><td rowspan="3">其他</td><td>1</td><td>有无正确设置安全标示牌，有无安全操作规程</td><td></td></tr>
<tr><td>2</td><td>有无指定操作员及岗位责任</td><td></td></tr>
<tr><td>3</td><td>有无岗前教育和三级安全技术交底</td><td></td></tr>
<tr><td colspan="4">检查结论：

日期：　年　月　日</td></tr>
<tr><td colspan="2" rowspan="3">参加人员（签字）</td><td>总承包单位</td><td></td></tr>
<tr><td>产权（租赁）单位</td><td></td></tr>
<tr><td>使用单位</td><td></td></tr>
</table>

起重机械运转及交接班记录

<table>
<tr><td colspan="4">起重机械运转及交接班记录表</td><td>编号</td><td></td></tr>
<tr><td>设备名称</td><td></td><td>规格型号</td><td></td><td>使用登记证号</td><td></td></tr>
<tr><td>工作日期</td><td colspan="3">年　月　日　时　分至　时　分</td><td>累计运转时间</td><td></td></tr>
<tr><td>本班工作内容</td><td colspan="5"></td></tr>
<tr><td>本班机械部件工作情况</td><td colspan="5">本班操作工（签字）：</td></tr>
<tr><td>交接班时检查记录</td><td colspan="5">接班操作工（签字）：</td></tr>
</table>

起重机械故障修理及验收记录

<table>
<tr><td colspan="5">起重机械故障修理及验收记录表</td><td>编号</td><td></td></tr>
<tr><td>设备名称</td><td></td><td>规格型号</td><td></td><td>设备现场编号</td><td colspan="2"></td></tr>
<tr><td>故障部位</td><td colspan="3"></td><td>维修人</td><td colspan="2"></td></tr>
<tr><td>修理时间</td><td colspan="6">年 月 日 时 分至 月 时 分</td></tr>
<tr><td>修理内容
及更换的
零部件记录</td><td colspan="6">

维修人（签字）： 年 月 日</td></tr>
<tr><td>维修验收</td><td colspan="6">验收结论：

机械管理员（签字）： 年 月 日</td></tr>
</table>

塔式起重机定期维护保养

塔式起重机定期维护保养表		编号	
工程名称		设备现场编号	
设备名称		规格型号	
产权登记证号		使用登记证号	
项目	项目要求	存在问题	处理结果
基础部分	检查排水设施且排水设施齐全，不得有积水；检查混凝土基础沉降，基础表面水平误差小于 2mm		
	检查螺栓连接应牢固无松动、变形，螺母、垫齐全		
	检查接地装置连接应牢固，接地电阻值小于 4Ω		
金属结构	应调直和校正主要结构：自由垂直度小于 4‰，附着状态下顶端附着结构以上垂直度应小于 2‰		
	检查主要受力结构杆件，不得有变形扭曲现象		
	检查所有结构杆件，不得有裂伤开焊现象		
	检查扶梯、护栏、护圈等支承零件和紧固件		
	检查标准节及其他主要结构连接螺栓：应母垫齐全、紧固力矩满足要求，螺栓无变形和其他缺陷		
	检查销轴连接情况：销孔配合适当，无松旷、变形、裂伤；销轴端固定可靠，固定销或开口销无锈蚀损伤		
滑轮	检查所有滑轮磨损情况：应无裂纹，轮缘无破损，轮槽壁厚磨损达 20%或槽底磨损达钢丝绳直径的 25%应报废		
	检查所有滑轮转动应灵活，无卡阻或松旷现象		
	检查所有滑轮润滑油：黄油嘴齐全、黄油充足		
工作机构	检查起升、回转、运行等机构的减速箱油量，不足时添加，箱体不得有渗漏现象		
	检查起升机构固定支架连接，支架无变形，连接牢固无松动，连轴器无松旷和损伤现象		
	检查起升机构卷筒防脱筒装置，应齐全无变形		
	检查其他工作机构运行应平稳，无震动和异响		
制动器	制动器弹簧、拉杆、销轴和开口销等应齐全、无损，闭合开启无卡阻，拉杆行程和制动间隙 0.3～0.5mm		
	检查制动片磨损情况：当有接触不均或磨损量达到原厚度的 50%则应更换		
附着装置	检查每道附着装置之间的垂直距离应在允许范围内；顶端附着装置以上自由高度应符合设计规定		
	检查附着装置：连接杆应在同一水平面上，锚固装置应牢固不得晃动，连接销轴、螺栓齐全、连接可靠		
钢丝绳	钢丝绳缠绕排列应整齐，长度满足使用要求		
	钢丝绳锈蚀严重、断股、打死结、严重变形或一个捻距内断丝数达到规定的报废标准更换		
	检查钢丝绳固定：绳卡螺母应拧紧，数量为 3 只及以上		

续表

项目	项目要求	存在问题	处理结果
安全装置	检查力矩限制器装置：金属结构完好，无变形和锈蚀；电气开关工作灵敏可靠		
	检查起重量限制器：金属结构完好，无变形和锈蚀；电气开关工作灵敏可靠		
	检查高、低度限位器：电气开关工作灵敏、可靠		
	检查行程限位器：电气开关工作灵敏、可靠		
	检查吊钩保险卡应完好可靠，吊钩无变形		
	检查变幅小车缓冲挡车装置：应齐全可靠		
电气设备	检查控制器、接触器：清除黑灰和铜屑；更换或修复触点以及工作不良的电气元件，添配残缺的电气件		
	清除电气设备上尘土，紧固接线端子、电气元件连接线		
	检查电阻器：清除电阻片上积灰和脏物，更换损坏电阻片和绝缘垫，紧固螺栓；检查电缆、导线绝缘情况		
	检查联动台和各种开关：操纵手柄应灵活，各种按钮、推钮应触发灵敏，线路绝缘良好，警铃、指示灯齐全		
	检查开关箱内隔离开关、漏保器是否齐全完好		
液压系统	检查液压油型号是否符合季节要求，油质是否清洁，油量是否充足；检查液压系统是否达到本机规定的压力值		
	检查液压系统各操纵阀、控制阀、管路接头是否渗漏、动作是否灵活可靠，液压系统工作是否有异响		
维保单位验收意见	维保人（签字）：（盖章） 维保单位负责人（签字）：年 月 日		

施工升降机定期维护保养

<table>
<tr><td colspan="3">施工升降机定期维护保养表</td><td>编号</td><td></td></tr>
<tr><td>工程名称</td><td></td><td>设备现场编号</td><td colspan="2"></td></tr>
<tr><td>设备名称</td><td></td><td>规格型号</td><td colspan="2"></td></tr>
<tr><td>产权登记证号</td><td></td><td>使用登记证号</td><td colspan="2"></td></tr>
<tr><td>项目</td><td colspan="2">项目要求</td><td>存在问题</td><td>处理结果</td></tr>
<tr><td rowspan="2">基础部分</td><td colspan="2">检查排水设施且排水设施齐全，不得有积水；检查混凝土基础沉降，基础表面水平误差小于 2mm</td><td></td><td></td></tr>
<tr><td colspan="2">检查接地装置连接应牢固，接地电阻值小于 4Ω</td><td></td><td></td></tr>
<tr><td rowspan="4">导轨架</td><td colspan="2">校正导轨架垂直度：导轨架高度小于 70m 时，垂直度应小于 1‰；导轨架高度大于 70～100m 时，垂直度公差小于 70mm；导轨架高度大于 100～150m 时，垂直度公差小于 90mm；导轨架高度大于 150～200m 时，垂直度公差小于 110mm；导轨架高度大于 200m 时，垂直度公差小于 130mm</td><td></td><td></td></tr>
<tr><td colspan="2">检查标准节，不得有变形扭曲、裂伤、开焊等现象</td><td></td><td></td></tr>
<tr><td colspan="2">检查标准节连接螺栓，如有松动，须全部紧固</td><td></td><td></td></tr>
<tr><td colspan="2">检查标准节上压装齿条，齿形损坏应更换，紧固螺栓</td><td></td><td></td></tr>
<tr><td rowspan="3">附着装置</td><td colspan="2">检查每道附着装置之间的垂直距离应在允许范围内；顶端附着装置以上自由高度应符合设计规定</td><td></td><td></td></tr>
<tr><td colspan="2">检查附着装置：连接杆应在同一水平面上，锚固装置应牢固不得晃动，连接销轴、螺栓齐全、连接可靠</td><td></td><td></td></tr>
<tr><td colspan="2">检查立柱、撑架、过桥梁等压板、螺栓、扣环的紧固情况</td><td></td><td></td></tr>
<tr><td rowspan="5">传动机构</td><td colspan="2">检查减速箱油量，不足时添加，箱体不得有渗漏现象</td><td></td><td></td></tr>
<tr><td colspan="2">检查传动板连接情况，减震垫齐全，连接牢固无松动</td><td></td><td></td></tr>
<tr><td colspan="2">检查齿轮和齿条啮合情况，如间隙过大应调整或更换</td><td></td><td></td></tr>
<tr><td colspan="2">操纵机构使梯笼上下运行，应平稳，无震动和异响</td><td></td><td></td></tr>
<tr><td colspan="2">检查压轮与齿条背面的间隙，间隙应为 0.5mm</td><td></td><td></td></tr>
<tr><td rowspan="2">导向滚轮</td><td colspan="2">检查各导向滚轮与导轨架立管间隙：梯笼运行时各导向滚轮与导轨架立管应抱合，受力均匀，无轴向窜动</td><td></td><td></td></tr>
<tr><td colspan="2">检查各导向滚轮偏心轴定位：应定位牢固可靠，滚轮圆弧与导轨架立管对正，接触良好</td><td></td><td></td></tr>
<tr><td rowspan="3">制动器</td><td colspan="2">检查制动片磨损情况：当有接触不均或磨损量达到原厚度 50％时，应更换；清理跟踪器表面的灰尘和脏物</td><td></td><td></td></tr>
<tr><td colspan="2">检查电机制动力矩，制动力矩应为 120N·m（1±2.5％）</td><td></td><td></td></tr>
<tr><td colspan="2">测试梯笼满载下降制动距离：制动距离应小于 0.3m</td><td></td><td></td></tr>
<tr><td rowspan="3">钢丝绳</td><td colspan="2">钢丝绳缠绕排列应整齐，长度满足使用要求</td><td></td><td></td></tr>
<tr><td colspan="2">钢丝绳有锈蚀严重、断股、打死结、严重变形或一个捻距内断丝数达到规定的报废标准应更换</td><td></td><td></td></tr>
<tr><td colspan="2">检查钢丝绳固定：绳卡螺母应拧紧，数量为 3 只及以上，且正确固接</td><td></td><td></td></tr>
</table>

续表

项目	项目要求	存在问题	处理结果
安全防护装置	检查围栏门、梯笼门机电联锁装置：梯笼运行时围栏门机电联锁和梯笼门机电联锁均应灵敏可靠		
	检查上限位、下限位和三相极限位开关：手动各限位开关，应能有效切断梯笼传动机构的电机电源		
	上限位开关挡板或挡块固定应牢固，安装位置应保证限位开关触发后使梯笼立即停止，梯笼顶部距标准节顶端并留有1.8m以上的安全距离		
	三相极限位开关上极限位挡板或挡块固定应牢固，安装位置应保证超越上限位的越程：SC型为0.15m		
	下限位开关挡板或挡块安装位置应保证开关触发后梯笼停止，下极限位距挡板或挡块触发还有一定行程		
	下极限位开关挡板或挡块安装位置，应保证梯笼在未碰到缓冲器之前触发极限位开关，并使梯笼停止		
	各楼层通道平台、防护门应齐全有效，标识清晰		
电气设备	清除各电气元件表面的灰尘和脏物，紧固接线端子、电气元件连接线，添配残缺的电气元件		
	检查操作开关、按钮触发应灵敏，警铃、指示灯齐全		
	检查电缆滑车或护线架，应完好无损坏，电缆无破损		
	检查开关箱内隔离开关、漏保器是否齐全完好		
限速器	正常运行梯笼，限速器应无异响、噪声和自动制动现象		
维保单位验收意见	维保人（签字）：（盖章） 维保单位（部门）负责人（签字）：年 月 日		
使用单位意见	机械管理员（签字）：年 月 日		

物料提升机定期维护保养

物料提升机定期维护保养表			编号	
工程名称			设备名称	
规格型号			产权登记证号	
项目		项目要求	存在问题及处理结果	
基础部分		检查排水设施且排水设施齐全，不得有积水；检查混凝土基础沉降，基础表面水平误差小于 2mm		
		检查接地装置连接应牢固，接地电阻值小于 4Ω		
导轨架		校正导轨架垂直度：导轨架高度小于 70m 时，垂直度应小于 1‰；导轨架高度为 70～100m 时，垂直度公差小于 70mm		
		检查架体、标准节结构件：有变形扭曲、裂伤、开焊等现象时，应立即进行修复或更换		
		检查架体、标准节连接螺栓，如有松动，需全部紧固		
附着或缆风	附着	检查每道附着装置之间的垂直距离应在允许范围内；顶端附着装置以上自由高度应符合设计规定		
		检查附着装置：连接杆应在同一水平面上，锚固装置应牢固不得晃动，连接销轴、螺栓齐全、连接可靠		
	缆风	检查每道缆风绳设置高度是否符合安全使用要求，每道缆风绳四角设置是否对称布置均匀分布，缆风绳与地面夹角是否在 45°～60°		
		检查缆风绳直径是否不小于 9.3mm，钢丝绳是否有锈蚀严重、断股、打死结、严重变形或一个捻距内断丝数达到规定的现象		
		检查缆风绳与架体、地锚的连接是否牢固，绳卡螺母应拧紧，数量为 3 只及以上		
		检查地锚设置是否牢固可靠和满足架体安全要求		
吊笼		检查吊笼结构：有变形扭曲、裂伤、开焊等现象时，应立即进行修复或更换		
		检查吊笼侧面防护板或防护网是否破损，有应修复损坏		
		检查各导向滚轮与导轨架立管间隙：吊笼运行时各导向滚轮与导轨架立管应抱合，受力均匀，无轴向窜动		
		检查吊笼安全门：应齐全，开启、闭合轻便灵活		
滑轮		各滑轮固定应牢固，转动灵活，安全可靠，天轮系统固定应牢固，天梁应无变形、扭曲和裂伤，润滑良好		
		检查所有滑轮磨损情况：应无裂纹，轮缘无破损，轮槽壁厚磨损达 20%或槽底磨损达钢丝绳直径的 25%应报废		
卷扬机构		检查减速箱油量，不足时添加，箱体不得有渗漏现象		
		检查卷扬机基础：基础应坚实无沉陷，地锚牢固；放置应水平，卷筒轴线应与钢丝绳垂直，有防雨措施		
		检查卷筒支座、联轴器螺栓是否紧固；联轴器连接应牢固，连接件应无损坏，发现磨损严重时应立即更换		
		带负荷运行 3～5min，传动机构应无冲击和振动		
		检查制动带与制动轮之间的间隙应为 0.8～1.2mm		
		检查制动片磨损情况：当有接触不均或磨损量达到原厚度 50%时，应更换；清理跟踪器上灰尘和脏物		

续表

项目	项目要求	存在问题及处理结果
钢丝绳	钢丝绳缠绕排列应整齐；吊篮处在最低位置时，卷筒上留有的钢丝绳应不少于3圈及以上	
	钢丝绳锈蚀严重、断股、打死结、严重变形或一个捻距内断丝数达到规定的报废标准应更换	
	检查钢丝绳固定：绳卡螺母应拧紧，数量3只及以上	
安全防护装置	检查吊篮防断绳装置结构是否完好，动作是否灵敏	
	检查吊篮安全停靠装置结构是否完好，吊篮运行至各卸料口出料门开启后，吊篮应能有效锁定在导轨架上；吊篮出料门闭合后应能解除机械锁定装置	
	检查上限位、下限位开关：吊篮运行至相应位置时，应能有效切断电机的电源，使吊篮迅速停止	
	检查进料口安全门：吊笼提升后应有机电联锁装置	
	各楼层通道平台、防护门应齐全有效，标识齐全清晰	
电气设备	检查操作开关、按钮触发应灵敏，警铃、指示灯齐全	
	检查开关箱内隔离开关、漏保器是否齐全完好	
维保单位验收意见	维保人（签字）：（盖章） 维保单位（部门）负责人（签字）：年 月 日	
使用单位意见	机械管理员（签字）：年 月 日	

施工升降机定期坠落试验记录

施工升降机定期坠落试验记录表		编号	
工程名称		施工升降机品牌型号	
产权备案号		施工升降机生产日期	
使用单位		产权单位	
安装单位		试验时间	
左笼		右笼	
防坠器型号		防坠器型号	
防坠器制造厂		防坠器制造厂	
防坠器编号		防坠器编号	
防坠器出厂日期		防坠器出厂日期	
防坠器标定日期		防坠器标定日期	
试验数据			
左笼		右笼	
吊笼提升高度（m）		吊笼提升高度（m）	
吊笼制动高度（m）		吊笼制动高度（m）	
试验载荷（kN）		试验载荷（kN）	
防坠器制动后安全开关动作情况		防坠器制动后安全开关动作情况	
坠落试验结果：			
试验人（签字）			
产权单位负责人（签字）			
项目机械管理员（签字）			
监理工程师（签字）			
日期			

注：1. 施工升降机防坠安全器定期坠落试验参照现行标准《施工升降机》（GB/T 10054）规定。

2. 坠落试验结果应简述试验过程及主要内容。

塔式起重机作业前安全检查

<table>
<tr><td colspan="5">塔式起重机作业前安全检查表</td><td>编号</td><td></td></tr>
<tr><td>工程名称</td><td colspan="3"></td><td>施工单位</td><td colspan="2"></td></tr>
<tr><td>产权单位</td><td colspan="2"></td><td>型号</td><td></td><td>现场编号</td><td></td></tr>
<tr><td>序号</td><td colspan="4">检查项目</td><td>检查结果</td><td>发现问题及处理情况</td></tr>
<tr><td>1</td><td colspan="4">基础稳定无异常变形，无积水、杂物</td><td></td><td></td></tr>
<tr><td>2</td><td colspan="4">预埋螺杆、地脚螺栓紧固无松动</td><td></td><td></td></tr>
<tr><td>3</td><td colspan="4">主要结构件无明显裂纹、开焊和变形现象</td><td></td><td></td></tr>
<tr><td>4</td><td colspan="4">标准节连接螺栓、销轴齐全紧固</td><td></td><td></td></tr>
<tr><td>5</td><td colspan="4">吊钩完好，无裂纹，钢丝绳防脱钩装置完好可靠</td><td></td><td></td></tr>
<tr><td>6</td><td colspan="4">防断绳、防脱绳、防断轴保险完好可靠</td><td></td><td></td></tr>
<tr><td>7</td><td colspan="4">制动器灵敏可靠，电机无异响</td><td></td><td></td></tr>
<tr><td>8</td><td colspan="4">滑轮转动灵活，无破损，钢丝绳防脱装置有效</td><td></td><td></td></tr>
<tr><td>9</td><td colspan="4">钢丝绳排列整齐，无压扁、变形弯曲现象</td><td></td><td></td></tr>
<tr><td>10</td><td colspan="4">钢丝绳无严重磨损、断丝、缺油现象</td><td></td><td></td></tr>
<tr><td>11</td><td colspan="4">起重量、力矩限制器灵敏可靠</td><td></td><td></td></tr>
<tr><td>12</td><td colspan="4">变幅位限、高度、回转限位装置灵敏可靠</td><td></td><td></td></tr>
<tr><td>13</td><td colspan="4">附墙装置连接螺栓紧固、销轴齐全，安装可靠</td><td></td><td></td></tr>
<tr><td>14</td><td colspan="4">附墙杆无开焊、裂纹、变形现象</td><td></td><td></td></tr>
<tr><td>15</td><td colspan="4">电缆电线无破损、无严重扭曲变形现象</td><td></td><td></td></tr>
<tr><td>16</td><td colspan="4">操纵手柄工作正常，仪表显示完好、有效</td><td></td><td></td></tr>
<tr><td>17</td><td colspan="4">接地、接零可靠</td><td></td><td></td></tr>
<tr><td>18</td><td colspan="4">开关箱、电控箱完好，关闭严紧</td><td></td><td></td></tr>
<tr><td>19</td><td colspan="4">各机构运行平稳，工作正常</td><td></td><td></td></tr>
<tr><td>20</td><td colspan="4">大臂作业区内无障碍物、与架空线路保持安全距离</td><td></td><td></td></tr>
<tr><td colspan="7">排查人（签字）：

年　月　日</td></tr>
</table>

施工升降机、物料提升机作业前安全检查

<table>
<tr><td colspan="5">施工升降机、物料提升机作业前安全检查表</td><td>编号</td><td></td></tr>
<tr><td colspan="2">工程名称</td><td colspan="2"></td><td>施工单位</td><td colspan="2"></td></tr>
<tr><td colspan="2">产权单位</td><td></td><td>型号</td><td></td><td>现场编号</td><td></td></tr>
<tr><td>序号</td><td colspan="3">检查项目</td><td>检查结果</td><td colspan="2">发现问题及处理情况</td></tr>
<tr><td>1</td><td colspan="3">开关箱、总接触器正常</td><td></td><td colspan="2"></td></tr>
<tr><td>2</td><td colspan="3">地面防护围栏门完好，机电联锁正常</td><td></td><td colspan="2"></td></tr>
<tr><td>3</td><td colspan="3">吊笼顶门、吊笼门完好，机电联锁操作正常</td><td></td><td colspan="2"></td></tr>
<tr><td>4</td><td colspan="3">吊笼及对重通道无障碍物，运行平稳无异响</td><td></td><td colspan="2"></td></tr>
<tr><td>5</td><td colspan="3">齿轮、齿条啮合正常</td><td></td><td colspan="2"></td></tr>
<tr><td>6</td><td colspan="3">变速箱润滑油无泄漏</td><td></td><td colspan="2"></td></tr>
<tr><td>7</td><td colspan="3">电机、变速箱工作正常，无异常发热和异响</td><td></td><td colspan="2"></td></tr>
<tr><td>8</td><td colspan="3">各电机制动器正常有效</td><td></td><td colspan="2"></td></tr>
<tr><td>9</td><td colspan="3">各导向轮、背轮齐全，与导轨接触良好，转动灵活</td><td></td><td colspan="2"></td></tr>
<tr><td>10</td><td colspan="3">导轨架连接螺栓无松动、缺失</td><td></td><td colspan="2"></td></tr>
<tr><td>11</td><td colspan="3">附墙架连接无松动和异常移动现象</td><td></td><td colspan="2"></td></tr>
<tr><td>12</td><td colspan="3">上下限位开关正常有效</td><td></td><td colspan="2"></td></tr>
<tr><td>13</td><td colspan="3">极限限位开关正常有效</td><td></td><td colspan="2"></td></tr>
<tr><td>14</td><td colspan="3">重量限制装置完好有效</td><td></td><td colspan="2"></td></tr>
<tr><td>15</td><td colspan="3">急停断电开关正常</td><td></td><td colspan="2"></td></tr>
<tr><td>16</td><td colspan="3">电缆完好无破损</td><td></td><td colspan="2"></td></tr>
<tr><td>17</td><td colspan="3">地面防护围栏内及吊笼顶部无杂物</td><td></td><td colspan="2"></td></tr>
<tr><td>18</td><td colspan="3">钢丝绳完好，排列整齐，无压扁、变形弯曲现象，固定牢固，曳引钢丝绳松紧一致</td><td></td><td colspan="2"></td></tr>
<tr><td>19</td><td colspan="3">物料提升机停靠装置完好有效</td><td></td><td colspan="2"></td></tr>
<tr><td>20</td><td colspan="3">物料提升机防坠器灵敏有效</td><td></td><td colspan="2"></td></tr>
<tr><td colspan="7">排查人（签字）：

年　月　日</td></tr>
</table>

门（桥）式起重机作业前安全检查

<table>
<tr><td colspan="5">门（桥）式起重机作业前安全检查表</td><td>编号</td><td></td></tr>
<tr><td colspan="2">工程名称</td><td colspan="2"></td><td>施工单位</td><td colspan="2"></td></tr>
<tr><td colspan="2">产权单位</td><td>型号</td><td></td><td>现场编号</td><td colspan="2"></td></tr>
<tr><td>序号</td><td colspan="3">检查项目</td><td>检查结果</td><td colspan="2">发现问题及处理情况</td></tr>
<tr><td>1</td><td colspan="3">结构件无过度磨损、焊缝开裂、严重变形等现象</td><td></td><td colspan="2"></td></tr>
<tr><td>2</td><td colspan="3">连接螺栓、销轴、开口销齐全有效。连接件无松动或脱落</td><td></td><td colspan="2"></td></tr>
<tr><td>3</td><td colspan="3">钢丝绳润滑良好，无断丝及磨损过度现象，排列整齐，无跳槽或挤压现象</td><td></td><td colspan="2"></td></tr>
<tr><td>4</td><td colspan="3">轨道无松动，基础良好，无积水、杂物</td><td></td><td colspan="2"></td></tr>
<tr><td>5</td><td colspan="3">滑轮转动良好，应有钢丝绳防脱装置，且有效</td><td></td><td colspan="2"></td></tr>
<tr><td>6</td><td colspan="3">齿轮啮合正常，减速机油量充足</td><td></td><td colspan="2"></td></tr>
<tr><td>7</td><td colspan="3">各运动零部件防护罩齐全、有效</td><td></td><td colspan="2"></td></tr>
<tr><td>8</td><td colspan="3">总开关箱、控制箱完好，箱内清洁</td><td></td><td colspan="2"></td></tr>
<tr><td>9</td><td colspan="3">操纵手柄正常，仪表完好、紧急断电开关有效</td><td></td><td colspan="2"></td></tr>
<tr><td>10</td><td colspan="3">各工作机构运行平稳，运行同步，联轴器完好</td><td></td><td colspan="2"></td></tr>
<tr><td>11</td><td colspan="3">电缆、电线无破损，电缆卷线器工作正常</td><td></td><td colspan="2"></td></tr>
<tr><td>12</td><td colspan="3">架桥机整体平稳，前后支点可靠有效，油缸完好可靠，无溜缸现象</td><td></td><td colspan="2"></td></tr>
<tr><td>13</td><td colspan="3">架桥机液压系统油泵、阀组、胶管、仪表完好正常，油质良好，油量正常</td><td></td><td colspan="2"></td></tr>
<tr><td>14</td><td colspan="3">各运行机构行程限位器及止挡装置完好有效</td><td></td><td colspan="2"></td></tr>
<tr><td>15</td><td colspan="3">起升高度限位器完好有效</td><td></td><td colspan="2"></td></tr>
<tr><td>16</td><td colspan="3">起重量限制器、制动器灵敏可靠</td><td></td><td colspan="2"></td></tr>
<tr><td>17</td><td colspan="3">吊钩完好，无裂纹，钢丝绳防脱钩装置有效</td><td></td><td colspan="2"></td></tr>
<tr><td>18</td><td colspan="3">扫轨板、夹轨钳齐全、完好、有效</td><td></td><td colspan="2"></td></tr>
<tr><td colspan="7">排查人（签字）：

年　月　日</td></tr>
</table>

塔式起重机顶升附着验收

<table>
<tr><td colspan="5">塔式起重机顶升附着验收表</td><td colspan="2">编号</td><td></td></tr>
<tr><td>工程名称</td><td colspan="3"></td><td>现场编号</td><td colspan="3"></td></tr>
<tr><td>安装单位</td><td colspan="2"></td><td>安装负责人</td><td></td><td colspan="2">附着水平距离（m）</td><td></td></tr>
<tr><td>塔机型号</td><td></td><td>附着架型式</td><td></td><td>附着架总数</td><td></td><td>本次位置</td><td>第　道</td></tr>
<tr><td>附着间距
（m）</td><td></td><td>加节数量</td><td></td><td>附着顶升
前高度
（m）</td><td></td><td>附着顶升
后高度
（m）</td><td></td></tr>
<tr><td>项目</td><td colspan="4">内容和要求</td><td colspan="2">验收情况</td><td>验收结果</td></tr>
<tr><td rowspan="6">附着顶升前检查</td><td colspan="4">框架、附着杆、墙板、埋件等零部件齐全完好</td><td colspan="2"></td><td></td></tr>
<tr><td colspan="4">附着杆结构形式、强度符合要求，连接牢固</td><td colspan="2"></td><td></td></tr>
<tr><td colspan="4">建筑物上附着点布置和强度是否符合要求</td><td colspan="2"></td><td></td></tr>
<tr><td colspan="4">电缆预留长度满足要求、作业平台搭设符合规定</td><td colspan="2"></td><td></td></tr>
<tr><td colspan="4">液压系统油泵、阀组、仪表完好正常，油质良好，油量正常</td><td colspan="2"></td><td></td></tr>
<tr><td colspan="4">爬爪、爬爪座及顶升支承梁无变形、裂纹、开焊，顶升装置防脱功能安全可靠</td><td colspan="2"></td><td></td></tr>
<tr><td rowspan="10">附着顶升后检查</td><td colspan="4">附着框、垫铁、楔块等安装位置正确，牢固可靠</td><td colspan="2"></td><td></td></tr>
<tr><td colspan="4">建筑物锚固点受力强度、位置符合设计要求，附着支座安装牢固</td><td colspan="2"></td><td></td></tr>
<tr><td colspan="4">内爬塔式起重机爬升框与支承横梁、支承横梁与建筑结构之间连接可靠</td><td colspan="2"></td><td></td></tr>
<tr><td colspan="4">各处连接螺栓、销轴齐全、牢固可靠，有可靠的止退装置</td><td colspan="2"></td><td></td></tr>
<tr><td colspan="4">框架、附着杆、墙板、埋件等完好，无开焊、变形和裂纹现象</td><td colspan="2"></td><td></td></tr>
<tr><td colspan="4">附着杆安装形式与角度符合设计要求</td><td colspan="2"></td><td></td></tr>
<tr><td colspan="4">锚固点以上塔式起重机自由高度符合说明书要求</td><td colspan="2"></td><td></td></tr>
<tr><td colspan="4">最高锚固点以下垂直度偏差不大于 2/1000</td><td colspan="2"></td><td></td></tr>
<tr><td colspan="4">最高锚固点以上垂直度偏差不大于 4/1000</td><td colspan="2"></td><td></td></tr>
<tr><td colspan="4">高度限位器灵敏、可靠</td><td colspan="2"></td><td></td></tr>
<tr><td colspan="2">租赁单位意见：

负责人（签章）：
年　月　日</td><td colspan="2">安装单位意见：

负责人（签章）：
年　月　日</td><td colspan="2">施工单位意见：

负责人（签章）：
年　月　日</td><td colspan="2">监理单位意见：

负责人（签章）：
年　月　日</td></tr>
</table>

施工升降机、物料提升机升节附着验收

<table>
<tr><td colspan="5">施工升降机、物料提升机升节附着验收表</td><td colspan="2">编号</td><td colspan="3"></td></tr>
<tr><td>工程名称</td><td colspan="4"></td><td colspan="2">现场编号</td><td colspan="3"></td></tr>
<tr><td>设备型号</td><td></td><td>升节高度/
附着数量</td><td></td><td colspan="2">升节前高度</td><td></td><td colspan="2">升节后高度</td><td></td></tr>
<tr><td>安装单位</td><td colspan="2"></td><td>安装负责人</td><td colspan="2"></td><td colspan="2">安装日期</td><td colspan="2"></td></tr>
<tr><td>项目</td><td colspan="4">内容和要求</td><td colspan="5">验收结果</td></tr>
<tr><td rowspan="7">结构部分</td><td colspan="4">建筑物上附着处结构强度符合要求，附着支座安装牢固</td><td colspan="5"></td></tr>
<tr><td colspan="4">主要受力结构件完好，无严重塑性变形、开焊、裂缝及严重锈蚀等现象</td><td colspan="5"></td></tr>
<tr><td colspan="4">导轨架、附墙架等安装正确、牢固</td><td colspan="5"></td></tr>
<tr><td colspan="4">连接螺栓齐全、紧固，连接销轴有可靠轴向止动装置</td><td colspan="5"></td></tr>
<tr><td colspan="4">对重导轨接缝平整、顺直，吊笼运行平稳</td><td colspan="5"></td></tr>
<tr><td colspan="4">导轨架垂直度符合规定</td><td colspan="5"></td></tr>
<tr><td colspan="4">自由端高度、附墙架间距符合规定</td><td colspan="5"></td></tr>
<tr><td rowspan="4">传动部分</td><td colspan="4">钢丝绳规格及绳端固定符合规定，未达到报废标准</td><td colspan="5"></td></tr>
<tr><td colspan="4">各部位滑轮转动灵活、可靠，无卡阻现象</td><td colspan="5"></td></tr>
<tr><td colspan="4">齿条、齿轮、曳引轮符合标准要求、保险装置可靠</td><td colspan="5"></td></tr>
<tr><td colspan="4">各机构转动平稳、无异常响声，制动器灵活可靠</td><td colspan="5"></td></tr>
<tr><td rowspan="8">安全防护部分</td><td colspan="4">仪表、照明、报警系统完好可靠</td><td colspan="5"></td></tr>
<tr><td colspan="4">控制、操纵装置动作灵活、可靠</td><td colspan="5"></td></tr>
<tr><td colspan="4">电气系统对导轨架的绝缘电阻不小于 0.5MΩ，接地电阻不大于 4Ω</td><td colspan="5"></td></tr>
<tr><td colspan="4">上下限位和极限限位挡块安装牢固，位置准确</td><td colspan="5"></td></tr>
<tr><td colspan="4">上下极限和极限限位开关灵敏可靠</td><td colspan="5"></td></tr>
<tr><td colspan="4">急停开关灵敏可靠</td><td colspan="5"></td></tr>
<tr><td colspan="4">停层门、停层平台、两侧防护搭设符合要求</td><td colspan="5"></td></tr>
<tr><td colspan="4">地面防护围栏门、吊笼门机电联锁灵敏可靠</td><td colspan="5"></td></tr>
<tr><td colspan="2">安装单位验收意见：

负责人（签章）：

年　月　日</td><td colspan="2">租赁单位验收意见：

负责人（签章）：

年　月　日</td><td colspan="2">施工单位验收意见：

负责人（签章）：

年　月　日</td><td colspan="4">监理单位监督验收意见：

总监理工程师（签章）：

年　月　日</td></tr>
</table>

起重机械加节、附着过程旁站监督记录

起重机械加节、附着过程旁站监督记录表		编号	
工程名称		工程地点	
危险因素类型		日期及气候	
旁站开始时间		旁站结束时间	
施工单位			
旁站的部位或工序			
安全教育、交底情况：			
施工关键节点及安全管控措施落实情况：			
发现问题及处理措施：			
备注：			
旁站人员（签字）： 年　月　日			

14.1.4 建筑起重机械拆卸管理

14.1.4.1 塔式起重机拆卸管理

1. 方案管理

塔式起重机拆除作业前，拆除单位应编制塔式起重机拆卸工程专项施工方案，由拆除单位技术负责人批准后，报送施工总承包单位或机械使用单位、监理单位审核，并告知工程所在地县级以上建设行政主管部门。塔式起重机拆除方案应符合现行标准《建筑施工塔式起重机拆除、使用、拆卸安全技术规程》(JGJ 196）规定。应包括下列内容：

(1）工程概况。

(2）塔式起重机位置的平向和立画图。

(3）拆卸顺序。

(4）部件的重量和吊点位置。

(5）拆卸辅助设备的型号、性能及布置位置。

(6）电源的设置。

(7）施工人员配置。

(8）吊索具和专用工具的配备。

(9）重大危险源和安全技术措施。

(10）应急预案等。

2. 塔式起重机拆除人员配置及拆除前准备

塔式起重机拆除、拆卸作业应配备下列人员：

(1）持有安全生产考核合格证书的项目负责人和安全负责人、机械管理人员。

(2）具有建筑施工特种作业操作资格证书的建筑起重机械拆除拆卸工、起重司机、起重信号工、司索工等特种作业操作人员。

3. 拆除前检查

塔式起重机拆除前，必须按照塔式起重机安全检查表相关内容（或拆除前设备检查验收表）对机械设备进行全面检查，并对塔式起重机的液压顶升系统进行检查和空载试运行，正常后方可进行拆除作业。

拆除作业前，拆除单位方案编制人应对现场管理人员进行方案交底、现场负责人对拆除作业人员进行安全技术交底，并由双方和项目专职安全管理人员共同签字确认，在拆除作业区域布置警戒区域；项目机械管理员应对拆除作业人员操作证进行核实，组织对拆除作业人员进行安全教育和安全技术交底；项目机械管理员应对拆除（拆除）辅助机械的证件、机械安全装置、吊索具等进行检查，确保符合要求，并组织对操作人员进行安全技术交底。

作业过程中，拆除单位专职安全管理人员和项目部专职安全管理人员应全程进行旁站监督，并分别填写旁站监督记录表。旁站监督人员在作业过程中应根据方案和说明书核实拆除程序，对作业过程中作业程序及安全行为进行监控及纠正。

结束当天作业或因中途恶劣天气等原因临时停止拆除作业时，拆除单位必须将机械设备停止在安全位置，采取禁止操作机械设备的可靠措施（如断电、上锁等）。

14.1.4.2 施工升降机机拆卸管理

1. 方案管理

施工升降机拆卸作业前，拆除单位应编制施工升降机安装工程专项施工方案，由安装单位技术负责人批准后，报送施工总承包单位或使门单位、监理单位审核，并告知工程所在地县级以上建设行政主管部门。应包括下列内容：

(1）工程概况。

（2）编制依据。

（3）作业人员组织和职责。

（4）施工升降机安装位置平面、立画图和安装作业范围平面图。

（5）施工升降机技术参数、主要零部件外形尺寸和重量。

（6）辅助起重设备的种类、型号、性能及位置安排。

（7）吊索具的配置、安装与拆卸工具及仪器。

（8）安装、拆卸步骤与方法。

（9）安全技术措施。

（10）安全应急预案。

2. 施工升降机拆除人员配置及拆除前准备

施工升降机拆除作业应配备下列人员：

（1）持有安全生产考核合格证书的项目负责人和安全负责人、机械管理人员。

（2）具有建筑施工特种作业操作资格证书的建筑起重机械拆除拆卸工、起重司机、起重信号工、司索工等特种作业操作人员。

3. 拆除前检查

施工升降机拆除前，必须按照施工升降机安全检查表相关内容（或拆除前设备检查验收表）对机械设备进行全面检查，并对施工升降机的液压顶升系统进行检查和空载试运行，正常后方可进行作业。

拆除作业前，拆除单位方案编制人应对现场管理人员进行方案交底、现场负责人对拆除作业人员进行安全技术交底，并由双方和项目专职安全管理人员共同签字确认，在拆除作业区域布置警戒区域；项目机械管理员应对拆除作业人员操作证进行核实，组织对拆除作业人员进行安全教育和安全技术交底；项目机械管理员应对拆除（拆除）辅助机械的证件、机械安全装置、吊索具等进行检查，确保符合要求，并组织对操作人员进行安全技术交底。

作业过程中，拆除单位专职安全管理人员和项目部专职安全管理人员应全程进行旁站监督，并分别填写旁站监督记录表。旁站监督人员在作业过程中应根据方案和说明书核实拆除程序，对作业过程中作业程序及安全行为进行监控及纠正。夜间不得进行施工升降机的拆卸作业。

结束当天作业或因中途恶劣天气等原因临时停止拆除作业时，拆除单位必须将机械设备停止在安全位置，采取禁止操作机械设备的可靠措施（如断电、上锁等）。

施工升降机（物料提升机）安装/拆卸过程记录。

14.1.4.3　门（桥）式起重机拆卸管理

1. 方案管理

门（桥）式起重机拆除作业前，拆除单位应编制门（桥）式起重机拆卸工程专项施工方案，由拆除单位技术负责人批准后，报送施工总承包单位或使门单位、监理单位审核，并告知工程所在地县级以上建设行政主管部门。应包括下列内容：

（1）工程概况。

（2）门（桥）式起重机位置的平向和立画图。

（3）拆卸流程。

（4）部件的重量和吊点位置。

（5）拆卸辅助设备的型号、性能及布置位置。

（6）电源的设置。

（7）施工人员配置。

（8）吊索具和专用工具的配备。

（9）重大危险源和安全技术措施。

（10）安全应急预案。

塔式起重机拆卸安全技术交底

<table>
<tr><td colspan="4">塔式起重机拆卸安全技术交底表</td><td>编号</td><td></td></tr>
<tr><td>工程名称</td><td colspan="2"></td><td>施工地点</td><td colspan="2"></td></tr>
<tr><td>总承包单位
名称</td><td colspan="2"></td><td>安、拆装单位
名称（盖章）</td><td colspan="2"></td></tr>
<tr><td rowspan="2">塔式起重机</td><td>型号</td><td></td><td>塔高（m）</td><td colspan="2"></td></tr>
<tr><td>统一编号</td><td></td><td>臂长（m）</td><td colspan="2"></td></tr>
<tr><td colspan="2">辅助起重设备名称及型号</td><td colspan="4"></td></tr>
<tr><td colspan="6">交底内容：</td></tr>
<tr><td>交底人（签字）</td><td colspan="2"></td><td>安全员（签字）</td><td colspan="2"></td></tr>
<tr><td>接受交底人（签字）</td><td colspan="5"></td></tr>
<tr><td>交底日期</td><td colspan="5">年　月　日</td></tr>
</table>

塔式起重机拆卸旁站监控及纠正记录

<table>
<tr><td colspan="3">塔式起重机拆卸旁站监控及纠正记录表</td><td>编号</td></tr>
<tr><td>工程名称</td><td></td><td>工程地点</td><td></td></tr>
<tr><td>危险因素类型</td><td></td><td>日期及气候</td><td></td></tr>
<tr><td>旁站开始时间</td><td></td><td>旁站结束时间</td><td></td></tr>
<tr><td>施工单位</td><td colspan="3"></td></tr>
<tr><td>旁站的部位或工序</td><td colspan="3"></td></tr>
<tr><td colspan="4">安全教育、交底情况：</td></tr>
<tr><td colspan="4">施工关键节点及安全管控措施落实情况：</td></tr>
<tr><td colspan="4">发现问题及处理措施：</td></tr>
<tr><td colspan="4">备注：</td></tr>
<tr><td colspan="4">旁站人员（签字）：
年　月　日</td></tr>
</table>

施工升降机（物料提升机）安装/拆卸安全技术交底

<table>
<tr><td colspan="3">施工升降机（物料提升机）安装/拆卸安全技术交底表</td><td>编号</td><td></td></tr>
<tr><td>安装、拆卸单位（盖章）</td><td colspan="4"></td></tr>
<tr><td>施工地点</td><td></td><td>工程名称</td><td colspan="2"></td></tr>
<tr><td>总承包单位</td><td></td><td>统一编号</td><td colspan="2"></td></tr>
<tr><td>设备型号</td><td></td><td>安装高度</td><td colspan="2"></td></tr>
<tr><td>安装、拆卸日期</td><td></td><td>任务下达者</td><td colspan="2"></td></tr>
<tr><td colspan="5">技术交底：

技术交底人（签字）：
年　月　日</td></tr>
<tr><td colspan="5">安全交底：

安全交底人（签字）：
年　月　日</td></tr>
<tr><td colspan="5">安装负责人（签字）：

年　月　日</td></tr>
</table>

施工升降机（物料提升机）安装/拆卸过程记录

<table>
<tr><td colspan="6">施工升降机（物料提升机）安装/拆卸过程记录表</td><td>编号</td><td></td></tr>
<tr><td>安装、拆卸单位</td><td colspan="7"></td></tr>
<tr><td>工程名称</td><td colspan="7"></td></tr>
<tr><td>施工地点</td><td colspan="3"></td><td colspan="2">安装、拆卸负责人</td><td colspan="2"></td></tr>
<tr><td>设备编号</td><td colspan="3"></td><td colspan="2">设备型号</td><td colspan="2"></td></tr>
<tr><td>安装、拆卸时间</td><td colspan="3"></td><td colspan="2">安装、拆卸高度</td><td colspan="2"></td></tr>
<tr><td>起重设备配备</td><td></td><td colspan="2">司机</td><td></td><td colspan="2">证号</td><td></td></tr>
<tr><td>日期</td><td></td><td colspan="2"></td><td></td><td colspan="2"></td><td></td></tr>
<tr><td>风力</td><td></td><td colspan="2"></td><td></td><td colspan="2"></td><td></td></tr>
<tr><td>姓名</td><td>工种</td><td colspan="2">证号</td><td colspan="4">工作内容</td></tr>
<tr><td></td><td></td><td colspan="2"></td><td colspan="4"></td></tr>
<tr><td></td><td></td><td colspan="2"></td><td colspan="4"></td></tr>
<tr><td></td><td></td><td colspan="2"></td><td colspan="4"></td></tr>
<tr><td></td><td></td><td colspan="2"></td><td colspan="4"></td></tr>
<tr><td></td><td></td><td colspan="2"></td><td colspan="4"></td></tr>
<tr><td></td><td></td><td colspan="2"></td><td colspan="4"></td></tr>
<tr><td colspan="8">安装、拆卸过程情况记录：</td></tr>
<tr><td>安装、拆卸人员
（签字）</td><td colspan="7"></td></tr>
<tr><td colspan="8">安装、拆卸负责人（签字）：

年　月　日</td></tr>
</table>

2. 门（桥）式起重机拆除人员配置及拆除前准备

门（桥）式起重机拆除、拆卸作业应配备下列人员：

（1）持有安全生产考核合格证书的项目负责人和安全负责人、机械管理人员。

（2）具有建筑施工特种作业操作资格证书的建筑起重机械拆除拆卸工、起重司机、起重信号工、司索工等特种作业操作人员。

3. 拆除前检查

（1）门（桥）式起重机拆除前，必须按照门（桥）式起重机安全检查表相关内容（或拆除前设备检查验收表）对机械设备进行全面检查，并对门（桥）式起重机的液压顶升系统进行检查和空载试运行，正常后方可进行作业。

（2）拆除作业前，拆除单位方案编制人应对现场管理人员进行方案交底、现场负责人对拆除作业人员进行安全技术交底，并由双方和项目专职安全管理人员共同签字确认，在拆除作业区域布置警戒区域；项目机械管理员应对拆除作业人员操作证进行核实，组织对拆除作业人员进行安全教育和安全技术交底；项目机械管理员应对拆除辅助机械的证件、机械安全装置、吊索具等进行检查，确保符合要求，并组织对操作人员进行安全技术交底。

（3）作业过程中，拆除单位专职安全管理人员和项目部专职安全管理人员应全程进行旁站监督，并分别填写旁站监督记录表。旁站监督人员在作业过程中应根据方案和说明书核实拆除程序，对作业过程中作业程序及安全行为进行监控及纠正。

（4）结束当天作业或因中途恶劣天气等原因临时停止拆除作业时，拆除单位必须将机械设备停止在安全位置，采取禁止操作机械设备的可靠措施（如断电、上锁等）。

14.1.5 履带式起重机、汽车起重机安全管理

14.1.5.1 履带式起重机安全管理

1. 履带式起重机进场出厂合格证、起重机械设备备案证明、定期检验报告、安装使用说明书、租赁安装合同、安全协议及有效的特种作业人员证件。

2. 履带式起重机的安装、拆卸应有专项施工方案和安装（拆卸）生产安全事故应急救援预案，告知审批手续齐全。

3. 履带式起重机进场验收和安装自检，应记录型号、性能参数、机构、工作机构及传动、钢丝绳、液压、安全及控制装置、试运行等状况，填写履带式起重机（安装）自检表。

4. 履带式起重机安装自检完成后，应根据所在地要求进行第三方检测，合格后由总承包单位组织租赁安装单位、使用单位、监理单位进行联合验收，验收应记录生产厂家、机械型号、结构、传动、电气、液压、安全等，并填写履带式起重机（安装）验收表。

5. 履带式起重机使用前应编制《起重机械生产安全事故应急救援预案》，并对操作人员和信号司索人员进行安全技术交底。

6. 每班作业检查应记录基础、钢结构、各连接件、各工作机构、钢丝绳、安全装置等，填写履带式起重机作业前安全隐患排查表。

7. 履带式起重机安全检查，应记录工程名称、施工单位、检查情况、检查结果、检查意见等，填写履带式起重机安全检查表。

8. 履带式起重机使用应记录设备型号、编号、工作内容、运转时间、操作人、设备状况、操作人、接班人等，填写机械设备运转、交接班记录表。

9. 履带式起重机保养应记录设备名称、规格型号、备案编号、维修保养内容等，填写机械设备维修保养记录表。

履带式起重机（安装）自检

履带式起重机（安装）自检表				编号		
设备型号			产权单位			
生产厂家			安装日期			
工程名称			主臂最大起重量（t）		主臂长度（m）	
施工单位			副臂最大起重量（t）		副臂长度（m）	
序号	项目	检查内容和要求		检查结果		
1	结构件	各结构件齐全完好，无塑性变形、裂纹、锈蚀				
	臂杆	各节臂杆完好，组装正确，连接可靠				
2	联接	各联接销轴、螺栓、开口销安装齐全、紧固				
3	配重	根据工况正确选择配重，安装牢固				
4	工作机构	各工作机构作正常，减速器、离合器、联轴器完好，无漏油				
5	钢丝绳	钢丝绳穿绕正确，润滑良好，无断丝及磨损过度情况，无跳槽或挤压，松紧度适宜				
6	滑轮	无裂纹和损伤，转动良好，钢丝绳防脱装置有效				
7	制动器	起升机构制动片间隙及磨损不超过说明书的规定要求				
8	吊钩	完好，标记清晰，钢丝绳防脱钩装置有效				
9	发动机	发动机工作正常				
10	液压系统	各安全阀、溢流阀和液压锁等工作正常				
11		液压管路、接头、阀组完好，无泄漏				
12		油泵、发动机工作正常				
13	安全及指示装置	起重量指示器灵敏有效				
14		力矩限制器灵敏有效				
15		高度限位器灵敏有效				
16		防后倾装置有效				
17		水平仪灵敏准确				
18		幅度指示器清晰准确				
19		起重量和检验合格标志清晰				
20		危险部位安全标志清晰				
21	试运行	空载运行				
22		额定载荷运行				
23	其他					

检查结论：

组装负责人（签字）：　　　　技术负责人（签字）：

年　月　日　　　　年　月　日

履带式起重机（安装）验收

<table>
<tr><td colspan="3">履带式起重机（安装）验收表</td><td>编号</td><td></td></tr>
<tr><td>工程名称</td><td></td><td>工程地址</td><td colspan="2"></td></tr>
<tr><td>施工单位</td><td></td><td>安装单位</td><td colspan="2"></td></tr>
<tr><td>机械型号</td><td></td><td>最大起重量</td><td colspan="2"></td></tr>
<tr><td>验收项目</td><td colspan="2">验收内容</td><td colspan="2">验收结果</td></tr>
<tr><td rowspan="4">有效资料</td><td colspan="2">有备案证明，并与备案标牌及型号相一致</td><td colspan="2"></td></tr>
<tr><td colspan="2">有定期检验报告，并在有效期内</td><td colspan="2"></td></tr>
<tr><td colspan="2">有安装自检表，并自检合格</td><td colspan="2"></td></tr>
<tr><td colspan="2">司机及信号指挥人员持有效的特种作业人员资格证书</td><td colspan="2"></td></tr>
<tr><td rowspan="8">设备状况</td><td colspan="2">结构无变形、开焊、裂缝、锈蚀等现象，连接牢固</td><td colspan="2"></td></tr>
<tr><td colspan="2">运行平稳、工作正常</td><td colspan="2"></td></tr>
<tr><td colspan="2">各运转部分润滑良好，无漏油</td><td colspan="2"></td></tr>
<tr><td colspan="2">操纵系统、仪表完好齐全显示正常</td><td colspan="2"></td></tr>
<tr><td colspan="2">钢丝绳状况良好，绳端固定符合规定</td><td colspan="2"></td></tr>
<tr><td colspan="2">滑轮组完好，防脱槽装置有效</td><td colspan="2"></td></tr>
<tr><td colspan="2">发动机工作正常</td><td colspan="2"></td></tr>
<tr><td colspan="2">液压系统工作正常，无泄漏</td><td colspan="2"></td></tr>
<tr><td>吊具索具</td><td colspan="2">吊具索具完好合格，符合规范要求</td><td colspan="2"></td></tr>
<tr><td rowspan="4">安全装置</td><td colspan="2">力矩限制器完好有效</td><td colspan="2"></td></tr>
<tr><td colspan="2">高度限位器完好有效</td><td colspan="2"></td></tr>
<tr><td colspan="2">防后倾装置有效</td><td colspan="2"></td></tr>
<tr><td colspan="2">安全报警装置有效</td><td colspan="2"></td></tr>
<tr><td>指示标牌</td><td colspan="2">起重量指示器及标牌清晰，幅度指示器清晰准确</td><td colspan="2"></td></tr>
<tr><td rowspan="2">试运行</td><td colspan="2">空载运行</td><td colspan="2"></td></tr>
<tr><td colspan="2">额定载荷运行</td><td colspan="2"></td></tr>
<tr><td>租赁单位验收意见：

负责人（签章）：

年　月　日</td><td>安装单位验收意见：

负责人（签章）：

年　月　日</td><td>施工单位验收意见：

负责人（签章）：

年　月　日</td><td colspan="2">监理单位监督验收意见：

总监理工程师（签章）：

年　月　日</td></tr>
</table>

注：要求量化的参数应填实测值。验收结果代号：√＝合格，○＝整改后合格，×＝不合格，无＝无此项。

履带式起重机安全检查

<table>
<tr><td colspan="3">履带式起重机安全检查表</td><td>编号</td><td></td></tr>
<tr><td colspan="2">工程名称</td><td></td><td>设备型号</td><td></td></tr>
<tr><td colspan="2">产权（租赁）单位</td><td></td><td>现场编号</td><td></td></tr>
<tr><td>序号</td><td>检查内容</td><td colspan="2">检查验收要求</td><td>检查结果</td></tr>
<tr><td rowspan="6">1</td><td rowspan="6">外观验收</td><td colspan="2">灯光正常</td><td></td></tr>
<tr><td colspan="2">仪表正常，齐全有效</td><td></td></tr>
<tr><td colspan="2">转动轴螺栓紧固无缺失，安全可靠</td><td></td></tr>
<tr><td colspan="2">方向机横竖拉杆无松动</td><td></td></tr>
<tr><td colspan="2">无任何部位的漏油、漏水、漏气</td><td></td></tr>
<tr><td colspan="2">全车各部位无变形</td><td></td></tr>
<tr><td rowspan="8">2</td><td rowspan="8">检查油位水位</td><td colspan="2">水箱水位正常</td><td></td></tr>
<tr><td colspan="2">液压油位正常</td><td></td></tr>
<tr><td colspan="2">机油油位正常</td><td></td></tr>
<tr><td colspan="2">蓄电池水位正常</td><td></td></tr>
<tr><td colspan="2">方向机油油位正常</td><td></td></tr>
<tr><td colspan="2">刹车制动油正常</td><td></td></tr>
<tr><td colspan="2">变速箱油位正常</td><td></td></tr>
<tr><td colspan="2">液压泵压力正常</td><td></td></tr>
<tr><td rowspan="4">3</td><td rowspan="4">发动机部分</td><td colspan="2">机油压力怠速时不少于 $1.5kg/cm^2$</td><td></td></tr>
<tr><td colspan="2">水温正常</td><td></td></tr>
<tr><td colspan="2">发动机机构运转正常无异常</td><td></td></tr>
<tr><td colspan="2">各辅助机构工作正常</td><td></td></tr>
<tr><td rowspan="5">4</td><td rowspan="5">液压传动部分</td><td colspan="2">液压泵压力正常</td><td></td></tr>
<tr><td colspan="2">支腿正常伸缩、无下滑拖滞现象</td><td></td></tr>
<tr><td colspan="2">变幅油缸无下滑现象</td><td></td></tr>
<tr><td colspan="2">回转正常</td><td></td></tr>
<tr><td colspan="2">液压油温正常</td><td></td></tr>
<tr><td rowspan="5">5</td><td rowspan="5">地盘部分</td><td colspan="2">变速箱正常</td><td></td></tr>
<tr><td colspan="2">离合器正常无打滑</td><td></td></tr>
<tr><td colspan="2">各操作系统机构正常</td><td></td></tr>
<tr><td colspan="2">刹车系统正常</td><td></td></tr>
<tr><td colspan="2">行走系统正常</td><td></td></tr>
</table>

续表

序号	检查内容	检查验收要求	检查结果
6	安全防护部分	具有产品质量合格证	
		起重钢丝绳无断丝、断股、润滑良好，直径缩径不小于10%	
		吊钩及滑轮无裂纹，危险断面磨损不大于尺寸的10%	
		起重机幅度指示器正常	
		力距限制器（安全×荷限制器）装置灵敏可靠	
		起升高度限位器的报警切断动力功能正常	
		水平仪的指示正常	
		防过放绳装置的功能正常	
		卷筒无裂纹无乱绳现象	
		吊钩防脱装置工作正常	
		操作人员持证上岗	
		驾驶室内挂设安全技术操作规程	
检查验收结论： 验收日期：　年　月　日		项目总工（签字）	
		安全总监（签字）	
		机械管理员（签字）	
		产权（租赁）单位负责人（签字）	
		使用单位负责人（签字）	

14.1.5.2　汽车起重机安全管理

1. 汽车起重机进入施工现场使用前自检，应有定期检验报告、特种作业人员证书等相关资料，记录结构、工作机构、钢丝绳、液压系统、安全装置、吊具索具等内容，填写汽车起重机自检表。

2. 汽车起重机进入施工现场使用前验收，应记录定期检验报告、特种作业人员证书等相关资料，以及零部件、结构、传动、电气、安全装置、吊具索具等内容，填写进场验收表。

3. 使用前对操作和信号司索人员进行安全技术交底，交底中应记录施工单位、工程名称、工种、施工部位、交底时间、交底内容等，填写安全技术交底表。

流动式起重机械检查验收见下表。

流动式起重机械检查验收

流动式起重机械检查验收表				编号	
工程名称			设备型号		
产权（租赁）单位			现场编号		
序号	检查内容	检查验收要求		检查结果	
1	整机	各种灯光、信号、标志应齐全清晰，大灯光束应符合照明要求；后视镜安装应正确，喇叭音响应符合说明书规定			
		起重机的任何部位与架空输电线路之间的距离应符合规定，否则应采取有效的安全防护措施			
		各总成、零部件、附件及附属装置应齐全完整			
		金属结构件螺栓或铆钉连接不应松动，不应有缺件、损坏等缺陷；高强度螺栓连接的预紧力应符合说明书规定			

续表

序号	检查内容	检查验收要求	检查结果
2	钢丝绳与吊钩	起重机使用的钢丝绳的规格、型号应符合该机说明书要求	
		钢丝绳与滑轮和卷筒相匹配，穿绕正确，钢丝绳未达到报废标准，钢丝绳达到最大出绳量时，在卷筒上应保留 3 圈以上	
		吊钩严禁补焊，不得使用铸造的吊钩，吊钩表面应光洁、不应有剥裂、锐角、毛刺、裂纹，并设有防脱钩装置且工作可靠有效	
3	卷筒与滑轮	卷筒两侧边缘的高度应超过最外层钢丝绳，其值不应小于钢丝绳直径的 2 倍	
		卷筒上钢丝绳尾端的固定装置，应有防松或自紧性能	
		滑轮应有防止钢丝绳跳出轮槽的装置	
4	电气系统	电控装置应灵敏，熔断器配置应合理、正确；各电器仪表指示数据应准确，绝缘应良好	
		启动装置反应灵敏，与发动机飞轮啮合应良好	
		照明装置应齐全、亮度应符合使用要求	
5	制动机构	制动轮的摩擦面，不应有妨碍制动性能的缺陷或油污	
		制动片与制动轮间的接触面应均匀，间隙应适宜，制动应可靠	
6	回转机构	回转机构各部间隙调整应适当，回转时不应有明显晃动或抖动，并具有滑转性能，行走时转台应能锁定	
	基础	起重机支腿应支在坚实的地面，严禁支腿下方有孔洞	
	安全装置	起重机声光报警装置灵敏可靠	
		起重机力矩限制器是否灵敏可靠	
		起重机重量限制器是否灵敏可靠	
		所有外露的传动部件均应装设防护罩且固定牢靠；制动器应装有防雨罩	
		起重机幅度限位和防止起重臂后倾装置且工作可靠有效	
		变幅指示器各限位装置应完好、齐全、灵敏可靠	
检查验收结论：		项目专业工程师（签字）	
		项目机械管理员（签字）	
		项目安全员（签字）	
验收日期：　　年　月　日		产权单位负责人（签字）	

14.1.6　起重吊装管理

14.1.6.1　一般规定

1. 起重吊装用吊具、索具应符合下列要求

(1) 应使用有合格证的专用吊具与索具，且使用单位应有安全使用、维护保养规程或相应的规章制度。

(2) 吊具与索具产品应符合现行行业标准《起重机械吊具与索具安全规程》(LD 48) 的规定。

(3) 吊具与索具应与吊重种类，吊运具体要求以及环境条件相适应。

(4) 作业前应对吊具与索具进行检查，当确认完好时方可投入使用。

(5) 吊具承载时不得超过额定起重量，吊索（含各分支）不得超过安全工作载荷。

(6) 起重吊钩的吊点中心与吊重重心在同一条铅垂线上，使吊重处于稳定平衡状态。

2. 新购置或修复的吊具、索具，应对其外观质量、规格尺寸、合格证明材料等进行检查，确认合格后方可使用。

3. 吊具、索具在每次使用前应进行检查，经检查确认符合要求后，方可继续使用。当发现缺陷时，应停止使用。

4. 吊具与索具应根据使用频次情况，定期进行全面检查，并应做好记录。检验记录应作为继续使用、维修或报废的依据。

14.1.6.2　吊具、索具管理

1. 钢丝绳

(1) 钢丝绳作吊索时，其安全系数不得小于6倍。

(2) 钢丝绳的报废应符合现行国家标准《起重机 钢丝绳 保养维护安装检验和报废》(GB/T 5972)的规定。

(3) 当钢丝绳的端部采用编结固定时，编结部分的长度不得小于钢丝绳直径的20倍，并不应小于300mm，插接绳股应拉紧，凸出部分应光滑平整，且应在插接末尾留出适当长度，用金属丝扎牢，钢丝绳插接方法宜符合现行行业标准《钢丝绳吊索插编索扣》(GB/T 16271)的要求。用其他方法插接的应保证其插接连接强度不小于该绳最小破断拉力的75%。

(4) 当采用绳夹固接时，钢丝绳索绳夹最少数量应满足下表的要求。

钢丝绳吊索绳夹最少数量

绳夹规格（钢丝绳公称直径）d_r（mm）	钢丝绳夹的最少数量（组）
≤18	3
18～26	4
26～36	5
36～44	6
44～60	7

(5) 钢丝绳夹板应在钢丝绳受力绳一边，绳夹间距A不应小于钢丝绳直径的6倍。钢丝绳夹压板布置如图14.1.6-1所示。

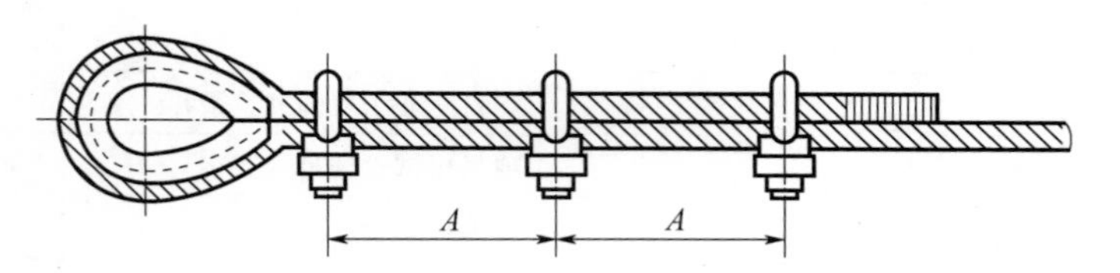

图14.1.6-1　钢丝绳夹压板布置图

(6) 吊索必须由整根钢丝绳制成，中间不得有接头。环形吊索应只允许有一处接头。

(7) 当采用两点或多点起吊时，吊索数宜与吊点数相符，且各根吊索的材质、结构尺寸、索眼端部固定连接、端部配件等性能应相同。

(8) 钢丝绳严禁采用打结方式系结吊物。

(9) 当吊索弯折曲率半径小于钢丝绳公称直径的2倍时，应采用卸扣将吊索与吊点拴接。

(10) 卸扣应无明显变形、可见裂纹和弧焊痕迹。常用的D形或弓形极限工作载荷须满足使用条件，销轴螺纹长度不得小于扣体直径，且无损伤现象。

2. 吊钩

1) 吊钩应符合再现行行业标准《起重机械吊具与索具安全规程》(LD 48)中的相关规定。

2) 吊钩严禁补焊，有下列情况之一的应予以报废：

(1) 表面有裂纹。

（2）挂绳处截面磨损量超过原高度的 10%。

（3）钩尾和螺纹度部分等危险截面及钩盘有永久性形变。

（4）开口度比原尺寸增加 15%。

（5）钩身的扭转角超过 10%。

14.1.6.3　吊装作业管理

1. 危险性较大的起重吊装作业应编制专项施工方案

（1）采用起重机械进行安装的工程。

（2）采用非常规起重设备、方法，且单件起吊重量在 10kN 及以上的起重吊装工程。

（3）采用非常规起重设备、方法，且单件起吊重量在 100kN 及以上的起重吊装工程的专项施工方案应经专家论证。

2. 以下情况的起重吊装作业应实施危险作业审批

（1）采用非常规起重设备、方法，且单件起吊重量在 100kN 及以上的起重吊装作业。

（2）超大超长的异型吊物起重吊装作业。

（3）流动式起重机械吊装作业。

起重吊装作业的机具检查验收、安全隐患排查及审批见下表。

起重吊装作业机具检查验收

<table>
<tr><td colspan="4">起重吊装作业机具检查验收表</td><td>编号</td><td></td></tr>
<tr><td colspan="2">工程名称</td><td></td><td>设备名称</td><td colspan="2"></td></tr>
<tr><td colspan="2">设备型号</td><td></td><td>设备来源</td><td colspan="2">□租赁分　□采购分　□自制</td></tr>
<tr><td colspan="2">作业部位</td><td></td><td>作业内容</td><td colspan="2"></td></tr>
<tr><td>序号</td><td>验收项目</td><td colspan="2">验收内容</td><td colspan="2">验收结果</td></tr>
<tr><td>1</td><td>施工方案与交底</td><td colspan="2">有经审批的作业方案，对作业人员有详细、具体、符合施工方案的交底</td><td colspan="2"></td></tr>
<tr><td>2</td><td>起重机</td><td colspan="2">起重机有合格证、检验证明；自制起重设备有计算书及材料证明文件；起升、变幅、回转、吊臂伸缩、力矩等安全限位装置齐全可靠，吊钩有保险装置；安装后有验收记录</td><td colspan="2"></td></tr>
<tr><td>3</td><td>钢丝绳</td><td colspan="2">使用符合要求，末端固定牢靠，绳卡数量、规格符合要求，绳卡坚固良好、无断股、轧扁和绳芯外露，无严重锈蚀；索具、吊具的安全系数大于 6 倍；缆风绳紧固良好，安全系数大于 3.5 倍；滑轮、地锚符合设计、规定要求</td><td colspan="2"></td></tr>
<tr><td>4</td><td>操作、指挥、司索人员配置情况</td><td colspan="2">司机、指挥、司索人员、电焊工、起重工持证上岗，司机的上岗证要与本机型相配</td><td colspan="2"></td></tr>
<tr><td>5</td><td>其他</td><td colspan="2"></td><td colspan="2"></td></tr>
<tr><td>验收意见</td><td colspan="5">验收人员（签字）：　　年　月　日</td></tr>
</table>

注：除流动式起重机外的非特种起重设备在吊装作业前应用本表进行验收；长期作业的过程中可用此表定期检查。

起重吊装作业前安全隐患排查

<table>
<tr><td colspan="3">起重吊装作业前安全隐患排查表</td><td>编号</td><td></td></tr>
<tr><td colspan="2">工程名称</td><td></td><td>施工单位</td><td></td></tr>
<tr><td colspan="2">施工负责人</td><td></td><td>检查人员</td><td></td></tr>
<tr><td>序号</td><td>检查项目</td><td>检查内容</td><td colspan="2">发现问题及处理情况</td></tr>
<tr><td rowspan="2">1</td><td rowspan="2">起重机械</td><td>起重机械安全装置齐全有效</td><td colspan="2"></td></tr>
<tr><td>起重拔杆组装符合设计要求</td><td colspan="2"></td></tr>
<tr><td rowspan="2">2</td><td rowspan="2">吊具索具</td><td>索具安全系数符合要求，无严重磨损</td><td colspan="2"></td></tr>
<tr><td>吊索规格互相匹配、机械性能符合要求</td><td colspan="2"></td></tr>
<tr><td rowspan="3">3</td><td rowspan="3">作业环境</td><td>地基承载力满足要求</td><td colspan="2"></td></tr>
<tr><td>起重机械与架空线路安全距离符合规范要求</td><td colspan="2"></td></tr>
<tr><td>构件码放不超高，安全稳定</td><td colspan="2"></td></tr>
<tr><td rowspan="3">4</td><td rowspan="3">安全防护及警戒</td><td>作业平台及强度、护栏高度符合要求</td><td colspan="2"></td></tr>
<tr><td>上人通道、爬梯强度、构造符合要求</td><td colspan="2"></td></tr>
<tr><td>设置警戒区域及标志</td><td colspan="2"></td></tr>
<tr><td>5</td><td>其他</td><td></td><td colspan="2"></td></tr>
<tr><td colspan="5">排查人（签字）：

年　月　日 时　分</td></tr>
</table>

起重吊装作业审批

<table>
<tr><td colspan="3">起重吊装作业审批表</td><td>编号</td><td></td></tr>
<tr><td>工程名称</td><td></td><td>作业时间</td><td colspan="2">年 月 日 时至 时</td></tr>
<tr><td>作业班组</td><td></td><td>所属单位</td><td colspan="2"></td></tr>
<tr><td>吊装内容</td><td colspan="4">□钢筋混凝土结构吊装 □钢结构吊装 □网架吊装 □异型物料吊装 □其他________
最大吊物重量________</td></tr>
<tr><td>主要危险有害因素</td><td colspan="4">□坍塌 □物体打击 □高处坠落 □触电 □车辆伤害 □机械伤害 □其他________</td></tr>
<tr><td>作业内容及区域</td><td></td><td>申请人员</td><td colspan="2"></td></tr>
<tr><td>起重司机</td><td></td><td>信号工</td><td colspan="2"></td></tr>
<tr><td rowspan="2">序号</td><td rowspan="2">主要安全措施</td><td colspan="3">确认安全措施符合要求（签名）</td></tr>
<tr><td>起重司机</td><td colspan="2">信号工</td></tr>
<tr><td>1</td><td>方案编制、审批齐全，作业人员已接受安全教育和书面交底</td><td></td><td colspan="2"></td></tr>
<tr><td>2</td><td>起重吊装操作人员、指挥人员持证上岗，个人防护用具、指挥用具配备齐全有效</td><td></td><td colspan="2"></td></tr>
<tr><td>3</td><td>起重机械验收合格，吊索具检查合格</td><td></td><td colspan="2"></td></tr>
<tr><td>4</td><td>作业场地平整，已设置警戒区域并进行警示，夜间照明充足</td><td></td><td colspan="2"></td></tr>
<tr><td>5</td><td>与架空输电线路的安全距离符合要求</td><td></td><td colspan="2"></td></tr>
<tr><td>6</td><td>严格执行起重机械安全操作规程</td><td></td><td colspan="2"></td></tr>
<tr><td colspan="5">项目机械工程师意见：

签名： 时间：</td></tr>
<tr><td colspan="5">项目安全总监意见：

签名： 时间：</td></tr>
<tr><td colspan="5">项目生产经理意见：

签名： 时间：</td></tr>
<tr><td colspan="5">工作结束确认人和结束时间：

签名： 时间：</td></tr>
</table>

注：该申请表适用于：①采用非常规起重设备、方法，且单件起吊重量在 100kN 及以上的起重吊装作业；②超大超长的异型吊物起重吊装作业；③流动式起重机械吊装作业。

14.2 盾构机安全管理

14.2.1 盾构机的安装与拆卸

14.2.1.1 基本规定

1. 盾构机吊装必须由拥有起重吊装资质的单位来进行作业。

2. 盾构机吊装必须编制专项施工方案，经审批合格后方可施工。

3. 起重操作司机、起重指挥工、司索工、起重辅助作业人员等必须身体健康，应经体格检查证明，无精神病、高血压、心脏病、视力听力不正常等禁忌性疾病，并均须持证上岗（辅助人员除外）。

4. 操作人员必须经过专业技术培训，经考试合格，并取得特种作业操作证持证上岗，达到下列要求：

（1）熟悉起重机的结构、原理和工作性能。

（2）熟悉安全操作规程及保养规程。

（3）熟悉起重工的工作信号及规则。

（4）具有操作维护起重机的基本技能。

（5）掌握各调整部位的调整方法。

5. 起重吊装的指挥人员必须持证上岗，作业时应与操作人员密切配合，执行规定的指挥信号。吊机操作人员应按指挥人员的信号进行操作，当信号不清或错误时，操作人员可拒绝执行。

6. 所有作业人员必须穿工作服、戴好安全帽，指挥人员必须配备必要的口哨和指挥旗等。

7. 夜间作业时，盾构机上及工作地点必须有足够的照明。

8. 在露天遇六级及以上大风或雷雨、大雾等恶劣天气时，应停止起重吊装作业。雨停止后，在作业前，应先试吊，确认制动器灵敏可靠后方可进行作业。

9. 起重指挥人员要求进行起重机回转、变幅、行走和吊钩升降等动作前，应发出声响、口哨等明显信号示意。应按规定的起重性能指挥起重作业，不得超载。

10. 起重机在提升或下落大臂、钢丝绳等操作过程中，专职指挥工必须及时提醒现场作业人员离开吊装危险区域。在人员未离开大臂、钢丝绳及吊物最大旋转范围前不允许起钩或下落等危险操作。

11. 每班作业前，应检查钢丝绳及钢丝绳的连接部位，当钢丝绳在一个节距内断丝根数达到或超过规定根数时，应予以报废。

12. 起重机的吊钩和吊环禁止补焊，当出现下列情况之一时应予以报废：

（1）表面有裂纹、破口。

（2）危险断面及钩颈有永久变形。

（3）挂绳处断面磨损超过原高度 10%。

（4）吊钩衬套磨损超过原厚度 50%。

（5）心轴（销子）磨损超过其原直径的 3%～5%。

13. 司索工主要从事地面工作，必须持证上岗。按操作工序要求如下：

1）准备吊钩。

对吊物的重量和重心估计要准确，如果是目测估算，应增大 20%来选择吊钩；每次吊装都要对吊具进行认真检查，如果是旧吊索应根据情况降级使用，绝不可侥幸超载或使用已报废的吊具。

2）捆绑吊物。

（1）对吊物进行必要的分类、清理和检查，吊物不能被其他物体挤压，被埋或被冻的物体要完全挖出。切断与周围管、线的一切联系，防止造成超载。

（2）清除吊物表面或空腔内浮摆的杂物，将可移动的零件锁紧或捆牢，形状或尺寸不同的物品不经特殊捆绑不得混吊，防止坠落伤人。

（3）吊物捆扎部位的毛刺要打磨平滑，尖棱利角应加垫物，防止起吊吃力后损坏吊索；表面光滑的吊物应采取措施来防止起吊后吊索滑动或吊物滑落。

（4）捆绑吊挂后余留的不受力绳索应系在吊物或吊钩上，不得留有绳头悬索，以防在吊运过程中挂人或物。

（5）吊运大而重的物体应加诱导绳，诱导绳长应能使司索工既可握住绳头，同时又能避开吊物正下方，以便发生意外时司索工可利用该绳控制吊物。

3）挂钩起吊。

（1）吊钩要位于被吊物重心的正上方，不准斜拉吊钩硬挂，防止提升后吊物翻转、摆动。

（2）吊物高大需要垫物攀高挂钩、摘钩时，脚踏物一定要稳固垫实，禁止使用易滚动物体（例如圆木、管子、滚筒等）做脚踏垫物。攀高必须系安全带，防止人员坠落跌伤。

（3）挂钩要坚持“五不挂”：超重或吊物重量不明不挂；重心位置不清楚不挂；尖棱利角和易滑工件无衬垫物不挂；吊具及配套工具不合格或报废不挂；包装松散、捆绑不良不挂等。

（4）当多人吊挂同一吊物时，应由专人指挥，在确认吊挂完备，所有人员都站在安全位置以后，才可发出起钩信号。

（5）起钩时，地面人员不应站在吊物倾翻、坠落波及的地方；如果作业场地为斜面，则应站在斜面上方（不可在死角），防止吊物坠落后继续沿斜面滚移伤人。

4）摘钩卸载。

（1）吊物运输到位前，应选择好安放位置，卸载不要挤压电气线路和其他管线，不要阻塞通道。

（2）针对不同吊物种类应采取不同措施加以支撑、揳住、垫稳、归类摆放，不得混码、互相挤压、悬空摆放，防止吊物滚落、侧倒、塌垛。

（3）摘钩时应等所有吊索完全松弛再进行，确认所有吊索从钩上卸下再起钩，不允许抖绳摘索，更不能利用起重机抽索。

5）搬运过程的指挥。

（1）无论采用何种指挥信号，必须规范、准确、明了。

（2）指挥者所处位置应能全面观察作业现场，并使司机、司索工都能清楚地看到。

（3）在作业进行的整个过程中（特别是重物悬挂在空中时），指挥者和司索工都不得擅离职守，应密切注意观察吊物及周围情况，如发现问题，应及时发出指挥信号。

14.2.1.2　起吊作业

1. 作业前的准备

（1）起重机进入现场，应检查作业区域周围有无障碍物。起重机应停放在作业点附近平坦坚硬的地面上。地面松软不平或强度不足时，地面必须采用足够强度、厚度的钢板垫实，使起重机处于水平状态。

（2）起吊前，司索人员应确认本次起吊用的钢丝绳、吊具、吊钩等均处于完好状态，核算起吊重量在吊车最大起重载荷的允许范围内。

2. 作业规则

（1）变幅应平稳，严禁猛然起落臂杆。

（2）作业时，臂杆可变倾角不得超过制造厂规定：起重机臂杆长 35m 时，应为 30°～80°；制造厂无规定时，最大倾角不得超过 78°。

（3）变幅角度或回转半径应与起重量相适应。

（4）回转前要注意周围（特别是尾部）不得有人和障碍物。

（5）必须在回转运动停止后，方可改变转向，当不再回转时，应锁紧回转制动器。

3. 提升和降落的规则

（1）起吊前，应检查确定臂杆长度、臂杆倾角、回转半径及允许负荷间的相互关系，每一数据都应在规定范围以内，绝不许超出规定，强行作业。

（2）应定期检查起吊钢丝绳及吊钩的完好情况，保证有足够的强度。

（3）起吊前，要检查蓄能器力矩限制器、过绕断路装置、报警装置等是否灵敏可靠。

（4）为防止作业时离合器突然脱开，应用离合器操纵杆加以锁。

（5）起重机禁止在作业时，对运转部位进行修理、调整、保养等工作。

（6）作业中如突然发生故障，应立即卸载，停止作业，进行检查和修理。

（7）当重物悬在空中时，司机不得离开操作室。

（8）起吊钢丝绳从卷筒上放出时，剩余量不得少于3圈。吊离地面或作业面20～50cm，然后停机检查重物绑扎的牢固性和平衡性、制动的可靠性、起重机的稳定性，确认正常后方可继续操作。

4. 安全注意事项

1）起重作业应由技术培训合格并持证的专职人员担任。作业前，应对起重机械设备、现场环境、行驶道路、架空电线及其他建筑物和吊物情况进行了解，确定吊装方法。

2）有下列情况之一者不得起吊：

（1）起重臂和吊起的重物下面有人停留或行走时。

（2）吊索和附件捆绑不牢时。

（3）吊件上站人或放有活动物时。

（4）重量不明、无指挥或信号不清时。

3）起重机的变幅指示器、力矩限制器以及各种行程限位开关等安全保护装置，应齐全完整，灵敏可靠，不得用限位装置代替操纵机构进行停机。

4）不得使用起重机进行斜拉、斜吊。起吊重物时，不得在重物上堆放或悬挂零星物件。

5）起重吊装物件时，不得忽快忽慢和突然制动。非重力下降式起重机，不得带荷自由下落。

6）在双机抬吊盾体过程中，非指挥人员不得进入吊车旋转半径范围内，指挥人员必须持证上岗，指挥信号准确有效，非专职指挥人员严禁指挥起重作业。

7）夜间进行起吊作业过程中，施工现场作业区范围内必须有足够的照明。整个过程必须设专人进行防护，防止非操作人员进入吊装区域。

8）起吊重物时，重物重心与吊钩中心应在同一垂直线上，绝不可偏置。回转速度要均匀，重物未停稳前，不准作反向操作。非紧急情况，严禁紧急制动。

9）起吊重物越过障碍物时，重物底部至少应高出所跨越障碍物最高点0.5m以上。要注意吊钩起升高度，应防止升过极限位置，以免造成事故。

10）停机时，必须先将重物落地，不得将重物悬在空中停机。存放设备底部必须加设足够数量的垫木，周边必须支撑牢固，以防发生倾斜。

11）双机吊装时，荷重不得超过两机总起重量的75%，起吊时动作要一致，禁止回转臂杆，严格服从统一指挥。

14.2.2 盾构机掘进施工安全管理规定

14.2.2.1 掘进操作

1. 盾构机操作人员必须拥有大专以上学历，经过有关部门安全技术培训，考核合格并取证后方可上岗。

2. 对管片和材料运输、管片吊运和拼装、注浆、油脂及泡沫剂更换、井口挂钩、续轨道及水管电缆、安装走台架等作业，编制操作规程，进行细节技术交底，并时常监督。

3. 作业前必须检查控制仪器、仪表及其他装置，确认处于安全状态。启动前必须与拼装手、注浆人员、电瓶车司机等有关人员联系，确认安全后方可操作。盾构机检查验收见下表。

盾构机检查验收

<table>
<tr><td colspan="4">盾构机检查验收表</td><td>编号</td><td></td></tr>
<tr><td colspan="2">工程名称</td><td></td><td>设备型号</td><td colspan="2"></td></tr>
<tr><td colspan="2">安装单位</td><td></td><td>使用单位</td><td colspan="2"></td></tr>
<tr><td>序号</td><td>项目</td><td colspan="2">验收内容</td><td colspan="2">验收结果</td></tr>
<tr><td>1</td><td>刀盘</td><td colspan="2">刀盘整体无缺陷，刀具数量完整，功能齐备</td><td colspan="2"></td></tr>
<tr><td>2</td><td>螺旋输送机</td><td colspan="2">螺旋输送机外观完好，马达及减速完好无渗漏油现象，正反转转速达到要求，蓄能器工作正常</td><td colspan="2"></td></tr>
<tr><td>3</td><td>管片拼装机</td><td colspan="2">管片拼装机功能齐备能 6 个自由度，无渗漏油现象，大臂自锁性能完好；
管片小车起升及输送功能良好，油路无渗漏</td><td colspan="2"></td></tr>
<tr><td>4</td><td>皮带输送机</td><td colspan="2">皮带输送机驱动装置功能良好，防偏轮完整，各托轮完整，从动轮功能良好</td><td colspan="2"></td></tr>
<tr><td rowspan="2">5</td><td rowspan="2">油缸系统</td><td colspan="2">推进油缸耐压能力良好，分区压力调节正常，油路无渗漏</td><td colspan="2" rowspan="2"></td></tr>
<tr><td colspan="2">铰接油缸耐压能力良好，收放调节正常，撑靴牢固，油路无渗漏</td></tr>
<tr><td rowspan="3">6</td><td rowspan="3">泵站系统</td><td colspan="2">液压泵站各油泵均达到使用要求</td><td colspan="2" rowspan="3"></td></tr>
<tr><td colspan="2">主轴承密封系统油泵工作正常，密封管路无渗漏，密封系统功能齐备</td></tr>
<tr><td colspan="2">盾尾油脂系统油泵工作正常，管路无错接，气动阀工作正常</td></tr>
<tr><td>7</td><td>同步注浆系统</td><td colspan="2">同步注浆系统管路连接正常，各油缸运动正常，各密封完好无漏浆漏油现象，计数器正常</td><td colspan="2"></td></tr>
<tr><td rowspan="6">8</td><td rowspan="6">其他系统</td><td colspan="2">泡沫系统管路连接正常，模式切换正常，参数调节正常，旋转接头无渗漏</td><td colspan="2" rowspan="6"></td></tr>
<tr><td colspan="2">人舱耐压功能良好无泄漏</td></tr>
<tr><td colspan="2">冷却水系统，管路连接正常，无渗漏</td></tr>
<tr><td colspan="2">膨润土系统挤压泵正常，管路连接正常，无渗漏</td></tr>
<tr><td colspan="2">通信及照明系统正常</td></tr>
<tr><td colspan="2">有害气体检测功能齐备良好</td></tr>
<tr><td>验收意见</td><td colspan="5">安装单位验收人员（签字）：
项目技术负责人（签字）：
项目机械管理员（签字）：
监理工程师（签字）：　　　年　月　日</td></tr>
</table>

4. 按规定程序开机，按安全技术交底要求设定和控制速度、注浆压力等技术参数。

5. 控制盾构机姿态、泡沫剂和油脂的注入量，建立好土压平衡，针对不同地层以及地表沉降反馈信息，及时调整土仓压力。

6. 发现故障和异常情况，按规定要求处理、汇报。

7. 出土量发生变化（超挖或欠挖）时，应探明原因，进行适当处理后方可继续推进。

8. 出现土压波动较大的现象，应及时按照相关预案进行处理，不得继续推进。

9. 壁后注浆：控制好注浆压力和注浆量，严格按照注浆操作规程作业。注意堵管情况，拆管清洗一定要提前卸压。

10. 管片吊运：检查吊装头是否完好，管片吊装头拧紧，挂钩一定要挂好，并插上插销，在管片吊运时，禁止他人在吊运区行走或逗留。

11. 注意全站仪、棱镜及其线缆安全，严禁水冲，非测量人员不得碰测量仪器。

12. 严格执行交接班制度，保证施工作业连续和衔接。

14.2.2.2 注浆

1. 作业前应检查管路，确认管路联接是否正确、牢固。

2. 必须服从操作员指挥，及时正确开关阀门。

3. 严格按照设定的注浆压力和注浆量进行浆液压注，避免出现注浆量不足或过大，出现管片上浮或下沉现象。

4. 拆卸注浆混合器时，各注浆管路和冲洗管路阀门必须全部关闭后方可进行作业。

5. 停机前需要冲洗管路，冲洗作业必须两人操作，在没有接到注浆操作手发出的可以冲洗管路的指令前，不得启动冲洗泵。

6. 发现管路堵塞时应及时通知专业人员修理，不得进行无浆、少浆盾构推进。

7. 注浆过程中要观察前四环管片上下浮动情况及漏浆情况，及时上报领班工程师或盾构司机，以便及时做出调整决定，采取相应措施。

8. 电瓶车行驶区域、双轨梁吊运区域和管片拼装区域属于危险作业点，要时刻注意自身及他人安全。

9. 班前严禁饮酒，上班时严禁打闹；严格交接班制度，要向接班人交待清楚注浆情况及存在问题。

10. 盾尾冒浆、漏浆，需加大盾尾密封油脂的压注量。

14.2.2.3 管片拼装

1. 井口吊装区域、电瓶车行驶区域、双轨梁吊运区域、管片拼装区域属于危险点，要时刻注意自身及他人安全。

2. 启动拼装机前，拼装机操作人员应对旋转范围内空间进行观察，在确认没有人员及障碍物时方可操作。

3. 拼装机作业前应先进行试运转，确认安全后方可作业。

4. 拼装管片过程中必须检查销子、螺栓，确认联接牢固。

5. 拼装机旋转移动管片前，必须确认管片拼装人员已进入安全区域，旋转移动管片时，管片拼装人员严禁进入旋转区域。

6. 在用液压油缸固定管片时，不得站在液压油缸的顶脚和柱塞上。

7. 根据管片安装顺序，将须安装管片位置的千斤顶缩回到位，空出管片拼装位置，每次只能缩回一个管片的位置，保证盾构姿态稳定。

8. 班前严禁饮酒；上班时严禁打闹；接班人不到不准下班，要向接班人交待清楚存在问题；严禁在进行双轨梁、管片拼装、井口吊装作业时在其范围内活动，工作；电瓶车行驶时注意安全，严禁乘坐及驾驶电瓶车；工作时间精力集中，不准睡觉、不准擅自离岗。

14.2.2.4　开仓检查及换刀

1. 必须编制专项施工方案，严格按照安全技术交底要求的程序作业。

2. 进仓人员必须经过专业培训，可以适应高压环境及高压作业。

3. 进仓之前必须详细检查氧气瓶、氧气表等安全保护器具是否齐全。

4. 在开仓之前必须清除土仓所有渣土，加气保压稳定掌子面，当压力无法保证时，应采取适当的加固措施，方可进仓。

5. 开仓之前必须断开刀盘控制开关，切断电源，关闭螺旋输送器，如果螺旋输送器闸阀没有关闭，就会造成压缩空气猛烈从螺旋输送器喷出的危险，这会导致开挖面稳定性降低（如塌落材料、涌水等现象）。挖掘室的压力减弱和开挖面稳定性降低均会使人员的健康造成严重的伤害。

6. 打开人孔之前，必须从隔壁板上的球阀对前仓进行观察，确认前方无水，掌子面稳定时方可进仓。

7. 前仓作业人员必须听从统一指挥，并保持与后方人员的联系。

8. 开仓检查时必须按照预定的方案进行。开仓后必须先认真仔细地观察刀盘周围的情况，确认安全后方可进入。由于土仓非常危险，随时可能会出现开挖面部分倒塌的情况，在整个进仓过程中都必须非常仔细地观察开挖面和水位。

9. 必须遵守全部的安全措施，防止工作材料的滚动和下落，以保证刀具的安全运输。

10. 所有需要的起重工具都要固定在预定的支架上并经过检查，保证安全操作。

11. 全部人员都佩戴安全索，特别是在刀盘上工作时，必须把它固定在固定点上。

12. 检修人员在刀盘进行检修和抢险时，应有专人监护并配备对讲机等通信设备。一旦发现险情应迅速撤离，关闭仓门。

13. 出仓减压时必须严格按照交底操作，不得减压过快，避免进仓人员患减压病。

14. 作为紧急安全室，前室必须始终让所有工人进入，不许被管路、电缆或其他材料堵塞。

14.2.2.5　特殊规定

1. 盾构机上必须配备足够的消防器材，并制订责任人看护检查制度。

2. 盾构机发生故障后必须由专业机修人员进行维修，特别是电气设备、控制系统等关键部位，严禁非专业人员乱动，以免发生危险。

3. 从管片车上吊运管片进行拼装时，管片下方严禁站人。

4. 作业人员用运浆车注浆时，如运浆车发生故障，应先切断电源后才允许检修。严禁在浆液搅拌时用棍棒等其他工具对浆液进行搅拌。

5. 对盾构机进行清扫时，严禁直接用水对电气设备冲洗，避免发生漏电等危险。

6. 台车尾部的高压变压器应密封，严禁施工人员靠近和乱动。

7. 收放高压电缆时，应先切断电源，严禁带电作业；在高压电缆需要连接时，必须设置保护箱。

8. 对盾构机维修须动用明火时，必须到安质部开动火证明，经批准后方可进行作业，作业时必须设专人看护，并配备足够的灭火器材。

9. 作业人员进行抽水作业时，严禁带电移动抽水机，以免发生触电伤人事故。

10. 洞内应保证有足够的新鲜空气流动，确保通风设备完好。

14.2.3　盾构机后配套设备的安全管理

14.2.3.1　电瓶车（含管片车、运浆车、渣土车）

1. 电瓶车司机必须经过专业培训，经考核合格取证后方可上岗。

2. 电瓶车司机岗前必须接受安全教育、培训以及安全技术交底。

3. 电瓶车司机作业前，必须认真仔细地检查蓄电池电压、制动装置气压、车灯、喇叭等，确认完好后方可试运行。

4. 电瓶车司机在作业时必须严格遵守安全操作规程，不得违章作业。严禁酒后操作，严禁操作时有看书看报等分心行为，严禁非司机操作。

5. 行驶前应鸣笛，特别是在行驶中遇施工人员、进入弯道和台车前必须鸣笛并减速，行驶中如遇到轨道中有障碍物、施工人员作业、进入道岔时，必须迅速减速鸣笛或采取制动措施。发生故障时必须立即停车处理。

6. 隧道中能见度下降时，司机必须打开前灯做照明，并减速行驶，速度不能超过5km/h。

7. 行驶中严禁用反向操作代替制动。

8. 电瓶车脱轨时，必须立即断电停车进行处理。

9. 严禁电瓶车搭乘施工人员，发现有人登车或扒车时，必须停车制止。

10. 司机开车时必须坐在司机座位上，严禁探身车外，驾驶室内严禁搭载闲杂人员。

11. 电瓶车控制手柄必须停放在电瓶车串联、并联的最后位置，严禁将控制手柄停放在两速度位置中间。加速时应依次推动手把，不得推动过快，严禁跳挡操作。

12. 电瓶车司机离开座位时必须切断电源，收起转向手柄，制动车辆，但不得关闭车灯。

13. 电瓶车司机必须服从信号工指挥，在没有得到信号工指令时严禁动车。

14. 电瓶车司机应经常检查制动系统，发现制动块磨损超标时，应及时请专职机修工进行更换。

15. 电瓶车发生故障后，必须由专业机修人员进行维修。

16. 电瓶车司机在行驶时，若发现轨道螺丝松动或轨距变化时，应请专业修理工进行调整。

17. 渣土车装土的重量不允许超过龙门吊的额定载荷。

18. 管片车运输时不得超宽超高。

19. 运浆车进行清理作业时应切断电源，并设专人看护。

20. 电瓶车司机对电瓶车．运浆车进行日常保养时，严禁用水直接冲洗电气设备。

21. 电瓶车司机交接班时，应做好交接班记录和运转记录。

14.2.3.2　浆液搅拌站

1. 作业前应先进行检查，确认安全：

（1）搅拌站台结构部分联结必须紧固可靠，限位装置及制动器灵敏可靠。

（2）电气、气动称量装置的控制系统安全有效，保险装置可靠。

（3）站台保护接零、避雷装置完好。

（4）输料装置的提升斗、拉铲钢丝绳和输送皮带无损伤。

（5）进出料闸门开关灵活、到位。

（6）空气压缩机和供气系统应运行正常，无异响和漏气现象，压力应保持在规定范围内。

（7）操作区、储料区和作业区必须设明显标志。

2. 启动搅拌系统后，应先进行空运转，检查机械运转情况；确认搅拌系统正常后，方可自动循环生产；严禁带负荷停机或启动。

3. 作业时应精神集中，注意观察各个仪表、指示器、皮带机、配料器等供料系统，发现有大块石料和异物时应及时清除，发现异常情况应立即停止生产，遇紧急情况时应立即切断电源，并向有关人员报告。

4. 操作人员必须按规定的程序操作，微机出现故障时，必须由专业人员维修。

5. 作业时严禁非作业人员进入生产区域。

6. 作业中严禁打开安全罩和搅拌盖检查、润滑，严禁将工具、棍棒伸入搅拌桶内扒料或清理。料斗提升时，严禁在其下方作业或穿行。

7. 在高空维护保养时，必须2人以上作业，并系安全带，采取必要的安全保护。遇六级及以上大风、下雨、下雪等天气，不得在高空进行维护保养作业。

8. 在操作台下作业的人员必须戴安全帽。

9. 维护、修理搅拌机顶层转料桶、清理搅拌机内衬及纹刀时，必须切断电源，并在电闸箱处设明显“严禁合闸”标志，设专人监护。在搅拌机内清理作业时，机门必须打开，并在门外设专人监护。

10. 清除上料斗底部的物料时，必须把料斗提升到适当位置，将安全销插入轨道内；清除上料斗内部的残料时，必须切断电源并设专人监护。

11. 交接班时，必须交清当班情况，并做记录。

12. 作业后应切断电源，锁上操作室，将钥匙交专人保管。

14.2.3.3　浆液搅拌机（浆液存储罐）

1. 浆液搅拌机操作工，岗前应接受安全教育和专业技术培训，经考核合格后方可上岗。

2. 作业前接受安全员的安全技术交底和安全教育。

3. 开机前必须认真检查有关部件，特别是要检查搅拌桶内有无杂物，确认无故障后方可开机进行搅拌作业。

4. 对浆液搅拌机进行清理作业时应切断电源，并设专人看护。

5. 搅拌机发生故障时，必须由专业机修人员进行维修。

6. 浆液搅拌机操作工平时应做好日常维修保养工作。

7. 操作工平时应做好交接班记录和运转记录。

14.3　中小型机械安全管理

14.3.1　动力设备

1. 内燃机机房内应有良好的通风、防雨措施，周围应有 1m 宽以上的通道，排气管应引出室外，并不得与可燃物接触。室外使用的动力机械应搭设防护棚。

2. 冷却系统的水质应保持洁净，硬水应经软化处理后使用，并应按要求定期检查更换。

3. 电气设备的金属外壳应进行保护接地或保护接零，并应符合现行行业标准《施工现场临时用电安全技术规范》(JGJ 46) 的规定。

4. 在同一供电系统中，不得将一部分电气设备作保护接地，而将另一部分电气设备作保护接零。不得将暖气管、煤气管、自来水管作为工作零线或接地线使用。

5. 在保护接零的零线，上不得装设开关或熔断器，保护零线应采用黄/绿双色线。

6. 不得利用大地作工作零线，不得借用机械本身金属结构作工作零线。

7. 电气设备的每个保护接地或保护接零点应采用单独的接地（零）线与接地干线（或保护零线）相连接。不得在一个接地（零）线中串接几个接地（零）点。大型设备应设置独立的保护接零，对高度超过 30m 的垂直运输设备应设置防雷接地保护装置。

8. 电气设备的额定工作电压应与电源电压等级相符。

9. 电气装置遇跳闸时，不得强行合闸。应查明原因，排除故障后再行合闸。

10. 各种配电箱、开关箱应配锁，电箱门上应有编号和责任人标牌，电箱门内侧应有线路图，箱内不得存放任何其他物件并应保持清洁。非本岗位作业人员不得擅自开箱合闸。每班工作完毕后，应切断电源，锁好箱门。

11. 发生人身触电时，应立即切断电源后对触电者作紧急救护。不得在未切断电源之前与触电者直接接触。

12. 电气设备或线路发生火警时，应首先切断电源，在未切断电源之前，人员不得接触导线或电气设备，不得用水或泡沫灭火机进行灭火。

14.3.2　土石方及筑路机械

1. 土石方及筑路机械的内燃机、电动机和液压装置的使用，应符合前文所述内燃机规定。

2. 机械进入现场前，应查明行驶路线上的桥梁、涵洞的上部净空和下部承载能力，确保机械安全通过。

3. 机械通过桥梁时，应采用低速挡慢行，在桥面上不得转向或制动。

4. 作业前，必须查明施工场地内明、暗铺设的各类管线等设施，并应采用明显记号标识。严禁在离地下管线、承压管道 1m 距离以内进行大型机械作业。

5. 作业中，应随时监视机械各部位的运转及仪表指示值，如发现异常，应立即停机检修。

6. 机械运行中，不得接触转动部位。在修理工作装置时，应将工作装置降到最低位置，并应将悬空工作装置垫上垫木。

7. 在电杆附近取土时，对不能取消的拉线、地垄和杆身，应留出土台，土台大小应根据电杆结构、掩埋深度和土质情况由技术人员确定。

8. 机械与架空输电线路的安全距离应符合现行行业标准《施工现场临时用电安全技术规范》(JGJ 46) 的规定。

9. 在施工中遇下列情况之一时应立即停工：

(1) 填挖区土体不稳定，土体有可能坍塌。

(2) 地面涌水冒浆，机械陷车，或因雨水机械在坡道打滑。

(3) 遇大雨、雷电、浓雾等恶劣天气。

(4) 施工标志及防护设施被损坏。

(5) 工作面安全净空不足。

10. 机械回转作业时，配合人员必须在机械回转半径以外工作。当需在回转半径以内工作时，必须将机械停止回转并制动。

11. 雨期施工时，机械应停放在地势较高的坚实位置。

12. 机械作业不得破坏基坑支护系统。

13. 行驶或作业中的机械，除驾驶室外的任何地方不得有乘员。

14.3.3 桩工机械

1. 桩工机械类型应根据桩的类型、桩长、桩径、地质条件、施工工艺等综合考虑选择。

2. 桩机上的起重部件应执行本规程高空作业的有关规定。

3. 施工现场应按桩机使用说明书的要求进行整平压实，地基承载力应满足桩机的使用要求。在基坑和围堰内打桩，应配置足够的排水设备。

4. 桩机作业区内不得有妨碍作业的高压线路、地下管道和埋设电缆。作业区应有明显标志或围栏，非工作人员不得进入。

5. 桩机电源供电距离宜在 200m 以内，工作电源电压的允许偏差为其公称值的±5%。电源容量与导线截面应符合设备施工技术要求。

6. 作业前，应由项目负责人向作业人员做详细的安全技术交底。桩机的安装、试机、拆除应严格按设备使用说明书的要求进行。

7. 安装桩锤时，应将桩锤运到立柱正前方 2m 以内，并不得斜吊。桩机的立柱导轨应按规定润滑。桩机的垂直度应符合使用说明书的规定。

8. 作业前，应检查并确认桩机各部件连接牢靠，各传动机构、齿轮箱、防护罩、吊具、钢丝绳、制动器等应完好，起重机起升、变幅机构工作正常，润滑油、液压油的油位符合规定，液压系统无泄漏，液压缸动作灵敏，作业范围内不得有非工作人员或障碍物。电动机应按本规程的要求执行。

9. 水上打桩时，应选择排水量比桩机重量大 4 倍或以上的作业船或安装牢固的排架，桩机与船体或排架应可靠固定，并应采取有效的锚固措施。当打桩船或排架的偏斜度超过 3°时，应停止作业。

10. 桩机吊桩、吊锤、回转、行走等动作不应同时进行。吊桩时，应在桩上拴好拉绳，避免桩与桩锤或机架碰撞。桩机吊锤（桩）时，锤（桩）的最高点离立柱顶部的最小距离应确保安全。轨道式桩机吊桩时应夹紧夹轨器。桩机在吊有桩和锤的情况下，操作人员不得离开岗位。

11. 桩机不得进行侧面吊桩或远距离拖桩。桩机在正前方吊桩时，混凝土预制桩与桩机立柱的水平距离不应大于 4m，钢桩不应大于 7m，并应防止桩与立柱碰撞。

12. 使用双向立柱时，应在立柱转向到位，并应采用锁销将立柱与基杆锁住后起吊。

13. 施打斜桩时，应先将桩锤提升到预定位置，并将桩吊起，套入桩帽，桩尖插入桩位后再后仰立柱。履带三支点式桩架在后倾打斜桩时，后支撑杆应顶紧；轨道式桩架应在平台后增加支撑，并夹紧夹轨器。立柱后仰时，桩机不得回转及行走。

14. 桩机回转时，制动应缓慢，轨道式和步履式桩架同向连续回转不应大于一周（360°）。

15. 桩锤在施打过程中，监视人员应在距离桩锤中心 5m 以外。

16. 插桩后，应及时校正桩的垂直度。桩入土 3m 以上时，不得用桩机行走或回转动作来纠正桩的倾斜度。

17. 拔送桩时，不得超过桩机起重能力；拔送载荷应符合下列规定：

（1）电动桩机拔送，其载荷不得超过电动机满载电流时的载荷。

（2）内燃机桩机拔送桩时，发现内燃机明显降速，应立即停止作业。

18. 作业过程中，应经常检查设备的运转情况，当发生异响、吊索具破损、紧固螺栓松动、漏气、漏油、停电以及其他不正常情况时，应立即停机检查，排除故障。

19. 桩机作业或行走时，除本机操作人员外，不应搭载其他人员。

20. 桩机行走时，地面的平整度与坚实度应符合要求，并应有专人指挥。走管式桩机横移时，桩机距滚管终端的距离不应小于 1m。桩机带锤行走时，应将桩锤放至最低位。履带式桩机行走时，驱动轮应置于尾部位置。

21. 在有坡度的场地上，坡度应符合桩机使用说明书的规定，并应将桩机重心置于斜坡上方，沿纵坡方向作业和行走。桩机在斜坡上不得回转。在场地的软硬边际，桩机不应横跨软硬边际。

22. 遇五级及以上的大风和雷雨、大雾、大雪等恶劣气候时，应停止作业。当风速达到六级及以上时，应将桩机顺风向停置，并应按使用说明书的要求，增设缆风绳，或将桩架放倒。桩机应有防雷措施，遇雷电时，人员应远离桩机。冬期作业应清除桩机上积雪，工作平台应有防滑措施。

23. 桩孔成型后，当暂不浇筑混凝土时，孔口必须及时封盖。

24. 作业中，当停机时间较长时，应将桩锤落下垫稳。检修时，不得悬吊桩锤。

25. 桩机在安装、转移和拆运时，不得强行弯曲液压管路。

26. 作业后，应将桩机停放在坚实平整的地面上，将桩锤落下垫实，并切断动力电源。轨道式桩架应夹紧夹轨器。

14.3.4　高空作业设备

1. 建筑起重机械进入施工现场应具备特种设备制造许可证、产品合格证、特种设备制造监督检验证明、备案证明、安装使用说明书和自检合格证明。

2. 建筑起重机械有下列情形之一时，不得出租和使用：

（1）属国家明令淘汰或禁止使用的品种、型号。

（2）超过安全技术标准或制造厂规定的使用年限。

（3）经检验达不到安全技术标准规定。

（4）没有完整安全技术档案。

（5）没有齐全有效的安全保护装置。

3. 建筑起重机械的安全技术档案应包括下列内容：

（1）购销合同、特种设备制造许可证、产品合格证、特种设备制造监督检验证明、安装使用说明书、备案证明等原始资料。

（2）定期检验报告、定期自行检查记录、定期维护保养记录、维修和技术改造记录、运行故障和生产安全事故记录、累积运转记录等运行资料。

（3）历次安装验收资料。

4. 建筑起重机械装、拆方案的编制，审批和建筑起重机械首次使用、升节、附墙等验收应按现行有关规定执行。

5. 建筑起重机械的装拆应由具有起重设备安装工程承包资质的单位施工，操作和维修人员应持证上岗。

6. 建筑起重机械的内燃机、电动机和电气液压装置部分，见动力设备篇。

7. 选用建筑起重机械时，其主要性能参数、利用等级、载荷状态、工作级别等应与建筑工程相匹配。

8. 施工现场应提供符合起重机械作业要求的通道和电源等工作场地和作业环境。基础与地基承载能力应满足起重机械的安全使用要求。

9. 操作人员在作业前应对行驶道路、架空电线、建（构）筑物等现场环境以及起吊重物进行全面了解。

10. 建筑起重机械的变幅限位器、力矩限制器、起重量限制器、防坠安全器、钢丝绳防脱装置、防脱钩装置以及各种行程限位开关等安全保护装置，必须齐全有效，严禁随意调整或拆除。严禁利用限制器和限位装置代替操纵机构。

11. 建筑起重机械安装工、司机、信号司索工作业时应密切配合，按规定的指挥信号执行。当信号不清或错误时，操作人员应拒绝执行。

12. 遇六级及以上大风或大雨、大雪、大雾等恶劣天气时，应停止露天的起重吊装作业。重新作业前，应先试吊，并应确认各种安全装置灵敏可靠后进行作业。

14.3.5 混凝土机械

14.3.5.1 混凝土泵车

1. 混凝土泵车应停放在平整坚实的地方，与沟槽和基坑的安全距离应符合使用说明书的要求。臂架回转范围内不得有障碍物，与输电线路的安全距离应符合现行行业标准《施工现场临时用电安全技术规范》（JGJ 46）的有关规定。

2. 混凝土泵车作业前，应将支腿打开，并应采用垫木垫平，车身的倾斜度不应大于3°。

3. 作业前应重点检查下列项目，并应符合相应要求：

（1）安全装置应齐全有效，仪表应指示正常。

（2）液压系统、工作机构应运转正常。

（3）料斗网格应完好牢固。

（4）软管安全链与臂架连接应牢固。

4. 伸展布料杆应按出厂说明书的顺序进行。布料杆在升离支架前不得回转。不得用布料杆起吊或拖拉物件。

5. 当布料杆处于全伸状态时，不得移动车身。当需要移动车身时，应将上段布料杆折叠固定，移动速度不得超过10km/h。

6. 不得接长布料配管和布料软管。

14.3.5.2 插入式振捣器

1. 作业前应检查电动机、软管、电缆线、控制开关等，并应确认处于完好状态；电缆线连接应正确。

2. 操作人员作业时应穿戴符合要求的绝缘鞋和绝缘手套。

3. 电缆线应采用耐候型橡皮护套铜芯软电缆，并不得有接头。

4. 电缆线长度不应大于 30m，不得缠绕、扭结和挤压，并不得承受任何外力。

5. 振捣器软管的弯曲半径不得小于 500mm，操作时应将振捣器垂直插入混凝土，深度不宜超过 600mm。

6. 振捣器不得在初凝的混凝土、脚手板和干硬的地面上进行试振。在检修或作业间断时，应切断电源。

7. 作业完毕，应切断电源，并应将电动机、软管及振动棒清理干净。

14.3.6　焊接机械

1. 焊接（切割）前，应先进行动火审查，确认焊接（切割）现场防火措施符合要求，并应配备相应的消防器材和安全防护用品，落实监护人员后，开具动火证。

2. 焊接设备应有完整的防护外壳，一、二次接线柱处应有保护罩。

3. 现场使用的电焊机应设有防雨、防潮、防晒、防砸的措施。

4. 焊接现场及高空焊割作业下方，严禁堆放油类、木材、氧气瓶、乙炔瓶、保温材料等易燃、易爆物品。

5. 电焊机绝缘电阻不得小于 0.5MΩ，电焊机导线绝缘电阻不得小于 1MΩ，电焊机接地电阻不得大于 40MΩ。

6. 电焊机导线和接地线不得搭在易燃、易爆、带有热源或有油的物品上；不得利用建（构）筑物的金属结构、管道、轨道或其他金属物体，搭接起来，形成焊接回路，并不得将电焊机和工件双重接地；严禁使用氧气、天然气等易燃易爆气体管道作为接地装置。

7. 电焊机的一次侧电源线长度不应大于 5m，二次线应采用防水橡皮护套铜芯软电缆，电缆长度不应大于 30m，接头不得超过 3 个，并应双线到位。当需要加长导线时，应相应增加导线的截面积。当导线通过道路时，应架高或穿入防护管内埋设在地下：当通过轨道时，应从轨道下面通过。当导线绝缘受损或断股时，应立即更换。

8. 电焊钳应有良好的绝缘和隔热能力。电焊钳握柄应绝缘良好，握柄与导线连接应牢靠，连接处应采用绝缘布包好。操作人员不得用胳膊夹持电焊钳，并不得在水中冷却电焊钳。

9. 对承压状态的压力容器和装有剧毒、易燃、易爆物品的容器，严禁进行焊接或切割作业。

10. 当焊割受压容器、密闭容器、粘有可燃气体和溶液的工件时，应先消除容器及管道内压力，清除可燃气体和溶液，并冲洗有毒、有害、易燃物质。对存有残余油脂的容器，宜用蒸汽、碱水冲洗，打开盖口，并确认容器清洗干净后，应灌满清水后进行焊割。

11. 交（直）流焊机

（1）使用前，应检查并确认初、次级线接线是否正确，输入电压符合电焊机的铭牌规定，接线螺母、螺栓及其他部件完好齐全，不得松动或损坏。直流焊机换向器与电刷接触应良好。

（2）当多台焊机在同一场地作业时，相互间距不应小于 600mm，且应逐台启动，并应使三相负载保持平衡。多台焊机的接地装置不得串联。

（3）移动电焊机或停电时，应切断电源，不得用拖拉电缆的方法移动焊机。

（4）调节焊接电流和极性开关应在卸除负荷后进行。

（5）硅整流直流电焊机主变压器的次级线圈和控制变压器的次级线圈不得用摇表测试。

（6）长期停用的焊机启用时，应空载通电一定时间，进行干燥处理。

12. 电焊机

（1）作业前，应清除上下两电极的油污。

（2）作业前，应先接通控制线路的转向开关和焊接电流的开关，调整好极数，再接通水源、气源，最后接通电源。

(3) 焊机通电后，应检查并确认电气设备、操作机构、冷却系统，气路系统工作正常，不得有漏电现象。

(4) 作业时，气路、水冷系统应畅通。气体应保持干燥。排水温度不得超过40℃，排水量可根据水温调节。

(5) 严禁在引燃电路中加大熔断器。当负载过小，引燃管内电弧不能发生时，不得闭合控制箱的引燃电路。

(6) 正常工作的控制箱的预热时间不得少于5min。当控制箱长期停用时，每月应通电加热30min。更换闸流管前，应预热30min。

14.3.7 钢筋加工机械

14.3.7.1 整机应符合下列规定

1. 机械的安装应坚实稳固，保持水平位置。
2. 金属结构不应有开焊、裂纹。
3. 零部件应完整，随机附件应齐全。
4. 外观应清洁，不应有油垢和锈蚀。
5. 操作系统应灵敏可靠，各仪表指示数据应准确。
6. 传动系统运转应平稳，不应有异常冲击、振动、爬行、窜动、噪声、超温、超压。
7. 机身不应有破损、断裂及形变。
8. 各部位连接应牢靠，不应松动。

14.3.7.2 电气系统及润滑系统应符合下列规定

1. 钢筋加工机械的用电应符合国家现行标准《施工现场临时用电安全技术规范》(JGJ 46) 的有关规定。
2. 电气系统装置应齐全，线路排列应整齐，卡固应牢靠。
3. 电气设备安装应牢固，电气接触应良好。
4. 电机运行时不应有异常响声、抖动及过热。
5. 电气控制设备和元件应置于柜（箱）内，电气柜（箱）门锁应齐全有效。
6. 油泵工作应有效；油路、油嘴应畅通；油杯、油线、油毡应齐全，不应有破损；油标应醒目，刻线应正确，油质、油量应符合说明书的要求。
7. 润滑系统工作应有效，油路应畅通，润滑应良好；各润滑部位及零件不应严重拉毛、磨损、碰伤。
8. 润滑油型号、油质及油量应符合说明书的要求。

14.3.7.3 安全防护应符合下列规定

1. 安全防护装置及限位应齐全、灵敏可靠，防护罩、板安装应牢固，不应破损。
2. 接地（接零）应符合用电规定，接地电阻不应大于4Ω。
3. 漏电保护器参数应匹配，安装应正确，动作应灵敏可靠；电气保护（如短路、过载、失压等）应齐全有效。

14.3.7.4 液压系统应符合下列规定

1. 各液压元件固定应牢固，不应有渗漏。
2. 液压系统应清洁，不应有油垢。
3. 各液压元件的调定压力应符合说明书的要求。
4. 各液压元件应定期校准和检验。

14.3.8 木工机械

14.3.8.1 整机应符合下列规定

1. 机械安装应坚实稳固，保持水平位置。

2. 金属结构不应有开焊、裂纹现象。

3. 机构应完整，零部件应齐全，连接应可靠。

4. 外观应清洁，不应有油垢和明显锈蚀。

5. 传动系统运转应平稳，不应有异常冲击、振动、爬行、窜动、噪声、超温、超压；传动皮带应完好，不应破损，松紧应适度。

6. 变速系统换挡应自如，不应有跳挡；各挡速度应正常。

7. 操作系统应灵敏可靠，配置操作按钮、手轮、手柄应齐全，反应应灵敏；各仪表指示数据应准确。

8. 各导轨及工作面不应严重磨损、碰伤、变形。

9. 具安装应牢固，定位应准确有效。

10. 积尘装置应完好，工作应可靠。

14.3.8.2　电气系统及润滑应符合下列规定

1. 木工机械及其他机械的用电应符合国家现行标准《施工现场临时用电安全技术规范》(JGJ 46) 的有关规定。

2. 电气系统装置应齐全，线路排列应整齐，包扎、卡固应牢靠，绝缘应良好，电缆、电线不应有损伤、老化、裸露。

3. 电机运转应平稳，不应有异常响声、振动及过热。

4. 润滑装置应齐全完整，油路应通畅，润滑应良好，润滑油（脂）型号、油质及油量应符合说明书规定。

14.3.8.3　安全防护装置应符合下列规定

1. 接地（接零）应正确，接地电阻应符合用电规定。

2. 短路保护、过载保护、失压保护装置动作应灵敏、有效。

3. 漏电保护器参数应匹配，安装应正确，动作应灵敏可靠。

4. 外露传动部分防护罩壳应齐全完整，安装应牢靠。

5. 防护压板、护罩等安全防护装置应齐全、可靠，指示标志应醒目有效。

14.3.9　运输机械

1. 各类运输机械应有完整的机械产品合格证以及相关的技术资料。

2. 各类运输机械应外观整洁，牌号必须清晰完整。

3. 启动前应重点检查以下项目，并应符合下列要求。

(1) 车辆的各总成、零件、附件应按规定装配齐全，不得有脱焊、裂缝等缺陷。螺栓、铆钉连接紧固不得松动、缺损。

(2) 各润滑装置齐全，过滤清洁有效。

(3) 离合器结合平稳、工作可靠、操作灵活，踏板行程符合有关规定。

(4) 制动系统各部件连接可靠，管路畅通。

(5) 灯光、喇叭、指示仪表等应齐全完整。

(6) 轮胎气压应符合要求。

(7) 燃油、润滑油、冷却水等应添加充足。

(8) 燃油箱应加锁。

(9) 无漏水、漏油、漏气、漏电现象。

4. 运输机械启动后，应观察各仪表指示值，检查内燃机运转情况及转向机构及制动器等性能，确认正常并待水温达到 40℃以上、制动气压达到安全压力以上时，方可低挡起步。起步前车旁及车下应无障碍物及人员。

5. 装载物品应与车厢捆绑稳固牢靠，并注意控制整车重心高度，轮式机具和圆形物件装运应采取防止滚动的措施。

6. 严禁车厢载人。

7. 运输超限物件时，应事先勘察路线，了解空中、地上、地下障碍，以及道路、桥梁等通过能力，制订运输方案，并必须向交通管理部门办理通行手续。在规定时间内按规定路线行驶。超限部分白天应插警示旗，夜间应挂警示灯。行进时应配备开道车（或护卫车）装卸人员及电工携带工具随行，保证运行安全。

8. 水温未达到70℃时，不得高速行驶。行驶中，变速时应逐级增减挡位，正确使用离合器，不得强推硬拉，使齿轮撞击发响。前进和后退交替时，应待车停稳后，方可换挡。

9. 车辆在行驶中，应随时观察仪表的指示情况，当发现机油压力低于规定值，水温过高或有异响、异味等情况时，应立即停车检查，排除故障后，方可继续运行。

10. 严禁超速行驶。应根据车速与前车保持适当的安全距离，进入施工现场应沿规定的路线，选择较好路面行进，并应避让石块、铁钉或其他尖锐铁器。遇有凹坑、明沟或穿越铁路时，应提前减速，缓慢通过。

11. 车辆上、下坡应提前换入低速挡，不得中途换挡。下坡时，应以内燃机阻力控制车速，必要时，可间歇轻踏制动器。严禁空挡滑行。

12. 在泥泞、冰雪道路上行驶时，应降低车速，宜沿前车辙迹前进，并采取防滑措施，必要时应加装防滑链。

13. 车辆涉水过河时，应先探明水深、流速和水底情况，水深不得超过排水管或曲轴皮带盘，并应低速直线行驶，不得在中途停车或换挡。涉水后，应缓行一段路程，轻踏制动器使浸水的制动蹄片上的水分蒸发掉。

14. 通过危险地区或狭窄便桥时，应先停车检查，确认可以通过后，应由有经验人员指挥前进。

15. 车辆停放时，应将内燃机熄火，拉紧手制动器，关锁车门。驾驶员在离开前应熄火并锁住车门。

16. 在坡道上停放时，下坡停放应挂上倒挡，上坡停放应挂上一挡，并应使用三角木楔等塞紧轮胎。

17. 平头型驾驶室需前倾时，应清除驾驶室内物件，关紧车门，方可前倾并锁定。复位后，应确认驾驶室已锁定，方可起动。

18. 在车底进行保养、检修时，应将内燃机熄火，拉紧手制动器并将车轮揳牢。

19. 车辆经修理后需要试车时，应由专业人员驾驶，当需在道路上试车时，必须事先报经公安、公路有关部门的批准。

20. 气温在0℃以下时，如过夜停放，应将水箱内的水放尽。

14.3.10 其他小型施工机具

1. 中小型机械应安装稳固，接地或接零及漏电保护器齐全有效。

2. 中小型机械上的传动部分和旋转部分应设有防护罩，作业时，严禁拆卸。室外使用的机械均应搭设机棚或采取防雨措施。

3. 机械启动后应空载度运转，确认正常后方可作业。

4. 作业时，非操作和辅助人员不得在机械四周停留观看。

5. 作业后，应清理现场，切断电源，锁好电闸箱，并做好日常保养工作。

6. 中小型机械不能满足安全使用条件时，应立即停止使用。

挖掘机、装载机、机动翻斗车、桩机、高空作业平台、高空作业车、云梯、液压升降车、混凝土泵、电焊机、钢筋机械、木工机械、其他中小型机械等检查验收表见下表。

挖掘机检查验收

挖掘机检查验收表		编号	
工程名称		设备型号	
产权（租赁）单位		现场编号	
序号	检查内容	检查验收要求	检查结果
1	整机	各总成件、零部件、附件及附属装置齐全完整，安装牢固	
		各操作杆、制动踏板的行程符合说明书规定，动作灵活、准确，不得出现油污、漏水、漏油、漏气、漏电等现象	
		金属构件不得有弯曲、变形、开焊、裂纹；轴销安装可靠，各螺栓连接紧固	
		各仪表指示数据应准确	
		动臂、斗杆、铲斗不应有变形、裂纹、开焊且连接轴销等应润滑良好，销轴固定应牢	
		回转平台旋转应平稳，不应有阻滞、冲击，回转齿轮啮合、润滑良好	
2	安全装置	当行走踏板处于自由状态、行走操纵杆处于中立位置时，行走制动器应自动处于制动状态	
		制动总泵、分泵及连接管路不应漏油	
		制动闭锁装置、变速操纵闭锁装置、铲斗操纵装置工作应可靠	
3	电气系统	电气线路、油管管路排列整齐、卡固牢靠	
		各种照明灯、仪表灯、喇叭、电控元件、指示灯、警示灯及报警装齐全有效	
		电瓶清洁、固定牢靠，电解液液面应高出极板 10～15mm，免维护电瓶标志符合规定	
4	液压系统	液力变矩器工作时不应有过热，传递动力平稳有效；滤清器清洁；各连接部位应密封良好，不应有漏油	
		变速器挡位应准确、定位可靠，工作时不应有异响	
		各部位齿轮啮合良好、运转平稳，不应有异响	
5	液压部分传动	防止过载和冲击的安全保护装置工作正常，溢流阀调整压力符合规定要求	
		溢流阀、安全阀、单向阀、换向阀、油压控制元件应齐全完好；油管及接头不得有渗漏	
		散热器应清洁，工作时油温不应大于 80℃；滤清器应清洁完好，液压油量应在油箱上下刻线标记之间	
		操纵控制阀能有效控制回转平台左右旋转，斗杆伸出及回缩、动臂上升及下降等各种动作	
		先导控制开关杆工作可靠有效	
检查验收结论：		项目专业工程师（签字）：	
		安全员（签字）：	
		机械管理员（签字）：	
		产权单位负责人（签字）：	
验收日期：　　年　月　日		使用单位负责人（签字）：	

装载机检查验收

<table>
<tr><td colspan="3">装载机检查验收表</td><td>编号</td><td></td></tr>
<tr><td colspan="2">工程名称</td><td></td><td>设备型号</td><td></td></tr>
<tr><td colspan="2">产权（租赁）单位</td><td></td><td>现场编号</td><td></td></tr>
<tr><td>序号</td><td>检查内容</td><td colspan="2">检查验收要求</td><td>检查结果</td></tr>
<tr><td rowspan="6">1</td><td rowspan="6">整机</td><td colspan="2">各总成件、零部件、附件及附属装置齐全完整，安装牢固</td><td></td></tr>
<tr><td colspan="2">外观清洁，不得有油污、漏水、漏油、漏气、漏电等现象</td><td></td></tr>
<tr><td colspan="2">各操作杆、制动踏板的行程符合说明书规定，动作灵活、准确</td><td></td></tr>
<tr><td colspan="2">金属构件不得有弯曲、变形、开焊、裂纹；轴销安装可靠，各螺栓连接紧固</td><td></td></tr>
<tr><td colspan="2">各仪表指示数据应准确</td><td></td></tr>
<tr><td colspan="2">动臂、斗杆、铲斗不应有变形、裂纹、开焊等现象，且连接轴销等应润滑良好，销轴固定应牢</td><td></td></tr>
<tr><td rowspan="5">2</td><td rowspan="5">安全装置</td><td colspan="2">制动踏板行程应符合使用说明书的规定</td><td></td></tr>
<tr><td colspan="2">制动总泵、分泵及连接管路不应漏油</td><td></td></tr>
<tr><td colspan="2">制动蹄片与制动毂间隙调整应适宜，制动毂不应有过热，制动可靠有效</td><td></td></tr>
<tr><td colspan="2">驻车制动摩擦片不应有油污、烧伤，驻车制动应可靠有效</td><td></td></tr>
<tr><td colspan="2">制动闭锁装置、变速操纵闭锁装置、铲斗操纵闭锁装置工作应可靠</td><td></td></tr>
<tr><td rowspan="2">3</td><td rowspan="2">电气系统</td><td colspan="2">电气线路、油管管路排列整齐、卡固牢靠，不得有破损、老化、短路、断路</td><td></td></tr>
<tr><td colspan="2">各种照明灯、仪表灯、喇叭、电控元件、指示灯、警示灯及报警装置齐全有效</td><td></td></tr>
<tr><td rowspan="5">4</td><td rowspan="5">传动系统</td><td colspan="2">液力变矩器工作时不应有过热，传递动力平稳有效；滤清器清洁；各连接部位应密封良好，不应有漏油</td><td></td></tr>
<tr><td colspan="2">变速器挡位应准确、定位可靠，工作时不应有异响</td><td></td></tr>
<tr><td colspan="2">转向盘的自由行程符合说明书规定，转向及回位应灵活、准确</td><td></td></tr>
<tr><td colspan="2">分动箱齿轮啮合良好、运转平稳，无异响；分动箱不应有漏油；齿轮油油面应达到油位标记线</td><td></td></tr>
<tr><td colspan="2">差速器运转不应有异响；齿轮油油面应达到油位检查孔标线</td><td></td></tr>
<tr><td rowspan="2">5</td><td rowspan="2">液压系统</td><td colspan="2">溢流阀、安全阀、单向阀、换向阀、油压控制元件应齐全完好；油管及接头不得有渗漏</td><td></td></tr>
<tr><td colspan="2">操纵控制阀能有效控制动臂上升及下降等各种动作</td><td></td></tr>
<tr><td colspan="3" rowspan="5">检查验收结论：

验收日期：　　年　月　日</td><td>项目专业工程师（签字）：</td><td></td></tr>
<tr><td>安全员（签字）：</td><td></td></tr>
<tr><td>机械管理员（签字）：</td><td></td></tr>
<tr><td>产权单位负责人（签字）：</td><td></td></tr>
<tr><td>使用单位负责人（签字）：</td><td></td></tr>
</table>

机动翻斗车检查验收

<table>
<tr><td colspan="3">机动翻斗车检查验收表</td><td>编号</td><td></td></tr>
<tr><td colspan="2">工程名称</td><td></td><td>设备型号</td><td></td></tr>
<tr><td colspan="2">产权（租赁）单位</td><td></td><td>现场编号</td><td></td></tr>
<tr><td>序号</td><td>检查内容</td><td colspan="2">检查验收要求</td><td>检查结果</td></tr>
<tr><td rowspan="5">1</td><td rowspan="5">整机</td><td colspan="2">各总成件、零部件、附件及附属装置齐全完整，安装牢固</td><td></td></tr>
<tr><td colspan="2">各操作杆、制动踏板的行程符合说明书规定，动作灵活、准确</td><td></td></tr>
<tr><td colspan="2">金属构件不得有弯曲、变形、开焊、裂纹；轴销安装可靠，各螺栓连接紧固</td><td></td></tr>
<tr><td colspan="2">各种照明灯、仪表灯、喇叭、电控元件、指示灯、警示灯及报警装置齐全有效</td><td></td></tr>
<tr><td colspan="2">铲斗完好，不应有裂纹，斗齿应齐全、完整，不应有松动</td><td></td></tr>
<tr><td rowspan="5">2</td><td rowspan="5">制动及安全装置</td><td colspan="2">制动系统灵敏可靠</td><td></td></tr>
<tr><td colspan="2">驻车制动摩擦片不应有油污、烧伤，驻车制动应可靠有效</td><td></td></tr>
<tr><td colspan="2">制动总泵、分泵及连接管路不应漏油</td><td></td></tr>
<tr><td colspan="2">制动块、制动盘应清洁，不应有油污，制动可靠有效</td><td></td></tr>
<tr><td colspan="2">制动闭锁装置、变速操纵闭锁装置、铲斗操纵闭锁装置工作应可靠</td><td></td></tr>
<tr><td rowspan="6">3</td><td rowspan="6">液压系统</td><td colspan="2">防止过载和冲击的安全保护装置工作正常，溢流阀调整压力符合规定要求</td><td></td></tr>
<tr><td colspan="2">液压缸内壁、活塞杆表面应光洁，不得有损伤；运行平稳、密封良好</td><td></td></tr>
<tr><td colspan="2">散热器应清洁，工作时油温不应大于 80℃；滤清器应清洁完好，液压油量应在油箱上下刻线标记之间</td><td></td></tr>
<tr><td colspan="2">溢流阀、安全阀、单向阀、换向阀、油压控制元件应齐全完好；油管及接头不得有渗漏</td><td></td></tr>
<tr><td colspan="2">行走驱动电机工作时不应有异响、过热、泄漏</td><td></td></tr>
<tr><td colspan="2">操纵控制阀能有效控制动臂上升及下降等各种动作</td><td></td></tr>
<tr><td rowspan="5">4</td><td rowspan="5">传动系统</td><td colspan="2">液力变矩器工作时不应有过热，传递动力平稳有效；滤清器清洁；各连接部位应密封良好，不应有漏油</td><td></td></tr>
<tr><td colspan="2">变速器挡位应准确、定位可靠，工作时不应有异响</td><td></td></tr>
<tr><td colspan="2">转向盘的自由行程符合说明书规定，转向及回位应灵活、准确</td><td></td></tr>
<tr><td colspan="2">分动箱齿轮啮合良好、运转平稳，无异响；分动箱不应有漏油。齿轮油油面应达到油位标记线</td><td></td></tr>
<tr><td colspan="2">差速器运转不应有异响；齿轮油油面应达到油位检查孔标线</td><td></td></tr>
<tr><td colspan="3" rowspan="5">检查验收结论：

验收日期：　　年　月　日</td><td>项目专业工程师（签字）：</td><td></td></tr>
<tr><td>安全员（签字）：</td><td></td></tr>
<tr><td>机械管理员（签字）：</td><td></td></tr>
<tr><td>产权单位负责人（签字）：</td><td></td></tr>
<tr><td>使用单位负责人（签字）：</td><td></td></tr>
</table>

桩机检查验收

<table>
<tr><td colspan="3">桩机检查验收表</td><td>编号</td><td></td></tr>
<tr><td colspan="2">工程名称</td><td></td><td>设备型号</td><td></td></tr>
<tr><td colspan="2">产权（租赁）单位</td><td></td><td>现场编号</td><td></td></tr>
<tr><td>序号</td><td>检查内容</td><td>检查验收要求</td><td colspan="2">检查结果</td></tr>
<tr><td rowspan="5">1</td><td rowspan="5">整机</td><td>桩工机械在靠近架空输电线路附近作业时，与架空高压输电线路之间的距离应符合规定</td><td colspan="2"></td></tr>
<tr><td>施工现场的地耐力应满足桩工机械安全作业的要求。打桩机作业时与河流、基坑坡沟的安全距离不宜小于4m</td><td colspan="2"></td></tr>
<tr><td>打桩机结构件、附属部件应齐全，主要受力构件不应有失稳现象和明显变形焊缝；不应有开焊或焊接缺陷</td><td colspan="2"></td></tr>
<tr><td>金属结构杆件螺栓连接或铆接不应松动，不应有缺损，关键部件连接螺栓应配有防松、防脱落装置，使用高强度螺栓时应有足够的预紧力矩</td><td colspan="2"></td></tr>
<tr><td>操纵手柄、电气按钮动作应灵活，行程定位应准确可靠，不应因振动而产生移位</td><td colspan="2"></td></tr>
<tr><td rowspan="6">2</td><td rowspan="6">钢丝绳与吊钩</td><td>起重钢丝绳的规格、型号应符合说明书要求，并应与滑轮和卷筒匹配，穿绕正确，钢丝绳未达到报废标准</td><td colspan="2"></td></tr>
<tr><td>钢丝绳与卷筒连接应牢固，钢丝绳达到最大出绳量时，卷筒上应保留3圈以上</td><td colspan="2"></td></tr>
<tr><td>吊钩严禁补焊，不得使用铸造的吊钩，吊钩表面应光洁，不应有剥裂、锐角、毛刺、裂纹</td><td colspan="2"></td></tr>
<tr><td>吊钩应设置有防脱装置，防脱棘爪在吊钩负载时不得张开，形态应与沟口端部相吻合</td><td colspan="2"></td></tr>
<tr><td>吊钩开口度比原尺寸不得大于15%，开口扭转变形不得超过10°</td><td colspan="2"></td></tr>
<tr><td>滑轮应有钢丝绳防脱槽装置</td><td colspan="2"></td></tr>
<tr><td rowspan="2">3</td><td rowspan="2">液压与传动系统</td><td>液压管路不得有泄漏，管接头、各类控制阀等液压元件不应漏油，液压软管不得有破损、老化，易受到损坏的外露软管应加防护套</td><td colspan="2"></td></tr>
<tr><td>传动机构的齿轮、链轮、链条等部件能有效传递动力、齿轮啮合应平稳，不应有异响、干磨、过热</td><td colspan="2"></td></tr>
<tr><td rowspan="2">4</td><td rowspan="2">电气系统</td><td>电气管线排列应整齐，连接卡固应牢靠，电线电缆应按规定配置，缘性能应良好，不应有损伤、老化、裸露</td><td colspan="2"></td></tr>
<tr><td>各类电气指示仪表不应有破损，性能应良好，指示数据应准确</td><td colspan="2"></td></tr>
<tr><td colspan="3" rowspan="5">检查验收结论：

验收日期：　　年　月　日</td><td>项目专业工程师（签字）：</td><td></td></tr>
<tr><td>安全员（签字）：</td><td></td></tr>
<tr><td>机械管理员（签字）：</td><td></td></tr>
<tr><td>产权单位负责人（签字）：</td><td></td></tr>
<tr><td>使用单位负责人（签字）：</td><td></td></tr>
</table>

高空作业平台检查验收

<table>
<tr><td colspan="4">高空作业平台检查验收表</td><td>编号</td><td></td></tr>
<tr><td colspan="3">工程名称</td><td></td><td>设备编号</td><td></td></tr>
<tr><td colspan="3">租赁单位</td><td></td><td>设备型号</td><td></td></tr>
<tr><td colspan="3">现场编号</td><td></td><td>生产厂家</td><td></td></tr>
<tr><td>序号</td><td colspan="2">检查项目</td><td>标准</td><td colspan="2">检查结果</td></tr>
<tr><td rowspan="3">1</td><td rowspan="12">外观检查</td><td rowspan="3">轮毂/轮胎</td><td>车轮紧固（螺栓及螺丝紧固，是否存在松动、损坏、丢失）</td><td colspan="2"></td></tr>
<tr><td>轮胎情况（割伤、裂开、内胎部分暴露，轮毂损坏）</td><td colspan="2"></td></tr>
<tr><td>总体情况（损坏，错位或未对齐，变形腐蚀或生锈），焊接件有裂缝</td><td colspan="2"></td></tr>
<tr><td rowspan="3">2</td><td rowspan="3">篮筐</td><td>入口，护栏/固定销，安全带固定点</td><td colspan="2"></td></tr>
<tr><td>清除垃圾，杂物及障碍物</td><td colspan="2"></td></tr>
<tr><td>各部位安全控件及仪器、仪表是否有损坏</td><td colspan="2"></td></tr>
<tr><td rowspan="3">3</td><td rowspan="3">底盘/车体</td><td>电器元件、接线、液压缸是否有防水、防潮及防尘保护</td><td colspan="2"></td></tr>
<tr><td>电驱动的电瓶电量（柴油机柴油）是否充足</td><td colspan="2"></td></tr>
<tr><td>LED 显示屏是否能正常显示</td><td colspan="2"></td></tr>
<tr><td rowspan="3">4</td><td rowspan="3">工作臂主件</td><td>螺母、螺栓和其他紧固件和销钉处于正确的位置并完全拧紧</td><td colspan="2"></td></tr>
<tr><td>筒式车安全臂，筒式车的平台延伸情况</td><td colspan="2"></td></tr>
<tr><td>筒式臂销钉和紧固件</td><td colspan="2"></td></tr>
<tr><td rowspan="4">5</td><td rowspan="4">保证项目</td><td rowspan="2">工作平台</td><td>支腿机架和垫脚（如果配备）</td><td colspan="2"></td></tr>
<tr><td>防滑垫、安全扣防破损情况</td><td colspan="2"></td></tr>
<tr><td rowspan="2">燃油/液压油油位</td><td>液位标（发动机燃油，冷却水，液压油），电瓶（电池水量和插头情况）</td><td colspan="2"></td></tr>
<tr><td>泄漏（油管、油管连接处，阀门、液压缸、油泵、马达）</td><td colspan="2"></td></tr>
<tr><td rowspan="4">6</td><td rowspan="4">一般项目</td><td rowspan="4">平台控制</td><td>启动装置（点火钥匙，脚踏开关，保持和运行装置）</td><td colspan="2"></td></tr>
<tr><td>紧急停止和紧急下降系统</td><td colspan="2"></td></tr>
<tr><td>提升功能（上升、下降、旋转、伸缩）</td><td colspan="2"></td></tr>
<tr><td>行驶功能（前进、后退、转向、刹车）</td><td colspan="2"></td></tr>
<tr><td colspan="6">检查结论：

日期：　　年　月　日</td></tr>
<tr><td rowspan="3">检查人（签字）</td><td colspan="2">总承包单位</td><td colspan="3"></td></tr>
<tr><td colspan="2">产权（租赁）单位</td><td colspan="3"></td></tr>
<tr><td colspan="2">使用单位</td><td colspan="3"></td></tr>
</table>

高空作业车检查验收

<table>
<tr><td colspan="5">高空作业车检查验收表</td><td>编号</td><td></td></tr>
<tr><td colspan="2">工程名称</td><td></td><td>租赁单位</td><td colspan="3"></td></tr>
<tr><td colspan="2">设备编号</td><td></td><td>出厂编号</td><td></td><td>设备型号</td><td></td></tr>
<tr><td colspan="2">生产厂家</td><td></td><td>制造日期</td><td></td><td>现场编号</td><td></td></tr>
<tr><td>序号</td><td>检查项目</td><td colspan="4">规定要求</td><td>验收结果</td></tr>
<tr><td rowspan="3">1</td><td rowspan="3">整车外观</td><td colspan="4">整车油漆有无脱落，操作盘是否灵敏可靠</td><td></td></tr>
<tr><td colspan="4">轮胎是否有破损、划伤</td><td></td></tr>
<tr><td colspan="4">整车及发动机外表是否清洁</td><td></td></tr>
<tr><td rowspan="3">2</td><td rowspan="3">电路电器</td><td colspan="4">检查电瓶电解液液位是否符合要求，如不足需补充，检查电瓶桩头界限是否紧固</td><td></td></tr>
<tr><td colspan="4">检查全车电气线路是否连接牢固，线路是否有破损、短路、断路现象</td><td></td></tr>
<tr><td colspan="4">检查全车一包、灯光、喇叭等工作是否正常，发电机充电电压是否在24～28V范围内，启动电路工作是否正常</td><td></td></tr>
<tr><td rowspan="5">3</td><td rowspan="5">发动机</td><td colspan="4">启动前检查燃油油位、机油油位、冷却液液位是否符合要求，发动机高速时各油箱、水箱有无跑冒滴漏现象</td><td></td></tr>
<tr><td colspan="4">检查气管、水管、油管是否畅通，发动机高速时各油管、水管有无跑冒滴漏现象</td><td></td></tr>
<tr><td colspan="4">各传动皮带张紧进度是否符合要求，皮带压下在10～20mm范围内</td><td></td></tr>
<tr><td colspan="4">发动机启动是否正常，工作时发动机转速是否能在正常范围内</td><td></td></tr>
<tr><td colspan="4">发动机运转时排气是否有浓烟、黑烟</td><td></td></tr>
<tr><td rowspan="3">4</td><td rowspan="3">操作系统</td><td colspan="4">变速杆操作灵敏，行车挡位分离明显</td><td></td></tr>
<tr><td colspan="4">操作灵敏，熄火装置、手制动操纵杆行程合适并且有效</td><td></td></tr>
<tr><td colspan="4">各油缸操纵手柄挡位位置分离明显，自动复位功能完备；按钮操作灵敏，转动顺畅</td><td></td></tr>
<tr><td rowspan="2">5</td><td rowspan="2">刹车制动系统</td><td colspan="4">整机刹车制动灵敏、有效，踩下制动踏板刹车灯是否明亮</td><td></td></tr>
<tr><td colspan="4">发动机熄火后，连踩数下制动踏板，气压应有明显下降</td><td></td></tr>
<tr><td rowspan="2">6</td><td rowspan="2">液压系统</td><td colspan="4">检查液压油油箱、管路及其连接处应无渗油漏油现象，液压油油位是否在油表上部</td><td></td></tr>
<tr><td colspan="4">液压控制阀组、各油缸外表是否清洁并无渗油漏油现象</td><td></td></tr>
<tr><td>7</td><td>回转机构</td><td colspan="4">起重臂全部伸出后，仰角角度为45°，吊车上车机构进行360°旋转，齿轮润滑良好，转动平稳，无阻滞抖动现象</td><td></td></tr>
<tr><td rowspan="2">8</td><td rowspan="2">资料</td><td colspan="4">具备出厂合格证和保险</td><td></td></tr>
<tr><td colspan="4">具备检测报告</td><td></td></tr>
<tr><td>9</td><td>其他</td><td colspan="4"></td><td></td></tr>
<tr><td colspan="4" rowspan="5">检查验收结论：

验收日期：　　年　月　日</td><td colspan="2">项目专业工程师（签字）：</td><td></td></tr>
<tr><td colspan="2">安全员（签字）：</td><td></td></tr>
<tr><td colspan="2">机械管理员（签字）：</td><td></td></tr>
<tr><td colspan="2">产权单位负责人（签字）：</td><td></td></tr>
<tr><td colspan="2">使用单位负责人（签字）：</td><td></td></tr>
</table>

云梯车检查验收

<table>
<tr><td colspan="3">云梯车检查验收表</td><td>编号</td><td></td></tr>
<tr><td colspan="2">工程名称</td><td></td><td>租赁单位</td><td></td></tr>
<tr><td colspan="2">车辆型号</td><td></td><td>发动机号</td><td>车辆识别码</td></tr>
<tr><td colspan="2">生产企业</td><td></td><td>生产日期</td><td>现场编号</td></tr>
<tr><td>序号</td><td>检查项目</td><td colspan="2">规定要求</td><td>检查结果</td></tr>
<tr><td rowspan="6">1</td><td rowspan="6">整车外观</td><td colspan="2">外表面应平整美观，无磕碰，无凹凸不平现象</td><td></td></tr>
<tr><td colspan="2">油漆颜色应符合国家规定，漆面应无气孔、橘皮、龟裂等缺陷</td><td></td></tr>
<tr><td colspan="2">各总成机构的联接零部件、紧固件，是否保持完整、紧固、锁紧有效</td><td></td></tr>
<tr><td colspan="2">各种外部照明装置应完好，工作应正常</td><td></td></tr>
<tr><td colspan="2">梯臂应完好，无裂痕变形</td><td></td></tr>
<tr><td colspan="2">警示灯完好，其功能和声音应正常；频闪灯应能正常工作</td><td></td></tr>
<tr><td rowspan="5">2</td><td rowspan="5">检查油位水位</td><td colspan="2">水箱水位是否正常</td><td></td></tr>
<tr><td colspan="2">机油油位是否正常</td><td></td></tr>
<tr><td colspan="2">液压油位是否正常</td><td></td></tr>
<tr><td colspan="2">制动液添加是否正常</td><td></td></tr>
<tr><td colspan="2">减振器液添加是否正常</td><td></td></tr>
<tr><td rowspan="3">3</td><td rowspan="3">发动机</td><td colspan="2">水温是否正常</td><td></td></tr>
<tr><td colspan="2">发动机是否运转正常且无异响</td><td></td></tr>
<tr><td colspan="2">发动机运转时排气是否有浓烟、黑烟</td><td></td></tr>
<tr><td rowspan="4">4</td><td rowspan="4">液压传动部分</td><td colspan="2">压力泵压力正常，液压油温无异常</td><td></td></tr>
<tr><td colspan="2">支腿正常伸缩，无下滑拖滞现象，主臂伸缩油缸正常无下滑</td><td></td></tr>
<tr><td colspan="2">钢丝绳绞盘运转是否正常</td><td></td></tr>
<tr><td colspan="2">提起云梯及伸缩，旋转是否正常</td><td></td></tr>
<tr><td rowspan="2">5</td><td rowspan="2">底盘部分</td><td colspan="2">变速箱、离合器正常无打滑，刹车系统正常</td><td></td></tr>
<tr><td colspan="2">各操控机构正常，行走系统正常</td><td></td></tr>
<tr><td rowspan="4">6</td><td rowspan="4">安全防护部分</td><td colspan="2">牵引梯架升降运动的钢丝绳有无伸长放松</td><td></td></tr>
<tr><td colspan="2">钢丝绳有无断丝、断股、脱节，变形及腐蚀</td><td></td></tr>
<tr><td colspan="2">钢丝绳要表面有无润滑脂</td><td></td></tr>
<tr><td colspan="2">汽车制动是否正常</td><td></td></tr>
<tr><td rowspan="3">7</td><td rowspan="3">技术资料</td><td colspan="2">设备人员操作证、驾驶证、行驶证</td><td></td></tr>
<tr><td colspan="2">年度安全检验合格证</td><td></td></tr>
<tr><td colspan="2">车辆使用说明书、产品合格证</td><td></td></tr>
<tr><td colspan="3" rowspan="5">检查验收结论：

验收日期：　　年　月　日</td><td>项目专业工程师（签字）：</td><td></td></tr>
<tr><td>安全员（签字）：</td><td></td></tr>
<tr><td>机械管理员（签字）：</td><td></td></tr>
<tr><td>产权单位负责人（签字）：</td><td></td></tr>
<tr><td>使用单位负责人（签字）：</td><td></td></tr>
</table>

液压升降车检查验收

<table>
<tr><td colspan="3">液压升降车检查验收表</td><td>编号</td><td></td></tr>
<tr><td colspan="2">工程名称</td><td></td><td>租赁单位</td><td></td></tr>
<tr><td colspan="2">设备编号</td><td></td><td>出厂编号</td><td></td><td>设备型号</td><td></td></tr>
<tr><td colspan="2">生产厂家</td><td></td><td>制造日期</td><td></td><td>现场编号</td><td></td></tr>
<tr><td>序号</td><td>检查项目</td><td colspan="3">规定要求</td><td>检查结果</td></tr>
<tr><td rowspan="5">1</td><td rowspan="5">整车外观</td><td colspan="3">整车外观完好无污损，作业平台无杂物废料</td><td></td></tr>
<tr><td colspan="3">轮胎无破损、划伤</td><td></td></tr>
<tr><td colspan="3">螺母螺栓和其他紧固件无松动损坏</td><td></td></tr>
<tr><td colspan="3">防护栏及活动门无损坏</td><td></td></tr>
<tr><td colspan="3">防倾覆支撑完好有效</td><td></td></tr>
<tr><td rowspan="3">2</td><td rowspan="3">电路电器</td><td colspan="3">指示灯显示正常，控制器完好</td><td></td></tr>
<tr><td colspan="3">全车电气线路连接牢固，线路无破损、短路、断路现象</td><td></td></tr>
<tr><td colspan="3">紧急停止装置正常有效</td><td></td></tr>
<tr><td rowspan="4">3</td><td rowspan="4">液压系统</td><td colspan="3">液压油无泄漏，油位正常</td><td></td></tr>
<tr><td colspan="3">液压动力装置、油箱、软管、接头、液压缸无泄漏和损坏</td><td></td></tr>
<tr><td colspan="3">测试电机运行正常，无异常声音</td><td></td></tr>
<tr><td colspan="3">各组合动作平顺，无发卡、发抖或无动作现象的发生。各铰点润滑良好</td><td></td></tr>
<tr><td>4</td><td>刹车</td><td colspan="3">整机刹车制动灵敏、有效</td><td></td></tr>
<tr><td rowspan="2">5</td><td rowspan="2">其他</td><td colspan="3">1. 机械租赁单资质</td><td></td></tr>
<tr><td colspan="3">2. 车辆保险</td><td></td></tr>
<tr><td colspan="4" rowspan="5">验收结论：

验收日期：　　年　月　日</td><td>项目专业工程师（签字）：</td><td></td></tr>
<tr><td>安全员（签字）：</td><td></td></tr>
<tr><td>机械管理员（签字）：</td><td></td></tr>
<tr><td>产权单位负责人（签字）：</td><td></td></tr>
<tr><td>使用单位负责人（签字）：</td><td></td></tr>
</table>

混凝土泵检查验收

混凝土泵检查验收表		编号	
工程名称		设备型号	
产权（租赁）单位		现场编号	
序号	检查内容	检查验收要求	检查结果
1	整机	混凝土输送拖泵（车载泵）各仪表指示正常，各滤清器清洁、有效，液压油指示器在绿区范围内	
		固定式混凝土拖泵应停放在坚硬、平整的混凝土基础上，并设有排水沟，周围应有两个以上的沉淀池	
		应搭设能防雨、防砸、保温的机棚，并悬挂操作规程	
2	安全装置	液压系统中防止过载和冲击的安全装置应齐全、灵敏、有效；安全阀的调整压力不得大于系统额定工作压力的 110%	
		料斗上的安全联锁装置应齐全、有效	
3	管路铺设	输送管距泵机出口 15～20m 范围内必须设置输送管固定墩，并将输送管牢固地固定在墩上	
		距泵机出口的第一个弯管的半径不应小于 1m	
		输送管在铺设中应单独支承，不应放在钢筋上，一般距工作面 10cm 高度为宜	
		向下泵送，水平布管的距离应是泵送深度的 5 倍或布置成“S”形（特殊场地应在第一个弯管处加设放气阀）	
		高层泵送应在“Y”形管出口 3～6m 处安装截止阀	
		在整个输送管路中，所变换的管径不应大于泵机的出口管径；软管只许用在输送管路末端	
		管卡连接应牢固，密封好，不应漏浆；输送管应固定牢靠，并便于拆装	
		输送泵管磨损超过原厚度 1/2 应予以报废	
4	液压系统	液压油泵应达到额定工作压力，运转平稳，不应有泄漏	
		分配阀与眼镜板之间的调整间隙应符合说明书规定；分配阀应摆动到位，泵送、回抽有力，不应滞后	
		料斗上的隔栅应齐全、有效	
		活塞连接杆的连接螺栓应齐全、紧固力矩应均匀	
检查验收结论：		项目专业工程师（签字）：	
		安全员（签字）：	
		机械管理员（签字）：	
		产权单位负责人（签字）：	
验收日期：　年　月　日		使用单位负责人（签字）：	

电焊机检查验收

<table>
<tr><td colspan="3">电焊机检查验收表</td><td>编号</td><td></td></tr>
<tr><td colspan="2">工程名称</td><td></td><td>设备型号</td><td></td></tr>
<tr><td colspan="2">产权（租赁）单位</td><td></td><td>现场编号</td><td></td></tr>
<tr><td>序号</td><td>检查内容</td><td colspan="2">检查验收要求</td><td>检查结果</td></tr>
<tr><td rowspan="6">1</td><td rowspan="6">机体</td><td colspan="2">焊机应放置干燥的地方，并用木板与地面隔离，要保持水平</td><td></td></tr>
<tr><td colspan="2">焊机机壳不应严重锈蚀、变形、干裂；应设防雨、防尘、防潮的防护棚</td><td></td></tr>
<tr><td colspan="2">机构应完整、零部件齐全；手摇把不应松旷、丢失</td><td></td></tr>
<tr><td colspan="2">在荷载运行中，焊机的温升值应在60～80℃范围内，不应有异响</td><td></td></tr>
<tr><td colspan="2">焊机应放置干燥的地方，并用木板与地面隔离，要保持水平</td><td></td></tr>
<tr><td colspan="2">调节丝杆和螺母转动应灵活，不应有弯曲、卡阻现象；紧固件不应松动</td><td></td></tr>
<tr><td rowspan="3">2</td><td rowspan="3">接线装置</td><td colspan="2">一二次接线保护板完好，接线柱表面应平整，不应有烧蚀、破裂</td><td></td></tr>
<tr><td colspan="2">接线柱的螺母、铜垫圈、母线应紧固，螺母不应有缺损、烧蚀、松动</td><td></td></tr>
<tr><td colspan="2">安全防护装置应齐全、有效；漏电保护器应参数匹配、安装正确、动作灵敏；交流电焊机配备二次侧漏电保护器</td><td></td></tr>
<tr><td rowspan="4">3</td><td rowspan="4">导线与焊钳</td><td colspan="2">焊机导线的绝缘电阻不应小于1MΩ，接地线接地电阻不应大于4Ω；长期停用的焊机恢复使用时，其绝缘电阻不应小于0.5MΩ，接线部分不得有腐蚀、受潮</td><td></td></tr>
<tr><td colspan="2">焊机二次线应采用铜芯防水软橡皮护套电缆线，其长度不宜大于30m，如需增加电缆长度，应相应增加电缆的截面积</td><td></td></tr>
<tr><td colspan="2">焊钳应具有良好绝缘，隔热能力；焊钳握柄应绝缘，隔热良好，与导线连接牢靠，接触应良好</td><td></td></tr>
<tr><td colspan="2">机旁悬挂设安全操作规程牌，明确责任人</td><td></td></tr>
<tr><td colspan="3" rowspan="5">检查验收结论：

验收日期：　　年　月　日</td><td>项目专业工程师（签字）：</td><td></td></tr>
<tr><td>安全员（签字）：</td><td></td></tr>
<tr><td>机械管理员（签字）：</td><td></td></tr>
<tr><td>产权单位负责人（签字）：</td><td></td></tr>
<tr><td>使用单位负责人（签字）：</td><td></td></tr>
</table>

钢筋机械检查验收

<table>
<tr><td colspan="3">钢筋机械检查验收表</td><td>编号</td><td></td></tr>
<tr><td colspan="2">工程名称</td><td></td><td>设备型号</td><td></td></tr>
<tr><td colspan="2">产权（租赁）单位</td><td></td><td>现场编号</td><td></td></tr>
<tr><td>序号</td><td>检查内容</td><td>检查验收要求</td><td colspan="2">检查结果</td></tr>
<tr><td rowspan="5">1</td><td rowspan="5">机体</td><td>机械的安装应坚实稳固，保持水平位置</td><td colspan="2"></td></tr>
<tr><td>金属结构不应有开焊、裂纹，零部件应完整，随机附件应齐全，各部位连接应牢靠，不应松动</td><td colspan="2"></td></tr>
<tr><td>调直机工作区域应设置警戒区，并且安装防护栏杆及警告标志；冷拉机防护棚前用钢管做防回弹隔挡；切断机旁应有存放材料、半成品的场地</td><td colspan="2"></td></tr>
<tr><td>弯曲机传动机构间隙符合要求，齿轮啮合和滑动部位润滑良好，运行无异响；芯轴和成型轴、挡铁轴及轴套符合工作要求并且无裂痕和损伤</td><td colspan="2"></td></tr>
<tr><td>设备完好，完全装置齐全有效，传动部位必须安装防护罩，传动箱齿轮油应清洁饱满切断机切刀无裂痕、刀架螺栓紧固，防护罩牢固可靠</td><td colspan="2"></td></tr>
<tr><td rowspan="4">2</td><td rowspan="4">电源部分</td><td>设置独立的开关箱必须达到“一机、一闸、一箱、一漏”，开关箱距设备距离不大于3m且电源线穿管保护，漏电保护开关灵敏、匹配正确、保护接零符合要求，严禁使用铁壳倒顺开关</td><td colspan="2"></td></tr>
<tr><td>电动机、电缆线绝缘电阻是否符合要求；线路进行必要的防护</td><td colspan="2"></td></tr>
<tr><td>安全防护装置及限位应齐全、灵敏可靠，防护罩、板安装应牢固，不应破损</td><td colspan="2"></td></tr>
<tr><td>漏电保护器参数应匹配，安装应正确，动作应灵敏可靠；电气保护（短路、过载、失压）应齐全有效</td><td colspan="2"></td></tr>
<tr><td rowspan="2">3</td><td rowspan="2">安全管理</td><td>钢筋机械必须安装在符合要求的防护棚内，基础平整坚实，周围排水畅通，安装平稳牢固，保持水平位置</td><td colspan="2"></td></tr>
<tr><td>悬挂设安全操作规程牌，明确责任人</td><td colspan="2"></td></tr>
<tr><td colspan="3" rowspan="5">检查验收结论：

验收日期：　　年　月　日</td><td>项目专业工程师（签字）：</td><td></td></tr>
<tr><td>安全员（签字）：</td><td></td></tr>
<tr><td>机械管理员（签字）：</td><td></td></tr>
<tr><td>产权单位负责人（签字）：</td><td></td></tr>
<tr><td>使用单位负责人（签字）：</td><td></td></tr>
</table>

木工机械检查验收

<table>
<tr><td colspan="3">木工机械检查验收表</td><td>编号</td><td></td></tr>
<tr><td colspan="2">工程名称</td><td></td><td>设备型号</td><td></td></tr>
<tr><td colspan="2">产权（租赁）单位</td><td></td><td>现场编号</td><td></td></tr>
<tr><td>序号</td><td>检查内容</td><td>检查验收要求</td><td colspan="2">检查结果</td></tr>
<tr><td rowspan="6">1</td><td rowspan="6">机体</td><td>整机安装平稳牢固、工作台平整光滑，床身工作时不得有明显震动，有足够宽敞场地的保证</td><td colspan="2"></td></tr>
<tr><td>平铇必须安装安全保护手装置，圆盘锯锯盘护罩、分料器（锯尾刀）、防护挡板安全装置齐全有效</td><td colspan="2"></td></tr>
<tr><td>刀片和刀片螺丝的硬度、重量必须一致，刀片严禁有裂纹，刀架夹板必须平整贴紧</td><td colspan="2"></td></tr>
<tr><td>传动部位防护罩齐全牢固</td><td colspan="2"></td></tr>
<tr><td>传动系统运转应平稳，不应有异常冲击、振动、爬行、窜动、噪声、超温、超压；传动皮带应完好，不应破损，松紧适度</td><td colspan="2"></td></tr>
<tr><td>必须独立使用一台电动机，不得与其他机械用同一台电动机，多功能木工设备严禁两项（含）以上功能同时使用</td><td colspan="2"></td></tr>
<tr><td rowspan="4">2</td><td rowspan="4">电源部分</td><td>设置独立的开关箱必须达到“一机、一闸、一箱、一漏”，开关箱距设备距离不大于 3m 且电源线穿管保护，漏电保护开关灵敏、匹配正确、保护接零符合要求，严禁使用铁壳倒顺开关</td><td colspan="2"></td></tr>
<tr><td>电动机、电缆线绝缘电阻是否符合要求；线路进行必要的防护</td><td colspan="2"></td></tr>
<tr><td>安全防护装置及限位应齐全、灵敏可靠，防护罩、板安装应牢固，不应破损</td><td colspan="2"></td></tr>
<tr><td>漏电保护器参数应匹配，安装应正确，动作应灵敏可靠；电气保护（短路、过载、失压）应齐全有效</td><td colspan="2"></td></tr>
<tr><td rowspan="2">3</td><td rowspan="2">安全管理</td><td>安装在符合降低噪声要求的防护棚内并有良好的通风，基础平整坚实，周围排水畅通</td><td colspan="2"></td></tr>
<tr><td>机棚挂设安全操作规程牌，配置消防器材，明确责任人</td><td colspan="2"></td></tr>
<tr><td colspan="3" rowspan="5">检查验收结论：

验收日期：　　年　月　日</td><td>项目专业工程师（签字）：</td><td></td></tr>
<tr><td>安全员（签字）：</td><td></td></tr>
<tr><td>机械管理员（签字）：</td><td></td></tr>
<tr><td>产权单位负责人（签字）：</td><td></td></tr>
<tr><td>使用单位负责人（签字）：</td><td></td></tr>
</table>

其他中小型机具检查验收

<table>
<tr><td colspan="3">其他中小型机具检查验收表</td><td>编号</td><td></td></tr>
<tr><td colspan="2">工程名称</td><td></td><td>设备型号</td><td></td></tr>
<tr><td colspan="2">产权（租赁）单位</td><td></td><td>现场编号</td><td></td></tr>
<tr><td>序号</td><td>检查内容</td><td colspan="2">检查验收要求</td><td>检查结果</td></tr>
<tr><td rowspan="3">1</td><td rowspan="3">机体</td><td colspan="2">机架、机座</td><td></td></tr>
<tr><td colspan="2">动力、传动部分</td><td></td></tr>
<tr><td colspan="2">附件</td><td></td></tr>
<tr><td rowspan="5">2</td><td rowspan="5">电源部分</td><td colspan="2">开关箱</td><td></td></tr>
<tr><td colspan="2">线路防护</td><td></td></tr>
<tr><td colspan="2">漏（触）电保护</td><td></td></tr>
<tr><td colspan="2">接零</td><td></td></tr>
<tr><td colspan="2">绝缘保护</td><td></td></tr>
<tr><td rowspan="5">3</td><td rowspan="5">防护装置</td><td colspan="2">防护罩</td><td></td></tr>
<tr><td colspan="2">轴盖</td><td></td></tr>
<tr><td colspan="2">刃口防护</td><td></td></tr>
<tr><td colspan="2">挡板</td><td></td></tr>
<tr><td colspan="2">阀</td><td></td></tr>
<tr><td>4</td><td>其他</td><td colspan="2"></td><td></td></tr>
<tr><td colspan="3" rowspan="5">检查验收结论：

验收日期：　　年　月　日</td><td>项目专业工程师（签字）：</td><td></td></tr>
<tr><td>安全员（签字）：</td><td></td></tr>
<tr><td>机械管理员（签字）：</td><td></td></tr>
<tr><td>产权单位负责人（签字）：</td><td></td></tr>
<tr><td>使用单位负责人（签字）：</td><td></td></tr>
</table>

第15章　绿色施工

15.1　总　　则

1. 我国尚处于经济快速发展阶段，作为大量消耗资源、影响环境的建筑业，应全面实施绿色施工，从而承担起可持续发展的社会责任。

2. 绿色施工是指工程建设中，在保证质量、安全等基本要求的前提下，通过科学管理和技术进步，最大限度地节约资源与减少对环境负面影响的施工活动，实现“四节一环保”（节能、节地、节水、节材和环境保护）。

3. 绿色施工应符合国家的法律、法规及相关的标准规范，实现经济效益、社会效益和环境效益的统一。

4. 实施绿色施工，应依据因地制宜的原则，贯彻执行国家、行业和地方相关的技术经济政策。

5. 运用ISO 14000和ISO 18000管理体系，将绿色施工有关内容分解到管理体系目标中去，使绿色施工规范化、标准化。

6. 鼓励各地区开展绿色施工的政策与技术研究，发展绿色施工的新技术、新设备、新材料与新工艺，推行应用示范工程。

15.2　绿色施工原则

1. 绿色施工是建筑全寿命周期中的一个重要阶段。实施绿色施工，应进行总体方案优化。在规划、设计阶段，应充分考虑绿色施工的总体要求，为绿色施工提供基础条件。

2. 实施绿色施工，应对施工策划、材料采购、现场施工、工程验收等各阶段进行控制，加强对整个施工过程的管理和监督。

15.3　绿色施工组织体系

15.3.1　绿色施工组织职责

1. 建设单位应向施工单位提供建设工程绿色施工的相关资料，资料应真实、完整。

2. 建设单位应会同参建各方接受工程建设主管部门对建设工程实施绿色施工的监督、检查。

3. 建设单位可以委托监理单位对施工现场绿色施工进行监理。

4. 监理单位应审核施工组织设计中的绿色施工技术措施或专项施工方案。

5. 施工单位负责组织绿色施工的具体实施。

6. 施工单位应建立以项目经理为第一责任人的绿色施工管理体系，负责绿色施工过程的动态管理及目标实现。

7. 施工单位应制订施工现场环境保护和人员安全与健康等突发事件的应急预案。

15.3.2　绿色施工总体框架

绿色施工总体框架由施工管理、环境保护、节材与材料资源利用、节水与水资源利用、节能与能源利用、节地与施工用地保护 6 个方面组成。上述 6 个方面涵盖了绿色施工的基本指标，同时包含了施工策划、材料采购、现场施工、工程验收等各阶段的指标等子集，如图 15.3.1 所示。

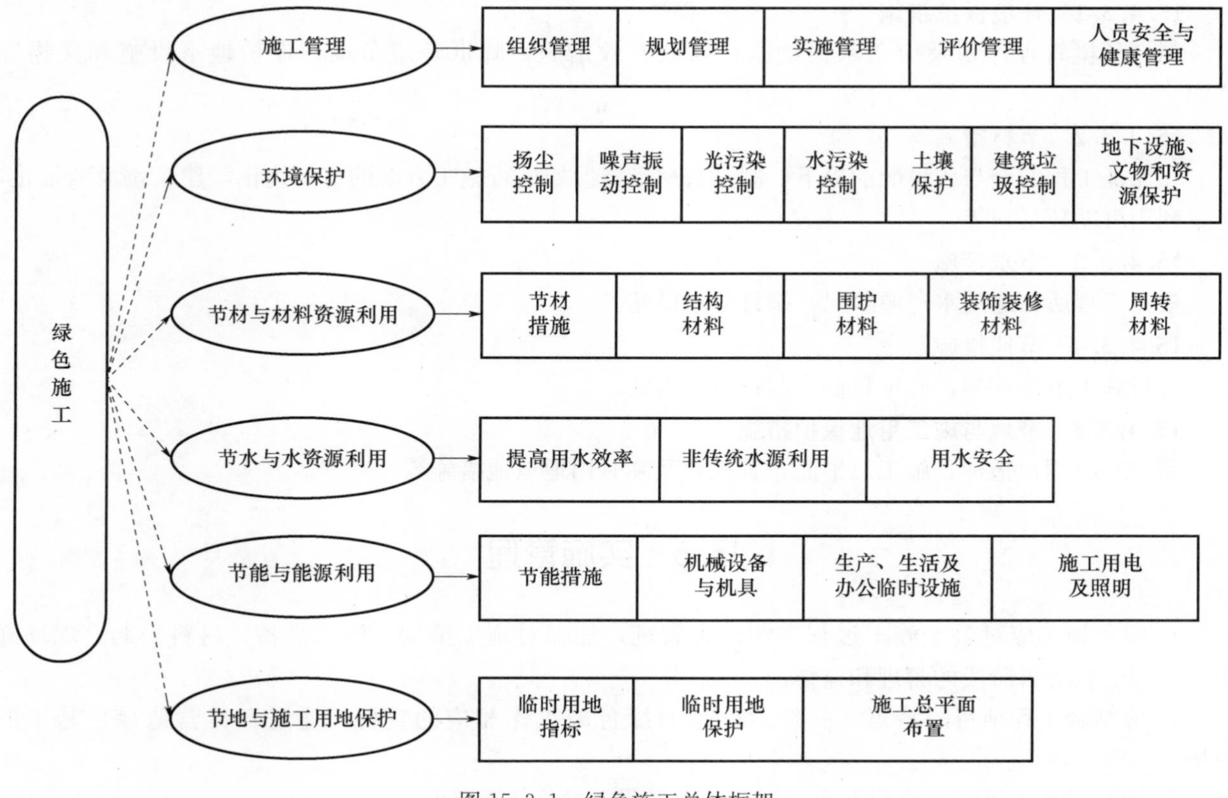

图 15.3.1　绿色施工总体框架

15.4　绿色施工管理要点

15.4.1　组织管理

1. 建立绿色施工管理体系，并制订相应的管理制度与目标。

2. 项目经理为绿色施工第一责任人，负责绿色施工的组织实施及目标实现，并指定绿色施工管理人员和监督人员。

15.4.2　规划管理

1. 编制绿色施工方案。该方案应在施工组织设计中独立成章，并按有关规定进行审批。

2. 绿色施工方案应包括以下内容

（1）环境保护措施，制订环境管理计划及应急救援预案，采取有效措施，降低环境负荷，保护地下设施和文物等资源。

（2）节材措施，在保证工程安全与质量的前提下，制订节材措施。如进行施工方案的节材优化，建筑垃圾减量化，尽量利用可循环材料等。

（3）节水措施，根据工程所在地的水资源状况，制订节水措施。

（4）节能措施，进行施工节能策划，确定目标，制订节能措施。

（5）节地与施工用地保护措施，制订临时用地指标、施工总平面布置规划及临时用地节地措施等。

15.4.3 绿色施工方案

15.4.3.1 环境保护措施

制订环境管理计划及应急救援预案，采取有效措施，降低环境负荷，保护地下设施和文物等资源。

15.4.3.2 节材措施

在保证工程安全与质量的前提下，制订节材措施。如进行施工方案的节材优化，建筑垃圾减量化，尽量利用可循环材料等。

15.4.3.3 节水措施

根据工程所在地的水资源状况，制订节水措施。

15.4.3.4 节能措施

进行施工节能策划，确定目标，制订节能措施。

15.4.3.5 节地与施工用地保护措施

制订临时用地指标、施工总平面布置规划及临时用地节地措施等。

15.5 实施管理

1. 绿色施工应对整个施工过程实施动态管理，加强对施工策划、施工准备、材料采购、现场施工、工程验收等各阶段的管理和监督。

2. 应结合工程项目的特点，有针对性地对绿色施工作相应的宣传，通过宣传营造绿色施工的氛围。

3. 定期对职工进行绿色施工知识培训，增强职工绿色施工意识。

15.6 评价管理

1. 对照本导则的指标体系，结合工程特点，对绿色施工的效果及采用的新技术、新设备、新材料与新工艺，进行自评估。

2. 成立专家评估小组，对绿色施工方案、实施过程至项目竣工，进行综合评估。

15.7 人员安全与健康管理

15.7.1 制订措施

制订施工防尘、防毒、防辐射等职业危害的措施，保障施工人员的长期职业健康。

15.7.2 合理布置施工场地

保护生活及办公区不受施工活动的有害影响。施工现场建立卫生急救、保健防疫制度，在安全事故和疾病疫情出现时提供及时救助。

15.7.3 提供卫生、健康的工作与生活环境

加强对施工人员的住宿、膳食、饮用水等生活与环境卫生等管理，明显改善施工人员的生活条件。

15.8 绿色施工资料管理

15.8.1 绿色施工组织机构与分工

15.8.1.1 绿色施工组织机构

各单位应根据实际情况成立绿色施工组织机构，企业经理为绿色施工第一责任人，各项目负责人为项目绿色施工第一责任人。组织机构下设绿色施工管理领导小组与绿色施工管理实施小组。

绿色施工组织机构的职责：

1. 落实成员环境管理职责与权限。
2. 对在建工程所处处环境因素进行识别评价。
3. 组织编制项目策划、项目实施计划。
4. 监督项目环境运行与控制。
5. 对企业环境信用进行管理。
6. 绿色施工创优管理，通过项目创优提升管理水平，增强企业品牌效应。
7. 对施工现场环境监测与合规性评价。
8. 每季度对项目进行华景与绿色施工检查，针对环境体系进行考核评价。

15.8.1.2 绿色施工职责与分工

单位应建立绿色施工责任制，明确各岗位职责。

绿色施工责任制

<table>
<tr><th>序号</th><th>责任单位</th><th>岗位</th><th>分工内容</th><th>涉及阶段</th></tr>
<tr><td>1</td><td rowspan="7">分公司</td><td>组长</td><td>组织环境体系建设，组织、指导环境管理工作，负责分公司各项目绿色施工的统筹与协调工作，全面落实绿色施工管理工作，确定分公司绿色施工目标</td><td>基础
主体结构
二次结构
装饰装修</td></tr>
<tr><td>2</td><td>副组长</td><td>具体负责各项目施工方案及管理体系的编制，法律法规、标准规范、制度文件贯彻落实，制订、下达环境管理主要指标，组织环境管理培训、交底</td><td></td></tr>
<tr><td>3</td><td>环保工程师</td><td>负责绿色施工具体管理和绿色施工档案资料管理工作</td><td></td></tr>
<tr><td>4</td><td>组员（物资部）</td><td>建立原材料进厂及耗用台账，分阶段检查并统计各项目消耗数量，与原计划对比，掌握材料的消耗情况</td><td></td></tr>
<tr><td>5</td><td>组员（技术部）</td><td>积极采用并推广绿色施工新技术、新材料的应用</td><td></td></tr>
<tr><td>6</td><td>组员（质量部）</td><td>监督项目执行规范和质量标准，动态跟踪各项目施工质量，负责质量故障成本的统计</td><td></td></tr>
<tr><td>7</td><td>组员（安全部）</td><td>确保各项目安全文明施工。落实各项目安全文明施工工具化定型化标准化的推广，做好环境保护</td><td></td></tr>
<tr><td>8</td><td rowspan="3">项目部</td><td>组员（各项目经理）</td><td>绿色施工组织体系建立；法律法规、标准规范、制度文件的宣贯；组织指导环境管理工作；项目绿色施工策划；环境管理检查和评价；环境应急事故处理</td><td></td></tr>
<tr><td>9</td><td>组员
（各项目生产负责人）</td><td>绿色施工组织体系建立；法律法规、标准规范、制度文件的宣贯；组织指导环境管理工作；项目绿色施工策划；环境管理检查和评价；环境应急事故处理；组织绿色施工观摩；绿色施工数据收集、整理、总结</td><td></td></tr>
<tr><td>10</td><td>组员（各项目总工）</td><td>环境管理培训与交底；项目环境因素识别与评价；绿色建造创优；绿色施工技术研究与创新</td><td></td></tr>
</table>

15.8.1.3 绿色施工管理范围

1. 办公区、生活区的环境管理工作。

2. 项目部施工区域的绿色施工管理工作。

15.8.2 环境因素清单

（1）环境因素进行识别与评价，采用现场排查、统计分析等方法相结合，影响环境法律、法规符合性的因素应列为重要环境因素；社区强烈关注或有明显危害的必须列为重要环境因素；对不能直接确定需进行评价的根据评价结果确定重要环境因素。

（2）根据项目实施阶段，项目绿色施工管理人员对办公、生活、施工区域进行环境因素识别，确定重要环境因素。

（3）编制项目环境因素清单并制订控制措施。

（4）审批通过的重要环境因素在项目内部进行发布并进行交底。

15.8.2.1 环境因素识别评价

1. 时间节点

项目部绿色施工管理人员应于开工前10日内，据项目实施阶段，对办公、生活、施工区域进行环境因素识别，确定重要环境因素，编制环境因素识别评价表。

2. 识别方法

环境因素的识别采用现场排查、统计分析等方法相结合。

3. 识别要素

（1）三种状态：正常、异常、紧急。

（2）三种时态：过去、现在、将来。

（3）七种类型：向大气排放、向水体排放、噪声排放、固体废弃物的排放、资源能源消耗、土地污染、其他社会环境问题。

4. 识别要点

（1）影响环境法律、法规符合性的因素应列为重要环境因素。

（2）社区强烈关注或有明显危害的必须列为重要环境因素。

（3）对不能直接确定需进行评价的根据评价结果确定重要环境因素。

5. 环境因素评分标准

环境因素评分标准

序号	项目类别	评分标准				
		5	4	3	2	1
a	影响范围	全球范围	周围社区	现场范围	操作者本人	—
b	影响程度	严重	—	一般	—	轻微
c	发生频次	持续发生	间歇发生	夜间发生	白天发生	偶尔发生
d	社区关注程度	强烈	—	一般	—	弱
e	法规符合性	超标	—	接近标准	—	达标
f	可节约程度	加强管理可明显见效	—	改造工艺可明显见效	—	较难节约

注：当a=5或b=5或e=5或f≤3或总分a+b+c+d+e≥14为重要环境因素。

6. 环境因素识别评价表

环境因素识别评价

环境因素识别评价表													编号	
序号	工序/活动/服务	环境因素	环境影响	时态	状态	影响范围 a	影响程度 b	发生频次 c	社区关注程度 d	法规符合性 e	可节约程度 f	∑a+b+c+d+e	是否重大环境因素	评价人员	备注
1	日常生活	电能的消耗	能源消耗	现在	正常	3	3	5	1	1	5	13	否		
2	临建工程	水资源的消耗	资源消耗	现在	正常	3	3	5	3	3	5	17	是		
3															
4															
编制					审核					批准					
时间					时间					时间					

15.8.2.2　环境因素清单

1. 时间节点

项目部绿色施工管理人员应于项目开工后 15 日内，根据环境因素识别评价表的内容制订措施，编制环境因素清单。环境因素清单应将一般环境因素清单与重要环境因素清单分开编制。

2. 环境因素清单控制措施种类

环境因素清单控制措施种类

序号	措施种类
1	a—制订目标、指标和管理方案
2	b—制订专项方案
3	c—执行管理规划和制度
4	d—制订应急预案
5	e—教育和培训
6	f—加强线监督检查

3. 一般环境因素清单

一般环境因素清单

一般环境因素清单表					编号		
单位/区域/工程名称：					□重要　■一般		
序号	环境因素	活动、产品或服务		环境影响	控制措施	时态/状态	备注
1	废水排放	厕所、现场洗车处		水体污染	acdef	现在/正常	
2	固体废弃物排放	办公区废复写纸、复印机废墨盒、废色带、废电池、废磁盘、钻机装载机水泵漏油、焊渣的排放、起重设备漏油		水体污染 土地污染	acdef	现在/正常	
3							
4							
编制		审核		批准			
时间		时间		时间			

4. 重要环境因素

重要环境因素清单

重要环境因素清单表				编号		
单位/区域/工程名称：				■重要 □一般		
序号	环境因素	活动、产品或服务	环境影响	控制措施	时态/状态	备注
1	噪声排放	施工机械：推土机、挖掘机、装载机、钻孔机、打桩机、打夯机、混凝土输送泵； 电动工具：电锯、压刨、空压机、切割机、混凝土振捣；脚手架装卸、安装与拆除；模板支拆、清理与修复	影响健康及社区居民休息	abcdef	现在/正常	
2	粉尘排放	施工场地平整作业、土堆、砂堆、石灰、混凝土搅拌、木工房锯末	影响健康污染空气	abcdef	现在/正常	
3						
4						
编制		审核		批准		
时间		时间		时间		

15.8.3 绿色施工受控文件清单

企业绿色施工管理部门应及时收集国家、地方、企业绿色施工法律、法规、规章制度清单，并于每年1月修订发布绿色施工受控文件清单。

绿色施工受控文件清单

绿色施工受控文件清单					编号	
单位：						
■法律法规 □标准规范 □规章制度 □其他要求						
序号	法律法规名称	编号	颁布单位	颁布日期	实施日期	索引信息
1	中华人民共和国宪法	十三届全国人大	全国人大	1982.12.04	2018.03.15	宪法
2	中华人民共和国建筑法	主席令91号	国家主席	1997.11.01	2011.04.22	建筑法
3	中华人民共和国环境保护法	主席令第9号	国家主席	2014.04.24	2015.01.01	环境保护
4	中华人民共和国环境影响评价法	第十三届全国人大	全国人大	2002.10.28	2018.12.29	环境影响评价
5	环境信息公开办法（试行）	环保总局令第35号	国家环境保护总局	2007.02.08	2008.05.01	环境信息公开
6	…					
□法律法规 ■标准规范 □规章制度 □其他要求						
1	…					
□法律法规 □标准规范 ■规章制度 □其他要求						
1	…					
□法律法规 □标准规范 □规章制度 ■其他要求						
1	…					
编制		审核		批准		
时间		时间		时间		

15.8.4　绿色施工管理目标

1. 企业绿色施工管理部门应根据国家、行业及企业环境管理体系标准及现状，每年制订一次绿色施工管理目标，并于年初发布。

2. 项目部绿色施工管理部门根据企业年初制订的目标，于项目开工前随《项目绿色施工策划》一同编制发布。

3. 企业绿色施工管理目标：见 15.9.1 附件一：绿色施工管理目标。

4. 项目绿色施工管理目标：根据企业绿色施工管理目标制订。

15.8.5　绿色施工方案

15.8.5.1　工作要求

1. 项目中标后 15 日内应由项目总工程师根据国家、行业标准及项目现状编组织绿色施工方案编制；同时，应组织对分部分项工程施工方案中绿色施工管理的措施进行编制。

2. 项目上报绿色施工方案、分部分项工程施工方案后，由企业总工程师对准确性、适宜性进行审批，通过后方可发布。

15.8.5.2　编制原则

1. 与管理方针、目标和合同承诺相一致。

2. 针对特定区域（例如项目、办公区域）内的重要环境因素。

3. 对资源配置进行合理安排，实现目标和指标的方法合理得当。

4. 使绿色施工管理工作始终处于受控状态。

15.8.5.3　编制依据

1. 《环境管理体系要求及使用指南》《建筑工程绿色施工评价标准》《建筑工程绿色施工规范》《全国绿色施工示范工程管理办法》。

2. 企业的相关管理制度。

3. 国家、行业和地方有关法律法规、标准规范。

4. 管理方针、目标。

5. 环境因素识别与评价的结果。

6. 企业实际情况与财务状况。

7. 相关方的观点。

15.8.5.4　编制内容

1. 需要制订管理方案的环境目标。

2. 实现目标的控制措施和方法，包括管理措施和技术措施。

3. 针对目标和控制措施规定相关职能和层次的职责和权限。

4. 实现目标所需的资源及其提供方式。

5. 实现目标的时间表和实施措施的进度安排。

15.8.5.5　修订与评审

每年年初应对管理方案进行评审，遇有以下情况时：

1. 合同条件发生重大变更。

2. 项目组织机构进行重大调整。

3. 应对环境管理方案。

4. 工程发生重大变化，原策划结果无法实现。

5. 法律法规及其他要求发生重大变化。

6. 其他需更改的情况。

此时应对环境方案进行重新修订，更改内容应得到原批准人批准，并通知到文本持有者。文件多处变更时，可以换版重新进行审批。作废版本应及时撤回，进而防止误用。

15.8.5.6 绿色施工管理措施

环境因素识别与评价工作完成、绿色施工方案评审通过后15日内，项目部应由项目总工程师需进一步细化编制具体的绿色施工管理措施。

15.8.5.7 绿色施工方案

见15.9.2附件二：绿色施工方案。

15.8.6 绿色施工应急预案

绿色施工应急预案编制及管理流程参考本书9.6、9.14.1、15.9.2节的相关规定。

15.8.7 绿色施工培训

项目应组织每年不少于一次的绿色施工培训，内容可涉及绿色施工管理、演练培训、创优申请、检查验收、评审申报、“四节一环保”管理。培训计划及记录具体要求参照安全教育的相关管理规定。

15.8.8 绿色施工管理合规性评价

15.8.8.1 评价要求

项目部每季度末应由项目总工对绿色施工的实施管理开展合规性评价。管理要求如下：

1. 按照适用的法律法规和其他要求进行评价。
2. 合规性评价活动必须单独进行。
3. 对有法律法规依据的应进行总体评价，没有依据的进行统计、分析。
4. 评价发现的不符合应纠正并采取纠正措施，并保存相关记录。
5. 保存合规性评价表及相关证据。

15.8.8.2 评价相关证据

1. 地方环境保护局开具的守法证明。
2. 污染物排放监测报告：废水排放、废气（锅炉烟尘、SO_2，工业粉尘，涂装及粘接的苯系物等）排放、施工现场场界噪声。
3. 废弃物依法处置记录：生活垃圾处置记录、建筑垃圾处置记录、危险废物处置记录。
4. 节能降耗统计记录（可行时）：万元产值能耗、节电、节水、节材统计数据。
5. 装饰装修工程室内建材及工程产品环境指标的检测记录。
6. 危险化学品及消防管理的记录：危险化学品清单及控制记录、应急预案、应急演练的记录。
7. 其他要求的实施情况。

15.8.8.3 绿色施工合规性评价表

15.8.9 绿色施工策划

企业绿色施工管理部门应在项目部中标后2日根据责任分工和要求编制绿色施工策划，明确万元产值综合能耗指标、“四节一环保”重点、难点技术或管理措施、重要四新技术应用、临建标准化设施应用、绿色施工成果、论文等相关管理要求。

绿色施工合规性评价

绿色施工合规性评价表			编号	
序号	环境因素	适用法律法规及其他要求	遵守情况	评价结论
一、本系统相关的国家法规				
1	噪声	《中华人民共和国环境噪声污染防治法》	合规	合理采用低噪声设备，高噪声设备使用时尽量安排在室内或采用三面封闭的方式进行处理，尽量降低夜间使用频率。 责任人：××× 完成时间：20××年×月×日
…				
二、本系统相关国家部委规章				
1	固体垃圾	《城市建筑垃圾管理规定》（建设部令第139号）	合规	建筑垃圾清运至指定地点，垃圾车需覆盖。 责任人：××× 完成时间：20××年×月×日
…				
三、总部所在地相关的地方法规、规章				
1	绿色施工	《北京市建设工程施工现场安全防护标准》（DBJ 01—83—2003）	合规	合理场地规划。 责任人：××× 完成时间：20××年×月×日
…				
四、其他（上级单位相关规定）				
1	废水排放	《中建八局绿色施工达标工程管理实施细则》（暂行）	合规	冲洗用水需经过三级沉淀后排入市政管网。 责任人：××× 完成时间：20××年×月×日
…				
总体评价：				

编制		审核		批准	
时间		时间		时间	

注：对本系统相关国家法规、部委规章和总部所在地的地方法规与规章、上级单位的规定进行评价，“改进举措”应明确措施、责任人和完成时间。

绿色施工策划

绿色施工策划表			编号	
项目名称				
项目基本情况				
绿色施工创优目标	国际		级别	
	全国			
	地方			
	企业			

续表

绿色施工观摩目标		国家、总公司			
		省、局级			
		市、公司级			
		区、县级			
序号	策划内容		相关要求		备注
1	万元产值综合能耗指标				
2	“四节一环保”重点、难点技术或管理措施				
3	重要四新技术应用				
4	临建标准化设施应用				
5	绿色施工成果、论文				
6	…				
编制		审核		批准	
时间		时间		时间	

15.8.10 绿色施工工作评价

15.8.10.1 工作要求

项目部由生产经理组织，每季度对实施的技术措施在现场开展情况及资料情况进行检查，并填写绿色施工检查评分表，对需要整改的问题开具整改单，限期整改。

绿色施工检查评分

绿色施工检查评分表				编号	
序号	检查项目		检查情况	标准分值	评定分值
1	绿色施工措施	施工现场周边采取围挡措施，门前及围挡附近及时清扫		6	
2		施工现场主要道路及场地按要求进行硬化处理		6	
3		施工现场裸露地面、土堆按要求进行覆盖、固化或绿化		6	
4		外脚手架按要求采用密目式安全立网进行封闭		6	
5		施工现场按要求洒水降尘。易产生扬尘的机械应配备降尘防尘装置，易产生扬尘的建材按要求存放在库房或者严密遮盖		6	
6		建筑垃圾土方砂石运输应采取措施防止车辆运输遗洒，手续齐全		5	
7		楼内清理垃圾须采用密闭式专用垃圾道或采用容器吊运		5	
8		施工现场按要求安装远程视频监控系统		5	
9		施工现场按要求设置密闭式垃圾站，按规定及时清运		5	
10		施工现场按要求使用预拌混凝土和预拌砂浆		5	
11		施工现场按要求设置专业化洗车设备或设置冲洗车辆的设施		5	
12		有限制施工基础降水和非传统水源再利用措施		5	
13		强噪声施工机具采取封闭措施，夜间施工不违规，噪声排放不超标，有监测记录		5	
14		现场设备、设施及器具有节能和降耗措施		4	
15		现场料具码放整齐，有减少资源消耗和材料节约再利用措施		4	
16		食堂安装油烟净化装置，并保持有效		4	
17		对施工区域内的遗址文物、古树名木、土地植被有保护方案和措施		4	
18		施工现场办公区、生活区应与施工区分开设置，保持安全距离		4	
19	资料	工程项目建立绿色施工管理组织机构、制度、措施		5	
20		绿色施工培训教育、检查整改及各项记录		5	
应得分		实得分		得分率	折合标准分

15.8.10.2　绿色施工检查整改记录

绿色施工检查整改单及整改记录见安全检查章节的相关管理要求。

15.8.10.3　绿色施工效果评价

每年末由企业绿色施工管理部门对项目部的绿色施工组织体系、现场开展情况、过程管理、资料情况等方面进行考核。

1. 施工组织：组织及分工的合理性、部门联动协调性、存在的问题等方面。
2. 过程管理：管理过程中所存在的问题、日常管理方式、执行情况等方面。
3. 绿色施工技术应用与创新：技术措施选用的合理性、实施技术难点、实施效果等方面。
4. 经济效益：投入的各类成本及该阶段资源利用情况产生的效益成本等方面。
5. 社会效益：实施绿色施工对项目产生的观摩、报到等社会效益等方面。

15.8.11　建筑垃圾消纳资料

建筑开发商、建筑施工单位、依法注册且在市执法局备案的渣土运输公司应申请渣土运输证。

取得渣土运输证需要满足如下条件：

1. 工地已取得规划许可证和施工许可证。
2. 防污设施达标：城区取、弃土场必须按标准建立防污设施。
3. 安装监控设备：城区渣土取、弃土场必须安装远程视频监控设备。
4. 从事运输的车辆必须有密闭装置且安装 GPS 定位设备。
5. 施工单位与运输公司签订的建筑垃圾运输合同。
6. 有指定的消纳场地。
7. 施工单位、运输公司和运输车辆无“黑名单”记录。

15.9　附　　件

15.9.1　附件一：绿色施工管理目标

绿色施工管理目标

为做好项目绿色施工管理工作，全面推行绿色施工，同时完成上级下达的指标，特制订以下管理目标。

一、项目创优目标

二、绿色施工管理目标

2.1　综合能耗指标

2.2　绿色施工实施范围

2.3　扬尘控制

2.4　废气排放控制

2.5　建筑垃圾控制

2.6　水污染控制

2.7　光污染控制

2.8　噪声与震动控制

2.9　节材与材料资源利用

2.10　节水与水资源利用

2.11　节能与能源利用

2.12　节地与施工用地保护

三、要求

各项目按上述内容进行项目管理控制，项目绿色施工各项指标不得超过上述标准。

四、相关责任人及时间要求

本管理目标适用于企业所有在建项目。

15.9.2　附件二：绿色施工方案

项目绿色施工方案

一、编制依据

序号	类别	文件名称	编号
	国家法律法规		
	地方法律法规		
	国家行业标准		
	地方标准规范		
	合同		
	设计文件		
	招标投标文件		
	企业管理文件		
	企业技术标准		
	其他		

二、工程概况

2.1　工程建设概况一览表

<table>
<tr><td>工程名称</td><td></td><td colspan="2">工程性质</td><td></td></tr>
<tr><td>建设规模</td><td></td><td colspan="2">工程地址</td><td></td></tr>
<tr><td>工程造价</td><td></td><td colspan="2">总占地面积</td><td></td></tr>
<tr><td>结构形式</td><td></td><td colspan="2">总建筑面积</td><td></td></tr>
<tr><td>建设单位</td><td></td><td colspan="2">项目承包范围</td><td></td></tr>
<tr><td>设计单位</td><td></td><td colspan="2">主要分包工程</td><td></td></tr>
<tr><td>勘察单位</td><td></td><td rowspan="3">合同要求</td><td>质量</td><td></td></tr>
<tr><td>监理单位</td><td></td><td>工期</td><td></td></tr>
<tr><td>总承包单位</td><td></td><td>安全</td><td></td></tr>
<tr><td>开工时间</td><td></td><td colspan="2">竣工时间</td><td></td></tr>
<tr><td>工程主要功能或用途</td><td colspan="4"></td></tr>
</table>

2.2 设计概况

提示：

(1) 概况可按照施工组织设计的编制用表格和图形式体现，也可用文字和图形式体现。

(2) 文字介绍时，条理应清晰，先介绍大面情况（总长、总宽、总高），再分别介绍每个部位情况（××段/面大致做法），最后再介绍细部情况（材料、具体设计做法）。

概况介绍时，应辅以一些相关的数据进行介绍，且介绍应完整。

(3) 文字介绍时同样需要配备相应的图（平面、剖面和节点图）进行说明。

2.3 工程施工条件

提示：这里所介绍的施工条件，是指对工程施工有特殊影响的外部因素。如基坑工程方案，重点说明基坑附近的地下地上（如范围内地质情况、地下水情况、地下管网、附近道路和房屋等）情况；现场平面布置存在的问题；根据业主要求多单体工程的施工顺序；当地建材的特殊属性及供应等情况。

2.4 工程特点、重点

序号	工程特点、重点	具体描述（要用具体数值、具体部位等有针对性的说明）
1		
2		
	…	

三、组织机构和职责分工

3.1 组织机构图

绿色施工管理是涵盖甲方、设计、监理、总承包方、各专业分包等全员、全过程由总承包单位统一领导下的一项综合性施工管理。

3.2 绿色施工管理小组

序号	小组职务	姓名	岗位职务	职责
1	组长		项目经理	负责制订绿色施工目标、奖罚制度，组织绿色施工实施计划，并指定绿色施工管理人员和监督人员，负责落实绿色施工专项经费
2	副组长		项目书记	负责绿色施工的宣传管理，绿色施工的验收接待工作，对全体职工执行绿色施工相关制度情况进行考核、评比
3			生产经理	负责对项目管理人员、相关方进行绿色施工技术交底；负责组织落实各项绿色施工措施；组织一线工人参加绿色施工相关活动
4			总工程师	负责制订绿色施工方案，对全体人员进行绿色施工知识培训；负责绿色施工新技术、新设备、新材料与新工艺的研究与应用；负责对绿色施工各阶段工作进行总结，推广成功经验
5			商务经理	负责核算绿色施工成本、“四节措施”经济效益分析
6			安全总监	负责对现场危险源进行动态识别分析，重点监控重大危险源；贯彻国家及地方的有关工程安全与文明施工规范
7	组员		质量负责人	负责对工程绿色节能材料（产品）质量、施工质量进行严格控制；推行国家新的施工工艺和验收标准，加强过程质量控制
8			施工负责人	负责绿色施工实施方案具体措施的落实；过程中收集现场第一手资料，提出建设性的改进意见；持续监控绿色施工措施的运行效果，及时向绿色施工管理小组反馈
9			物资负责人	负责绿色节能材料供应商档案库的建立与动态维护；组织材料进场的验收；负责物资消耗、进出场数据的收集与分析
10			安装负责人	负责按照水电布置方案进行管线的敷设、计量器具的安装；对现场临水、临电设施进行日常巡查及维护工作；定期对临水、临电、节水、节电等器具的数据进行收集
11			后勤负责人	负责项目绿色施工进展、成果等的宣传；负责绿色施工示范工程的验收接待工作
12			分包方负责人	负责绿色施工实施方案具体措施的落实；过程中收集现场第一手资料，提出建设性的改进意见；持续监控绿色施工措施的运行效果，及时向绿色施工管理小组反馈

3.3 项目各部门职责一览表

序号	部门	职责
1	设计技术部	1. 负责绿色施工的策划、分段总结及改进推广工作； 2. 负责绿色施工示范工程的过程数据分析、处理，提出阶段性分析报告； 3. 负责绿色施工成果的总结与申报
2	工程部	1. 负责绿色施工方案具体措施的落实； 2. 过程中收集现场第一手资料，提出建设性的改进意见； 3. 持续监控绿色施工措施的运行效果，及时向绿色施工管理小组反馈
3	商务合约部	负责绿色施工经济效益的分析
4	机电部	1. 负责按照水电布置方案进行管线的敷设、计量器具的安装； 2. 对现场临水、临电设施进行日常巡查及维护工作； 3. 定期对临水、临电等器具的数据进行收集
5	装饰部	1. 负责按照装修方案进行装饰材料的选择、幕墙节能材料的优化； 2. 负责现场装饰材料消耗、进出场数据的动态控制； 3. 定期对各类节能减排数据进行收集
6	物资设备部	1. 负责组织材料进场的验收； 2. 负责物资消耗、进出场数据的收集与分析
7	质量部	1. 负责原材料的取样送检以及结果反馈； 2. 负责施工质量过程的动态监控，施工质量的自查验收； 3. 负责施工质保资料的收集
8	安全部	1. 负责项目安全生产、文明施工和环境保护工作； 2. 负责项目职业健康安全管理计划、环境管理计划和管理制度并监督实
9	综合办公室	1. 负责项目绿色施工进展、成果等的宣传； 2. 负责绿色施工示范工程的验收接待工作
…	…	…

四、管理目标及指标

4.1 绿色施工管理创优目标

类型	级别	创优内容	主要责任人
绿色施工创优目标	国际		
	全国		
	地方		
	…		
绿色施工观摩目标	国家（总公司级）		
	省（局级）		
	市（公司级）		
	…		
成果	专利		
	发明		
	论文		
	成果		
	…		

4.2　四节一环保指标

4.2.1　项目万元产值综合能耗______tce/万元。

注：万元产值综合能耗=总综合能耗÷总产值（tce/万元）。

（1）总综合能耗指实际消耗的各种能源，包括工程承包合同范围施工生产、辅助生产、附属生产消耗和现场办公区、生活区消耗的能源。

（2）总产值以统计报表为准。

（3）所有能源消耗均应换算成 1tce，能源换算成 1tce。

（4）折标系数规定表如下。

序号	能源项目	计量单位	折标系数
1	原煤	t	0.7143
2	洗精煤	t	0.9000
3	其他洗煤	t	0.2857
4	焦碳	t	0.9714
5	焦炉煤气	10^4m^3	5.7140
6	高炉煤气	10^4m^3	1.2860
7	其他煤气	10^4m^3	3.5701
8	天然气	10^4m^3	13.3000
9	原油	t	1.4286
10	汽油	t	1.4714
11	煤油	t	1.4714
12	柴油	t	1.4571
13	燃料油	t	1.4286
14	液化石油气	t	1.7143
15	炼厂干气	t	1.5714
16	热力	10^7kJ	0.0341
17	电力	10^4（kW·h）	4.0400
…	…		

4.2.2　环境保护管理指标

控制项目	计划指标	主要责任人
建筑垃圾	建筑垃圾产生量不大于______$t/10^4m^2$；各类建筑垃圾的再利用率和回收率（基坑阶段建筑垃圾回收率不小于______%）。建筑垃圾产生量中支撑结构建筑垃圾产生量不大于______$t/10^4m^2$；主体结构建筑垃圾产生量不大于______$t/10^4m^2$；装饰、机电工程阶段建筑垃圾产生量不大于______$t/10^4m^2$	
有毒有害物分类率	______%	
噪声排放	白天小于______dB，夜间小于______dB，测试定期检测	
污水排放	pH 值：______	
扬尘控制	土方阶扬尘高度小于______m，结构施工、安装装饰阶段扬尘高度小于______m	
光污染控制		
噪声污染控制		
建筑物拆除产生的废弃物再利用和回收率	______%	
工地用房、临时围挡材料的可重复使用率	______%	

续表

控制项目	计划指标	主要责任人
土建材料包装物回收率	______%	
装饰材料包装木箱、包装袋回收率	______%	
机电材料包装木箱、包装盒回收率	______%	
…	…	

4.2.3　节材与材料资源利用管理指标

序号	主材名称	预算量（含定额损耗量）	定额允许损耗率及量	目标损耗率及量	目标减少损耗量	主要责任人
1	钢材	______t	______%；______t	______%；______t	______t	
2	商品混凝土	______m^3	______%；______m^3	______%；______m^3	______m^3	
3	砌体	______m^3	______%；______m^3	______%；______m^3	______m^3	
4	模板	______m^2	______%；______m^2	______%；______m^2	______m^2	
5	木方	______m^3	______%；______m^3	______%；______m^3	______m^3	
6	风管	______m^2	______%；______m^2	______%；______m^2	______m^2	
7	管材	______m	______%；______m	______%；______m	______m	
8	线缆	______m	______%；______m	______%；______m	______m	
…	…					

4.2.4　节水与水资源利用管理指标（专业公司项目另行划分施工阶段）

序号	施工阶段和区域	万元产值目标耗水（m^3）		主要责任人
1	整个施工阶段	______m^3/万元产值；非传统水源再利用率占用水总量______%，循环水再利用率占用水总量______%		
2	桩基、基础施工阶段	m^3/万元产值	施工用水（%）：______m^3/万元产值	
			办公用水（%）：______m^3/万元产值	
			生活用水（%）：______m^3/万元产值	
3	主体结构施工阶段	m^3/万元产值	施工用水（%）：______m^3/万元产值	
			办公用水（%）：______m^3/万元产值	
			生活用水（%）：______m^3/万元产值	
4	装饰装修和安装工程施工阶段	m^3/万元产值	施工用水（%）：______m^3/万元产值	
			办公用水（%）：______m^3/万元产值	
			生活用水（%）：______m^3/万元产值	
5	节水设备（设施）配置率	办公区：______%；生活区：______%		

4.2.5　节能与能源利用管理指标（专业公司项目另行划分施工阶段）

电能消耗目标

序号	施工阶段	万元产值目标耗电		主要责任人
1	整个施工阶段	______kW·h/万元，相当于______tce/万元		
2	桩基、基础施工阶段	kW·h/万元产值，相当于 tce/万元	施工用电：kW·h/万元（tce/万元）	
			办公用电：kW·h/万元（tce/万元）	
			生活用电：kW·h/万元（tce/万元）	
3	主体结构施工阶段	kW·h/万元产值，相当于 tce/万元	施工用电：kW·h/万元（tce/万元）	
			办公用电：kW·h/万元（tce/万元）	
			生活用电：kW·h/万元（tce/万元）	
4	装饰装修和安装工程施工阶段	kW·h/万元产值，相当于 tce/万元	施工用电：kW·h/万元（tce/万元）	
			办公用电：kW·h/万元（tce/万元）	
			生活用电：kW·h/万元（tce/万元）	
5	节电设备（设施）配置率	生活区：______%；施工区：______%		

4.2.6　节地与施工用地管理指标

序号	节地目标	主要负责人
1	施工总占地面积控制在基坑面积的______%以内；	
2	办公区建筑面积______m^3；生活区建筑面积______m^3；办公、生活区面积与施工作业面积比______	
3	施工绿化与占地面积比______	
4	场地道路布置情况：	
…	…	

五、绿色施工管理措施

5.1　绿色施工管理制度

（略）

5.2　项目分部分项工程环境管理目标和实施方案

根据分部分项工程环境因素识别和评价结果、项目环境管理目标和实施方案制订。

5.3　项目绿色施工记录文件策划

绿色施工项目策划表

记录名称及编号	编制人（岗位、姓名）	审核人（岗位、姓名）	编制时间	提交时间	备注

5.4　对分包单位绿色施工管理的策划

（略）

六、绿色施工技术措施

6.1 地基与基础阶段

序号	要素内容	措施项	责任人
1	环境保护		
2	节水与水资源利用		
3	节材与材料资源利用		
4	节能与能源利用		
5	节地与土地资源保护		

6.2 主体结构阶段

序号	要素内容	措施项	责任人
1	环境保护		
2	节水与水资源利用		
3	节材与材料资源利用		
4	节能与能源利用		
5	节地与土地资源保护		

6.3 装饰装修与机电安装阶段

序号	要素内容	措施项	责任人
1	环境保护		
2	节水与水资源利用		
3	节材与材料资源利用		
4	节能与能源利用		
5	节地与土地资源保护		

6.4 创新推广重点应用技术

序号	要素内容	措施项	责任人
1	环境保护		
2	节水与水资源利用		
3	节材与材料资源利用		
4	节能与能源利用		
5	节地与土地资源保护		

6.5 自主创新技术

序号	要素内容	措施项	责任人
1	环境保护		
2	节水与水资源利用		
3	节材与材料资源利用		
4	节能与能源利用		
5	节地与土地资源保护		

七、技术实施方案

7.1　绿色施工实施措施

实施方案中实施措施包括但不限于以下内容。

（1）节材与材料利用包括钢材、木材、商品混凝土等主要建筑材料的节约措施；提高材料设备重复利用和周转次数；制订废旧材料的回收再利用措施；实施方案中应制订节材措施，选用绿色、环保材料。优先选用耐用、维护和拆卸方便的周转材料，加强废、旧材料的再利用。现场办公和生活用房应采用周转式活动板房；推广使用定型钢模板、竹胶板、塑料模板、铝合金模板等；多层、高层建筑使用可重复利用的模板体系，模板支撑应采用工具式支撑；推广使用定型化、工具化的卸料平台及安全防护设施；采取技术措施加强建筑垃圾的回收再利用，实现建筑垃圾减量化；图纸会审时，应审核节材与材料资源利用的相关内容。根据施工进度、库存情况等合理安排材料的采购、进场时间和批次，减少库存。材料运输工具适宜，装卸方法得当，防止损坏和散落。根据现场平面布置情况就近卸载，避免和减少二次搬运。

（2）节水与水资源利用包括生产、生活、办公和大型施工设备的用水等资源及能源的控制措施；实施方案中应制订节水措施，充分利用水资源。施工现场供水管网应根据用水量设计布置，管径合理、管路简捷，采取有效措施减少管网和用水器具的漏损。施工现场喷洒路面、绿化浇灌宜采用经过处理的中水。现场机具、设备、车辆冲洗用水必须设立循环用水装置。施工现场办公区、生活区的生活用水采用节水系统和节水器具，提高节水器具配置比率。项目临时用水应使用节水型产品，安装计量装置，采取针对性的节水措施。

（3）节能与能源利用包括生产、生活、办公和大型施工设备的用电用油等资源及能源的控制措施；实施方案中应制订合理施工能耗指标，提高施工能源利用率。优先使用国家、行业推荐的节能、高效、环保的施工设备和机具；在施工组织设计中，合理安排施工顺序、工作面，以减少作业区域的机具数量，相邻作业区充分利用共有的机具资源。安排施工工艺时，应优先考虑耗用电能的或其他能耗较少的施工工艺。避免设备额定功率远大于使用功率或超负荷使用设备的现象。

（4）节地与施工用地保护措施包括施工现场的临时设施建设禁止使用黏土砖、加强施工总平面合理布置、最大限度减少现场临时用地，避免对土地的扰动等措施；实施方案中应合理进行施工总平面的布置，施工总平面布置应做到科学、合理，充分利用原有建（构）筑物、道路、管线为施工服务。施工现场搅拌站、仓库、加工厂、作业棚、材料堆场等布置应尽量靠近已有交通线路或即将修建的正式或临时交通线路，缩短运输距离。

（5）环境保护包括扬尘、噪声、光污染的控制及建筑垃圾的减量化措施等。实施方案中应制订合理的环境保护措施。工程在土方作业、结构施工、安装装饰装修、建构筑物机械拆除、建构筑物爆破拆除等时，要采取洒水、地面硬化、围挡、密网覆盖、封闭等，防止扬尘产生。施工现场污水排放应达到国家现行标准《污水综合排放标准》（GB 8978）的要求。施工现场生活区设置封闭式垃圾容器，施工场地生活垃圾实行袋装化，及时清运。对建筑垃圾进行分类，并收集至现场封闭式垃圾站，集中运出。

以上措施应充分考虑项目绿色施工的总体要求，为绿色施工提供基础条件。“四节一环保”技术实施方案应由具体的实施措施组织，围绕“四节一环保”内容展开措施的策划工作，应对施工策划、机械与设备选择、材料采购、现场施工、工程验收等各阶段进行控制，加强对整个施工过程的管理和监督。

7.2　绿色施工创新技术

（1）应建立健全绿色施工管理体系，对有关绿色施工的技术、工艺、材料、设备等应建立推广、限制、淘汰管理办法。发展适合绿色施工的资源利用与环境保护技术，对落后的施工技术、工艺、设备、材料等进行限制或淘汰，鼓励绿色施工技术的发展，推动绿色施工技术的创新。根据项目绿色施工实施计划拟定绿色施工使用的新技术、新设备、新材料、新工艺等内容，突出绿色施工“四新技术”的应用。

（2）项目在绿色施工具体实施之前应重视绿色施工管理前期的技术策划，加强创新能力，根据图纸学习和审查的结果，为推进绿色施工，如发现有需要提出设计变更内容，如新材料的代换，新工艺的应用，在图纸会审时提出，需要做样板或专家论证的列入技术准备工作计划。应根据《建筑业 10 项新技术》等文件要求，做好前期的绿色施工技术策划工作，采用有利于绿色施工开展的新技术、新工艺、新材料、新设备；采用创新的绿色施工技术及方法；项目为达到方案设计中的节能要求而采取的措施等。

八、绿色施工应急管理

根据项目的特点及施工工艺的实际情况，制订相应的绿色施工应急预案。通过应急预案的实施，保证各种应急反应资源处于良好的备战状态，指导应急反应行动按计划有序地进行，防止因应急反应行动组织不力或现场救援工作的无序和混乱而延误事故的应急救援，有效地避免或降低人员伤亡和财产损失，通过开展应急知识教育和应急演练，提高现场操作人员应急能力，减少突发事件造成的经济损害或社会不良环境影响。

应急预案准备工作程序如下图所示。

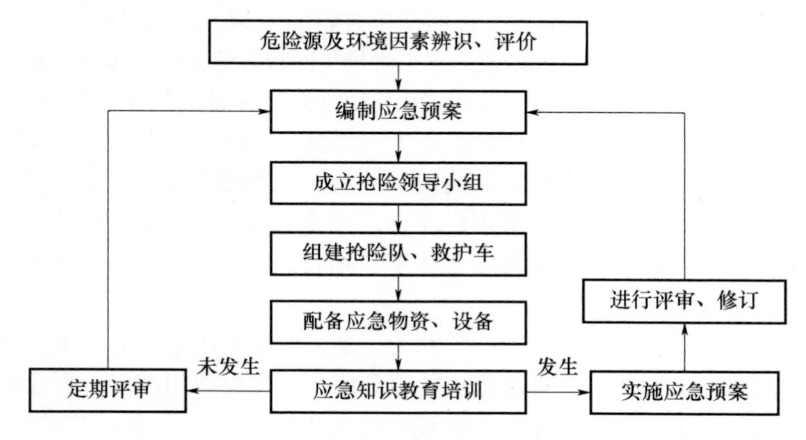

图　应急预案准备工作程序流程

8.1　应急小组人员的组成与分工

应急小组成员

组成人员	职务	职责	联系方式	备注

8.2　应急预案演练

应急演练计划

内容	计划演练时间	主要负责人	参加人员	地点	预期效果	备注

8.3　应急预案的实施计划

实施计划

方案	应急事件内容	实施场景	责任人	牵头部门	配合部门
方案 1	噪声				
方案 2	扬尘				
方案 3	食物中毒				
方案 4	…				
方案 5	…				
…	…				

8.4　危机公关

危机公关人员分工表

组成人员	职务	职责	联系方式	备注

九、绿色施工检查与评价

项目应制订检查计划，定期组织项目绿色施工自查，对发现的问题及时纠偏并进行完善。绿色施工评价指标包括环境保护评价指标、节材与材料资源利用评价指标、节水与水资源利用评价指标、节能与能源利用评价指标和节地与土地资源保护评价指标五个方面。每个评价指标均包含控制项、一般项及优选项 3 个层次。具体评价内容详见现行标准《建筑工程绿色施工评价标准》(GB/T 50640)。

绿色施工评价办法：

1）绿色施工项目自评价次数每月不少于 1 次，且每阶段不应少于 1 次。

2）评价方法：

控制项目标，必须全部满足。评价方法应符合下表的规定。

评分要求	结论	说明
措施到位，全部满足考评指标要求	符合要求	进入评分流程
措施不到位，不满足考评指标要求	不符合要求	一票否决，为非绿色施工项目

一般项指标，应根据实际发生项执行的情况计分，评价方法符合下表的规定。

评分要求	评分
措施到位，满足考评指标要求	2
措施基本到位，部分满足考评指标要求	1
措施不到位，不满足考评指标要求	0

优选项指标，应根据实际发生项执行情况加分，评价方法应符合下表的规定。

评分要求	评分
措施到位，满足考评指标要求	1
措施基本到位，部分满足考评指标要求	0.5
措施不到位，不满足考评指标要求	0

批次得分评价表应符合下列的规定，批次得分评价表按照下表进行要素权重决定。

评价要素	地基与基础、结构工程、装饰装修与机电安装
环境保护	0.3
节材与材料资源利用	0.2
节水与水资源利用	0.2
节能与能源利用	0.2
节地与施工用地保护	0.1

单位工程绿色工程评价得分应符合下表的规定。

评价阶段	权重系数
地基与基础	0.3
结构工程	0.5
装饰装修与机电安装	0.2

3）单位工程绿色施工等级应按下列规定进行判定。

有下列情况之一者为不合格：

（1）控制项不满足要求。

（2）单位工程总得分 $W<60$ 分。

（3）结构工程阶段得分 $W<60$ 分。

满足以下条件者为合格：

（1）控制项全部满足要求。

（2）单位工程得分 60 分$\leqslant W<80$ 分，结构工程得分 $W>60$ 分。

（3）至少每个评价要素各有一项优选项得分，优选项得分 $W>5$ 分。

满足以下条件者为优良：

（1）控制项全部满足要求。

（2）单位工程总得分 $W\geqslant 80$ 分，结构工程得分 $W\geqslant 80$ 分。

（3）至少每个评价要素中有两项优选项得分。优选项总分 $W\geqslant 10$ 分。

十、绿色施工综合效益预测

项目商务部应根据绿色施工方案具体实施措施和目标控制，分别从地基与基础工程、结构工程、装饰装修与机电安装工程 3 个阶段对措施实施预计产生的效益进行预测，制订阶段性的效益数据，便于形成成套技术标准后产生单项资源消耗指标。

第 16 章　消防安全

16.1　总　　则

16.1.1　编制依据

《中华人民共和国消防法》
《消防安全疏散标志设置标准》(DB11/1024—2013)
《建筑施工安全检查标准》(JGJ 59—2011)
《建设工程施工现场消防安全技术规范》(GB 50720—2011)

16.2　火灾事故基本知识及分类

16.2.1　一般工程火灾事故类型

16.2.1.1　电气焊火灾事故

在电气焊火灾事故中，危害性最严重的是容器电气焊爆燃事故，往往导致作业人员当场死亡。最易引起火灾事故的场所一般为物料存放区、职工生活区及在建工程存在易燃材料的墙体，严重的甚至引起整个施工现场大面积燃烧，造成灾难性后果。

16.2.1.2　电气火灾事故

建筑施工现场场地大、线路分散、施工机具和照明设备较多，且大多设置在室外，容易发生受潮及老化。一旦出现漏电短路或负荷过大等电气故障时，就有可能引起火灾。并造成无可挽回的损失"某年某月，某工地作业人员在下班时未及时清理木工车间的木屑，且未切断圆盘锯的开关电源，由于开关受潮短路引燃木屑，导致火灾事故发生"。

16.2.1.3　其他火灾事故

对明火及防火重点部位管理不严，随意抛掷烟头及火柴梗引燃可燃物或电热器具烤着可燃物造成火灾事故，这类事故主要发生在食堂、宿舍、仓库和木工制作场地等部位。"某年，某工地由于食堂工作人员用火不慎，引燃彩钢板活动房墙体内的泡沫填充材料，造成 16 间活动房及屋内生活用品全部烧毁，幸而是上班时间，未造成人员伤亡"。

16.2.2　钢结构工程火灾事故类型

钢结构专业也是近十年来刚兴起的一种建筑施工专业，在安装工程中危险性较大，大部分作业都是以高空作业为主，在安装过程中需要焊接作业，这就对消防安全管理工作带来了严格的要求，特别是高空焊接及切割作业的防火、防风、接火措施，需要按照钢构件结构形式，制作不同的接火设施，防止火花飞溅、掉落至下方，以免发生火灾事故。

钢结构工程由于涉及焊接作业，及易燃物油漆的施工作业，易发生明火事故，故现场的消防工作尤为重要，须制订切实有效的消防保卫措施，确保万无一失。在施工过程中要防止火灾的危险，项目部会采取一切可能的预防措施并配备一切必需的灭火设备及接受过训练的员工。

16.3 消防设施验收

16.3.1 厂家资质、合格证

项目部要留存消防设施、器材厂家资质、合格证明，并如下图所示。

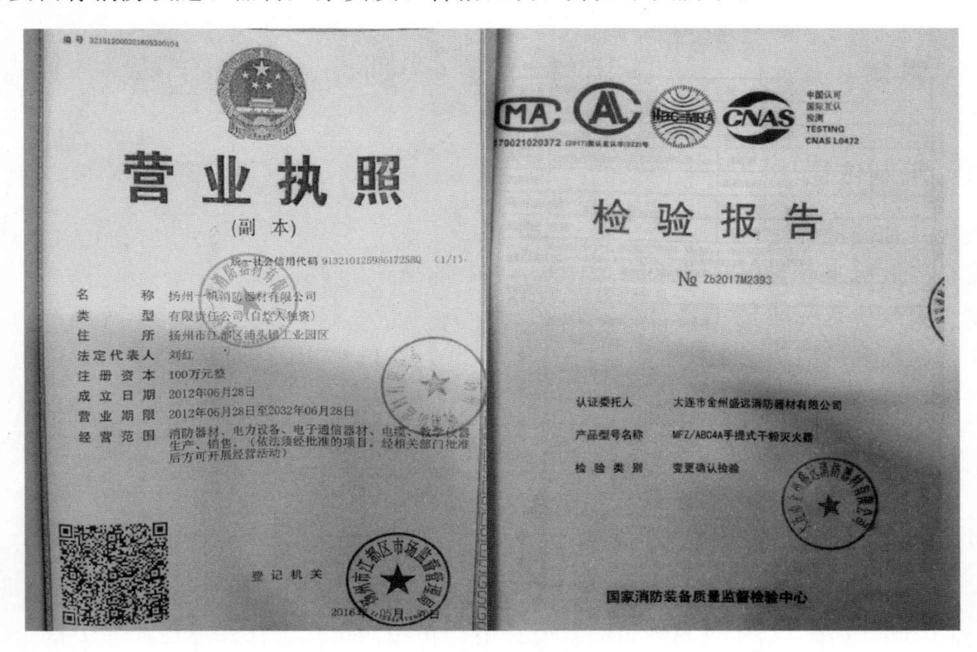

厂家营业执照、合格证

16.3.2 消防设施、器材验收登记

项目部必须履行消防设施、器材验收登记手续见下表。

消防设施验收

<table>
<tr><td colspan="4" rowspan="2">消防设施验收表</td><td>表格编号</td></tr>
<tr><td></td></tr>
<tr><td colspan="2">工程名称及编码</td><td></td><td>验收时间</td><td></td></tr>
<tr><td colspan="2">安装单位</td><td colspan="3"></td></tr>
<tr><td>序号</td><td colspan="2">检查项目</td><td>检查内容</td><td>验收结果</td></tr>
<tr><td>1</td><td>资质证明</td><td>消防设施、器材厂家资质、合格证明</td><td>消防设施、器材厂家资质、合格证明是否齐全有效</td><td></td></tr>
<tr><td>2</td><td>易燃物品管理</td><td>易燃物与明火安全距离
易燃物品的分类放置
废弃易燃物处置</td><td>木工加工棚内应有禁烟牌，易燃物及时清除；
易燃物与厨房等处的明火应满足安全距离；
易燃物的堆放应分类放置；
易燃液体应用密封容器盛装；
废弃的易燃物等不得随便丢弃，应妥善处置</td><td></td></tr>
</table>

续表

<table>
<tr><td>序号</td><td colspan="2">检查项目</td><td>检查内容</td><td>验收结果</td></tr>
<tr><td>3</td><td>防火器材及设施配置</td><td>消防器材配置
临时消防给水系统</td><td>在建工程应按规定设置临时室外和室内消防给水系统；
临时消防给水系统的给水压力应满足消防水枪充实水柱长度不小于 10m 的要求，立管直径在 DN100 以上，有足够扬程的高压水泵，每层设有消防水源接口；
高度超过 100m 的在建工程，应在适当楼层增设临时中转水池及加压水泵；
危险品仓库、油漆间、木工棚及配电箱防护棚须配有种类合适的灭火器</td><td></td></tr>
<tr><td>4</td><td>现场防火</td><td>消防通道
火灾报警装置
防雷措施</td><td>建筑物内外道路和通道畅通；
在建工程不得兼做办公室、民工宿舍、仓库；
高层建筑施工现场上下要有通信报警装置；
严禁宿舍使用电炉、电热器具；
施工现场按规定设立吸烟区；
施工现场应用可靠的防雷措施</td><td></td></tr>
<tr><td>5</td><td colspan="4">验收结论：</td></tr>
<tr><td rowspan="4">验收人
（签字）</td><td colspan="2">项目总工</td><td>项目生产经理</td><td>安装单位负责人</td></tr>
<tr><td colspan="2"></td><td></td><td></td></tr>
<tr><td colspan="2">项目安全负责人</td><td colspan="2">其他验收人员</td></tr>
<tr><td colspan="2"></td><td colspan="2"></td></tr>
</table>

16.4　消防检查

项目部需定期组织消防安全检查，留存检查记录，下发隐患整改通知单；定期对现场消防设施进行验收、维保。

隐患整改通知单

<table>
<tr><td colspan="3" rowspan="2">隐患整改通知单</td><td colspan="2">表格编号</td></tr>
<tr><td colspan="2"></td></tr>
<tr><td>工程名称及编码</td><td colspan="4"></td></tr>
<tr><td>项目基本情况</td><td colspan="4"></td></tr>
<tr><td>接收单位</td><td colspan="2"></td><td>接收人</td><td></td></tr>
<tr><td colspan="5">整改内容：

检查人（签字）：　　年　月　日</td></tr>
</table>

续表

<table>
<tr><td>完成期限</td><td>年　月　日</td><td>指定验证人</td><td></td></tr>
<tr><td colspan="4">处理情况和自检结果：

自检人（签字）：　　年　月　日</td></tr>
<tr><td colspan="4">验收记录：

验证人（签字）：　　年　月　日</td></tr>
</table>

16.5　危险化学品管理

储存、使用危险化学品的项目，应当根据其储存、使用的危险化学品的种类和危险特性，在作业场所设置相应的监测、监控、通风、防晒、调温、防火、灭火、防爆、泄压、防毒、中和、防潮、防雷、防静电、防腐、防泄漏以及防护围堤或者隔离操作等安全设施、设备，并按照国家标准、行业标准或者国家有关规定对安全设施、设备进行经常性维护、保养，保证安全设施、设备的正常使用。储存、使用危险化学品的单位，应当在其作业场所和安全设施、设备上设置明显的安全警示标志。

危险化学品要建立专用库房如下图所示。

危险品库房

16.6　主要工程消防控制

16.6.1　钢筋工程消防控制措施

1. 钢筋加工半成品采用机械连接，减少明火作业。

2. 钢筋加工区设置防护棚，防护棚设置专人负责，设置消防安全警示标志，每个钢筋防护棚内设置两具干粉灭火器。

3. 钢筋加工区内不得存放任何易燃易爆材料。

4. 加工区现场禁止吸烟、明火作业。

5. 钢筋加工区用电采用埋设或架空方式，杜绝现场发生电气火灾。

6. 现场钢筋绑扎过程严格控制，避免钢筋碰扎电缆线造成电气火灾。

7. 现场钢筋焊接施工过程严格执行动火审批制度，关键过程旁站式管理。动火作业区域设专人监护，作业人员持证上岗，配置好灭火器材，清除周边易燃材料。

8. 严格遵守地方相关法律、法规执行现场钢筋施工消防管理。

16.6.2 模板工程消防控制措施

1. 木工材料进场把好验收关，对材料的防火性能要求符合相关规定。

2. 材料进场存放于木工加工区附近，且存放于动火区域（焊工区）上风向，不得小于30m距离。

3. 木工材料存放区进行封闭管理，杜绝无关人员入内。

4. 木工材料存放区域设置消防安全警示标志。

5. 设置干粉灭火器材、消防水桶，引入消防水源，设置消防砂、消防锹、消防斧。

6. 任何情况下木工材料存放区禁止动明火作业。

7. 木工加工区设置安全防爆照明。

8. 加工区按照每$25m^2$设置一具不小于4kg干粉灭火器和消防水、消防砂。

9. 木工加工区设置专职消防管理员管理。

10. 加工区完全封闭，无人上锁。

16.6.3 混凝土工程消防控制措施

1. 加强对全体混凝土施工人员的消防安全教育。

2. 对混凝土施工的器材进行逐一检查，避免发生电气火灾。

3. 混凝土施工过程中加强对车辆的控制，加大对设备的检查，避免机具设备漏油而造成火灾。

4. 对混凝土保温材料专人负责、专人管理，不得在周边15m范围内动火作业。

16.6.4 砌体工程消防控制措施

1. 加强对施工人员的消防安全教育。

2. 把好材料关，杜绝易燃材料进场。

3. 聚苯板保温材料管理。开展全体工人的消防教育交底大会，给现场工人讲解施工现场防火常识，结合事故案例让工人深刻知道聚苯板为一类消防危险品，极易引燃，为目前工地火灾的元凶首恶，要引起高度的警惕。教育工人怎样识别聚苯板火灾隐患，防范火灾事故，现场如何进行动火管理，火灾发生时如何应急处理等知识；并对现场消防点的布设、消防器材的使用、消防应急预案启动进行现场交底。

4. 聚苯板的储存。聚苯板为一类消防危险品，因此在储存时要应专库储存，分类单独堆放，保持通风，堆放要与作业区、生活区保持防火间距，周边配置相应的消防器材灭火器、消防水源、黄砂等。严禁吸烟或动用明火，并在材料上挂设消防警示标志，设立责任人。

5. 聚苯板的施工。在保温聚苯板施工前要向工人进行安全消防技术交底，过程中，施工部位上要配置足够消防器材，严禁在聚苯板施工部位上吸烟或动火作业；如必须要进行动火交叉作业，必须经过项目相关人员的审批手续，检查消防器材的配备，消防水源及防护措施落实情况，重点要检查动火部位与易燃易爆材料临界面的安全防护情况，防止出现有些部位一旦着火无法施救的现象发生；并要求保温单位和动火单位签订交叉作业安全协议，明确双方的防护及保护措施、责任，检查合格方可动火作业。在作业时双方配专人进行监护。在施工完聚苯板的部位要挂设安全警示标志，防止工人因不了解聚苯板的消防危险性导致的火灾事故的发生。

16.6.5 防水工程消防控制措施

1. 对全体防水施工人员进行培训，取证后方可上岗作业。
2. 关键过程防水责任工程师做好旁站式管理。
3. 对防水材料存放区设置全封闭，配备消防水、干粉灭火器等消防器材。
4. 防水施工过车中注意对交叉作业的保护，加强对防水作业周边的监督和管理工作。
5. 防水设备、器材单独存放，避免爆炸。
6. 高温天气对防水材料、放水器材进行保护，防止暴晒。

16.6.6 其他消防控制措施

1. 逐级落实治安消防责任，签订治安消防责任书。

各级领导和防火负责人，不得擅自离岗；如有事者必须有防火值班领导批准，方可离开，并及时安排替岗人员。

建筑工地施工人员多，管理难度大，因此，必须认真贯彻“谁主管，谁负责”的原则，明确安全责任，逐级签订安全责任书，充分发挥各施工单位、各部门的作用，发动群众，做到人人防火、处处防火、时时防火，进而确保安全。

发现火灾隐患要及时向领导汇报，领导应及时采取整改措施，消除隐患。如已发生火灾，必须立即采取灭火措施，并及时上报领导，避免造成大火灾。

2. 建立健全严格的用火用电管理制度。用制度来管理人、教育人、规范人，是做好防火安全工作的有效方法。把好用火用电关，是免除建筑工地发生火灾事故的一个很重要的措施。值得一提的是要对电焊作业实行严格的动火审批制度，凡未经动火审批和非电焊工一律不得从事电焊作业。在审批过程中，要做到四个坚持：要坚持对施工现场周围易燃可燃物进行必要的清理；要坚持现场监护；要坚持备有一定量的消防器材；要坚持电焊作业完毕后，对其周围部位进行安全检查，看是否留下火险隐患，以便及时消除，防止造成火灾事故。

3. 坚持先培训，后上岗的原则。要对一些从事火灾危险性较大的工种，如电工、油漆工、焊工等进行必要的消防知识培训，教育他们严格遵守安全操作规程，懂得本工种的火灾危险性及预防和扑救措施，增强这些特殊工种人员的工作责任心，保证施工的安全。

4. 建筑工地要坚持把好“三关”。在施工工程最紧张，火灾危险性最大的阶段，一定要坚持把好“三关”：一是把好明火操作关，监护人员要准备好灭火器具，同时严禁油漆、电焊等同时交叉作业；二是把好电气设备安装关，做到定人定设备；三是把好易燃材料管理关，设专人管理，控制好工地易燃可燃材料数量，防止堆积过多。

5. 临时用电工程消防控制措施：

（1）电工进场作业前对电工进行临时用电安全、技术交底，按规范要求用电。
（2）现场内用电禁止私拉乱接，所有接线必须由电工完成，非电工人员不得进行电气作业。
（3）电箱周围不得堆放杂物、材料，确保通道畅通。
（4）现场所有电箱间电缆均埋地敷设，出地面部分加套管保护。
（5）所有固定电箱均设重复接地。
（6）切割机等机具需设防护措施。
（7）电焊机施工要配备接火斗、水桶、灭火器等消防措施。
（8）所有电工、电焊工均应持证上岗。

第 17 章　可视化管理

17.1　可视化管理的定义

可视化管理是指检查、验收、培训或其他安全活动结束后，通过人的视觉能够有效感知施工现场人、机、物的正常与异常状态，让管理者有效掌握企业管理过程，实现管理上的透明化与可视化。可视化管理能让企业的流程更加直观，使企业内部的信息实现可视化，并能得到更有效的传达，从而实现管理的透明化。可视化管理也称为一目了然的管理。

17.2　可视化管理的工作内容

可视化管理通常包含使用醒目的国家、行业、企业标准规定的安全标志、图表、符号、颜色，用于安全警示、禁止、指令、提示、引导、展示等工作内容。

17.3　可视化管理的目的

1. 明确告知应该做什么和已经完成什么，做到早期发现异常情况，使人的管理、物的状态一目了然，使安全活动有效、结果清晰可见。

2. 防止人为失误或遗漏，维持安全管理的正常状态。

3. 通过视觉，迅速快捷地传递信息，使安全问题容易暴露，以起到事先预防和消除各类隐患的效果。

4. 使任何人都更容易掌握企业管理的状态、更方便遵守企业的规章制度。

5. 有助于使作业场所整洁明亮，营造安全愉快、令人满意的工作环境，提高安全管理效率，统一管理人员与客户的认知。

17.4　可视化管理具体要求

17.4.1　张贴安全管理帽贴

1. 使现场员工教育情况、特种作业操作资格证书查询状态的结果一目了然，方便管理者对未参加教育、教育不合格、无证上岗人员的排查。

2. 使现场作业人员更容易明确安全技术交底内容。

17.4.1.1　入场安全教育帽贴

项目管理人员进场前由项目经理组织入场安全教育培训，考核合格后由项目经理发放入场安全教育帽贴，由安全总监指导张贴在安全帽正确位置上。

作业人员进场前由项目安全总监组织入场安全教育并组织考试，考试合格后发放入场安全教育帽贴，并监督其张贴在安全帽正确位置上，如下图所示。

入场安全教育帽贴

17.4.1.2 特种作业人员帽贴

1. 高处作业安全帽贴（适用人员：架子工，高处作业吊篮操作工，塔式起重机、施工升降机、物料提升机、高处作业吊篮安装拆卸工及其他从事高处作业的作业人员）。由相关责任工程师对从事高处作业的人员进行专项安全教育，并组织考试与安全技术交底，考试合格后发放相应的特种作业安全教育帽贴并监督其张贴在正确位置上。

2. 临电作业安全帽贴（适用人员：电工、电焊工及其他从事临电作业的作业人员）。由相关责任工程师对从事临电作业的人员进行专项安全教育，并组织考试与安全技术交底，考试合格后发放相应的特种作业安全教育帽贴并监督其张贴在正确位置上。

3. 起重吊装安全帽贴（适用人员：塔式起重机、施工升降机、物料提升机司机，信号工，塔式起重机司索工及其他从事起重吊装作业的作业人员）。由相关责任工程师对从事起重吊装作业的人员进行专项安全教育，并组织考试与安全技术交底，考试合格后发放相应的特种作业安全教育帽贴并监督其张贴在正确位置上。

各类特种人员帽贴如下图所示。

各类特种作业人员帽贴

17.4.1.3 特种作业操作证审核帽贴

所有从事特种作业的人员在证书审核通过后，将审核通过的信息、特种作业操作证扫描件、持证人员照片制成一张图片，打印后由审核人员监督作业人员张贴在安全帽正确位置上，见下表。

特种作业操作证审核帽贴

________项目特种作业操作证审核帽贴表			
单位名称：		所属班组：	
作业内容：		姓名：	
证书照片		审核截图	

17.4.1.4　作业人员安全技术交底帽贴

项目部安全技术交底人在编制好安全技术交底后，将安全技术交底的一般交底部分制成二维码帽贴。作业人员在经过安全技术交底后，由交底人监督作业人员张贴在安全帽正确位置上，如下图所示。

作业人员安全技术交底帽贴

17.4.2　脚手架安全验收标识牌

1. 挂设状态

根据落地式脚手架、悬挑式脚手架、附着式整体提升脚手架、移动式操作平台、卸料平台等架体的验收情况挂设，使其安全状态清晰可见，规范脚手架使用，避免事故发生。

2. 挂设位置

落地式脚手架、悬挑式脚手架、附着式整体提升脚手架统一张挂在安全通道口处，脚手架首层必须张挂，其他楼层随脚手架分层分步验收情况有选择张挂。

移动式操作平台、卸料平台根据验收情况挂设在架体明显处。

3. 验收牌样式

红色验收牌为单面，内容为搭设未完成、禁止使用；绿色、黄色验收牌为双面，正面为验收通过、存在安全隐患，背面为安全验收与每月检查时间，验收与检查时即时填写（具体见本书 17.4.4 节安全检查标签的要求）。

17.4.2.1　红色验收标识牌

1. 使用条件

落地式脚手架、悬挑式脚手架、附着式整体提升脚手架、移动式操作平台、卸料平台等搭设未完成，挂设红色验收标识牌，如下图所示。

红色验收标识牌

2. 使用要求

架体搭设过程中，由安全总监负责挂设红色验收标识牌。挂设过程中除架子工外其他作业人员禁止靠近、禁止使用。

17.4.2.2　黄色验收标识牌

1. 使用条件

落地式脚手架、悬挑式脚手架、附着式整体提升脚手架、移动式操作平台、卸料平台等搭设完成后，经验收发现存在安全隐患，架体处于整改中，挂设黄色验收标识牌，如下图所示。

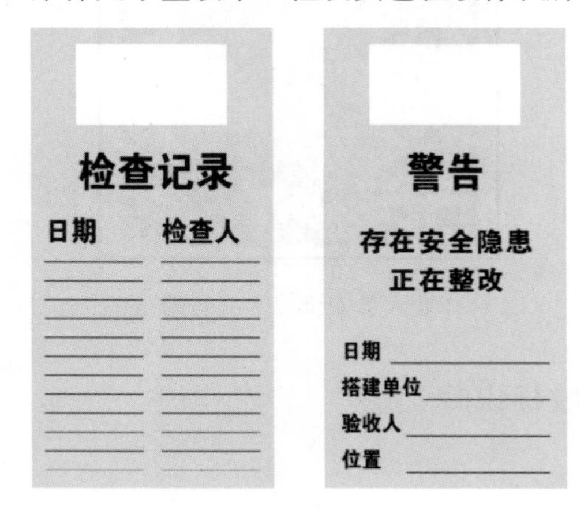

黄色验收标识牌

2. 使用要求

架体验收未通过以后，由验收组织人负责挂设黄色验收标识牌。挂设过程中除架子工外其他作业人员禁止靠近、禁止使用。

17.4.2.3　绿色验收标识牌

1. 使用条件

落地式脚手架、悬挑式脚手架、附着式整体提升脚手架、移动式操作平台、卸料平台等搭设完成后，验收通过，可以正常使用，挂设绿色验收标识牌，如下图所示。

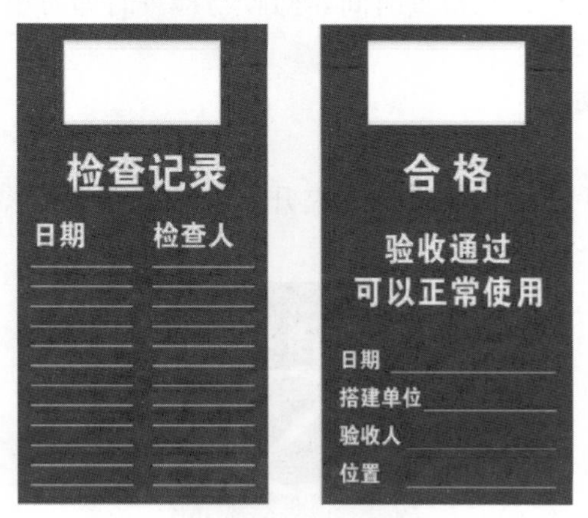

绿色验收标识牌

2. 使用要求

对架体组织验收通过后由验收组织人员挂设绿色验收标识牌。

17.4.3　其他设施、设备验收标识牌

根据消防器材（消防柜、消防箱等）、配电箱、大型起重机械设备、流动式施工机械、中小型机械

设备的验收情况挂设，使其安全状态清晰可见，规范设施、设备使用，避免事故发生。

1. 验收牌样式

验收牌为白底蓝字，需明确设施及设备名称、验收部位、验收日期、验收人、安全监督责任人等信息，如下图所示。

________________验收牌	
设备名称：	编号：
使用单位：	验收部位：
验收日期：	验收人：
验收结果：	安全监督责任人：

其他设施、设备验收标识牌

2. 使用条件

设施、设备在安全验收通过以后，可以正常投入使用，挂设设施、设备验收标识牌；验收不通过的移交责任单位进行整改后重新验收。

3. 使用要求

验收通过以后由验收组织人员在设施、设备明显位置挂设设施、设备验收标识牌。

17.4.4　安全检查标签

17.4.4.1　安全检查未通过标签

1. 在每月的安全检查中，检查完落地式脚手架、悬挑式脚手架、附着式整体提升脚手架、移动式操作平台、卸料平台后，存在安全问题且禁止使用时，由责任工程师挂设脚手架黄色验收牌，填写检查日期，并建立检查台账，记录张贴标签数量、位置、检查时间及状态等，如下图所示。

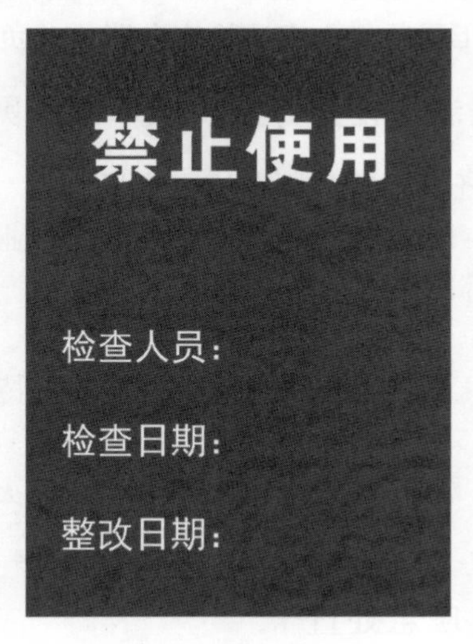

禁止使用
检查人员：
检查日期：
整改日期：

验收不合格检查标签

2. 在每月的安全检查中，检查完消防器材（如消防柜、消防箱等）、配电箱、大型起重机械设备、流动式施工机械、中小型机械设备后，存在安全问题，禁止使用时，由责任工程师在责任范围内的相关设施、设备上张贴红色检查标签，并建立台账，记录张贴标签数量、位置、检查时间及状态等。

3. 由安全工程师监督督促责任工程师整改、建立安全检查台账，并负责建立检查情况总台账。

17.4.4.2　安全检查通过标签

1. 在每月的安全检查中，检查完落地式脚手架、悬挑式脚手架、附着式整体提升脚手架、移动式操作平台、卸料平台后，不存在安全问题，可以正常使用时，由责任工程师挂设脚手架绿色验收牌，填写检查日期，并建立检查台账，记录张贴标签数量、位置、检查时间及状态等，如下图所示。

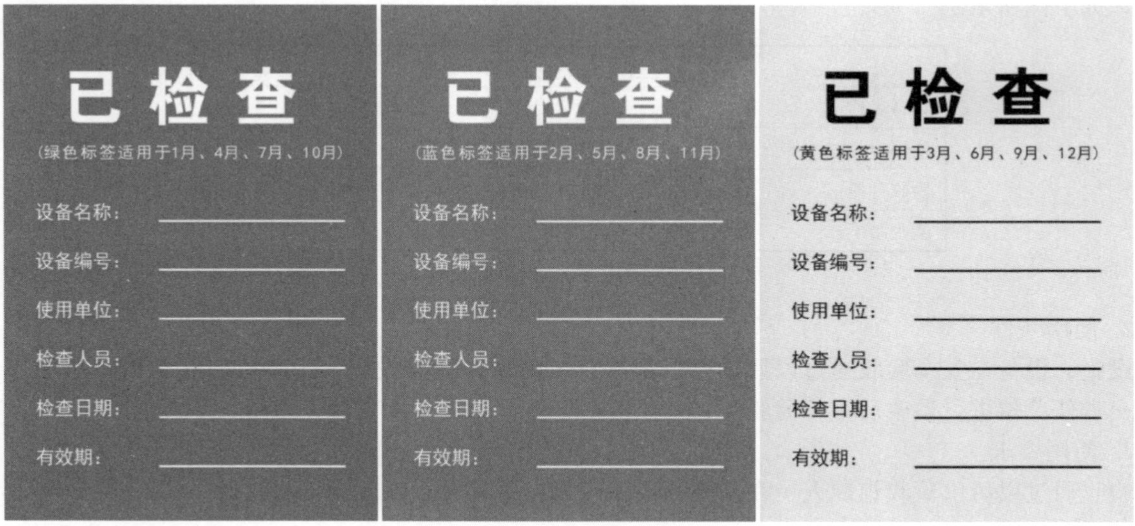

已检查
(绿色标签适用于1月、4月、7月、10月)
设备名称：
设备编号：
使用单位：
检查人员：
检查日期：
有效期：

已检查
(蓝色标签适用于2月、5月、8月、11月)
设备名称：
设备编号：
使用单位：
检查人员：
检查日期：
有效期：

已检查
(黄色标签适用于3月、6月、9月、12月)
设备名称：
设备编号：
使用单位：
检查人员：
检查日期：
有效期：

验收合格检查标签

2. 在每月的安全检查中，检查完消防器材（如消防柜、消防箱等）、配电箱、大型起重机械设备、流动式施工机械、中小型机械设备后，不存在安全问题，可以正常使用时，由责任工程师在责任范围内的相关设施、设备上张贴验收通过检查标签（项目可根据需要、不同月份使用不同颜色的标签区分），并建立台账，记录张贴标签数量、位置、检查时间及状态等。

3. 由安全工程师监督督促责任工程师建立安全检查台账，并负责建立检查情况总台账。

17.4.5　规章、制度、责任制、使用方法、操作规程图牌

1. 由项目办公室、安全部等责任部门监督，在施工现场大门、办公室、安全通道、工人宿舍、配电室、消防水泵房、消防设施器材、门卫值班室等位置应张挂企业、项目的主要规章、制度、安全生产责任制及门牌、楼层牌、责任人等图牌。

2. 由项目部设备管理人员监督，在施工机械操作室内，钢筋、木工加工棚，各类中小型机械明显位置应张挂操作规程；挂塔式起重机、施工升降机、物料提升机特种作业人员操作证、审核情况、身份证复印件。

3. 由项目部消防管理人员监督，在消防水泵房、消防栓、灭火器箱等位置张挂水泵、消防栓、灭火器的使用方法。

17.4.6　作业人员作业风险应急处置卡

作业人员作业风险应急处置卡由安全部组织监督制作，工人入场培训合格后发放给每名工人，可包含现场主要风险告知、简单应急处置要点、紧急疏散线路图等。

17.4.7　事故警示教育

事故警示教育图主要是在现场公示通告栏、施工通道口等位置张挂。按版面分事故经过、原因分析、类似事故及“你可以做什么?”等6个部分；按类型分起重伤害事故、高处坠落事故、物体打击事故、触电事故、机械伤害事故、坍塌事故、火灾事故、爆炸事故、其他事故（淹溺、车辆伤害、中毒和窒息）等。安全工程师根据当前施工生产工艺和分部分项工程张挂。

应急处置卡

序号	事件	处置措施
1	火灾	发现火情，立即通过手动报警器进行报警，报警后就近选取消防器材灭火； 如果火势太大，拨打“119”并报告上级； 对现场人员进行紧急疏散； 等待引导专业消防人员到来。
2	触电	迅速切断电源，或者用绝缘物体挑开电线或带电物体，使伤者尽快脱离电源； 将伤者移至安全地带； 若触电者失去知觉，心脏、呼吸还在，应使其平卧，解开衣服，以利呼吸；若触电者呼吸、脉搏停止，必须实施人工呼吸或胸外心脏挤压法抢救； 向上级报告，并拨打“120”急救电话，送医院救治。
3	中毒窒息	迅速将中暑者转移至阴凉通风处休息，使其平卧，头部抬高，松解衣扣； 向上级报告，给其饮用含盐的清凉饮料、茶水、绿豆汤等； 严重时送医院救治。
4	物体打击 碰伤、扭伤	立即停止工作，查看伤情； 轻微流血时，进行包扎止血； 伤情严重，送至医院做进一步治疗。
5	暴力袭击	使用随身携带的防护器具，进行前期阻止； 不能处置的及时报告，同时拨打“110”； 维持秩序，待警方到达现场后，配合调查。
6	交通事故	保护好现场，控制肇事车辆和司机，取得目击者联系方式； 如有人员受伤，拨打“120”急救电话； 待交警到达现场后，配合事故调查。 若发生在库区内部，立即上报管理部门。

风险告知卡

序号	存在危险因素	可能造成的后果		防范措施
1	车辆伤害	骨折受伤、死亡	当心车辆	严禁酒后上岗操作机械。 严禁超载及载人，行驶前查看后方有无人员。 严禁超速，进入现场戴好安全帽、扣好下颚带。
2	物体打击	砸伤	当心落物	进入库区现场必须佩带安全帽。 避免在高处作业的地方走动。
3	火灾伤害	烧伤，灼烫，死亡	当心火灾	动火作业时，检查周围是否有可燃物质，火源，严禁携带点火源作业。 开具动火作业许可证，并由专人监督。 佩戴好相应的防护用品。
4	机械伤害	碰伤，碾压	当心机械伤人	避免在可能发生设备倾倒或掉落的地方走动。 严禁转入或跨接运转设备。 加保护装置，保证安全距离。
紧急情况下应急处置	作业过程中预到紧急情况，第一时间汇报安全负责人；会使用灭火器和消防栓，员工需掌握自救和逃生的方法。			
应急救援电话	消防监控：6311XXXXX　　安全负责人：XXXXXXXXX			
安全操作要点	严格遵守岗位操作规程； 发现问题及时汇报； 会使用消防栓，灭火器； 熟悉应急疏散路线和集合地点。			

作业人员作业风险应急处置卡

<table>
<tr><td colspan="2" align="center">事故警示教育挂图</td></tr>
<tr><td colspan="2" align="center">案例分析：××事故</td></tr>
<tr><td>事故概况</td><td>事故图片</td></tr>
<tr><td>事故原因
1.
2.
3.
……</td><td>你可以做什么？
1.
2.
3.
……</td></tr>
<tr><td>类似事故</td><td>事故图片</td></tr>
<tr><td colspan="2" align="center">安全第一　预防为主　综合治理</td></tr>
</table>

事故警示教育挂图

17.4.8 安全管理可视化公示栏

安全管理可视化公示栏应设置于办公区明显位置，用于公示安全生产的日常管理情况，主要包含以下内容，项目可根据现场管理要求调整。

17.4.8.1 可视化安全管理条文说明

可参考本书 17.4.1～17.4.4 章节的要求制作，将项目的可视化管理要求进行公示。

17.4.8.2 每日安全管理动态

对当日的安全管理动态进行公示，包含但不限于以下内容：

1. 危险作业许可。
2. 安全技术交底。
3. 今日安全教育。
4. ……

17.4.8.3 考核评优公示

对每月、每季度的安全生产责任考核、管理人员、分包单位、班组、作业人员安全生产评优情况进行公示，包含但不限于以下内容：

1. 安全生产责任制公示。
2. 安全生产责任书考核结果公示。
3. 安全生产优秀团队公示。
4. 安全生产优秀单位、班组、个人公示。
5. ……

17.4.8.4 施工现场重大危险源公示牌

项目部应每月根据危险源辨识更新现场重大危险源公示牌，由项目技术负责人主责，其他部门配合完成。除可视化管理公示栏外，施工现场重大危险源公示牌应在现场主要道路明显位置张挂，每月更新，见下表。

施工现场重大危险源公示牌

工程名称： 施工单位： 项目负责人：

序号	作业活动	危险源	可能导致的事故	风险级别	监督责任人

编制时间： 编制人：

17.4.8.5 施工现场紧急疏散线路图

由安全部组织制作，应在平面布置图上明确图牌所在方位、逃生线路、安全通道、楼梯、出口等信息。线路图除在可视化公示栏张挂外，在施工现场、办公区、工人宿舍区、楼层内根据需要张挂，且每层不少于一幅，如下图所示。

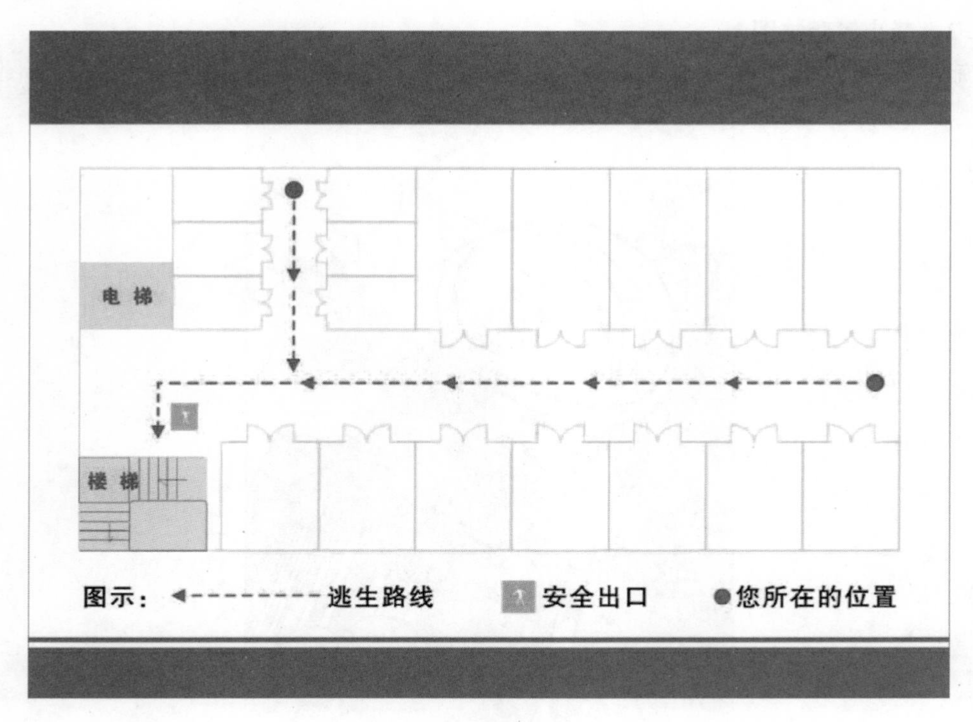

紧急疏散线路图

17.4.9　安全警示挂图

17.4.9.1　禁止吸烟挂图

分别悬挂于施工现场大门口与库房、木工模板加工区、易燃易爆物品存放区、装饰装修作业区等，如下图所示。

禁止吸烟挂图

17.4.9.2　禁止攀爬挂图

悬挂于施工现场高大设备底部、外脚手架底部等部位，脚手架每面不少于1处，如下图所示。

禁止攀爬挂图

17.4.9.3　当心坠物挂图

悬挂于施工现场施工且升降机梯笼周边防护栏杆、安全通道口、外脚手架首层周边外侧等处。脚手架首层每隔30m设置1处，且每面不少于2处，如下图所示。

当心坠物挂图

17.4.9.4　禁拆拉结点挂图

悬挂于外脚手架内侧，面向结构主体，每隔 30m 设置 1 处，且每层每面不少于 2 处，如下图所示。

禁拆拉结点挂图

17.4.9.5　通道口宣传牌

悬挂于安全通道和斜道入口处，如下图所示。

通道口宣传牌

17.4.9.6　卸料平台挂图

悬挂于卸料平台正对主体的防护栏杆内侧，如下图所示。

卸料平台挂图

17.4.9.7　正确使用安全带挂图

悬挂于施工现场临边作业、高处作业等区域，如下图所示。

正确使用安全带挂图

17.4.9.8　禁止高空抛物挂图

悬挂于施工现场临边作业、高处作业等区域，如下图所示。

禁止高空抛物挂图

17.4.9.9　吊篮安全作业挂图

悬挂于吊篮内醒目位置，如下图所示。

吊篮安全作业挂图

17.4.9.10 洞口安全防护挂图

悬挂于施工现场边长 1500mm 以上水平洞口的防护栏杆上，如下图所示。

洞口安全防护挂图

17.4.9.11 临边安全防护挂图

悬挂于施工现场基坑临边、楼层临边、阳台临边、屋面临边等临边的防护栏杆上，如下图所示。

临边安全防护挂图

17.4.9.12　防坍塌挂图

悬挂于土方开挖后坑槽回填前，坑槽边的防护栏杆内侧，朝向坑槽内。每 50m 设置 1 块，且每面不少于 2 块，如下图所示。

防坍塌挂图

17.4.9.13　安全用电挂图

悬挂于施工现场变配电室正面外墙上或一、二级配电箱防护棚正面。室内无防护棚的一、二级配电箱，悬挂于配电箱附近墙体或临时支架上，与配电箱距离不超过 2m，如下图所示。

安全用电挂图

17.4.9.14 地下有电缆挂图

设置临时支架，固定于埋地电缆沿线的地面上，每 50m 设置 1 处，如下图所示。

地下有电缆挂图

17.4.9.15 当心机械伤害挂图

悬挂于钢筋及木工加工作业区、搅拌设备等处，如下图所示。

当心机械伤害挂图

17.4.9.16　正确使用消防器材挂图

悬挂于消防器材集中点的右侧，如下图所示。

正确使用消防器材挂图

17.4.9.17　大模板堆放安全挂图

悬挂于施工现场大模板堆放区围挡栏杆上，每面至少 1 处，如下图所示。

大模板堆放安全挂图

17.5 使用示例

17.5.1 可视化管理公示栏效果图

可视化管理公示栏

17.5.2 脚手架可视化整体效果图

脚手架可视化整体效果图

17.5.3　机械设备可视化效果图

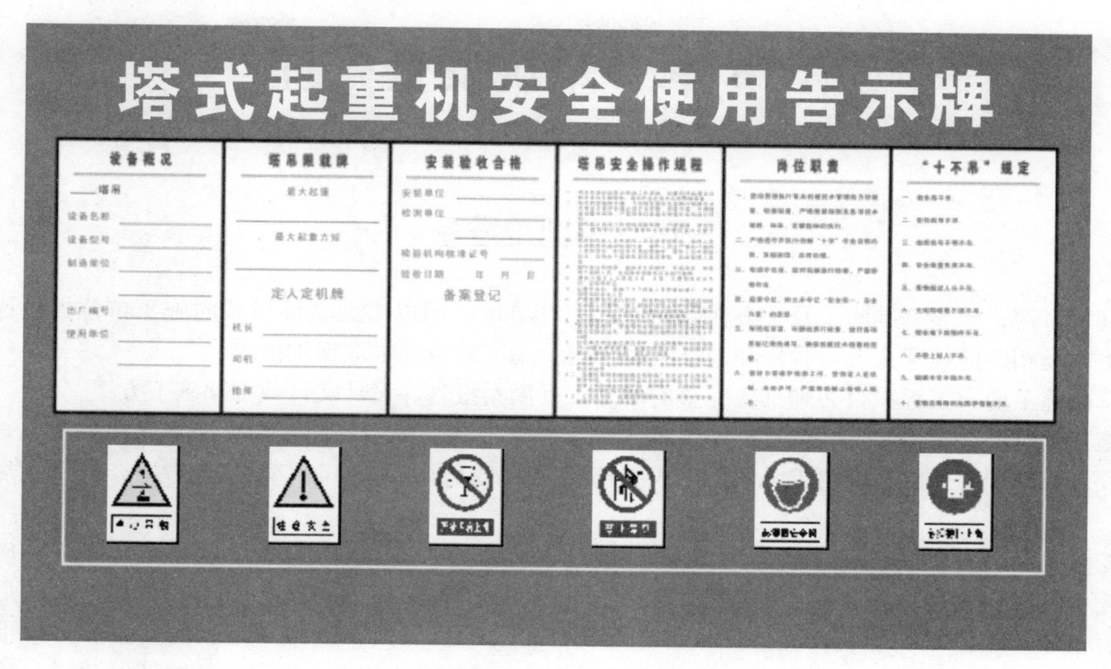

塔式起重机安全使用告示牌

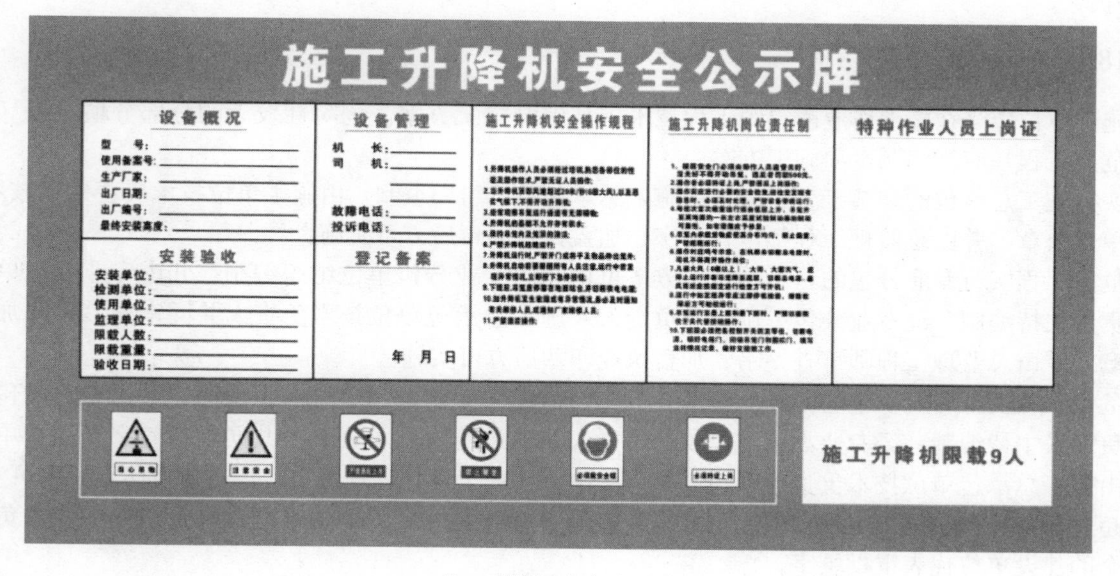

施工升降机安全公示牌

17.5.3　消防设施可视化效果图（详见消防设施章节图片）

17.5.4　临电设施可视化效果图（详见临时用电章节图片）

第18章　基坑安全管理

18.1　施工准备

基坑、沟、槽等基础施工及土方在开挖前，建设单位必须以书面文件形式向施工单位提供详细的与施工现场相关的地下（上）管线和地下工程资料。施工单位应采取保护措施。

基础施工前，工程项目必须具备完整的岩土工程勘察报告、设计文件或专项施工方案。

施工单位应严格控制人工挖孔桩施工工艺。工程施工现场确因场地狭窄无法实施机械挖孔，或者由于设计及施工工艺的特殊要求必须使用人工挖孔的情况下，必须编制专项施工方案，经审批后方可施工。

挖大孔径桩及扩底桩必须制订防止人员坠落、物体打击、坍塌、人员窒息等安全措施和应急预案。挖大孔径桩必须采用混凝土护壁，混凝土强度根据试验要求达到规定的强度和养护时间后，方可进行下层土方开挖。下孔作业前应进行有毒、有害气体及氧气含量检测，确认安全后方可下孔作业。作业人员连续作业不得超过2h，并设置专人监护。施工作业时，必须强制性持续通风，确保通风良好。

18.1.1　施工方案

施工单位应当在施工作业前组织工程技术人员编制施工方案。危险性较大的分部分项工程（以下简称危大工程）应当编制专项施工方案。

实行施工总承包的，施工方案应当由施工总承包单位组织编制，由施工单位技术负责人审核签字、加盖单位公章，并由总监理工程师审查签字、加盖执业印章后方可实施。

危大工程实行专业分包的，专项施工方案可由相关专业分包单位组织编制，并由专业分包单位项目负责人主持编制，经专业分包单位技术负责人及施工总承包单位技术负责人共同审核签字并加盖单位公章，并由总监理工程师审查签字、加盖执业印章后方可实施。

危大工程实行专业承包的，专项施工方案应当由相关专业承包单位组织编制，并由专业承包单位项目负责人主持编制，经专业承包单位技术负责人及建设单位技术负责人共同审核签字并加盖单位公章，由施工总承包单位技术负责人审核签字，并由总监理工程师审查签字、加盖执业印章后方可实施。

超过一定规模的危大工程专项施工方案除应当履行以上规定的审核审查程序外，还应当由负责工程安全的建设单位代表审批签字。

土方开挖作业前，施工单位必须制订保证周边建筑物、构筑物及地下管线、地下工程安全的措施并经相关部门审批后方准施工。

基坑土方开挖、支护、降水工程施工前，施工单位将严格按照程序完成人员安全教育、方案交底、安全技术交底、施工作业人员登记、特种作业人员登记及证件审查、机械进场验收和月度检查制度等工作，负责基坑工程的专职安全员应当全程参与，及时纠正不合规行为，并做好记录。

18.1.2　危险性较大的分部分项工程

基坑工程危险性较大的分部分项工程的安全管理可参考本书第12章、第13章中“危险性较大的分部分项工程”的安全管理。

施工方案报审

<table>
<tr><td colspan="2">施工组织设计/（专项）施工方案报审表</td><td>资料编号</td><td></td></tr>
<tr><td>工程名称</td><td colspan="3"></td></tr>
<tr><td colspan="4">致：________________（项目监理机构）
我方已完成________________工程施工组织设计/（专项）施工方案的编制和审批，请予以审查。
附件：□施工组织总设计________________
□施工组织设计________________
□专项施工方案________________

施工项目经理部（盖章）
施工单位项目负责人（签字、加盖执业印章）：
年　月　日</td></tr>
<tr><td colspan="4">审查意见：

施工单位（盖章）：
施工单位技术负责人（签字）：
年　月　日</td></tr>
<tr><td colspan="4">审查意见：

专业监理工程师（签字）：
年　月　日</td></tr>
<tr><td colspan="4">审核意见：

项目监理机构（盖章）
总监理工程师（签字、加盖执业印章）：
年　月　日</td></tr>
<tr><td colspan="4">审批意见（仅对超过一定规模的危险性较大的分部分项工程专项施工方案）：

建设单位（盖章）
项目负责人（签字）：
年　月　日</td></tr>
</table>

注：本表由施工单位填写，建设单位、监理单位、施工单位各存一份。

18.1.3 人员资质

人员进场后，须审核人员资质。特种作业人员必须持有特种作业操作资格证书，且在有效期内。特种作业人员应做好台账登记，特种作业人员登记表可见下表。

特种作业人员登记

特种作业人员登记表						编号		
工程名称								
总包单位					分包单位			
序号	姓名	性别	身份证号	工种	证件编号	发证机关	有效期	进退场时间
项目经理部审查意见： 项目安全负责人（签字）：　　年　月　日								
监理单位复核意见： 经复核，符合要求，同意上岗（　　） 经复核，不符合要求，不同意上岗（　　） 监理工程师（签字）：　　年　月　日								

注：1. 本表由施工单位填报，监理单位、施工单位各存一份。

2. 表后附操作证复印件及网上证书查询截图。

18.1.4　交底

18.1.4.1　方案交底

方案交底表格式可见下表。

方案交底

<table>
<tr><td colspan="4">方案交底表</td><td>编号</td><td></td></tr>
<tr><td>工程名称</td><td colspan="5"></td></tr>
<tr><td>施工单位</td><td colspan="2"></td><td>方案名称</td><td colspan="2"></td></tr>
<tr><td colspan="6">方案交底内容：
（根据施工方案编制）</td></tr>
<tr><td>交底人</td><td></td><td>职务</td><td></td><td>交底时间</td><td></td></tr>
<tr><td>接受交底人员签字</td><td colspan="5"></td></tr>
</table>

注：1. 进行方案交底时填写此表。

2. 本表由总承包单位或专业承包单位工程技术人员填写，交底人、接受交底人、专职安全员各存一份。

3. 签名栏不够时，应将签字表附后。

18.1.4.2 安全技术交底

安全技术交底表格式可见下表。

安全技术交底

<table>
<tr><td colspan="4">安全技术交底表</td><td>编号</td><td></td></tr>
<tr><td>工程名称</td><td colspan="5"></td></tr>
<tr><td>施工单位</td><td></td><td>交底部位</td><td></td><td>作业内容</td><td></td></tr>
<tr><td colspan="6">安全技术交底内容：</td></tr>
<tr><td colspan="6">针对性交底：
（根据施工方案编制）</td></tr>
<tr><td>交底人</td><td></td><td>职务</td><td></td><td>专职安全员
监督签字</td><td></td></tr>
<tr><td>接受交底单位
负责人</td><td></td><td>单位及
职务</td><td></td><td>交底时间</td><td></td></tr>
<tr><td>接受交底作业人员签字</td><td colspan="5"></td></tr>
</table>

注：本表由总承包单位或专业承包单位工程技术人员填写，交底人、接受交底人、专职安全员各存一份。

安全技术交底（深基坑施工）

<table>
<tr><td colspan="4">深基坑施工安全技术交底表</td><td>编号</td><td></td></tr>
<tr><td>工程名称</td><td colspan="5"></td></tr>
<tr><td>施工单位</td><td></td><td>交底部位</td><td>深基坑施工</td><td>作业内容</td><td></td></tr>
<tr><td colspan="6">安全技术交底内容：
1. 深基坑工程施工，应根据四周场地及有关地质资料、实际开挖深度，采用放坡开挖、板桩墙支护和地下连续墙等方法。
2. 深基坑施工应具备下列资料：
（1）施工区域内建筑基地的工程地质勘察报告。勘察报告中，要有土壤的常规物理力学指标，必须提供土的固结快剪内摩擦角 F、内聚力 c、渗透系数 K 等数据和有关建议。
（2）地基与基础工程施工图。
（3）场地内和邻近地区地下管线图和有关资料，如位置、深度、直径、构造及埋设年份等。
（4）邻近的原有建筑、构筑物的结构、基础情况，如有裂缝、倾斜等情况，需做标记、拍片或绘图，形成原始资料文件。
（5）深基坑施工组织设计。
3. 深基坑工程在施工全过程中，对降水、板桩墙、地下连续墙等位移，要定期观察测试，并做好记录。对于较重要和较危险的原有建筑物、构筑物和管线也要定期观察记录。
4. 深基坑施工，由于降水、土方开挖等因素，影响邻近建筑物、构筑物和管线的使用安全时，应事先采取有效措施，如加固、改迁等，特别是各种压力管道要有防裂措施，以确保安全。
5. 深基坑开挖，须布置地面和坑内排水系统，防止雨水对土坡、坑壁冲刷而造成塌方。
6. 坑边一般不宜堆放重物，如坑边确须堆放重物，边坡坡度和板桩墙的设计须考虑其影响；基坑开挖后，坑边的施工荷载严禁超过设计规定的荷载值。
7. 严禁在高边坡及危险地段搭建工棚。
8. 深基坑施工时，在安全、劳动保护、防水、防火、爆破作业和环境保护等方面，应按有关规定执行。上下深坑要有可靠的、数量足够的安全通道。
9. 对于无桩基或无锚钢筋的箱形基础、水池等，设计应提出抗浮稳定要求，施工时，切实做好降水和暴雨期的排水工作，在停止降水，或估计暴雨时坑内会出现积水时，必须采取有效措施。以满足抗浮稳定要求。</td></tr>
<tr><td colspan="6">针对性交底：
（根据施工方案编制）</td></tr>
<tr><td>交底人</td><td></td><td>职务</td><td></td><td>专职安全员
监督签字</td><td></td></tr>
<tr><td>接受交底单位
负责人</td><td></td><td>单位及职务</td><td></td><td>交底时间</td><td></td></tr>
<tr><td>接受交底作业人员签字</td><td colspan="5"></td></tr>
</table>

注：本表由总承包单位或专业承包单位工程技术人员填写，交底人、接受交底人、专职安全员各存一份。

安全技术交底（降水、排水施工）

降水、排水施工安全技术交底表				编号	
工程名称					
施工单位		交底部位	降水、排水施工	作业内容	

安全技术交底内容：

1. 排水的安全要求

（1）施工前应作好施工区域内临时排水系统的总体规划，并注意与原排水系统相适应。临时性排水设施应尽量与永久性排水设施相结合。山区施工应充分利用和保护自然排水系统和山地植被，如需改变原排水系统时，应取得有关单位同意。

（2）临时排水不得破坏附近建筑物或构筑物的地基和挖、填方的边坡，并注意不要损害农田、道路。临时截水沟至挖方边坡上缘的距离，应根据土质确定，一般不小于3m。临时排水沟与填方坡脚应有适当距离，沟内最高水位应低于坡脚至少0.3m。

（3）在山坡地区施工，应尽量按设计要求先做好永久性截水沟，或设置临时截水沟，阻止山坡水流入施工场地。沟底应防止渗漏。在平坦地区施工，可采用挖临时排水沟或筑土堤等措施，阻止场外水流入施工场地。

（4）临时排水沟和截水沟的纵向坡度、横断面、边坡坡度和出水口应符合下列要求：纵向坡度应根据地形确定，一般不应小于3‰，平坦地区不应小于2‰，沼泽地区可减至1‰；横断面应根据当地气象资料，按照施工期间最大流量确定。边坡坡度应根据土质和沟的深度确定，一般为1：0.7～1：1.5，岩石边坡可适当放陡；出水口应设置在远离建筑物或构筑物的低洼地点，并应保证排水畅通。排水暗沟的出水口处应防止冻结。

（5）临时排水沟内水的流速不宜大于后表的要求。必要时，在下列地段或部位应对沟底和边坡采取临时加固措施：土质松软地段；流速较快，可能遭受冲刷地段；跌水处；地面水汇集流入沟内的部位；出水口处。

（6）在地形、地质条件复杂（如山坡陡峻、地下有溶洞、边坡上有滞水层或坡脚处地下水位较高等），有可能发生滑坡、坍塌的地段挖方时，应根据设计单位确定的方案进行排水。

2. 降低地下水位的安全要求

（1）开挖低于地下水位的基坑（槽）、管沟和其他挖方时，应根据施工区域内的工程地质、水文地质资料、开挖范围和深度，以及防坍防陷防流砂的要求，分别选用集水坑降水、井点降水或两者结合降水等措施降低地下水位，施工期间应保证地下水位经常低于开挖底面1.5m以上。

（2）基坑顶四周地面应设置截水沟。坑壁（边坡）处如有阴沟或局部渗漏水时，应设法堵截或引出坡外，防止边坡受冲刷而坍塌。

临时排水沟内水的允许流速表

项次	土的类别和加固方法	允许流速（m/s）
一、土的类别		
1	淤泥	0.35
2	细砂、中砂、轻亚黏土	0.5～0.6
3	粗砂，亚黏土、黏土	1～1.5
4	软砾岩、泥灰岩、页岩	4
5	石灰岩、中实的和密实的砂岩	5～7
二、加固方法		
1	干砌卵石或块石	2～3
2	浆砌卵石或块石	3～4
3	素混凝土	4

注：表内允许流速为水深1m的流速。水深为0.4m时，应乘以系数0.7；水深为2m时，应乘以系数1.04。

（3）采用集水坑降水时，应符合下列要求：

① 根据现场地质条件，应能保持开挖边坡的稳定；

② 集水坑和集水沟一般应设在基础范围以外，防止地基土结构遭受破坏，大型基坑可在中间加设小支沟与边沟连通；

③ 集水坑应比集水沟、基坑底面深一些，以利于集排水；

④ 集水坑深度以便于水泵抽水为宜，坑壁可用竹筐、钢筋网外加碎石过滤层等方法加以围护，防止堵塞抽水泵；

⑤ 排泄从集水坑抽出的泥水时，应符合环境保护要求；

续表

<table>
<tr><td colspan="6">⑥ 边坡坡面上如有局部渗出地下水时，应在渗水处设置过滤层，防止土粒流失，并应设置排水沟，将水引出坡面；
⑦ 土层中如有局部流砂现象，应采取防止措施。
（4）采用井点降水时，应根据含水层土的类别及其渗透系数、要求降水深度、工程特点、施工设备条件和施工期限等因素进行技术经济比较，选择适当的井点装置。当含水层的渗透系数小于 5m/昼夜，且不是碎石粉土时，宜选用轻型井点和喷射井点（如渗透系数小于 0.1m/昼夜时，宜增加电渗装置），当含水层渗透系数 20m/昼夜时，宜选用管井井点装置；当含水层渗透系数为 5～20m/昼夜时，上述井点装置均可选用。
（5）井点降水的施工组织设计（或施工方案）应包括以下主要内容：
① 基坑（槽）或管沟的平、剖面图和降水深度要求；
② 井点的平面布置、井的结构（包括孔径、井深、过滤器类型及其安设位置等）和地面排水管路（或沟渠）布置图；
③ 井点降水干扰计算书；
④ 井点降水的施工要求；
⑤ 水泵的型号、数量及备用的井点、水泵和电源等。
⑥ 降水设计所采用的含水层渗透系数必须可靠。重大工程的井点降水应作现场抽水试验确定。
（6）降水前，应考虑在降水影响范围内的已有建筑物和构筑物可能产生附加沉降、位移或供水井水位下降，以及在岩溶土洞发育地区可能引起的地面塌陷，必要时应采取防护措施。在降水期间，应定期进行沉降和水位观测并作出记录。
（7）在第一个管井井点或第一组轻型井点安装完毕后，应立即进行抽水试验，如不符合要求时，应根据试验结果对设计参数作适当调整。
（8）采用真空泵抽水时，管路系统应严密，确保无漏水或漏气现象，经试运转后方可正式使用。
（9）降水期间，应经常观测并记录水位，以便发现问题及时处理。
（10）井点降水工作结束后所留的井孔，必须用砂砾或黏土填实。如井孔位于建筑物或构筑物基础以下，且设计对地基有特殊要求时，应按设计要求回填。
（11）在地下水位高而采用板桩作支护结构的基坑内抽水时，应注意因板桩的变形、接缝不密或桩端处透水等原因而渗水量大的可能情况，必要时应采取有效措施堵截板桩的渗漏水，防止因抽水过多使板桩外的土随水流入板桩内，从而淘空板桩外原有建（构）筑物的地基，危及建（构）筑物的安全。
（12）开挖采用平面封闭式地下连续墙作支护结构的基坑或深基坑之前，应尽量将连续墙范围内的地下水排除，以利于挖土。发现地下连续墙有夹泥缝或孔洞漏水的情况，应及时采取措施加以堵截补漏，以防止墙外泥（砂）水涌入墙内，危及墙外原有建（构）筑物的基础。</td></tr>
<tr><td colspan="6">针对性交底：
（根据施工方案编制）</td></tr>
<tr><td>交底人</td><td></td><td>职务</td><td></td><td>专职安全员
监督签字</td><td></td></tr>
<tr><td>接受交底单位
负责人</td><td></td><td>单位及职务</td><td></td><td>交底时间</td><td></td></tr>
<tr><td>接受交底作业人员签字</td><td colspan="5"></td></tr>
</table>

注：本表由总承包单位或专业承包单位工程技术人员填写，交底人、接受交底人、专职安全员各存一份。

安全技术交底（桩基工程）

<table>
<tr><td colspan="4">桩基工程安全技术交底表</td><td>编号</td><td></td></tr>
<tr><td>工程名称</td><td colspan="5"></td></tr>
<tr><td>施工单位</td><td></td><td>交底部位</td><td>桩基工程</td><td>作业内容</td><td></td></tr>
<tr><td colspan="6">
（一）安全技术交底内容
1. 对邻近的原有建筑物或构筑物，以及地下管线等都要认真查清情况，并研究采取适当的隔震、减震措施，以免震坏原有建筑物或构造物、地下管线等而发生事故。
对危险而又无法加固的建筑物征得有关方面同意可以拆除，以确保施工安全和邻近建筑物及人身安全。
2. 清除妨碍施工的高空和地下障碍物。平整施工范围的场地和压实打桩机行驶的道路。
3. 预制桩堆放的注意事项：
（1）起吊和搬运吊索应系于设计规定之处，起吊时应平稳，避免摇晃和振动。
（2）堆放时，应按规格、桩号分层堆置在平整、坚实的地面上，支点应设于吊点处，各层垫木应搁置在同一垂直线上，最下层垫木应适当加宽，堆放高度不应超过 4 层。
4. 开工前要检查机具并加润滑油以利操作，桩架起落准备工作完成后，当班人员重新检查并确认检查无误，方可进行操作。
5. 工作时司机不得擅离岗位，精神要集中，开机时先启动操纵机构，起锤后应将保险装置固定牢靠，下班时应将电源切断并将电动机盖好。
6. 打桩过程中，应经常注意打桩机的运转情况，发现异常情况应立即停止，并及时纠正后方可继续进行。
7. 在打桩过程中，应经常注意打桩机的运转情况，发现异常情况应立即停止，并及时纠正后方可继续进行。
8. 打桩时，严禁用手去拔正桩头垫料，同时严禁桩锤未打到桩顶即起锤或刹车，以避免损坏打桩机设备。
9. 工作中，使用规定的各种联系手势或信号，全组工作人员均应服从指挥人的指挥。所发信号不明，应立即反映，以免引起事故。司机对任何人所发的危险信号均应听从。
10. 在施工现场必须做好防风、防雨、防雷、防火、防止机具散失的一切工作。
（二）桩基施工安全技术要求
1. 桩机的组装和移动安全要求
（1）用扒杆安装塔式桩机时，升降扒杆动作要协调，到位后应拉紧缆风绳，绑牢底脚，组装时应用工具找正螺孔，严禁把手指伸入孔内。
（2）安装履带式及轨道式柴油打桩机，连接各杆件应放在支架上进行。竖立导杆时，必须锁住履带或用轨钳夹紧，并设置溜绳。导杆升到 75°时，必须拉紧溜绳。待导杆竖直装好撑杆后，溜绳方可拆除。
（3）桩机移动时必须先将桩锤落下，左右缆风绳应有专人操作同步收放，严禁将锤吊在顶部移动桩机。
（4）电动打桩移动时，电缆应有专人移动，弯曲半径不得过小，不得强力拖拉，防止履板碾压。
（5）桩机转向时，对走方木的桩机底盘，四支点中不得有任何一点悬空，步履式桩机横移液压缸行程不得超过 100cm。
（6）移动塔式桩机时，禁止行人跨越滑车组。其地锚必须牢固，缆风绳附近 10m 内不得站人。
（7）横移直式桩机时，左右缆风绳要有专人松紧，两个卷筒要同时绕，度盘距扎沟滑轮不得小于 1m。注意防止侧滑倾倒。
（8）纵向移动直式桩机时，应将走管上扎沟滑轮及木棒取下，牵引钢丝绳及其滑车组应与桩机底盘平行。移动桩机钢丝绳的空端不得拴在吊装滑轮上。
（9）用卷扬机副卷筒移动桩机时，一根钢丝绳不得同时绕在两个卷筒上。
（10）绕卷筒应戴帆布手套，手距卷筒不得小于 60cm。
（11）移动桩机和停止作业时，桩锤应放在最低位置。
2. 打混凝土预制桩安全要求
（1）利用桩机吊桩时，桩与桩架的垂直方向距离不应大于 4m，偏吊距离不应大于 2.5m，吊桩时要慢起，桩身应在两个以上不同方向系上缆索，由人工控制使桩身稳定。
（2）吊桩前应将锤提升到一定位置固定牢靠，防止吊桩时桩锤坠落。
（3）起吊时吊点必须正确，速度要均匀，桩身要平稳，必要时桩架应设缆风绳。
（4）桩身附着物要清除干净，起吊后人员不准在桩下通过。
（5）吊桩与运桩发生干扰时，应停止运桩。
（6）插桩时，手脚严禁伸入桩与龙门架之间。
（7）用撬棍或板舢等工具矫正桩时，用力不宜过猛。
（8）打桩时应采取与桩型、桩架和桩锤相适当的桩帽及衬垫，发现损坏应及时修整和更换。
（9）锤击不宜偏心，开始落距要小。如遇贯入度突然增大，桩身突然倾斜、位移，桩头严重损坏，桩身断裂，桩锤严重回弹等应停止锤击，经采取措施后方可继续作业。
</td></tr>
</table>

续表

<table>
<tr><td colspan="6">(10) 熬制胶泥要穿好防护用品。工作棚应通风良好，注意防火；容器不准用铸焊，防止熔穿泄漏；胶泥浇注后，上节应缓慢放下，防止胶泥飞溅。
(11) 套送桩时，应使送桩、桩锤和桩三者中心在同一轴线上。
(12) 拔送桩时应选择合适的绳扣，操作时必须缓慢加力，随时注意桩架、钢丝绳的变化情况。
(13) 进桩拔出后，地面孔洞必须及时回填或加盖。
3. 沉管灌注桩施工安全要求
(1) 桩管沉入到设计深度后，应将桩帽及桩锤升高到4m以上锁住，方可检查桩管或浇筑混凝土。
(2) 耳环及底盘上骑马弹簧螺丝，应用钢丝绳绑牢，防止折断时落下伤人。
(3) 耳环落下时必须用控制绳，禁止让其自由落下。
(4) 沉管灌注桩拔管后如有孔洞时。孔口应加盖板封闭，防止事故发生。
4. 冲、钻孔灌注桩施工安全要求
(1) 钻孔灌注桩浇注混凝土前，孔口应加盖板，附近不准堆放重物。
(2) 冲抓锥或冲孔锤操作时，严禁任何人进入落锤区的施工范围内。
(3) 各类成孔钻机操作时，应安放平稳，防止钻机突然倾倒或钻具突然下落而发生事故。
5. 深层搅拌桩施工安全要求
(1) 深层搅拌桩使用安全要求。
① 在整个施工过程中，冷却循环水不能中断，应经常检查进水、回水的温度。回水温度不应过高。
② 当发现搅拌机的入土切削和提升搅拌负荷及电动机工作电流超过额定值时，应减慢升降速度和补给清水；发生卡转、停转现象时，应切断电源，并将搅拌机强制提起，然后再重新启动电动机。
③ 当电网电压低于350V或高于420V时，应暂停施工，以保护电动机。
(2) 灰浆泵及输浆管路使用安全要求。
① 泵进水泥浆前，管路应保持湿润，以利输浆。
② 水泥浆内不得夹有硬结块，以免吸入泵内损坏缸体，可在集料斗上部装设吸网进行过筛。
(3) 输浆管路应保持干净，严防水泥浆结块，每日完工后应彻底清洗一次。喷浆搅拌施工过程中，如果发生事故而停机30min以上，应先拆卸管路并排除灰浆，然后进行清洗。
(4) 应定期拆卸清洗灰浆泵，注意保持齿轮减速箱内润滑油的清洁。</td></tr>
<tr><td colspan="6">针对性交底：
(根据施工方案编制)</td></tr>
<tr><td>交底人</td><td></td><td>职务</td><td></td><td>专职安全员监督签字</td><td></td></tr>
<tr><td>接受交底单位负责人</td><td></td><td>单位及职务</td><td></td><td>交底时间</td><td></td></tr>
<tr><td>接受交底作业人员签字</td><td colspan="5"></td></tr>
</table>

注：本表由总承包单位或专业承包单位工程技术人员填写，交底人、接受交底人、专职安全员各存一份。

安全技术交底（人工挖孔灌注桩施工）

<table>
<tr><td colspan="3">人工挖孔灌注桩施工安全技术交底表</td><td>编号</td><td></td></tr>
<tr><td>工程名称</td><td colspan="4"></td></tr>
<tr><td>施工单位</td><td></td><td>交底部位</td><td>人工挖孔灌注桩施工</td><td>作业内容</td></tr>
</table>

安全技术交底内容：

1. 人工挖孔灌注桩（简称挖孔桩，下同）适用于工程地质和水文地质条件较好且持力层埋藏较浅、单桩承载力较大的工程。如没有可靠的技术和安全措施，不得在地下水位高（特别是存在承压水时）的砂土、厚度较大的淤泥质土层中进行挖孔桩施工。

2. 挖孔桩的孔深一般不宜超过 40m。当桩长 $L \leqslant 8m$ 时，桩身直径（不含护壁，下同）不应小于 0.8m；当桩长为 $8m < L < 15m$ 时，桩身直径不应小于 1.0m；当桩长为 $15m < L < 20m$ 时，桩身直径不应小于 1.2m；当桩长超过 20m 时，桩身直径应适当加大。当桩间净距小于 4.5m 时，必须间隔开挖。排桩跳挖的最小施工净距也不得小于 4.5m。

3. 挖孔桩护壁混凝土强度等级应不低于 C15，护壁每节高度视土质情况而定，一般可用 0.3～1m。

4. 在岩溶地区或风化不均、有夹层、软硬变化较大的岩层中采用挖孔桩时，宜在每桩或每桩位处钻一个勘探钻孔，钻孔深度一般应达到挖孔桩孔底以下 3 倍桩径，以判别该深度范围内的基岩中有无孔洞、破碎带和软弱夹层存在。

5. 场地邻近的建（构）筑物，施工前应会同有关单位和业主进行详细检查，并将建（构）筑物原有裂缝及特殊情况记录备查。对挖孔和抽水可能危及的邻房，应事先采取加固措施。

6. 场地及四周应设置排水沟、集水井，并制订泥浆和废渣的处理方案。施工现场的出土路线应畅通。

7. 从事挖孔桩作业的工人以健壮男性青年为宜，并需经健康检查和井下、高空、用电、吊装及简单机械操作等安全作业培训且考核合格后，方可进入施工现场。

8. 在施工图会审和桩孔挖掘前，都应认真研究钻探资料，分析地质情况，对可能出现流砂、管涌、涌水以及有害气体等情况应予以重视，并应制订有针对性的安全防护措施。如对安全施工存在疑虑，应在事前向有关单位提出。

9. 为防止孔壁坍塌，应根据桩径大小和地质条件采取可靠的支护孔壁的施工方法。

10. 孔口操作平台应自成稳定体系，防止在护壁下沉时被拉垮。

11. 施工现场所有设备、安全装置、工具、配件以及个人劳保用品等必须经常进行检查，确保完好和安全使用。使用的电动葫芦、吊笼等必须是合格的机械设备，同时应配备自动卡紧保险装置，以防突然停电。电动葫芦宜用按钮式开关，上班前、下班后均应有专人严格检查并且每天加足润滑剂，保证开关灵活、准确，铁链无损，有保险扣且不打死结，钢丝绳无断丝。支撑架应牢固稳定。使用前必须检查其安全起吊能力。

12. 工作人员上下桩孔必须使用钢爬梯，不得用人工拉绳子运送工作人员和脚踩护壁凸缘上下桩孔。桩孔内壁设置尼龙保险绳，并随挖孔深度放长至工作面，作为救急之备用。

13. 桩孔开挖后，现场人员应注意观察地面和建（构）筑物的变化。桩孔如靠近旧建筑物或危房时，必须对旧建筑物或危房采取加固措施后才能施工。加强对孔壁土层涌水情况的观察，发现异常情况，及时采取处理措施。

14. 挖出的土石方应及时运走，孔口四周 2m 范围内不得堆放淤泥杂物。机动车辆通行时，应作出预防措施和暂停孔内作业，以防挤压塌孔。

15. 当桩孔开挖深度超过 5m 时．每天开工前应用气体检测仪进行有毒气体的检测，确认孔内气体正常后方可下孔作业。

16. 每天开工前，应将孔内的积水抽干，并用鼓风机或大风扇向孔内送风 5min，使孔内混浊空气排出后才准下人。孔深超过 10m 时，地面应配备向孔内送风的专门设备，风量不宜少于 25L/s。孔底凿岩时尚应加大送风量。

17. 为防止地面人员和物体坠落桩孔内，孔口四周必须设置护栏。护壁要高出地表面 200mm 左右，以防杂物滚入孔内。

18. 桩孔内的作业人员要遵守下列要求：

（1）作业人员必须戴安全帽、穿绝缘鞋；

（2）严禁酒后作业，不准在孔内吸烟，不准在孔底使用明火；

（3）作业人员每工作 4h 应轮换一次；

（4）开挖复杂的土层结构时，每挖深 0.5～1m 应用手钻或不小于 $\phi 16$ 钢筋对孔底做品字形探查，检查孔底面以下是否有洞穴、涌砂等，确认安全后方可继续进行挖掘；

（5）认真留意孔内一切动态，如发现流砂、涌水、护壁变形等不良预兆以及有异味气体时，应停止作业并迅速撤离；

（6）当桩孔挖至 5m 以下时，应在孔底面以上 3.0m 左右处的护壁凸缘上设置半圆形的防护罩，防护罩可用钢（木）板或密眼钢筋（丝）网做成；在吊桶上下时，作业人员必须站在防护罩下面，停止挖土，注意安全；若遇起吊大块石时，孔内作业人员应全部撤离至地面后才能起吊；

（7）孔内凿岩时应采用湿式作业法，并加强通风防尘和个人防护；

（8）如在孔内爆破，孔内作业人员必须全部撤离至地面后方可引爆；爆破时，孔口应加盖；爆破后，必须用抽气、送水或淋水等方法将孔内废气排除，方可继续下孔作业。

续表

<table>
<tr><td colspan="6">19. 配合人员应集中精力，密切监视孔内的情况，并积极配合孔内作业人员进行工作，不得擅离岗位。在孔内上下递送工具物品时，严禁用抛掷的方法。严防孔口的物件落入桩孔内。
20. 施工现场的一切电源、电路的安装和拆除，必须由持证电工专管，电器必须严格接地、接零和使用漏电保护器。电器安装后经验收合格才准接通电源使用。各桩孔用电必须分闸，严禁一闸多孔和一闸多用。孔上电线、电缆必须架空，严禁拖地和埋压土中。孔内电缆、电线必须绝缘，并有防磨损、防潮、防断等保护措施。孔内作业照明应采用安全矿灯或12V以下的安全灯。
21. 在灌注桩身混凝土时，相邻10m范围内的挖孔作业应停止，并不得在孔底留人。
22. 暂停施工的桩孔，应加盖板封闭孔口，并加0.8～1m高的围栏围蔽。
23. 现场应设专职安全检查员，在施工前和施工中应进行认真检查，发现问题及时处理，待消除隐患后再作业。</td></tr>
<tr><td colspan="6">针对性交底：
(根据施工方案编制)</td></tr>
<tr><td>交底人</td><td></td><td>职务</td><td></td><td>专职安全员
监督签字</td><td></td></tr>
<tr><td>接受交底单位
负责人</td><td></td><td>单位及职务</td><td></td><td>交底时间</td><td></td></tr>
<tr><td>接受交底作业人员签字</td><td colspan="5"></td></tr>
</table>

注：本表由总承包单位或专业承包单位工程技术人员填写，交底人、接受交底人、专职安全员各存一份。

安全技术交底（沉井和地下连续墙施工）

<table>
<tr><td colspan="3">沉井和地下连续墙施工安全技术交底表</td><td>编号</td><td></td></tr>
<tr><td>工程名称</td><td colspan="4"></td></tr>
<tr><td>施工单位</td><td></td><td>交底部位</td><td>沉井和地下连续墙施工</td><td>作业内容</td></tr>
</table>

安全技术交底内容：

1. 沉井施工安全注意事项

（1）沉井下沉时，在四周的影响区域内，不应有高压电线杆、地下管道、固定式机具设备和永久性建筑物，否则应采取安全措施。

（2）沉井的制作高度不宜使重心离地太高，以不超过沉井短边或直径的长度为宜。一般不应超过12m。特殊情况需要加高时，必须有可靠的计算数据，并采取必要的技术措施。

（3）抽承垫木时，应有专人统一指挥，分区域、按规定顺序进行。并在抽承垫木及下沉时，严禁人员从刃脚、底梁和隔墙下通过。

（4）沉井的内外脚手，如不能随同沉井下沉时，应和沉井的模板、钢筋分开。井字架、扶梯等设施均不得固定在井壁上，以防沉井突然下沉时被拉倒发生事故。

（5）沉井顶部周围应设防护栏杆。井内的水泵、水力机械管道等设施，必须架设牢固，以防坠落伤人。

（6）空压机的贮气罐应设有安全阀，输气管道编号，供气控制应有专人负责，在有潜水员工作时，应有滤清器，进气口应设置在能取得洁净空气处。

（7）沉井下沉前应把井壁上拉杆螺栓和圆钉割掉。特别在不排水下沉时，应全部清除井内障碍和插筋，以防割破潜水员的潜水服。

（8）当沉井面积较大、采用不排水下沉时，在井内隔墙上应设有潜水员通行的预留孔。井内应搭设专供潜水员使用的浮动操作平台。

（9）浮运沉井的防水围壁露出水面的高度，在任何情况下均不得小于1m。

（10）采用抓斗抓土时，井孔内的人员和设备应事前撤出，如不撤出，应采取有效的安全措施进行妥善保护。

（11）采用人工挖土机械运输时，土斗装满后，待井下工人躲开，并发出信号，方可起吊。

（12）采用水力机械时，井内作业面与水泵站应建立通信联系。水力机械的水枪和吸泥机应进行试运转，各连接处应严密不漏水。

（13）沉井在淤泥质黏土或亚黏土中下沉时，井内的工作平台应用活动平台，严禁固定在井壁、隔墙和底梁上。沉井发生突然下沉，平台应能随井内涌土上升。

（14）潜水员的增、减压规定及有关职业病的防治，应按照有关规定进行。

（15）采用井内抽水强制下沉时，井上人员应离开沉井，不能离开时，应采取安全措施。

（16）沉井如由不排水转换为排水下沉时，抽水后应经过观测，确认沉井已经稳定后方允许下井作业。

（17）采用套井与触变泥浆法施工时，套井四周应设置防护设施。

（18）沉井下沉采用加载助沉时，加载平台应经过计算，加载或卸载范围内，应停止其他作业。

（19）沉井水下混凝土封底时，工作平台应搭设牢固，导管周围应有栏杆。平台周围应有栏杆。平台的荷载除考虑人员、机具质量外，还应考虑漏斗和导管堵塞后，装满混凝土时的悬吊质量。

2. 地下连续墙施工安全注意事项

（1）施工前应做好施工区域的调查，挖槽开始之前，应清除地面和地下一切障碍物，方能进行施工。

（2）导沟上开挖段应设置防护设施，防止人员和工具杂物等坠落泥浆内。

（3）挖槽施工过程中，如需中止时，应将挖槽机械提升到导端的位置。

（4）在特别软弱土层、塌方区、回填土层或其他不利条件下施工时，应按施工设计进行。

（5）在触变泥浆下工作的动力设备，如无电缆自动收放机构，应设有专人收放电缆，操作人员应戴绝缘手套和穿绝缘鞋。并应经常检查，防止破损漏电。

续表

<table>
<tr><td colspan="6">针对性交底：
（根据施工方案编制）</td></tr>
<tr><td>交底人</td><td></td><td>职务</td><td></td><td>专职安全员
监督签字</td><td></td></tr>
<tr><td>接受交底单位
负责人</td><td></td><td>单位及职务</td><td></td><td>交底时间</td><td></td></tr>
<tr><td>接
受
交
底
作
业
人
员
签
字</td><td colspan="5"></td></tr>
</table>

注：本表由总承包单位或专业承包单位工程技术人员填写，交底人、接受交底人、专职安全员各存一份。

安全技术交底（基坑支护施工）

<table>
<tr><td colspan="4">基坑支护施工安全技术交底表</td><td>编号</td><td></td></tr>
<tr><td>工程名称</td><td colspan="5"></td></tr>
<tr><td>施工单位</td><td></td><td>交底部位</td><td>基坑支护施工</td><td>作业内容</td><td></td></tr>
<tr><td colspan="6">安全技术交底内容：
1. 基坑开挖遇有下列情况之一时，应设置坑壁支护结构：
（1）因放坡开挖工程量过大而不符合技术经济要求。
（2）因附近有建（构）筑物而不能放坡开挖。
（3）边坡处于容易丧失稳定的松散土或饱和软土中。
（4）地下水丰富而又不宜采用井点降水的场地。
（5）地下结构的外墙为承重的钢筋混凝土地下连续墙。
2. 基坑支护结构，应根据开挖深度、土质条件、地下水位、邻近建（构）筑物、施工环境和方法等情况进行选择和设计。大型深基坑可选用钢木支撑、钢板桩围堰、地下连续墙、排桩式挡土墙、旋喷墙等作结构支护，必要时应设置支撑或拉锚系统予以加强。在地下水丰富的场地，宜优先选用钢板桩围堰、地下连续墙等防水较好的支护结构。
3. 基坑的支护结构在整个施工期间应有足够的强度和刚度，当地下水位较高时，尚应具有良好的隔水防涌性能。设计时应对安装、使用和拆除支锚系统的各个不同阶段进行相应的验算。
4. 对一般较简易的基坑（管沟）支撑可根据施工单位的已有经验加以设计，也可参照如下方法选用。
（1）锚杆宜选用螺纹钢筋，使用前应清除油污和浮锈，以便增强黏结的握裹力和防止发生意外；
（2）锚固段应设置在稳定性较好的土层或岩层中，长度应大于或等于计算规定；
（3）钻孔时不得损坏已有的管沟、电缆等地下埋设物；
（4）施工前应作抗拔试验，测定锚杆的抗拔拉力，验证可靠后方可施工；
（5）锚固段应用水泥砂浆灌注密实；
（6）应经常检查锚头紧固和锚杆周围的土质情况。
5. 采用排桩式挡土墙作基坑开挖的支护结构时，可选用钢筋混凝土预制方桩或板桩、钻（冲）孔灌注桩、大直径沉管灌注桩等桩型，其中桩型选择、桩身直径、入土深度、混凝土强度等级和配筋、排桩布置形式以及是否需要设置支锚系统等应由有经验的工程技术人员设计，并按照有关桩基础施工的规定进行施工，保证施工质量和安全。当用灌注桩作排桩式挡土墙时，宜按间隔跳打（钻）的次序进行施工。
6. 采用钢板桩围堰作深基坑开挖的支护结构时，其中钢板类型的选择、桩长、桩尖持力层、导架、围檩支撑或锚拉系统必须在施工前提出设计施工的整体方案，并经系统的设计计算，以确保钢板桩围堰结构在各个施工阶段具有足够的强度、刚度、稳定性和防水性。
7. 采用钢筋混凝土地下连续墙作基坑开挖的支护结构时，其支撑系统以及施工方法，应在结构设计阶段或施工组织设计阶段提出系统的方案。支撑系统一般可采用钢或钢筋混凝土构件支撑、地下结构本身的梁板系统支撑（逆作法或半逆作法）以及土（岩）锚杆等。当开挖深度不大时，可采用不设支撑系统的自立式地下连续墙。
8. 采用旋喷或定喷的防渗墙作基坑开挖的支护时，应事先提出施工方案，旋喷注浆的施工安全应符合下列要求：
（1）施钻前，应对地下埋设的管线调查清楚，以防地下管线受损发生事故。
（2）高压液体和压缩机管道的耐久性应符合要求，管道连接应牢固可靠，防止软管破裂、接头断开，导致浆液飞溅和软管甩出的伤人事故。
（3）操作人员必须戴防护眼镜，防止浆液射入眼睛内。如有浆液射入眼睛时，必须进行充分冲洗，并及时到医院治疗。
（4）使用高压泵前，应对安全阀进行检查和测定，其运行必须安全可靠。
（5）电动机运转正常后，方可开动钻机，钻机操作必须专人负责。
（6）接卸钻杆应在插好垫叉后进行，并应防止钻杆落入孔内。
（7）应有防止高压水或高压浆液从风管中倒流进入储气罐的安全措施。
（8）施工完毕或下班后，必须将机具、管道冲洗干净。
9. 采用锚杆喷射混凝土作深基坑开挖的支护结构时，其施工安全和防尘措施应符合下列要求：
1）施工安全
（1）施工前，应认真进行技术交底，应认真检查和处理锚喷支护作业区的危石。施工中应明确分工、统一指挥。
（2）施工机具应设置在安全地带，各种设备应处于完好状态，张拉设备应牢靠，张拉时应采取防范措施。防止夹具飞出伤人。机械设备的运转部位应有安全防护装置。
（3）在Ⅳ、Ⅴ类围岩中进行锚喷支护施工时，应遵守下列要求。
① 锚喷支护必须紧跟工作面；</td></tr>
</table>

续表

② 应先喷后锚，喷射混凝土厚度不应小于50mm，喷射作业中应有专人随时观察围岩变化情况；

③ 锚杆施工宜在喷射混凝土终凝3h后进行。

(4) 施工中，应定期检查电源电路和设备的电气部件；电气设备应设接地、接零，并由持证人员安装操作，电缆、电线必须架空，严格遵守施工现场临时用电安全技术规范，确保用电安全。

(5) 锚杆钻机应安设安全可靠的反力装置。在有地下承压水地层中钻进，孔口必须安设可靠的防喷装置，一旦发生漏水、涌砂时能及时堵住孔口。

(6) 喷射机、水箱、风包、注浆罐等应进行密封性能和耐压试验，合格后方可使用。

喷射混凝土施工作业中，要经常检查出料弯头、输料管、注浆管和管路接头等有无磨薄、击穿或松脱现象，发现问题，应及时处理。

(7) 处理机械故障时，必须使设备断电、停风。向施工设备送电、送风前，应通知有关人员。

(8) 喷射作业中处理堵管时，应将输料管顺直，必须紧按喷头防止摆动伤人，疏通管路的工作风压不得超0.4MPa。

(9) 喷射混凝土施工用的工作台应牢固可靠，并应设置安全护栏。

(10) 向锚杆孔注浆时，注浆罐内应保持一定数量的砂浆，以防罐体放空、砂浆喷出伤人。

(11) 非操作人员不得进入正在施工的作业区。施工中，喷头和注浆管前方严禁站人。

(12) 施工前操作人员的皮肤应避免与速凝剂、树脂胶泥直接接触，严禁树脂胶接触明火。

(13) 钢纤维喷射混凝土施工中，应采取措施，防止钢纤维扎伤操作人员。

(14) 检验锚杆锚固力应遵守下列要求：

① 拉力计必须固定可靠；

② 拉拔锚杆时，拉力计前方和下方严禁站人；

③ 锚杆杆端一旦出现缩颈时，应及时卸荷。

(15) 预应力锚索的施工安全应遵守下列要求：

① 张拉锚索时，孔口前方严禁站人；

② 拱部或边墙进行预应力锚索施工时。其下方严禁进行其他操作；

③ 对穿型预应力锚索施工时，应有联络装置，作业中应密切联系；

④ 封孔水泥砂浆未达到设计强度的70%时，不得在锚索端部悬挂重物或碰撞外锚具。

2) 防尘措施

(1) 锚喷支护施工中，宜采取下列方法减少粉尘浓度：

① 在保证顺利喷射的条件下，增加集料含水量；

② 在距喷头3～4m处增加一个水环，用双水环加水；

③ 在喷射机或混合搅拌处，设置集尘器；

④ 在粉尘浓度较高地段，设置除尘水幕；

⑤ 加强作业区的局部通风。

(2) 锚喷作业区的粉尘浓度不应大于10mg/m^3。施工中应按“测定喷射混凝土粉尘的技术要求”测定粉尘浓度。测定次数，每半个月不得少于一次。

(3) 喷射混凝土作业人员工作时，宜采用电动送风防尘口罩、防尘帽、压风呼吸器等防护用具。

附：测定喷射混凝土粉尘的技术要求。

测尘仪表：测尘采用滤膜称量法。采样器宜使用DCH型轻便式电动测尘器。

测点布置：测点位置、取样数量可按后表进行布置。

取样时间：粉尘采样应在喷射混凝土作业正常、粉尘浓度稳定后进行。每一个试样的取样时间不得少于3min。

粉尘浓度：合格的标准占总数80%及以上的测点试样的粉尘浓度，应达到现行标准《锚杆喷射混凝土支护技术规范》(GB 50086)规定的10mg/m^{3}标准，其他试样不超过20mg/m^3。

喷射混凝土粉尘测点布置

测尘地点	位置	取样数（个）
喷头附近	相距喷头5m，离底板1.5m处，下风向设点	3
喷身机附近	相距喷身机1m，离底板1.5m处，下风向设点	3
洞内拌料处	相距拌料处2m，离底板1.5m处，下风向设点	3
喷身作业区	隧道中间，离底板1.5m处，在作业区下风向设点	3

续表

<table>
<tr><td colspan="6">10. 换、移支撑时，应先设新支撑，然后再拆旧支撑。支撑的拆除应按回填顺序进行。多层支撑应自下而上逐层拆除，随拆随填。拆除支护结构时，应密切注视附近建（构）筑物的变形情况，必要时应采取加固措施。</td></tr>
<tr><td colspan="6">针对性交底：
（根据施工方案编制）</td></tr>
<tr><td>交底人</td><td></td><td>职务</td><td></td><td>专职安全员
监督签字</td><td></td></tr>
<tr><td>接受交底单位
负责人</td><td></td><td>单位及职务</td><td></td><td>交底时间</td><td></td></tr>
<tr><td>接受交底作业人员签字</td><td colspan="5"></td></tr>
</table>

注：本表由总承包单位或专业承包单位工程技术人员填写，交底人、接受交底人、专职安全员各存一份。

安全技术交底（桩工机械操作）

<table>
<tr><td colspan="4">桩工机械操作安全技术交底表</td><td>编号</td><td></td></tr>
<tr><td>工程名称</td><td colspan="5"></td></tr>
<tr><td>施工单位</td><td></td><td>交底部位</td><td>桩工机械操作</td><td>作业内容</td><td></td></tr>
<tr><td colspan="6">安全技术交底内容：
1. 打桩机所配置的电动机、内燃机、卷扬机、液压装置等的使用应按照相应装置的安全技术交底要求操作。
2. 打桩机类型应根据桩的类型、桩长、桩径、地质条件、施工工艺等综合考虑选择。打桩作业前，应由施工技术人员向机组人员进行安全技术交底。
3. 施工现场应按地基承载力不小于 83kPa 的要求进行整平压实。在基坑和围堰内打桩，应配置足够的排水设备。
4. 打桩机作业区内应无高压线路。作业区应有明显标志或围栏，非工作人员不得进入。桩锤在施打过程中，操作人员必须在距离桩锤中心 5m 以外监视。
5. 机组人员进行登高检查或维修时，必须系安全带；工具和其他物件应放在工具包内，高空人员不得向下随意抛物。
6. 水上打桩时，应选择排水量比桩机质量大 4 倍以上的作业船或牢固排架，打桩机与船体或排架应可靠固定，并采取有效的锚固措施。当打桩船或排架的偏斜度超过 3°时，应停止作业。
7. 安装时，应将桩锤运到立柱正前方 2m 以内，并不得斜吊。吊桩时，应在桩上拴好拉绳以防止与桩锤或机架碰撞。
8. 严禁吊桩、吊锤、回转或行走等动作同时进行。打桩机在吊有桩和锤的情况下，操作人员不得离开岗位。
9. 插桩后，应及时校正桩的垂直度。桩入土 3m 以上时，严禁用打桩机行走或回转动作来纠正桩的倾斜度。
10. 拔送桩时，不得超过桩机起重能力；起拔载荷应符合以下规定：
（1）打桩机为电动卷扬机时，起拔载荷不得超过电动机满载电流；
（2）打桩机、卷扬机以内燃机为动力，拔桩时发现内燃机明显降速时应立即停止起拔；
（3）每 1 米送桩深度的起拔载荷可按 40kN 计算。
11. 卷扬钢丝绳应经常润滑，不得干摩擦。钢丝绳的使用及报废参见起重吊装机械安全交底相关规定；作业中，当停机时间较长时，应将桩锤落下垫好。检修时不得悬吊桩锤。
12. 遇有雷雨、大雾或六级及以上大风等恶劣气候时，应停止一切作业；当风力超过七级或有风暴警报时，应将打桩机顺风向停置，并应增加缆风绳，或将桩立柱放倒在地面上；立柱长度在 27m 及以上时，应提前放倒。
13. 作业后，应将打桩机停放在坚实平整的地面上，将桩锤落下垫实，并切断动力电源。</td></tr>
<tr><td colspan="6">针对性交底：
（根据施工方案编制）</td></tr>
<tr><td>交底人</td><td></td><td>职务</td><td></td><td>专职安全员
监督签字</td><td></td></tr>
<tr><td>接受交底单位
负责人</td><td></td><td>单位及职务</td><td></td><td>交底时间</td><td></td></tr>
<tr><td>接受交底作业人员签字</td><td colspan="5"></td></tr>
</table>

注：本表由总承包单位或专业承包单位工程技术人员填写，交底人、接受交底人、专职安全员各存一份。

安全技术交底（坑壁喷锚作业）

<table>
<tr><td colspan="4">坑壁喷锚作业安全技术交底表</td><td>编号</td><td></td></tr>
<tr><td>工程名称</td><td colspan="5"></td></tr>
<tr><td>施工单位</td><td></td><td>交底部位</td><td>坑壁喷锚作业</td><td>作业内容</td><td></td></tr>
<tr><td colspan="6">安全技术交底内容：
1. 进入现场必须遵守现场安全管理规章制度和劳动纪律。
2. 施工机具用电必须达到“三级配电，两级保护”要求，由持证电工进行电气作业；电箱内电气设备应完整无缺，严格按照“一机、一闸、一漏、一箱”配电，电箱固定牢固。
3. 电缆架空敷设，垂幅不得小于 2.5m，沿墙悬挂敷设，高度不得低于 1.8m，采用瓷瓶固定，埋地敷设深度不小于 60cm，电缆周围用沙土防护，上面用硬防护，防止碾压。
4. 电气设备所用保险丝的额定电流与其负荷容量相适应；禁止用其他金属代替保险丝。
5. 露天放置的电箱应有防雨、防砸帽且设施齐全，电线进出口有软护套，入地要穿管。
6. 气泵、搅拌机、喷浆机传动部位必须加防护罩，非机械操作人员严禁私自操作机械，严格遵守操作规程。
7. 搅拌机进料口筛网网眼不得大于 8cm，严禁在未切断电源及无监护人员情况下进行设备维修、清理。
8. 操作人员严禁将正在进行喷浆作业的喷枪口对准人，喷浆结束后，必须将气泵储气罐内气体排尽。
9. 作业人员进行坑壁钢筋绑扎必须系好安全带，并配备安全绳，安全带与安全绳有效连接；作业人员严禁攀爬坑壁。
10. 所有特殊工种人员必须持有效的特种作业上岗证。
11. 作业人员严禁进入挖掘机、装载机、工程车辆作业范围。</td></tr>
<tr><td colspan="6">针对性交底：
（根据施工方案编制）</td></tr>
<tr><td>交底人</td><td></td><td>职务</td><td></td><td>专职安全员
监督签字</td><td></td></tr>
<tr><td>接受交底单位
负责人</td><td></td><td>单位及职务</td><td></td><td>交底时间</td><td></td></tr>
<tr><td>接受交底作业人员签字</td><td colspan="5"></td></tr>
</table>

注：本表由总承包单位或专业承包单位工程技术人员填写，交底人、接受交底人、专职安全员各存一份。

安全技术交底（高压旋喷桩操作）

高压旋喷桩操作安全技术交底表				编号	
工程名称					
施工单位		交底部位	高压旋喷桩操作	作业内容	

安全技术交底内容：

1. 在施工全过程中，应严格执行有关机械的安全操作规程，由专人操作并加强机械维修保养，经安全部门检验认可后方可投入使用。

2. 电气设备的电源，应按有关规定架设安装；电气设备均须有良好的接地接零，接地电阻不大于 4Ω，并装有可靠的触点保护装置，电箱应符合标准化要求。

3. 注意现场文明施工，对不用的泥浆地沟应及时填平；对正在使用的泥浆地沟（管）加强管理，不得任泥浆溢流，捞取的沉渣应及时清走。各个排污通道必须有标志，夜间有照明设备，以防踩入泥浆、跌伤行人。

4. 机底枕木要填实，保证施工时机械不倾斜、不倾倒。

5. 钻孔周围不宜站人，防止不慎跌入孔中。

6. 湿钻孔机械钻进岩石时，或钻进地下障碍物时，要注意机械的振动和颠覆，必要时停机查明原因方可继续施工。

7. 拆卸导管人员必须戴好安全帽，并注意防止扳手、螺钉等往下掉落。

8. 发生火灾先判明起火部位、燃烧的物质，并迅速上报项目部。

9. 发生汛情时，积极配合抢险，听从项目部统一指挥。

10. 钻机和桩机等设备启动前应检查并确认各部件连接牢固，传动带的松紧度适当，减速箱内油位符合规定，限位报警装置有效。

11. 登高检修、保养的操作人员必须穿软底鞋，并系好安全带。

12. 大雨、大雾或风力六级及以上等恶劣天气时，应停止露天作业。

13. 旋喷桩机必须进行拉锚防护，并配备专人看护。

14. 进入施工现场的所有人员必须服从领导和安全检查人员的指挥，严禁酒后上岗，现场禁止吸烟，禁止在施工现场内随地大小便。

15. 所有人员应按照作业要求正确穿戴好个人防护用品，进入施工现场必须戴好安全帽。严禁往下投掷物料，严禁赤脚、穿高跟鞋、拖鞋和赤背进入施工现场，必须做到文明施工。

16. 机械操作人员应持证上岗，严格按照安全操作规程进行操作。

17. 严格遵守宿舍管理规定，禁止使用电炉、电热毯、热得快；做好宿舍防火工作，不得躺床吸烟。

18. 做好消防保卫工作，严禁随意动用消防设施器材。

19. 现场施工用电由本项目部专职电工统一管理，需要用电时必须由本项目专职电工拉接，非电工严禁乱拉乱接，现场严禁用电气具取暖。

20. 禁止使用童工，禁止使用伤、弱、病、残和患有高血压、心脏病的人员进入现场。

21. 特种作业人员必须进行安全教育和安全技术培训，经考试合格，取得操作证者后方准独立作业。

22. 电气焊作业前应经过安全检查批准领取动火证后方可作业，遇有五级及以上大风恶劣气候，立即停止作业。

23. 施工时要注意保护好现场各种管线，不得任意拆除和随意破坏。

续表

<table>
<tr><td colspan="6">针对性交底：
（根据施工方案编制）</td></tr>
<tr><td>交底人</td><td></td><td>职务</td><td></td><td>专职安全员
监督签字</td><td></td></tr>
<tr><td>接受交底单位
负责人</td><td></td><td>单位及职务</td><td></td><td>交底时间</td><td></td></tr>
<tr><td>接受交底作业人员签字</td><td colspan="5"></td></tr>
</table>

注：本表由总承包单位或专业承包单位工程技术人员填写，交底人、接受交底人、专职安全员各存一份。

安全技术交底（推土机、装载机作业）

<table>
<tr><td colspan="4">推土机、装载机作业安全技术交底表</td><td>编号</td><td></td></tr>
<tr><td>工程名称</td><td colspan="5"></td></tr>
<tr><td>施工单位</td><td></td><td>交底部位</td><td>推土机、装载机作业</td><td>作业内容</td><td></td></tr>
<tr><td colspan="6">安全技术交底内容：
一、推土机、装载机安全操作常识
1. 操作人员必须持证上岗，严禁非专业司机作业。在工作中不得擅离岗位，不得操作与操作证不相符合的机械。严禁将机械设备交给无本机种操作证的人员操作。严禁酒后操作。
2. 每次作业前检查润滑油、燃油和水是否充足，各种仪表是否正常，传动系统、工作装置是否完好，液压系统以及各管路等无泄漏现象，确认正常后方可启动。
3. 操作人员必须按照本机说明书规定，严格执行工作前的检查制度和工作中注意观察及工作后的检查保养制度。
4. 驾驶室或操作室内应保持整洁，严禁存放易燃、易爆物品。严禁穿拖鞋、吸烟和酒后作业。严禁机械带故障运转或超负荷运转。
5. 机械设备在施工现场停放时，应选择安全的停放地点，锁好驾驶室（操作室）门，要拉上驻车制动闸。坡道上停车时，要用三角木或石块抵住车轮。夜间应有专人看管。
6. 对用水冷却的机械，当气温低于0℃时，工作后应及时放水，或采取其他防冻措施，防止冻裂机体。
7. 施工时，必须先对现场地下障碍物进行标识，并派专人负责指挥机械的施工，确保地下障碍物和机械设备的安全。
8. 作业之前，作业司机和施工队长必须对技术负责人所交底的内容进行全面学习和了解，不明白或不清楚时应及时查问。其中作业司机和施工队长必须明记作业场所地下、地上和空中的障碍物的类型、位置（内容包括：填挖土的高度，边坡坡度，地下电缆、周围电线高度，各种管道、坑穴及各种障碍物等情况），在该位置施工必须听从施工队长的指挥，严禁无指挥作业。
9. 作业期间严禁非施工人员进入施工区域，施工人员进入施工现场严禁追逐打闹。
10. 人机配合施工时，人员不准站在机械前进行的工作面上，一定要站在机械工作面以外，压路机碾压时需要人工清理轮上的土时，人工应在压路机的后面清理，严禁沿压路机前进方向倒退清理，防止后退时绊倒发生人身伤亡事故。
二、推土机作业时安全注意事项
1. 堆土不得埋压构筑物和设施，如给水闸门井、消防栓、路边沟渠、雨污水井以及测量人员设置的控制桩，如必须推土时，应和有关人员协商，采取一定的保护措施方可施工。
2. 堆土不得靠近变压器、民房和古老建筑等，以免受力不均造成变压器和建筑物倒塌而影响安全。
3. 在行走和工作中，尤其在起落刀架时，应缓起缓落，勿使刀架伤人。
4. 推土机上下坡时，其坡度不得大于30°。在横坡上作业时，其横坡坡度不得大于10°。下坡时，宜采用后退下行，严禁空挡滑行，必要时可放下刀片作辅助制动。
5. 在陡坡、高坎上作业时，必须设专人指挥，严禁铲刀超出边坡的边缘。送土终止时应先换成倒车挡后再提铲刀倒车。
6. 在垂直边坡的沟槽作业时，其沟槽深度，对大型推土机不得超过2m，对小型推土机不得超过1.5m。推土机刀片不得推坡壁上高于机身的石块或大土块。
7. 沟边一侧或两侧堆土，均距沟边1m以外（遇软土地区堆土距沟边不得小于1.5m），其高度不得超过1.5m，堆土顶部要向外侧做流水坡度，还应考虑留出现场便道，以利施工和安全。每侧堆土量可根据现场情况确定，但必须保证施工安全。
8. 推土机在拆卸推土刀片时，必须考虑下次挂装的方便。摘刀片时辅助人员应同司机密切配合，抽穿钢丝绳时应戴帆布手套，严禁将眼睛挨近绳孔窥视。
9. 多机在同一作业面作业时，前后两机相距不应小于8m，左右相距应大于1.5m。两台或两台以上推土机并排推土时，两推土机刀片之间应保持20～30cm间距。推土前进必须以相同速度直线行驶；后退时，应分先后，防止互相碰撞。
10. 禁止用推土机伐除大树、拆除旧有建筑或清除残墙断壁。
11. 推土机牵引其他设备时，必须有专人负责指挥。钢丝的连接牢固可靠，在坡道及长距离牵引时，施工人员应保持在安全距离以外。
三、装载机作业时安全注意事项
1. 起步前应观察机前后有无障碍物和行人，将铲斗提升离地面500mm左右，鸣喇叭方可起步。行驶中，应视其道路情况，可选用高速挡，在行驶中严禁进行升降和翻转铲斗动作。
2. 作业时，应选用低速挡。行走时，尽量避免将铲斗举升过高。应根据不同的土质，采用不同的铲土方式，尽量从正面插入，防止铲斗单边受力。在松散不平的场地作业，可把举升杆放在浮动位置，使铲斗平地作业。
3. 行驶道路应平坦，不得在倾斜度超过规定的场地上作业，运送距离不宜过大。铲斗满载运送时，铲斗应保持在低位。
4. 在松散不平的场地作业，可将铲臂放在浮动位置，使铲斗平稳地推进。如推进阻力过大，可稍稍提升铲臂，装料时铲斗应从正面低速插入，防止铲斗单边受力。</td></tr>
</table>

续表

<table>
<tr><td colspan="6">5. 向运输车辆上卸土时应缓慢，铲斗应处在合适的高度，前翻和回位不得碰撞车箱。
6. 应经常注意机件运转声响，发现异响应立即停车排除故障。当发动机不能运转需要牵引时，应保持各转向油缸能自由动作。
7. 铲土（料）时，不得采用加大油门，将铲斗高速猛冲插入土（料）堆的方式进行装料，应用低速插入将斗底置于平行地面，然后下降铲臂，顺着地面逐渐提高发动机转速向前掘进，同时卷取土（料）以减轻铲斗所遇阻力。
8. 卸载时，应用离合器踏板制动，使铲斗前翻不碰车箱为宜，卸料应缓慢，以减轻对车箱的冲击。铲臂向上或向下动作最大限度后，应将操纵杆很快回到中立位置，以免在安全阀作用下发出噪声和引起各种故障。
9. 行走转向时，应尽量缓慢转弯，应采用制动踏板减速，严禁溜坡。经常注意各仪表和指示信号的工作情况，注意听发动机及其他各部的工作声音，发现异常现象，应立即停车检查，待故障排除后方可继续工作。
10. 停机后，装载机应选择坚硬的地面停放，若在坡道上停放时，轮胎前后应用三角木揳住。作业停止后，应将铲斗放在地面上，将滑阀手柄放在空挡位置，拉好手制动器。</td></tr>
<tr><td colspan="6">针对性交底：
（根据施工方案编制）</td></tr>
<tr><td>交底人</td><td></td><td>职务</td><td></td><td>专职安全员
监督签字</td><td></td></tr>
<tr><td>接受交底单位
负责人</td><td></td><td>单位及
职务</td><td></td><td>交底时间</td><td></td></tr>
<tr><td>接受交底作业人员签字</td><td colspan="5"></td></tr>
</table>

注：本表由总承包单位或专业承包单位工程技术人员填写，交底人、接受交底人、专职安全员各存一份。

安全技术交底（基坑清槽作业）

<table>
<tr><td colspan="4">基坑清槽作业安全技术交底表</td><td>编号</td><td></td></tr>
<tr><td>工程名称</td><td colspan="5"></td></tr>
<tr><td>施工单位</td><td></td><td>交底部位</td><td>基坑清槽作业</td><td>作业内容</td><td></td></tr>
<tr><td colspan="6">安全技术交底内容：
1. 进入现场必须按标准佩戴安全帽及其他防护用品，遵守现场安全管理规章制度和劳动纪律。
2. 用电机具必须达到“三级配电，两级保护”要求，漏电保护器、断路器完好、灵敏可靠；保护接零系统完整，机具外壳必须保护接零；电缆、电线必须架空敷设，不得拖曳，严禁泡在水中。
3. 配合挖掘机作业应有专人指挥，严禁站在机械臂范围内施工，严禁挖掘机和清槽人员同时同地施工，指挥人员必须做好现场安全监护工作。
4. 遇到较大石体需清除、爆破时，清槽人员必须撤离现场至安全区域。
5. 专职安排抽水负责人，负责看护水泵及电源。禁止水泵电缆乱拖在地面和水中。
6. 清槽人员禁止赤膊、赤脚作业，禁止饮酒后作业。
7. 基坑内预挖好的电梯井、集水坑等深坑，四周必须做好防护栏杆，未经项目部管理人员批准，任何人严禁靠近和进入防护范围。
8. 基坑边坡位置存在危险隐患，为防止坠物伤人，任何人严禁在基坑支护根部逗留。如要施工，基坑上沿必须设专人看护，禁止人员、车辆从此经过。
9. 施工人员只能在指定清槽区域施工，严禁靠近其他仍在开挖的地段。
10. 渣土运输车辆必须专职持证司机驾驶。</td></tr>
<tr><td colspan="6">针对性交底：
（根据施工方案编制）</td></tr>
<tr><td>交底人</td><td></td><td>职务</td><td></td><td>专职安全员
监督签字</td><td></td></tr>
<tr><td>接受交底单位
负责人</td><td></td><td>单位及
职务</td><td></td><td>交底时间</td><td></td></tr>
<tr><td>接受交底作业人员签字</td><td colspan="5"></td></tr>
</table>

注：本表由总承包单位或专业承包单位工程技术人员填写，交底人、接受交底人、专职安全员各存一份。

安全技术交底（回填土作业）

<table>
<tr><td colspan="4">回填土作业安全技术交底表</td><td>编号</td><td></td></tr>
<tr><td>工程名称</td><td colspan="5"></td></tr>
<tr><td>施工单位</td><td></td><td>交底部位</td><td>回填土作业</td><td>作业内容</td><td></td></tr>
<tr><td colspan="6">安全技术交底内容：
（一）施工现场安全注意事项
1. 入场前必须进行安全教育培训，经考试合格后方可上岗。
2. 进入施工现场必须戴好合格的安全帽，系好下颚带。
3. 现场禁止吸烟。
4. 严禁酒后作业。
5. 禁止穿拖鞋、赤脚、光背。
6. 禁止追逐打闹。
7. 照明灯、打夯机等用电设备必须有可靠的接零。
8. 禁止私自拆除或移动防护设备设施及电气设备。
9. 挡土墙一次砌筑高度不超过 30cm。
10. 边坡不牢固、不稳定时在回填土前先进行打围护坡。
11. 当天回填土未完成，在下班前应将护身栏恢复完成。
（二）回填土
1. 人工回填土
（1）作业前检查打夯机是否完好、偏心块连接是否牢固，前轴是否窜动，三角带松紧度是否合适，整机是否紧固、是否开焊及严重变形，严禁夯机带病运转。
（2）蛙式打夯机必须由电工接装电源、活动闸箱、单向开关，检查线缆绝缘、接线质量、夯机开关可靠性。手柄应缠裹绝缘胶布或绝缘胶管，并经试夯确认安全后方可作业。
（3）蛙式夯应由两人操作，一人扶夯，一人牵线。两人必须穿绝缘鞋、戴绝缘手套，电缆绞缠时必须停止操作，严禁在夯机运行时砸线、隔夯扔线，转向或倒线有困难时，应停机，清除夯盘内的土块、杂物时必须停机，严禁在夯机运转中清掏杂物，人工抬、移蛙式夯前，必须切断电源。
（4）作业后夯机必须切断电源，盘好电缆线，入库存放或盖好苫布。
（5）槽边必须设专人看护，防止高空坠落、防止物体打击（必要时设其他防护）防止重型机械靠近坑槽边。
（6）用小推车回填土时，不应连土带车一起倾翻，防止小推车滑脱到土层面伤人。
（7）人工回填土用小车向槽内卸土时，槽边必须设横木挡掩，待槽下人员撤至安全位置后方可倒土，倒土时应稳倾缓倒，严禁撒把倒土。取用槽帮土回填时，必须自上而下台阶式取土，严禁掏洞。
（8）人工夯土时，应精神集中，两人打夯时应互相响应，动作一致，用力均匀。
（9）回填沟槽（沟）时，应按安全技术交底要求在沟槽两侧分层对称回填，两侧高差应符合规定要求。
（10）淋灰、筛灰作业时必须正确穿戴个人防护用品（胶靴、手套、防尘口罩），不得赤脚、露体，作业时应站在上风操作，遇四级及以上强风时，停止筛灰。
（11）必须按规范要求保持与高压线、变压器、建筑物、构筑物等的安全距离。
2. 机械回填
（1）指挥人员必须站在机车的两侧指挥。
（2）机车工作时任何人不许站（坐）在机车上。
（3）两台以上压路机碾压时，其间距应保持 3m 以上。
（4）推土机上下坡不得超过 35°，横坡行驶不得超过 10°。
（5）停车时应将制动器制动住，禁止停放在坡道上。</td></tr>
</table>

续表

<table>
<tr><td colspan="6">针对性交底：
（根据施工方案编制）</td></tr>
<tr><td>交底人</td><td></td><td>职务</td><td></td><td>专职安全员
监督签字</td><td></td></tr>
<tr><td>接受交底单位
负责人</td><td></td><td>单位及职务</td><td></td><td>交底时间</td><td></td></tr>
<tr><td>接受交底作业人员签字</td><td colspan="5"></td></tr>
</table>

注：本表由总承包单位或专业承包单位工程技术人员填写，交底人、接受交底人、专职安全员各存一份。

安全技术交底（打夯机作业）

打夯机作业安全技术交底表				编号	
工程名称					
施工单位		交底部位	打夯机作业	作业内容	

安全技术交底内容：

1. 使用打夯机首先检查设备是否完好，摇测电动机绝缘电阻要符合使用要求。

2. 手持部位金属全部采用塑料带缠绕整齐，不得露金属体。

3. 电动机保护零线连接可靠，并有两处连接，其中一处在壳外明显位置。

4. 操作开关用定向式（不可逆）组合开关接线，要调电动机的运转方向，首先必须将转动三角带扳掉后才能合闸送电试车，防止因反向逆转造成人身伤害。

5. 打夯机使用时，必须配备流动箱控制，控制开关为漏电保护器。

6. 操作人员穿绝缘鞋，戴绝缘手套，二人配合操作，牵引打夯机禁止使用金属物品，要用绝缘物品和干燥的麻绳。

7. 使用完毕后动力开关箱断电上锁，并将开关箱电缆线盘好、收回并将打夯机存在地基比较高的地方做好防雨工作。

8. 蛙式打夯机能量较小，只能夯实一般土质地面，如在坚硬或软硬不一的地面、冻土及混砖石碎块的杂土等地面上夯击，其反作用力随坚硬程度而增加，能使夯实机遭受损伤。

9. 蛙式打夯机需要工人手扶操作，并随机移动，因此，对电路的绝缘要求很高。为了安全采用蛙式打夯机，作业前重点检查项目应符合下列要求：

（1）除接零或接地外，应设置漏电保护器。电缆线接头绝缘良好；

（2）传动皮带松紧度合适，皮带轮与偏心块安装牢固；

（3）转动部分有防护装置，并进行试运转，确认正常后方可作业。

10. 作业时打夯机扶手上的按钮开关和电动机的接线均应绝缘良好。当发现有漏电现象时，应立即切断电源，进行检修。

11. 打夯机作业时，应一人扶夯，一人传递电缆线，且必须戴绝缘手套和穿绝缘鞋。递线人员应跟随打夯机后或两侧调顺电缆线，电缆线不得扭结或缠绕，且不得张拉过紧，应保持有 3～4m 的余量。

12. 作业时，应防止电缆线被夯击。移动时，应将电缆线移至打夯机后方，不得隔机抢扔电缆线，当转向倒线困难时，应停机调整。

13. 作业时，手握扶手应保持机身平衡，不得用力向后压。以免影响打夯机的跳动，并应随时调整行进方向。转弯时不得用力过猛，不得急转弯。以免造成打夯机倾覆。

14. 填高的土方比较疏松，夯实填高土方时，应在边缘以内 100～150mm 夯实 2～3 遍后，再夯实边缘。以防止夯机从边缘下滑。

15. 在较大基坑作业时，不得在斜坡上夯行，应避免造成夯头后折。

16. 夯实房心土时，夯板应避开房心内地下构筑物、钢筋混凝土基桩、机座及地下管道等。

17. 在建筑物内部作业时，夯板或偏心块不得打在墙壁上。

18. 多机作业时，其平列间距不得小于 5m，前后间距不得小于 10m。

19. 打夯机前进方向和打夯机四周 1m 范围内，不得站立非操作人员。

20. 打夯机连续作业时间不应过长，当电动机超过额定温升时，应停机降温。

21. 打夯机发生故障时，应先切断电源，然后排除故障。

22. 作业后，应切断电源，卷好电缆线，清除打夯机上的泥土，并妥善保管。

续表

<table>
<tr><td colspan="6">针对性交底：
（根据施工方案编制）</td></tr>
<tr><td>交底人</td><td></td><td>职务</td><td></td><td>专职安全员
监督签字</td><td></td></tr>
<tr><td>接受交底单位
负责人</td><td></td><td>单位及
职务</td><td></td><td>交底时间</td><td></td></tr>
<tr><td>接受交底作业人员签字</td><td colspan="5"></td></tr>
</table>

注：本表由总承包单位或专业承包单位工程技术人员填写，交底人、接受交底人、专职安全员各存一份。

18.2 检查验收

18.2.1 基坑监测

基坑工程施工前，应由建设单位委托具备相应资质的第三方监测单位对基坑工程实施现场监测。施工单位应编制基坑监测方案，明确具体监测内容、要求、监测点布置、监测警报和异常情况下的监测措施，同时对基坑边坡进行施工监测。

基坑监测内容：包括基坑支护顶部沉降监测、基坑支护顶部水平位移监测、基坑深层水平位移监测、基坑倾斜监测、裂缝监测、支护结构内力监测等。

基坑监测应一直持续到基坑回填土完成。

受工程地质条件、临近建筑物的结构性能、气候等因素的影响，基坑在开挖及维护期间，必须采用信息施工法进行施工。

施工单位基坑监测记录表见下表。

基坑支护顶部沉降监测记录

基坑支护顶部沉降监测记录表					编号	
工程名称			施工单位			
监测仪器及编号			分包单位			
位置报警值			监测日期			
监测点编号	初始值（m）	本次实测值（m）	上次实测值（m）	本次位移值（m）	总位移值（m）	备注
监测人（签字）：		复测人（签字）：		项目技术负责人（签字）：		
监理单位意见： 监理工程师（签字）： 年 月 日						

注：本表由施工单位填报，附监测点布置图，监理单位、施工单位各存一份。

基坑支护顶部水平位移监测记录

基坑支护顶部水平位移监测记录表					编号	
工程名称				施工单位		
监测仪器及编号				分包单位		
位置报警值				监测日期		
监测点编号	初始值（m）	本次实测值（m）	上次实测值（m）	本次位移值（m）	总位移值（m）	备注
监测人（签字）：		复测人（签字）：		项目技术负责人（签字）：		
监理单位意见： 监理工程师（签字）：　　　　年　月　日						

注：本表由施工单位填报，附监测点布置图，监理单位、施工单位各存一份。

18.2.2　基坑支护验收

基坑支护施工完成后，由施工单位技术负责人组织项目生产负责人、安全负责人、分包管理人员、监理单位工程师参加验收，并填报验收表。

基坑支护验收

基坑支护验收表			编号	
工程名称		施工单位		
基坑支护工程		分包单位		
序号	验收项目	验收内容		验收结果
1	施工方案	符合现行行业标准规范要求，编制有专项施工方案，审批手续完备、有效		
		超过一定规模的危险性较大的分部分项工程，应组织专家论证		
		施工作业前有安全技术交底，交底有针对性		
2	各类管线保护	基坑、沟、槽等基础施工及土方开挖前，建设单位必须以书面文件形式向施工单位提供详细的与施工现场相关的地上（下）管线和地下工程资料。施工单位应采取保护措施		
3	基坑支护	开挖深度超过 1.5m 时，应根据土质和深度情况按规定放坡或采取固壁措施，边坡设置应符合要求		
		基坑支护符合规范和方案要求		

续表

<table>
<tr><td>序号</td><td>验收项目</td><td colspan="3">验收内容</td><td>验收结果</td></tr>
<tr><td rowspan="2">4</td><td rowspan="2">降排水措施</td><td colspan="3">降水工程符合规范和方案要求</td><td></td></tr>
<tr><td colspan="3">基坑周边设施有排水沟和集水坑，排水通畅</td><td></td></tr>
<tr><td rowspan="3">5</td><td rowspan="3">防护措施</td><td colspan="3">开挖深度超过2m的，必须设置标准化防护或两道防护栏杆，用密目式安全立网封闭，夜间应设红色标志灯</td><td></td></tr>
<tr><td colspan="3">坑边堆物、堆料、停置机具等符合有关规定</td><td></td></tr>
<tr><td colspan="3">下基坑马道或爬梯设置应符合要求</td><td></td></tr>
<tr><td>6</td><td>基坑监测</td><td colspan="3">应定期对基坑支护变形情况、毗邻建筑物沉降情况等进行监测</td><td></td></tr>
<tr><td>7</td><td>其他增加的验收项目</td><td colspan="3"></td><td></td></tr>
<tr><td colspan="6">验收结论：

年　月　日</td></tr>
<tr><td colspan="2" rowspan="5">验收人（签字）</td><td colspan="2">总承包单位</td><td>分包单位项目负责人</td><td>其他验收人员</td></tr>
<tr><td colspan="2">项目土建施工员：</td><td rowspan="4"></td><td rowspan="4"></td></tr>
<tr><td colspan="2">项目技术负责人：</td></tr>
<tr><td colspan="2">项目生产负责人：</td></tr>
<tr><td colspan="2">项目安全负责人：</td></tr>
<tr><td colspan="6">监理单位意见：

监理工程师（签字）：　　年　月　日</td></tr>
</table>

注：本表由施工单位填报，监理单位、施工单位各存一份。

人工挖（扩）孔桩防护检查验收

<table>
<tr><td colspan="4">人工挖（扩）孔桩防护检查验收表</td><td>编号</td><td></td></tr>
<tr><td colspan="2">工程名称</td><td></td><td>施工单位</td><td colspan="2"></td></tr>
<tr><td colspan="2">基坑支护工程</td><td></td><td>分包单位</td><td colspan="2"></td></tr>
<tr><td>序号</td><td>验收项目</td><td colspan="3">验收内容</td><td>验收结果</td></tr>
<tr><td rowspan="4">1</td><td rowspan="4">资料</td><td colspan="3">专项分包单位人工挖孔桩施工资质</td><td></td></tr>
<tr><td colspan="3">专项施工方案</td><td></td></tr>
<tr><td colspan="3">气体测试记录</td><td></td></tr>
<tr><td colspan="3">安全技术交底及上岗作业人员教育</td><td></td></tr>
<tr><td rowspan="5">2</td><td rowspan="5">井孔周边防护</td><td colspan="3">第一步护壁高出地面20cm及以上</td><td></td></tr>
<tr><td colspan="3">井孔周边有防护栏并符合要求</td><td></td></tr>
<tr><td colspan="3">夜间施工有警示灯</td><td></td></tr>
<tr><td colspan="3">井口有盖孔板</td><td></td></tr>
<tr><td colspan="3">孔周边不得堆土</td><td></td></tr>
</table>

续表

序号	验收项目	验收内容	验收结果
3	井内防护	井内有上下软梯	
		上下联络信号明确	
	送风	送风管、设备数量满足并性能完好	
		孔深超过 3m 配置送风设备，持续通风	
4	护壁拆模	护壁及时，无超挖现象	
		护壁 24h 后且应经工程技术人员同意方可拆模	
5	井内作业	井上设专人监护，现场有旁站监督	
		井内作业人员必须戴安全帽，系安全带或安全绳	
		井内有水或有毒有害气体，应停止作业	
		上节护壁混凝土强度大于 3.0MPa 方可进行下节施工	
		作业人员连续作业不得超过 2h	
6	现场照明	井孔内使用 36V（含以下）安全电压照明	
		井孔内应使用防水电缆和防水灯泡	
7	配电箱	配电系统符合规范要求，漏电保护器动作电流不大于 15mA	
8	垂直运输	料斗和吊索材质应具有轻、软性能，并应有有效防倾覆装置	
		机具符合规范要求	
		料斗装土（料）不得过满	
9	其他增加的验收项目		
验收结论： 年　月　日			
验收人（签字）	总承包单位	分包单位负责人	其他验收人员
	项目土建施工员：		
	项目技术负责人：		
	项目生产负责人：		
	项目安全负责人：		
监理单位意见： 监理工程师（签字）：　　年　月　日			

注：本表由施工单位填报，监理单位、施工单位各存一份。

18.2.3　日常巡检

在基坑开挖施工及基坑回填土完工前，施工单位应组织专人每日对基坑安全情况进行巡检，并填写巡检记录。

基坑巡检记录

基坑巡检记录表				编号	
工程名称			施工单位		
巡检日期			分包单位单位		
天气情况			巡检人员签字		
巡检内容		是否发现异常情况		异常部位	
一、支护结构情况					
冠梁、支护、支撑有无裂缝出现					
腰梁、锚索有无松动					
止水帷幕有无裂缝、渗漏					
基坑有无隆起、涌砂、涌土、管涌					
二、周边环境状态					
周围管线有无破损、渗漏					
周围建筑物有无新增裂缝					
周围道路有无新增裂缝、塌陷					
三、施工状况					
基坑周边是否有新增荷载					
降水设施是否正常运转					
四、监测设施情况					
基准点、检测点状况是否正常					
有无影响障碍物					

注：本表由施工单位填报，监理单位、施工单位各存一份。

18.3 安全防护措施

基坑周边设置不低于1.2m高的防护栏杆，挂设警示标志，并设置夜间警示灯。防护栏杆设施位置距离基坑边缘不小于1.2m，基坑周边1.2m范围内禁止堆物堆料，1.2m以外堆物堆料必须满足设计要求或专项方案规定。

基坑边沿周围地面设防渗漏排水沟和挡水台。施工现场设置专门的集水坑，集水坑距离基坑周边最近距离大于5m。排水使用潜水泵时，悬挂和牵引水泵必须使用绝缘绳索。

下基坑应设置人行马道，挂设警示标志。

基础施工时的降排水（井点）工程的井口，必须设置警示标志和牢固的防护盖板或围栏。完工后，必须将井回填夯实。

砌筑1.5m以上高度的基础挡土墙、现场围挡墙、砂石料围挡墙必须有专项措施，确保施工时围墙稳定。挡土墙一次砌筑高度不得超过1.5m，达到相应强度后，方可进行下一次砌筑，回填应分步进行。